Beiträge zum Buch- und Bibliothekswesen

Herausgegeben von
Michael Knoche und Sven Kuttner

Band 65

2020
Harrassowitz Verlag · Wiesbaden

Franziska Schaudeck

Die alchemische Handschriftensammlung der Leopold-Sophien-Bibliothek in Überlingen am Bodensee

2020
Harrassowitz Verlag · Wiesbaden

Bibliografische Information der Deutschen Nationalbibliothek
Die Deutsche Nationalbibliothek verzeichnet diese Publikation in der Deutschen Nationalbibliografie; detaillierte bibliografische Daten sind im Internet über http://dnb.dnb.de abrufbar.

Bibliographic information published by the Deutsche Nationalbibliothek
The Deutsche Nationalbibliothek lists this publication in the Deutsche Nationalbibliografie; detailed bibliographic data are available on the internet at http://dnb.dnb.de.

Informationen zum Verlagsprogramm finden Sie unter
http://www.harrassowitz-verlag.de

Gedruckt auf alterungsbeständigem Papier.
Druck und Verarbeitung: Memminger MedienCentrum
Printed in Germany

ISSN 0408-8107
ISBN 978-3-447-11364-9

Inhalt

Vorwort

Dieses Buch ist die leicht überarbeitete Fassung meiner Dissertation, die im Sommersemester 2017 von der Philosophischen Fakultät der Albert-Ludwigs-Universität in Freiburg im Breisgau angenommen wurde. Während der Verwirklichung meines Opus magnum habe ich die Unterstützung von vielen Personen erfahren. Ihnen möchte ich an dieser Stelle danken.

Zuerst bedanke ich mich bei meinem Doktorvater Prof. Dr. Felix Heinzer dafür, dass er sich auf mein thematisch etwas abseits liegendes Projekt eingelassen hat. Er hat meine Arbeit stets vertrauensvoll mit viel Interesse und fachkundigem Rat begleitet. Vor allem bei der Beschreibung der Handschriften waren seine Erfahrung und seine Ermutigungen, selbstbewusst eigene Wege zu gehen, für mich sehr wertvoll. Weiter danke ich meinem Zweitgutachter Prof. Dr. Achim Aurnhammer für seine immer konstruktiven Rückmeldungen und fachlichen Einschätzungen in mehreren Gesprächen sowie für die Gelegenheiten, mein Vorhaben im Doktorand*innenkolloquium zur Diskussion zu stellen. Mein Dank gilt zudem Prof. Dr. Joachim Telle (†), der als Ansprechpartner die Arbeit während der ersten Etappen mit seinem alchemischen Wissensschatz und seiner strengen, aber wohlwollenden Kritik sehr bereichert hat. Leider kann er das Endergebnis nicht mehr in Augenschein nehmen.

Ich danke dem Leiter des Kulturamts Überlingen, Dr. Michael Brunner, für sein Engagement und sein Vertrauen. Auch seinen Mitarbeiter*innen gilt großer Dank, ganz besonders Roswitha Lambertz. Als Bibliothekarin der Leopold-Sophien-Bibliothek begleitete sie kompetent und hilfsbereit jeden meiner Aufenthalte. Ihr Interesse und ihre Wertschätzung meiner Arbeit haben das Vorhaben nachhaltig befördert und die Zeiten im Lesesaal des ‚Steinhauses' gehören zu meinen schönsten Dissertationserinnerungen.

Für meine Arbeit habe ich viele Archive und Bibliotheken kontaktiert und ich möchte mich bei allen hilfsbereiten Archivar*innen und Bibliothekar*innen für ihre Bemühungen bedanken. Aus ihrer großen Zahl will ich zuerst den Leiter des Überlinger Stadtarchivs, Walter Liehner, hervorheben. Das Wissen um die Existenz und den Ort mehrerer Archivstücke verdanke ich ihm. Weiter schulde ich dem Leiter des Waldburg-Zeil'schen Gesamtarchivs, Rudolf Beck, großen Dank dafür, dass er mir Einblick in Aktenstücke zu Johann Baptist Sebastian von Sonnenthal gewährte.

Weiter danke ich Dr. Florian Ebeling und Prof. Dr. Wilhelm Kreutz für ihre hilfreichen Einschätzungen. Ein besonderer Dank gilt Prof. Dr. Reinhart Siegert, der sich in einem ausführlichen Gespräch die Zeit nahm, auf meine speziellen Fragen zur Volksaufklärung einzugehen. Einen maßgeblichen Anteil am Gelingen meiner Arbeit haben Dr. Ulrike Kummer, Dr. Doris Lechner und Julian Paulus. Ihre gründliche und kritische Lektüre sowie die intensiven und offenen Arbeitsgespräche mit ihnen haben die Arbeit inhaltlich und formal mit geformt und vorangebracht. Dr. Alfred Lohr danke ich für seine Korrekturen meiner lateinischen Transkriptionen.

Als Doktorand*in braucht man den beständigen Erfahrungsaustausch mit Kolleg*innen, die freimütig und unvoreingenommen die Thesen und den Aufbau sowie auch den Fortschritt eines Projekts prüfen. Innerhalb der Graduiertenschule Humanities (früher: Graduiertenschule Kultur- und Sozialwissenschaften) der Albert-Ludwigs-Universität in Freiburg im Breisgau hatte ich die Gelegenheit, mich mit solchen Kolleg*innen in den Arbeitsgruppen ‚Populäre Geschichts- und Wissenskulturen' und ‚Macht, Wissen und Kommunikation im Mittelalter und der Frühen Neuzeit' über Fragestellungen, Herangehensweise und Herausforderungen auszutauschen. Ich habe dabei sehr von ihren Rückmeldungen profitiert und bedanke mich für ihre zielführende Diskussionsfreude. Der Graduiertenschule schulde ich weiter Dank für zwei Reisestipendien und einen Büroarbeitsplatz. In den Gemeinschaftsbüros habe ich Gesprächspartner*innen kennen gelernt, die interessiert und hilfsbereit, erdend und humorvoll Freud und Leid des Promovierens mit mir geteilt haben. Ihnen allen ein herzliches Dankeschön für das angenehme Arbeitsklima, besonders aber an Dr. Judith Prasser, Michael Schonhardt, Ina Serif und Jaron Sternheim.

Weiter danke ich der Leiterin des Harrassowitz-Verlags, Dr. Barbara Krauß, und den Herausgebern der Reihe ‚Beiträge zum Buch- und Bibliothekswesen', Dr. Michael Knoche und Dr. Sven Kuttner, dass sie meine Arbeit in ihr Programm aufgenommen haben und mit Geduld und Wohlwollen den Publikationsprozess verfolgt haben. Zudem sei allen Mitarbeiter*innen des Verlages, die die Drucklegung umgesetzt und begleitet haben, herzlich gedankt, ganz besonders aber Julia Guthmüller für ihre tatkräftige Unterstützung.

Meine Arbeit dauerte mehrere Jahre, während deren so manche unvorhersehbare Hürde genommen werden musste. Ohne die Unterstützung aus dem privaten Umfeld wäre sie nicht gelungen. Für ihre Freundschaft und ihre Hilfe bedanke ich mich bei Brit Appel, Jörg Deger, Steffi Faller, Dr. Sabine Frischmuth, David Gehle, Markus Götz, Thomas Graner, Frauke Hass, Barbara und Marc Kropf, Marc Mück, Kristina Odenweller, Aline und Sybille Pichard, Uwe Ristau, Corinna Schmitt, Ulrike Wunsch und Christina Zimmermann sowie bei den ‚Defenders' und den ‚Rolling Bones', samt Anhang.

Ein besonderer Dank gilt meinen Eltern, Agnes und Rudolf Schaudeck, und meinen Geschwistern, Thomas Schaudeck und Conny Woitalla mit Alex, Tom und Matthias, die mir ohne Vorbehalte immer zur Seite standen und an ein gutes Gelingen geglaubt haben. Schließlich danke ich Holger Schütt. Ohne seine liebevolle Unterstützung, seine Geduld und seine Ermutigungen wäre diese Arbeit zu keinem guten Ende gekommen. Ihm ist dieses Buch gewidmet.

Freiburg im Breisgau, November 2019 Franziska Schaudeck

Abbildungsverzeichnis

Der Abdruck meiner Fotografien in Anhang B erfolgt mit freundlicher Genehmigung der Leopold-Sophien-Bibliothek, Überlingen.

Verwendete Abkürzungen

Bl. = Blatt/Blätter.
LSB = Leopold-Sophien-Bibliothek.
PM = Papiermühle.
PÜ = Parallelüberlieferung.
WZ = Wasserzeichen.

1 Einleitung

Alain ich mach purg und Castell und steet durch einer Kunst willen die Alchimia ist genant [...], *(Überlingen, LSB, Ms. 161, fol. 3v).*

Nach dem mir diße gegenwerdiges Chimisches uhraldes Manuskript in die hende komen, So habe ich nicht under laßen Können Solches auß den Arabischen und Egibtyschen Wie auch auß der Hebreischen Sprache benebst dern Figuren Zu er Kleren, und in titscher Sprache andas licht Zu Stellen, *(Ü-LSB, Ms. 188, S. 1).*

Wilstu Magia forschen So Mustu tich vorhero Selbst forschen und Er kennen, *(Ü-LSB, Ms. 231, S. 9).*

Viele sind der Meinung, daß die Alchemische Kunst keine wahrhafte Kunst sei [...], *(Ü-LSB, Ms. 245, S. 4).*

Die Alchemie ist eine Vollkommenen Erkenntnus der gantzen Natur und kunst von dem mineralischen reiche, und zwar sonderlich von deren Metallen, welche wegen ihrer Vortrefflichkeith halber mit mancherley Nahmen genennet und Beehret wird [...], *(Ü-LSB, Ms. 276, S. 1).*

1.1 Eine alchemische Handschriftensammlung in Überlingen

1832 wurde auf Betreiben des Stadtpfarrers Franz Sales Wocheler (1778–1848) in Überlingen die Leopold-Sophien-Bibliothek (nachfolgend: LSB) als Stadtbibliothek „für die selbständige Weiterbildung der einzelnen Bevölkerungsklassen" eröffnet.[1] Sie umfasste die annähernd 10.000 Bände zählende Privatbibliothek Wochelers, von der er sich zugunsten des Allgemeinwohls trennte, wohl auch deshalb, weil ihm aufgrund eines schweren Augenleidens die Lektüre zusehends schwer fiel. In den Folgejahren bemühte sich Wocheler fortwährend um ‚seine' Bibliothek. Im Zuge dieser Anstrengungen wurden auch Handschriften und Drucke aus dem Besitz des in Überlingen verstorbenen Juristen und Beamten Freiherr Johann Baptist Sebastian von Sonnenthal (1759–1834) für die Bibliothek erworben. Darunter befanden sich zahlreiche Titel, die sich mit den Themen Alchemie, aber auch mit Magie, Hermetismus und Geheimgesellschaften befassten. Die Sonnenthal'sche Handschriften- und Drucksammlung kann nicht mehr exakt rekonstruiert werden, sie bildete aber den Grundstock der bisher nicht katalogisierten, 143 Exemplare zählenden alchemischen[2] Handschriftensammlung in der LSB. So sprach bereits Otto

---

1 KUNZER, Katalog LSB (1898), S. VIII.

2 Die vorliegende Arbeit zieht in Anlehnung an Joachim Telle das Adjektiv ‚alchemisch' dem bisweilen

Kunzer, der im Jahr 1894 die älteste Nachricht zu diesem Bestand hinterließ, von einer „grossen alchimist[ischen] Bücher- u[nd] H[an]dschriftensam[m]lung des Baron von Sonnenthal zu Ueberlingen“.[3] Insofern keine weiteren Provenienzen innerhalb der genannten Themenbereiche ausgemacht werden können, die über Einzelexemplare hinausgehen, ist Sonnenthal daher die zentrale Person, die mit der Herkunft dieser Handschriften und Drucke in Verbindung gebracht werden kann.

Ende des 19. Jahrhunderts belief sich die Zahl der Titel zu Alchemie, Magie, Hermetismus und Geheimgesellschaften in der Bibliothek auf knapp 400 Exemplare. Die darunter befindlichen, annähernd 250 Drucke sind seit der Katalogisierung des Druckbestands, die im Jahr 1893 begonnen und 1896 abgeschlossen wurde, auf die Signaturengruppen „Ba. Religionswissenschaft. Allgemeiner und historischer Teil“, „Da. Philosophie“, „Mc. Chemie und Alchemie“, „Md. Magie. Kabbalistik. Geomantie. Chiromantie“ und „O. Medizin [...]“ verteilt.[4] Sie machten in dem in der Zwischenzeit auf ca. 22.000 Bände angewachsenen Gesamtbestand einen kleinen, aber merklichen Anteil aus. Die thematisch zugehörigen 143 Handschriften wurden als Sammlung bisher nicht eingehender untersucht. Sie stehen in der vorliegenden Arbeit im Fokus und werden hier erstmals katalogisiert sowie als Ensemble historisch und kulturell eingeordnet.

Es mag zu Beginn aus mehreren Gründen erstaunen, dass ein Stadtpfarrer und Schuldekan in den dreißiger Jahren des 19. Jahrhunderts einer neu gegründeten, öffentlichen Stadt- und Schulbibliothek eine größere Zahl alchemischer, magischer und geheimgesellschaftlicher Titel einverleibte: Das 18. Jahrhundert als das ‚Jahrhundert der Vernunft‘, ein ‚Zeitalter der Aufklärung‘, lag mehrere Jahrzehnte zurück und hatte nach allgemeiner Lesart das Kräfteverhältnis zwischen rationalen und irrationalen Bereichen mehrheitlich und nachhaltig zugunsten der Erstgenannten verschoben. Mess- und nachprüfbare Laborexperimente aus der zweiten Hälfte des 18. Jahrhunderts, z.B. von Joseph Priestley (1733–1804),[5] Carl Wilhelm Scheele (1742–1786)[6] und Antoine Laurent de

---

negativ konnotierten Begriff ‚alchemistisch‘ vor, vgl. hierzu auch BROSZINSKI, Manuscripta chemica (2011), S. XXVIIIf.

3 Ü-LSB, Otto Kunzer, Handschriften, Ms. 160.

4 Vgl. KUNZER, Katalog LSB (1898), S. XXII und seine Übersicht über die Bibliothekssystematik S. XXVIII–XXXI. – Quantitativ überwiegen die ca. 130 alchemischen Bücher in der Rubrik ‚Mc‘ sowie die über 50 Drucke der Sektion ‚Md‘. Auch die medizinische Sektion enthält mehrere alchemische Titel, besonders von Paracelsus. Die Bestände, die sich mit Freimaurern und Rosenkreuzern beschäftigen, wurden von Kunzer unter die Religionswissenschaft einsortiert und machen ca. 40 Exemplare aus. In der philosophischen Rubrik ‚Da‘ befinden sich vereinzelt auch Drucke, die als geheimgesellschaftlich, alchemisch-hermetisch oder magisch zu charakterisieren sind, z.B. Da 209: Kleuker, Magikon oder das geheime System einer Gesellschaft unbekannter Philosophen unter einzelne Artikel geordnet, durch Anmerkungen und Zusätze erläutert und beurtheilt, und dessen Verwandtschaft mit ältern und neuern Mysteriologien gezeigt (1784), Da 78: von Eckartshausen, Die Wolke über dem Heiligthum oder Etwas, wovon sich die stolze Philosophie unsers Jahrhunderts nichts träumen läßt (1823 [1802]) oder Da 131: Heinike, Clavicula Salomonis oder Schlüssel zur höchsten Weisheit (1789). – Wenn im weiteren Verlauf der Arbeit die Titel von Drucken als Quellenaussage dienen, führe ich sie wie hier vollständig auf. In anderen Fällen verweise ich allein auf ihre LSB-Signatur und ggf. den Kunzer-Katalog von 1898.

5 Zu Priestley vgl. SCHOFIELD, Art. ‚Priestley, Joseph‘ (1975) und LAITKO, Art. ‚Priestley, Joseph‘ (2004).

Lavoisier (1743–1794),[7] hatten viele der bisherigen Annahmen von der Beschaffenheit und Wandelbarkeit der Stoffe widerlegt; auf dieser Basis war Alchemie weitgehend aus dem naturwissenschaftlichen Diskurs gedrängt worden. Seit 1738 hatte sich die katholische Kirche wiederholt gegen Freimaurerei gewendet und 1813 waren Geheimgesellschaften im badischen Großherzogtum kategorisch verboten worden. Schließlich war es im Zuge der Spät- und Volksaufklärung sowohl Errungenschaft als auch ein weiterhin erklärtes Ziel vieler Gelehrter[8], Theologen und Lehrer gewesen, die allgemeine Bildung zu verbessern und zugunsten von Wissenschaft und Vernunft gegen Aberglauben vorzugehen. In diesem Sinn war auch die Wocheler'sche Stiftung angelegt, wie dessen Ausführungen an den Stiftungsvorstand belegen:

> „Unter den gemeinnützigen Hauptzweken welche diese Leopolds-Sophien Bibliothek erleichtern u[nd] befördern soll, steht Erziehung u[nd] Bildung der hiesigen Schuljugend u[nd] Fortsetzung der wissenschaftlichen Bildung der an den Leopolds Sophien Schulen angestellten geistl[ichen] u[nd] weltlichen Lehrern vor an. Darnach haben a) die dazu befähigten Leopolds Sophien Schüler u[nd] ihre Lehrer, auch die Schulpräparanden u[nd] Schulkandidaten das erste Recht zur Benutzung [...]. b) Diesen folgen die der Schule entwachsene Jugend dahier, die hiesigen Bürger, überhaupt alle Einwohner der hiesigen Stadt von jedem Stand, Rang u[nd] Geschlecht, alle, welche durch Lectüre sich veredeln, sich stets mehr Einsicht für Kunst, Gewerbe, Berufspflicht verschaffen, sich im[m]er mehr wissenschaftliche Bildung erwerben, zur höchsten Humanität u[nd] Dievinität hieranzusteigen sich bestreben wollen; Allen diesen steht die unentgeltliche Benutzung der Bücher aus der Leopolds-Sophien-Bibliothek zu Gebote."[9]

Trotzdem stellt das Interesse Sonnenthals und Wochelers an Alchemie, Magie, Hermetismus und Geheimgesellschaften in dieser Zeit keine Ausnahmeerscheinung dar. Die Aufklärung mit ihrem Bekenntnis zur allgemeinen Skepsis gegenüber allem Althergebrachten und der damit verbundenen Forderung nach konsequentem Gebrauch der individuellen Vernunft war zweifellos die omnipräsente geistesgeschichtliche Strömung des europäischen 18. Jahrhunderts und weit bis ins 19. Jahrhundert wirksam. Dennoch war sie aufgrund ihrer tiefgreifenden und bisweilen radikalen Forderungen gesellschaftlich nicht unumstritten.[10] Mit ihren Auswirkungen ist die Aufklärung mit der sogenannten

6 Zu Scheele vgl. BOKLUND, Art. ‚Scheele, Carl Wilhelm' (1975) und FRIEDRICH, Art. ‚Scheele, Carl Wilhelm' (2004).

7 Zu Lavoisier vgl. GUERLAC, Art. ‚Lavoisier, Antoine-Laurent' (1973) und LAITKO, Art. ‚Lavoisier, Antoine Laurent de' (2004).

8 Aus Gründen der flüssigeren Lesbarkeit verwende ich im Folgenden das generische Maskulinum. Ich beziehe damit ausdrücklich weibliche und andere Geschlechteridentitäten mit ein.

9 Ü-SA, Spitalarchiv Überlingen VII/57/2, Urkunde der Stiftung, 15. Mai 1832, Schreiben an den Stiftungsvorstand: „ad I".

10 Zur Bandbreite, einzelnen Aspekten und zur Nachwirkung der Aufklärung vgl. STUKE, Art. ‚Aufklärung' (1972), VIERHAUS, Was war Aufklärung? (1995), SCHNEIDERS (Hg.), Lexikon der Aufklärung (2001 [1995]), das Einführungswerk BARK/VON NAYHAUSS (Hg.), Profile deutscher Kulturepochen – Aufklärung (2009), STOLLBERG-RILINGER, Die Aufklärung (2011 [2000]) und THOMA

‚Sattelzeit' verbunden, die als Übergangsperiode nach Reinhart Koselleck zwischen 1750 und 1850 angesetzt wird.[11] Tradition und Innovation trafen unter den Aspekten ‚Beschleunigung' und ‚politischer Neuformierung' in dieser Phase in besonders vielen Bereichen aufeinander. Die politische Neuformierung gründete sich weitgehend auf Ideen der Aufklärung, wurde durch die Französische Revolution massiv angestoßen und in der napoleonischen Zeit fortgeführt, und ging auf deutschem Gebiet besonders nach der Auflösung der alten feudalen Reichsordnung 1806 vonstatten. Die Beschleunigung zog auf technischer Basis gravierende infrastrukturelle, kommunikationstechnische und wirtschaftliche Veränderungen nach sich. Das Zusammenspiel der beiden Faktoren hatte unmittelbare Folgen für die gesamte Gesellschaft. Besonders für das ausgehende 18. und das 19. Jahrhundert ist laut Koselleck charakteristisch, „daß sich alle Schichten der Bevölkerung in einer Übergangsphase wußten".[12] Die weitreichenden politischen, wirtschaftlichen, gesellschaftlichen und kulturellen Veränderungen beförderten in der Sattelzeit gleichermaßen utopische Visionen, Fortschrittsglaube, nüchterne Skepsis, pessimistische Zukunftserwartungen, nachhaltige Renitenz oder geistige Weltflucht. Die Gleichzeitigkeit dieser Positionen äußerte sich in einem allgegenwärtigen Ringen von ‚alt' gegen ‚neu', das zerstörerisch und ausgrenzend sein konnte, in vielerlei Hinsicht aber auch inspirierend und produktiv war.

Dies wird auch bei dem hier im Zentrum stehenden Bereich Alchemie sichtbar, der in dieser Zeit einem vielgestaltigen Wandel unterworfen war. Während sich die neu formierende, empirische Naturwissenschaft zunehmend von diesem komplexen Bereich abgrenzte – lediglich „[d]as experimentelle Erbe der Alchemie"[13] ging an die Chemie über – blieb er besonders für Theologen und Philosophen interessant. Hier ging es nicht selten darum, einer als leer empfundenen, wissenschaftlichen Empirie eine metaphysische, naturphilosophische Kosmologie entgegen zu stellen.[14] Alchemie war außerdem innerhalb der Geheimgesellschaften, wo sie schon im 18. Jahrhundert häufig eine Rolle spielte, auch im Folge-

---

(Hg.), Handbuch europäische Aufklärung (2015). – Zu gegenaufklärerischen Positionen vgl. exemplarisch WEIß/ALBRECHT (Hg.), Von ‚Obscuranten' und ‚Eudämonisten' (1997). – Zur aktuellen wissenschaftlichen Auseinandersetzung mit dem Thema vgl. exemplarisch WETZEL (Hg.), Perspektiven der Aufklärung (2012), und STOCKHORST (Hg.), Epoche und Projekt (2013). – Hinsichtlich der deutschen Geschichte im Spiegel der Aufklärung vgl. exemplarisch SCHMIDT, Wandel durch Vernunft (2009), und MARTUS, Aufklärung (2015). – Zum äußerst lang wirksamen Phänomen der Volksaufklärung sind außerdem die Einleitungen in den Teilbänden des biobibliographischen Handbuchs von Holger Böning und Reinhart Siegert maßgeblich, vgl. BÖNING/SIEGERT, Volksaufklärung, Bd. 1–3 (1990–2016). Vgl. zur Volksaufklärung außerdem SIEGERT/HOARE/VODOSEK (Hg.), Volksbildung durch Lesestoffe (2012).

11 Zu den synonym verwendeten Begriffen ‚Sattelzeit', ‚Epochenschwelle' und ‚Übergangszeit' vgl. KOSELLECK, Einleitung, Geschichtliche Grundbegriffe (1972), DERS., Das 19. Jahrhundert (2010 [1978]) und GÖBEL, Art. ‚Epochenschwelle' (2008).

12 KOSELLECK, Das 19. Jahrhundert (2010 [1978]), S. 132.

13 TELLE, Art. ‚Alchemie II, historisch' (1978), S. 207.

14 Vgl. ebd., S. 206–207 und S. 210, CARON, Art. ‚Alchemy V: 19th–20th Century' (2005), S. 50, und COUDERT, Art. ‚Alchemy IV: 16th–18th Century' (2005).

jahrhundert noch von Bedeutung.[15] Die literarische Verarbeitung alchemischer Motive und Geschichten, die bereits im 16. Jahrhundert eingesetzt hatte, wurde im 18. und 19. Jahrhundert fortgeführt – nun häufig in Kombination mit geheimgesellschaftlichen Aspekten.[16] Im weiteren Verlauf des 19. Jahrhunderts griffen schließlich Vertreter der Psychologie oder des Spiritismus mitunter sowohl naturphilosophisch-metaphysische Interpretationen von Alchemie als auch Teilbereiche der Magie oder des Hermetismus auf.[17]

Die alchemische Handschriftensammlung in Überlingen ist unter dem Aspekt ihrer Entstehung sowie auch unter dem Gesichtspunkt ihrer Aufbewahrung als ein Zeugnis der Sattelzeit zu betrachten. Die wissenschaftliche Erfassung des Handschriftenbestands und die darauf beruhende inhaltliche und sammlungsgenetische Charakterisierung als eine zu weiten Teilen geheimgesellschaftliche Alchemicasammlung begründen den Blickwinkel, der die kulturelle Einordnung der Sammlung leitet: Der Fokus richtet sich hier auf die Verbindung zwischen Alchemie und Geheimgesellschaften zu Ende des 18. und zu Beginn des 19. Jahrhunderts. Die biographischen Studien zu Sonnenthal und Wocheler sowie die Rekonstruktion ihrer soziokulturellen Wirkungsräume dienen der historischen Einordnung der Sammlung und ihrer thematischen Ausrichtung innerhalb der Gesellschaft Südwestdeutschlands in der Sattelzeit.

1.2 Gegenstand, Ziele und Struktur der Arbeit

Im Zentrum der Studie steht der Bestand der 143 alchemischen Handschriften in der LSB. Der Chemiehistoriker Karl Wilhelm Ganzenmüller (1882–1955) sichtete 1941 die „alchemistischen" Handschriften, hatte aber lediglich Kenntnis von 61 Stücken.[18] Das von der Kulturstiftung Baden-Württemberg geförderte Katalogsierungsprojekt von Dorothea Müller, das 2007 die neuzeitlichen Überlinger Handschriften des 16. bis 19. Jahrhunderts erfasste,[19] musste die insgesamt 143 Alchemica aus arbeitsökonomischen Gründen ausschließen.[20] Publizierte Äußerungen zu den Handschriften beschränkten sich bisher meist auf kurze Einschätzungen zur inhaltlichen Qualität der Manuskripte, zu ihrer Bedeutung in Textüberlieferungsfragen oder zu ihrer gemeinhin postulierten Sonnenthal'schen Provenienz. So bemerkte Ganzenmüller, dass es sich bei vielen Überlinger Handschriften um eine „Unmenge grober Fälschungen handle", die „chemiegeschichtlich völlig wertlos" seien,[21] und der Historiker Klaus Arnold, der sich im Rahmen seiner Darstellung zu Johannes Trithemius für Handschriften in Überlingen interessierte, klassifizierte dreizehn

15 Vgl. TELLE, Art. ‚Alchemie II, historisch' (1978), S. 205–206, und CARON, Art. ‚Alchemy V: 19th–20th Century' (2005), S. 50.
16 Vgl. TELLE, Art. ‚Alchemie II, historisch' (1978), S. 215–216.
17 Vgl. ebd., S. 206–207, und S. 218–219, sowie CLERICUZIO, Art. ‚Alchemie, neuzeitliche' (1998), S. 35.
18 GANZENMÜLLER, Quellen zur Geschichte der Chemie (1956 [1941]), S. 381.
19 MÜLLER, Katalog (2007).
20 Freundliche Information von Roswitha Lambertz (LSB), März 2017.
21 GANZENMÜLLER, Quellen zur Geschichte der Chemie (1956 [1941]), S. 381.

Überlinger Handschriften als Pseudo-Trithemiana.[22] Ms. 156 war 1958 Gegenstand einer Einzelstudie des Germanisten Gerhard Eis.[23] Der Philosophiehistoriker und Handschriftenexperte Paul Oskar Kristeller listete eine Handschriftenauswahl in seinem Iter Italicum auf.[24] Michaela Pereira, ebenfalls Philosophiehistorikerin, bezog Ms. 160 in ihre Untersuchung zum alchemischen Textkorpus des Raimundus Lullus mit ein.[25] Der Musikwissenschaftler Eric Humbertclaude berücksichtigte 2010 die Handschriften Ms. 159 und Ms. 185 in seiner Arbeit zu Federico Gualdi.[26] Der Germanist und Wissenschaftshistoriker Joachim Telle verwies in seinem zweibändigen Werk *Alchemie und Poesie* mehrmals auf Handschriften des Überlinger Bestands.[27] Des Weiteren hat der Betreiber der Internetseite ‚The Alchemy Website', der Alchemieforscher Adam McLean, Kenntnis von 45 Handschriften in Überlingen und listet sie, weitgehend unkommentiert, in einer Kurzübersicht auf.[28]

Hinsichtlich der Provenienz verband bereits 1894 der Lehrer und Philologe Otto Kunzer die alchemischen Handschriften und Drucke mit einem „Baron von Sonnenthal zu Ueberlingen".[29] Dies dürfte die Grundlage für die Behauptung des Überlinger Stadtarchivars Alfons Semler gewesen sein, wonach die Bibliothek „[z]ahlreiche alchimistische H[and]s[chriften] [...] dem Baron von Sonnenthal in Überlingen [verdanke]".[30] Diese Aussage wurde in den folgenden Jahrzehnten weiter tradiert: Die Wissenschaftlerin Isolde Tröndle-Weintritt ordnete 1991 im *Handbuch für historische Buchbestände in Deutschland* Sonnenthal irrtümlicherweise den Vornamen ‚Franz Xaver' zu, was 1997 vom Bibliothekar Gerhard Römer im Rahmen seiner Übersicht über die Stiftung und Nachwirkung der LSB übernommen wurde.[31] Dorothea Müller musste in ihrem bereits erwähnten Katalog noch davon ausgehen, dass Sonnenthal seine Bücher der Bibliothek geschenkt habe,[32] eine Annahme, die in der vorliegenden Arbeit korrigiert wird. Ein vollständiger Bestandskatalog existiert bisher nicht, lediglich das von Kunzer 1894 angefertigte, aber unvollständige handschriftliche Inventar liegt vor.[33]

Die vorliegende Arbeit versteht sich als Erschließungsarbeit und ordnet sich im Rahmen der hilfswissenschaftlichen Fachrichtung innerhalb der historischen Disziplinen ein. Sie leistet einen Beitrag zur Alchemiegeschichte des späten 18. und frühen 19. Jahrhunderts, indem sie einen bisher unerschlossenen alchemischen Handschriftenbestand zugänglich macht und historisch und kulturell einordnet. Da außerdem Personen der süd-

22 Vgl. ARNOLD, Johannes Trithemius (1991), S. 260.
23 Vgl. EIS, medizinisch-alchemistische Sammelhandschrift (1958).
24 Vgl. KRISTELLER, Iter Italicum 3 (1983), S. 724–725.
25 Vgl. PEREIRA, The Alchemical corpus attributed to Lull (1989).
26 Vgl. HUMBERTCLAUDE, Federico Gualdi (2010).
27 Vgl. TELLE, Alchemie und Poesie (2013), darin Verweise auf Ms. 159, 178, 181, 184 und 245.
28 Vgl. The Alchemy Website, online (28.06.2016).
29 Ü-LSB, Otto Kunzer, Handschriften, Ms. 160.
30 SEMLER, Die historischen Handschriften (1928), S. 120.
31 Vgl. TRÖNDLE-WEINTRITT, Leopold-Sophien-Bibliothek (1994), S. 141, und RÖMER, Bücher, Stifter, Bibliotheken (1997), S. 195.
32 Vgl. MÜLLER, Katalog (2007), ohne Seitenzahlen.
33 Ü-LSB, Otto Kunzer, Handschriften.

westdeutschen Region sowie die Präsenz von Alchemie und Geheimgesellschaften innerhalb deren gesellschaftlichem Umfeld untersucht werden, ist die Studie gleichermaßen als neuzeitliche, regionalgeschichtliche Arbeit mit personen- und kulturgeschichtlichem Erkenntnisgewinn angelegt.

Vor diesem Hintergrund verfolgt die Arbeit drei Ziele: Als Kernziel erstens die erstmalige Erschließung der 143 alchemischen Handschriften der LSB in einem Katalog, zweitens die inhaltlich und sammlungsgenetisch basierte Charakterisierung des Bestands als zu weiten Teilen geheimgesellschaftlich sowie drittens die Darstellung der Biografien der maßgeblich mit dem Ensemble in Verbindung stehenden Personen Johann Baptist Sebastian von Sonnenthal und Franz Sales Wocheler als Protagonisten der südwestdeutschen Sattelzeit. Hierfür sind auch ihre soziokulturellen Kontakte als mögliche Kontexte von Alchemie und Geheimgesellschaften in der Region zu berücksichtigen. Die hinsichtlich dieser Ziele erforderlichen Recherchen sowie die dabei erarbeiteten Ergebnisse werden aus Gründen des jeweils inneren Zusammenhangs sowie der Übersicht in drei Teilen dokumentiert: Teil A (Kapitel 2 und 3) vereint in sich die Darstellung der historischen und kulturellen Hintergründe und biographischen Forschungsergebnisse, anhand derer, diesen Teil beschließend, die Schlüsselfiguren Sonnenthal und Wocheler in ihre kultur- und regionalgeschichtlichen Kontexte eingeordnet werden. Teil B (Kapitel 4 bis 8) engt den Fokus ein und konzentriert sich auf die Fragen nach der Provenienz und Genese des Handschriftenensembles sowie nach dessen geheimgesellschaftlichem Profil. Teil C (Kapitel 9 bis 11) schließlich enthält den Bestandskatalog der 143 Handschriften, deren kodikologische und inhaltliche Erschließung für die vorliegende Arbeit zentral war.

Die Einordnung der Handschriftensammlung in den geheimgesellschaftlichen Diskurs gründet neben den sammlungsinternen Informationen auf historischen Arbeiten zur Alchemie und zu Geheimgesellschaften. Zu der Verbindung zwischen diesen Bereichen liegen nur wenige Einzelstudien vor.[34] Nach dem vorliegenden Eingangskapitel setzt Teil A mit Kapitel 2 ein, das im ersten Unterkapitel die bisher bekannten historischen und inhaltlichen Grundlagen dieser Beziehung versammelt. Dieser Übersicht geht eine inhaltliche und diskursive Annäherung an den weiten Bereich ‚Alchemie' voraus. Als Vorverständnis unerlässlich, begründet diese Annäherung, weshalb das Ensemble in seiner Gesamtheit inhaltlich als ‚alchemisch' charakterisiert werden kann, obwohl sich Texte darunter befinden, die auf Magie oder Hermetismus hindeuten bzw. die sich einer eindeutigen Einordnung in einen der drei Bereiche verweigern. Wie gezeigt wird, verhindert ihre diskursive Verwobenheit, die auf gemeinsamen esoterischen Grundkomponenten beruht,[35] eine eindeutige Scheidung dieser drei Komplexe voneinander. Ebenfalls grundlegend stellt das zweite Unterkapitel den Untersuchungsraum und dessen politische und kulturelle Rahmenbedingungen vor.[36] Das erste nachweisbare berufliche Auftreten Sonnenthals im

34 Vgl. hierzu EBELING, Zur Alchemie in der Freimaurerei (2014), S. 41.

35 Vgl. FAIVRE, Esoterik (1996).

36 Ich stelle eine Auswahl der kulturellen Bereiche dar. Dabei gehe ich von einem ubiquitären Kulturbegriff aus, der Hoch- und Populärkultur einschließt und alle menschlichen Reflexionen, Praktiken, Traditionen, Überzeugungen und Wissensbestände als Kultur auffasst, sofern sie innerhalb einer –

Jahr 1789 und das Todesjahr Wochelers 1848 bilden dabei die zeitliche Eingrenzung. Kapitel 3 charakterisiert zuerst die beiden genannten Protagonisten anhand ihres beruflichen Werdegangs, ihrer überlieferten Äußerungen und ihrer Interessen. Am Beginn steht die erstmalige Rekonstruktion der Biografie des Sammlers Johann Baptist Sebastian von Sonnenthal. Die ergänzte Schilderung der Vita Franz Sales Wochelers, der den untersuchten Bestand innerhalb der LSB bewahrte, schließt daran an. Beide Lebensläufe sind danach Ausgangspunkte für die Untersuchung des gesellschaftlichen Umfelds von Sammler und Bewahrer. Dabei wird der Blick besonders auf alchemische und geheimgesellschaftliche Spuren innerhalb des rekonstruierbaren Personengefüges gerichtet. Dieses Vorgehen erlaubt eine Einschätzung darüber, wie es um die gesellschaftliche Gegenwärtigkeit dieser Themen bestellt war. Dieser Punkt ist auch von Bedeutung, weil weder für Sonnenthal noch für Wocheler die Mitgliedschaft in einer Freimaurerloge oder einer anderen Geheimgesellschaft nachgewiesen werden kann. Die Ergebnisse aus Kapitel 3 verdeutlichen, dass es angesichts des Charakters der Sattelzeit im deutschen Südwesten trotzdem kein Paradoxon war, wenn ein Jurist sich mit Alchemie beschäftigte und ein Stadtpfarrer sich im Rahmen der Volksaufklärung für die allgemeine Bildung engagierte und zugleich Alchemie, Magie, Hermetismus oder Geheimgesellschaften als Gegenstände von Interesse wertete. Vor dem historischen und kulturellen Hintergrund bezeugt die Existenz der alchemischen Manuskripte und Drucke in der Überlinger Stadtbibliothek vielmehr die Vielfalt und Dynamik der Sattelzeit.

Nach der Einordnung der Protagonisten und ihrer Wirkungsräume in den historischen und kulturellen Kontext, behandelt Teil B die Fragen nach der Provenienz der Manuskripte, nach den verschiedenen Aspekten der Sammlungsgenese und nach dem Profil der Handschriftensammlung. Kapitel 4 stellt die hierfür grundlegenden kodikologischen Binnengruppen des Bestands vor. Danach setzt sich Kapitel 5 mit der tradierten Behauptung auseinander, dass nahezu sämtliche Handschriften und Drucke zu den Themen Alchemie, Magie und Hermetismus Sonnenthal'scher Provenienz seien, was in dieser Pauschalität nicht belegt werden kann. Unabhängig von konkret personellen Zuordnungen stellt darauf Kapitel 6 die möglichen Bezugswege vor, die bei der Sammlungsgenese von Bedeutung waren. Sie weisen zusammen mit dem Inhalt mancher Handschriften auf die Nutzung der Manuskripte in geheimgesellschaftlichen Kontexten hin. Ergänzt um den Vergleich des Überlinger Ensembles mit weiteren alchemischen Handschriftenbeständen greift Kapitel 7 die vorangegangenen Ergebnisse auf und beschreibt das geheimwissenschaftliche Profil der Sammlung. Die Resultate aus Teil A und B zusammenfassend, präsentiert Kapitel 8 abschließend den Handschriftenbestand sowie die Personen Sonnenthal und Wocheler als Zeugnis bzw. Zeugen der unruhigen wie dynamischen Sattelzeit.

Den Handschriftenbeschreibungen in Kapitel 10 – die zentralen Dreh- und Angelpunkte der Studie – geht in Teil C mit Kapitel 9 eine Diskussion der Beschreibungspraxis alchemischer Manuskripte voraus, die für eine großzügige Interpretation der DFG-Richtlinien für die Beschreibung neuzeitlicher Handschriften plädiert. Die Arbeit wird ab-

---

wie auch immer gearteten Gemeinschaft – kommuniziert wurden und/oder werden, vgl. HEJL, Art. ‚Kultur' (2008) und NEUMANN, Art. ‚Wissen, kulturelles' (2008).

schließend durch einen vierteiligen Anhang (Kapitel 12) ergänzt. Er gibt zentrale Ergebnisse zur Frage nach der Provenienz Sonnenthal und zur Sammlungsgenese in Tabellenform wieder (Anhang A), bietet eine Abbildungsauswahl aus den Handschriften an (B) und bildet die privaten Briefe Sonnenthals (C) und Wochelers (D) in Transkription ab.

1.3 Zum methodischen Vorgehen

Die vorliegende Arbeit wurde methodisch durch verschiedene bibliotheksgeschichtliche Studien, die das hohe Potential von Bibliotheken als Geschichtsquellen darstellten,[37] wie auch durch den Ansatz einer ‚angewandten Sammlungsgeschichte' von Anke te Heesen und Emma C. Spary inspiriert.[38] Te Heesen und Spary forderten, Sammlungen nicht nur theoretisch und inventarisierend zu erfassen, sondern den jeweiligen Inhalt auch hinsichtlich „epistemische[r] Problem- und Fragestellungen" zu konsultieren.[39] Während sie sich auf Wissensstrukturen und Wissensverhandlungen konzentrierten, widmet sich die vorliegende Arbeit der Frage nach den kulturellen und gesellschaftlichen Orten der untersuchten Sammlungsinhalte.

Weiter war das Konzept von Frank Fürbeth für das methodische Vorgehen eine Bereicherung. Er hob ‚Dynamisierung', ‚Kontextualisierung' und ‚Diskursivierung' als zentrale Aspekte bei der Auswertung privater mittelalterlicher Büchersammlungen hervor.[40] Wird mit der Dynamisierung der Prozesshaftigkeit der Entstehung einer Bibliothek Rechnung getragen, sollen mit der Diskursivierung Ensemble und Sammler innerhalb ihrer zeitgenössischen Diskurse situiert werden. Da sich in der Rückschau eine solche Verortung meist sehr auf die untersuchten Sammlungsinhalte gründet – die ihrerseits Diskurse repräsentieren und damit mitunter vereinfachende Zirkelschlüsse provozieren – wirkt die Kontextualisierung auf interner wie externer Ebene letztlich als Korrektiv: Sie untersucht sammlungs-, buch- und textinterne Zusammenhänge sowie personale Vernetzungen und die historischen Umstände, um eine möglichst präzise Einordnung von Sammler und Sammlung innerhalb der zeitgenössischen Diskurse zu gewährleisten. Fürbeth konzentrierte sich mit diesem Konzept auf die Verflochtenheit von mittelalterlicher und frühneuzeitlicher Bibliotheks- und Überlieferungsgeschichte, es ist jedoch generell für wissenschaftliche Untersuchungen von Buchzusammenstellungen aussichtsreich. Eine Bestandsauswertung anhand dieser Methode kann aber nicht – wie die drei Begriffe es suggerieren – ‚Schritt für Schritt' abgebildet werden. Vielmehr treiben diese drei Aspekte die umfassende Einordnung von Sammler und Sammlung innerhalb ihrer Zeit(en) wechselwirkend voran.

37 Vgl. exemplarisch HEINZER, Bestände von Regionalbibliotheken (2000), und GRAF, Oberschwäbische Adelsbibliotheken (2006).
38 Vgl. TE HEESEN/SPARY, Sammeln als Wissen (2002).
39 Ebd. S. 13.
40 Vgl. FÜRBETH, Privatbibliotheken als Quelle der Überlieferungsgeschichte (2010). – An dieser Stelle sei Frank Fürbeth gedankt, der mir 2010 seinen Vortragstext zur Verfügung stellte.

So begannen die Arbeiten zur vorliegenden Untersuchung mit der inhaltlichen Erfassung des Handschriftenbestands und der Rekonstruktion seiner Genese. Hier waren besonders die Aspekte von ‚interner Kontextualisierung' (bei der Erfassung der Handschrifteninhalte und der kodikologischen Zusammenhänge) und Dynamisierung (hinsichtlich der Frage nach möglichen Bezugswegen der Handschriften und der Prüfung der Provenienz Sonnenthal) von Bedeutung. Diese beiden Gesichtspunkte prägten also maßgeblich die Teile B und C. Während der Handschriftenerfassung verfestigte sich bereits angesichts erster sammlungsgenetischer Beobachtungen die These, dass Sammlung und Sammler in Zusammenhang mit geheimgesellschaftlichen Diskursen im 18. und 19. Jahrhundert gesehen werden müssen, während der Akt der Bewahrung auf Aufklärungsdiskurse verwies. Diese Annahmen, die dem Aspekt der Diskursivierung folgen, werden durch historische Arbeiten zur Alchemie- und Geheimgesellschaftsgeschichte sowie zur Aufklärung gestützt. Sie wurden unter dem Gesichtspunkt einer ‚externen Kontextualisierung' anhand der biographischen Arbeit zu Sonnenthal und Wocheler sowie der Untersuchung ihres soziokulturellen Umfelds überprüft. Im Zusammenspiel von Diskursivierung und externer Kontextualisierung wird daher in Teil A deutlich, dass hinsichtlich der Geschichte, der Gesellschaft und der Kultur der süddeutschen Sattelzeit der Hauptsammler der Handschriften, Sonnenthal, und ihr späterer Bewahrer, Wocheler, sich mit ihrem unterschiedlich motivierten Interesse an Alchemie und Geheimgesellschaften in die vielseitige und dynamische Zeit zwischen 1789 und 1848 einfügten. Sonnenthal war während der Blütezeit der Geheimgesellschaften aufgewachsen, stand lange im Dienst adliger Herrscher und sah sich beruflich immer wieder mit einschneidenden politischen Veränderungen konfrontiert. Auch wenn über seine Zeit vor 1789 kaum etwas in Erfahrung gebracht werden konnte, trat sein Interesse an Alchemie vermutlich bereits früh auf und erwies sich als eine der wenigen Konstanten in seinem Leben. Wocheler sah sich besonders aufgrund seiner aufgeklärt-toleranten Haltung verpflichtet, die vorliegenden Handschriften für die Nachwelt zu bewahren: Er ging davon aus, dass nahezu jedem Phänomen und Gegenstand positive und nützliche Eigenschaften abgewonnen werden können, die es anzuerkennen und zu erhalten gelte. Damit einhergehend und angesichts der sich schnell verändernden Gesellschaft, interpretierte er eine öffentliche Stadtbibliothek als einen geschützten Raum für nützliche wie auch seltene, gefährdete oder umstrittene Schriften. Zugleich zeigen seine Bestimmungen aus der Stiftungsurkunde, die die Bibliothek vor Zerschlagung und Auflösung bewahren sollen, dass er um die Verwundbarkeit einer solchen Einrichtung wusste. Im Rahmen seiner Möglichkeiten versuchte er, ‚seine' Bibliothek langfristig als Institution abzusichern, den Erhalt und die Tradition der gesammelten Bestände zu garantieren und damit das Potential einer kritischen und wohlwollenden Prüfung der Bücher durch Folgegenerationen zu gewährleisten. Bisher ist dies gelungen.

Teil A:
Kultur- und regionalgeschichtliche Hintergründe und biografische Ergebnisse

2 Begriffliche Grundlagen und historischer Hintergrund

Das vorliegende Kapitel vermittelt die Hintergrundinformationen, die im weiteren Verlauf der Arbeit für die ereignisgeschichtliche und kulturelle Einordnung der Überlinger Alchemica sowie der Biografien der beiden Protagonisten Sonnenthal und Wocheler unter den Gesichtspunkten der externen Kontextualisierung und Diskursivierung grundlegend sind. Hierfür konturiere ich zuerst die Kernbegriffe, danach stelle ich die landesgeschichtlichen und kulturellen Verhältnisse des Untersuchungsraums vor.

2.1 Alchemie(en) in der Sattelzeit

Der Gesamtbestand der untersuchten Handschriften kann auf den ersten Blick als alchemisch bezeichnet werden. Es befinden sich aber unter den 143 Exemplaren Manuskripte, wie z.B. *Doctor Johann Faust's Hexen- oder Höllenzwang* (Ms. 277) oder *Das große Gebet des heiligen Christopherus* (Ms. 270), die weniger alchemisch als vielmehr magisch anmuten – und die sich bisweilen selbst so bezeichnen, wie z.B. das *Arcanum magnum magicum* (Ms. 242). Zudem verweigern sich einige Texte bzw. Handschriften einer eindeutigen Zuordnung in einen der beiden Bereiche, z.B. *Das verborgene Licht der Natur* eines unbekannten Vincentius (Ms. 215) oder die *Schemata Terrae, Coelestica et Magica* (Ms. 251). Da es unabdingbar ist, seinen Forschungsgegenstand in nachvollziehbarer Weise adäquat zu benennen, legt dieses Unterkapitel im ersten Abschnitt dar, weshalb die inhaltliche Dominanz von Alchemie als Kerncharakteristikum der Sammlung festzuhalten ist und auf welcher Grundlage die beiden Kulturphänomene Magie und Hermetismus[1] mit dieser Bezeichnung miteingeschlossen werden können. Zuerst wird die Breite des Themas Alchemie dargestellt. Diese Darstellung folgt der Beschreibung Joachim Telles, der angesichts der komplexen Gemengelage Alchemie in ihrer Pluralität betrachtete und vier inhaltliche Hauptlinien als Orientierung festhielt. Indem diese plurale Definition als Diskurs interpretiert wird, dem sowohl Dynamik als auch Interaktion mit anderen Diskursen wesenseigen ist, können in einem zweiten Schritt die historisch kontinuierlichen Wechselbeziehungen von Alchemie mit Magie und Hermetismus sichtbar gemacht werden. Diese Schwerpunktbildung findet vor dem Hintergrund statt, dass Alchemie oft als Teildisziplin von Magie aufgefasst wird,[2] und sie im Lauf ihrer frühneuzeitlichen Ge-

---

1 Gleichwohl die Begriffe ‚Hermetismus' und ‚Hermetik' bisweilen synonym verwendet werden, ziehe ich im Folgenden den Ausdruck ‚Hermetismus' aufgrund seiner tendenziell größeren Bandbreite dem Begriff ‚Hermetik' vor, vgl. RECKERMANN, Art. ‚Hermetismus, hermetisch' (1974), HIERONIMUS, Art. ‚Hermetik' (1993), IWERSEN, Lexikon der Esoterik (2001), S. 113–114, und EBELING, Geheimnis des Hermes Trismegistos (2009 [2005]), S. 16–17.

2 Bereits Will-Erich Peuckert gliederte in seinen umfassenden Werken die verschiedenen Bereiche der

schichte häufig als ‚hermetische Kunst' oder ‚hermetische Philosophie' bezeichnet wurde.[3] Die Einführung dieser beiden Diskurse als prominente Interaktionspartner von Alchemie demonstriert die Problematik der wechselseitigen, unlösbaren Verflechtung und verhindert, dass sich die Arbeit in „holzschnittartigen Unterscheidungen" verliert, die den „verschiedenartige[n] Bereiche[n] eines komplexen Kulturphänomens" nicht gerecht werden können.[4]

Wie die Arbeit zeigt, weisen einige Überlieferungszusammenhänge sowie Beobachtungen hinsichtlich möglicher Erwerbungssituationen darauf hin, dass eine merkliche Zahl der Handschriften in geheimgesellschaftliche Kontexte einzuordnen ist. Der zweite Abschnitt stellt daher die historischen Hintergründe zu geheimen Gesellschaften im 18. und frühen 19. Jahrhundert und ihrer bisweilen anzutreffenden Affinität zu Alchemie vor. Eine kurze geschichtliche Einführung behandelt dabei zuerst die dynamische Ausdifferenzierung innerhalb des Geheimbundwesens im 18. Jahrhundert. Drei Beispiele verdeutlichen danach, wie auf der Basis von Gründungslegenden alchemische Inhalte Eingang in die Systeme von Geheimgesellschaften finden konnten. Abschließend thematisiert der Abschnitt anhand mehrerer solcher Gesellschaften den schwankenden Bedeutungsgrad von Alchemie für derartige Vereinigungen.

2.1.1 Inhaltliche und diskursive Perspektiven

Viele wissenschaftliche Arbeiten, die sich mit den Gegenständen Alchemie, Magie und Hermetismus beschäftigen, halten fest, dass es schwierig bis unmöglich ist, dieselben substantiell zu definieren oder eindeutig voneinander abzugrenzen.[5] Dies hängt nicht nur

---

Alchemie innerhalb der Magie ein, vgl. PEUCKERT, Pansophie (1956 [1936]) und DERS., Gabalia (1967). Für die neuere Zeit vgl. exemplarisch PRIESNER, Art. ‚Magie' (1998).

3 Vgl. TELLE, Art. ‚Alchemie II, historisch' (1978), S. 199f. und DERS., Art. ‚Alchemie (15./16. Jh.)' (in Vorbereitung).

4 TELLE, Art. ‚Alchemie (15./16. Jh.)' (in Vorbereitung).

5 Vgl. exemplarisch PLOSS, Alchemie – Versuch einer Charakteristik (1970), DAXELMÜLLER, Zauberpraktiken (1993), S. 23: „Eine Zusammenstellung der Definitionen von Magie, die bisher gegeben wurden, bietet Stoff für ein eigenes, ebenso reizvolles wie umfangreiches Buch", SMITH, Art. ‚Hermetik' (1998), S. 176: „Hermetik[:] Synonym für die Alchemie [...] bezeichnet im weiteren Sinn generell die Geheimwissenschaften", PRINCIPE, Art. ‚Alchemy I: Introduction' (2005), S. 12: „Alchemy is a subject of enormous intrinsic interest but one which has long proven difficult to grasp properly", SCHÜTT, Auf der Suche nach dem Stein der Weisen (2000), S. 11: „«Was ist Alchemie?» Das ist eine Frage, die schon deshalb, weil sie zahllos viele Antworten herausfordert, keine völlig befriedigende Antwort verspricht. Keine von ihnen vermag alles zu sagen; keine erlaubt auch nur Vermutungen darüber, wie alles zu sagen wäre.", EBELING, Geheimnis des Hermes Trismegistos (2009 [2005]), S. 17: „Den Hermetismus inhaltlich präzise zu definieren würde die Gefahr bergen, seine Geschichte zu verkürzen und zahlreiche Phänomene aus den Augen zu verlieren", ALT/WELS, Einleitung zu *Konzepte des Hermetismus* (2010), S. 7–8: „Schon in den Diskussionen der Tagung zeigte sich [...], dass in der Bestimmung dessen, was unter Hermetismus zu verstehen wäre, keine Einigung herzustellen ist.", OTTO/STAUSBERG (Hg.), Defining magic (2013), S. X: „‚Magic' continues to conjure creative mental energies of various sorts and we hope to provide novices with a convenient and solid entry-point into this crucial interdisciplinary field of study. Despite the many attempts at defining ‚magic' documented in this volume, the last and final definition to put the case at rest has so far not been pronounced – and if it ever where, this would be a truly magical formula", ALT/EMING/RENZ, Einleitung zu *Magia da-*

damit zusammen, dass zwischen ihnen zahlreiche Wechselbeziehungen bestehen, sondern auch damit, dass die Themenbereiche diskursiv eng mit anderen komplexen Kulturbereichen wie z.B. Religion verbunden waren und sind.[6] Es ist daher unerlässlich, einführend einen Blick auf die inhaltlichen Schwerpunkte des Kulturphänomens zu werfen, dem der hier untersuchte Forschungsgegenstand zuzuordnen ist.

Alchemie als Kulturphänomen besteht seit vorchristlicher Zeit und vereint sowohl religiös-philosophische wie auch handwerklich-praxisbezogene Aspekte.[7] Für das weitverzweigte Gebiet ist der ‚plurale' Definitionsversuch Joachim Telles maßgeblich. Bereits 1978 hielt er fest, dass es sich bei der Alchemie um einen „vielgestaltigen Erfahrungsbezirk"[8] handle, der spekulative wie praktische Elemente in sich berge und auf „der Auffassung von der Einheit der Materie [basiere]".[9] Besonders in der frühen Neuzeit habe Alchemie sich mit „Kabbala, Magie und anderen ‚okkulten' Wissensdisziplinen verschwistern" können und verberge sich seitdem häufig auch hinter Begriffen wie „Pansophie, Theosophie oder ‚hermetische Philosophie'„.[10] 1997 benannte Telle vier Ausprägungen, anhand derer die Vielfalt von Alchemie wenn nicht vollständig erfasst, so doch wenigstens in einer ersten Annäherung kanalisiert werden kann. Er unterteilte in die ‚Alchemia technica', die ‚Alchemia transmutatoria metallorum', die ‚Alchemia medica' und die ‚Alchemia mystica'.[11] Erstere konzentriert sich auf das Bergbauwesen – bei dem das Gebirge als lebender Organismus betrachtet wurde, der die Metalle und Erze hervorbringt –, die Probier-, Glas- und Färbekunst sowie auf sämtliche alchemische Gerätschaften. Die ‚Alchemia transmutatoria metallorum' beschäftigt sich konkret mit den Möglichkeiten der Metalltransmutation und -veredelung mittels des Steins der Weisen. Hierunter ist die Goldmacherkunst zu zählen. Bei der ‚Alchemia medica' steht die Gewinnung von Arzneimitteln im Zentrum der Bemühungen. Der Stein der Weisen wird zur Universalarznei; die Suche nach ihm beeinflusste Medizin und Pharmazie. Besonders im Rahmen dieser drei ersten Hauptlinien ist die Beschäftigung mit der Natur, ihrer stofflichen Zusammensetzung und Veränderbarkeit von zentraler Bedeutung. Die letzte Hauptrichtung, die ‚Alchemia mystica', basiert auf der Annahme, dass alchemischen Inhalten und Prozessen eine Sinnebene innewohnt, die religiös oder theosophisch interpretiert werden kann.

Diese vier idealisierten Richtungen umreißen, was Alchemie thematisch alles umfassen konnte bzw. mit welchen anderen Bereichen sie enger in Verbindung stand. Sie liegen nicht generell in Reinform vor, sondern korrelieren meist miteinander. So konzentriert sich z.B. die Alchemie des Theophrast von Hohenheim (Paracelsus, 1493/94–1541), der

---

emoniaca, magia naturalis, zouber (2015), S. 7: „Nicht nur der Begriff der Alchemie ist als Klassifikation einer Vielzahl, teilweise stark divergierender Erscheinungen allerdings problematisch, sondern auch der Begriff der Magie" oder TELLE, Art. ‚Alchemie (15./16. Jh.)' (in Vorbereitung): „Faßt man die Gesamtüberlieferung ins Auge, widersetzt sich Alchemie einer möglichst präzisen Definition".

6 Vgl. hierzu exemplarisch TELLE, Art. ‚Alchemie II, historisch' (1978), S. 208–210, PETZOLDT (Hg.), Magie und Religion (1978) und DERS., Magie und Religion (1990).

7 Vgl. HARTMANN, Art. ‚Alchemie I, religionsgeschichtlich' (1978).

8 TELLE, Art. ‚Alchemie II, historisch' (1978), S. 199.

9 Ebd., S. 200.

10 Ebd., S. 199–200.

11 Vgl. TELLE, Bibliotheca Alchemica – Bernus (1997), S. 12–16.

nicht nur als Arzt sondern auch als Theologe wirkte, primär auf die Heilkunst und die Arzneimittelgewinnung und beeinflusste damit z.B. die Weiterentwicklung der Destillierkunst. Das Nachleben von Hohenheims, gefasst unter dem Begriff ‚Paracelsismus', blieb in der ‚Alchemia medica' verankert, wobei vermehrt philosophische und religiöse Aspekte hinzu traten: „[D]ie Glorie der neuen ›spagyrischen‹ Medizin [verschmolz] mit einer philosophisch-religiösen Weisheitslehre [...], die bereits den bald einsetzenden Strömungen einer von Paracelsus tingierten heterodoxen Frömmigkeit präludierte".[12]

Seit dem späten 18. Jahrhundert – als zeitliche Markierung gilt die Publikation der Ergebnisse der Laborexperimente Antoine Laurent de Lavoisiers im Jahr 1789 – war Alchemie als Disziplin innerhalb der sich etablierenden und ausdifferenzierenden Naturwissenschaften im Niedergang begriffen.[13] Dies wird am Rückgang der „Druckflut alchemischer Werke"[14] deutlich, die vom 16. bis weit ins 18. Jahrhundert noch einen großen Anteil im „Riesenbergwerk der frühneuzeitlichen Medica- und Physicaliteratur"[15] eingenommen hatten. Für das 19. Jahrhundert konstatierte der Chemiehistoriker Hermann Kopp (1817–1892), dass der gesellschaftliche Status der Alchemie aufgrund experimentell nachvollziehbarer Laborarbeiten sowie durch den kritischeren Umgang der Menschen mit rätselhaften oder unerklärlichen Phänomenen nachhaltig erschüttert worden sei.[16] Dennoch hält er für Deutschland fest, dass der Alchemieglaube „mehr zurückgedrängt als wirklich aufgegeben war".[17] Als Gewährsmänner nennt er u.a. Karl Wilhelm Gottlob Kastner (1783–1857) und Ferdinand Wurzer (1765–1844), zwei Professoren der Chemie, die sich spät bzw. gar nicht von der Idee der erfolgreichen Metalltransmutation gelöst hätten.[18] Im Allgemeinen wurden von der Forschung für das 18. und 19. Jahrhundert aber Tradierungs- und Rezeptionsschwerpunkte der ‚Alchemien' vor allem innerhalb von geheimen Gesellschaften (z.B. in der Freimaurerei), bei religiösen Reform- und Erneuerungsbewegungen des Protestantismus (Pietismus) sowie in jüngeren kulturellen Strömungen und wissenschaftlichen Ideen (in der Romantik oder der Psychologie) ausgemacht.[19] In erster Linie bewirkten der Facettenreichtum der Alchemie sowie die vieldeutige Metaphorik ihrer Text- und Bildzeugnisse, dass die Inhalte der ‚Alchemien' innerhalb verschiedener Gesellschaftsgruppen und kultureller Kontexte weiter tradiert, rezipiert und neu interpretiert wurden.

---

12 KÜHLMANN/TELLE (Hg.), Corpus Paracelsisticum, Bd. 1 (2001), S. 21.

13 Dies nicht nur aufgrund nüchterner experimenteller Ergebnisse, sondern auch auf Basis einer aufklärerischen Naturgeschichtsschreibung, die Alchemie kontinuierlich als höchst unseriöse Betätigung von skrupellosen Hochstaplern oder leichtgläubigen Phantasten brandmarkte, vgl. hierzu GOLTZ, Alchemie und Aufklärung (1972).

14 TELLE, Art. ‚Alchemie II, historisch' (1978), S. 201.

15 TELLE, Bibliotheca Alchemica – Bernus (1997), S. 11.

16 KOPP, Alchemie in älterer und jüngerer Zeit (2013 [1886]), Bd. 2, S. 169–171.

17 Ebd., S. 166.

18 Vgl. ebd., S. 172–175.

19 Vgl. exemplarisch TELLE, Art. ‚Alchemie II, historisch' (1978), S. 205–207 und S. 210, CLERICUZIO, Art. ‚Alchemie, neuzeitliche' (1998), S. 34f., COUDERT, Art. ‚Alchemy IV: 16th-18th Century' (2005), S. 45–47 und CARON, Art. ‚Alchemy V: 19th-20th Century' (2005), S. 50–54.

Hinsichtlich der Handschriften in der Leopold-Sophien-Bibliothek (LSB), die mitunter augenscheinlich ‚magische' oder ‚hermetische' Texte überliefern bzw. inhaltlich nicht klar einzuordnen sind, stellt sich die Frage, wie man sich die Interaktion zwischen Alchemie, Magie und Hermetismus vorstellen kann. Hierfür ist es sinnvoll, diese Bereiche weniger als abgegrenzte Sphären, sondern vielmehr als Diskurse aufzufassen, die aufgrund gemeinsamer ideeller Grundlagen, die den Metadiskurs ‚Esoterik' durchziehen, intensiv aufeinander einwirken.

Diskurse werden im Folgenden als Gefüge betrachtet, die durch die Interaktion menschlicher Reflexion mit Sprache und Praxis „systematisch die Gegenstände bilden",[20] über die sie reflektieren, sprechen oder im Bewusstsein derer sie handeln. Der Vorteil davon, Alchemie und andere Themenbereiche als Diskurse aufzufassen, liegt darin, dass im so definierten Wesen von Diskursen eine Dynamik innewohnt, die in keiner Weise vorsieht, dass sich die Gegenstände substantiell definieren oder eindeutig voneinander abgrenzen lassen. Dadurch, dass Reflektieren, Sprechen und Handeln von gesellschaftlichen, kulturellen und diskursiven Regeln und Rahmenbedingungen gelenkt werden, stehen Diskurse vielmehr zwangsläufig in Wechselwirkung mit Veränderungen auf gesellschaftlicher, kultureller und diskursiver Ebene. Ihre Historizität und ihr dynamischer Charakter sind daher offensichtlich. Letzterer erklärt, dass Diskurse innerhalb des übergreifenden gesellschaftlichen und kulturellen Rahmens miteinander interagieren: Sie wirken stets – mehr oder weniger intensiv – in der Auseinandersetzung mit anderen Diskursen, sei es in Formen der Abgrenzung oder Annäherung.

In Anlehnung an Telles plurale Definition wird Alchemie im Folgenden als Diskurs aufgefasst, der sich mit der Stofflichkeit der Natur und Beschaffenheit des Kosmos auseinandersetzte. Hierbei versuchte man zum einen, Naturprozesse praktisch zu ergründen, zu imitieren oder zu beeinflussen, und zum anderen Natur und Kosmos theoretisch zu untersuchen und zu systematisieren. Zu diesen Zwecken bemühten Alchemiker oft in eklektischer Weise verschiedene Ideen und Modelle.[21] Die vier inhaltlichen Hauptlinien bilden interagierende Teildiskurse, die sich vor diesem Hintergrund spezialisierten und mit anderen Diskursen, z.B. mit jenen der hier nicht näher behandelten Religion, Philosophie, Technik oder Medizin korrelierten.[22] Zum genaueren Verständnis des hier untersuchten Handschriftenbestands werden die Diskurse Magie und Hermetismus kurz vorgestellt und ihre Interaktion mit dem Alchemiediskurs beschrieben.

Wissensgeschichtlich eint die drei Bereiche, dass sie sich weitgehend außerhalb der kanonisierenden Institution der Universität verortet finden.[23] Für ihre inhaltlichen Wech-

---

20 FOUCAULT, Archäologie des Wissens (1981 [1969]), S. 74.

21 Vgl. TELLE, Art. ‚Alchemie II, historisch' (1978), S. 200.

22 Der Diskurs der ‚Alchemia technica' z.B. betrifft nie allein nur Alchemie, sondern verbindet sich auch mit den Diskursen von Technik, Bergbauwesen, Glasfärbekunst oder Wirtschaft.

23 Vgl. ALT/EMING/RENZ, Einleitung zu *Magia daemoniaca, magia naturalis, zouber* (2015), S. 2. Der dort formulierte Vorschlag, unter Rückgriff auf MULSOW, Prekäres Wissen (2012), Alchemie als Teil eines ‚prekären Wissensbestands' aufzufassen ist diskussionswürdig, da dieser Begriff besonders auf die Unsicherheit und Misslichkeit einer Situation abzielt, die so für Alchemie als frühneuzeitliche „Leitwissenschaft" (WELS, Alchemie der Frühen Neuzeit (2015), S. 234) nicht gegeben ist.

selbeziehungen bieten die von Antoine Faivre festgehaltenen Primär- und Sekundärkomponenten einer esoterischen „Denkform" die Basis.[24] Faivre macht (1.) das Denken in allumfassenden Entsprechungen, (2.) die Prämisse von der Belebtheit der ganzen Natur, (3.) das Prinzip der Imagination bzw. Mediation, aufgrund dessen unsichtbare Zusammenhänge im Makro- und Mikrokosmos selbst entschlüsselt werden können bzw. durch Vermittler offenbar werden sowie (4.) den Glauben an erfahrbare Transmutationen, im Sinne von Wesensübergängen bzw. -veränderungen jeglicher Art, als verbindliche Grundelemente für esoterische Diskurse aus. Flankiert würden diese Primärkomponenten häufig durch die zwei Sekundärkomponenten einer „Praxis der Konkordanz", die nach einem alle Traditionen einenden Ursprung sucht, sowie der „Transmission oder Initiation durch Meister".[25] Alchemie, Magie, Astrologie, Kabbala, Hermetismus, Theosophie u.a. werden anhand dieser Komponenten unter dem Begriff ‚Esoterik' wertungsfrei zusammengefasst. Dieser eröffnet allerdings ein derart breites Diskursfeld, dass der Begriff für Detailstudien nicht immer geeignet ist, da „Binnendifferenzierungen" oft in den Hintergrund gerückt werden.[26] Als Denkform verstanden, illustriert ‚Esoterik' allerdings deutlich jene ideellen Komponenten, die Alchemie inhaltlich und diskursiv mit Magie und Hermetismus verweben können und ist daher für die folgenden Überlegungen fruchtbar.[27]

Magie wird in Anlehnung an den Historiker J. Wouter Hanegraaff sowie den Anthropologen Peter Pels als ein ‚abendländisch' geprägter Diskurs über den gesellschaftlichen und kulturellen Status gemeinhin ‚unerklärlicher' Phänomene aufgefasst, der als wissenschaftliche Analysekategorie umstritten ist.[28] Wenn auch ein substantiell höchst diffuser Bereich, war Magie diskursiv im europäischen und nahöstlichen Raum seit dem Altertum

---

24 FAIVRE, Esoterik (1996), S. 22.

25 Vgl. ebd., S. 22–32, hier: S. 29–30.

26 ALT/WELS, Einleitung zu *Konzepte des Hermetismus* (2010), S. 8.

27 Zur Frage, ob ‚Esoterik' eine zu moderne und damit irreführende Kategorie für Forschungen zur (frühen) Neuzeit ist, vgl. NEUGEBAUER-WÖLK, Aufklärung und Esoterik (2013). Zwar taucht der Begriff erst Ende des 18. Jahrhunderts im deutschen Sprachgebrauch auf, Neugebauer-Wölk legt aber dar, dass „die voraufklärerische Zeit [...] sehr wohl [die] Denk- und Verhaltensweisen [kannte], die die Esoterikforschung mit diesem Begriff verbindet" (S. 50).

28 Vgl. HANEGRAAFF, Art. ‚Magic I: Introduction' (2005), S. 718: „In the post-colonial period Western scholars have become more sensitive about issues of ethnocentrism and Eurocentric arrogance, but the logical stept of discarding the category of „magic" has not been taken. [...] If any etic concept of magic is still considered necessary at all, it might be used as the common denominator of 'a discoursive field, in which different Occidentalist definitions of deluded or illusory beliefs were accompanied by doubts about the extent to which the were deluded, illusory, backward, or irrational' (PELS [Introduction zu *Magic and modernity*,] 2003, [S.] 16)". – Bernd-Christian Otto hat in seiner religionswissenschaftlichen Studie ebenfalls dafür plädiert, sich hinsichtlich dieses Themenfelds von substanziellen Definitionen zu lösen. Als problematisch erweise sich, dass, besonders in der Auseinandersetzung mit Religion und/oder Wissenschaft, Magie im Rahmen „historische[r] Ausgrenzungsdiskurs[e]" im westlich-europäischen Raum über Jahrhunderte als eine mehrheitlich negativ konnotierte, im besten Fall als fragwürdige, anachronistische oder unterhaltsame Angelegenheit spezifiziert und tradiert worden sei und werde, OTTO, Magie (2011), S. 645. Obwohl diese Beobachtung nicht bestritten werden kann, ändert sie nichts an der Tatsache, dass seit Jahrtausenden ein Magiediskurs wirksam ist, der sich entsprechend im Quellenmaterial abbildet.

präsent.[29] Hinsichtlich ihrer kontinuierlichen historischen Wirksamkeit sind besonders die inhaltlichen und funktionalen Strukturierungsversuche bemerkenswert, die die gesellschaftliche Auseinandersetzung mit diesem Phänomen widerspiegeln. Als Widerhall der Verhandlung von Magie in den Diskursen Religion und Wissenschaft – die die Deutungshoheit über Unerklärliches für sich reklamierten – wurde Magie seit dem Hochmittelalter kontinuierlich in ‚gut' versus ‚böse' geschieden, um einzelne Bestandteile gesellschaftlich zu legitimieren.[30] Die ‚Grenzlinien' – nach innen wie nach außen – blieben allerdings durchlässig.[31]

Die vorliegende Arbeit orientiert sich begrifflich an den von Wolf-Dieter Müller-Jahncke vorgeschlagenen drei Kategorien ‚Magia naturalis', ‚Magia diabolica' und ‚Magia artificialis' als magische Teildiskurse.[32] Letztere umfasst primär ein weitgehend wertneutrales Magiehandwerk, das keine komplexe Systemdoktrin aufweist, sich auf praktische Anleitungen und Rezepte beschränkt und häufig „hermetisch gefärbte mittelalterliche oder arabische"[33] Wundergeschichten tradiert. Dagegen verbirgt sich hinter der ‚Magia naturalis' der offen verhandelte Diskurs einer theoretisch fundierten und praktisch erprobten, universalen Naturkunde, die die Geheimnisse des Kosmos zu ergründen, zu strukturieren und für den Menschen nutzbar zu machen versucht. ‚Magia diabolica' dagegen umfasst schließlich den gleichermaßen komplexen, aber gesellschaftlich nicht tolerierten Diskurs um die systematischen und praktischen Grundlagen zur Beschwörung und Dienstbarmachung metaphysischer Wesen. Ergänzend anzuführen ist weiter Claus Priesners funktionale Systematisierung des Magiediskurses.[34] Er spricht von ‚natürlicher (weißer) Magie', die das Wohl der Menschen im Sinn habe, und grenzt davon die ‚schwarze Magie' ab, die „prinzipiell böse" sei und die Kontaktaufnahme mit Dämonen verfolge.[35] Wie Müller-Jahncke führt er eine dritte Kategorie ein, die ‚Theurgie'. Sie vermag Aspekte der weißen mit der schwarzen Magie zu verbinden: Sofern der angestrebte Nutzen im Allgemeinwohl liegt, ist der Kontakt zu „gottergebenen Geistern" zulässig.[36]

Alchemie und Magie interagieren besonders auf der Basis dreier esoterischer Komponenten miteinander: Der Annahme von analogen Wechselwirkungen zwischen Mikro- und Makrokosmos, der Vorstellung von einer organischen, belebten Natur, deren Struktur theoretisch und praktisch ergründet werden kann, sowie der Idee von der Veränder-

29 Vgl. HARMENING, Art. ‚Magie III, historisch' (1991).

30 Ebd., S. 699: „Die Notwendigkeit einer Unterscheidung von philosophisch-naturkundlicher Magie und einer dämonistischen Zauberpraxis, wie sie ja durchaus auch das Mittelalter empfunden hatte, wurde in nachmittelalterlicher Zeit immer wieder hervorgehoben". – In der Regel nähert sich die westlich-europäische Forschung dem Komplex Magie noch heute unter der Annahme einer „binäre[n] Struktur von ‚magia daemoniaca' und ‚magia naturalis'„, DAXELMÜLLER, Zauberpraktiken (1993), S. 26. Vgl. auch PETZOLDT, Magie (2011).

31 Vgl. hierzu exemplarisch MÜLLER-JAHNCKE, Renaissance-Magie (1988), PETZOLDT, Magie und Religion (1990) und SCRIBNER, Magie und Aberglaube (1990).

32 Vgl. MÜLLER-JAHNCKE, Astrologische-magische Theorie und Praxis (1985), S. 121–134.

33 Ebd., S. 121.

34 Vgl. PRIESNER, Art. ‚Magie' (1998), weiter auch PETZOLDT, Art. ‚Magie' (1999), Sp. 4.

35 PRIESNER, Art. ‚Magie' (1998), S. 227.

36 Ebd., S. 228.

barkeit der Dinge. Vor diesem Hintergrund ist Alchemie besonders mit dem Teildiskurs der ,Magia naturalis' verbunden. An diesen Bereich knüpft auch der Hermetismus prominent an. Er richtet seinen Fokus dabei auf die Auswertung altertümlicher Texte, die verborgenes Wissen um kosmogonische Vorstellungen und kosmologische Zusammenhänge tradieren.

Als Hermetismusdiskurs wird im Folgenden unter Rückgriff auf Stephan Meier-Oeser die Verhandlung und der Widerhall jener „hermetisch-platonische[n] Naturphilosophie" aufgefasst, die sich besonders „gegenüber der aristotelisch orientierten Schulphilosophie und der galenisch orientierten Schulmedizin" abgrenzte.[37] Im Rahmen der Idee einer ,Philosophia perennis',[38] die von der Existenz eines vorsintflutlichen universalen Heilswissens ausging, das u.a. über Hermes Trismegistos und weitere Gelehrte des östlichen Mittelmeerraums verschlüsselt bis ins 16. Jahrhundert überliefert worden sei, betrachtete der Hermetismus verschiedene Religions- und Philosophietraditionen sowie naturkundliche Vorstellungen als unterschiedliche Interpretationen und Ausläufer einer gemeinsamen Urweisheit und führte sie synkretistisch zusammen.[39] Damit einher ging mitunter der Aspekt um einen harmonischen Ausgleich der Differenzen zwischen den verschiedenen Traditionen.[40] Im Fokus hermetischer Studien stand meist das Streben nach Erkenntnis (auch ,Gnosis'[41]) der verborgenen natürlichen und universalen Zusammenhänge, um die individuelle, gesellschaftliche oder kosmologische Vervollkommnung zu erreichen. Den Gesichtspunkt des Verborgenen, des Geheimnisses, als Hürde für noch unreife oder unwürdige Personen spiegelten viele Texte des Hermetismus wider. Sie waren nicht selten durch Rätsel und Symbole codiert und selbst nach deren Entschlüsselung häufig mehrdeutig interpretierbar.[42]

Der Hermetismus speiste sich aus verschiedenen Quellen, wobei die Rezeption der von Marcilio Ficino 1471 veröffentlichten Übersetzung des spätantiken *Corpus Hermeticum* – von dem angenommen wurde, dass es vorsintflutliches Wissen berge – sowie der *Tabula smaragdina* zentral ist.[43] Letztere wurde seit dem 13. Jahrhundert im europäischen

---

37 MEIER-OESER, Einleitung zu *Hermetisch-platonische Naturphilosophie* (2001), S. 9.

38 Auch ,prisca theologia' oder ,prisca sapientia'. – Zu diesem Thema vgl. weiterführend die Darstellung von SCHMIDT-BIGGEMANN, Philosophia perennis (1998).

39 Vgl. EBELING, Geheimnis des Hermes Trismegistos (2009 [2005]), S. 17: „Vielleicht faszinierte der Hermetismus gerade deswegen so viele Menschen, weil er es erlaubte, zahlreiche Analogien und Verwandtschaften zu unterschiedlichen Traditionen herzustellen: zum Platonismus in seinen verschiedenen Spielarten, zum Stoizismus, zu gnostischen Vorstellungen und selbst zu bestimmten Lehren des Aristotelismus. Der Gnostiker, der Esoteriker, der Platoniker oder Deist konnte in den Schriften je etwas entdecken, was ihm bekannt vorkam, und jeder konnte diese Bekannte als den eigentlichen Kern verstehen. Man musste nur ein Faible für das Uralte haben, für die Idee eines goldenen Zeitalters, denn mit der Aura einer ägyptischen Uroffenbarung war der Hermetismus besonders erfolgreich".

40 Vgl. KÜHLMANN, Der ›Hermetismus‹ als literarische Formation (1999), S. 145f.

41 Vgl. MCLACHLAN, Art. ,Gnosis/Gnostizismus, II.1: Einführung – Probleme, Definitionen, Quellen' (1985) und HILD, Art. ,Gnosis' (1998), besonders S. 152.

42 Vgl. MEIER-OESER, Einleitung zu *Hermetisch-platonische Naturphilosophie* (2001), S. 17f.

43 Zum Corpus Hermeticum vgl. JÜTTNER, Art. ,Corpus Hermeticum' (1986) und TRÖGER, Art. ,Hermetica' (1989). – Zur Tabula smaragdina vgl. TELLE, Art. ,Tabula smaragdina' (1997).

Raum tradiert und erschien 1541 erstmals im Druck. Beide Textkorpora wurden der mythischen Gestalt des Hermes Trismegistos zugeschrieben, der im Ruf stand, der hellenisch-ägyptische Begründer der Alchemie, aber auch Magier, Astrologe und Philosoph gewesen zu sein.[44] Dass „[e]ine weitere wichtige Quelle [des Hermetismus] die alchemistische Literatur des arabischen und lateinischen Mittelalters [bildete]“,[45] ist vor diesem Hintergrund nachvollziehbar und erklärt zudem, dass viele alchemische Schriften unter der Rubrik ‚hermetische Philosophie‘ oder ‚hermetische Medizin‘ erschienen, obwohl sie inhaltlich gar nicht auf das *Corpus Hermeticum* Bezug nahmen.[46] Seit dem 16. Jahrhundert schlägt sich die Beschäftigung mit Hermetismus vermehrt in alchemischen und naturphilosophischen Texten nieder.[47]

Die verschiedenen Traditionsstränge erklären, dass diverse Ausprägungen des Hermetismus entstanden. Florian Ebeling unterscheidet einen praktisch angelegten, alchemo-paracelsistischen Hermetismus im nördlichen Alpenraum, der sich vermehrt auf die mittelalterlichen und arabischen Textzeugen stütze, von einem philosophisch-theologischen Hermetismus italienischer Prägung, der sich besonders am *Corpus Hermeticum* abarbeite – eine Unterscheidung, die in ihrer Absolutheit kritisiert und ergänzt wurde.[48] Weiter wird die Sinnhaftigkeit einer Differenzierung in einen philosophischen und einen technischen Hermetismus in Abrede gestellt.[49] Die fortdauernde Diskussion der hermetischen Komponenten und ihre Kategorisierungsversuche, denen hier nicht weiter nachgegangen werden muss, offenbaren, dass auch dieses Phänomen sich gegen eine abschließende Definition sperrt.[50]

Dem Hermetismusdiskurs sind alle vier esoterischen Primärkomponenten immanent, besonders aber jene der Imagination und Vermittlung, die die Verbindung zum alchemischen Teildiskurs der ‚Alchemia mystica‘ begünstigt. Hermetismus bezieht sich oft auf spätantike Texte und Symbolfolgen, die durch verschiedene Autoritäten vermittelt worden sein sollen. Laut diverser Überlieferungstopoi in der Regel auf Steinsäulen, Metall- oder Steintafeln festgehalten,[51] ist deren verborgene Bedeutung durch Imagination weiterer möglicher Sinnebenen zu entschlüsseln. Zudem spielt die Sekundärkomponente der

44 Vgl. SZYDLO, Art. ‚Hermes Trismegistos‘ (1998), VAN DEN BROEK, Art. ‚Hermetic Literature I: Antiquity‘ (2005), S. 487: „In accordance with his [Hermes Trismegistos] function as a teacher of magic, astrology, alchemy and philosophically coloured religious knowledge, there are under his name magical spells, astrological and alchemical treatises and religious-philosophical discurses.“, und EBELING, Geheimnis des Hermes Trismegistos (2009 [2005]), S. 47–49.

45 MEIER-OESER, Einleitung zu *Hermetisch-platonische Naturphilosophie* (2001), S. 10.

46 Vgl. TELLE, Art. ‚Alchemie (15./16. Jh.)‘ (in Vorbereitung).

47 Vgl. KÜHLMANN, Der ›Hermetismus‹ als literarische Formation (1999), S. 147–149, und TELLE, Art. ‚Alchemie (15./16. Jh.)‘ (in Vorbereitung).

48 Vgl. LAW, Die hermetische Tradition (2010), S. 62f.

49 Im *Dictionary of Gnosis & Western Esotericism* wird diese funktionale Aufteilung übernommen, vgl. VAN DEN BROEK, Art. ‚Hermetik Literature I: Antiquity‘ (2005) und LUCENTINI/PERRONE COMPAGNI, Art. 'Hermetic Literature II: Latin middle ages‘ (2005). Carlos Gilly spricht ihr dagegen jegliche Sinnhaftigkeit ab, vgl. GILLY, Vom ägyptischen Hermes zum Trismegistus Germanus (2010), hier: S. 100.

50 Vgl. KÜHLMANN, Der ›Hermetismus‹ als literarische Formation (1999).

51 Vgl. LAW, Die hermetische Tradition (2010), hier: S. 45–47 und S. 57f.

‚Praxis der Konkordanz' eine nicht zu unterschätzende Rolle. Der häufige Rückgriff auf die Figur des Hermes Trismegistos, als herausragender Alchemiker und Magier tradiert, führt zu breiten Überlagerungen mit den Diskursen von Alchemie und Magie. Im Rahmen dieser Überschneidungen wurden ältere Texttraditionen in vielerlei Hinsicht interpretiert, rezipiert und modifiziert sowie theoretisch als auch praktisch geprüft. Neben ihrer ideellen Einbettung in eine esoterische Denkform ist dieses enge Zusammenwirken von Theorie und Praxis gleichermaßen allen drei Diskursen eigen.

Es ist also keine Fehleinschätzung, den vorliegenden Handschriftenbestand in seiner Gesamtheit explizit als ‚alchemisch' zu bezeichnen, selbst wenn einzelne Bestandteile daraus offensichtlich magisch oder hermetisch anmuten. Alchemie als dynamischer Diskurs, der nicht ohne seine Wechselbeziehungen zu diversen anderen Themenbereichen gedacht werden kann, schloss immer – mehr oder weniger – auch die Diskurse Magie und Hermetismus ein: Im vorliegenden Fall ‚mehr'. Mit dieser dichten Verwobenheit der drei Bereiche weist der Bestand in geheimgesellschaftliche Kontexte: Weil viele Geheimgesellschaften mit ihren Gründungslegenden an altertümliche Stoffe und die Idee der ‚Philosophia perennis' anknüpften, war Alchemie zusammen mit Magie und Hermetismus für einige solcher Verbindungen des 18. und des 19. Jahrhunderts sehr attraktiv.

2.1.2 Rezeption und Funktion im geheimgesellschaftlichen Kontext

Obwohl sich die Freimaurerei in Anlehnung an ihre moderate Geheimhaltungspraxis als ‚diskrete' Gesellschaft von geheimen Sozietäten abgrenzt, fasst die vorliegende Arbeit sie mit letztgenannten unter den Begriffen ‚Geheimgesellschaften' oder ‚Geheimbünde' zusammen.[52] Eine Unterscheidung in diskrete und geheime Gesellschaften ist hinsichtlich des angestrebten Erkenntnisgewinns nicht erforderlich: Wenn Alchemie in der Freimaurerei von merklicher Bedeutung war, kam sie vorwiegend bei den rituellen, eben den geheimen Tätigkeiten der Logen zum Tragen. Als maßgebliche Geheimgesellschaften des 18. Jahrhunderts im engeren Sinn sind die Gold- und Rosenkreuzer und die Illuminaten zu nennen.[53]

---

52 Vgl. SCHWEYER, Politische Geheimverbände (1925), S. 1: „Unter Geheimverbänden, Geheimbünden sind Vereinigungen (Vereine, Orden, Parteien, Verbänden, Gemeinschaften sonstiger Art) zu verstehen, die ihr Dasein, ihre Ziele, ihre Verfassung, ihre Tätigkeit, ihre Mitglieder, ihre Gebräuche oder sonstige für ihre Beurteilung wichtige Umstände, Einrichtungen oder Merkmale ihres Wesens aus irgend einem Grunde geheimhalten. Es ist nicht notwendig, daß die Geheimhaltung in einzelnen Falle auf die Gesamtheit der in Betracht kommenden Gesichtspunkte sich erstreckt; ein Geheimbund, Geheimverband ist schon dann gegeben, wenn eine Gemeinschaft irgend eine ihre Beurteilung entscheidend ins Gewicht fallende Einrichtung oder Eigenschaft der zuständigen Staatsbehörde oder der Öffentlichkeit tatsächlich planmäßig vorenthält." – Laut dieser Definition wäre die Freimaurerei eine Geheimgesellschaft, weil sie sich über eine Komponente, ihre „Gebräuche", also ihre Rituale, ausschweigt. Diese rigorose Auffassung lehnen Lennhoff, Posner und Binder ab, vgl. LENNHOFF/POSNER/BINDER, Freimaurerlexikon (2000 [1932]), S. 332, hier: Art. ‚Geheimbund'. Da sich die Freimaurerei lediglich über ihre internen Rituale ausschweige, sonst aber z.B. hinsichtlich ihrer Versammlungsorte oder der Ziele der Vereinigung für staatliche Behörden transparent sei, handle es sich um keine Geheimgesellschaft im engsten Sinn.

53 Vgl. einführend zu den Gold- und Rosenkreuzern KÜHLMANN, Art. ‚Rosenkreuzer' (1998). Zu den Illuminaten vgl. GRAF, Art. ‚Illuminaten' (1987).

Geheimgesellschaften unterschieden sich nicht nur in ihrem Verständnis von ‚geheim' voneinander, sondern auch in ihren Zielen und der Art und Weise ihrer Umsetzung: Während die Freimaurerei vorwiegend im Geist der Aufklärung Toleranz, individuelle Veredelung sowie die allgemeine Wohlfahrt im Einklang bestehender staatlicher Ordnungen anstrebte, wählte der Illuminatenbund gezielt das Mittel der Unterwanderung politischer Institutionen, um seine radikal aufklärerische Vorstellung einer sittlichen Gesellschaft umzusetzen. Der Gold- und Rosenkreuzerorden wiederum war eine konservative, quasi religiöse Vereinigung. Ihre Oberen betrachteten viele aufklärerische Entwicklungen skeptisch und wirkten diesen auch auf politischer Ebene entgegen.[54]

In der Forschungsgeschichte wurde mehrfach auf die „komplexe und komplizierte Materie" der geheimen Gesellschaften hingewiesen.[55] Dabei stand die Erforschung ihres Einflusses auf die gesellschaftlichen und politischen Veränderungen, vorzugsweise mit dem Fokus auf das 18. Jahrhundert, im Vordergrund.[56] Geheimgesellschaften werden in diesem Zusammenhang den Aufklärungsgesellschaften zugerechnet.[57] Die Anbindung vieler geheimer Sozietäten an esoterische Traditionen wurde hierbei vernachlässigt bzw. angesichts des als progressiv bewerteten aufklärerischen Nachwirkens solcher Gesellschaften mit Verwunderung oder Irritation konstatiert.[58] Monika Neugebauer-Wölk legte dar, dass viele dieser Gesellschaften nicht ‚trotz' ihrer esoterischen Ausrichtung aufklärerisch

---

54 Vgl. hierzu LENNHOFF/POSNER/BINDER, Freimaurerlexikon (2000 [1932]), S. 718f., hier: Art. ‚Rosenkreuzer/Die Gold- und Rosenkreuzer', HAMMERMAYER, Zur Geschichte der europäischen Freimaurerei und der Geheimgesellschaften (1979), S. 13, GEFFARTH, Religion und arkane Hierarchie (2007), S. 49–58, WEHLER, Deutsche Gesellschaftsgeschichte (2008), Bd. 1, S. 322–325, und REINALTER/HAMMERSTEIN, Außeruniversitäre Institutionen (2014), S. 17–19.

55 HAMMERMAYER, Zur Geschichte der europäischen Freimaurerei und der Geheimgesellschaften (1979), S. 9. – Auch weitere Sammelpublikationen bezeugen die Weite des Felds, vgl. exemplarisch LUDZ (Hg.), Geheime Gesellschaften (1979), REINALTER (Hg.), Aufklärung und Geheimgesellschaften. Zur politischen Funktion und Sozialstruktur (1989), DERS. (Hg.), Aufklärung und Geheimgesellschaften. Freimaurer, Illuminaten und Rosenkreuzer (1992), und JACOB (Hg.), Geheimgesellschaften (2013). – Für die Freimaurerei offenbart die umfangreiche Bibliographie von August Wolfstieg eindrücklich, wie verzweigt dieser Bund war und an welche anderen Vereinigungen er anschließen konnte. So enthält das Register unter dem Punkt „Verwandte Verbindungen" 16 Rubriken, unter denen weiter 79 Unterpunkte aufgelistet werden, vgl. WOLFSTIEG, Bibliographie der freimaurerischen Literatur, Bd. 2 (1992 [1912]), S. X–XI.

56 Vgl. als exemplarische Ausnahmen ROGALLA VON BIEBERSTEIN, Geheime Gesellschaften als Vorläufer politischer Parteien (1979), der auch das frühe 19. Jahrhundert betrachtet und JACOB, Thule-Gesellschaft (2013), der Geheimgesellschaften des 20. Jahrhunderts vergleicht.

57 Vgl. REINALTER/HAMMERSTEIN, Außeruniversitäre Institutionen (2014), S. 15: „Das Bekenntnis zur Aufklärung war allen [das sind: Akademien und Gelehrtengesellschaften, patriotische und gemeinnützige Sozietäten, Lese- und Volksgesellschaften, Jakobinerklubs, Geheimgesellschaften und Salons] gemeinsam".

58 Vgl. NEUGEBAUER-WÖLK, Esoterische Bünde und Bürgerliche Gesellschaft (1995), S. 17. Vgl. auch exemplarisch WEHLER, Deutsche Gesellschaftsgeschichte (2008), Bd. 1, S. 324: „Nicht selten standen Mystizismus und Beschwörung einer nebulösen Ordensvergangenheit dem aufklärerischen Drang nach rationaler Daseinsdeutung und -bewältigung geradezu gegenläufig im Wege, bis zur vollen Initiation wurde die Ungleichheit unter nominell gleichen Brüdern nicht voll aufgehoben. Aufs Ganze gesehen konnte sich jedoch trotz aller obskurantischen Züge unter dem Schirm des Arcanums bürgerliche Aufklärungsmentalität weiter entfalten".

in gesellschaftliche und politische Kreise wirkten. Vielmehr konnten ‚wegen' der esoterischen Auskleidung ihrer Organisation die Mitglieder eine soziale Egalität kennen lernen und üben, die sie bisweilen – nicht zwangsläufig – intensiv pflegten und nach außen, in die öffentliche Gesellschaft, trugen:

> „Die Mitglieder des Bundes sind gleich, weil sie in gleicher Weise an der Suche nach höherer Erkenntnis partizipieren, sie gliedern sich als Brüder in die hermetische Kette ein, sie üben religiöse Toleranz, weil sich die Spuren des erleuchteten Wissens in allen alten Religionen finden, weil sie in die „Urreligion" zurückführen, die allen Menschen gemeinsam ist."[59]

Neugebauer-Wölk zielt darauf, Esoterik als allgegenwärtigen Bestandteil geheimer Gesellschaften des 18. Jahrhunderts zu definieren, der „politisch neutral und daher in jeder Richtung offen" war.[60] Viele Gesellschaften, insbesondere die Freimaurerei, wirkten daher, wenn sie „zur Verbürgerlichung und Demokratisierung der europäischen Gesellschaft" beitrugen, in einer „unauflösliche[n] Verbindung von Aufklärung und Esoterik".[61] Dieser Verbindung – wohlgemerkt Verbindung, nicht Deckungsgleichheit – entsprach in anderen, konservativen Sozietäten eine aus Esoterik und Reaktion.[62] Esoterik war also als ideeller Hintergrund in nahezu allen geheimen Gesellschaften gegenwärtig,[63] prägte aber in unterschiedlichem Maß das jeweilige Gesellschaftsleben. Ein Blick auf die Geschichte der Freimaurerei zeigt exemplarisch, wie die Berücksichtigung speziell alchemischer Inhalte in Geheimgesellschaften auf der Basis ihrer Gründungslegenden möglich wurde.[64]

---

59 NEUGEBAUER-WÖLK, Esoterische Bünde und Bürgerliche Gesellschaft (1995), S. 17. – Bereits Hammermayer hatte die Bedeutung beider Komponenten wahrgenommen, HAMMERMAYER, Zur Geschichte der europäischen Freimaurerei und der Geheimgesellschaften (1979), S. 33: „Gleichwohl, ob Aufklärung oder Esoterik, beide Entwicklungsformen der Logen und Geheimgesellschaften haben ihren eigenen und wertvollen Beitrag im Prozeß der geistigen Verschmelzung Europas geleistet". Auch Reinalter hält fest, dass „Aufklärung und Geheimnis [...] im freimaurerischen Verständnis kein Widerspruch [waren]", REINALTER, Freimaurerei und Geheimgesellschaften (1993), S. 86.

60 NEUGEBAUER-WÖLK, Esoterische Bünde und Bürgerliche Gesellschaft (1995), S. 69.

61 Ebd., S. 68–69. Mitunter versuchte man gar, Esoterik als ‚höheres Wissen' „mit den Methoden der exakten Wissenschaft" zu beweisen, vgl. NEUGEBAUER-WÖLK, ‚Höhere Vernunft' und ‚höheres Wissen' als Leitbegriffe in der esoterischen Gesellschaftsbewegung (1999), besonders S. 206–209, hier: S. 208.

62 Wie z.B. zu weiten Teilen bei den Gold- und Rosenkreuzern, vgl. LENNHOFF/POSNER/BINDER, Freimaurerlexikon (2000 [1932]), S. 718f., hier: Art. ‚Rosenkreuzer/Die Gold- und Rosenkreuzer'. Neben den Versuchen des Gold- und Rosenkreuzers Johann Christoph Wöllner (1732–1800), den preußischen Prinzen und späteren König Friedrich Wilhelm II. zu Gunsten antiaufklärerischer Maßnahmen zu beeinflussen, ist besonders das Engagement des Ordens gegen den radikal aufklärerischen Illuminatenbund hervorzuheben. – Zu Wöllner vgl. BAILLEU, Art. ‚Wöllner, Johann Christoph von' (1898). – Renko Geffarth betont, dass man aufgrund der Heterogenität der Mitglieder nicht kategorisch das gesamte Gefüge des Gold- und Rosenkreuzerordens als antiaufklärerisch bezeichnen könne, vgl. GEFFARTH, Religion und arkane Hierarchie (2007), S.17–20.

63 Auch im radikal aufklärerischen Illuminatenbund wurden „Zugeständnisse an die irrationalen Bedürfnisse des ausgehenden 18. Jahrhunderts gemacht", VAN DÜLMEN, Der Geheimbund der Illuminaten (1975), S. 126.

64 Vgl. auch PRINCIPE, The secrets of Alchemy (2013), S. 91: „Exactly how the linkage between secret

An der Idee und der Ausformung der Freimaurerei hatten verschiedene historische und gesellschaftliche Phänomene, die mitunter bis ins Mittelalter zurückreichten, ihren – mitunter schwer bestimmbaren – Anteil.[65] Das Freimaurersystem, das 1717 in London mit der Gründung der ersten Großloge auf den britischen Inseln als Institution an die Öffentlichkeit trat, bestand aus den sogenannten drei Johannisgraden Lehrling, Geselle und Meister.[66] Bereits knapp achtzig Jahre zuvor, im 17. Jahrhundert hatte sich in Schottland diese operative Freimaurerei, die als Vereinigung von Steinmetzen, Bauleuten und Architekten entstanden war, für Personen aus anderen beruflichen und gesellschaftlichen Schichten geöffnet, so z.B. für Glasmacher oder für adlige Gönner und lokale Würdenträger. Die Zusammenkünfte der frühen Maurer waren schlicht, ihre geschichtliche Selbstverortung bis dahin unspektakulär und ihre Geheimhaltungspraxis vorwiegend beruflich motiviert. Dies änderte sich zunehmend mit der Mitgliedschaft von Personen außerhalb des Bauwesens. Sie begannen, die verschiedenen Freimaurersymbole und -traditionen allegorisch zu deuten, die Rituale auszuweiten und die eigene Geschichte, auch unter Betonung des Geheimen, als altehrwürdige und kontinuierliche Tradition zu rekonstruieren. Vermehrt sah man die Vereinigung im Sinne einer exklusiven überzeitlichen Bruderschaft universal in einer moralisch-humanen Pflicht. So legte es bereits James Anderson (1680–1739)[67] mit seiner ersten Chronik der Freimaurerei darauf an, eine kontinuierliche Traditionslinie über Adam, Noah, die Turmbauer zu Babel, das Volk Israel in Ägypten, Moses und besonders die Erbauer des salomonischen Tempels zu rekonstruieren. Diese Linie führt Anderson über das Zeitalter der Kathedralen hinaus, in seine Zeit hinein.[68] Seit den dreißiger Jahren des 18. Jahrhunderts mündeten die rituellen Erweiterungen in die Errichtung sogenannter Hochgradsysteme.[69] Eine nahezu unüberschaubare Vielfalt an Geheimgesellschaften, die vermehrt esoterische Inhalte eklektisch in ihre Strukturen einbanden, war die Folge.[70] Neben differierenden Auffassungen hinsichtlich reaktionärer

---

societies and alchemy developed remains incompletely understood, but alchemy's long-standing tradition of holding ancient and privileged secrets harmonized extremely well these groups' claims of harboriung ancient and arcane wisdom".

65 Vgl. REINALTER, Die historischen Ursprünge (2013).

66 Die folgende Übersicht bezieht sich, sofern nicht anders angegeben, auf REINALTER, Freimaurerei und Geheimgesellschaften (1993), DACHEZ, Art. ‚Freemasonry' (2005) und HARDTWIG, Art. ‚Freimaurer, Abschnitte 1–5' (2006).

67 Vgl. zu Anderson LENNHOFF/POSNER/BINDER, Freimaurerlexikon (2000 [1932]), S. 75, hier: Art. ‚Anderson, James'.

68 Vgl. LENNHOFF/POSNER/BINDER, Freimaurerlexikon (2000 [1932]), S. 35–39: „Andersons Chronik der Freimaurerei".

69 Die Hochgrade schufen differenzierte hierarchische Strukturen, die nicht selten den Bruderschaftscharakter der Logen verwässerten und auch deshalb in der Freimaurerei umstritten waren, vgl. LENNHOFF/POSNER/BINDER, Freimaurerlexikon (2000 [1932]), S. 396, hier: Art. ‚Hochgrade'. Eine Liste der wichtigsten Hochgradsysteme findet sich ebd., S. 396, hier: Art. ‚Hochgradsysteme'.

70 HAMMERMAYER, Zur Geschichte der europäischen Freimaurerei und der Geheimgesellschaften (1979), S. 11: „Auf dem Kontinent aber entstand, ausgehend von Frankreich, der vierte Grad eines „Schottischen Meisters" oder „Schottischen Ritters". Damit begann die ritterlich-aristokratische Überhöhung der kontinentalen Maurerei, eine fast unbegrenzte Ausuferung in Hochgrade und Systeme; damit war aber auch die Voraussetzung geschaffen für eine verstärkte offene oder geheime

oder aufklärerischer Ideen wirkte auf dem geheimgesellschaftlichen Markt zunehmend auch der Umgang mit esoterischen Inhalten bzw. ‚Geheimnissen' als Unterscheidungsmerkmal.[71] Wie die folgenden zwei Beispiele der Kreuzfahrerlegende und des Rosenkreuzermythos zeigen, schloss dabei manche geheimgesellschaftliche Gründungsgeschichte der Hochgradmaurerei die Option ein, dass die Geheimnisse alchemisch sein könnten. Die frühe Freimaurerhistoriographie nach Anderson illustriert als drittes Beispiel, dass auch hier Anschlussmöglichkeiten für Aspekte der Alchemie gegeben waren.

Die Kreuzfahrerlegende kam in der ersten Hälfte des 18. Jahrhunderts auf und stellte eine Verbindung der Freimaurerei zu schottischen Kreuzfahrern des 11. Jahrhunderts bzw. zu den Tempelrittern her.[72] Beide Stränge verbinden das christliche Motiv der Kreuzfahrt und die geheimnisvolle Aura vorchristlicher, esoterischer Wissenstraditionen mit der Tatsache, dass die ersten Spuren der institutionalisierten Freimaurerei in Schottland ausgemacht werden können. Im ersten Fall hätten schottische Kreuzritter aus den Ruinen des zerstörten Jerusalemer Tempels drei goldene Schalen nach Hause gebracht, die Hinweise auf die Grundstoffe aller Dinge enthielten. Dieses Wissen sei in Schottland bewahrt und exklusiv tradiert worden. Die Anbindung an diese Legende fand besonders im Rahmen des ersten Hochgradsystems, den sogenannten Schottengraden statt.[73] Hinsichtlich der Suche vieler Alchemiker nach der letztlichen Zusammensetzung der Stoffe und deren Wandelbarkeit war das Wissen um die Grundstoffe von unschätzbarem Wert und daher die Mitgliedschaft in einer solchen Loge durchaus erstrebenswert. Die Tempelritterlegende besagte, dass der Templerorden nach seiner Aufhebung nicht untergegangen sei, weil einige Ritter sich und die Ordensgeheimnisse nach Schottland hätten retten können. Die geheimen Kenntnisse, die sie einst aus dem Heiligen Land mitgebracht hätten, seien dort – verborgen hinter der Fassade der Freimaurerei – von Generation zu Generation weitertradiert worden.[74] Das Wesen dieser Geheimnisse blieb unbestimmt, weshalb man mit ihnen die Aura einstiger Macht und Wohlhabenheit der Tempelritter, uralte

Adaption esoterischer Strömungen, seien sie nun hermetisch-alchimistischer, mystisch-spiritualistischer, theosophischer oder christlich-kabbalistischer Provenienz". Vgl. auch GEFFARTH, Religion und arkane Hierarchie (2007), S. 53. Vgl. hierzu auch das systematisierte Inhaltsverzeichnis bei WOLFSTIEG, Bibliographie der freimaurerischen Literatur (1992 [1911–1926]).

71 Die verschiedenen Abgrenzungsansätze, besonders der Umgang mit dem Aspekt des ‚Geheimnisses', beförderten eine Konkurrenzsituation zwischen den Geheimgesellschaften, die regelrecht der Dynamik eines Marktes folgte, vgl. HARDTWIG, Eliteanspruch und Geheimnis (1989) und MAURICE, Die Mysterien der Aufklärung (1999), hier: S. 274: „[Der] Begriff des ‚wahren Geheimnisses' kam mit den Hochgraden zugleich auf, er wurde zu einem Mythos, der Erwartungen auslöste, die er nicht befriedigen konnte, die aber durch jede Enttäuschung nur heftiger wurden. Die Nachfrage schuf ein Angebot, die Suche nach dem wahren Geheimnis führte zum Entstehen immer neuer Systeme und immer höherer Grade, in denen man es zu finden hoffte". Vgl. auch DACHEZ, Art. ‚Freemasonry' (2005), S. 386: „Not least, history shows that a number of these degrees were invented and sold at high price by adventurers who made a sort of commerce out of masonry".

72 Zum Orden der Tempelritter (1120–1312) vgl. DEMURGER, Art. ‚Templer' (1997).

73 Vgl LENNHOFF/POSNER/BINDER, Freimaurerlexikon (2000 [1932]), S. 751, hier: Art. ‚Schottengrade'.

74 Vgl. LENNHOFF/POSNER/BINDER, Freimaurerlexikon (2000 [1932]), S. 812f., hier: Art. ‚Strikte Observanz'.

esoterische Weisheiten wie auch geheimes christliches Heilswissen verbinden konnte. Für den deutschsprachigen Raum war das System der ‚Strikten Observanz' der einflussreichste Vertreter dieser Tradition.[75] Ein weiteres Hochgradsystem, das an die Templerlegende anschloss, war das kurzlebige ‚System der Martinisten', das durch den französischen Mystiker Louis Claude de Saint Martin (1743–1803) begründet wurde.[76] Es wurde besonders durch seine kabbalistisch-theosophischen und mitunter theurgischen Inhalte geprägt, räumte aber auch der Alchemie große Bedeutung ein.[77] In der LSB befinden sich zwei Werke aus dem Besitz Sonnenthals, die auf Saint Martin verweisen.[78]

Eine zweite Traditionslinie knüpfte an die im 17. Jahrhundert im Druck erschienenen Rosenkreuzermanifeste und die daraus entstandene, als Organisation historisch nicht nachweisbare Rosenkreuzerbewegung an.[79] Am Beginn des ersten Manifests steht auch hier eine Kreuzfahrt. Die fiktive Figur Christian Rosenkreutz sei im 14. Jahrhundert als Pilger im Nahen Osten „in die Lehren der Naturmagie, der Kabbala und der Korrespondenzen von Makro- und Mikrokosmos eingeweiht worden".[80] Danach habe er eine Bruderschaft gegründet, um die Kirche grundlegend zu reformieren und die menschliche Wohlfahrt voranzubringen. 1614, im Druckjahr des ersten Rosenkreuzermanifests, habe man seine bis dahin unbekannte Grabstätte geöffnet und darin Schriften zu den obigen Lehren, die von Pythagoras über Platon und Moses bis auf Adam zurückgingen, aufbewahrt gefunden. Sie wolle die Bruderschaft der Rosenkreuzer nun mit all jenen Gelehrten teilen, die sich ihr im Sinne einer „Allgemeine[n] und General Reformation der gantzen weiten Welt" anzuschließen bereit seien.[81] Insgesamt erschienen drei Rosenkreuzerschriften, die an die Idee der ‚Philosophia perennis' anknüpften.[82] Neben dem Verweis auf uralte Wissenschaften bewirkte besonders die dritte Rosenkreuzerschrift *Die Chymische Hoch-*

75 Vgl. ebd.

76 Vgl. LENNHOFF/POSNER/BINDER, Freimaurerlexikon (2000 [1932]), S. 547–548, hier: Art. ‚Martin, 3. Louis Claude, Marquis de Saint'.

77 Vgl. LENNHOFF/POSNER/BINDER, Freimaurerlexikon (2000 [1932]), S. 61f., hier: Art. ‚Alchimie'. – Später ging dieses System im sogenannten ‚Rektifizierten Ritus' auf, in dessen Gefüge die Templerlegende nicht mehr thematisiert wurde, vgl. ebd., S. 699f., hier: Art. ‚Rektifizierter Ritus, Régime Ecossais et rectifié'.

78 Ü-LSB Da 162: de Saint-Martin, Irrthuemer und Wahrheit oder Rückweis für die Menschen auf das allgemeine Principium aller Erkenntnis von einem unbekannten Philosophen. Aus dem französischen übersetzt von Matthias Claudius (1795), und Da 209: Kleuker, Magikon oder das geheime System einer Gesellschaft unbekannter Philosophen unter einzelne Artikel geordnet, durch Anmerkungen und Zusätze erläutert und beurtheilt, und dessen Verwandtschaft mit ältern und neuern Mysteriologien gezeigt (1784). – Kleuker fasste das System Saint Martins im Auftrag des Wilhelmsbader Konvents zusammen, vgl. hierzu weiterführend SCHMIDT-BIGGEMANN, Politische Theologie der Gegenaufklärung (2004).

79 Zur Rosenkreuzerthematik vgl. KÜHLMANN, Art. ‚Rosenkreuzer' (1998), EDIGHOFFER, Art. ‚Rosicrucianism I: First half of the 17th century' (2005), DERS., Art. ‚Rosicrucianism II: 18th century' (2005), und WALTER, *Die* Rosenkreuzer? (2013). Zum Verfasser der drei Manifeste Johann Valentin Andreae (er selbst bekannte sich nur als Autor der *Chymischen Hochzeit*) vgl. KÜHLMANN, Art. ‚Andreae, Johann Valentin' (2008).

80 KÜHLMANN, Art. ‚Rosenkreuzer' (1998), S. 408.

81 So der Titel des ersten Manifests.

82 Vgl. KÜHLMANN, Art. ‚Rosenkreuzer' (1998), S. 407.

zeit Christiani Rosencreütz. Anno 1459 mit ihren „alchemo-hermetischen Parabeln“,[83] dass die Rosenkreuzergeheimnisse von Interessierten oft als alchemisch aufgefasst wurden. In den Schriften des Sincerus Renatus (Samuel Richter, 17./18. Jh.),[84] der knapp hundert Jahre später, 1710, von einem christlichen ‚Orden des Gülden- und Rosenkreutzes‘ sprach,[85] wurden alchemische Kenntnisse ausdrücklich thematisiert.[86] Als die Freimaurerei sich wenig später öffentlich institutionalisierte, wähnte man in ihren Kreisen auch Überreste der Rosenkreuzergeheimnisse;[87] eine Annahme, die manche Logen als eigene Tradition aufgriffen.[88] Der im Lauf der zweiten Hälfte des 18. Jahrhunderts nachweisbare Geheimbund der Gold- und Rosenkreuzer, in dessen inhaltlicher Struktur alchemische Arbeiten höchst relevant waren, knüpfte mit seinen ersten Reglements zwar punktuell an die christlichen Ordensstatuten des Sincerus Renatus an,[89] mit seiner Gründungslegende wich der Geheimbund hingegen von den älteren Rosenkreuzerdiskursen ab: Erste Ordensversammlungen hätten bereits zu Mose Zeit stattgefunden, der den Gold- und Rosenkreuzern als „ein großer Scheidkünstler“ galt.[90] Diese Nähe zur frühen Anderson'schen Freimaurerchronik korrespondiert mit der Behauptung des Geheimbunds, die Johannisfreimaurerei mit ihren drei Graden sei die Vorstufe zu ihrem System. Die Anbindung an eine später ansetzende Tradition wie die der Rosenkreuzer hätte einen logischen Bruch bedeutet. In der LSB liegen aus Sonnenthals Besitz eine Handschrift, die Texte aus dem Kontext der Gold- und Rosenkreuzer enthält, sowie eine gedruckte Streitschrift gegen diese Gesellschaft.[91]

Auch die ältere Freimaurerhistorie war also für alchemische Komponenten anschlussfähig, was ohne Frage durch das hohe Alter des Kulturphänomens Alchemie mit begünstigt wurde. Hatte bereits Anderson die Freimaurerei u.a. in eine Linie zu den großen Baumeistern Ägyptens gestellt, wurde dieser Aspekt bisweilen um die Anbindung an Hermes Trismegistos, den legendären Begründer der Alchemie, bzw. an die hermetischen Schriften erweitert. Den Rückgriff auf Ägypten und Alchemie nahm z.B. in betrügerischer Absicht Graf Alessandro Cagliostro (1743–1795)[92] vor, als er in den Niederlanden und in Frankreich Systeme ‚Ägyptischer Freimaurerei‘ schuf. Er präsentierte sich selbstbewusst

83 Ebd., S. 409.

84 Zu Richter vgl. NEUMANN, Art. ‚Richter, Samuel‘ (1998).

85 Dieser Orden konnte nie historisch nachgewiesen werden, vgl. GEFFARTH, Religion und arkane Hierarchie (2007), S. 48.

86 Vgl. EDIGHOFFER., Art. ‚Rosicrucianism II‘ (2005).

87 Vgl. KÜHLMANN, Art. ‚Rosenkreuzer‘ (1998), S. 411.

88 Vgl. LENNHOFF/POSNER/BINDER, Freimaurerlexikon (2000 [1932]), S. 716–720, hier: Art. ‚Rosenkreuzer‘, besonders S. 716–717, und REINALTER, Die historischen Ursprünge (2013), S. 75–76.

89 Vgl. GEFFARTH, Religion und arkane Hierarchie (2007), S. 59.

90 Vgl. ebd., S. 62f.

91 Ü-LSB, Ms. 204, Alchemisch-rosenkreuzerische Sammelhandschrift, und Ba 492, Ecker von Eckhoffen, Der Rosenkreuzer in seiner Blöße. Zum Nutzen der Staaten hingestellt durch Zweifel wider die wahre Weisheit der so genannten ächten Freymäurer oder goldnen Rosenkreutzer des alten Systems von Magister Panico, vieler Kreisen Bundsverwandten (1782).

92 Vgl. zu Cagliostro FIGALA, Art. ‚Cagliostro, Alessandro‘ (1998), und LENNHOFF/POSNER/BINDER, Freimaurerlexikon (2000 [1932]), S. 165–167, hier: Art. ‚Cagliostro, Alexander, Graf v.‘.

und überzeugend als Eingeweihter verborgener Wissenschaften, u.a. auch der Alchemie.[93] Mit dieser Inszenierung wusste er sich finanzielle Gönner zu verschaffen, denen er Einblick in seine Geheimnisse in Aussicht stellte. Freilich verzögerte sich deren Enthüllung immer wieder. 1786 wurde Cagliostro als Betrüger in der Bastille eingekerkert und bald darauf des Landes verwiesen. Die Fortführung seines Treibens in Italien mündete in die Verurteilung zum Tod „wegen Ketzerei, Freimaurerei und Hochstapelei",[94] ein Urteil, das letztlich nicht vollstreckt wurde.

Wie die drei Beispiele zeigen, war Alchemie also ein Aspekt, der in geheimgesellschaftliche Gründungslegenden mit einbezogen wurde. Historisch leitet die Episode um Cagliostro in die Zeit des ausgehenden 18. Jahrhunderts über, in der Geheimgesellschaften von den Obrigkeiten vermehrt kritisch beäugt wurden. Wenngleich manch adliger Herrscher Freimaurer war,[95] hatten geheime Gesellschaften früh und kontinuierlich mit den teils aggressiven Vorbehalten und Verschwörungsvorwürfen der katholischen Kirche und weltlicher Obrigkeiten zu kämpfen.[96] Bereits 1738 erging die erste päpstliche Bulle gegen Freimaurerei, der u.a. in den Jahren 1751, 1814, 1826, 1832 und 1849 weitere folgten.[97] 1784 waren in Bayern Freimaurertum und der Illuminatenbund durch Kurfürst Karl Theodor von Bayern verboten worden.[98] Seit Januar 1786 schränkte das im Dezember 1785 erlassene Freimaurerpatent Kaiser Josephs II. die Freimaurerei in den österreichischen Gebieten entschieden ein.[99] Nach der Französischen Revolution wuchs das Misstrauen gegenüber Geheimgesellschaften weiter. 1793 stellten die Logen in Österreich ihre Arbeit ein, 1795 erging ein offizielles Verbot durch den Habsburger Kaiser Franz II.[100] 1798 erließ König Friedrich Wilhelm III. von Preußen ein Edikt gegen Geheimgesellschaften.[101] 1813 löste Großherzog Leopold von Baden Freimaurerlogen und Bruderschaften per Dekret auf.[102]

Es hängt eng mit den politischen und gesellschaftlichen Entwicklungen seit 1789, den herrschaftlichen Verboten und päpstlichen Bullen zusammen, dass geheime Gesellschaften im 19. Jahrhundert in vielen deutschsprachigen Gebieten kaum mehr wahrnehmbar waren.[103] Gleichwohl gab es Versuche, dennoch „im Geheimen zu arbeiten", und weiter-

93 Vgl. LE FORESTIER, Die Templerische und okkultistische Freimaurerei, Bd. 4 (1992 [1970]), S. 92–105, hier: S. 98–100.

94 Ebd., S. 96.

95 So wurden z.B. Herzog Franz Stephan von Lothringen (1708–1765) im Jahr 1731, König Friedrich II. von Preußen (1712–1786) im Jahr 1740 oder Großherzog Karl August von Weimar (1757–1828) im Jahr 1783 Mitglieder einer Loge, vgl. LENNHOFF/POSNER/BINDER, Freimaurerlexikon (2000 [1932]), Zeittafel, S. 938–943.

96 Vgl. BINDER, Zum soziokulturellen Phänomen der Freimaurerei (2011), ab S. 313.

97 Vgl. LENNHOFF/POSNER/BINDER, Freimaurelexikon (2000 [1932]), Zeittafel, S. 938–943.

98 Vgl. ebd. – Weitere Verbote gab es zuvor in Venedig (1738/1785), Polen (1738) oder Spanien (1751), vgl. ebd.

99 Vgl. ebd. und KODEK, Von der Alchemie zur Aufklärung (2011), S. 201–222.

100 Vgl. KODEK, Von der Alchemie zur Aufklärung (2011), S. 12.

101 Vgl. LENNHOFF/POSNER/BINDER, Freimaurelexikon (2000 [1932]), Zeittafel, S. 938–943.

102 Vgl. ebd. und Freiburg, StA, A 66/1/591. Erst 1847 wurde das Dekret zurückgenommen, vgl. LENNHOFF/POSNER/BINDER, Freimaurerlexikon (2000 [1932]), Zeittafel, S. 938–943.

103 Die deskriptiven Arbeiten von Le Forestier und Frick belegen, dass z.B. im frühen 19. Jahrhundert

hin fand auch manche „Scharlatanerie unter dem Deckmantel der Freimaurerei" statt.[104] Sichtbare Spuren geheimer Gesellschaften sind im deutschen Reich des frühen 19. Jahrhunderts im Vergleich zu den Jahrzehnten davor spärlich. Hinweise auf ihre Verknüpfung mit Alchemie sind noch seltener. Kopp weiß für das Jahr 1805 noch von einem „rosenkreuzerisch-alchemistischen Verein zu Königsberg" zu berichten.[105] Das prominenteste Beispiel allerdings stellt die ‚Hermetische Gesellschaft' dar, die von 1798 bis ca. 1806/1819 bestand. Sie inszenierte sich als öffentlich agierende Gesellschaft, die in aufklärerischer Absicht die Geheimnisse der Alchemie lüften wolle, spielte dabei aber mit geheimgesellschaftlichen Komponenten. Da Johann Baptist Sebastian von Sonnenthal mit ihr in Verbindung stand, wird sie später ausführlicher behandelt (vgl. Kap. 3.3.3). Wovon die Inklusion von Alchemie in geheimen Gesellschaften letztlich abhing und welche Bedeutung dieser Diskurs hier haben konnte, muss jeweils im Einzelfall untersucht werden. Nachfolgend führe ich anhand von vier Geheimgesellschaften aus, wie dort neben bedeutsamen ideellen und inhaltlichen Funktionen die Einbindung alchemischer Inhalte mitunter rein periphere Aspekte erfüllte.

Wenige Arbeiten gehen explizit auf die konkrete Bedeutung von Alchemie für Geheimgesellschaften ein. Im Allgemeinen wird der Rezeptionsschwerpunkt bei den freimaurerischen Hochgradsystemen sowie bei den Gold- und Rosenkreuzern ausgemacht.[106] Florian Ebeling legte 2014 hinsichtlich der Forschungsarbeit zu Alchemie in geheimgesellschaftlichen Kontexten dar, dass hier eine wechselseitige Verbindung zwar gemeinhin angenommen, diese aber bisher nur selten durch wissenschaftlich solide Einzelstudien bestätigt wurde. Er bemängelt diesbezüglich die undifferenzierte Bearbeitung des Verhältnisses, die bisweilen dazu führte, dass in einem Irrtum „Alchemie als Subtext der gesamten Freimaurerei" aufgefasst werde, oder dass Quellen „weitgehend assoziativ" und nicht historisch-kritisch interpretiert würden.[107] Aussagekräftige, wissenschaftliche Arbeiten kämen häufig auch deshalb nicht zustande, weil Originalliteratur nicht eingesehen werde oder in vielen Fällen schlicht nicht mehr nachgewiesen werden könne.[108] Die Historiker Helmut Reinalter und Notker Hammerstein heben innerhalb der Freimaurerei die Existenz „sehr heterogene[r] alchemisch-ideologische[r] Strömungen" hervor.[109] So machen

---

in Frankreich und der Schweiz freimaurerische Hochgrade und Geheimgesellschaften noch vermehrt nachgewiesen werden können, vgl. LE FORESTIER, Die templerische und okkultistische Freimaurerei (1987–1992/[1970] und FRICK, Die Erleuchteten (1973–1978).

104 KODEK, Von der Alchemie zur Aufklärung (2011), S. 12.

105 KOPP, Alchemie in älterer und jüngerer Zeit (2013 [1886]), Bd. 2, S. 288–290, hier: S. 288.

106 Vgl. LENNHOFF/POSNER/BINDER, Freimaurerlexikon (2000 [1932]), S. 61–62, hier: Art. ‚Alchimie'. Vgl. auch PRIESNER, Alchemie im Zeitalter der Aufklärung (2011), ohne Kenntnis der Studie von Renko Geffart aus dem Jahr 2007. Aus jüngster Zeit vgl. KAHN, Le fixe et le volatil (2016), S. 160–164.

107 EBELING, Zur Alchemie in der Freimaurerei (2014), S. 41. Ebeling bezieht diese Aussage u.a. auf die Übersichtsarbeiten von LE FORESTIER, Die templerische und okkultistische Freimaurerei (1987–1992 [1970]) und FRICK, Die Erleuchteten (1973–1978). – Aufgrund ihrer bloßen Materialfülle sind diese Arbeiten dennoch zu beachten.

108 Vgl. EBELING, Zur Alchemie in der Freimaurerei (2014), S. 44.

109 REINALTER/HAMMERSTEIN, Außeruniversitäre Institutionen (2014), S. 17. – Die Behauptung

sie auf dem Wilhelmsbader Konvent 1782, auf dem Uneinigkeiten zwischen den verschiedenen Freimaurersystemen diskutiert und ausgeräumt werden sollten,[110] drei Parteien aus: „Die drei Hauptgruppen umfassten die Anhänger verschiedener hermetisch-alchemistischer Traditionen, die französischen Vertreter des durch Louis-Claude de Saint-Martin geprägten Lyoner Systems sowie die Rationalisten und Aufklärer".[111] Alchemie wurde innerhalb der Geheimgesellschaften also je nach Strömung unterschiedlich geschätzt, bisweilen als Betrügerei sogar zu Gänze abgelehnt.[112]

Dominiert wird das Forschungsfeld zu Alchemie in Geheimgesellschaften durch die Arbeiten zu den Gold- und Rosenkreuzern, in deren Ordenssystem Alchemie als praktische und spirituelle Übung elementar war. Maßgeblich ist hier die Studie von Renko Geffarth, der die Gemeinschaft als „eine Geheime Kirche im 18. Jahrhundert" darstellt,[113] die synkretistisch christliche mit esoterischen Elementen zu einer hierarischen Struktur mit geheimen Oberen vereinte. Der Orden entstand vermutlich zwischen 1757 und 1767 im Süden des deutschen Reichs und verlegte sein Zentrum später nach Preußen.[114] Die praktische Laborarbeit war „unverzichtbarer Bestandteil der Realisierung der spirituellen Vorstellungen des Geheimbunds"[115] und maßgeblich für den Aufstieg innerhalb des Ordens. Auch wenn bisweilen am Ende einzelner Prozesse wirksame Medikamente stehen konnten, die kommerziell erfolgreich waren, „blieb das „Große Werk" und die damit verbundene Vervollkommnung des eigenen Selbst [wichtigster Gegenstand]".[116] Theoretische Grundlage der alchemischen Arbeit waren z.B. die Werke *Annulus Platonis*, *Der im Lichte der Wahrheit strahlende Rosenkreuzer*, die Arbeiten Johann Gottfried Jugels (1707–1786), Georg von Wellings (1655–1727) oder des Federico Gualdi († ca. 1682/1686).[117] Weiter berief man sich z.B. auf Johann Arndt (1555–1621), Isaac Hollandus (16. Jh.) oder Bernardus Trevisanus (1406–1490). Texte von Jugel, Gualdus und Hol-

---

Reinalters und Hammersteins, dass sich alle außeruniversitären gesellschaftlichen Vereinigungen des 18. Jahrhunderts zur Aufklärung bekannten, ist in dieser Absolutheit sehr vereinfacht: Auch wenn im Gold- und Rosenkreuzerorden durchaus aufklärerisch orientierte Mitglieder waren, war die Gesamtausrichtung dieser Gesellschaft nicht von einem „Bekenntnis zur Aufklärung" (ebd., S. 15) bestimmt.

110 Vgl. hierzu LENNHOFF/POSNER/BINDER, Freimaurerlexikon (2000 [1932]), S. 476–477, hier: Art. ‚Konvent von Wilhelmsbad'.

111 REINALTER/HAMMERSTEIN, Außeruniversitäre Institutionen (2014), S. 17.

112 Vgl. EBELING, Zur Alchemie in der Freimaurerei (2014), S. 46.

113 GEFFARTH, Religion und arkane Hierarchie (2007), S. 290. – Alt, aber immer noch lesenswert sind die entsprechenden Passagen in KOPP, Alchemie in älterer und jüngerer Zeit (2013 [1886]). Zu den Gold- und Rosenkreuzern vgl. außerdem MCINTOSH, The Rose Cross and the Age of Reason (1992).

114 Vgl. GEFFARTH, Religion und arkane Hierarchie (2007), S. 58–60.

115 Ebd., S. 261.

116 Ebd., S. 260.

117 Vgl. ebd., S. 194–209, S. 226–232 und S. 251. – Erwähnt werden hier u.a. auch Valentin Weigel (1533–1588), Ps.-Basilius Valentinus, Michael Sendivogius (1566–1636), Johann Rudolph Glauber (1604–1668) und Paracelsus (1493–1541).

landus, ein pseudo-trevisianischer sowie auch ein pseudo-arndt'scher Text sind auch in Handschriften der LSB überliefert.[118]

Personell ist der Geheimbund der Gold- und Rosenkreuzer nur schwer von der Freimaurerei zu trennen, wie überhaupt die gleichzeitige Mitgliedschaft in mehreren geheimen Vereinigungen keine Seltenheit war.[119] Als institutionelles Bindeglied und zugleich weder der einen noch der anderen Vereinigung eindeutig zuzurechnen, sind die Logen der „Theoretischen Brüder der Salomonischen Wissenschaft" anzuführen.[120] In diesem außerregulären freimaurerischen Hochgradsystems wurden alchemische und theosophische Kenntnisse vermittelt, deren Beherrschung als grundlegend für eine Zugehörigkeit bei den Gold- und Rosenkreuzern angesehen wurden. Auch zu dieser Vereinigung verzeichnet die LSB einen Druck, der aber nicht direkt auf Sonnenthal zurückgeführt werden kann.[121]

Weiterhin spielte Alchemie bei den ‚Asiatischen Brüdern' eine wichtige Rolle, einer direkten Konkurrenzgesellschaft zu den Gold- und Rosenkreuzern.[122] Sie orientierte sich zwar eng an deren Strukturen, unterschied sich von dem Orden aber dadurch, dass der christliche Fokus in den Hintergrund rückte und explizit Personen jüdischen Glaubens als Mitglieder aufgenommen wurden. Ihre Lehre beeinflusste das kurzlebige Grünstädter System (1785–1787), von dessen Wirken sich manches Mitglied finanzielle Erleichterungen versprach.[123] Gegen die Asiatischen Brüder hat sich in Überlingen eine Streitschrift erhalten.[124]

Während in diesen drei Gesellschaften Alchemie also von zentraler inhaltlicher Bedeutung war, kam ihr andernorts eine rein periphere Rolle zu. Zwischen radikalen Positionen wie z.B. den Illuminaten, die Alchemie verwarfen,[125] und den Gold- und Rosenkreuzern, für deren Ordensgefüge Alchemie wesentlich war, ging die Loge der ‚Afrikanischen Bauherren' einen Mittelweg. Sie strebten danach, sich sowohl in eine ägyptische Weisheitstradition zu stellen sowie sich als die wahren, aufklärerischen Erben der Bruderschaft des Christiani Rosenkreuz zu inszenieren.[126] Ein radikaler Ausschluss von Alchemie war

118 Ü-LSB, Ms. 152, Alchemische Sammelhandschrift; in Ms. 159, Federicus Gualdus: Opus Philosophicum und Ms. 185, ders.: Opus Universalis; in Ms. 184, Ps.-Trevisanus: Symbolum Apostolicum; Ms. 222, T2, Isaac Hollandus: Opus Saturni; in Ms. 245, Ps.-Johann Arndt: Vom alchemischen Kummerstein der Erde.

119 Vgl. ZAUNSTÖCK, Sozietätslandschaft und Mitgliederstrukturen (1999).

120 Vgl. GEFFARTH, Religion und arkane Hierarchie (2007), S. 55–58.

121 Ü-LSB, Ba 589, Löhrbach, Die theoretischen Brüder oder zweite Stuffe der Rosenkreuzer und ihrer Instruktion das erstemahl ans Licht herausgegeben von einem Profanen [...], (1789). – Laut Besitzeintrag stammt dieser Druck von einem Andreas Schuster.

122 Vgl. KATZ, Der Orden der Asiatischen Brüder (1993 [1983]) und LENNHOFF/POSNER/BINDER, Freimaurelexikon (2000 [1932]), S. 89–90, hier: Art. ‚Asiatische Brüder'.

123 Vgl. LENNHOFF/POSNER/BINDER, Freimaurerlexikon (2000 [1932]), S. 369, hier: Art. ‚Grünstädter Lehrart'. – Danke an Dr. Wilhelm Kreutz für diesen Hinweis.

124 Ü-LSB, Ba 586, Der Asiate in seiner Blöße, oder gründlicher Beweis: daß die Ritter und Brüder Eingeweihten aus Asien ächte Rosenkreuzer sind; durch wichtige noch unbekannt gewesene Dokumente erwiesen, welche ihr System, Lehre und Einweihung betreffen. Zum ernsten Nachdenken und Warnung an alle Brüder Freimaurer. Asien 1790.

125 Vgl. VAN DÜLMEN, Geheimbund der Illuminaten (1975), S. 27.

126 EBELING, Zur Alchemie in der Freimaurerei (2014), S. 60.

auf dieser Basis nicht möglich. Die ‚afrikanischen Bauherren' um Karl Friedrich Köppen (1734–1797)[127] akzeptierten in ihrer ideellen Logenstruktur daher eine ‚spirituelle Alchemie', räumten ihr im Ritual jedoch keine Bedeutung mehr ein. Zugleich betonte Köppen „den rationalen und wissenschaftlichen Charakter des Rituals und der Loge".[128] Mit der distanzierten Einbindung von Alchemie, der Anlehnung an ägyptische Ursprünge sowie an die Rosenkreuzer vermieden es die ‚Afrikanischen Bauherren', die Stränge zu gängigen Traditionslinien gänzlich zu kappen und vermochten so für potentiell Interessierte attraktiv zu sein. Mit der Ablehnung des Geheimbunds der Gold- und Rosenkreuzer und deren praktischer Alchemieausübung wiederum positionierten sie sich in der Nähe radikaler Alchemiegegner und blieben auch für diese anschlussfähig.[129] Alchemie wurde in diesem Fall instrumentalisiert und diente lediglich der Profilierung gegenüber den Konkurrenten auf dem geheimgesellschaftlichen Markt.

Indem sich geheime Gesellschaften hinsichtlich ihrer Autorität und Würde auf mythische Gründungslegenden und die Idee einer ‚Philosophia perennis' stützten, eröffneten sie also häufig, wenn auch nicht zwangsläufig, esoterischen Inhalten Wirkungsräume. Die Berücksichtigung von Alchemie konnte hierbei inhaltlich und strukturell für eine Gesellschaft von größter Bedeutung sein. Das Thema wurde aber auch instrumentalisiert, wenn die Auseinandersetzung mit ihm z.B. lediglich dazu diente, sich von anderen Sozietäten abzugrenzen. Wenngleich Alchemie daher im System mancher Geheimgesellschaften ihre Spuren hinterlassen hat, bedarf es wissenschaftlicher Einzelstudien, ihre tatsächliche Bedeutung und Funktion für eine Gesellschaft zu erfassen. Die Überlinger Alchemica können, in historische und kulturelle Kontexte eingeordnet, bei zukünftigen Forschungen dieser Art aufschlussreich sein.

2.2 Historische und kulturelle Gegebenheiten

Büchersammlungen geben Aufschluss über die Interessen und mitunter auch den Charakter der Personen, die maßgeblich an Entstehung und Bewahrung beteiligt waren.[130] Die Kenntnis ihrer Biografien ist daher für das weitere Verständnis des Buchbestands und seiner Zusammensetzung wichtig. Die Bedeutung einer Büchersammlung kann noch präziser eingeschätzt werden, wenn zudem – im Sinne der Überlegungen te Heesens, Sparys und Fürbeths – die zeitgenössischen Rahmenbedingungen sowie die gesellschaftliche Präsenz der Themen, die die Sammlung inhaltlich definieren, mit berücksichtigt werden. Schilderte das vorangegangene Unterkapitel die historische und diskursive Gestalt

127 Vgl. zu Köppen LENNHOFF/POSNER/BINDER, Freimaurerlexikon (2000 [1932]), S. 477f., hier: Art. ‚Köppen, Karl Friedrich'.

128 EBELING, Zur Alchemie in der Freimaurerei (2014), S. 60.

129 Vgl. ebd.

130 Vgl. KREUZ, Katalog der Wessenbergischen Bibliothek (1863), S. IV: „Wenn es wahr ist, daß das Aeußere überhaupt der Abdruck des Innern ist und deßhalb auch Alles, was der einzelne Mensch besitzt und hat, die Offenbarung seines individuellen Geistes darstellt, so liefert diese Bibliothek ganz gewiß einen nicht unbedeutenden Beitrag zur Charakteristik Wessenbergs".

von Alchemie sowie die Grundlagen ihrer Rezeption innerhalb geheimer Gesellschaften in der Sattelzeit, wird nun der historische und kulturelle Hintergrund beschrieben, vor dem die Leben von Sonnenthal und Wocheler und damit auch die Sammlungsgenese des Überlinger Handschriftenensembles sowie der Akt seiner Aufbewahrung stattfanden.

Leben und Wirken von Sonnenthal und Wocheler sowie ihre gesellschaftlichen Kontakte (vgl. Kap. 3) bestimmen den Untersuchungsraum. Das Zusammentreffen beider Lebenswege in Überlingen, wo Wocheler 25 Jahre als Stadtpfarrer tätig war, sowie die beruflichen Stationen Sonnenthals im westlichen Bodenseegebiet markieren eben diese Region als Kern dieses Raums. Er wird im äußeren Nordosten durch die Herrschaft Oettingen-Wallerstein – der ersten nachweisbaren Berufsstation Sonnenthals – und weiter im nordöstlichen Bodenseeraum durch das Waldburg-Wolfegg-Waldsee'sche Territorium in Oberschwaben, wo Sonnenthal über 17 Jahre in Diensten stand, begrenzt. Der Freiburger Raum, wo Sonnenthal wegen seiner Kinder Kontakt zu Johann Kaspar Adam Ruef hatte, markiert den westlichen Rand. Das Villinger Gebiet im Schwarzwald, in dem Wocheler zu Beginn seiner beruflichen Laufbahn tätig war, überbrückt gewissermaßen die Lücke zum westlichen Bodensee. Die Beziehung Wochelers zum Schweizer Heinrich Zschokke (1771–1848) eröffnet zudem einen Blick in die nördliche Schweiz. Dieser räumlichen Eingrenzung entsprechend setzt der Untersuchungszeitraum mit dem Beginn des Sonnenthal'schen Engagements im Haus Oettingen-Wallerstein 1789 ein und endet mit dem Ableben Wochelers in Überlingen 1848. Diese Periode ist Teil der Sattelzeit, einer ‚Übergangszeit', in der sich die politischen, gesellschaftlichen, wirtschaftlichen und kulturellen Verhältnisse nachhaltig veränderten. Die folgenden beiden Abschnitte dienen der späteren Einordnung der Biografien Sonnenthals und Wochelers in ihre soziokulturellen Kontexte. Zusammen mit den vorangegangenen Darstellungen sind sie auch grundlegend für die Suche nach Spuren von Alchemie und Geheimgesellschaften im Umfeld der Protagonisten.

2.2.1 Der landesgeschichtliche Rahmen

Die Französische Revolution markiert gewissermaßen den Auftakt für die verschiedenen großpolitischen Ereignisse und Entwicklungen, die in der Periode von 1789 bis 1848 im vorliegenden Untersuchungsraum von Bedeutung waren.[131] Der heutige südwestdeutsche Raum setzte sich reichspolitisch vorwiegend aus dem Schwäbischen Reichskreis sowie aus Teilen des Österreichischen und des Fränkischen Reichskreises zusammen. Diese Kreise vereinten in sich verschiedene Territorien und ihre Herrschaften, so gehörten z.B. die Herrschaft Waldburg,[132] das Haus Baden und die Reichsstadt Überlingen zum Schwäbischen Kreis, der vom Haus Württemberg dominiert wurde. Freiburg und Konstanz als vorderösterreichische Gebiete wiederum zählten zum Österreichischen Kreis. Die territoriale Vielfalt war bis 1827 kirchenpolitisch nahezu geeint in der Zugehörigkeit zum Bis-

---

131 Für die nachfolgenden Ausführungen vgl. die Überblicksdarstellungen von ULLMANN, Baden 1800 bis 1830 (1992), MANN, Württemberg 1800 bis 1866 (1992), besonders S. 235–316, KUDORFER, Oettingen (1995), QUARTHAL, Vorderösterreich (2000), besonders S. 764–780, und STIEVERMANN, Absolutismus und Aufklärung BW (2000), besonders S. 383–419.

132 Mit den drei Linien Waldsee, Wolfegg und Zeil.

tum Konstanz, das auch weite Bereiche der Schweiz bzw. der Helvetischen Republik umfasste.[133] Während der Koalitionskriege gegen Frankreich zeigten sich seit 1792 die unterschiedlichen Prioritäten einzelner Herrschaften, die sich mehr oder weniger dem Reich verpflichtet fühlten und angesichts des Kriegstreibens auf eigenem Territorium danach strebten, den eigenen Herrschaftsbereich vor Feindeshandlungen und Einflussverlust zu bewahren. Ungeachtet der wechselnden politischen Allianzen und Neutralitätsbekundungen litten Landschaft und Bevölkerung unter den Kriegshandlungen und unter den materiellen und finanziellen Aufwendungen, die die Aufstellung eigener Heere verursachten, wie auch unter den Forderungen, die mit Neutralitäts- oder Friedensschlüssen mit jedwedem Gegenüber einhergingen. Im Zuge der Koalitionskriege und der parallel wie nachzeitig stattfindenden Verhandlungen und Vertragsabschlüsse kam es 1803 zur Säkularisierung geistlicher Territorien als Entschädigungen für linksrheinisch aufgegebene Gebiete südwestdeutscher Herrschaften, und 1806 zur Mediatisierung ‚kleinerer' weltlicher Territorien, wie z.B. des Hauses Waldburg, das unter die Herrschaft des neu gegründeten Königreichs Württemberg geriet. Vorderösterreich mit Konstanz und Freiburg wiederum wurden wie Villingen Bestandteil des ebenfalls neu geschaffenen Großherzogtums Baden. Als Mitglieder des 1806 gegründeten Rheinbunds wurden Württemberg und Baden Teil des napoleonischen Hegemonialsystems und standen somit in Opposition zum Reich. Beide Herrschaften brachten über mehrere Jahre – auch unter französischem Einfluss – neue staatliche Verfassungsordnungen auf den Weg, die das Verwaltungs- und Justizwesen neu strukturierten und auch das Bildungssystem veränderten. Dagegen unsanktionierte Veränderungsansätze fürchtend, verbot Großherzog Leopold von Baden 1813 sämtliche studentischen Vereinigungen und Bruderschaften sowie „etwa existierende geheime Verbindungen und Orden"[134], was die Freimaurerei einschloss. Nach der finalen Niederlage Napoleons im Juni 1815 und mit der Gründung des Deutschen Bundes im selben Jahr fanden sich das Großherzogtum Baden und das Königreich Württemberg erneut in einem Verband einzelner deutscher Territorialstaaten, der durch das Haus Österreich dominiert wurde. Letzteres agierte im Sinn der Restauration und versuchte, weitere Reformen und Veränderungen im Staats- und Gesellschaftswesen zu unterbinden, wenn nicht gar bereits erfolgte Neuerungen rückgängig zu machen. Dies kollidierte zusehends mit liberalen und nationalen Interessen, die mehr oder weniger radikal politische Mitbestimmung und Volksherrschaft und/oder ein geeintes Deutschland forderten. Auch unter diesem Eindruck wurde 1819 durch die Karlsbader Beschlüsse die Zensur zu Ungunsten der nationalen und liberalen Strömungen verschärft. In Baden und in Württemberg fand in den Landtagen seit 1815/1818 ein Kräftemessen der verschiedenen politischen Lager statt, bei dem sich mittelfristig die konservativen Positionen durchsetzten, die aber bei ihrer Landespolitik vereinzelt liberale Ansätze aufgriffen. Trotzdem strebten große Teile der Bevölkerung, besonders Studenten und Bauern, weiter nach mehr Einfluss

133 Allein die Grafschaft Oettingen mit den beiden Linien Spielberg und Wallerstein gehörte zu den Bistümern Augsburg und Eichstätt, vgl. GEOGRAPHISCHES STATISTISCH-TOPOGRAPHISCHES LEXIKON VON SCHWABEN, Bd. 2 (1801), Sp. 345–364, besonders Sp. 349.

134 Freiburg, StA, A 66/1/591, Auflösung der Freimaurerloge (1813). Das Verbot bestand bis 1847, vgl. auch LENNHOFF/POSNER/BINDER, Freimaurelexikon (2000 [1932]), Zeittafel, S. 938–943.

und/oder einer schnelleren Errichtung eines Nationalstaats. 1832 erwirkte die Bundesversammlung des Deutschen Bundes angesichts weiterer laut geäußerter Forderungen verschiedener nationaler und liberaler Vereinigungen ein Verbot politischer Vereine und Versammlungen. Als im Februar 1848 in Frankreich die zweite Republik ausgerufen wurde, bestärkte dies sowohl liberale Gruppen in ihrem Streben nach mehr Mitbestimmung, als auch nationalistische Vertreter, die aufgrund eines möglichen Erstarkens und Übergreifens Frankreichs eine Einigung der deutschen Territorien zu einem nationalen Gefüge als alternativlose Notwendigkeit sahen: In einer recht aufgeheizten Stimmung riefen Friedrich Hecker und Gustav von Struve am 12. April 1848 in Konstanz dazu auf, sich für eine Republik zu erheben. Der sogenannte ‚Heckerzug' wurde bei Freiburg niedergeschlagen.[135] Trotz entschiedener Maßnahmen gegen radikal-nationale und revolutionäre Bewegungen war sowohl in Baden als auch in Württemberg in den Landtagen die Bereitschaft vorhanden, sich bei einer nationalen Einigung der deutschen Territorien im Rahmen der Nationalversammlung in der Frankfurter Paulskirche mit einzubringen. Im März 1849 wählte die Nationalversammlung den preußischen König Friedrich Wilhelm IV. zum deutschen Erbkaiser. Dessen Ablehnung der Kaiserwürde aus des Volkes Händen zog weitere Volkserhebungen u.a. auch in Baden nach sich. 1850 wurde der Deutsche Bund wiederhergestellt.

Sonnenthal erlebte die revolutionären Erhebungen nicht mehr, während Wocheler erst wenige Wochen nach dem Heckerzug starb. Ihre Biografien zeigen, dass die politischen Ereignisse das Leben Sonnenthals berufsbedingt unmittelbar beeinflussten, während Wocheler ihre Folgen eher mittelbar, vor allem in Zusammenhang mit seinem Vorgesetzten Ignaz Heinrich von Wessenberg zu spüren bekam.

2.2.2 Das kulturelle Klima 1789–1848 im deutschen Südwesten

Das politische Kräftemessen und die gesellschaftliche Neuordnung in der Region korrelierten mit dem alltäglichen Ringen um traditionelle und innovative Werte und Ideen. Diese wechselseitige Verbindung prägte das kulturelle Klima, das der folgende Abschnitt anhand der Themen Religion und Literatur konturiert. Diese beiden Beispielbereiche sind hierfür ertragreich, weil sie das kulturelle, gesellschaftliche und politische Leben stark beeinflussten (Religion) bzw. sich mit diesen Themen öffentlich auseinandersetzten (Literatur).[136]

In der Sattelzeit waren neue politische Ideen (z.B. Liberalismus) und philosophische Ansätze (z.B. Idealismus) sowie Kunst- und Literaturrichtungen (z.B. Klassik) eng mit der Auseinandersetzung mit Idealen der Aufklärung verbunden. Wie in vielen deutschen Gebieten, waren auch bei der südwestdeutschen Aufklärung – besonders im Rahmen der Volksaufklärung – die Forderungen nach praktisch wirksamen gesellschaftlichen, sittlichen und wirtschaftlichen Veränderungen zugunsten des Einzelnen und dies in enger

135 Desgleichen die Bewegung um Georg Herwegh, der aus Frankreich gen Freiburg zog.

136 Aufgrund dieser exemplarischen Engführung wird auf eine eingehendere Darstellung des berühmten, in Radolfszell geborenen und in Meersburg verstorbenen Franz Anton Mesmer (1734–1815) und seiner Magnettherapie verzichtet, zu Mesmer vgl. einführend PRINZ, Art. ‚Mesmer, Franz Anton' (1994).

Verbindung mit dem Allgemeinwohl charakteristisch.[137] Diese utilitaristische Interpretation von Aufklärung nahm vor den Postulaten des konsequenten Vernunftgebrauchs, der empirischen Deutungshoheit sowie der religiösen Toleranz, wie sie charakteristisch für die englische bzw. französische Aufklärung waren, den ersten Rang ein.[138] So beschränkte sich religiöse Toleranz unter ‚aufgeklärten' Personen häufig auf die verschiedenen christlichen Konfessionen. Bei der Verbreitung der aufklärerischen Positionen spielten periodische Medien und gesellschaftliche Vereinigungen wie z.B. Lesegesellschaften oder literarische Salons eine maßgebliche Rolle.[139] Letztere hatten wiederum auch Anteil an der literarischen Produktivität.[140] Die umtriebigen Aufklärer und Freimaurer Johann Kaspar Adam Ruef (1748–1825) und Heinrich Zschokke (1771–1848) werden aufgrund ihrer persönlichen Kontakte zu Sonnenthal und Wocheler später ausführlich behandelt (vgl. Kap. 3.3.4). Als weitere Vertreter südwestdeutscher Aufklärungspublizistik sind exemplarisch Johann Ludwig Ewald (1748–1822),[141] Johann Gottfried Pahl (1768–1839)[142] und Georg Schlosser (1739–1799)[143] zu nennen. Ewald, ein gemäßigter Aufklärer, engagierte sich für die bürgerliche Gleichberechtigung der Juden. Pahl war ein Anhänger der Ideale Freiheit, Gleichheit, Brüderlichkeit, denen er auch nach der Revolutions- und Terrorzeit in Frankreich treu blieb – wenngleich er nun einen gemäßigteren Ton anschlug. Der Freimaurer Schlosser verfasste politische, philosophische und religiöse Schriften, plädierte für ein dogmenfreies Christentum und setzte sich als politischer Verwalter für die allgemeine Wohlfahrt ein. Mit seinen Texten gegen die Aufklärung tat sich der Schriftsteller Heinrich Sautier (1746–1810) hervor,[144] der sich trotz seiner mitunter polemischen Kritik in herausragender Weise für die allgemeine Wohlfahrt engagierte. Bücher von Ewald, Pahl und Sautier aus der Zeit stehen auch in der LSB.[145]

Grundsätzlich hing die Intensität aufklärerischer Aktivitäten in einer Region mit der jeweiligen Herrschaft und damit auch der Konfession zusammen. Die religiöse Landschaft im deutschen Südwesten wurde von der katholischen (Oettingen-Wallerstein, Vorderösterreich und Waldburg) und protestantischen (Württemberg und Markgrafschaft Baden)

---

137 Wie lange Volksaufklärung als Praxis vorangetrieben wurde, vermittelt in eindrücklicher Weise das mehrbändige Werk *Volksaufklärung. Biobibliographisches Handbuch zur Popularisierung aufklärerischen Denkens im deutschen Sprachraum von den Anfängen bis 1850* vgl. BÖNING/SIEGERT, Volksaufklärung, Bd. 1–3 (1990–2016). Vgl. auch STUKE, Art. ‚Aufklärung' (1972), S. 255–265: „‚Aufklärung' als moralisch-pragmatischer Erziehungs- und Volksbildungsbegriff: die Philantropinisten".

138 Vgl. VON NAYHAUSS, Einleitung: Umrisse einer Epoche (2009), S. 13–14.

139 Vgl. exemplarisch WEHLER, Deutsche Gesellschaftsgeschichte, Bd. 1 (2008), S. 303–331 sowie Bd. 2 (2008), S. 520–546. Zum literarischen Markt in Deutschland vgl. außerdem exemplarisch KIESEL/MÜNCH, Gesellschaft und Literatur im 18. Jahrhundert (1977).

140 Vgl. AURNHAMMER/BEẞLICH, Freiburg als Zentrum der südwestdeutschen katholischen Aufklärung (2002), besonders S. 136–143.

141 Vgl. STEIGER, Art. ‚Ewald, Johann Ludwig' (2008).

142 Vgl. WEBER, Art. ‚Pahl, Johann Gottfried' (2010).

143 Vgl. SCHANKWEILER, Art. ‚Schlosser, Johann Georg' (2011).

144 Vgl. AURNHAMMER, Art. ‚Sautier, Heinrich' (2011).

145 Z.B. Ü-LSB, Cc 32 (Ewald), Kb 67 (Pahl), und Ba 235 (Servati=Sautier). Vgl. auch KUNZER, Katalog LSB (1898).

Konfession dominiert.[146] Unter ‚katholischer Aufklärung' firmierten Veränderungen, die im Rahmen der absolutistisch-aufklärerischen Regierungspraxis in Vorderösterreich – dem Josephinismus[147] – angestoßen worden waren und die bei vielen Theologen und Gelehrten, die sich in aufklärerischer Hinsicht hinter den protestantischen Regionen zurück sahen, auf Zuspruch stießen.[148] Zwar zielte man mit den Reformen auch auf die Verwaltung und die Bildungspolitik, zahlreiche Veränderungen betrafen aber das Klosterwesen und die Volksfrömmigkeit. Besonders die herrschaftlichen Eingriffe in die gelebte religiöse Praxis sowie die nahezu komplette Auslöschung der Klosterkultur stießen in vielen Teilen der Gesellschaft auf Widerstand. Die daraus resultierende Kluft zwischen katholischer Barock- bzw. Volksfrömmigkeit und aufgeklärtem Katholizismus bestand über Jahrzehnte. Sie mündete im 19. Jahrhundert in die kirchengeschichtliche Epoche des Ultramontanismus, in der angesichts (kirchen)politischer Abwägungen und gesellschaftlicher Veränderungen um die Restauration einer traditionellen katholischen Kirche und deren Ort in der modernen Gesellschaft gestritten wurde.[149] Eine der Gegenbewegungen zum Ultramontanismus bestand in den Deutschkatholiken. Sie vertraten die Auffassung, dass eine freiheitliche Gesellschaftsordnung mit einem aktiv praktizierten Christentum vereinbar sei. Dementsprechend sympathisierten viele Deutschkatholiken mit dem Liberalismus und der Demokratie und sahen das Christentum vorrangig in einer sozialpolitischen Verantwortung. Nach dem Scheitern der revolutionären Aktionen 1848/49 verfügte die Bewegung kaum mehr über Einfluss.[150]

In den protestantischen Gebieten Württembergs gewahrte die Landeskirche bereits seit dem 17. Jahrhundert die Konkurrenz des Pietismus. Manche Gläubige empfanden die offizielle Religionspraxis als zu nüchtern, uninspiriert und alltagsfern. Hier setzte der Pietismus an, der einen persönlich verinnerlichten Glauben, eine intensive Bibellektüre

---

146 Seit dem Westfälischen Frieden von 1648 galten die katholische und protestantische Konfession im Heiligen Römischen Reich als rechtlich gleichgestellt. Trotzdem oblag es den Territorialherrschern das territoriale Bekenntnis zu bestimmen. Offizielle Toleranzedikte, die die Tolerierung beider Konfessionen innerhalb eines Territoriums geboten, wurden vom Großteil der südwestdeutschen Territorialherrn vermieden. Allein in Vorderösterreich verfügte Kaiser Joseph II. 1781 ein explizites Toleranzpatent, vgl. STIEVERMANN, Absolutismus und Aufklärung BW (2000), S. 419–434 und QUARTHAL, Vorderösterreich (2000), S. 759–764. – Aufgrund der Ausweisungen der jüdischen Gemeinden Ende des 15. und im 16. Jahrhundert sowie der vielen Anfeindungen und Verfolgungen hatte der jüdische Glaube und die jüdische Kultur kaum und nur unter erschwerten Bedingungen die Möglichkeit, nachhaltig im deutschen Südwesten Fuß zu fassen. Auch hier hing es von der Toleranz und/oder den wirtschaftlichen Interessen des Territorialherrschers ab, Juden auf seinem Territorium anzusiedeln, vgl. STIEVERMANN, Absolutismus und Aufklärung BW (2000), S. 432f. Aufgrund der nationalistischen Stimmung nach den Koalitionskriegen sowie nach 1815 lehnten viele Menschen in den deutschen Gebieten eine Gleichstellung Deutscher jüdischen Glaubens ab, vgl. STEIGER, Johann Ludwig Ewald (2010), S. 77–82.

147 Vgl. hierzu BARTON, Art. ‚Josephinismus' (1988).

148 Vgl. SIEGERT, Selbsteinschätzung und Selbstbewußtsein der katholischen Aufklärung (2002), und KOSELLECK, Über den Stellenwert der Aufklärung (2010 [2005]), S. 128.

149 Vgl. zum Ultramontanismus CONZEMIUS, Art. ‚Ultramontanismus' (2002) und HOLZEM, Christentum in Deutschland, Bd. 2 (2015), S. 970–984.

150 Vgl. KUHN, Art. ‚Deutschkatholiken' (1981).

und -reflexion sowie den Gedanken an die individuelle, geistliche Wiedergeburt ins Zentrum seiner religiösen Praxis stellte.[151] Da im Pietismus die Abgeschlossenheit der Gemeinschaft betont wurde, eckten seine Anhänger bei der weltlichen Obrigkeit an, die neben strittigen Fragen hinsichtlich der Orthodoxie besonders Tendenzen gesellschaftlicher Absonderung fürchtete. Gleichwohl wurden im 19. Jahrhundert angesichts starker Auswanderungswellen pietistische Gemeinden in Württemberg integriert.[152] Unter anderem auch die ‚Herrnhuter Brüdergemeine', die sich am Pietismus orientierte. Einige Herrnhuter siedelten sich 1806 im württembergischen Königsfeld bei Villingen an, das 1810 an Baden fiel.[153] Damit lag diese Gemeinschaft im Seelsorgegebiet des jungen Priesters Franz Sales Wocheler (vgl. Kap. 3.2.1).

Diese verschiedenen Formen religiösen Lebens im deutschen Südwesten schlugen sich ebenfalls literarisch nieder. Der Ultramontanist Alban Stolz (1808–1883)[154] war mit seinen kirchlich-moralischen Schriften sehr populär. Der Protestant Karl von Gerok (1815–1890),[155] stellte seiner religiösen Erbauungslyrik Kriegsgedichte zur Seite, die dem Nationalismus nahestanden. Für eine religiös-politische Publizistik steht exemplarisch der Deutschkatholik Heinrich Schreiber (1793–1872),[156] der aufgrund seiner religiösen Haltung gar exkommuniziert wurde. Prominente pietistische Verfasser waren Friedrich Christoph Oetinger (1702–1782)[157] und Johann Heinrich Jung-Stilling (1740–1817).[158] Oetinger, ein Verteidiger der Freimaurerei, aber selbst kein Freimaurer, ging auf der Suche nach einer ‚Philosophia sacra' in eklektischer Weise verschiedensten Wissenschaften nach. Der Arzt Jung-Stilling (1740–1817), der ökonomische Fachschriften verfasste, wurde durch seine Autobiografie bekannt.[159] In einer konservativ-pietistischen Haltung verfasste er religiöse Erbauungsschriften, die sich gegen den Rationalismus der Aufklärung richteten. Schreiber, Oetinger und Jung-Stilling sind in der LSB mit zeitgenössischen Ausgaben vertreten.[160]

Mit allen Konfessionen und religiösen Strömungen gingen Praktiken einher, die häufig unter Volks- bzw. Aberglaube zusammengefasst werden. Sie griffen magische Elemente und Vorstellungen auf, um alltägliche Lebenssituationen, wie z.B. Geldnot oder Krankheit, zu bewältigen. In ihrer gesellschaftlichen Bedeutung sind sie nicht zu unterschätzen. So sind z.B. für das 18. wie für das 19. Jahrhundert auch im deutschen Südwesten Fälle des

151 Vgl. zum komplexen Gegenstand ‚Pietismus' einführend BRECHT, Art. ‚Pietismus' (1996) und HOLZEM, Christentum in Deutschland (2015) Bd. 2, S. 667–721.

152 Vgl. WEHLING, Pietismus in Württemberg (2008), S. 175f.

153 Vgl. zur Herrnhuter Brüdergemeine MEYER, Art. ‚Brüderunität/Brüdergemeine' (1981).

154 Vgl. KÜHLMANN/STUMPF, Art. ‚Stolz, Alban' (2011).

155 Vgl. PLATIEL/PRECHTL, Art. ‚Gerok, Karl von' (2009).

156 Vgl. KÖSSING, Art. ‚Johann Heinrich Schreiber' (1875).

157 Vgl. BREYMAYER, Art. ‚Oetinger, Friedrich Christoph' (2010). – Zu Oetinger und seiner Autobiografie vgl. außerdem KUMMER, Autobiographie und Pietismus (2010).

158 Vgl. TITZMANN, Art. ‚Jung(-Stilling), Johann Heinrich' (2009).

159 Die Autobiografie war unter den Pietisten eine wichtige Literaturgattung, vgl. SCHRADER, Die Literatur des Pietismus (2004), S. 396–401.

160 Z.B. Ü-LSB, Ja 48 (Schreiber), Da 249 (Oetinger), und Da 164 (Jung-Stilling). Vgl. auch KUNZER, Katalog LSB (1898).

sogenannten Schatzgrabens bezeugt, bei dem man mittels magischer Gegenstände (häufig Wünschelruten) oder des sogenannten Christoffelgebets verborgene Schätze ausfindig zu machen und zu heben versuchte.[161] Auch das *Archiv für Pastoralkonferenzen*, eine Zeitschrift, die von 1804 bis 1827 unter der Redaktion Ignaz Heinrichs von Wessenberg (1774–1860) erschien und Beiträge von Seelsorgern aus dem Bistum Konstanz versammelte, befasste sich vereinzelt mit Aberglaube oder dem Glauben an Magie. Todesprophezeiungen, Schatzgräberei oder die Furcht „behext" worden zu sein, waren offenbar auch im frühen 19. Jahrhundert für die Seelsorger des Konstanzer Bistums Themen, mit denen sie in ihrem Gemeindealltag umgehen mussten und deren Verbreitung sie versuchten zu unterbinden.[162] Otto Kunzer verzeichnet in seinem Katalog von 1898 sechs Jahrgänge dieser Zeitschrift im Bestand der LSB,[163] und unter den Handschriften befinden sich mehrere Christoffelgebete.[164]

Generell zeigen sich unter dem südwestdeutschen Literaturpersonal die Auseinandersetzungen der Menschen mit den diversen Aspekten dieser Periode in ihrer ganzen Vielfalt.[165] Berthold Auerbach (1812–1882),[166] Annette von Droste-Hülshoff (1797–1848),[167] Wilhelm Hauff (1802–1827),[168] Justinus Kerner (1786–1862),[169] Gustaf Schwab (1792–1850),[170] und Ludwig Uhland (1787–1862)[171] sind mit ihren Biografien und Werken zusätzliche prominente Beispiele, anhand derer sich das Panorama der Positionen, die in der Sattelzeit hinsichtlich gesellschaftlicher, politischer und kultureller Angelegenheiten möglich waren, weiter zeichnen ließe. Justinus Kerner und Droste-Hülshoff

161 Vgl. ADAM, Viel tausend gulden lägeten am selbigen orth (2001) und DILLINGER, Das Ewige Leben und fünfzehntausend Gulden (2003).

162 Vgl. z.B. Archiv für Pastoralkonferenzen (1815), S. 134–154: „Welche Grundsätze muß ein Seelsorger auf dem Lande praktisch befolgen, wenn er den Aberglauben in seiner Gemeinde mit glücklichem Erfolg bekämpfen will?", ebd. (1819), S. 321–383: „Geschichtliche Beleuchtung des alemannischen Volksglaubens", ebd. (1820), S. 272–279: „Belehrung an einen abergläubischen Mann, der aus gewissen Umständen den nahen Tod seines Vaters prophezeyen wollte", ebd., S. 27–33: „Wie sind Leute zu behandeln, die sich für besessen oder sich, oder ihr Vieh für behext ausgeben", ebd., S. 34–52: „Ein nicht unnöthiger Beytrag zur Schatzgräberey" oder ebd. (1822), S. 136–142: „Wie erhält sich der Aberglaube noch unter dem Volke".

163 Ü-LSB, Bd 16, vgl. KUNZER, Katalog LSB (1898), S. 109.

164 Ü-LSB, Ms. 270: Das große Gebet des heiligen Christopherus und Ms. 271: Gebete an den heiligen und großen Christopherus.

165 Weiterführend zur südwestdeutschen Literaturlandschaft vgl. exemplarisch ZELLER/SCHEFFLER (Hg.): Literatur im deutschen Südwesten (1987), AURNHAMMER/KÜHLMANN (Hg.): Zwischen Josephinismus und Frühliberalismus (2002), PÖRNBACHER, Schwäbische Literaturgeschichte (2002) und AURNHAMMER/KÜHLMANN (Hg.), Von der Spätaufklärung zur badischen Revolution (2010).

166 Vgl. SELBMANN, Art. ‚Auerbach, Berthold' (2008).

167 Vgl. WOESLER, Art. ‚Droste-Hülshoff, Annette von' (2008).

168 Vgl. BARTH/STEINSDORFF, Art. ‚Hauff, Wilhelm' (2009).

169 Vgl. FRÖSCHLE, Art. ‚Kerner, Justinus' (2009).

170 Vgl. FRÖSCHLE, Art. ‚Schwab, Gustav' (2011).

171 Vgl. FRÖSCHLE/KLOHS, Art. ‚Uhland, Ludwig' (2011).

ausgenommen, sind auch diese Autoren mit Druckausgaben aus der Zeit vor 1848 in der Überlinger LSB vertreten.[172]

Der Literaturbetrieb zeigt also die Bandbreiten auf, die zwischen den Polen Innovation und Tradition, zwischen Gestaltungswillen und Weltflucht, zwischen Realismus und Phantasie bestanden und deren Spannungsachsen sich mitunter kreuzten. Wie gesehen, bildet sich das kulturelle Klima, das hier kurz umrissen wurde, in seiner Vielfalt auch im zeitgenössischen Buchbestand der LSB ab. Hinsichtlich der konkreten Vermittlung der verschiedenen Inhalte gilt, dass, obwohl die bevorzugten Publikationsmedien wie z.B. Zeitschriften, Almanache oder Kalender vergleichsweise erschwinglich waren, mit den verfassten Texten nur ein Bruchteil der Gesellschaft erreicht wurde. Dies hängt mit der prekären wirtschaftlichen Situation der weniger privilegierten Schichten zusammen und damit, dass die allgemeine Alphabetisierung nur langsam voranschritt.[173] Die meisten Verfasser richteten sich mit ihrer Unterhaltungsliteratur, mit ihren Reflexionen zu religiösen, politischen und gesellschaftlichen Veränderungen sowie mit (volks-)aufklärerischen Ideen und Appellen also vorrangig an die gesellschaftlich und wirtschaftlich besser gestellten Kreise.[174] Als mögliche soziale Orte der Auseinandersetzung mit den Gegebenheiten bestanden in der Gesellschaft religiöse Gruppierungen (z.B. Deutschkatholiken, Herrnhuter) neben inklusiven (z.B. Lesezirkel) oder exklusiven (z.B. Freimaurerlogen) Vereinigungen. In welcher Weise Sonnenthal und Wocheler mit ihren Lebensläufen, ihren Interessen und gesellschaftlichen Kontakten innerhalb dieser Gegebenheiten eingebettet waren, ist Gegenstand des folgenden Kapitels.

---

172 Z.B. Ü-LSB, Gc 458 (Uhland), Gc 182 (Hauff), Fa 76 (Schwab), und Gc 26a (Auerbach). Vgl. auch KUNZER, Katalog LSB (1898).

173 Vgl. die ältere, aber immer noch maßgebliche Studie von SCHENDA, Volk ohne Buch (1977), besonders S. 441–467.

174 Auch das sich langsam als Kulturinstitution etablierende städtische Theater, wo Unterhaltung auf Aufklärung und politische Meinungsbildung traf, erreichte wohl vorrangig Wohlhabende, vgl. hierzu AURNHAMMER/BESSLICH, Freiburg als Zentrum der südwestdeutschen katholischen Aufklärung (2002), S. 133–134, und DENK, Badens Theaterlandschaft 1800–1850 (2010).

3 Sammler und Bewahrer der Überlinger Alchemica

Als Hauptsammler und als Bewahrer der untersuchten Handschriften stehen Johann Baptist Sebastian von Sonnenthal und Franz Sales Wocheler mit diesen maßgeblich in Verbindung. Der Lebenslauf Sonnenthals wird im ersten Unterkapitel erstmals rekonstruiert, wohingegen im zweiten Unterkapitel bei der Person Wochelers bereits vorhandene Lebensbeschreibungen durch bisher nicht berücksichtigte Quellen ergänzt werden. Das dritte Unterkapitel beschreibt die erschließbaren gesellschaftlichen Kontakte der beiden. Dabei ist die Suche nach alchemischen und geheimgesellschaftlichen Inhalten von zentraler Bedeutung, weil dadurch deutlich wird, inwiefern das Kernthema der Handschriftensammlung – Alchemie – sowie einer seiner wichtigsten Wirkungsbereiche in der Sattelzeit – die Geheimgesellschaften – für die Protagonisten und ihr soziokulturelles Umfeld relevant waren.

3.1 Johann Baptist Sebastian von Sonnenthal (1759–1834)

„Zahlreiche Handschriften alchemistischen Inhalts verdankt die Bibliothek dem Baron von Sonnenthal", meldet Alfons Semler, ehemaliger Überlinger Stadtarchivar und -bibliothekar in seinem kurzen historischen Abriss über die Bestände der LSB.[1] Diese Information wird in der zugehörigen Fußnote um einige biografische Daten ergänzt: „Sonnenthal war zunächst grundherrlicher Beamter, dann Oberamtmann in Stockach; 1814 Hofgerichtsrat in Meersburg, 1819–1825 stellvertretender Dienstvorstand. Er starb in Überlingen am 17. April 1834, 77 Jahre alt".[2] Anhand dieser Angaben konnten weitere Informationen zu der Vita Sonnenthals und zu seinen Interessen ermittelt werden.[3]

---

1 SEMLER, Leopold-Sophien-Bibliothek (1957/58), S. 130.

2 Ebd.

3 Für die nachfolgenden Darstellungen waren die Information Semlers und die nicht publizierten Ergebnisse von Roswitha Lambertz (Ü-LSB) wichtige Ausgangspunkte. An dieser Stelle ein herzliches Dankeschön an Frau Lambertz, die mir freundlicherweise ihre Korrespondenz mit Bernd Bader (Gießen, Universitätsbibliothek), Rudolf Beck (L-WZG) und Hartmut Steger (Harburg, Fürst Wallerstein Archiv und Sammlungen) zur Verfügung gestellt hat. – Von diesem Material ausgehend, erfolgten Ergänzungen anhand einschlägiger Nachschlagewerke und zeitgenössischer Verwaltungszeitschriften sowie anhand weiterer Archivrecherchen und -anfragen in Augsburg, Freiburg, Karlsruhe, Leutkirch, Rottenburg am Neckar, Salzburg und Stuttgart. Vgl. GÖTZ, Amtsbezirke und Kreise im badischen Bodenseegebiet (1971), FRANK-DÖFERING (Hg.), Adelslexikon des österreichischen Kaisertums (1989) und ARBEITSGEMEINSCHAFT DER KREISARCHIVE (Hg.), Amtsvorsteher Baden-Württemberg 1810–1972 (1996). – Großherzoglich Badisches (Staats-) und Regierungsblatt (1814), Nr. 18 und (1825), Nr. 12. – **Augsburg**: BA, Gemeinde Ottobeuren, MF 4, und BA, Gemeinde Ottobeuren, MF 3. – **Freiburg**: StA, A 11/1/57, StA, A 68/1/14, und StA, L 10/5366. – **Harburg**: Fürst

3.1.1 Biografie und Genealogie: Fakten und Ungereimtheiten

Sonnenthal wurde mit an Sicherheit grenzender Wahrscheinlichkeit am 20. Januar 1759 in Ottobeuren als Sohn von „Dominus Matthias Bartenschlager et Domina Anna Schizin" geboren.[4] Er war das dritte von insgesamt zehn Kindern.[5] Der Vater war laut Sterbeeintrag Forstmeister des Klosters Ottobeuren, was zusammen mit dem Prädikat „Nobilis Dominus" auf eine gehobene soziale Stellung schließen lässt.[6] Weitere Angaben zu den Eltern und Geschwistern fehlen, eine Verbindung zum Schaffhauser Schulmeister Johann Ludwig Bartenschlager (1692–1773), dessen Ehen kinderlos blieben, kann nicht nachgewiesen werden.[7] Auch Sonnenthals Jugend und erste Studienjahre liegen im Dunkeln.[8] Er

---

Wallerstein, FÖW Alt, III, 6, 17b–2. – **Karlsruhe**: GLA, 76/7415, und GLA, 76/7416. – **Leutkirch**: WZG, WoWo III X 10,18, WZG, WoWo III X 10,19, WZG, WoWo 14045, und WZG, WoWo 14632. – **Salzburg**: UA, bA 12, UA, bA 86 und 87, sowie UA, bA 133. – **Stuttgart**: HStA, E 157/1 Bü 682.

4 Vgl. Augsburg, BA, Gemeinde Ottobeuren, MF 4, S. 74 (bei den nachfolgenden Quellennachrichten in den Anmerkungen werden die Abkürzungen kommentarlos aufgelöst). – Diese Angabe korrespondiert zwar nicht mit dem Alter, das der Sterbeeintrag zu Sonnenthal festhält (vgl. Freiburg, StA, L 10/5366, 1834, S. 11, Nr. 38), allerdings dürfte der Befund einer Ungenauigkeit hinsichtlich Sterbealter und Geburtsdatum für das 18. und frühe 19. Jahrhundert keine Ausnahme darstellen. So schlich sich bereits in die Abschrift des Gemeinderegisters Ottobeuren bei Sonnenthal der Februar an Stelle des Januars als Geburtsmonat ein, vgl. Augsburg, BA, Gemeinde Ottobeuren, MF 3.

5 Augsburg, BA, Gemeinde Ottobeuren, MF 4, S. 44 (16. Juni 1755"Joannes Udalricus"), S. 58 (16. März 1757 „Maria Thecla"), S. 91 (18. November 1760 „Joannes Baptista Martinus"), S. 104 (21. Mai 1762 „Joannes Nepomucus"), S. 116 (29. Oktober 1763 „Anna Maria Catharina"), S. 133 (14. Oktober 1765, Zwillinge „Mathias Gallus et Joannes Baptista Lucas"), S. 147 (25. Juni 1767 „Joannes Baptista Petrus") und S. 165 (5. April 1769 „Walburga"). – Vier der Geschwister starben vor 1769, vgl. ebd., S. 443, S. 458, S. 462 und S. 471. Besonders auffallend ist, dass an zwei aufeinanderfolgenden Jahren, 1766 und 1767, jeweils am 18. Juli ein Kind, die Namen werden nicht genannt, gestorben sein soll. Sonnenthals Schwester Anna Maria Catharina starb im Alter von zehn Jahren (vgl. ebd., S. 489) und die älteste Schwester Thekla starb am 20. Juli 1779 in Wien (vgl. ebd., S. 489 und S. 507).

6 Ebd., S. 182: „[24. November 1790] Honestissimus, et spectatissimus, Nobilis Dominus Matheus Partenschlager per 30 et ultra annos Monasterii ottoburani Forestarius, Forstmeister [...] transiit aet[ate] 73". – Vgl. auch EBNER, Wörterbuch historischer Berufsbezeichnungen (2015), S. 210. Forstmeister waren hohe Beamte, die die Verantwortung für die Nutzung großer Wald- und Jagdgebiete innehatten.

7 Freundliche Auskunft des Stadtarchivs Schaffhausen vom 4.10.2017, vgl. auch RÜEDI, Genealogische Register der Stadt Schaffhausen (1945/46), und LEU, Das noch lebende Schaffhausen (1994). – Es ist an dieser Stelle außerdem auf eine Akte im Österreichischen Staatsarchiv in Wien hinzuweisen, die sich mit einer Streitsache unter Adligen befasst, in die ein Michael Partenschlager von Sonnenthal involviert war (Wien, ÖStA, NÖ-LR 166.34 (110/1810)). Es wäre möglich, dass es sich hier um einen Verwandten Sonnenthals handelt, da seine älteste Schwester Thekla 1779 im Alter von 22 Jahren in Wien verstarb (s.o.) und eventuell dort verheiratet war. Auf eine Anfrage im Juli 2015 erhielt ich die freundliche Auskunft, dass in der Akte keinerlei Hinweise auf Johann Baptist, Alchemie oder Freimaurerei enthalten seien.

8 Ich durchsuchte die Matrikeleditionen der nächst- und näher gelegenen möglichen Studienorte, vgl. Wagner, Die Carls-Schüler nach archivalischen Quellen (1856), Knod, Urkunden und Akten der Stadt Strassburg (1902), Erler, Die jüngere Matrikel der Universität Leipzig (1909), Steinmeyer, Die Matrikel der Universität Altdorf (1912), Hess (Hg.), Die Matrikel der Akademie und Universität Bamberg (1924), Toepke (Hg.), Die Matrikel der Universität Heidelberg (1916), Bürk/Wille, Die

schrieb sich 1781 als „Nob[ilis] Jo[hann] Bapt[ist] Sebast[ian] Barthenschlager Ottoburanus Suevus Jur[ista]"[9] an der Universität Salzburg ein. Die Salzburger Universitätsakten führen ihn auch 1782 noch als Mitglied der juristischen Fakultät, halten jedoch nicht fest, wann er sein Studium abschloss.[10] Über mehrere Jahre liegen keine weiteren Nachrichten zu ihm vor.

Am 14. April 1790 wurde Sonnenthal von Fürst Kraft Ernst von Oettingen-Wallerstein zum Hofrat ernannt. Die entsprechende Urkunde führt ihn unter seinem Geburtsnamen als „N[obilis] Pardenschlager" und enthält zudem die Information, dass Sonnenthal zu diesem Zeitpunkt bereits als Oberamtsrat für das Haus Waldburg-Wolfegg-Waldsee tätig war.[11] Es handelte sich daher wohl um die Verleihung eines Ehrentitels.[12] Schriftstücke aus dem Waldburg-Zeil'schen Gesamtarchiv verraten, dass Sonnenthal bereits im Vorjahr 1789 regelrecht für Graf Joseph Anton von Waldburg-Wolfegg-Waldsee (1766–1833), der ein Jahr später die Herrschaft über Waldsee übernahm,[13] abgeworben wurde.[14] Bis 1808 war Sonnenthal „[w]irklicher Geh[eimer] Rat, Hofkanzler und Regierungsdirektor beim Fürsten v[on] Waldburg-Wolfegg".[15]

Matrikeln der Universität Tübingen (1953), Schaub (Hg.), Die Matrikel der Universität Freiburg 1656–1806 (1957), Wiegand, Namensverzeichnis zur allgemeinen Studentenmatrikel der ehemaligen Universität Erfurt (1962/63), Wackernagel/Triet (Hg.), Die Matrikel der Universität Basel (1980), Oberkofler, Die Matrikel der Universität Innsbruck (1980–1984), Pölnitz/Boehm (Hg.), Die Matrikel der Ludwig-Maximilians-Universität Ingolstadt-Landshut-München (1981), Wendehorst, Die Matrikel der Universität Würzburg (1982), und Mühlberger (Hg.), Die Matrikel der Universität Wien (2014).

9 Redlich (Hg.), Matrikel Universität Salzburg (1933), S. 650, Nr. 29861.

10 Salzburg, UA, bA 12: Continuatio Albi Juridicae Facultatis, Jahr 1782. Interessant ist, dass im Anschluss an den entsprechenden Eintrag ein „Nobilis Joseph Bernardus Parthenschlager, Ottoburanus, Suevus" erwähnt wird. Inwiefern ein verwandtschaftliches Verhältnis zwischen den beiden bestand, geht aus den Quellen nicht hervor, vgl. Augsburg BA, Gemeinde Ottobeuren, MF 4, und Augsburg, BA, Gemeinde Ottobeuren, MF 3; allerdings liegt in der LSB mit Ca 220 auch ein Druck, der einem Joseph Bernard Parthenschlager zugeordnet wird – eine Beziehung zwischen den beiden ist also wahrscheinlich.

11 Harburg, Fürst Wallerstein, FÖW Alt, III, 6, 17b-2: „[...] Demnach Wir auf die Uns besonders angerühmte und selbst bewährte Geschicklichkeit und andere gute Eigenschaften des N. Pardenschlager, dermaligen Oberamts-Raths in Reichsgräflich Truchseß Waldseeschen Diensten, demselben den Charakter Unseres Hofraths mit allen demselben anklebenden Rang und Vorzügen beyzulegen geruht haben [...]".

12 Vgl. EBNER, Wörterbuch historischer Berufsbezeichnungen (2015), S. 312.

13 Vgl. BECK, unschuldiges Staatsopfer (2006), S. 265f.

14 Leutkirch, WZG, WoWo 14632, Anstellungsvertrag vom 25. Oktober 1790, und ebd., beglaubigte Abschrift aus dem Jahr 1807 des Vergleichsvertrags vom 28. Oktober 1791, (1r): „Wir Joseph Anton [...] bekennen hirmit, daß Wir den fürstlich Oettinng-Wallersteinischen Herrn Hofrath, und nunmehrigen unsern freundlich lieben und getreuen Oberamtsrath Johann Baptist Sebastian Parthenschlager durch die ihm zwar noch während Unserer Minderjährigkeit theils schriftlich, theils mündlich gemachte [...] aber öfter wiederhollten besonders am 16. und 17. Februarii dann 30. April und 1. May 1789 erneuerten Versprechungen und Zusicherungen aus den fürstlich Oetting-Wallersteinischen Diensten in die Unsrige überzutretten bewogen haben".

15 ARBEITSGEMEINSCHAFT DER KREISARCHIVE (Hg.), Amtsvorsteher Baden-Württemberg 1810–1972 (1996), S. 534.

Die langjährige Dienstzeit begann nicht unproblematisch. Der Graf und spätere Fürst Joseph Anton von Waldburg-Wolfegg-Waldsee versagte Sonnenthal bereits früh zugesagte Leistungen mit dem Argument, er sei als Regent aufgrund seines jungen Alters noch in seiner Handlungsfähigkeit eingeschränkt.[16] 1791 einigten sich die Parteien in einem Vergleich, auch, um einen Gang vor das Reichsgericht zu verhindern.[17] Im Vergleichsvertrag vom 28. Oktober des Jahres betont Graf Joseph Anton, dass Sonnenthal sich als treuer, fähiger und opferbereiter Oberamtsrat bewährt habe:

> „Nachdem Wir [Graf Joseph Anton von Waldburg-Wolfegg-Waldsee] aber nunmehr zur wirklichen Selbstregierung gelanget, Somit unsere obgedachten Versprechungen und Zusicherungen ohne Anstand und allen Wiederspruch zu erfüllen im Stande sind, und weil gedachter Unser Oberamtsrath Johann Baptist Sebastian Parthenschlager bisher nicht nur von seinem Fleiß, Treue und Geschiklichkeit Uns mehrern thätige, und überzeugende Proben geliefert, sondern auch überhaupt unseren Unterthanen, und Uns insbesondern auch über seine Schuldigkeit verschiedene wichtige zum theil mit Lebens-Gefahr verbundene Dienste geleistet, und hiebei sein eigenes Vermögen angewendet, folglich sich nicht nur um Uns, all unsere Erben und Nachkom[m]en, sondern auch sich um unsere Unterthanen höchst Verdient gemacht hat, So haben Wir als jeziger regierender Graf und herr zu Wolfegg-Waldsee aus Vollkom[m]enem und wohlbefugtem Gewalt mit Mehrgedacht Unserm Oberamtsrath Parthenschlager in Rüksicht gedachter seiner bewährten guten Eigenschaften, und um Uns und unsere Erben und Nachkom[m]en auch um Unsern Unterthanen bisher schon gesam[m]elter Vorzüglichen Verdienste – für Uns, all unsere Erben und Nachkom[m]en, die Wir hiezu vestiglich verbunden haben wollen, und hiemit verbinden, mit guten Wissen, Vorbedacht, und reiffer Überlegung, wie Wir das zum kräftigsten Und beständigsten aller Rechten nur thun sollen, können und mögen, folgenden Vergleich und wechselseitigen Vertrag abgeschlossen."[18]

Sonnenthal erklärte im Gegenzug, dass er sich

> „an Kaiserl[iche,] Königl[iche,] Kurfürstl[iche] und fürstliche Höfe, oder andere vornehme Orte, auf Kreis- oder Kollegial-Convente, zu Familien- oder andere

---

16 Vgl. Leutkirch, WZG, WoWo 14632, beglaubigte Abschrift aus dem Jahr 1807 des Vergleichsvertrags vom 28. Oktober 1791.

17 Leutkirch, WZG, WoWo III X 10,18, Schreiben Sonnenthals an den Fürsten vom 2. August 1813, (2r): „[...] Am allerwenigsten können Euere fürstliche Gnaden in Abrede stellen, daß Hochdieselbe, nachdem ich auf Hochdero Verlangen und Veranlaßung meine Entlassung aus fürstlich wallersteinischen Diensten erwirkt hatte, Ihre mir gemachte Versprechungen und Zusicherungen nicht erfüllt haben, und daß deswegen zwischen Euer fürstlichen Gnaden und mir solche Differentien entstanden seyen, die zu einem reichsgerichtlichen Prozeß zu erwachsen drohten. [...]".

18 Leutkirch, WZG, WoWo 14632, beglaubigte Abschrift vom 17. Februar 1807 des Vergleichsvertrags vom 28. Oktober 1791, (1r-2r).

Conferenzen und ehrliche wichtigen Geschäften abordnen und abschicken lassen wolle".[19]

In den folgenden Jahren kam Sonnenthal diesen Verpflichtungen in vielerlei Hinsicht nach, wovon die Berichte und Briefe an seinen Fürsten Zeugnis geben.[20] Immer wieder war er in Geldangelegenheiten unterwegs,[21] was zusammen mit seinem persönlichen finanziellen Einsatz für den Fürsten ein Beleg für die klamme Situation vieler Grafen und Fürsten während und nach den Koalitionskriegen ist.[22] Graf Maximilian Wunibald von Waldburg-Zeil-Trauchburg – der „[d]as waldburgsche Seniorat"[23] innehatte – verlieh ihm 1795 den Titel ‚Edler und Ritter Bartenschlager von Sonnenthal'.[24]

1798 erbte Graf Joseph Anton die Grafschaft Wolfegg.[25] Mit diesem Herrschaftszuwachs hing vermutlich der Umzug Sonnenthals und seiner Familie von Waldsee nach Wolfegg im September 1800 zusammen.[26] In den Jahren 1806 bis 1808 verschlechterte sich das Verhältnis zwischen dem Fürsten und Sonnenthal erneut: Joseph Anton hatte angesichts der drohenden Mediatisierung 1806 in einem Alleingang angestrebt, die wolfegg'sche Herrschaft dem Königreich Bayern zu unterstellen. Sonnenthal sollte dieses Ansinnen im März 1806 an geeigneter Stelle in München vorbringen;[27] ein Auftrag, den er nicht ausführte, weil er inhaltlich nicht davon überzeugt war und zudem keine passende Gelegenheit dafür finden konnte – ein Affront, der das langjährige Dienstverhältnis nachhaltig belastete.[28] Das wohl eher unharmonische Ausscheiden aus des Fürsten Diensten lässt sich zeitlich nicht exakt ermitteln.[29] 1807 musste sich Sonnenthal noch beim Fürsten für eine mißverständliche Aussage, die er gegenüber dem Esslinger Oberjustizrat von Maucler (1783–1859) gemacht hatte, schriftlich rechtfertigen.[30] Ab November 1808

19 Ebd., (4r).

20 Leutkirch, WZG, WoWo 14632.

21 Sonnenthal war mehrmals mit dem Auftrag unterwegs, Geldanleihen für Fürst Joseph Anton von Waldburg-Wolfegg-Waldsee ausfindig zu machen, vgl. Leutkirch, WZG, WoWo 14632, Brief von Sonnenthal an Joseph Anton vom 25. August 1817, (1v): „Euere Durchlaucht werden sich durch die Anleihen, die ich für Hochdieselbe in den 1790ger Jahren [...] bei der Madame Paula et Compagnie, und nachher im Jahre 1804 bei dem Freyherrn von Herrmann zu Memmingen negocirt, und zu Stande gebracht habe, – bereits überzeugt haben, wie vortheilhaft es für den Schuldner seye, wenn er nur mit einem Gläubiger zu thun hat [...]".

22 Vgl. MÖSSLE, Maximilian Wunibald von Waldburg-Zeil-Trauchburg (1968), S. 70–88.

23 Ebd., S. 60.

24 Danke an Frau Lambertz für die Weitergabe dieser Information von Rudolf Beck (Leutkirch, WZG).

25 Vgl. BECK, unschuldiges Staatsopfer (2006), S. 256f.

26 Vgl. Leutkirch, WZG, WoWo 14045.

27 Zu einem weiteren Alleingang von Seiten des Hauses Wolfegg, das zeitweise den Austritt aus dem Familienverband anstrebte, vgl. MÖSSLE, Maximilian Wunibald von Waldburg-Zeil-Trauchburg (1968), S. 154f.

28 Vgl. BECK, unschuldiges Staatsopfer (2006), S. 274f.

29 Laut Mößle vertraute Joseph Anton im September 1806 seine sämtlichen Verwaltungsbeamten dem Königreich Württemberg an. „Ein Oberamtmann und ein Rentmeister" seien für die Verwaltung der Wolfegg'schen Patrimonialherrschaft ausreichend. Vermutlich hatte Sonnenthal einen der beiden Posten inne, vgl. MÖSSLE, Maximilian Wunibald von Waldburg-Zeil-Trauchburg (1968), S. 154.

30 Leutkirch, WZG, WoWo 14632, Briefentwurf vom 24. August 1807 und Brief vom 6. September

wurde Sonnenthal nicht mehr entlohnt. Bis zu diesem Zeitpunkt war er wohl noch in Wolfegg tätig. Da Sonnenthal auf die Einhaltung des Vergleichs von Oktober 1791 pochte und vom Fürsten lebenslange Besoldung bzw. eine entsprechende Entschädigung forderte, entspann sich ein jahrelanger Besoldungsstreit.[31] Noch im Juni 1806 war Sonnenthal von Kaiser Franz II. in den Freiherrenstand erhoben worden.[32] Eine Abschrift der Erhebungsurkunde ließ er sich im selben Jahr von der „königlich Württemberg[ischen] provisorische[n] Regierungskanzlei" bestätigen.[33]

Bemerkenswert ist an dieser Stelle, dass Sonnenthal sich 1817 erneut mit dem Fürsten in Verbindung setzte und ein neuerlicher, mehrjähriger Kontakt zustande kam.[34] Sonnenthal erinnerte den Fürsten an offene Losgewinne,[35] machte ihn auf mögliche Kreditmöglichkeiten aufmerksam[36] und begehrte den Fürsten in einer dringlichen, nicht genauer spezifizierten Angelegenheit persönlich zu treffen.[37] Joseph Anton wiederum bat Sonnenthal abermals um die Besorgung von Geldanleihen – dieses Mal für einen unbekannten Freund.[38] Trotz aller bestimmt auch eigennützigen Bemühungen für seinen ehemaligen Dienstherrn sah er sich von Joseph Anton enttäuscht, als es um seine Schulden im Rahmen einer „gräflich-ferdinandinische[n] Stiftung" ging, bei deren Tilgung der Fürst ihm offenbar in keiner Weise entgegenkam.[39]

1087 von Sonnenthal an den Fürsten. Es stand der nicht unbegründete Vorwurf im Raum, der Fürst eigne sich willkürlich persönliche Dokumente seiner Bediensteten an.

31 Leutkirch, WZG, WoWo III X 10,18. Der Streit, bei dem sich der Fürst auf den Standpunkt stellte, das Dienstverhältnis sei quasi durch höhere Gewalt (Sonnenthal nennt es „das Verhängnis der Zeit", ebd., Schreiben vom 2. August 1813, (1r)) beendet worden und er damit seiner Verpflichtungen ledig, wurde gerichtlich im August 1810 in Stuttgart zugunsten des Fürsten entschieden (vgl. ebd., beglaubigtes Urteil vom 3. August 1810). Ob die späteren, privaten Bittschriften Sonnenthals an den Fürsten in dieser Sache erfolgreich waren, ist unklar.

32 Vgl. FRANK-DÖFERING, Adelslexikon des österreichischen Kaisertums (1989), S. 148.

33 Stuttgart, HStA, E 157/1 Bü 682.

34 Vgl. Leutkirch, WZG, WoWo 14632.

35 Vgl. ebd., Brief vom 28. April 1817.

36 Vgl. ebd., Brief vom 25. August 1817.

37 Vgl. ebd., Brief vom 9. Oktober 1818, (1r): „Nach Euerer Durchlaucht [...] geäussertem Wunsche werde ich übermorgen als am Sontag den 11ten dies vor Mittags längstens bis 9. Uhr nach Stadel kommen, und daselbst Euere Durchlaucht vollkommen überzeugen, daß die fragliche Sache Hochdieselbe selbst betreffe, und äusserst interessiere, auch daß eine diesfällige schriftliche Mittheilung Theils wegen der erforderlichen verschiedenen Aufklärungen, theils wegen Zeitmangel und sonstigen Hindernissen nicht wohl möglich seye. In ein paar Stunden läßt sich mündlich mehrer reden, aufklären, und auseinandersezen, als schriftlich in 4 Tagen, besonders in einer Sache, wo so vielseitige Umstände Einfluß haben und zu berüksichtigen sind, wie in dieser Verwikelten".

38 Vgl. ebd., Briefe vom 12. Dezember 1818, 13. Februar 1819 und 1. März 1819. – In Sonnenthals Wortwahl schimmern Vorurteile gegenüber Juden durch, vgl. ebd., Brief vom 13. Februar 1819. Nach der Schilderung eines Kreditangebots durch einen Juden, den er nicht namentlich erwähnt, schreibt er: „Obschon der für dieses offerierte Anlehen verlangte Rabatt wahrhaft judenmässig ist, so hoffe ich doch, es werde Euere Durchlaucht angenehm seyn, daß ich die Hochdieselbe von diesem offert benachrichte, und Hochdero Antwort darüber abwarte, bevor ich solche von der Hand weise", ebd., (1v). Wie stark diese geringschätzende Haltung bei ihm letztlich ausgeprägt war, ließ sich aus den konsultierten Quellen nicht weiter erschließen.

39 Ebd., Briefe vom 18. Juni 1819 und 13. September 1819. Im letzten Brief schreibt Sonnenthal: „Aus

Wie und wo Sonnenthal seine Zeit zwischen 1808 und September 1810 verbrachte, ist unbestimmt. Am 14. September 1810 ist er als Oberamtmann in Stockach unter Nennung seiner vorherigen Tätigkeit – „Canzler v[on] Son[n]enthal v[on] Wolfegg“[40] – bestätigt. Nach dem Übergang des Stockacher Gebiets von Baden an Württemberg kurz darauf, stritt Sonnenthal noch Jahre später mit der badischen Regierung um Entschädigungszahlungen für ihm durch diesen Wechsel verlustig gegangene, einst zugesicherte Einkünfte.[41] Nachdem er seit 1811 Kreisrat des Seekreisdirektoriums Konstanz gewesen war, wurde er am 31. August 1814 zum Hofgerichtsrat in Meersburg ernannt.[42] In dieser Funktion lebte und arbeitete er auf der alten Meersburg.[43] Am 29. Mai 1825 wurde er vom badischen Großherzog „wegen seines vorgerückten Alters unter Bezeugung der Höchsten Zufriedenheit mit seinen Dienstleistungen in Pensionsstand“ versetzt.[44] Am 17. April 1834 starb Sonnenthal in Überlingen. Sein Sterbeeintrag wurde von Franz Sales Wocheler notiert:

> „[Nr.] 38. Den 17. April Nachmittags 3 Uhr ist dahier gestorben und den 19. abends 8 Uhr begraben worden: Der hochwohlgeboren Herr Sebastian Freyherr von Sonnenthal, 77 Jahre alt, pensionierter Hofgerichtsrat von Meersburg, Ehemann der vor 28 Jahren gestorbenen Thekla Kiefer“.[45]

Sonnenthals Grabstätte hat sich nicht erhalten. Nach mehreren Vergrößerungen des Überlinger Friedhofs, bei denen Gräber abgeräumt und die Wegeführung verändert wurden, müssen „sowohl die Erinnerung an die Grabstätte als auch der Grabstein selbst [...] als verloren gelten“.[46]

Konsultiert man hinsichtlich einer möglichen adligen Genealogie Sonnenthals das Siebmacher'sche Wappenbuch, erweisen sich die darin enthaltenen Angaben als verwirrend. Der Name ‚Sonnenthal‘ ist dreimal darin verzeichnet. Zum ersten Mal in dem Band, der die bayerischen Wappen enthält. Hier ist die Rede von „Manfroni von Sonnenthal,

---

dem jüngsten Antwortschreiben Euerer Durchlaucht vom 14. vorigen Monats habe ich mit äusserst schmerzlicher Empfindung entnommen, wie rüksichtslos Hochdieselbe meine unterthänige Bitte vom 18. Juni des Jahres abgewiesen haben. [...]“, (1r).

40 Freiburg, StA, A 68/1/14, fol. 60r.

41 Vgl. Karlsruhe, GLA, 76/7415.

42 Vgl. ARBEITSGEMEINSCHAFT DER KREISARCHIVE (Hg.), Amtsvorsteher Baden-Württemberg 1810–1972 (1996), S. 535, Großherzoglich Badisches (Staats-) und Regierungsblatt (1814), Nr. 18, S. 129, und Freiburg, StA, A 11/1/57, fol. 22r.

43 Vgl. Karlsruhe, GLA, 76/7416. Sonnenthal macht hier die badische Regierung darauf aufmerksam, dass seine Dienstwohnung für ihn nicht frei sei, wie an anderer Stelle behauptet wurde, sondern dass ihm halbjährlich der „Hauszins“ von seiner „fixen Besoldung“ abgezogen werde. Außerdem sei er für die Kosten notwendiger Reparaturen aufgekommen, „um die hiesigen bedürftigen Handwerkersleute nicht länger warten zu lassen“ und bemerkt, dass diese aber „unstrittig der Hauseigenthümer zu bezahlen habe“, ebd., Brief vom 17. November 1822 (1r-2r). Vgl. auch KASTNER, Lassberg auf der alten Meersburg (1955), S. 300–301.

44 Großherzoglich Badisches (Staats-) und Regierungsblatt (1825), Nr. 12, S. 95.

45 Freiburg, StA, L 10/5366, 1834, S. 11, Nr. 38.

46 Freundliche Auskunft von Walter Liehner, Leiter des Stadtarchivs Überlingen (März 2019).

stammen aus Tyrol, geadelt von Kaiser Karl VI, 1739".[47] In dem zugeordneten, gevierten Wappenschild steht in den Feldern eins und vier auf rotem Grund „ein geharnischter Mann mit Schild und Schwert".[48] Die Felder zwei und drei zeigen auf blau zwischen zwei Bergen eine Sonne. Dieses Wappen wird im Band für Baden, Elsaß-Lothringen und Luxemburg explizit Johann Baptist Freiherr von Sonnenthal zugeordnet, der dabei in Verbindung mit den genannten Manfroni von Sonnenthal gebracht wird:

> „Johann Baptist Freiherr von Sonnenthal war vorher Oberamtmann zu Stockach, 1811 aber Kreisrath in Constanz, wurde 1814 Hofgerichtsrath zu Meersburg und † im Pensionsstand am 17. April in Ueberlingen. Näheres über sein Geschlecht ist nicht bekannt, warscheinlich ist er aber ein Nachkomme des Josef Bernhard Manfroni, bischöfl. Trientischer Pfleger zu Trämia, welcher Wien den 15. December 1739 mit von Sonnenthal in den Reichs- und Erbländischen Adelsstand erhoben wurde und der im Besitz von ehemals reichsritterschaftl. Besitzungen etc. den Freiherrntitel führte. Ob derselbe Nachkommen hinterlassen hat, konnte nicht ermittelt werden".[49]

Einen dritten Verweis enthält der Band zu den Wappen Württembergs. Das hier zugeordnete Wappen unterscheidet sich von den beiden vorherigen und zeigt auf geviertem Schild in den Feldern eins und vier auf blauem Grund eine dreiseitige Pyramide auf drei Kugeln, die von einer Sonne gekrönt wird, in den Feldern zwei und drei findet sich auf Gold ein Januskopf. Dieser Schild ist auch auf dem Wappenprägestempel in Handschrift Ms. 190 abgebildet, ziert die Sonnenthal'schen Exlibris in einigen Drucken der LSB (vgl. Anhang B, Abb. 10) und findet sich als Siegelstempel auf einigen Briefen Sonnenthals im Zeiler Archiv.[50] Interessant ist die Information, die Siebmacher diesem Wappen zur Seite stellt:

> „Parthenschlager, Freiherr von Sonnenthal [...]. Johann Baptist Sebastian Parthenschlager, fürstlich Waldburg-Wolfeggischer Geh. Rath und Kanzler wurde vom Kaiser Franz II. s. d. Wien 27. Juni 1806 in den Panier- und Freiherrenstand mit dem Prädikat von Sonnenthal erhoben. Er [!] wird gesagt, »dass er der Abkömmling einer Familie sei, welche nach beigebrachten glaublichen Zeugnissen, noch in der Mitte des 17. Jahrhunderts unter dem Namen der Freyherren von Sonnenthal geblühet, durch den Verlust der Familien-Urkunden aber und durch einen **Zusammenfluss besonders unglücklicher Umstände** bewogen, in der Folge ihren **wahren Geschlechtsnamen mit dem jetzigen vertauscht** habe[«]".[51] [Hervorhebungen von mir].

47 SIEBMACHER, Wappenbuch, Bd. 22 (1971), S. 95.
48 Ebd., S. 95 und Tafel 112.
49 SIEBMACHER, Wappenbuch, Bd. 24 (1974), S. 77 und Tafel 46.
50 Vgl. Leutkirch, WZG, WoWo 14632.
51 SIEBMACHER, Wappenbuch, Bd. 23 (1982), S. 227 und Tafel 127.

Die hier gewählte Formulierung ähnelt sehr einer Notiz in Überlingen, LSB, Ms. 156:

> „Zur Nachricht: Mein seeliger Großvater väterliche[r] Seits erzählte mir als einem kleinen Knaben öfter, wenn er bey guter Laune und recht gesprächig gewesen und sagte allzeit ich soll recht gut aufmerken was er mir sage. Nemlich: Er seye in seinem jetzigen Stand nicht gebohren auch nicht in diesem Land. Sein Vater seye ein Baron v[on] Sonnenthal gewesen, aber durch verschiedene Verfolgungen und Unglück um sein Vermögen gekom[m]en. Laboranten, verunglückte chimische Prozesse und der **Zusam[m]enfluß besonderer unglücklicher Umstände haben ihn zu dem Entschluß gebracht, seinen wahren Geschlechts-Namen mit dem jetzigen zu vertauschen**, sein Vaterland zu verlassen und auswärts seinen Unterhalt zu suchen, welches ihm auch Gott besser als in seinem vorigen adelstand gesegnet habe, welches ich alles zu meinem besseren andencken in dieses von meinem Großvater ererbtes Buch aufgeschrieben habe im Jahr 1685, J. A. Parthenschlager".[52] [Hervorhebung von mir].

Die Textüberschneidung deutet an, dass Ms. 156 vielleicht als eines jener „glaublichen Zeugnisse" diente, als es 1806 um eine Wiederherstellung des Familiennamens ging. Die im Handschrifteneintrag genannte Datierung in das Jahr 1685 ist aufgrund der Schrift zweifelhaft, wenn auch nicht völlig auszuschließen. Vom Gesamteindruck ähnelt die Schrift eindeutig mehr einer deutschen Kurrente des 18. als des 17. Jahrhunderts.[53] Entweder nennt die Notiz ein falsches Datum oder stellt die Abschrift einer älteren, nicht überlieferten Vorlage dar.[54] Die konsultierten Standesbücher der Gemeinde Ottobeuren enthalten keine Informationen zu den Großeltern Sonnenthals oder zu einer Person ‚J.A. Parthenschlager'.[55] In Ms. 156 wird nicht erwähnt, in welchen Landschaften jener ‚unglückliche' Sonnenthal des 17. Jahrhunderts sich aufgehalten haben soll. Eine Zuordnung zu den bei Siebmacher erwähnten Tirolern Manfroni von Sonnenthal scheint nicht plausibel, da deren Standeserhebung 1739 erfolgte und danach fortbestand.[56] Weitere Re-

52 Ü-LSB, Ms. 156, fol. 58r-59r.

53 Einzelne Buchstaben wie z.B. ‚E', ‚J' oder ‚P' könnten in ihrem Erscheinungsbild durchaus aus dem 17. Jahrhundert sein. Dennoch wirkt die Mehrzahl der anderen Buchstaben in dieser sehr disziplinierten, stark rechtsgeneigten Schrift so, als habe eine geübte Hand des 18. Jahrhunderts sie geschrieben.

54 Zweifelt man das angegebene Jahr 1685 nicht an, könnte unter Annahme eines Generationenabstands von 30 Jahren als Arbeitshypothese in Erwägung gezogen werden, dass dieser Eintrag von einem Mitglied der Großelterngeneration des Matthias Parthenschlager verfasst wurde. Als Ausgangspunkt für diese Arbeitshypothese wurde für die Generation von Johann Baptist Sebastian von Sonnenthal/Parthenschlager das Jahr 1755 gewählt und in dreißig-Jahres-Schritten rückwärts gezählt. Sonnenthals Eltern wären demnach um das Jahr 1725 geboren worden, deren Eltern um das Jahr 1695 und deren Eltern wiederum um das Jahr 1665. Der mutmaßliche Schreiber des Eintrags wäre im Jahr 1665 ca. zwanzig Jahre alt gewesen.

55 Vgl. Augsburg, BA, Gemeinde Ottobeuren, MF 3 und 4.

56 Dass es sich bei den drei erwähnten Personen in den Siebmacher'schen Wappenbüchern nicht etwa um verschiedene handelt, belegen die Akten Freiburg, StA, A 68/1–14 und Karlsruhe, GLA, 76/7415, in denen die Komponenten Wolfegg – Sonnenthal – Stockach, die bei Siebmacher auf zwei Geschlechter verteilt sind, einer Person zugeordnet werden.

cherchen zum Namen ‚Sonnenthal' hinsichtlich des Gesichtspunkts Alchemie erweitern das Feld der Mutmaßungen.

So enthält das Verzeichnis *Der Adel von Böhmen, Mähren und Schlesien* den Hinweis auf einen „Winkler v[on] Sonnenthal, Franz, Allaunmeister", der in das Jahr 1539 datiert wird.[57] Der dänische Gelehrte Ole Borch (1626–1690) wiederum erwähnt in seinem Tagebuch, das er während einer Bildungs- und Forschungsreise durch Europa in den Jahren 1660–1665 führte,[58] in der Zeit von Mai bis Dezember 1662 acht Zusammenkünfte mit einem „D[omi]n[us] Baro de Sonnenthal" in Leiden/Niederlande.[59] Bei all diesen Begegnungen ging es um den intensiven Austausch über metallurgische und alchemische Themen. Neben diesen persönlichen Zusammenkünften erwähnt Borch in seinem Tagebuch auch alchemische Nachrichten von und zu jenem Sonnenthal. Des Weiteren belegt ein Eintrag in der *Theoria Metallica* von Jonas Zipffel die Existenz eines alchemisch tätigen Sonnenthals im 17. Jahrhundert, dieses Mal in Sachsen.[60] Zipffel rügt hier milde das Verhalten seines ehemaligen und zukünftigen Gönners Johann Georg II. Herzog zu Sachsen:

> „der Herr wird sich erinnern/wie Anno 1659, als bey einigen darsieder verstorbenen ministris hiesigen Hoffs mich heraußer gelassen/das Gold von Waschziehn unbeschadet dessen zu scheiden/derselbe sich hinter gedachte ministros gestäckt/und selbiges Werck/so er doch nicht verstanden/und von mir in vertrauter Freundschafft nur etwas darvon gehoeret hatte/durch den Laboranten/als den Freyhern von Sonnenthal/im Gebürge zu Lindenau nahe bey Schneeberg zu praestiren sich unterfangen/aber darmit nicht fortkommen können [...]".[61]

Ohne Frage kann man die Summe dieser Quellenbelege als Indizien dafür anführen, dass die Nachricht aus Ms. 156 einen realen historischen Hintergrund haben könnte. Trotzdem muss gleichfalls in Betracht gezogen werden, dass Sonnenthal sich mit Hilfe der Handschrift Ms. 156 aus dem frühen 17. Jahrhundert einen angeblich verlorenen Adelstitel aneignete. Wenn er Kenntnis von einem Allaunmeister ‚von Sonnenthal' aus dem 16. Jahrhundert, von den Nachrichten Borchs oder Zipfels hatte, wären diese Informationen zusammen mit dem Eintrag in Ms. 156 glaubhafte und zugleich schwer falsifizierbare Stützen einer Argumentation gegenüber Dritten gewesen. Eine weitergehende Untersuchung und abschließende Einschätzung dieses Sachverhalts ist im Rahmen der vorliegenden Arbeit nicht möglich.

---

57 Kral von Dobra Voda, Der Adel von Böhmen, Mähren und Schlesien (1904), S. 297.

58 Schepelern, Olai Borrichii Itinerarium (1983), Bd. 2. Näheres zu Ole Borch vgl. Rattansi, Art. ‚Borrichius (or Borch), Olaus' (1970).

59 Schepelern, Olai Borrichii Itinerarium (1983), Bd. 2, S. 131, darin vgl. außerdem S. 144f., S. 146, S. 153f., S. 175, S. 212f., S. 230ff. und S. 248.

60 Zipffel, Theoria Metallica (1678).

61 Ebd., S. 59.

3.1.2 Der Privatmann Sonnenthal

Hinsichtlich Sonnenthals Familienleben existieren nur wenige Informationen. In seinem Sterbeeintrag wird seine 1806 verstorbene Ehefrau Thekla Kiefer erwähnt.[62] In dieses Jahr fällt auch der erste von zwei Briefen, die Sonnenthal an den Freiburger Aufklärer und Juristen Johann Kaspar Adam Ruef (1748–1825) schrieb.[63] Im ersten Brief aus Wolfegg vom 28. Dezember beantwortete Sonnenthal Fragen zur Erziehung seiner Tochter durch die Gattin Ruefs, die diese Aufgabe übernommen hatte. Im Schenkungsbuch der LSB ist ein Vermerk vom 23. April 1835 notiert, der besagt, dass durch „Fräulein Baronesse Josepha von Sonnenthal: Mineralstufen, verschiedene Gattungen, ca. 100 Stück, ohne Catalog“[64] in den Besitz der Bibliothek gelangt seien. Es ist davon auszugehen, dass es sich bei Baronesse Josepha um die Ziehtochter der Gattin Ruefs handelt. Auch der zweite Brief enthält Erziehungsangelegenheiten, dieses Mal sind die beiden Söhne Sonnenthals, Joseph und Anselm, betroffen. Sie werden in den Freiburger Universitätsmatrikeln 1807 als Studenten der Philosophie im ersten Jahr geführt und Ruef wird von Sonnenthal um erzieherisches Beobachten und Eingreifen gebeten.[65] Beide Schreiben legen nahe, dass Sonnenthals Ehefrau Thekla Kiefer bereits vor Dezember 1806 starb, da bereits in diesem Monat die weitere Erziehung seiner Tochter durch eine standesgemäße Dame vereinbart worden war. Außerdem müssen die beiden Söhne im Jahr 1806 schon junge Männer gewesen sein, wenn sie sich an einer Universität einschreiben konnten. Obwohl in den Kirchenbüchern der Pfarreien Wolfegg und Bad Waldsee keinerlei entsprechende Eintragungen enthalten sind, ist davon auszugehen, dass diese drei Kinder während Sonnenthals Zeit in adligen Diensten geboren wurden und Thekla Kiefer in Wolfegg verstorben ist.[66]

---

62 Freiburg, StA, L 10/5366, 1834, S. 11, Nr. 38.

63 Freiburg, UA, C 127/69, eine Transkription der beiden Briefe bietet Anhang C. – Näheres zu Johann Kaspar Adam Ruef vgl. u.a. SCHULTE, VON: Art. ‚Ruef, Johann Kaspar Adam‘ (1889) und SCHAUDECK, Johann Kaspar Adam Ruef (2016).

64 Ü-LSB, Erwerbungsbuch, fol. 188v.

65 Adolph, Matrikel Universität Freiburg 1806–1870 (1992), Bd. 1, S. 1: „06W002 Illustrissimus Dominus Liber Baro de Sonnenthal Josphus Suevus phil 1^mi^ anni [und] 06W003 Illustrissimus Dominus Liber Baro de Sonnenthal Anselmus Suevus phil 1^mi^ anni.“ – Im Schreiben vom 4. Februar 1807 schildert Sonnenthal dem Adressaten Ruef eine väterliche Zwickmühle: Der Hofmeister seiner Söhne, Herr Schmid, beklage die Lernmotivation und unangemessenes Imponiergehabe („Renomisterey“) des älteren und ersuche um Unterstützung durch Ruef vor Ort, während die Söhne dem Vater die Situation gänzlich anders schilderten, gar davon sprächen, dass besagter Hofmeister in manche Freiburger Häuser gar keinen Einlass fände und sie wegen ihm „gefozt“ würden, vgl. Freiburg, UA, C 127/69, Brief vom 4. Februar 1807, vgl. auch Anhang C.

66 In den Sterbebüchern von Wolfegg und Bad Waldsee ist im Jahr 1806 der Name Thekla Kiefer nicht verzeichnet, wie man mir auf meine schriftlichen Anfragen beim Diözesanarchiv Rottenburg a. Neckar im Oktober und November 2017 mitteilte. Die Indices zu den Familienregistern beider Pfarreien und auch die Eheverzeichnisse erwähnen laut Diözesanarchiv Rottenburg nirgends die Namen B/Parthenschlager oder Sonnenthal. Die Eheeintragungen aus den Jahren 1795–1807 fehlen laut Archiv; die Wolfegger Taufeintragungen aus den Jahren 1790–1802 sind laut Archiv auf den Mikrofilmen nicht mehr gut lesbar. Aus arbeitsökonomischen Gründen war mir eine Recherche in Wolfegg selbst nicht möglich, auch die Taufregister aus Bad Waldsee konnte ich nicht einsehen.

Über den Charakter Sonnenthals liegen wenige Hinweise vor, die aussagekräftige Rückschlüsse ermöglichten. Mit seinen verschiedenen ‚Arbeitgebern' befand er sich aufgrund unterschiedlicher Auffassungen zur Entlohnung oder zum herrschaftspolitischen Vorgehen öfter im Dissens. Trotzdem war er seinem jeweiligen Dienstherrn ein pflichtbewusster und aufrichtiger Beamter, was die Zeugnisse seiner Wolfegg'schen Zeit sowie die Pensionsnachricht des Jahres 1825 belegen. Für seine Kinder war er vermutlich ein verantwortungsbewusster, wenn auch vielbeschäftigter und häufig abwesender Vater, der sich bei erzieherischen Fragen weitgehend auf andere verließ. Äußerungen Sonnenthals, die auf seine Geisteshaltung schließen lassen, liegen kaum vor. Hauptsächlich geben die ihm zugeordneten Handschriften und Drucke einen Eindruck davon, mit welchen Themen er sich beschäftigte. Neben seinen beruflichen Aufgaben interessierte er sich z.B. für das Züchten von Obstbäumen,[67] wovon auch die Nachricht eines Sonnenthal'schen Obstbaumgartens in Wolfegg Zeugnis gibt.[68] Sonnenthal verfasste zudem höchstwahrscheinlich ein Werk zur Obstbaumveredelung, das in der LSB vorhanden ist.[69] Besonders prägnant tritt aber sein Interesse an Alchemie sowie an geheimen Gesellschaften zutage.

Mit den Handschriften und Drucken Sonnenthal'scher Provenienz in der LSB (vgl. Kap. 5 und Anhang A, Tabellen 1.1 und 1.2) liegen erste konkrete Hinweise darauf vor, dass sich Sonnenthal mit Alchemie und Geheimgesellschaften beschäftigte. Die Handschriften enthalten – bisweilen von eigener Hand – längere alchemische Abschriften sowie kürzere Exzerpte und Rezepte. Vereinzelt verweisen Manuskripte explizit auf die Gold- und Rosenkreuzer.[70] Die eigenhändigen Handschriften belegen, dass es sich bei der Sammeltätigkeit Sonnenthals nicht um die Faszination für ein vermeintlich kurioses oder randseitiges Thema handelte, sondern um eine Beschäftigung, die auf den Inhalt der Sammelgegenstände zielte.[71] Dies wird zum zweiten durch Sonnenthals Kontakt zur ‚Hermetischen Gesellschaft' belegt. Wie an späterer Stelle genauer ausgeführt wird (vgl. Kap. 3.3.3), beabsichtigten die Initiatoren dieser Gesellschaft, Carl Arnold Kortum (1745–1824) und

67 Vgl. Ü-LSB, Na 60, Franz Xaver Geiger: Die Obstbaumzucht [...]. München 1804/05. Vgl. auch Anhang A, Tabelle 1.

68 Dessen materieller Wert wurde im Rahmen der Besoldungsstreitigkeiten zwischen Fürst Joseph Anton von Waldburg-Wolfegg-Waldsee und Sonnenthal geschätzt. Sonnenthal erhielt für seine vierzig Obstbäume eine Entschädigung, vgl. Leutkirch, WZG, WoWo III X 10,19.

69 Ü-LSB, Na 150. Es handelt sich um das Werk eines I.B. von Sonnenthal: *Anwendung des Fruchtringes oder die Kunst, die Fruchtbarkeit der Obstbäume und Weinreben zu erzwingen*, das 1822 in Tyrnau/Steiermark erschien und in Wien als Kommissionsware bei Tendler und Manstein vertrieben wurde. Als Beleg für die Wirksamkeit der beschriebenen Methode wird darin auf die Erfahrungen eines Pfarrers Ludwig in Altnau (südwestliches Bodenseeufer) verwiesen, vgl. Sonnenthal, Anwendung des Fruchtringes (1822), S. 4.

70 So enthält die umfangreiche Sammelhandschrift Ü-LSB, Ms. 204 die Texte *Goldener Begriff der Gold- und Rosenkreuzer* und *Das Geheimnis aller Geheimnisse ex Macro- et Microcosmo* [oder der güldene Begriff der geheimsten Geheimnisse der Gold- und Rosenkreuzer].

71 Weiterführend zur Sammelthematik vgl. exemplarisch: HAHN, Soziologie des Sammlers (1991), ASSMANN/GOMILLE/RIPPL, Sammler-Bibliophile-Exzentriker (1998), darin besonders STAGL, Homo Collector (1998), vgl. weiter POMIAN, Ursprung des Museums (2013 [1988]). Eine jüngere Übersicht zum Sammeln als kultureller Praktik bietet GERDES, Ein Abbild der gewaltigen Ereignisse (2016), S. 29–45.

Johann Christian Bährens (1765–1833), anfänglich, eine öffentliche Diskussion über den Status und den Wahrheitsgehalt der Alchemie anzustoßen. Sonnenthal wendete sich mit einem eigenen Traktat, *De compositione lapidis philosophici ex zinko*, an die ‚Hermetische Gesellschaft'. Im Archiv der Gesellschaft liegt außerdem eine Notiz zur Adresse Sonnenthals in Waldsee.[72] Da er erst im September 1800 nach Wolfegg umzog, fand der erste Kontakt also bereits vor diesem Datum statt.[73] Sonnenthal kopierte weiter die Äußerungen der Gesellschaft, die im *Reichsanzeiger* erschienen in Ms. 158, *Auszüge aus dem Reichsanzeiger*. Zudem war er einer der Subskribenten ihres Journals *Hermes, eine Zeitschrift in zwanglosen Heften zur endlichen Beruhigung für Zweifler und Sucher*:

> „Ein zweites [Exemplar] erhielt Herr von Sonnenthal, Kanzler der Gräflich Waldsee'schen Güter in Wolfegg (Schwaben). Nach der Correspondenz der Gesellschaft beschäftigte sich dieser Herr mit Menschenkoth als materia prima."[74]

Des Weiteren sind unter den Sonnenthal'schen Drucken mehrere Titel enthalten, die sich mit Alchemie, der Freimaurerei und dem Rosenkreuzertum beschäftigen.[75] Damit einher gehen Bücher, die Spukphänomene zum Thema haben.[76] Zusammen mit den Handschriften beweisen sie die intensive Beschäftigung Sonnenthals mit Alchemie und geheimen Gesellschaften, die bisweilen auch andere esoterische Themen einschloss.

Der Kontakt Sonnenthals zur ‚Hermetischen Gesellschaft' belegt sein Interesse am Austausch mit Gleichgesinnten. Eine Mitgliedschaft Sonnenthals – sowie auch Wochelers – bei den Freimaurern, Illuminaten oder Rosenkreuzern ihrer Zeit konnte anhand der vorhandenen Quellen und Forschungsliteratur hingegen nicht nachgewiesen werden.[77]

---

72 Vielen Dank an Frau Lambertz für die Weitergabe dieser Information von Bernd Bader (Gießen). Das Archiv der Hermetischen Gesellschaft wird dort in der Universitätsbibliothek aufbewahrt.

73 Vgl. Leutkirch, WZG, WoWo 14045.

74 BIRNBAUM, Ein Stück Alchemie (1873), S. 459, vgl. auch SCHULTZE, Das letzte Aufflackern der Alchemie (1897), S. 34. – Die entsprechenden Hefte tragen in Überlingen die Signatur Mc 88.

75 Z.B. Ü-LSB, Ba 223: Sendschreiben an die erhabenen Unbekannten oder die ächten und rechten Freymäurer. Berlin 1781, Ba 594: [Hans Carl Ecker von Eckhoffen]: Der Rosenkreuzer in seiner Blösse. Zum Nutzen der Staaten so hingestellt durch Zweifel wider die wahre Weisheit der so genannten ächten Freymäurer oder goldenen Rosenkreutzer des alten Systems. Amsterdam 1782, oder Mc 1a: Hermetisches ABC derer ächten Weisen alter und neuer Zeiten vom Stein der Weisen, ausgegeben von einem wahren Gott- und Menschenfreunde. Berlin 1779.

76 Vgl. Ü-LSB, Ba 492: Kieseclio: Entdeckte Nachrichten von herumschleichenden nächtlichen Polter-Geistern und gespenstischen Erscheinungen, wie auch attentionswürdigen Ahndungen und was davon zu halten. Leipzig und Quedlinburg 1749–1750, und Da 345: Spuren des Wegs, sich seinem Schutzgeist zu nahen. Frankfurt und Leipzig 1800.

77 Aus dem Untersuchungsraum wurden als mögliche Logen die in Aarau, Freiburg, Kaufbeuren, Kempten, Memmingen, Ulm und Wien in Betracht gezogen. Es finden sich keine Hinweise auf die Namen ‚B/Parthenschlager', ‚Sonnenthal' oder ‚Wocheler' bei der Freiburger Loge ‚Zur Edlen Aussicht' (vgl. Freiburg, StA, A 66/1, 591, und FICKE, Geschichte der Freimauerloge zur edlen Aussicht (1874)), bei den Wiener Logen (vgl. KODEK, Brüder (2011)), oder bei der Ulmer Loge ‚Carl zu den drei Ulmen' (vgl. SCHÄDLICH, Geschichte der vollkommenen und gerechten Johannis-Freimaurerloge ‚Carl zu den drei Ulmen' (1964)). Eine Anfrage bei der Aarauer Loge ‚Zur Brudertreue' im April 2015 blieb ergebnislos. Desgleichen blieb die Kontaktaufnahme zur Loge in Kempten ‚Zur aufgehenden Sonne' im Juli 2016 ohne Ergebnis. Die Logen in Kaufbeuren (1786–1792) und Memmingen (1792-~1793)

Dieser Befund ist insofern nicht verwunderlich, als Geheimhaltung bekanntlich das Wesen geheimer Gesellschaften ausmacht und daher entsprechende Mitgliederverzeichnisse oder andere Dokumente – sofern sie je existierten – intern unter Verschluss gehalten wurden. Viele Schriftquellen von Geheimgesellschaften gingen zudem verloren, besonders, sobald solche Vereinigungen verboten und verfolgt wurden.[78] So waren im Großherzogtum Baden Geheimgesellschaften von 1813 bis 1847 verboten. Nicht zu vernachlässigen ist außerdem der Aspekt, dass ein Interesse an geheimen Gesellschaften nicht automatisch mit einer entsprechenden Mitgliedschaft einhergehen muss.

Nach der erstmaligen Rekonstruktion des Lebenslaufs des Hauptsammlers der katalogisierten Handschriften, Joseph Baptist Sebastian von Sonnenthal, geht das nächste Unterkapitel auf die Vita Franz Sales Wochelers ein, dessen Engagement es zu verdanken ist, dass dieser Buchbestand aufbewahrt wurde.

3.2 Franz Sales Wocheler (1778–1848)

Die nachfolgende Lebensbeschreibung basiert auf mehreren knappen Biografien, die zum Stadtpfarrer und Bibliotheksgründer Wocheler vorliegen.[79] Sie werden um weitere Angaben aus den wenigen von Wocheler überlieferten Briefen (ihre Transkription bietet Anhang D),[80] aus seiner bisher einzig bekannten Druckschrift[81] und aus der bisher unberücksichtigten Forschungsliteratur ergänzt.[82] Die Summe der Informationen zeichnet

bestanden nur kurz (vgl. BRÖCKER, Freimaurer-Logen (1894), S. 128 und S. 145, und FRANCKE/GEPPERT, Freimaurerlogen (1988), S. 148 und S. 175). Quellenmaterial über einstmalige Mitglieder konnte nicht ausfindig gemacht werden. In Konstanz und Überlingen bestanden zur fraglichen Zeit keine Freimaurerlogen (vgl. FRANCKE/GEPPERT, Freimaurerlogen (1988)). Weiter befinden sich zu den drei obigen Namen in den Beständen des Deutschen Freimaurermuseums in Bayreuth (Anfrage im Mai 2014) wie auch in den Datenbanken und Mitgliederverzeichnissen des Geheimen Staatsarchivs Preußischer Kulturbesitz in Berlin (Anfrage im Juli/August 2015) keinerlei Hinweise. Diesen beiden Institutionen an dieser Stelle vielen Dank für die freundliche Auskunft. – Zudem gibt es keine Einträge bei den Gold- und Rosenkreuzern (vgl. GEFFARTH, Religion und arkane Hierarchie (2007), S. 309–330: Liste der Mitglieder- und Ordensnamen) oder bei den Illuminaten (vgl. VAN DÜLMEN, Geheimbund der Illuminaten (1975) und SCHÜTTLER, Mitglieder des Illuminatenordens (1991)).

78 Vgl. exemplarisch FICKE, Geschichte der Freimauerloge zur edlen Aussicht (1874), S. 31: „Der scharfen Verfolgung der Freimaurer von 1813 an haben wir es auch wohl hauptsächlich zuzuschreiben, daß uns aus dieser glänzenden und thätigen Periode des Lebens unserer Loge so wenig erhalten geblieben ist – man hat wohl aus Furcht vor Unannehmlichkeiten an vielen Orten alles, was die Mitgliedschaft verrathen konnte, sorgfältig vernichtet".

79 Vgl. KÖSSING, Art. ‚Franz Sales Wocheler' (1875), KUNZER, Katalog LSB (1898), S. III–VI, SCHMID, Wocheler (1977), PFEIFFER, Erziehung als Politikum (2009), und RAUB, Von der Baar an den Bodensee (2016).

80 Konstanz, SA, Abt. X XVII, Fasz. 2785.

81 Wocheler, Wegweiser (o.J.).

82 Es handelt sich hierbei um die kurzen Erwähnungen Wochelers bei BRÜCK, die oberrheinische Kirchenprovinz (1868), S. 173, bei KELLER, Die Konstanzer Liturgiereform (1965) und KÖSSING, Art. ‚Dominicus Kuenzer' (1875), S. 483.

Wocheler als einen progressiven Charakter, der sich den Idealen der Volksaufklärung verpflichtet sah.

3.2.1 Leben und Wirken

Wocheler wurde am 31. Mai 1778 in Ballrechten im Breisgau geboren und besuchte nach der Volkschule das von Benediktinern geführte Gymnasium in Villingen. 1797 trat er der dortigen Klostergemeinschaft, die während der Reformation von St. Georgen im Schwarzwald nach Villingen verlegt worden war, bei.[83] Dieser Schritt hing vorrangig mit seiner „Studiersucht" und Bücherliebe zusammen.[84] Bis 1801 widmete er sich theologischen Studien, ehe er selbst am Gymnasium als Lehrer tätig wurde. 1802 erhielt er die Priesterweihe. Nach der Aufhebung des Benediktinerklosters 1806 blieb Wocheler weiter an der höheren Schule in Villingen als Lehrer tätig, stellte aber die Bedingung, dass keinerlei Verquickung des Gymnasiums mit einer klösterlichen Institution angestrebt werde. Hier wird Wochelers kritische Haltung gegenüber der zeitgenössischen Klosterkultur deutlich.[85] 1806 wurde er zudem zum Seelsorger der Gemeinde Pfaffenweiler in der Nähe Villingens bestimmt. Bald machte ihm ein Augenleiden schwer zu schaffen, so dass ihm die Lehrtätigkeit nicht länger möglich war. Daher bat er 1809 den Generalvikar und späteren Konstanzer Bistumsverweser Ignaz Heinrich von Wessenberg (1774–1860) um die Übertragung des vakanten Seelsorgeamts in Krozingen.[86] Dieser Bitte wurde offenbar nicht entsprochen, jedoch konnte er ab 1810 die Gemeinde Kappel bei Freiburg betreuen. 1817 wechselte er zur Stadtpfarrei Tiengen bei Waldshut. 1820 trat er seine letzte berufliche Station als Stadtpfarrer und Schuldekan in Überlingen am Bodensee an. Hier engagierte er sich neben seiner reformorientierten Seelsorgetätigkeit sehr für eine Erneuerung des Schulwesens, gründete einen Schulfonds und bemühte sich um eine bessere Ausbildung der regionalen Lehrerschaft.[87] Besonders lag ihm die Volksbildung am Herzen. Auch deshalb stiftete er 1832 seine umfangreiche Privatbibliothek der Stadt Überlingen. Diese sollte als Pflegerin einer öffentlichen Stadtbibliothek einen Beitrag zur Verbesserung der allgemeinen Volksbildung in der Region leisten können.[88] Bis kurz vor seinem Tod am 8. Mai 1848 war Wocheler ein umtriebiger Förderer dieser Einrichtung.

In den biografischen Darstellungen wird Wocheler als menschenfreundlicher und wohltätiger ‚Hirte seiner Herde' beschrieben. Diese Einschätzung gründet vorrangig, aber nicht nur auf Wochelers Bibliotheksstiftung. Mehrere Zeitgenossen schildern seine Vor-

---

83 Wocheler schrieb 1809 an Wessenberg, dass er „am 15. August 1797 einmüthig von allen Mitgliedern aufgenommen wurde", Konstanz, SA, Abt. X XVII, Fasz. 2785, Brief vom 26. Oktober 1809 (vgl. Anhang D). 1799 legte er das Ordensgelübde ab, vgl. SCHMID, Wocheler (1977), S. 566.

84 Vgl. RAUB, Von der Baar an den Bodensee (2016), S. 33–34.

85 Vgl. ebd., Konstanz, SA, Abt. X XVII, Fasz. 2785, Brief vom 3. Juli 1809 (vgl. Anhang D), und SCHMID, Wocheler (1977), S. 567.

86 Vgl. PFEIFFER, Erziehung und Politikum (2009), S. 141 und Konstanz, SA, Abt. X XVII, Fasz. 2785, Brief vom 26. Oktober 1809 (vgl. Anhang D).

87 Vgl. PFEIFFER, Erziehung und Politikum (2009).

88 Vgl. hierzu KUNZER, Katalog LSB (1898), S. VIII–X. – Dass Wocheler aufgrund eines Augenleidens sich nicht mehr ausgiebig mit seinen Bücher beschäftigen konnte, hat ihn in seinem Beschluss bestärkt.

bildhaftigkeit. So schrieb Bibliothekar Wendelin Haid 1835 zu Wocheler: „Er verwendet sein ganzes Einkom[m]en (jährlich etwa 1200 fl.) zu solchen wohltätigen Zweken [...], besonders zu dieser von ihm gestifteten Bibliothek. Er lebt in Überlingen sehr sparsam geht in kein Wirthshaus, spielt nicht".[89] Der Schweizer Aufklärer Heinrich Zschokke (1771–1848) schrieb über seine erste Begegnung mit Wocheler im Jahr 1838 an seinen Freund Ignaz Heinrich von Wessenberg:

> „Die größte Merkwürdigkeit, welche ich in Überlingen fand, war ein lebensfroher, herzfrommer Mann in weissem Haar, den mir jedermann lobte, dessen gemeinnützige Stiftungen ich sah, der ein weiser Wohltäter verarmender Haushaltungen ist und jährlich für edle Zwekke bedeutende Geldsummen opfert, und der Troz allem Lobe von den verbutteten [= körperlich und/oder geistig zurückgeblieben][90] Spiesbürgern [= engherzige, kleingeistige, scheinheilige Bürger][91] verkannt, bekrittelt wird; dem sogar in all dem löblichen, was er leistet, stöhrend entgegengearbeitet wird".[92]

Und auch Wessenberg hielt viel von Wocheler. Er beschrieb ihn in seiner Antwort an Zschokke wie folgt:

> „Es thut mir ordentlich im Herzen wohl, daß sie den wakern Wocheler haben kennen lernen. Ein wahrer Nathanael ohne Falsch und vom reinsten Eifer beseelt; auch vielerfahren ist dieser Jünger Christi, der stets und ganz seinem Beruf gelebt und dessen Werth nur die erkennen, die unbeschnittenen Herzens sind. Einem Geistlichen so reinen Sinnes wird man leider nur selten begegnen".[93]

Während also laut Zschokke engstirnige Gemeindemitglieder dem Engagement Wochelers kritisch bis feindlich gegenüberstanden, scheint dieser doch von anderen hochgeachtet worden zu sein. Dies geht bereits aus den frühen Einträgen im sogenannten Überlinger Baubuch hervor.[94] Für das Jahr 1820, in dem Wocheler seine Stelle als Stadtpfarrer antrat, wurde festgehalten:

> „In diesem Jahr beglückte uns die Vorsehung mit dem Ho[c]würdigen, hochgelehrten H[errn] Pfarrer und Schul Decan Franz Sales Wocheler, gebürtiger von Ballrechten im Breisgau. Gott segne diesen, allgeliebten Seelsorger und erhalte Ihn

89 Freiburg, EA, Na 1/42, Verzeichnis der vom hiesigen decan Wocheler vom 15. Mai 183*ter bis dahie 1835 in die Bibliothek abgegebenen Gegenstände.

90 Vgl. GRIMM, Deutsches Wörterbuch, Bd. 25 (1984 [1956]), Sp. 186.

91 Vgl. ebd., Bd. 16 (1984 [1905]), Sp. 2455–2456.

92 Herzog/Pfyl, Briefwechsel Wessenberg-Zschokke (1990), Brief Zschokke an Wessenberg vom 7. August 1838.

93 Ebd., Brief von Wessenberg an Zschokke vom 13. September 1838.

94 Ü-SA, Baubuch. Angelegt als chronologische Übersicht der getätigten Bauvorhaben enthält diese Handschrift zudem zahlreiche Meldungen zu verschiedensten ortsinternen, regionalen und überregionalen Ereignissen. Die einzelnen Schreiber konnten aus arbeitsökonomischen Gründen nicht identifiziert werden.

> uns recht lange! den so würdigen, wohlthätigen Bruder und Vater seiner Angehörigen!!!"[95]

Weitere Einträge im Jahr 1829 beschreiben, wie Wocheler auf eigene Kosten einen „Ziergarten" nahe des Münsters anlegte, um „den Haupt-Eingang in unsere Münster Kirche vor künftigen oeconomischen Benützungen u[nd] Unflättereien zu sichern" und „den Aus und Eingehenden etwas angenehmes für das Auge zu verschaffen".[96] Er beteiligte sich auch intensiv in organisatorischer wie finanzieller Weise an der Ausrichtung einer langersehnten Firmfeier.[97] Dass der Stadtpfarrer auch in akuten Notsituationen tatkräftig zur Stelle war, berichtet ein Eintrag anlässlich eines Brandes im Januar 1830:

> „Man leistete beynahe über Kräften, besonders durch im[m]erwährende Gegenwart unsererS verehrten H[errn] Decan u[nd] Stadtpfarrer Wocheler, und H[errn] Bezierks-Amtmann v[on] Chrismans, welche beide Herren im[m]er aufmunterten u[nd] selbst arbeiteten".[98]

Diese Quellenbelege, die Wocheler in Überlingen als großzügigen und volksnahen Priester beschreiben, können um seine früheren Briefe an Wessenberg und den Deputat seines übergeordneten Villinger Landkapitels, Johann Evangelist Reislin (1764–unbekannt),[99] ergänzt werden.[100] Diese Dokumente zeigen Wocheler als treuen Gefolgsmann Wessenbergs, der sich seit 1803 als Konstanzer Generalvikar darum bemühte, „die Reformanliegen der Katholischen Aufklärung" in der Diözese umzusetzen.[101] Wocheler war bestrebt, die religiösen Praktiken in seinem Zuständigkeitsbereich gemäß der Ideen Wessenbergs zu verändern. So bat er als Seelsorger in Pfaffenweiler 1809 um die Erlaubnis „die H[ei]l[ige] Schrift selbst statt den bisherigen Auszügen im Evangelienbuche, auf die Kanzel zu nehmen und von Text zu Text" erklären zu dürfen sowie um die Übersendung von Bibeln für die Gemeinde, damit einheimische wie fremde Zuhörer bei seiner Erklärung „so sich selbst von der Wahrheit leichter und schneller überzeugen" könnten.[102] Wocheler berichtete im selben Brief darüber, dass er versuchsweise Bittprozessionen durch Predigten und Betstunden ersetzt habe, die er nütze „um über Gebeth, Vorsehung, Arbeitsamkeit, Verhalten in itzigen Zeiten, einige häußliche Angelegenheiten besonders Schutzpocken zu reden".[103] Des Weiteren ersuchte er den Generalvikar um die Erlaubnis, einen zwölfstündigen Bettag, „ein Überbleibsel der ehemaligen in den österreichischen Vorlanden eingeführten ewigen Anbetung", durch einen Nachmittagsgottesdienst ersetzen zu dürfen. Dies sei sinnvoller als z.B. der zu diesem Anlass nachmittags „gewöhnlich ohne Erbauung herge-

95 Ebd., S. 112.
96 Ebd., S. 178.
97 Vgl. ebd., S. 180–189.
98 Ebd., S. 203.
99 Vgl. DEUTSCHE BIOGRAPHIE, online (20. 01.2017).
100 Konstanz, SA, Abt. X XVII, Fasz. 2785 (vgl. Anhang D).
101 BISCHOF, Bistumsverweser Wessenberg (1993), S. 480.
102 Konstanz, SA, Abt. X XVII, Fasz. 2785, Brief vom 27. Mai 1809 (vgl. Anhang D).
103 Ebd.

bettete[...] Rosenkranz".[104] In seinem Reformeifer ging Wocheler schließlich in manchen Fällen über die Vorgaben Wessenbergs hinaus und wurde durch Reislin zur Mäßigung gemahnt.[105]

Dass Veränderungen von manchen Seiten kritisiert werden würden, thematisiert Wocheler im gleichen Jahr in einem Schreiben an Reislin. Er vertrat dabei seine Position recht selbstbewusst unter Verweis auf frühere Vorfälle. Er sei „durch ehemalige Klosterschikanen abgehärtet worden" und wisse, dass Beharrlichkeit notwendig sei, wenn man etwas erreichen wolle:[106]

> „Als ich vor drei Jahren allerlei Verbesserungen wagte, schrie man mich hier für lutherisch, da für närrisch, dort für schwärmerisch aus – allein es ließ bald nach – und die neueren bischöflichen Verordnungen zwingen nun mehrere meiner hitzigsturen Gegner mir nachzumachen".[107]

In diesem Brief fällt auch eine erste – noch kritische – Äußerung zur Herrnhuter Brüdergemeine im nahen Königsfeld, deren Gottesdienste auch von Wochelers Gemeindemitgliedern aus Neugier besucht wurden:

> „Ich bin durch Erfahrung überzeugt, daß die dadurch veranlaßten Vergleichungen zwischen uns und der Brüdergemeinde gefährlich und nachtheilig werden, und das Räsonement der Bauern gab mir neuen Muth und Eifer, weil ich nun einsah, dass es höchste Zeit sey, jeden Bauern in Stand zu setzen, selbst zu prüfen u[nd] Rechenschaft zu geben, von dem, was er glaubt und hoft, selbst einzusehen, das alles Gute, was die akatholischen haben, nur von uns entlehnt ist".[108]

Klingt Wocheler hier noch wie ein Priester, der sich um die Rechtgläubigkeit seiner Gemeinde sorgt und daher das Urteilsvermögen der Gläubigen stärken möchte, offenbaren seine Äußerungen nach einem persönlichen Besuch in Königsfeld im Januar 1810, dass er kein katholischer ‚Prinzipienreiter' war. In einem Brief schilderte er die Religionspraxis der Herrnhuter als bibeltreu, feierlich und beeindruckend: „Ihre gottesdienstliche Versammlungen werden mit solcher Ehrfurcht, Andacht, Stille und Eingezogenheit gehalten, dass der dabei erscheinende Katholik wahrhaft erst beschämt wird."[109] Wie um diese Äußerung gegenüber seinem Vorgesetzten zu verteidigen, fährt Wocheler fort:

> „Sie werden Hochwürden Herr Deputat fast meinen, ich sey ein Proselyt derselben geworden. – Nein das nicht, aber was gut ist, soll man auch an Akatholiken nicht verkennen. Viele halten freilich das meiste mehr für Schein als Realität. Allein so-

104 Ebd.

105 So hatte Wocheler wohl z.B. die Absicht, Gläubige zur Kommunion zuzulassen, die zuvor nicht gebeichtet hatten. Wessenberg hatte dies nur für „notorisch Fromme" vorgesehen, vgl. KELLER, Die Konstanzer Liturgiereform (1965), S. 232.

106 Konstanz, SA, Abt. X XVII, Fasz. 2785, Brief vom 3. Juli 1809 (vgl. Anhang D).

107 Ebd.

108 Ebd. – Raub geht nicht auf Wochelers anfängliche Skepsis ein, vgl. RAUB, Von der Baar an den Bodensee (2016), S. 38–39.

109 Konstanz, SA, Abt. X XVII, Fasz. 2785, Brief vom 19. Januar 1810 (vgl. Anhang D).

lange keine Gegenbeweise da sind, sollte man auch von Akatholiken lieber das Gute glauben".[110]

Die Herrnhuter Episode offenbart zwei aufklärerische Grundzüge bei Wocheler. Zum ersten nahm er die Neugier der katholischen Bauern zum Anlass, bei diesen hinsichtlich der Überzeugungskraft eigenständig gefällter Urteile weiter auf die Übung des Vernunftgebrauchs zu insistieren. Er selbst verließ sich in seiner Einschätzung nicht auf die Aussagen Dritter, sondern machte sich ein eigenes Bild der Situation. Seine aufklärerische Einstellung zeigt sich hier in einem zweiten Punkt: Er war bereit, aufgrund seiner eigenen Erfahrung sein anfänglich negatives Urteil zu korrigieren und einzelne Bereiche des Andersartigen zu tolerieren.[111]

Aus den folgenden 23 Jahren haben sich keine weiteren Briefe Wochelers erhalten.[112] Dass er sich auch mit höherem Alter für reformerische Ansätze offen zeigte, belegt seine Mitgliedschaft im sogenannten ‚Schaffhauser Verein'.[113] Diese von Professor J.A. Fischer und Dominikus Kuenzer (1793–1853) 1838 organisierte Vereinigung hatte zum Ziel, in einem Kreis aus Geistlichen und Laien „die kirchlichen Angelegenheiten in Rede und Schrift frei zu besprechen und dadurch zur Beförderung des kirchlichen Lebens beizutragen".[114] Unter anderem wurde bei diesen Versammlungen auch über die Aufhebung des Zölibats und klare Positionen gegen eine romorientierte Kirchenpolitik diskutiert,[115] weshalb der Verein mitunter von Katholiken äußerst kritisch beäugt und bekämpft wurde.[116]

Trotz allem Reformeifer und aller toleranten Gesinnung kann Wocheler nicht zu den radikalen Vertretern der katholischen Aufklärung gezählt werden, auch wenn er die Schriften Fischers sogar an Wessenberg zu wohlwollenden Lektüre weitergab.[117] Bei der einzigen überlieferten Druckschrift Wochelers,[118] einem *Wegweiser dem schuldvollen Adamskinde pilgernd durch das Thränenthal seinem Vaterlande entgegen*,[119] der in seiner Überlinger Zeit entstand,[120] deutet der Titel bereits katholische Leitgedanken wie Schuld,

110 Ebd.

111 Brummer berichtet (allerdings ohne Nachweis), dass Wocheler sich auch bereitwillig für ein Gotteshaus für die Überlinger protestantische Gemeinde eingesetzt habe, vgl. BRUMMER, Bücher und Büchereien in Überlingen (1989), S. 20.

112 Der nächste Brief datiert erst wieder vom 11. August 1833.

113 Vgl. KÖSSING, Art. ‚Dominicus Kuenzer' (1875), S. 483. In diesem Artikel wird auch ausführlicher auf den Schaffhauser Verein eingegangen.

114 V[ON] W[EECH], Art. ‚Kuenzer, Dominikus' (1883), S. 404. – Genaueres zu J.A. Fischer konnte nicht in Erfahrung gebracht werden.

115 Vgl. BRÜCK, Oberrheinische Kirchenprovinz (1868), S. 171.

116 Vgl. hierzu – gegen den ‚Schaffhauser Verein' Position beziehend – ebd., S. 170–177.

117 Vgl. Konstanz, SA, Abt. X XVII, Fasz. 2785, Brief von 1846 (nicht genauer datiert, vgl. Anhang D).

118 In der von Wessenberg initiierten Zeitschrift der Konstanzer Diözese *Archiv für Pastoralkonferenzen in den Landkapiteln des Bistums Konstanz*, in der in Auswahl die besten Beiträge von Geistlichen sämtlicher Landkapitel zur gegenseitigen Stütze und Belehrung veröffentlicht wurden, ist Wocheler als Verfasser nicht enthalten, vgl. Archiv für Pastoralkonferenzen (1804–1827).

119 Wocheler, Wegweiser (o.J.).

120 Wocheler unterschreibt mit „Amtsdekan und Stadtpfarrer", ebd.

Duldsamkeit und Jenseitsorientierung an.[121] Wenn Wocheler in dieser kurzen Broschüre, die als Erbauung für Laien, als „Reisepaß" für den Eintritt in das „himmlische[...] Vaterland" gedacht war, den Kreuzestod Christi als Erlösungswerk ins Zentrum stellte, wenn er von „[täglicher] freiwilliger Abtoedthung" sprach, wenn er „alle göttlichen Lehren und kirchliche Einsetzungen" in Beziehung zur Erlangung des ewigen Lebens setzte, wenn er davor warnte, die Welt zu lieben, dann wird deutlich, dass er nicht an der Verbindlichkeit kirchlicher Autorität und Dogmatik rütteln wollte.[122] Dies belegen bereits Auszüge aus seinen früheren Briefen, in denen er davon sprach, dass er „[s]eine eigenen Pfarrkinder [...] ganz in [s]einer Gewalt" habe; er könne „sie leiten wie [er] will".[123] Auch Wochelers Äußerung, „[m]it dem gemeinen Mann [ließe] sich alles machen [...]", scheint auf den ersten Blick nicht auf ein außerordentliches Zutrauen in die Urteilsfähigkeit der zeitgenössischen Bauern und Bürger hinzuweisen.[124] Eine solche Einschätzung wäre freilich zu einseitig und würde verkennen, dass sich hinter einer solchen Äußerung gleichsam Bedauern über die gegebenen Umstände verbergen kann. Wochelers Engagement in seinen Gemeinden beweist, dass er eine Veränderung dieser Umstände bewirken wollte und nachhaltige Verbesserungen für seine Gemeindemitglieder anstrebte – allerdings ohne Umstürze und im rechtlichen Rahmen der gegebenen Strukturen.[125] Zschokkes Beobachtung von 1838, nach der Wocheler besonders von sogenannten ‚verbutteten' Überlinger Bürgern in seinem wohltätigen Wirken behindert wurde, offenbart, dass sein Einsatz für die Volksbildung nicht überall auf Begeisterung stieß. Ebenso eckte er mit seinen Veränderungen der Religionspraxis an. Die zahlreichen Anfeindungen, denen sich Wocheler als „[h]ervorragende[r] Wessenbergianer"[126] dabei gegenüber gestellt sah, belegen, dass seine Haltung und sein Streben nicht in das Gesellschafts- und Weltbild konservativer Traditionalisten passten.[127] Gleichwohl betrachtete er manche Reformbewegungen wie z.B. die protestantischen Lichtfreunde oder die bereits erwähnten, politisch engagierten Deutschkatholiken durchaus kritisch.[128] Er blieb trotz aller Progressivität in der katholischen Tradition verwurzelt.

121 Vgl. hierzu HOLZEM, Christentum in Deutschland (2015) Bd. 1, S. 397–403.

122 Wocheler, Wegweiser (o.J.).

123 Konstanz, SA, Abt. X XVII, Fasz. 2785, Brief vom 3. Juli 1809 (vgl. Anhang D).

124 Ebd.

125 Raub erklärt, dass Wocheler z.B. mit der Einrichtung einer Sonntagschule „trotz innovativer Institutionen und Organisation letztlich konservative, an Kirche und Staat orientierte Ziele" im Sinn einer den Herrschaftsstrukturen nützlichen Sozialisierung verfolgt habe, vgl. RAUB, Von der Baar an den Bodensee (2016), S. 41. An dieser Stelle ist Raubs Darstellung, trotz späterer Relativierung – „Noch 1845, drei Jahre vor seinem Tod, unterstützte er den liberalen Kandidaten im Landtag. So blieb er im Alter letztlich doch den Prägungen treu, die er in seiner Zeit als Schüler und junger Mönch in Villingen erfahren hatte" (S. 42) – zu einseitig.

126 LAUER, Geschichte der katholischen Kirche in Baden (1908), S. 91.

127 Vgl. KUNZER, Katalog LSB (1898), S. V–VI, und RAUB, Von der Baar an den Bodensee (2016), S. 41–42.

128 Vgl. Konstanz, SA, Abt. X XVII, Fasz. 2785, Brief von 1846 (nicht genauer datiert, vgl. Anhang D): „Das Getrieb der Deutschkatholiken, der Lichtfreunde und ihrer Freunde aus politischen Gründen – scheint die ruhigen Tage von uns vertreiben zu wollen; ich habe besseres erwartet, nun denke ich: Deus providebit!", zu den Lichtfreunden vgl. UHLIG, Art. ‚Lichtfreunde' (1991).

Eine besondere Affinität zum Thema Alchemie findet sich in den Quellen zu Wocheler nicht. Jedoch vermerkte Semler, dass sich unter den gestifteten Büchern Wochelers auch welche zu den Geheimgesellschaften der Illuminaten und der Rosenkreuzer befunden hätten.[129] Dies lässt sich bei den entsprechenden Drucken anhand von Eintragungen zwar nicht belegen, jedoch findet sich in einem Sammeldruck, der das Werk *Ist es eine Sünde ein Freymaeurer zu werden* enthält, ein Besitzeintrag Wochelers. Der Verfasser der Schrift, die einen Dialog zwischen einem Freimaurer und einem potentiellen Kandidaten, der sich nicht zur Gänze für die Freimaurerei entscheiden kann, wiedergibt, vermag die gestellte Frage letztlich nicht zu entscheiden und überlässt das Urteil seinen Lesern. [130] Dieses Zutrauen in das Urteil jedes individuellen Lesers offenbart die aufklärerische Grundhaltung des Verfassers Willibald Berger. Der Text enthält keinerlei handschriftliche Anmerkungen. Wie und ob sich Wocheler hinsichtlich dieser Frage entschieden hätte, bleibt offen.

Dass Wocheler ein engagierter Reformer war, dessen Wirken zu weiten Teilen durch Ideen der Aufklärung mitgeprägt wurde, lässt sich in drei Punkten zusammenfassen. Zum ersten rückt ihn seine kritische Haltung gegenüber dem kontemplativen Klosterwesen in die Nähe der katholischen Aufklärer, die den praktizierten Glauben besonders hinsichtlich seines allgemeinen Nutzens bewerteten. Daran anknüpfend wurde das Seelsorgeamt als Stütze für den individuellen Alltag der Gläubigen interpretiert. Dem Priester oblag hierbei die Verantwortung, die gelebte Frömmigkeit in vernünftige und nachhaltige Bahnen zu lenken. Durch die Reformen seines Vorgesetzten Wessenberg bestätigt, wollte Wocheler den Gottesdienst und das religiöse Gemeindeleben so gestalten, dass den Teilnehmern Möglichkeiten geboten wurden, über den Glauben, aber auch über alltägliche Notwendigkeiten, wie z.B. die Pockenimpfung, zu reflektieren. Der Erfolg nachhaltiger Überzeugungsarbeit gründete bei ihm auf angeleiteter aber individueller Reflexion. Zweitens belegen seine Äußerungen zur Herrnhuter Brüdergemeine eine moderate Toleranz gegenüber nicht-katholischen, christlichen Gruppierungen. Angesichts der Überzeugungskraft des Herrnhuter Gemeindelebens sah sich Wocheler außer Stande, ein pauschales Urteil gegen diese pietistisch geprägte Religionsgemeinschaft zu sprechen. Er warnte deshalb gegenüber seinem Vorgesetzten Reislin vor vorschnellen und pauschalen Abwertungen. Der Besitz des Werks von Willibald Berger kann als wohlwollend-kritische Auseinandersetzung mit dem Phänomen der Geheimgesellschaften interpretiert werden. Wocheler war schließlich drittens aufklärerisch in der Hinsicht, dass er die gegebenen Zustände nicht als unveränderlich ansehen wollte, sondern hinsichtlich Ursachen und

129 Vgl. SEMLER, Leopold-Sophien-Bibliothek (1957/58), S. 123.

130 Vgl. Ü-LSB, Bd 250, darin: Willibald Berger: Ist es eine Sünde ein Freymaeurer zu werden. Gewidmet den Logen. Wien o.J. Der Verfasser, der den Sieger der Diskussion küren sollte, schließt sein Vorwort wie folgt, S. 10: „Ich war sehr aufmerksam, und dieses Gespräch ist es, welches ich hier meinen Lesern pünktlich vorlegen will, Sie sollen statt meiner entscheiden, ob Herr Plumps oder Herr Weißmann den Sieg davon getragen hat. Denn ich wollte nicht Schiedsrichter seyn, und habe mir den entscheidenden Ausspruch verbethen. Die Auflösung des ganzen Knotens liegt in dem, ob man sich, ohne eine Sünde zu begehen, in eine Gesellschaft einlassen darf, deren Satzungen man nicht kennt, ob sie gut oder böse sind“.

Wirkungen bewertete. Er versuchte vorrangig den Bildungsbereich zu beeinflussen, der dem Einzelnen wie auch der Allgemeinheit nutzen konnte. Hierbei ließ er sich von seinem Grundsatz leiten, nachdem „[b]essere Zeiten [...] durch bessere Menschen, bessere Menschen durch bessere Erziehung geschaffen werden [müssen]".[131] Als er 1832 seine private Büchersammlung zur Einrichtung einer Überlinger Stadtbibliothek stiftete, ging es ihm auch darum, eine öffentliche Institution ins Leben zu rufen, die auf Basis von Bildung langfristig eine Verbesserung der Verhältnisse im Sinne aller ermöglichen sollte. Der Stadtpfarrer und Schuldekan Wocheler, der so gut wie nichts Schriftliches hinterlassen hat, steht aufgrund seines belegten liturgischen Reformeifers und wegen seines praktischen Engagements im Alltag daher ideell in der Nähe der Volksaufklärer.

3.2.2 Die Stiftung und der Ausbau der Leopold-Sophien-Bibliothek

Am 15. Mai 1832 wurde in Überlingen die LSB eröffnet.[132] Sie gründete auf der ehemaligen Stadtbibliothek und – in überwiegendem Maße – auf der Privatbibliothek Wochelers, die an die zehntausend Bände umfasste.[133] Wocheler überließ seine Bücher den Überlingern unter der Bedingung, dass die Stadt sie allgemein zugängig halte und sich der Bewahrung des Gesamtbestandes verpflichtet fühle. Die Stadtverwaltung, die zuerst die zu erwartenden Aufwendungen im Auge hatte und erst an zweiter Stelle den möglichen Nutzen wahrnahm, ließ sich mit der Annahme dieser Bedingungen so lange Zeit, bis Wocheler mit dem Gedanken spielte, sein Angebot einer anderen Stadt zu unterbreiten. Erst da willigten die Stadtoberen ein. Ursula Pfeiffer hat dargestellt, dass Wocheler mit dieser Bibliotheksstiftung „zu den Pionieren der Bibliotheksbewegung gezählt werden [kann]".[134] Dass das badische Großherzogspaar als Namensgeber fungierte und Wocheler zudem im selben Jahr den Ritterorden des Ordens vom Zähringer Löwen verliehen bekam,[135] belegt die Bedeutung, die auch von staatlicher Seite dieser Einrichtung beigemessen wurde. Trotzdem war die Resonanz nicht so stark, wie Wocheler es sich wünschte, so schrieb er 1833 an Wessenberg:

> „Die blinden groben Überlinger kennen ihren [der Leopold-Sophien-Bibliothek] Werth nicht und wollen ihn nicht erkennen. Dies schreckt mich nicht ab. Die Nachkommenschaft wird Richten. Mit dem Aussäen muß man fortfahren, das Keimen, Wachsen und Gedeihen, die Erndte der lieben Vorsehung überlassen [...].

131 KUNZER, Katalog LSB (1898), S. IV.

132 Hierzu vgl. KUNZER, Katalog LSB (1898), S. VIII–X, SEMLER, Leopold-Sophien-Bibliothek (1957/58), BRUMMER, Bücher und Bibliotheken in Überlingen (1989) und RÖMER, Bücher, Stifter, Bibliotheken (1997), S. 189–204.

133 Schönhuth sprach 1851 von „8000 Bänden", Kunzer – wie Wocheler selbst – von „ungefähr 10000 Bänden", SCHÖNHUTH, Führer um den Bodensee (1851), S. 325, und KUNZER, Katalog LSB (1898), S. VIII. – Es existiert keinerlei Verzeichnis der Privatbibliothek Wochelers.

134 PFEIFFER, Erziehung als Politikum (2009), S. 147.

135 Vgl. Hof- und Staatshandbuch Baden (1834), S. 65.

Die Bürger und Gemeinderäthe überhaupt unser Volk – sitzen noch zu tief in den Finsternissen und im Schlamm des Eigennutzes [...]".[136]

Dass Wochelers Urteil zu pauschal ausfällt, belegt ein weiterer Eintrag im Überlinger Baubuch:

> „Ein ewig denkwürdiges, eigens, der Gegenwart schon – der Nachkom[m]enschaft aber noch mehr – Nuzen bringendes Ereigniß ist und bleibt die Stiftung der Schulbibliothek. Dem hohen Werth derselben erken[n]et ertheilten Unser Gnädigster Landesfürst u[nd] dessen Durchlauchtigste Gemahlin hiezu huldreichest Ihren Namen, wornach sie nun Leopold-Sophien-Bibliothek heißet. [...] Großartig sind seine [Wochelers] Ideen, er baut für Jahrhunderte sich dankbare Denkmale im Geist und Herzen kom[m]ender Generationen, und die Nutzenwerdung für unser itzt noch junge Gegenwart aeußert sich sichtlich durch die Gemeinnützigkeit dieses nicht genug zu rühmende Institutes. [...]".[137]

Auch die Tatsache, dass es sich bei vielen frühen Schenkungen an die LSB um Gaben von Überlinger Bürgern handelt,[138] beweist, dass die Stiftung Wochelers von Einheimischen durchaus geschätzt wurde. Aus der frühen Zeit der Bibliothek liegen jedoch keine Quellen vor, die das Ausmaß der aktiven Nutzung abbilden. Es muss davon ausgegangen werden, dass Wocheler weniger die Freigiebigkeit einzelner Bürger kritisierte, als vielmehr eine zögerliche Nachfrage des vorhandenen Bücherangebots. Ungeachtet dessen bemühte sich der Stadtpfarrer auch nach der Stiftung intensiv um die Bibliothek. Er unterstützte finanziell die Drucklegung eines Katalogs[139] und initiierte den Anschluss verschiedener Lesegesellschaften an die LSB.[140] Wocheler besuchte Buchauktionen und informierte sich über mögliche sinnvolle Nachlassankäufe. Die auswärtigen Geber Heinrich Zschokke und Ignaz Heinrich von Wessenberg waren bereits zu Lebzeiten sehr großzügig.

Wocheler hatte in seinen Bemerkungen zur Stiftungsurkunde festgehalten, dass die Bibliothek „keine todte Rüstkam[m]er, sondern ein [...] in voller Kraft sich regende u[nd] wenigstens in ihrem nächsten Kreis nach allen Seiten hin wohlthätig spendende Bildungs-Anstalt sein soll".[141] Die hohen Anforderungen, die Wocheler an die zukünftigen Biblio-

---

136 Konstanz, SA, Abt. X XVII, Fasz. 2785, Brief vom 11. August 1833.

137 Ü-SA, Baubuch, S. 219. Der Eintrag ist undatiert, nach seinem Wortlaut wurde zu Lebzeiten Wochelers notiert.

138 So überließen z.B. der Bürgermeister Magg, der ehemalige Salemer Pater Ambrosius Eberle und der Kaufmann Hosp der Bibliothek unentgeltlich Bücher, vgl. KUNZER, Katalog LSB (1898), S. XII–XIV, und Ü-LSB, Erwerbungsbuch.

139 Die bei Kunzer (vgl. KUNZER, Katalog LSB (1898), S. XIV) erwähnten Teildrucke aus den Jahren 1844 (*Paedagogik nebst Jugend- und Volksschriften*) und 1847 (*Naturwissenschaft und Mathematik*) sind in keiner Bibliothek mehr als Bestand nachweisbar.

140 Z.B. die medizinische Lesegesellschaft oder der Leseverein der Lehrer, vgl. SEMLER, Leopold-Sophien-Bibliothek (1957/58), S. 124.

141 Ü-SA, Spitalarchiv Überlingen, VII/57/2, Urkunde der Stiftung, 15. Mai 1832, Bemerkung „adbb".

thekare stellte, enthielten auch das Kriterium, dass die Person sich der Vergangenheit, wie auch der Gegenwart verpflichtet fühlen sollte:

> „[...] so muß jeweils ein Man[n] zum Bibliothekar ernan[n]t werden, der mit gründlichen, umfassenden literarischen, historischen, Sprach- u[nd] Sachkenntnissen versehen, von unermüdlichem Fleiße, und strenger Ordnung belebt, von ächt patriotischem Sin[n] u[nd] Geist für Beforderung der allseitigen u[nd] gemeinnützigen Kultur, wie für das schöne höhere Geschäftsleben durchdrung[en] und mit historischer Unbefangenheit u[nd] Ruhe eben so sehr der Vergangenheit als der Gegenwart lebend, beiden Theilen der Bibliotheks-Wissenschaft – der Einrichtungs- wie der Verwaltungskunde – im Ganzen wie im Einzeln genügend zu entsprechen vermag".[142]

Diese Aussagen und die thematische Breite in der LSB sind Beweise dafür, dass Nützlichkeit für Wocheler Vielfalt sowie Tradition und Innovation gleichermaßen einschloss.[143] In diesem Sinn sah er seine Stiftung explizit in der Pflicht, auch angesichts unruhiger Zeiten, Altes neben Neuem zu bewahren. Dafür steht auch der Ankauf der Bücher des Freiherrn von Sonnenthal im Jahr 1835, darunter bemerkenswert viele Handschriften und Drucke zu Alchemie und Geheimgesellschaften. Auch diese Inhalte befand Wocheler der Aufbewahrung für die Nachwelt für würdig. Dass sowohl Sonnenthal wie auch Wochler mit ihrem unterschiedlich geprägten Interesse für Alchemie und Geheimgesellschaften innerhalb ihres soziokulturellen Gefüges letztlich keine randständige Position einnahmen, ist Gegenstand des folgenden Unterkapitels.

3.3 Die Protagonisten und ihre soziokulturellen Wirkungsräume

Weder von Sonnenthal noch von Wocheler ist ein persönlicher Nachlass auf uns gekommen;[144] überhaupt ist die Quellenlage für eine Konstruktion ihres persönlichen Umfelds sehr übersichtlich. Zwar spricht Kunzer von mehreren Freunden Wochelers, z.B. dem geistlichen Rat Josef Willibald Straßer (1769–1849)[145] und Schriftwechseln Wochelers mit verschiedenen Personen,[146] erhalten haben sich nach derzeitigem Kenntnisstand nur die Briefe an Ignaz Heinrich von Wessenberg.[147] Trotzdem können anhand einiger nachweisbarer Kontakte Aussagen zu den gesellschaftlichen Beziehungen Sonnenthals und

142 Ebd.

143 Die eindeutig Wocheler zuzuordnenden Bücher umfassen vorwiegend theologische, seelsorgerische oder schulische Themen, behandeln aber auch die Landwirtschaft (z.B. Ü-LSB, Na 28), den Weinbau (z.B. Na 51), das Reisen (z.B. La 96), Zwischenmenschliches (z.B. Da 182), Biografien (z.B. Kd 169), Sprachen (z.B. Hc 1) oder Recht (z.B. Ca 506).

144 Vgl. KALLIOPE VERBUNDKATALOG, online (19.08.2016).

145 Zu Straßer vgl. KÖSSING, Art. ‚Josef Willibald Straßer' (1875).

146 Vgl. KUNZER, Katalog LSB (1898), S. V. Kunzer erwähnt hier als Briefpartner neben Wessenberg einen Pfarrer Victor Keller, einen Konstanzer Geistlichen Kotz, [Dominik] Kuenzer, [Joseph Willibald] Strasser, [Johann Baptist von] Hirscher, [Heinrich] Zschokke und [Konrad von] Orelli.

147 Vgl. Konstanz, SA, Abt. X XVII, Fasz. 2785.

Wochelers gemacht werden. In beruflicher Hinsicht sind bei Sonnenthal seine Anstellungen in den Adelshäusern Oettingen-Wallerstein und Waldburg-Wolfegg-Waldsee zu nennen. Eine Beziehung zu Joseph Albrecht von Ittner (1745–1825), obwohl sie höchst wahrscheinlich ist, lässt sich anhand der Quellen nicht belegen.[148] Bei Wocheler ist die Bekanntschaft mit seinem Vorgesetzten Ignaz Heinrich von Wessenberg, die auch über das Ende des beruflichen Verhältnisses hinaus fortbestand, von Bedeutung. Auf privater Ebene wird das gesellschaftliche Umfeld Sonnenthals durch den Kontakt zu Johann Kaspar Adam Ruef, jenes von Wocheler durch die Bekanntschaft mit Heinrich Zschokke ergänzt. Sowohl Ruef als auch Zschokke waren engagierte Aufklärer und Mitglieder im Freimaurerbund. Ebenfalls privater Natur war Sonnenthals Verbindung zur ‚Hermetischen Gesellschaft' um die Jahrhundertwende.

Indem das Umfeld besagter Kontakte als Referenz für Sonnenthal und Wocheler herangezogen wird, kann punktuell rekonstruiert werden, innerhalb welcher gesellschaftlichen Kontexte sich die beiden mit ihren Interessen, Überzeugungen und Ambitionen bewegten und inwiefern Alchemie sowie geheime Gesellschaften in diesen Bereichen eine Rolle spielten. Die folgenden Abschnitte halten zuerst die wichtigsten Informationen zu Leben und Wirken der einzelnen Kontaktpersonen fest und beschreiben die Art der Beziehung, die Sonnenthal bzw. Wocheler zu ihnen unterhielten. Danach wird der Frage nachgegangen, ob und wo sich im jeweiligen Umfeld Hinweise auf Alchemie und/oder Geheimgesellschaften ausmachen lassen. Einen Sonderfall stellt die ‚Hermetische Gesellschaft' dar, deren vorrangiges Ziel die diskursive Beschäftigung mit Alchemie bzw. Hermetismus war. Da hier die Bedeutung des Themas evident ist, dient ihre Beschreibung weniger der gesellschaftlichen Einordnung Sonnenthals als vielmehr einer exemplarischen Einschätzung der öffentlichen Akzeptanz von Alchemie an der Wende des 18. zum 19. Jahrhundert. Wenn aufgrund der Quellenlage auch nur in fragmentarischer Weise, ermöglichen die so zusammengeführten Informationen in ihrer Summe dennoch eine Einschätzung des soziokulturellen Umfelds der Protagonisten.

3.3.1 Sonnenthal und Kraft Ernst von Oettingen-Wallerstein

Die erste nachweisbare berufliche Station Sonnenthals im Haus Oettingen-Wallerstein ist zeitlich nicht exakt fassbar, allerdings warb Joseph Anton von Waldburg-Wolfegg-Waldsee bereits 1789 Sonnenthal von dort ab. Trotzdem wurde Sonnenthal 1790 von Kraft Ernst von Oettingen-Wallerstein (1748–1802) noch zum Oettingen-Wallerstein'sche Hofrat ernannt. Kraft Ernst war ein Vertreter des aufgeklärten Absolutismus.[149] Er unter-

148 Ittner war seit 1812 Direktor des Seekreisdirektoriums in Konstanz. Sonnenthal seinerseits war von 1811 bis 1814 Kreisrat am besagten Direktorium. Obwohl es unwahrscheinlich ist, dass ein Kreisrat eines Kreisdirektoriums und dessen Direkter sich während zweier Jahre am selben Ort nicht persönlich begegneten, gibt es für eine Beziehung zwischen den beiden keine Quellenbelege. – Vgl. zu Ittner VON WEECH, Art. ‚Josef Albert von Ittner' (1875), ELSCHENBROICH, Art. ‚Ittner, Johann [sic!] Albrecht von' (1974) – Elschenbroich hält als Vorname irrtümlicherweise Johann statt Joseph fest – und AURNHAMMER, Art. ‚Ittner, Joseph Albrecht von' (2009).

149 Zu Kraft Ernst Fürst von Oettingen-Wallerstein vgl. VOLCKAMER, Art. ‚Oettingen-Wallerstein, Kraft Ernst Fürst' (1999), und BRILL, Zwischen Tradition und Reform (2012).

stützte Reformen, die im Sinn der Aufklärung das handwerkliche, landwirtschaftliche und religiöse Leben sowie die Volksbildung und die Gesundheitsversorgung betrafen. Gleichzeitig strebte er danach, nahezu jegliche Regierungs- und Verwaltungsverantwortung in seiner Person zu vereinen. Literatur und besonders Musik wurden an seinem Hof gefördert, wovon zum einen die sehr umfangreiche Hofbibliothek, zum anderen das Personal des Hoforchesters, die gute Bekanntschaft Kraft Ernsts mit Joseph Haydn sowie eine Begegnung mit Johann Amadeus Mozart Zeugnis geben.[150]

Sonnenthal wird in der Hofratsurkunde noch unter seinem Geburtsnamen „N[obilis] Pardenschlager" genannt.[151] Der Text führt seine „Geschicklichkeit" und „andere gute Eigenschaften" als Gründe für die Ernennung an.[152] Diese Beschreibung basierte auf Nachrichten Dritter sowie auf Kraft Ernsts eigener Wahrnehmung.[153] Das Dokument enthält bereits den Hinweis auf eine Anstellung Sonnenthals im Haus Waldburg-Wolfegg-Waldsee. Wenn auch sonst keine Nachrichten existieren, anhand derer das Verhältnis Sonnenthals zu Fürst Kraft Ernst näher beschrieben werden kann, legt diese Urkunde nahe, dass man in Oettingen-Wallerstein mit Sonnenthal zufrieden war: Da dieser bereits in anderen Diensten stand, ist die Erhebung zum Hofrat als Auszeichnung in Form eines Ehrentitels aufzufassen.

Alchemie und Geheimgesellschaften spielten bei Kraft Ernst von Oettingen-Wallerstein keine bzw. lediglich mittelbar eine Rolle. Die Bibliothek des Hauses war zwar von beeindruckender inhaltlicher Breite, enthielt jedoch wohl keine ausgeprägten Sektionen zu diesen Themen.[154] Dennoch besteht zwischen dem Überlinger Bestand und der Oettingen-Wallerstein'schen Sammlung eine Übereinstimmung hinsichtlich einer magischen Handschrift.[155] Ob dieses Manuskript durch Kraft Ernst erworben wurde, ist unklar. Innerhalb Kraft Ernsts Familie lassen sich keine Verbindungen zu Geheimgesellschaften nachweisen. Jedoch war der Oettingen-Wallerstein'sche Hofrat Joseph von Schaden (1754–1813) Mitglied mehrerer Logen in Wien.[156] Auch die Mitgliedschaft Josef Haydns in der Wiener Loge ‚Zur wahren Eintracht', in der auch der Freimaurer Mozart als Besucher verzeichnet ist, zeigt, dass am Hofe Kraft Ernsts Freimaurerei mittelbar präsent war.[157]

3.3.2 Sonnenthal und Joseph Anton von Waldburg-Wolfegg-Waldsee

Nach seiner Abwerbung 1789 diente Sonnenthal als Oberamtsmann und später als Geheimrat und Kanzler dem oberschwäbischen Herrschaftshaus Waldburg-Wolfegg-Wald-

150 Vgl. ebd., S. 86–101.
151 Harburg, Fürst Wallerstein, FÖW Alt, III, 6, 17b-2.
152 Ebd.
153 Vgl. ebd.
154 Vgl. VOLCKAMER, Schloss Harburg (1961), und BRILL, Zwischen Tradition und Reform (2012), S. 94–101.
155 Vgl. Ü-LSB, Ms. 253, T1: Magia ordinis artium scientiarum abstrusarum.
156 Vgl. KODEK, Brüder (2011), S. 205.
157 Vgl. LENNHOFF/POSNER/BINDER, Freimaurelexikon (2000 [1932]), S. 384–385, hier: Art. ‚Haydn, Franz Josef', und KODEK, Brüder (2011), S. 100 und S. 163.

see. Dabei führte er weiterhin den Titel eines Oettingen-Wallersteinischen Hofrats.[158] Sein Dienstherr Joseph Anton (1766–1833) übernahm 1791 von seinem Bruder Carl Maximilian die Herrschaft über Waldsee und erbte 1798 die Grafschaft Wolfegg.[159] Er gilt als Anhänger der katholischen Aufklärung, der den josephinischen Reformbestrebungen sehr aufgeschlossen gegenüber stand.[160] Das Gesamthaus Waldburg kann in seiner politischen Haltung als reichs- bzw. kaisertreu angesehen werden, so vermerkt Mößle, dass 1795 während des ersten Koalitionskriegs es nicht die Waldburger Kontingente gewesen seien, die als erste das Feld vor dem Feind geräumt hätten. Vielmehr sei dies das Vorgehen der großen Häuser Baden und Württemberg gewesen, die sich durch Neutralitätsverträge mit Frankreich aus der Affäre gezogen hätten. Das so zugunsten Frankreichs beeinflusste Kräfteverhältnis im Feld habe die kleineren schwäbischen Reichsstände zum gleichen Schritt veranlasst.[161] Auch durch solche Neutralitätsverträge „verschlechterte sich die wirtschaftliche Situation der waldburgischen Herrschaften",[162] die zudem die Einquartierung französischer wie österreichischer Truppen zu bewältigen hatten. Joseph Anton sah sich auch angesichts der schlechten finanziellen Situation in Zeil und Wurzach nicht in jeder Hinsicht dem Gesamthaus Waldburg verpflichtet.[163] Primär hatte er die Zukunft seiner Familie im Auge und wenig Skrupel, im Zweifelsfall die anderen Waldburgischen Häuser zu übergehen.[164] Bei manchen Entscheidungen sah er sich dennoch gezwungen, im Sinne des Familienverbandes einzulenken. So fällten die drei Häuser nach eingehenden Beratungen 1803 gemeinsam den Entschluss, sich beim Kaiser um eine Standeserhebung in den Reichsfürstenstand und um drei Virilstimmen im künftigen Reichstag zu bemühen. Mit diesem Vorschlag, an dem Sonnenthal maßgeblich beteiligt war,[165] war die Hoffnung verbunden, bei der absehbaren Mediatisierung eine bessere Ausgangsposition innezuhaben. Diese Hoffnung erfüllte sich trotz Gewährung des Fürstentitels für alle drei Linien nicht: 1806 wurde die Herrschaft dem neu gegründeten Königreich Württemberg unterstellt. Zuvor hatte Joseph Anton von Waldburg-Wolfegg-Waldsee im Alleingang versucht, sein Haus dem Königreich Bayern zu unterstellen, was durch den damit beauftragen Sonnenthal nicht vorangetrieben wurde und letztlich scheiterte. War die Waldburgische Herrschaft zuerst noch zuversichtlich, dass das Haus Württemberg bei der praktischen Umsetzung der neuen Verhältnisse moderat agieren würde, änderte sich die Stimmung schnell angesichts des rüden Vorgehens des neuen Herrschers. König Friedrich I. (1754–1816) war in Belangen der Staatsführung und -verwaltung durchaus ein Anhänger

---

158 Joseph Anton gestand Sonnenthal zu, diesen Titel während seiner Dienstzeit nach eigenem Gutdünken weiter zu verwenden, vgl. Leutkirch, WZG, WoWo 14632, beglaubigte Abschrift vom 17. Februar 1807 des Vergleichsvertrags vom 28. Oktober 1791.

159 Vgl. BECK, unschuldiges Staatsopfer (2006), S. 265f.

160 Vgl. ebd.

161 Vgl. MÖSSLE, Maximilian Wunibald von Waldburg-Zeil-Trauchburg (1968), S. 71f.

162 BECK, unschuldiges Staatsopfer (2006), S. 269.

163 Vgl. ebd., S. 266f.

164 Vgl. ebd., S. 266: „Sein Hauptsorge galt dem Fortbestand der eigenen Familie" und MÖSSLE, Maximilian Wunibald von Waldburg-Zeil-Trauchburg (1968), S. 154f.

165 Vgl. MÖSSLE, Maximilian Wunibald von Waldburg-Zeil-Trauchburg (1968), S. 105.

des aufgeklärten Absolutismus.[166] Was hingegen die Angelegenheiten des Volkes oder der mediatisierten Adelshäuser anging, regierte er mit bevormundender Härte und bemerkenswerter Unnachgiebigkeit.

Die letzten Monate Sonnenthals im Haus Wolfegg dürften von der Ernüchterung geprägt gewesen sein, die sich angesichts des rücksichtslosen Umgangs der württembergischen Regierung mit den mediatisierten Fürstenhäusern breit machte. So entschuldigte z.B. Sonnenthal die Verspätung eines Briefes im Dezember 1806 an Johann Kaspar Adam Ruef wie folgt:

> „[...] der bisherige Überdrang meiner Amtsgeschäfte, die von der Königl[ich] Würtemberg[ischen] Landeskom[m]ission bisher so äusserst strenge betrieben worden, daß sogar an Sonn- und Feuertagen und bis in die späte Nacht gearbeitet werden müßte, werden mich diesfalls bei Euere Wohlgebohrn hinlänglich entschuldigen".[167]

Im Umfeld des Hauses Waldburg-Wolfegg-Waldsee hat Sonnenthal zu Beginn seiner Amtszeit wahrscheinlich noch die aufklärerische, pro-josephinische Einstellung seines Dienstherrn wahrgenommen. Seine Entscheidung, in die Dienste Joseph Antons zu wechseln, ist Beleg dafür, dass er einer solchen Gesinnung nicht entgegenstand, selbst wenn der Umfang der ihm dort in Aussicht gestellten Position und die Besoldung neben der Geisteshaltung des künftigen Dienstherrn eine gleichermaßen wichtige Rolle gespielt haben dürften. Die zu Beginn wie zum Ende des Dienstverhältnisses auftretenden Rechtstreitigkeiten zwischen Sonnenthal und Fürst Joseph Anton um ausstehenden Sold zeigen, dass die finanzielle Situation des Hauses Waldburg-Wolfegg-Waldsee durchweg nicht zufriedenstellend war. Trotzdem ist aufgrund der langen Dienstzeit davon auszugehen, dass Sonnenthal ein gutes Verhältnis zu Joseph Anton hatte. Eine Bemerkung aus einem Brief des Jahres 1804 zeigt zudem, dass Sonnenthal es wohl gewohnt war, offen mit dem Fürsten zu sprechen:

> „Rücksichtlich der andern Angelegenheit geruhen Euere Durchlaucht mir nicht ungnädig zu nehmen, wenn ich hiermit meine darüber ausdrücklich verlangte Meinung nach meiner Gewohnheit gerade und offenherzig entdecke".[168]

Die beruflichen Eindrücke aus Sonnenthals Biografie sowie die historischen Darstellungen zum Haus Waldburg belegen, dass seine Anstellung bei Joseph Anton mit häufigen Reisebelastungen verbunden war.[169] In den letzten Jahren war die Tätigkeit Sonnenthals wohl besonders von den Sorgen seines Dienstherrn um finanzielle Absicherung, familiären Fortbestand und den drohenden Verlust der Standeswürde sowie von Joseph Antons Groll angesichts der rigorosen Umsetzung neuer Herrschaftsstrukturen bestimmt.

166 Vgl. zu König Friedrich I. UHLAND, Art. ‚Friedrich I. König von Württemberg' (1961).
167 Vgl. Freiburg, UA, C 127/69, Brief vom 28. Dezember 1806.
168 Leutkirch, WZG, WoWo 14632, Schreiben Sonnenthals an den Fürsten vom 19. Dezember 1804.
169 Vgl. Leutkirch, WZG, WoWo 7748, Leutkirch, WZG, WoWo 7870, sowie Leutkirch, WZG, WoWo 14632.

Es liegen nur wenige explizite Hinweise darauf vor, dass Alchemie oder geheime Gesellschaften im Umfeld des Grafen und späteren Fürsten von Bedeutung waren. Innerhalb der Zeil'schen Linie tritt der Salzburger Domkapitular Ferdinand Christoph von Waldburg-Zeil (1719–1786) als Freimaurer in München und Salzburg auf.[170] Der Onkel Joseph Antons, Graf Anton Willibald (1729–1821),[171] wird in den Verzeichnissen des Illuminatenordens als „Schottischer Provinzialdirektor' für das Herzogtum Salzburg" geführt.[172] Als Illuminat ist er als Vertreter einer alchemiekritischen Einstellung einzuschätzen, dessen Wirkungsbereich sich zudem im Salzburger Raum befand.[173] Trotzdem war das Haus Waldburg-Wolfegg-Waldsee kein alchemiefreier Raum. Ein Vorfahr Joseph Antons, Max Willibald von Waldburg-Wolfegg (1604–1667) war nicht nur ein begeisterter Kunstsammler, sondern gleichfalls ein „Alchimist",[174] der z.B. mit dem Chemiker Johann Rudolf Glauber (1604–1670) in Verbindung stand.[175] Die Wahrscheinlichkeit, dass Joseph Anton in den Bibliotheken in Wolfegg und Waldsee auch (al)chemische Texte aus Familienbestand aufbewahrte, ist daher hoch.[176] Ob er angesichts der stets engen finanziellen Situation auch alchemische Arbeiten als praktische Lösungen in Erwägung zog und dabei gar Sonnenthal konsultierte, lässt sich nicht belegen – wenngleich dieser Gedanke angesichts der Interessen Sonnenthals und dessen Bedeutung als Kanzler für den Fürsten unweigerlich aufkommt. Es ist aufgrund des vertrauten Arbeitsverhältnisses davon auszugehen, dass Joseph Anton zumindest davon Kenntnis hatte, dass Sonnenthal sich mit Alchemie sowie geheimen Gesellschaften beschäftigte. Nachweisbar ist lediglich, dass Sonnenthal noch während seiner Dienstzeit in Waldsee, im Jahr 1800, Kontakt zur ‚Hermetischen Gesellschaft' aufnahm.

3.3.3 Sonnenthal und die ‚Hermetische Gesellschaft'

Das Beispiel der ‚Hermetischen Gesellschaft' dient nicht nur als Beleg für Sonnenthals Faszination für Alchemie. Es zeigt darüber hinaus, wie breit dieses Thema mit seinen verschiedenen Facetten Ende des 18. Jahrhunderts in der Gesellschaft verankert war, aber auch, wie kritisch es zugleich beurteilt wurde.[177] Carl Arnold Kortum (1745–1824)[178] und

170 Vgl. LENNHOFF/POSNER/BINDER, Freimaurerlexikon (2000 [1932]), S. 886, hier: Art. ‚Waldburg-Zeil', irrtümlicherweise mit einem falschen Todesjahr.

171 Vgl. BECK, unschuldiges Staatsopfer (2006), S. 266.

172 Vgl. SCHÜTTLER, Mitglieder des Illuminatenordens (1991), S. 167.

173 Vgl. BECK, unschuldiges Staatsopfer (2006), S. 266. – Eine Bekanntschaft Sonnenthals mit dem Domherrn Graf Anton Willibald während der Studienzeit Sonnenthals wäre möglich, bleibt aber Spekulation.

174 VOCHEZER, Geschichte des fürstlichen Hauses Waldburg, Bd. 3 (1907), S. 982.

175 Vgl. MAYER, Ein Hort des Wissens und der Bildung (2012), S. 101. – Zu Glauber vgl. PIETSCH, Art. ‚Glauber, Johann Rudolph' (1964).

176 Zur Wolfegger Bibliothek vgl. MAYER, Ein Hort des Wissens und der Bildung (2012).

177 Zur ‚Hermetischen Gesellschaft' vgl. BIRNBAUM, Ein Stück Alchemie (1873), KOPP, Alchemie in älterer und jüngerer Zeit (2013 [1886]), Bd. 2, S. 290–303, SCHULTZE, Das letzte Aufflackern der Alchemie (1897), SCHALLER, Die Sache endlich auf's Reine bringen (1996) und KLOSA, Johann Christian Wiegleb (2009), S. 237–239.

178 Hier und im Folgenden zu Kortum vgl. SCHALLER, Die Sache endlich auf's Reine bringen (1996) und HEßELMANN, Art. ‚Kortum, Karl Arnold' (2009).

Johann Christian Bährens (1765–1833)[179] initiierten über einen öffentlichen Aufruf im *Reichsanzeiger* im Jahr 1796 eine ‚Hermetische Gesellschaft' zum Zweck der endgültigen Klärung des Wahrheitsgehaltes alchemischer Inhalte bzw. der ‚Hermetik' oder ‚höheren Chemie', wie Kortum und Bährens den Themenkomplex bezeichneten. Sie unterschieden Alchemie von Hermetik dahingehend, dass Alchemiker „von der berüchtigten Zunft der Feuerphilosophen, der falschen Adepten, der betrüglichen Landstreicher von der Schmelzerzunft" seien, wohingegen Hermetiker „in den geheimen Werkstätten der Natur studiren, ihre verborgenen Operationen ausspähen, allgemeine Grundsätze davon ableiten und diesem gemäß der Natur nachahmen, und sie durch die Kunst zu übertreffen suchen" würden.[180] Die ‚Hermetische Gesellschaft' bestand nur aus dem Arzt und Schriftsteller Kortum und dem Pfarrer Bährens. Letzterer entstammte einer Pfarrerfamilie aus Westfalen, die pietistisch geprägt war. Er begeisterte sich für Medizin und Alchemie und unterhielt – auch aus finanziellen Gründen – zuerst unautorisiert, dann, seit 1798 examiniert, eine Arztpraxis in Schwerte/Nordrhein-Westfalen. Wie sein Vater ging er theoretischen und praktischen Studien zur Alchemie nach. Hierüber tauschte er sich seit 1795 mit Kortum aus. Den Zeitgenossen war Kortum vorwiegend durch seine schriftstellerische Tätigkeit bekannt. Er verfasste neben satirisch-humorvoller Kurzprosa und Poesie volksaufklärerisch motivierte medizinische Schriften sowie Abhandlungen zu Natur und Geschichte. Bährens und Kortum einte das Interesse an Alchemie und aus dem gemeinsamen Räsonieren darüber entwickelte Bährens die Idee der ‚Hermetischen Gesellschaft', die er mit einem anonymen Aufruf 1796 im *Reichsanzeiger* ins Leben rief.[181] Sie wurde ab 1804 von Bährens und einem Baron von Sternhain geleitet, nachdem Kortum sich zurückgezogen hatte. Im Folgenden stehen nicht der Zweck der Gesellschaft, die einzelnen Beiträge oder der Wandel in ihrer inhaltlichen Ausrichtung im Vordergrund,[182] sondern vielmehr die Zusammensetzung ihrer Mitglieder und die Art und Weise, wie sich die ‚Hermetische Gesellschaft' ihnen und der Öffentlichkeit gegenüber darstellte.

Schon Kortum war darauf bedacht, nicht mit der ‚Hermetischen Gesellschaft' in Verbindung gebracht zu werden, obwohl der Kontakt mit der Redaktion des *Reichsanzeigers* über seine Adresse lief.[183] Wenige Jahre zuvor hatte er mit seinen Streitschriften *Karl Arnold Kortum, der Arzneiwiss. Doktor und Arzt in Bochum Verteidiget die Alchimie gegen die Einwürfe einiger neuen Schriftsteller besonders des Herrn Wieglebs* (Duisburg 1789) und *Noch ein Paar Worte über Alchimie und Wiegleb oder Erster Anhang der Alchimie wider die Einwürfe der neuesten Gegner* (Duisburg 1791) die öffentliche Konfrontation mit dem angesehenen Alchemiekritiker Johann Christian Wiegleb (1732–1800) nicht gescheut.[184] Die Rezensionen seiner beiden Texte – die auch in der LSB vorhanden sind[185] – fielen zu

179 Hier und im Folgenden zu Bährens vgl. FRICK, Johann Christian Friedrich Bährens (1969).
180 Der Reichs-Anzeiger (1798), Sp. 842.
181 Vgl. FRICK, Johann Christian Friedrich Bährens (1969), S. 428.
182 Hierzu vgl. SCHALLER, Die Sache endlich auf's Reine bringen (1996).
183 Vgl. FRICK, Johann Christian Friedrich Bährens (1969), S. 429.
184 Vgl. SCHALLER, Die Sache endlich auf's Reine bringen (1996), S. 21–40, S. 22 und KLOSA, Johann Christian Wiegleb (2009), S. 227–240.
185 Ü-LSB, Mc 109.

Ungunsten Kortums aus. Man warf ihm unisono vor, leichtgläubig und unkritisch „bloße Sagen“[186] für bare Münze zu nehmen und niemandes Zweifel an der Alchemie stichhaltig zu zerstreuen. Das Unverständnis der Kritiker war umso größer, als man Kortum „vielen geraden Sinn und Fleiß, im Ganzen genommen, nicht absprechen [könne]“.[187] Trotzdem „[fände Kortum] [a]llen Regeln der historischen Glaubwürdigkeit zuwider [...] gar kein Bedenken, alle bekannten Erzählungen [...] für gültige Zeugnisse der Verwandlungskunst zu vertheidigen [...]. Schade ist es aber wirklich, daß nicht eine einzige im Hauptpunkte war ist!“[188] Vermutlich auch unter dem Eindruck dieser harschen Reaktionen bemühte sich Kortum mit späteren Äußerungen zur ‚Hermetischen Gesellschaft‘ darum, jegliche einstmalige Beteiligung an derselben zu verschleiern.[189] Auch Bährens war um die Wahrung der Anonymität bemüht, weil er das „öffentliche Urteil“ fürchtete.[190] Angesichts seiner Anstrengungen, sich und seine Familie finanziell abzusichern, vermöge die Einschätzung seiner Person als Alchemiker es, ihm jegliche Zukunftschancen zu verbauen.[191] Jene Person, die 1800 der Öffentlichkeit schließlich die beiden als die einzigen Mitglieder der Gesellschaft enthüllte, Johann Friedrich Benzenberg (1777–1846),[192] wurde von Bährens gegenüber Kortum dann auch als „Erzfeind der Gesellschaft“ bezeichnet.[193] Nach kritischen Rückmeldungen sah sich auch der *Reichanzeiger* in der Situation, sich dafür zu rechtfertigen, dass er der ‚Hermetischen Gesellschaft‘ eine öffentliche Plattform bot.[194]

Die Bedenken Kortums und Bährens, mit ihren Namen Ende des 18. Jahrhunderts in der Öffentlichkeit mit Alchemie in Verbindung gebracht zu werden, sowie die Vorwürfe, denen sich der *Reichsanzeiger* aufgrund seiner Abdrucke der Mitteilungen der Gesellschaft gegenüber sah, zeigen die allgemeine Skepsis, mit der das Thema betrachtet wurde. Dessen ungeachtet dokumentieren die zahlreichen Einsendungen an die Redaktion des *Reichsanzeigers*, – wie im übrigen auch Äußerungen der Kortumkritiker[195] – dass Alchemie punktuell in sämtlichen Gesellschaftsbereichen präsent war. Neben Sachsen und Thüringen trat bei einer regionalen Einordnung der Zuschriften besonders der süddeutsche Raum hervor. Obwohl viele Briefe anonym an die ‚Hermetische Gesellschaft‘ geschickt worden waren, belegen die Absendeorte:

186 Medicinisches und physisches Journal 6 (1790), 22. Stück, S. 32.
187 Allgemeine deutsche Bibliothek 94 (1790), Stück 2, S. 489.
188 Neue medicinische Litteratur 2 (1789/90), Stück 2, S. 166–167.
189 Vgl. SCHALLER, Die Sache endlich auf's Reine bringen (1996), S. 21.
190 FRICK, Johann Christian Friedrich Bährens (1969), S. 429.
191 Vgl. ebd.
192 Vgl. zu Benzenberg GOLLWITZER, Art. ‚Benzenberg, Johann Friedrich‘ (1955).
193 SCHALLER, Die Sache endlich auf's Reine bringen (1996), S. 27.
194 Ebd., S. 28.
195 Vgl. Neue medicinische Litteratur 2 (1789/90), Stück 2. S. 165: „[...] seitdem [= „der mittlern Zeit“, (S. 164)], haben die Verwandlungsgeschichten ihren Anfang genommen, die auch bis auf den heutigen Tag noch nicht aufgehört haben [...]“. Die Allgemeine deutsche Bibliothek 94 (1790), meldet in Stück 2: „Recensent hat dies Buch mit der Aufmerksamkeit und Unbefangenheit durchgelesen, die ein Gegenstand verdient, worüber viel gesagt und gestritten ist, womit so mancher Mensch sich beschäftigt hat, auch noch beschäftigt [...]“ (S. 489).

> „[...] dass es im damaligen Deutschland keinen Stand gab, in dem nicht alchemistisch gearbeitet worden wäre. Da waren Geheime Finanzräte, Kanzler deutscher Kleinstaaten, Leibärzte deutscher Fürsten, Freiherren, Offiziere, evangelische Geistliche, katholische Kaplane, ein ‚gewester' Professor, ein Forstinspektor, ein Registrator, ein Lehrer, ein Organist, Kauf- und Handelsleute, Handlungs- und Apothekergehilfen, ein ‚Chirurg und Moucheur', ein ‚Damast-, Manchester- und Kunst-Fabricante', ein ‚Schlosser', ein ‚Perückenmachmeister', ein Schneider, ein Uhrmacher, ein Küfer, ein Buchbinder, auch eine Wittwe aus Ulm – kurzum Leute jeglichen Standes. Zumal in Süddeutschland schien man der hermetischen Kunst eifrig zu huldigen".[196]

Neben Sonnenthal und dem erwähnten Karlsruher Baron von Sternhain können aus Süddeutschland „Chirurgen aus Waldkirch und Balingen", ein Schulmeister Melchinger aus Nagold und ein Küfer aus Herrenberg ausgemacht werden.[197] Die beiden letzteren wurden mit wenigen anderen zu Ehrenmitgliedern der Gesellschaft ernannt. Diesen Ehrenmitgliedern übersandten Kortum und Bährens seit 1798 ein Ehrendiplom mit der Begründung, sie hätten sich aufgrund der Qualität ihrer Einsendungen bewährt. Ihr anonymer Auftritt hatte bereits viele vermuten lassen, dass sich hinter der ‚Hermetischen Gesellschaft' ein größerer Kreis von Mitgliedern verberge. Jene, die nun ein Diplom erhielten, hatten nun wohl mehrheitlich den Eindruck, als Auserwählte den ersten Grad innerhalb einer „Gesellschaft von Adepten" erlangt zu haben.[198] Hierfür sprach, dass das Auszeichnungsschreiben mit fremdartigen Zeichen versehen war, und dass das Ehrenmitglied darin als ‚Bruder' angesprochen wurde und einen Tarnnamen zugewiesen bekam.[199] Dieser Eindruck wurde in der Öffentlichkeit verstärkt, als im *Reichsanzeiger* verkündet wurde, dass die Gesellschaft aus diesen Ehrenmitgliedern weiter auswählen werde, nachdem sie „ihr Herz, ihre Arbeiten, ihre Rechtschaffenheit erkannt" hätten.[200] Die ‚Hermetische Gesellschaft' spielte mit ihrer Anonymität, ihrer Sprache und der Gestaltung ihrer Ehrenurkunden also mit Komponenten, die von Zeitgenossen leicht in Verbindung mit Geheimgesellschaften gesehen werden konnten. Zugleich war das erste Mittel ihrer Wahl der *Reichsanzeiger*, der eine allgemeine Diskussion von Alchemie gewährleisten sollte. Wegen dieses öffentlichen Charakters wurde das Unterfangen bisweilen als aufklärerisch konnotiertes Unternehmen eingeschätzt, das der vernünftigen Erörterung eines widersprüchlichen Phänomens dienen sollte.[201] Dieser Zwiespalt zeigt sich auch im Umgang von Kortum und Bährens mit ihren Korrespondenten. So sprach Kortum gegenüber Bährens davon, dass „[d]ie Sache [...] zum Teil ernsthaft, teils auch drolligt" sei.[202] Angesichts wachsender Kritik zog sich die Gesellschaft nach und nach aus dem *Reichsanzeiger* zurück

196 SCHULTZE, Das letzte Aufflackern der Alchemie (1897), S. 10.
197 KOPP, Alchemie in älterer und jüngerer Zeit (2013 [1886]), Bd. 2, S. 295 und S. 298.
198 Ebd., S. 298.
199 Vgl. BIRNBAUM, Ein Stück Alchemie (1873), S. 456, und KOPP, Alchemie in älterer und jüngerer Zeit (2013 [1886]), Bd. 2, S. 298.
200 Der Reichs-Anzeiger (1798), Sp. 843.
201 Vgl. SCHALLER, Die Sache endlich auf's Reine bringen (1996), S. 21.
202 Ebd., S. 33.

– die letzte Nachricht darin stammt von 1802 – und verwarf das Projekt einer öffentlichen Diskussion zugunsten einer eigenen Zeitschrift, genannt *Hermetisches Journal*. In diesem Medium könne die komplexe Struktur des einstigen Diskussionsgegenstandes – vor allem war ein ‚System der Hermetik' geplant – besser dargestellt werden.[203] In den Abhandlungen beschäftigten sich Kortum und Bährens zunehmend mit theoretischen Interpretationen von Hermetismus und rückten zugunsten naturphilosophischer und theosophischer Ansätze von einer praktischen Alchemie ab.[204] Die Qualität des Heftes wurde von den Abonnenten derart kritisiert, dass, als nach Jahren 1806 das zweite Heft unter dem neuen Zeitschriftennamen *Hermes, eine Zeitschrift in zwanglosen Heften zur endlichen Beruhigung für Zweifler und Sucher* erscheinen sollte, kein Verleger mehr gefunden werden konnte. Der mittlerweile für die Herausgabe verantwortliche Baron von Sternhain sah sich gezwungen, das Stück in zwei Teilen selbst mit einer Handpresse zu drucken. Danach erschien keine weitere Ausgabe der Zeitschrift mehr. Die Kontakte zur ‚Hermetischen Gesellschaft' wurden spärlicher. Der letzte Brief an Bährens, dessen Anonymität wie erwähnt durch Benzenberg seit 1802 aufgehoben war, datiert von 1819.[205]

Als einer der gerade mal vierzehn Subskribenten des *Hermes* ist Sonnenthal bezeugt.[206] Im Archiv der ‚Hermetischen Gesellschaft' belegen ein Traktat und eine Adressnotiz, die noch auf Waldsee verweist, dass er bereits vor September 1800 den Kontakt zur Gesellschaft suchte. Wie intensiv und wie lange er sich beteiligte, ist unklar. Als Ehrenmitglied ist er nirgends erwähnt.[207] Die zweiteilige Ausgabe des *Hermes*, die sein Wappen trägt, wurde mit zahlreichen Notizen versehen – ein Beleg dafür, dass Sonnenthal sich intensiv mit dem Inhalt auseinandersetzte. Ms. 158 *Auszüge aus dem ‚Reichsanzeiger' zur Hermetik und zur hermetischen Gesellschaft* dokumentiert zudem, dass Sonnenthal die einzelnen Beiträge in Abschrift sammelte.

Die anfänglich starke Resonanz, die der Aufruf der ‚Hermetischen Gesellschaft' im *Reichsanzeiger* hervorrief, ist Beweis dafür, dass das Interesse an Alchemie um die Jahrhundertwende punktuell in allen Gesellschaftsbereichen vorhanden war. Auch war der angedeutete diskrete bzw. geheime Charakter der Gesellschaft für einige Leser weniger suspekt als vielmehr attraktiv. Gleichwohl zeigen die notwendigen Rechtfertigungen des *Reichsanzeigers*, die bedeckte Haltung, die Kortum und Bährens einnahmen sowie die Schwierigkeiten, die der Veröffentlichung der gesellschaftseigenen Zeitschrift vorangingen, dass die Akzeptanz von Alchemie und geheimen Gesellschaften in der öffentlichen Diskussion nachließ. Die große Zahl von Korrespondenten der ‚Hermetischen Gesellschaft' aus Süddeutschland dokumentiert aber, dass Sonnenthal mit seinen Interessen in dieser Region kein singuläres Beispiel darstellt. Er wie auch Wocheler hatten zudem persönliche Bekannte, über die sie zumindest mittelbar in Verbindung zu Geheimgesellschaften standen.

---

203 Ebd., S. 28.

204 Ebd., S. 28 und S. 34–39.

205 Vgl. KOPP, Alchemie in älterer und jüngerer Zeit (2013 [1886]), Bd. 2, S. 302.

206 Vgl. SCHULTZE, Das letzte Aufflackern der Alchemie (1897), S. 34, und Ü-LSB, Mc 88.

207 Kopp nennt als einziger eine Auswahl besagter Ehrenmitglieder, vgl. KOPP, Alchemie in älterer und jüngerer Zeit (2013 [1886]), Bd. 2, S. 298.

3.3.4 Johann Kaspar Adam Ruef und Heinrich Zschokke – Aufklärer und Freimaurer

Weder für Sonnenthal noch für Wocheler kann eine Mitgliedschaft in einer geheimen Gesellschaft nachgewiesen werden (vgl. Kap. 3.1.2, FN 77). Beide pflegten aber Kontakt zu Personen, die als Freimaurer wirkten: Sonnenthal stand in Verbindung mit Johann Kaspar Adam Ruef, der als Illuminat bezeugt ist und seit 1811 Freimaurer war.[208] Wocheler wiederum war mit Heinrich Zschokke bekannt, der bereits 1795 Freimaurer wurde und 1811 in Aarau an der Gründung der Loge ‚Zur Brudertreue' beteiligt war.[209] Der Blick auf die Freiburger Loge um Ruef und ihre regionale Vernetzung verdeutlicht die Anziehungskraft der Freimaurerei als exklusives soziales Forum. Der Charakter der Rituale in den Logen in Freiburg und Aarau belegt zudem exemplarisch, dass hier Alchemie und Esoterik auch im 19. Jahrhundert eine Rolle spielten. Von den Kontakten zu Sonnenthal bzw. Wocheler ausgehend, stellen die folgenden beiden Unterabschnitte zuerst Ruef und die Freiburger Loge, im Anschluss daran Zschokke und die Aarauer Freimaurerei vor.

Sonnenthal und Johann Kaspar Adam Ruef

Im Jahr 1806 starb Sonnenthals Ehefrau Thekla. Sonnenthal vertraute darauf seine Tochter Josepha der Gattin von Johann Kaspar Adam Ruef, Antonia Maria, in Freiburg an. Dieses Arrangement lässt vermuten, dass Sonnenthal und Ruef zumindest über Mittelsleute miteinander bekannt waren.

Johann Kaspar Adam Ruefs (1748–1825) Lebenslauf spiegelt die verschiedenen gesellschaftlichen und politischen Ereignisse und Entwicklungen der Zeit wieder.[210] Aufgrund seiner verlegerischen wie publizistischen Tätigkeit in den Jahren 1782 bis 1793 war er im südwestdeutschen Raum primär als streitlustiger und provokativer Vertreter der Aufklärung bekannt. Während seiner beruflichen Laufbahn war er zudem Gymnasiallehrer, Jurist, Universitätsbibliothekar und Professor der Rechte, Appellationgerichtsrat sowie (geheimer) badischer Hofrat. Mit höherem Alter gestaltete er sein öffentliches Auftreten bedachter und weniger offensiv als in den achtziger Jahren und zu Beginn der neunziger des 18. Jahrhunderts. Dies hängt mit der Erfahrung eines Publikationsverbots 1793, den angespannten politisch-gesellschaftlichen Umständen sowie seinem fortschreitenden Alter und den damit verbunden Sorgen um finanzielle Absicherung für sich und seine Familie zusammen. Dennoch blieb er bis zuletzt ein Anhänger des aufgeklärten Josephinismus sowie der Aufklärung an sich, sofern sie sich mit dem Ideal einer Gesellschaft auseinandersetzte, in der der individuelle und der allgemeine Nutzen vernünftig miteinander interagierten. Bereits früh hatte Ruef in den Zeitschriften *Der Freymüthige, eine periodi-*

---

208 Vgl. SCHÜTTLER, Mitglieder des Illuminatenordens (1991), S. 129 und FICKE, Geschichte der Freimaurerloge zur edlen Aussicht (1874), S. 33.

209 Vgl. ORT, Heinrich Zschokke (2013), S. 424–428.

210 Zu Ruef vgl. hier und im Folgenden SCHAUDECK, Johann Kaspar Adam Ruef (2016). Frühere relevante Arbeiten zu Ruefs Leben und Arbeiten sind: AMANN, Zur Erinnerung an Dr. Kaspar Ruef (1836), HITZFELD, Johann Kasper Ruef, der führende Aufklärer (1929), ROBERT, Drei oberschwäbische Professoren (1955) und SCHMIDT, Die Universität Freiburg i. Br. und ihre Bibliothek in der zweiten Hälfte des 18. Jh. (1987).

sche Schrift von einer Gesellschaft zu Freyburg im Breisgau (1782–1787) und *[Freyburger] Beyträge zur Beförderung des ältesten Christentums und der neuesten Philosophie* (1788–1793) landesfürstliche Verordnungen kommentiert,[211] über Pressefreiheit geschrieben,[212] und pädagogische Inhalte in Nachrichten und Rezensionen aufgenommen.[213] Auch in Überlingen liegen vier Jahresbände des *Freymüthigen*, deren Provenienz nicht bestimmbar ist.[214] Besonders aber hatte Ruef harsche Kritik an der katholischen Religionspraxis geübt und Mönchtum, Zölibat, Wallfahrten, Rosenkranzgebet und Wunderglaube auf intellektuell-spöttische Weise als sinnentleert, unvernünftig und unnütz verurteilt.[215] Seine Zeitschriften genossen durchaus hohes Ansehen, so billigten z.B. die Kaiser Joseph II. und Leopold II. mit Wohlwollen ihre Herausgabe.[216] Die Gegenstimmen, z.B. von Heinrich Sautier oder von Abt Martin Gerbert von St. Blasien (1720–1793),[217] belegen aber, dass die Art und Weise, wie in Ruefs Journalen aufklärerischen Idealen das Wort geredet wurde, besonders in traditionell-konservativen Kreisen für Empörung sorgte.[218] Der Unmut nahm zu, als ab 1788 in Ruefs zweiter Zeitschrift, den *Freyburger Beyträgen*, vorrangig die religiösen Praktiken und Grundsätze vor dem Hintergrund aufklärerischer Ideale diskutiert wurden.[219] Dieser intensive und stellenweise aggressive Diskurs über Aufklärung, Vernunft, Tradition und religiöse Praxis dokumentiert, dass aufklärerische Ideen Ende des 18. Jahrhunderts in Südwestdeutschland zwar in vielen Bereichen sehr populär, aber auch nicht unumstritten waren. Sie bestimmten keineswegs das gesellschaftliche und kulturelle Klima durchweg zu ihren Gunsten. Das Publikationsverbot 1793 für Ruef ist ein Beispiel dafür, dass sich die gesellschaftliche Stimmung schnell zu ändern vermochte. Das Verbot kam auch angesichts der neuen politischen Situation in Frankreich zustande, die von verschiedenen Herrschaften im Heiligen Römischen Reich als bedrohlich angesehen wur-

---

211 In jedem Band des Freymüthigen nimmt die Rubrik „landesfürstliche Verordnungen" einen großen Teil ein.

212 Vgl. z.B. Der Freymüthige (1782): „Von der Preßfreyheit" (S. 21–56).

213 Vgl. z.B. Der Freymüthige (1782): „Von der Normalschule zu Freyburg" (S. 92–105).

214 Ü-LSB, Ba 234.

215 Vgl. Der Freymüthige (1782): „Über Christentum und Heucheley. Ein Dialog" (S. 284–329), „Dringende Vorstellungen an Menschlichkeit und Vernunft, um Aufhebung des ehelosen Standes der katholischen Geistlichkeit" (Rezension, S. 416–424), oder Der Freymüthige (1785): „Neueste Beyspiele von Bigoterie und falschem Religionseifer" (Nachricht, S. 400–414).

216 Vgl. AMANN, Zur Erinnerung an Dr. Kaspar Ruef (1836), S. 26 und S. 34.

217 Zu Gerbert vgl. MÜLLER, Art. ‚Gerbert, Martin' (1964).

218 So verfasste z.B. Heinrich Sautier vier Schriften gegen den *Freymüthigen* und eine gegen Ruef selbst, in der er dessen Dissertation angriff, vgl. RETZBACH, Heinrich Sautier und die Aufklärung (1916), S. 211 und S. 218.

219 Vgl. folgende Auswahl aus: Freyburger Beyträge zur Beförderung des ältesten Christentums und der neuesten Philosophie (1788): „Von dem Vorzuge des Ehestandes vor dem Cälibate nach philosophischen Gründen" (S. 143–174), ebd. (1790): „Kann und darf auch der Katholik ein Selbstdenker seyn, und was hat der Protestant in dieser Rücksicht vor dem Katholiken voraus?" (S. 212–244), ebd. (1792): „War der heilige Franciscus wirklich ein Schwärmer? Mit Ja beantwortet von Christianus Arhomäus" (S. 484–506), oder ebd. (1793): „Mönche, nicht Lehrer und Erzieher, sondern Verderber der Jugend. Von Klerikus Adisidämon" (S. 269–284).

de. Im Zuge dessen strebte man danach, vermeintlich zu freisinnige Äußerungen zu unterbinden, weil hier subversives Potential befürchtet wurde.

Um 1806 freilich, als Sonnenthal seine Tochter Josepha nach Freiburg in die Obhut des Ruef'schen Haushaltes übergab, dominierte der Diskurs um ‚Aufklärung', ihre Formen und Folgen nicht länger die öffentliche Diskussion. Die Neuordnung des deutschen Reichs schuf neue gesellschaftliche und politische Realitäten und Vorstellungen. Ruef war in dieser Zeit Universitätsbibliothekar, Professor des Zivilrechts und Appellationsgerichtsrat des Breisgaus und für viele Personen ein beliebter Kontaktmann für juristische, berufliche und erzieherische Problemfälle.[220]

Als Sonnenthal Ruef konsultierte, hatte er offenbar keinerlei Vorbehalte gegenüber dessen aufklärerischer Haltung, von der er aufgrund der Bekanntheit Ruefs Kenntnis gehabt haben muss. Die Tatsache, dass er seine Tochter dem Ruef'schen Haushalt anvertraute, setzt trotz aller pragmatischen Aspekte – Sonnenthals Söhne studierten bereits in Freiburg – zudem ein gewisses Maß an Verbundenheit voraus. Es ist aufgrund des höflich reservierten Tons der beiden Briefe (vgl. Anhang C) – so unterzeichnete Sonnenthal z.B. mit „gehorsamster Diener" – aber davon auszugehen, dass die beiden keinen sehr innigen Kontakt pflegten. Eine mögliche Verbindungsperson könnte Ruefs Sohn Herrmann Siegmund gewesen sein: Er ist elf Jahre später, im Jahr 1825, als fürstlich Waldburg-Wolfegg-Waldseeischer Leibarzt bezeugt.[221] Außer den beiden Briefen, die Sonnenthal in den Jahren 1806 und 1807 an Ruef schrieb, sind keine weiteren Schreiben überliefert. Spekulationen darüber, ob dieses Verhältnis vertrauter wurde, sind angesichts der Quellenlage müßig. Obwohl sich beide für Geheimgesellschaften interessierten und die Freiburger Loge ‚Zur edlen Aussicht' – wie im Folgenden dargestellt wird – auch Verbindungen in den westlichen Bodenseebereich pflegte, ist eine freimaurerische Beziehung zwischen Ruef und Sonnenthal nicht nachweisbar. Dennoch ist die Freiburger Loge um Ruef eingehender zu betrachten, da sie exemplarisch für die Verbindung von Alchemie, Esoterik und Freimaurertum im Untersuchungsraum steht.

Über Ruefs freimaurerische Zeit, wie auch über die Tätigkeiten der Freiburger Loge liegen wenige Angaben vor. Die Äußerungen Ernest Krivanecs, nach denen in der Freiburger Loge der „Geist der Aufklärung" geherrscht und sie sich von anderen, „obskurantistischen" Logen stark unterschieden habe, beziehen sich auf die erste Phase zwischen 1784 und 1794.[222] Krivanec konstatiert, dass über „das intellektuelle Leben" keine präzisen Nachrichten mehr vorlägen und betont unter Rückgriff auf Hugo Ficke lediglich eine liberale, humane und freiheitliche Gesinnung. Freilich hätten die Französische Revolution und die damit verbundenen politischen Veränderungen bewirkt, „dass von 1789 an die Arbeiten immer seltener" geworden wären.[223] Wilhelm Kreutz erwähnt hierzu, dass der Initiator der ersten Freiburger Loge, Karl Schwarzl (1746–1819),[224] seinen Meistergrad

220 Vgl. SCHAUDECK, Johann Kaspar Adam Ruef (2016), S. 101–102.

221 Vgl. Freiburg, UA, C 127/88. Ob Herrmann Siegmund diese Position bereits 1806 innehatte, ist unklar.

222 Vgl. KRIVANEC, Die Freimaurerei in Vorderösterreich (1976), S. 91.

223 Ebd., S. 100.

224 Zu Schwarzl vgl. REUSCH, Art. ‚Schwarzel, Karl S.' (1891).

einst „von dem umstrittenen Gründer der »Asiatischen Brüder«, Hans Heinrich von Ecker und Eckhoffen, erhalten hatte“ und zu diesem „enge Beziehungen [...] geknüpft“ habe.[225] Im Rahmen dieses Freimaurersystems war die Anbindung an esoterische Traditionen durchaus prominent. Wenn dies auch kein Beleg für eine derartige Orientierung der Freiburger Loge ist, bleibt festzuhalten, dass sich offenbar einzelne Freimaurer in Freiburg solchen Inhalten nicht kategorisch verschlossen. Über die zweite Phase der Loge (1808–1813), während der Ruef aufgenommen wurde, existieren ebenfalls nur spärliche Aussagen zum Wesen der Rituale oder zur Art der Zusammenkünfte, den Logenarbeiten.[226] Die wenigen Äußerungen markieren aber deutliche Unterschiede zur ersten Zeit. Winfried Dotzauer hält hierzu fest, dass die Kernmotivation der Logenarbeiten eine Welt- oder Alltagsflucht gewesen sei.[227] Hugo Ficke, der selbst Mitglied der Loge war und mit seiner historischen Darstellung einer Forderung seiner Maurerbrüder nachkam,[228] äußert sich konkreter: Angesichts der napoleonischen Herrschaft habe man als badischer Freimaurer seinen „schlummernde[n] Patriotismus“ nicht zeigen können und angesichts dieser frustrierenden Situation „Befriedigung in einem möglichst mystisch ausgestatteten Geheimbunde“ gesucht.[229] So sei zu erklären, dass der in der Loge herrschende Geist, obwohl sich viele gebildete Männer unter den Mitgliedern gefunden hätten, „ein beschränkter, jeden Fortschritt verdammender“ gewesen sei.[230] Trotz der geheimnisvollen Inszenierung gab es in Freiburg nur die drei Johannisgrade Lehrling, Geselle und Meister. Es handelte sich also nicht um ein Beispiel des besonders esoterisch orientierten Hochgradsystems. Gleichwohl wiesen manche der Freiburger Mitglieder aus anderen Geheimbünden höhere Grade nach.[231] Der Charakter des Freiburger Logenlebens vermochte in seiner Ausgestaltung offensichtlich auch Vertreter des Hochgradsystems anzuziehen, selbst wenn deren individueller Hochgradstatus hier in das gängige Dreiersystem eingepasst wurde. Vor diesem Hintergrund ist die Annahme plausibel, dass man in Freiburg im Rahmen der Ritualgestaltung für esoterische, vielleicht auch konkret für alchemische Inhalte offen war. Innerhalb dieses Gefüges fungierte Johann Kaspar Adam Ruef in den Jahren 1812 und 1813 als Redner der Loge. Ihm kam damit die Aufgabe zu, die „bei den Arbeiten erforderlichen Vorträge“ zu halten und „den vorbereitenden Br[uder] und die Aufseher im Unterricht der Br[üde]r“ zu unterstützen.[232] Das rituelle Leben in der Freiburger Loge ‚Zur edlen Aussicht‘, das in dieser Zeit von esoterischen Inhalten geprägt wurde, gestaltete der Aufklärer Ruef also mit. Ob er inhaltlich von der mystisch-geheimnisvollen Ausrichtung

225 Vgl. KREUTZ, Die vorderösterreichischen Freimaurer und Illuminaten (2002), S. 551 und S. 553.

226 Zum Thema der ‚Arbeit‘ in Logen vgl. LENNHOFF/POSNER/BINDER, Freimaurerlexikon (2000 [1932]), S. 84–85, hier besonders die Art. ‚Arbeit‘ (S. 84: „Arbeit heißt auch jede Versammlung der Freimaurer zu freimaurerischen Zwecken“), ‚Arbeit als Mysterium‘, und ‚Arbeit, Kultische‘.

227 Vgl. DOTZAUER, Freimaurergesellschaften am Rhein (1977), S. 223–225.

228 Vgl. FICKE, Geschichte der Freimaurerloge zur edlen Aussicht (1874), S. I.

229 Ebd., S. 36.

230 Ebd.

231 Vgl. ebd., S. 36.

232 LENNHOFF/POSNER/BINDER, Freimaurerlexikon (2000 [1932]), S. 694, hier: Art. ‚Redner‘.

überzeugt war oder ob er diesen Charakter lediglich für die Durchführung der rituellen Formalitäten als notwendig erachtete, bleibt offen.

Die Freiburger Loge war in ihrer Ausrichtung auch außerhalb des Breisgaus für Freimaurer attraktiv. Eine Namensliste belegt, dass sich unter den Mitgliedern Bürger aus der westlichen Bodenseeregion befanden. Es handelt sich um ein Verzeichnis, das anlässlich des Logenverbots durch den badischen Großherzog Karl Ludwig Friedrich im Jahr 1813 per Dekret angeordnet worden war und in dem jene Freimaurer notiert wurden, die in Staatsdiensten standen.[233] Unter den 46 Einträgen befinden sich neben Freiburger Freimaurern u.a. auch zwei Bürger aus Stockach, Nepomuk Fauler, Großherzoglich Badischer Amtmann, und Karl Müller, Großherzoglich Badischer Regierungsrath und Oberamtmann. Zudem sind drei Überlinger Einwohner verzeichnet: Johann Baptist von Ehren, Großherzoglich Badischer Oberamtmann, Jakob Fink, „Doctor der Arzneykunde und Physikus" sowie Joseph Kapferer, Großherzoglich Badischer Amtmann.[234] Auch aus dem westlichen Bodenseeraum fanden sich also Staatsbeamte unter den Freimaurern. Sonnenthal, einst Oberamtmann in Stockach und seit 1811 Kreisrat des Seekreisdirektoriums Konstanz, hätte im Rahmen seines gesellschaftlichen und beruflichen Umgangs im Bodenseeraum leicht Beziehungen zu Freimaurern unterhalten können.

Über Ruef stand Sonnenthal also zu Beginn des 19. Jahrhunderts mit einem gesellschaftlichen Umfeld in Freiburg in Beziehung, das von den Idealen der Aufklärung geprägt war. Mit diesem Umfeld verbunden, existierte seit 1808 mit der Freimaurerloge ‚Zur edlen Aussicht' in Freiburg ein exklusiver sozialer Ort, der sich esoterischen Komponenten nicht verschloss. Die prominente Position, die Ruef als Redner innehatte, ist ein Nachweis dafür, dass er in den entsprechend geprägten Logentätigkeiten keinen Widerspruch zu seiner aufgeklärten Geisteshaltung sah. Die Namensliste der Loge von 1813 belegt, dass auch aus Stockach und Überlingen Freimaurer in die Loge nach Freiburg kamen. Esoterisch geprägtes Freimaurertum war somit in Freiburg wie auch im westlichen Bodenseeraum ein Thema.

Wocheler und Heinrich Zschokke

Ein Jahr bevor Johann Kaspar Adam Ruef Mitglied der Freiburger Maurer wurde, hatte Heinrich Zschokke (1771–1848) Kontakt mit diesen aufgenommen, als es um die Errichtung einer Aarauer Loge ging. Viele Jahre später begegnete Zschokke – nun längst kein aktiver Freimaurer mehr – in Überlingen Franz Sales Wocheler, mit dem er mindestens bis 1844 in Kontakt blieb.

Heinrich Zschokke wurde 1771 in Magdeburg geboren und gelangte über diverse Umwege 1795 in seine Wahlheimat Schweiz. Sein vielseitiges Wirken als Schriftsteller, Pädagoge, Theologe, Politiker, Oberforst- und Bergrat, als Freimaurer, Zeitschriftenherausgeber und Volksaufklärer dokumentierte Werner Ort in einer ausführlichen Biografie.[235] Sie

233 Freiburg, StA, A 66/1, 591.

234 Ebd., Nr. 3, Nr. 5, Nr. 8, Nr. 14 und Nr. 20, zitiert hier: Nr. 8.

235 Vgl. ORT, Heinrich Zschokke (2013). Vgl. auch BÖNING, Art. ‚Zschokke, Heinrich' (2011). – Zu Zschokke als Volksaufklärer vgl. exemplarisch BÖNING/ORT (Hg.), Das Goldmacherdorf – Ein historisches Lesebuch von Heinrich Zschokke (2007).

zeigt den Wandel Zschokkes von einem rastlosen Privatlehrer, Theaterdichter und Theologiedozenten zu einem engagierten Pädagogen, streitbaren Politiker und unermüdlichen Publizisten. Von liberalen und demokratischen Idealen überzeugt, war eine nachhaltige Volksaufklärung für ihn die einzig tragfähige Basis, auf der politische und gesellschaftliche Veränderungen gründen konnten. Zeitlebens beschäftigte ihn die Frage nach dem Wesen Gottes, dem Jenseits und der Bedeutung des Menschseins in der Welt. Zweifel am und Wille zum Glauben führten zusammen mit theologischen und philosophischen Studien und diversen Bekanntschaften zu einer religiös toleranten und menschenfreundlichen Haltung.[236] Offen für verschiedene religiöse Interpretationen, hätte der Protestant Zschokke sich einst beinahe den Herrnhutern angeschlossen. Nachdem ein Herrnhuter ihm jedoch von willkürlicher Machtausübung der Gemeindeoberen und abergläubischer Lospraxis berichtet hatte, nahm er davon Abstand.[237] Als Politiker kämpfte Zschokke in der Schweiz für ein föderalistisch strukturiertes demokratisches ‚Helvetien'. Als Zeitschriftenherausgeber und Autor bemühte er sich, dem weniger privilegierten Volk grundlegende Kenntnisse in den Bereichen Wirtschaftlichkeit, Gesundheit und Hygiene zu vermitteln. Damit einher gingen eine beständige „Popularisierung bürgerlich-demokratischer Vorstellungen"[238] und die Betonung von Moral und Anstand als Grundlagen jeglichen gesellschaftlichen Zusammenlebens. Als langlebigste Zeitschrift – sie erschien noch nach Zschokkes Ableben weiter – erwies sich der *Aufrichtige und wohlerfahrene Schweizer-Bote, welcher nach seiner Art einfältiglich erzählt, was sich im lieben schweizerischen Vaterlande zugetragen, und was ausserdem die klugen Leute und die Narren in die Welt thun* (1798–1800 und 1804–1879). Gleichzeitig richtete er mit Erzählungen, Romanen und Zeitschriften sein Schreiben auch an das gebildete Publikum, so z.B. mit der Zeitschrift *Erheiterungen. Eine Monatsschrift für gebildete Leser* (1811–1826). Internationale Wirkung hatte sein Journal *Stunden der Andacht* (1809–1816).[239] Seine publizistische Tätigkeit erweiterte er durch ein vielfältiges Engagement in Vereinen und um die Gründung allgemeinnütziger Einrichtungen wie z.B. einer ‚Zinstragenden Ersparnißkasse' oder eines ‚Bürgerlichen Lehrvereins'.[240] Zudem wirkte der Freimaurer Zschokke an der Errichtung einer Loge in Aarau mit (s. u.).[241] Bis ins hohe Alter blieb er politisch interessiert und war

236 Vgl. Zschokke, Eine Selbstschau (1977 [1842], S. 38, S. 43–45 und S. 49f., und vgl. BÖNING/ORT (Hg.), Das Goldmacherdorf – Ein historisches Lesebuch von Heinrich Zschokke (2007), S. 249: „Der aus dem Gebot der Nächstenliebe abgeleiteten Menschenliebe ist Zschokke verpflichtet, nicht nur in seinen Schriften für das einfache Volk, sondern auch in den noch heute lesenswerten Erzählungen für Gebildete, die er gegen Dummheit und Verrohung geschrieben hat, wie sie sich auch in Rassismus und Antisemitismus äußern. [...] Alle Menschen, gleich welcher Hautfarbe, gleich welcher Religion, seien Mitbrüder; Jesus habe mit Macht bewiesen, daß diese erhabene Wahrheit eben so gut den Niedrigsten wie den Höchsten im Lande gebühre".

237 Vgl. Zschokke, Eine Selbstschau (1977 [1842], S. 49f.

238 BÖNING/ORT (Hg.), Das Goldmacherdorf – Ein historisches Lesebuch von Heinrich Zschokke (2007), S. 249.

239 In Rom stand diese Zeitschrift auf dem Index, vgl. BÖNING, Art. ‚Zschokke, Heinrich' (2011).

240 Vgl. ORT, Heinrich Zschokke (2013), S. 422–424 und S. 428–443.

241 Vgl. ORT, Heinrich Zschokke (2013), S. 424–428. Zschokke war bereits 1792 in Frankfurt a.d.O. in die Loge ‚Zum aufrichtigen Herzen' aufgenommen worden, vgl. LENNHOFF/POSNER/BINDER,

schriftstellerisch tätig. Nach längeren gesundheitlichen Beschwerden starb Zschokke am 27. Juni 1848. Der Bestand der LSB enthält heute noch mehrere seiner Werke, darunter auch Exemplare der *Stunden der Andacht*.[242]

Die erste Begegnung zwischen Wocheler und Zschokke fand im Jahr 1838 statt. Wie sehr der Überlinger Stadtpfarrer dem Wahlschweizer imponierte, vermittelt die Bezeichnung „Märtyrer des Rechts und der Wahrheit", die Zschokke gegenüber seinem Freund Wessenberg für Wocheler verwendete.[243] Weiter vermerkte Zschokke: „Er ist einer von den Menschen, die [...] mich ohne Worte zum Heiligthum führen, wohin ich durch eigne Kraft nicht gelangen kann".[244] Diese emotionale Schilderung steht wohl am Beginn einer länger währenden Freundschaft, die vorwiegend über Briefe geführt wurde, die, auch wenn Kunzer sie noch erwähnt,[245] in der Zwischenzeit nicht mehr vorliegen. Aus dem Jahr 1844 ist ein weiterer Besuch Zschokkes in Überlingen bezeugt. Wocheler zeigte sich ob dieser erneuten Begegnung sehr erfreut, wie Wessenberg an Zschokke berichtet: „Den guten Dekan Wocheler zu Überlingen haben Sie durch Ihren Besuch recht glücklich gemacht".[246] Der wechselseitige Austausch über die Anstrengungen, die gesellschaftlichen Zustände durch eine verbesserte Volksbildung zu ändern, dürfte beiden wohl getan haben. Dennoch war die Ausrichtung des volksaufklärerischen Strebens bei Wocheler und Zschokke unterschiedlich. Während Wocheler mit der Verbesserung des einzelnen Menschen ‚Hilfe zur Selbsthilfe' im Rahmen der gegebenen gesellschaftlichen Bedingungen leisten wollte, ging Zschokke einen Schritt weiter. Explizit vertrat er das Credo: „Volksbildung ist Volksbefreiung",[247] und Volksbefreiung war verbunden mit Pressefreiheit und Demokratie.[248] Dieses Ziel zu erreichen, sprach Zschokke nicht nur das ‚gemeine Volk' an, sondern nahm gleichermaßen die gebildeten bzw. privilegierten Schichten in die Pflicht. Sein Einsatz im Rahmen der 1811 gegründeten Freimaurerloge ‚Zur Brudertreue' ist ebenfalls vor diesem Hintergrund zu sehen. Freimaurerei war ihm „eine gesellschaftliche Eliteschule, deren Mitglieder Vorbilder zu sein hatten".[249]

Vier Aarauer Bürger trugen im Oktober 1810 an Zschokke die Bitte heran, eine Freimaurerloge ins Leben zu rufen.[250] Zschokke war bereits 1795 in Frankfurt in den Freimaurerbund aufgenommen worden. Er vertrat die Idee einer grenz- und religionsübergreifenden Freimaurerei, die das Wohl der Menschheit im Sinn haben sollte. Betont geheim-

---

Freimaurelexikon (2000 [1932]), S. 930.

242 Ü-LSB, Bd 930a. – Kunzer verzeichnet 1898 noch die Zeitschrift *Erheiterungen* mit der Signatur Gc 522, die heute nicht mehr vorhanden zu sein scheint, vgl. KUNZER, Katalog LSB (1898), S. 367–368, und SWB, online (18. 02. 2019).

243 Herzog/Pfyl, Briefwechsel Wessenberg-Zschokke (1990), Brief von Zschokke an Wessenberg vom 7. August 1838.

244 Ebd.

245 Vgl. KUNZER, Katalog LSB (1898), S. V.

246 Ebd., Brief von Wessenberg an Zschokke vom 26. Mai 1844.

247 BÖNING/ORT (Hg.), Das Goldmacherdorf (2007), S. 229–246, hier S. 230. Die gleichnamige Rede erschien als selbstständige Publikation 1836.

248 Ebd., S. 249–251.

249 SAUERLÄNDER, Aargauer Freimaurer (2011), S. 52.

250 Vgl. ORT, Heinrich Zschokke (2013), S. 424–428.

nisvolles Gebaren, üppige Rituale, esoterische und alchemische Inhalte und undurchsichtige Strukturen waren ihm hierfür nicht zuträglich. Bereits in Frankfurt hatte er deshalb versucht, das dortige Logenleben zu reformieren.[251] Dem entsprechend war sein Engagement bei der Aarauer Loge ausgerichtet. Zwar nahm Zschokke, der ohnehin im Herbst 1810 nach Freiburg reisen wollte, die vier Schweizer Freimaurer in spe kurzerhand dorthin mit, wo drei von ihnen in der dortigen Loge ‚Zur edlen Aussicht' zu Maurern und einer zum Gesellen und Meister geweiht wurden.[252] Zurück in Aarau beweist der Prozess der Logenerrichtung aber, dass es Zschokke und seinen Mitbrüdern nicht um die Pflege einer geheimnisvollen Gemeinschaft im Stil der Freiburger Loge ging, sondern um eine Institution, in der man sich um die allgemeine Wohlfahrt verdient machte. So ist es nicht verwunderlich, dass, noch ehe die Aarauer Loge gemäß dem Protokoll von einer Großloge anerkannt worden war, aus diesem Kreis zuerst die ‚Gesellschaft für vaterländische Kultur im Kanton Aargau' hervorging.[253] Die Suche nach einer anerkennenden Großloge währte lange: Die Aarauer wollten kein System annehmen, das aus mehr als den drei Johannisgraden bestand oder zu geheimnisvoll inszeniert wurde. Besonders Zschokke betonte, dass der handwerkliche Ursprung der Freimaurerei und die notwendig hohen moralischen Ansprüche an die Mitglieder nicht gegen den oft vorrangig esoterischen Charakter von Hochgradsystemen eingetauscht werden dürften.[254] Die Diskussionen, die die Aarauer Loge schließlich mit der von ihnen bevorzugten Großloge in Basel hinsichtlich einer entmythologisierten Freimaurerei führten, dauerten über Jahre. Zwar hatte man im Herbst 1811 einen Kompromiss gefunden und die Aaauer Loge unter dem Namen ‚Zur Brudertreue' offiziell begründet,[255] ihre betont schlichte Ritualpraxis führte aber 1812 dazu, dass die Basler ihre Genehmigung zurückzogen. Erst 1815 wurde die Anerkennung erneut erteilt. Trotzdem blieben die kargen „rituelle[n] Vorstellungen" der Aarauer ein permanenter Streitpunkt mit den Baslern.[256] Esoterische Komponenten waren in der Loge ‚Zur Brudertreue' also nicht vorgesehen, spielten bei der Profilierung der Aarauer Auffassung von Freimaurerei aber als Abgrenzungsreferenz eine Rolle. Zschokke vermerkt über die letztliche Errichtung der Aarauer Loge in seiner Autobiografie: „Der nichtige Firlefanz von höhern, als sogeheißenen „drei Johannesgraden", ward beseitigt und das gedankenlee-

251 Vgl. ebd., S. 147f.: „Es macht den Anschein, dass er der Frankfurter Loge hauptsächlich beitrat, um die Freimaurergemeinschaft von innen her zu reformieren, ihre Symbole und Rituale den höheren Zielen eines allgemeinen Menschenbundes anzupassen, auf dass demagogische und alchimistische Schwindeleien, theologische Geheimnisse und Scharlatanerien [...] darin keinen Platz fänden".

252 Vgl. FICKE, Geschichte der Freimaurerloge zur edlen Aussicht (1874), S. 22, und ORT, Heinrich Zschokke (2013), S. 424–428. Sauerländer spricht unter Verweis auf ein Aarauer Dokument davon, dass der Besuch in Freiburg im August 1810 stattgefunden habe, vgl. SAUERLÄNDER, Aargauer Freimaurer (2011), S. 51.

253 Ebd., S. 55: „Sie setzte sich nachhaltig für die Schwachen in der Gesellschaft ein, engagierte sich in der Bildung und Ausbildung von Bevölkerung wie Elite, mischte sich aber nie in die politische Diskussion ein".

254 Vgl. ORT, Heinrich Zschokke (2013), S. 427.

255 Der erste Namensvorschlag ‚Wilhelm Tell' wurde als zu politisch verworfen, vgl. SAUERLÄNDER, Aargauer Freimaurer (2011), S. 58–59.

256 Vgl. SAUERLÄNDER, Aargauer Freimaurer (2011), S. 59–62.

re Formelwerk des Rituals, mit einem, für Geist und Herz wenigstens, gefälligern Inhalt gefüllt".[257]

Zschokke verließ 1812 die Aarauer Loge, blieb ihr aber durch gelegentliche Besuche verbunden. Die Pflege eines utilitaristischen Geheimbundes schien ihm aufgrund gesellschaftlicher und politischer Veränderungen, die mittlerweile ein öffentliches Engagement gewährleisteten, nicht mehr notwendig.[258] Als Zschokke 1838 Wocheler erstmals traf, war die Freimaurerei nur noch eine biografische Episode. Die Basis, auf der beide ihre langjährige Freundschaft pflegten, war vorrangig ihr Einsatz im Rahmen der Volksbildung. Anhand Zschokke und seinem Verständnis von Freimaurertum wird aber deutlich, welche Bedeutung Geheimgesellschaften zu Beginn des 19. Jahrhunderts zukam und wie unterschiedlich deren inhaltliche Ausgestaltung sein konnte. Die esoterische Prägung der Freiburger Loge sowie die langwierigen Diskussionen der Aarauer Maurer mit der Großloge von Basel um die Ritualpraxis zeigen, dass Esoterik und damit auch Alchemie als Bestandteil freimaurerischer Arbeit in Südbaden und der angrenzenden Nordschweiz der Normalfall war. Diesem stand mit der Aarauer Loge und ihrer utilitaristischen Kernausrichtung eine Ausnahme gegenüber, die sehr von Zschokke beeinflusst worden war. Er verband Aufklärung mit Freimaurerei dergestalt, dass die Logen exklusive Handlungs- und Diskussionsforen anboten, in denen sich die Teilnehmer sachlich dem gesellschaftlichen und moralischen Fortschritt zu verpflichten hatten und nicht dem Bedürfnis nach einer weltfernen, abgeschlossenen Geheimwelt nachgeben sollten.

3.3.5 Wocheler und Ignaz Heinrich von Wessenberg

Ignaz Heinrich von Wessenberg (1774–1860)[259] war in seiner Funktion als Generalvikar und Konstanzer Bistumsverweser Wochelers oberster Vorgesetzter. Er war als „Person und Pastoralreformer ein Kristallisationspunkt der Auseinandersetzung des Katholizismus mit der anbrechenden Moderne".[260] Er wirkte als Theologe, (Kirchen-)Politiker, Reformer und Schriftsteller. „In seinen über 85 Lebensjahren hat er gewaltige Veränderungen er-

257 Zschokke, Eine Selbstschau (1977 [1842], S. 255.

258 Vgl. ORT, Heinrich Zschokke (2013), S. 427f.

259 Zu Wessenberg vgl. hier und nachfolgend neben der nahezu zeitgenössischen – und bisher einzigen – Biografie von BECK, Freiherr I. Heinrich von Wessenberg (1862), die älteren Kurzbiografien von FRIEDRICH, Art. ‚Ignaz Heinrich Freiherr von Wessenberg' (1875) und VON SCHULTE, Art. ‚Wessenberg, Ignaz Heinrich Karl Freiherr von' (1897). – Aus jüngerer Zeit vgl. exemplarisch den Sammelband von BRAUN (Hg.), Kirche und Aufklärung (1989), darin besonders: DERS., Die Causa Wessenberg (1989). Vgl. weiter BISCHOF, Ignaz Heinrich von Wessenberg-Ampringen (1993), HOLZEM, Art. ‚Wessenberg, Ignaz Heinrich von (1774–1860)' (2003), ENGELSING, Einer der Todfeinde der Religion (2010), STARK, Lehrreich, erbauend und unterhaltend (2010), WEITLAUFF, Ignaz Heinrich von Wessenberg (2010) und den Sammelband von BRAUN (Hg.), Bildung bei Ignaz Heinrich von Wessenberg (2014), darin besonders: KLÖCKLER, Der Bürger in Konstanz (2014). – Zu Wessenbergs literarischem Werk vgl. KÜHLMANN, Art. ‚Wessenberg, Ignaz Heinrich von' (2011). – Zu seinem umfangreichen und zerstreuten Nachlass vgl. ALAND, Wessenberg-Studien I (1943) sowie die Auswahl-Editionen von Schirmer (Hg.), Aus dem Briefwechsel Wessenbergs (1912) und von Aland/Müller (Hg.), Wessenberg – unveröffentlichte Manuskripte und Briefe, Bde. 1–4 (1968–1987).

260 HOLZEM, Art. ‚Wessenberg, Ignaz Heinrich von (1774–1860)' (2003), S. 665.

lebt".[261] Mit all diesen Veränderungen setzte er sich gleichermaßen kritisch wie konstruktiv auseinander, wobei ihn das Prinzip des Apostels Paulus „Prüfet alles! Das Gute behaltet!" (1Thess 5, 21) leitete.[262] Indem er sich so Verallgemeinerungen verschloss, eckte er bei manchen seiner Zeitgenossen an, nicht aber bei Franz Sales Wocheler. Ihre ähnlichen Vorstellungen von gelebter Glaubenspraxis und aufklärerischer Volksbildung verbanden sie freundschaftlich bis zum Tod Wochelers 1848.

Wessenberg, durch seine elterliche Erziehung und spätere Ausbildung josephinisch-aufklärerisch geprägt, beurteilte sowohl Glaube als auch Aufklärung hinsichtlich ihres Potentials, die Menschen bei der Bewältigung ihres Alltags konstruktiv zu unterstützen. Seit 1802 hatte er als Generalvikar des Konstanzer Fürstbischofs Carl Theodor von Dalberg (1744–1817) besonders die Ausbildung, Disziplin und Redlichkeit der angehenden Geistlichen im Blick.[263] Er forderte von ihnen, den Gläubigen Vorbild zu sein und die religiöse Praxis der Gemeindemitglieder eng an die Idee einer lokal aktiven Pfarrgemeinschaft zu koppeln. In diesem Sinn sollten die Geistlichen durch ihren Lebenswandel überzeugen und ihr seelsorgerisches Wirken lebensnah gestalten.[264] Wessenbergs Reformen richteten sich dementsprechend besonders auf die religiöse Praxis und deren alltägliche Wirkung. Sie bestanden z.B. in der punktuellen Verwendung der Muttersprache im Gottesdienst, in der Einschränkung von Wallfahrten und Prozessionen, der Aufwertung von Predigt, Christenlehre und Messegesang.[265] Als Organ von Seelsorgern für Seelsorger begründete er die Zeitschrift *Archiv für die Pastoralkonferenzen der Landkapitel des Bistums Konstanz*.[266] Darin wurden die besten Abhandlungen zu Fragen abgedruckt, die Wessenberg im Rahmen der obligatorischen Pastoralkonferenzen der Konstanzer Landkapitel zur Debatte stellte.[267] Mit der Auswahl von Beiträgen zu verschiedenen Themen offenbart die Zeitschrift für den Zeitraum von 1804–1827, welche Gegenstände in den Augen Wessenbergs diskussionswürdig schienen und wie die Geistlichkeit des Bistums Konstanz diese in ihren Aufsätzen reflektierte (vgl. auch Kap. 2.2.2). Neben Themen des seelsorgerischen Alltags[268] wurden auch ‚große' Ideen, wie z.B. die Aufklärung, behandelt.[269] Inwiefern sie

261 BRAUN, Einleitung zu *Bildung bei Ignaz Heinrich von Wessenberg* (2014), S. 9.

262 BRAUN, Die Causa Wessenberg (1989), S. 32.

263 Zu Dalberg vgl. LENHART, Art. ‚Dalberg. Carl Theodor Freiherr von' (1957).

264 Vgl. BRAUN, Die Causa Wessenberg (1989), S. 31–35.

265 BISCHOF, Ignaz Heinrich von Wessenberg-Ampringen (1993), S. 481.

266 Vgl. Archiv für Pastoralkonferenzen (1804–1827).

267 Eine Auswertung der Zeitschriftenartikel hinsichtlich der Frage, inwiefern das reformerische Wirken um Wessenberg nachhaltig Einfluss auf Bildung, Glaubenspraxis und Moral in der Bevölkerung hatte, legte Maria Gründig vor, vgl. GRÜNDIG, Zur sittlichen Besserung und Veredelung des Volkes (1997).

268 Vgl. z.B. ebd. (1816), S. 346–381: „Ueber das Zunehmen des Lasters der Unzucht und die Mittel, die zur Verminderung dieser Unsittlichkeit vom Seelsorger anzuwenden und in Vorschlag zu bringen wären" oder ebd. (1825), S. 187–205: „Wie kann und soll ein Seelsorger arme mit Kindern überladene Eltern mit ihrem Schicksal beruhigen und trösten?".

269 Vgl. z.B. Archiv für Pastoralkonferenzen (1814), S. 241–268: „Ansichten über Volksaufklärung", oder ebd. (1817), S. 3–36: „I. Über Volksaufklärung. Was ist Aufklärung? Welche sittliche Vortheile gewähret sie dem Menschen überhaupt? Und ist sie nicht Schuld an der Schwächung oder

auch Wocheler in seiner Gemeindearbeit tangierten ist unsicher. Keiner der Zeitschriftenbeiträge stammt von ihm.[270] In der LSB sind die Jahrgänge von 1804–1810 lückenhaft vorhanden.[271]

Das vielseitige reformerische Wirken Wessenbergs blieb trotz zahlreicher Anhänger unter den Geistlichen nicht unwidersprochen.[272] Neben kritischen Stimmen aus der ‚gemeinen' Bevölkerung war er besonders an der römischen Kurie nicht wohl gelitten. Zwar wandte sich Wessenberg mit seinem Reformwerk nicht gegen die Prinzipien der katholischen Lehre – „eine kirchliche Dogmatik wollte er auf keinen Fall verändern"[273] –, sein Wirken galt vielen Traditionalisten aber als zu aufklärerisch. Zudem zweifelte er ein monarchisch interpretiertes Papsttum an und plädierte für eine stärkere Position der Bischöfe. Seine enge und loyale Verbindung zu Dalberg, der wegen seines Amts als Fürstprimas des Rheinbundes politisch mit Napoleon und Frankreich verbunden war, und der zudem im Interesse einer deutschen Nationalkirche große Hoffnungen auf Napoleon setzte, half nicht dabei, sein Ansehen an der Kurie zu verbessern. Basierend auf Informationen, die auch von Geistlichen der Konstanzer Diözese nach Rom kolportiert wurden,[274] bildete man sich dort ein Urteil über Wessenberg, das langfristig jegliche kircheninstitutionelle Tätigkeit unmöglich machte.[275] Als 1821 bei der Wahl zum Bischof des neugegründeten Erzbistums Freiburg Wessenberg die Mehrheit der Stimmen erhielt, legte ihm das Haus Baden nahe, das Amt aufgrund drohender diplomatischer Konfrontationen nicht anzunehmen. Wessenberg gewahrte die realpolitischen Gegebenheiten und kam der Bitte nach. Bis zur endgültigen Übergabe der Konstanzer Bistumsverwaltung nach Freiburg 1827 wirkte er als Bistumsverweser. Als er dieses Amt niedergelegt hatte, erschienen im *Archiv für Pastoralkonferenzen* zahlreiche Dankadressen, in denen geistliche und weltliche Würdenträger ihr Bedauern über den Verlust kundtaten. Auch aus Überlingen wurde eine solche Dankadresse eingesendet, die unter anderem von Franz Sales Wocheler unterschrieben worden war.[276]

---

dem Verfalle der Sittlichkeit unserer Zeit?" oder ebd. (1826), S. 209–224: „Warnungen gegen Intoleranz und Indifferentismus".

270 Gründig führt Wocheler als einen der Beiträger, vgl. GRÜNDIG, Zur sittlichen Besserung und Veredelung des Volkes (1997), S. 441. Gleichwohl listet sie keinen Beitrag auf. Nach Sichtung der verfügbaren Bände konnte Wocheler nicht als Beiträger des Archivs für Pastoralkonferenzen identifiziert werden. Lediglich eine Dankadresse an Wessenberg aus dem Jahr 1827 steht in Verbindung mit seinem Namen.

271 Ü-LSB, Bd 16.

272 Zum Widerstand gegen Wessenbergs Pastoralreform und dessen Folgen vgl. HOLZEM, Christentum in Deutschland (2015), Bd. 2, S. 840–848.

273 BRAUN, Die Causa Wessenberg (1989), S. 32.

274 Vgl. ebd., S. 41.

275 Vgl. ebd., S. 36–38 und S. 54f.

276 Archiv für Pastoralkonferenzen (1827), S. 390f.: „Auch die gehorsamst unterfertigten Behörden der Stadt Ueberlingen reihen sich an all Diejenigen an, welche eine eben so heilige als angenehme Pflicht erfüllen, indem sie Ewrer Excellenz hohe unsterbliche Verdienste mit dankerfülltem Herzen erkennen, Hoch dieselben bitten, den Ausdruck tiefster Ehrfurcht und unauslöschlicher Liebe mit der Ewrer Excellenz eigenen Huld anzunehmen. Wohl am würdigsten werden wir das ehrfurchtsvolle Andenken an Ewre Excellenz in die späteste Zukunft bewahren, wenn wir Ihrem ächt religiö-

In den Jahren zwischen 1819 und 1834 war Wessenberg als liberaler Vertreter im badischen Landtag aktiv und engagierte sich u.a. für bessere Bildungsmöglichkeiten und gegen die Todesstrafe.[277] Er verfasste historische Studien und reflektierte über den Zustand der Zeit.[278] Wessenberg offenbart hier in seinen Äußerungen trotz seiner christlich-katholischen Erdung eine religiös zutiefst tolerante Haltung:

> „Die Anlage zu dem Glauben an das Göttliche liegt in allen Menschen; sie ist eine Gabe wie der Verstand und die Vernunft. Wir sollten sie werth achten und treu gebrauchen, ohne an ihr zu deuteln und zu künsteln; sie sollte uns das Heiligste seyn [...]. Ist uns nun unser religiöser Glaube wirklich unser Heiligstes, so muß uns billig auch der religiöse Glaube in Andern ein unverletztes Heiligthum seyn".[279]

Exemplarisch wird diese Haltung in Wessenbergs Abhandlung über den Begründer der Herrnhuter Brüdergemeine, Nicolaus Ludwig Graf von Zinzendorf (1700–1760), sichtbar.[280] Zwar sah er viele Praktiken dieser Glaubensgemeinschaft sehr kritisch, betonte aber, dass der gute Wille und das aufrichtige Streben nach gottgefälligem Handeln bemerkenswert seien.[281] Neben seinen Reflexionen ging er des Weiteren seinem Kunstinteresse nach und baute seine Gemäldesammlung aus. Zeit seines Lebens dichtete er.[282] Als Pensionär schließlich litt Wessenberg unter einem von ihm wahrgenommenen Mangel an Kultiviertheit der Konstanzer Bürger.[283] Die Stadt hatte im Zuge der politischen und kirchlichen Neuordnung an Bedeutung verloren und „sank zur badischen Provinzstadt" herab.[284] Wessenberg fühlte sich nicht als Bestandteil der Bürgerschaft, pflegte nur wenige Kontakte und nahm selten an gesellschaftlichen Veranstaltungen teil. Trotz seines wohltätigen Engagements, zeigte er keinerlei Motivation, bestehende Standesunterschiede zu überwinden.[285] Vielmehr igelte er sich in der Haltung eines Privatgelehrten ein, ging auf ausgedehnte Reisen oder suchte sein Heil im Briefwechsel mit kulturell und intellektuell

---

sen Sinne uns innig anschließend, nach Ihrem schönen Worte auf Gott vertrauend jeden Wechsel ruhig betrachten, auf Gott vertrauend ruhig in die Zukunft schauen; wenn wir bei jeder schönen Frucht, welche aus der neuen Ordnung der Dinge zum Wohle der Kirche, wahrer Religiosität und der leidenden Menschheit emporreift, uns mit dankgerührtem Herzen des Edlen erinnern, dessen treue uneigennützige Hand einst den Keim dazu gelegt hat. Genehmigen Ewre Excellenz huldvollst die Versicherung unserer tiefsten Verehrung und Dankbarkeit. Ueberlingen, den 15. November 1827. Der Stadtrath Kugel, Bürgermeister; Rath Müller; Kaltschmid; Kinmacher; Der Stiftungsvorstand Wocheler, Stadtpfarrer; Mayer".

277 Vgl. HOLZEM, Art. ‚Wessenberg, Ignaz Heinrich von (1774–1860)' (2003), S. 663 und ENGELSING, Einer der Todfeinde der Religion (2010), S. 18.

278 Vgl. exemplarisch Wessenberg, Der Geist des XVIII. Jahrhunderts (1835) oder ders., Ueber Schwärmerei (1835).

279 Wessenberg, Von dem Urgrund aller Ausartung der Religion (1835), S. 369.

280 Zu Zinzendorf vgl. TSCHACKERT, Art. ‚Zinzendorf, Nicolaus Graf von' (1900).

281 Vgl. Wessenberg, Graf von Zinzendorf (1835).

282 Auch im Archiv für Pastoralkonferenzen wurde geistliche Poesie aus der Hand Wessenbergs abgedruckt.

283 Vgl. KLÖCKLER, Der Bürger in Konstanz (2014).

284 Ebd., S. 135.

285 Ebd., S. 138 und S. 146f.

'Gleichgestellten', wie z.B. Heinrich Zschokke. Als Wessenberg 1860 starb, hinterließ er den Großteil seines Eigentums der Stadt Konstanz und seinen selbst gegründeten wie auch anderen sozialen Stiftungen.[286]

Auch wenn Kunzer von einem „Band enger Freundschaft" spricht,[287] das zwischen Wessenberg und Wocheler bestanden habe, war ihre Beziehung wohl kaum derart innig wie jene zwischen Wessenberg und Zschokke. Die wenigen Briefe Wochelers, die sich im Wessenberg-Nachlass befinden,[288] zeugen mehr von einer liebevollen Verehrung, die der Überlinger Stadtpfarrer seinem (ehemaligen) Vorgesetzten entgegen brachte. Seine Schreiben beschloss er mit Grußformeln wie „Darum verharre ich fortan und in Ewigkeit mit Ehrfurchtsvollster und ungeheuchelter Liebe Euer Excellenz, Hochwürdigster Gnädigster Herr Unterthänigstergebener von Herzen Wocheler",[289] oder „In innigster Verehrung und Liebe Euer Excellenz Ergebenster von Herzen Wocheler".[290] Vergleicht man diese Formeln mit jenen, die zwischen Wessenberg und Zschokke verwendet wurden – „Ihr Sie liebender Verehrer Heinr. Zschokke"[291] oder „Ihr treuer Verehrer und Freund IHvWessenberg"[292] – erkennt man, dass die Verbindung zwischen Zschokke und Wessenberg viel vertrauter war. Raub spricht von „Unterwürfigkeitstopoi",[293] die den hierarchischen Abstand zwischen Wocheler und Wessenberg signalisierten, der für beide unantastbar gewesen sei. Ohne Frage betrachteten sich die beiden nicht als einander Gleichgestellte. Trotzdem war ihre Beziehung durchaus von wechselseitiger Sympathie geprägt: Wessenbergs gegenüber Zschokke geäußerte Bemerkungen zu Wocheler sind Beleg dafür, dass er diesen mit seinem religiösen Reformeifer und erzieherischen Ehrgeiz als loyalen Anhänger und aufrichtigen Zeitgenossen schätzte (vgl. Kap. 3.2.1). Seine dort gewählte Bezeichnung Wochelers als „wahrer Nathanael ohne Falsch", als ein 'Gottesgeschenk' also, lässt persönliche Zuneigung erkennen. Diese wird weiter durch den beständigen Briefkontakt, die großzügigen Bücherschenkungen Wessenbergs an die LSB sowie durch den gelegentlich wechselseitigen Versand zur Lektüre empfohlener Schriften dokumentiert.[294] Wessenberg verfasste zudem anlässlich des Todes Wochelers 1848 einen Achtzeiler, in dem er des Volkes Trauer um einen herausragenden Seelsorger festhält.[295] Wenn das Verhältnis zwischen Wocheler und Wessenberg auch nicht innig vertraut war, belegt dieses Gedicht, dass der ehemalige Konstanzer Bistumsverweser den Überlinger Stadtpfarrer, in

286 Vgl. ALAND, Wessenberg-Studien I (1943).
287 KUNZER, Katalog LSB (1898), S. V.
288 Konstanz, SA, Abt. X XVII, Fasz. 2785, vgl. auch Anhang D.
289 Ebd., Brief vom 8. April 1834.
290 Ebd., Brief vom 30. April 1846.
291 Ebd., Brief von Zschokke an Wessenberg vom 4. November 1833.
292 Ebd., Brief von Wessenberg an Zschokke vom 2. Mai 1837.
293 RAUB, Von der Baar an den Bodensee (2016), S. 41.
294 Vgl. Konstanz, SA, Abtl. X XVII, Fasz. 2785, Brief von 1846 (nicht genauer datiert).
295 Wessenberg, Sämmtliche Dichtungen, Bd. 7 (1854), S. 278: „A: Wen trägt man dort im Sarg hinaus?/Wie trauernd sieht das Volk nicht aus?/B: Sollt' es nicht trauern? – Es verlor/Den Gott zum Hirten ihm erkor./Sein Haus, es war der Liebe Haus;/Kein Mensch kam ohne Trost heraus./O wann kehrt uns vom Himmel her Ein Hirt so liebevoll wie der?".

einer Reihe mit den früher verstorbenen Ittner oder Zschokke,[296] eines lyrischen Nachrufs für würdig erachtete und ihm durchaus zugetan war.

Wessenberg stand bei manchen seiner Zeitgenossen im Ruf, einer geheimen Gesellschaft anzugehören. Dies dürfte damit zusammenhängen, dass seine Kontrahenten recht früh entsprechende Gerüchte streuten. So schreibt z.B. Josef Willibald Straßer:

> „Ich weiß es, daß die gnädigen Aufträge, von dem hochw[ürdigen] Ordinariat und das über alles mir teure Zutrauen von Ew[rer] Hochwürden und Gnaden mir viele Pfarrer und Mönche zu erbitterten Feinden gemacht hat. Aber kann es anders sein? Man denke nur, was Christus sagte: »Wenn sie mich hassen, sollen oder werden sie euch lieben?« Wenn also Ew[rer] Hochw[ürden] und Gnaden diesem Heere von Mönchsköpfen mit und ohne Kutten bald ein Freimauerer, ein Illuminat, ein Religionsstürmer u.s.w. sind, was werden wir, dero folgsame Untergebenen sein?".[297]

Knapp anderthalb Jahre später erwähnt ein Pfarrer Keller aus Aarau ähnliches, als er dem Generalvikar über den Gegenwind berichtet, der wessenbergisch gesinnten Pfarrern von Kollegen und Gemeindemitgliedern entgegen blase:

> „Sehe man nun noch hinterdrein die seraphischen Obskurantenbrüder Sturm laufen, so darf sich niemand wundern, wenn das Volk auf seinen hergebrachten Feiertagen besteht und dem Bischofe und seinem Generalvikar den schuldigen Gehorsam versagt, die jene oft geflissentlich dadurch beim Pöbel herabzuwürdigen suchen, daß sie dieselben als Freimaurer schimpfen".[298]

Die katholische Kirche hatte sich bereits 1738 entschieden gegen die Freimaurerei ausgesprochen – vor allem wegen der in vielen Logen geforderten religiösen Toleranz – und diese Haltung durchgehend, wenn auch mit schwankender Intensität, bis 1983 beibehalten.[299] Wollte man Wessenberg mit seiner josephinisch-aufgeklärten Haltung und seinem reformerischen Wirken bei den konservativen Kräften in Rom und im Bistum diskreditieren, bot sich die kaum beweis- wie widerlegbare Behauptung des Freimaurertums geradezu an. Sie wirkt bis heute nach: Das Gedicht *Mein Glaube* bzw. *Glaubensbekenntnis* wird auf der Internetseite der Hamburger Loge ‚Licht und Wahrheit' mit dem Hinweis zitiert, Wessenberg sei Freimaurer gewesen.[300] Die dreizehn Strophen, die nicht in der Wessenberg'schen Werkausgabe *Sämmtliche Dichtungen* abgedruckt wurden, werden als Dich-

---

296 Vgl. ebd., Bd. 2 (1834), S. 123 und Bd. 7 (1854), S. 279.

297 Schirmer, Aus dem Briefwechsel Wessenbergs (1912), S. 43f.: Brief von Straßer an Wessenberg vom 8. November 1805.

298 Ebd., S. 51f.: Brief von Pfarrer Keller an Wessenberg vom 2. März 1807.

299 LENNHOFF/POSNER/BINDER, Freimaurelexikon (2000 [1932]), Art. ‚Katholizismus, Katholische Kirche', S. 454–459.

300 Vgl. FREIMAURERLOGE ‚LICHT UND WAHRHEIT', online (02.09.2016). – Auch das online-Nachschlagewerk *Freimaurer-Wiki* führt Wessenberg mit diesem Gedicht an, ohne allerdings zu behaupten, er sei Freimaurer gewesen, vgl. FREIMAURER-WIKI, online (02.01.2016).

tung Wessenbergs heute im gleichnamigen Museum aufbewahrt.[301] Klarheit über diese Frage bringt der Briefwechsel mit Heinrich Zschokke, der eine Äußerung Wessenbergs zu dessen Haltung gegenüber Geheimgesellschaften enthält. Zschokke hatte im Mai 1842 Wessenberg das Buch eines Freimaurers mit dem Hinweis zugesendet, dass Wessenberg darin Hilfreiches für eine eigene Arbeit vorfinden könne.[302] Er entschuldigte sich hierfür und betonte, dass dies rein praktische Gründe habe und er nicht plane, ihn „in Versuchung zu führen".[303] Wessenberg schrieb hierzu im August desselben Jahres an Zschokke:

> „Mich feindselig über die Freimaurerei zu äussern, kam mir nie zu Sinn, wenn ich es gleich mir zum Grundsatz gemacht habe, mich keiner geheimen Gesellschaft einzuverleiben, und zwar aus vielen Gründen. Daß dem Jesuiten die Freimaurerei ein Dorn im Auge ist, begreift sich leicht, beweist aber gewiß nichts gegen diese."[304]

Wessenberg äußerte sich nicht näher zu den Gründen, die ihn zu seiner Grundsatzentscheidung bewogen, nie Mitglied einer Geheimgesellschaft zu werden. Seine Antwort offenbart aber, dass er der Freimaurerei offen gegenüberstand. Seine aufgeklärt-tolerante Haltung machte es ihm auch hinsichtlich geheimer Gesellschaften möglich, vorrangig das Gute und Nützliche anzuerkennen. Weitere Äußerungen Wessenbergs zu diesem Thema oder zur Alchemie konnten im konsultierten Material nicht nachgewiesen werden.[305] Auch in dem von ihm herausgegebenen *Archiv für Pastoralkonferenzen* spielten diese Gebiete keine Rolle.[306] In seiner Bibliothek, die mehr als 20.000 Bände zählte,[307] und die nach seinem Tod an die Stadt Konstanz ging, sind Alchemie und Geheimgesellschaften gleichermaßen kaum vertreten: Im Katalog von F.A. Kreuz, der drei Jahre nach Wessenbergs Tod gedruckt wurde, sind unter der Rubrik ‚Illuminaten und Freimaurer' gerade mal zehn Titel aufgeführt.[308] Ein weiterer Band zur Freimaurerei versteckt sich in der Sektion ‚Philosophie'.[309] In den Titeln der Kategorie ‚Naturwissenschaft'[310] fehlt das Stichwort Alchemie völlig, lediglich die Biografie zu Johann Baptist van Helmont sticht her-

301 Vgl. HERKERT, Das Programm: »Der Buchstabe tötet, der Geist macht lebendig« (2014), S. 21.

302 Herzog/Pfyl, Briefwechsel Wessenberg-Zschokke (1990), S. 282–284: Brief von Zschokke an Wessenberg vom 10. Mai 1842.

303 Ebd., S. 283.

304 Ebd., S. 291–293: Brief von Wessenberg an Zschokke vom 8. August 1842.

305 Meine entsprechende Recherche konzentrierte sich – in Anlehnung an die Kategorisierung bei GARBER, Wessenberg als Kirchenhistoriker (1953), S. 38–48 – auf die bisher erschienen Editionswerke bzw. die gedruckten Publikationen Wessenbergs, die nicht als liturgisch, erbauend, pädagogisch, kirchengeschichtlich, kirchenpolitisch, politisch, biografisch oder kunsttheoretisch charakterisiert werden können, das sind: Wessenberg, Sämmtliche Dichtungen (1834–1854), ders., Betrachtungen (1835), ders., Ueber Schwärmerei (1835), Schirmer (Hg.), Aus dem Briefwechsel Wessenbergs (1912), Aland/Müller (Hg.), Wessenberg – unveröffentlichte Manuskripte und Briefe (1968–1987) und Herzog/Pfyl, Briefwechsel Wessenberg-Zschokke (1990).

306 Vgl. Archiv für Pastoralkonferenzen (1804–1827). Die Beiträge wurden auf die Stichworte ‚Alchemie', ‚Freimaurer' und ‚Illuminaten' gesichtet.

307 Vgl. MARTENS, Wessenbergische Büchersammlung (1894), S. V.

308 Vgl. KREUZ, Wessenbergische Bibliothek (1863), S. 240–241.

309 Ebd., S. 286, hier Nr. 8417.

310 Ebd., S. 272–280.

vor.[311] Unter den insgesamt 235 naturwissenschaftlichen Einträgen zeigen vereinzelte Titel,[312] dass Wessenberg sich mitunter für Chemie, aber nicht für Alchemie interessierte.[313] Auch in den anderen Rubriken finden sich keine alchemischen Bände: Für Wessenberg, der sich zu so vielen Gegenständen öffentlich äußerte, der sich in so viele Themenbereiche ausführlich einlas,[314] scheinen Geheimgesellschaften und Alchemie von nachrangiger Bedeutung gewesen zu sein.

311 Ebd., S. 274, hier Nr. 7689: Johann Jacob Loos: Johannes Baptista van Helmont. Heidelberg 1807.

312 Ebd., S. 272–280, die Nummern 7632, 7633, 7650, 7651, 7672, 7689, 7712, 7726, 7838, 7840, 7848 und 7856.

313 Ebd., z.B. Nr. 7633, Jöns Jacob Berzelius: Lehrbuch der Chemie [...]. Drei Bde. Stuttgart 1832–1833, Nr. 7672, Karl Fromherz: Ueber die elektrochemische Theorie der Verwandtschaft. Freiburg 1822, oder Nr. 7840, Josef Weber: Vorlesungen aus der Naturlehre: Physische Chemie. Landshut 1791.

314 Vgl. ebd., S. IV–V.

Zwischenfazit Teil A

Die biografischen Darstellungen zu Sonnenthal und Wocheler beschreiben die Lebensläufe zweier Menschen, die in der ersten Hälfte des 19. Jahrhunderts in Überlingen lebten. Johann Baptist Sebastian von Sonnenthal war Jurist. Er begegnet uns in Diensten der beiden süddeutschen Herrschaftshäuser Oettingen-Wallerstein und Waldburg-Wolfegg-Waldsee, ehe er Beamter im neu gegründeten Großherzogtum Baden wurde. Zwei Adelserhebungen, im Zuge derer er seinen Geburtsnamen ‚Partenschlager' ablegte, markieren seinen gesellschaftlichen Aufstieg. Sonnenthals lebenslange alchemische und geheimgesellschaftliche Interessen werden durch zahlreiche Handschriften und Drucke in der LSB bezeugt. Dass er ein besonderes Augenmerk auf Alchemie legte, dokumentiert sein Kontakt zur ‚Hermetischen Gesellschaft'. Mehrere Phasen in seinem Lebenslauf – seine Jugendjahre, die Zeit nach seinem Jurastudium in Salzburg sowie die annähernd zwei Jahre nach seinem Dienstverhältnis bei Joseph Anton von Waldburg-Wolfegg-Waldsee – liegen im Dunkeln. Aufgrund verschiedener Nachrichten steht die Hypothese im Raum, dass eine seit dem 17. Jahrhundert währende Sonnenthal'sche Familientradition hinsichtlich der Beschäftigung mit Alchemie bestand und dass einer seiner Vorfahren einst dem Adelsstand zugehörte. Ihr Wahrheitsgehalt bzw. ihre direkte Verknüpfung mit Sonnenthal kann weder definitiv bestätigt noch dementiert werden. Sie ruft aber unweigerlich Assoziationen mit dem alchemiegeschichtlichen Phänomen der Eliten- bzw. Fürstenalchemie im 16. und 17. Jahrhunderts hervor.[1] Wie Sonnenthal mit diesen Assoziationen umging, ob er sie ignorierte oder ob er sie innerhalb seines Umfelds bewusst einsetzte, kann nach derzeitigem Kenntnisstand nicht eingeschätzt werden. Eine Mitgliedschaft Sonnenthals bei den Freimaurern oder Gold- und Rosenkreuzern als die Geheimgesellschaften, in denen Alchemie im 18. und 19. Jahrhundert häufig eine Rolle spielte, kann – genau wie bei Wocheler – nicht nachgewiesen werden.

Stadtpfarrer Franz Sales Wocheler war ein engagierter Anhänger des reformorientierten Generalvikars und Konstanzer Bistumsverwesers Ignaz Heinrich von Wessenberg. Seine Briefe an die Vorgesetzten sowie Äußerungen Dritter über Wocheler bestätigen seinen religiösen Reformeifer und zeichnen ihn als moderaten Volksaufklärer. Die regelrecht universal anmutende Zusammensetzung seiner Büchersammlung dokumentiert Wochelers breit angelegtes Interesse. Die Stiftung seiner Sammlung für eine Stadtbibliothek in Überlingen bekräftigt seine aufklärerischen Ambitionen. Die allgemeine und öffentliche Verfügbarkeit verschiedenster Themen in einer Bibliothek sollte gewährleisten, dass der Einzelne seine individuelle Urteilskraft üben und seine ihm eigenen Fähigkeiten und Interessen, auch zum Wohl der Gesellschaft, pflegen und verbessern könne. Dabei schätzte Wo-

1 Vgl. hierzu TELLE, Art. ‚Alchemie II, historisch' (1978), S. 207–208 und SMITH, Art. ‚Fürstenalchemie' (1998).

cheler auch gesellschaftlich umstrittene Themenbereiche wie Alchemie und Geheimgesellschaften als bewahrenswert ein und engagierte sich für ihren Erhalt in ‚seiner' Bibliothek.

Beide Persönlichkeiten waren aus unterschiedlichen Gründen von Alchemie und von Geheimgesellschaften fasziniert: Sonnenthal beschäftigte sich nachweislich praktisch mit Alchemie, die als eine der wenigen Konstanten in seinem Leben bezeichnet werden kann. Es bleibt unklar, ob ihn pekuniäre oder andere Motive antrieben. In jedem Fall konnte er hinsichtlich dieser Beschäftigung das Freimaurertum, die Gold- und Rosenkreuzer oder die ‚Hermetische Gesellschaft' kaum ignorieren. Wocheler wiederum sah mit seiner aufklärerischen Haltung in diskussionswürdigen Wissensbeständen nützliches Potential. Auch dürfte die Faszination seltener Drucke oder unikaler Handschriften seine Bereitschaft für ihre Aufbewahrung begünstigt haben, war er doch ein begeisterter Buchliebhaber. Wohl auch angesichts des bestehenden Verbots und der Verfolgung geheimer Gesellschaften sah Wocheler mit der LSB die Möglichkeit gegeben, Drucke und Handschriften aus diesen Bereichen als bedrohte Wissensbestände für die Nachwelt zu bewahren.

Der beschriebene soziokulturelle Rahmen Sonnenthals und Wochelers ist von der Vielseitigkeit der Sattelzeit geprägt. Eine ständische Bestandsaufnahme macht unter den Personen adlig (von Oettingen-Wallerstein, von Waldburg-Wolfegg-Waldsee und von Wessenberg) und bürgerlich (Ruef und Zschokke) geborene, aber keine Handwerker oder Bauern aus. Eine berufliche Kategorisierung nach heutigen Maßstäben ist nicht möglich. In teilweiser Personalunion vereint die Bandbreite der persönlichen Kontakte Territorialherren (Kraft Ernst Fürst von Oettingen-Wallerstein und Joseph Anton von Waldburg-Wolfegg-Waldsee), Juristen (Ruef), Theologen (Wessenberg und Zschokke), Philosophen (Zschokke), Priester (Wessenberg), Politiker (Wessenberg und Zschokke), Schriftsteller (Ruef, Wessenberg und Zschokke), Zeitschriftenherausgeber (Ruef und Zschokke) und Bibliothekare (Ruef). Die politischen Ereignisse finden sowohl in ihren landesgeschichtlichen Folgen (Waldburg-Wolfegg-Zeil) als auch in ihrer kirchenpolitischen Wirkkraft (Wessenberg) ihren Niederschlag.

Das kulturelle Klima, in dem Sonnenthal und Wocheler mit ihren sozialen Kontakten agierten, war durch die Auseinandersetzungen mit den Ideen der Aufklärung vorgeprägt. Letztere trat in der Folge politischer Ereignisse zunehmend weniger explizit in theoretischen (Ruef vor 1793) als vielmehr in praxisorientierten Diskursen (Wessenberg, Wocheler und Zschokke) in Erscheinung. Dazu kam die literarische Verarbeitung aufklärerischer Maximen bei Wessenberg und Zschokke. Aufklärung begegnet uns hier somit in den miteinander verzweigten Richtungen der belehrenden Volksaufklärung (Zschokke), der katholischen Aufklärung – die bei Ruef einen radikal-philosophischen, bei Wessenberg einen pastoral-moderaten Charakter hatte – sowie im Rahmen aufgeklärter Unterhaltungsliteratur für gebildete Leser (Zschokke). Hinzu trat vor allem bei Wessenberg und Zschokke das praktische Engagement im Rahmen der Neuerrichtung sozialer Einrichtungen. Die adligen Dienstherren Sonnenthals, von Öttingen-Wallerstein und Joseph Anton von Waldburg-Wolfegg-Waldsee, vertreten die eher konservative Perspektive eines aufgeklärten Absolutismus. Bei Joseph Anton vermochte sich die josephinisch-aufklärerische Haltung angesichts der politisch frustrierenden Situation nach der Mediatisierung nicht länger nachhaltig im eingeschränkten Herrschaftsalltag niederzuschlagen.

In diesem Personengefüge – besonders im Umfeld Wochelers – ist das Ringen um eine Toleranz spürbar, die ständische und religiöse Trennlinien zugunsten einer allgemeinen humanitären Gesinnung und eines praktisch sinnvollen Eklektizismus zu überbrücken versuchte. Exemplarisch zeigen dies die Positionen Wessenbergs, Wochelers und Zschokkes zu der Herrnhuter Brüdergemeine. Dabei wird deutlich, dass es weniger um die Nivellierung bestehender Standesunterschiede ging als um ein wechselseitiges Engagement, das den allgemeinen Lebensstandard zwar verbessern, nicht aber sämtliche gesellschaftlichen Kategorien aufbrechen sollte. Im engeren Umfeld von Sonnenthal und Wocheler findet sich allein bei Zschokke der Gedanke von einer ‚Volksbefreiung', die in eine demokratische Gesellschaft münden sollte.

Bei allen dargestellten Personen aus dem Sonnenthal'schen oder Wocheler'schen Umkreis hallt der Themenkomplex der geheimen Gesellschaften mehr oder weniger ausgeprägt wider. So sind im persönlichen Umfeld von Kraft Ernst von Oettingen-Wallerstein, von Joseph Anton von Waldburg-Wolfegg-Waldsee und von Wessenberg mehrere Personen als Freimaurer oder Illuminaten bezeugt. Diese mittelbaren Berührungspunkte mit dem Phänomen Geheimgesellschaften können nicht zwingend als Belege für eine herausragende Affinität dieser drei Personen zu diesem Thema herangezogen werden. Trotzdem belegen sie die allgemeine, wenn auch dezente, Präsenz derartiger Sozietäten im Leben einer aufklärerisch orientierten gesellschaftlichen Elite. Dass Wessenbergs Gegner ihn u.a. wegen seiner aufklärerischen Liturgiereformen als Freimaurer oder Illuminat zu diskreditieren versuchten, entbehrt daher nicht einer gewissen Logik. Diese Diffamierungstaktik verdeutlicht zugleich, dass geheime Gesellschaften und Aufklärung gesellschaftlich umstritten waren.

Die Biografien der Freimaurer bzw. Illuminaten Zschokke und Ruef beschreiben das Leben in einer Gesellschaft, in der die Ideale der Aufklärung besonders im Rahmen der Volksaufklärung noch sehr präsent waren. Aber diese Gesellschaft war durch die politischen Ereignisse seit 1789 hinsichtlich dieser Ideale zugleich verunsichert. Mit der Verunsicherung einher ging ein Ringen um alte und neue Werte und Strukturen auf gesellschaftlicher, politischer und religiöser Ebene. Geheimgesellschaften boten als exklusive soziale Foren in der Sattelzeit sowohl die Möglichkeit zur Weltflucht als auch zur aktiven Partizipation an gesellschaftlichen Veränderungen. Je nach Ausrichtung waren im 18. und 19. Jahrhundert esoterische Inhalte wie z.B. Alchemie für die Logenarbeiten sinn- und identitätsstiftend. Die Beispiele der Logen in Freiburg, Aarau und Basel zeigen, dass auch in der Freimaurerei des deutschen Südwestens Esoterik und Alchemie als strukturelle Inhalte höchst unterschiedlich bewertet wurden und deshalb als Diskussionsgegenstände präsent waren. Die ‚Hermetische Gesellschaft', die um die Jahrhundertwende eine öffentliche Debatte der Themen Alchemie und Hermetismus anstieß, machte bei ihrer Inszenierung Anleihen beim Habitus geheimer Gesellschaften. Dies und die damit verbundenen Reaktionen belegen, dass eine Verbindung zwischen Alchemie und solchen Vereinigungen allgemein als naheliegend galt. Die Kritik an der ‚Hermetischen Gesellschaft' verdeutlicht aber, dass beide Komponenten dieser Kombination hinsichtlich ihrer Glaubwürdigkeit mit Skepsis betrachtet wurden. Trotzdem zeigt die Resonanz aus nahezu allen Gesellschaftsbereichen, auf die die ‚Hermetische Gesellschaft' mit ihrem Projekt stieß, dass

Alchemie wie auch Geheimgesellschaften am Ende des 18. und zu Beginn des 19. Jahrhunderts Personen aus allen Gesellschaftsbereichen faszinieren konnten.

Die Darstellung des soziokulturellen Umfelds von Sonnenthal und Wocheler belegt also, dass beide als Vertreter einer adligen bzw. bürgerlichen Oberschicht mit ihren Interessen an Alchemie und Geheimgesellschaften weder zeitlich noch räumlich aus dem Rahmen fielen. Sie bewegten sich vielmehr in der Sphäre einer gesellschaftlichen Elite, deren Interessen vielseitig ausgeprägt waren. Mag das Nachleben von Kraft Ernst von Oettingen-Wallerstein und Joseph Anton von Waldburg-Wolfegg-Waldsee, von Ruef, Wessenberg und Zschokke auch in seiner jeweiligen Bedeutung unterschiedlich bewertet werden: Diese Personen eint – mit verschiedenen Facetten und in unterschiedlichem Ausmaß – eine aufgeklärte Geisteshaltung, mit der sie versuchten, sich angesichts der Dynamik der Zeit soziokulturell zu positionieren und sich mit den gesellschaftlichen, politischen oder religiösen Herausforderungen auseinanderzusetzen. Diese Versuche schlossen die Beschäftigung mit Alchemie oder die Nähe zu Geheimgesellschaften nicht aus.

Teil B:
Provenienz und Profil des Bestandes

4 Chronologische und kodikologische Binnengruppen

Handschriftenbeschreiber haben die seltene Gelegenheit, sämtliche Exemplare eines Bestandes in die Hand nehmen zu dürfen. Diese Gesamtschau ermöglicht die chronologische Unterteilung einer Sammlung sowie die Beobachtung kodikologischer Auffälligkeiten bzw. Gemeinsamkeiten, die sammlungsinterne Binnengruppen aufzuzeigen vermögen. Solche Binnengruppen unterstützen wiederum sammlungsgenetische Untersuchungen, die im Zusammenspiel mit inhaltlichen Gesichtspunkten letztlich grundlegend für die Charakterisierung eines Gesamtbestands sind. Die folgenden sechs Unterkapitel widmen sich den Aspekten Entstehungszeit, Paläographie, Wasserzeichen, Illustrationen, Einbände und Signaturen, anhand derer ich jeweils einzelne Binnengruppen separiert habe. Die Darstellung folgt im Wesentlichen der Abfolge, die innerhalb der Handschriftenbeschreibung das Äußere des jeweiligen Exemplars zusammenfasst.

4.1 Entstehungszeit

Im Zusammenspiel mit den erschlossenen Druckvorlagen, den Datierungen aus den Handschriften sowie den kodikologischen Beobachtungen, die in den nachfolgenden Unterkapiteln dargelegt werden, können die Stücke der vorliegenden Sammlung zeitlich untergliedert werden. Die älteste der 143 Handschriften, Ms. 157, entstand im 15. Jahrhundert. Zwei weitere Handschriften wurden sowohl im 15. als auch im 16. Jahrhundert niedergeschrieben: Ms. 141 und Ms. 160. Die Exemplare Ms. 161 und Ms. 184 wurden im 16. Jahrhundert aufgezeichnet. Sieben Handschriften entstanden im 17. Jahrhundert.[1] Bei sechs weiteren Stücken liegt der Zeitpunkt ihrer Entstehung wohl an der Wende des 17. zum 18. Jahrhundert und kann nicht präziser ausgemacht werden.[2] 104 Handschriften sind in das 18. Jahrhundert einzuordnen und markieren damit den chronologischen Schwerpunkt des Bestandes.[3] 16 Manuskripte entstanden wohl um die Schwelle vom 18. zum 19. Jahrhundert.[4] Fünf weitere Manuskripte stammen aus dem 19. Jahrhundert.[5]

---

1 Ü-LSB, Mss. 156, 177, 210, 241, 243, 244 und 260.

2 Ü-LSB, Mss. 171, 176, 181, 278, 279 und 292.

3 Ü-LSB, Mss. 152, 159, 164, 165, 166, 169, 170, 173, 174, 175, 178, 179, 180, 183, 185, 187, 188, 189, 190, 191, 192, 193, 194, 195, 196, 197, 198, 199, 200, 201, 204, 205, 206, 207, 208, 209, 212, 213, 214, 215, 216, 217, 218, 219, 220, 221, 222, 223, 224, 225, 226, 227, 228, 229, 230, 231, 232, 233, 234, 235, 236, 245, 246, 248, 249, 250, 251, 252, 253, 254, 255, 256, 257, 258, 261, 262, 263, 264, 265, 266, 267, 268, 269, 270, 271, 272, 273, 274, 275, 276, 277, 280, 281, 282, 283, 284, 285, 286, 288, 289, 294, 295, 296 und 297.

4 Ü-LSB, Mss. 158, 162, 167, 172, 186, 202, 203, 211, 237, 242, 247, 259, 264a, 264b, 287 und 293.

5 Ü-LSB, Mss. 182, 290, 290a, 291 und 291a.

4.2 Paläographische Befunde

In den vorliegenden Handschriften wurde in der Regel die deutsche Kurrente als normierte Geschäfts- bzw. Kanzleischrift verwendet. Diese Schrift kann in der standardisierten Form des 18. und 19. Jahrhunderts derart musterhaft sein, dass die Zahl merklicher Unterschiede bzw. Gemeinsamkeiten nicht dafür ausreicht, um Gruppen individueller Schreiberhände sicher voneinander abzugrenzen.[6] Bei den Überlinger Alchemica lassen sich trotzdem anhand markanter Eigenheiten vier Schrift- bzw. Schreibergruppen separieren, die ich nach der jeweils ersten Handschriftensignatur benannt habe.

An erster Stelle ist die **Gruppe-188** anzuführen. Sie zählt insgesamt 37 Handschriften.[7] Die Haupthand dieser Manuskripte besteht in einer flüchtigen und schrägrechts-geneigten Kurrentschrift mit der Eigenheit, das große ‚K' in der Form eines schlaufenförmigen ‚T' darzustellen (vgl. Anhang B, Abb. 6 und 7). Charakteristisch sind zudem zwei zusätzliche Hände, die nahezu alle 37 Handschriften mit Seitenangaben, interlinearen Ergänzungen sowie Marginalien versehen haben. Die erste dieser Zusatzhände tritt in Ms. 188 in Erscheinung (vgl. Anhang B, Abb. 6) und ist eine sorgfältige und aufrechte Kurrente, die mitunter lateinische Buchstabenformen einschließt. Sie wurde neben Marginalien besonders häufig für zusätzliche Paginierungen oder Seitenergänzungen in den Inhaltsverzeichnissen verwendet. Die zweite Zusatzhand zeigt sich erstmals in Ms. 194. Auf allen Seitenbereichen vermerkt sie Korrekturen und Kommentare. Bisweilen wurde so viel Text eingefügt, dass die gesamte Seite ausgefüllt wurde (vgl. Anhang B, Abb. 7). Während sich die erste dieser beiden Hände in fast allen Handschriften aus Gruppe-188 findet, ist die zweite nur in 19 Handschriften vertreten.[8] Auffallend ist Ms. 198, die beide Zusatzhände enthält, jedoch von einer anderen Haupthand geschrieben worden zu sein scheint;[9] aufgrund der Illustrationen (s.u.) und der Zusatzhände ordne ich sie dennoch der Gruppe-188 zu. Weiter fällt Ms. 199 aus dem Rahmen: Sie ist die einzige Handschrift dieser Gruppe, in der keine Spuren der beiden Zusatzhände zu finden sind. Für alle 37 Manuskripte der Gruppe-188 gilt die zeitliche Einordnung in die erste Hälfte des 18. Jahrhunderts, die aufgrund von Datierungen in einigen dieser Handschriften sowie der Wasserzeichenanalyse als sicher gelten kann: Gruppe-188 umfasst alle Manuskripte der weiter unten beschriebenen Arnstadtgruppe (vgl. Anhang A, Tabelle 2).

Eine kleinere Schriftgruppe – **Gruppe-159** – leitet sich aus Ms. 159 ab.[10] In dieser Handschrift ist eine Hand in zwei verschiedenen Duktus vertreten, die sich gemäß der

6 Zu der Entwicklung von einheitlichen Schriftstandards in Schreibmeisterbüchern und im Schulwesen des 18. und vor allem des 19. Jahrhunderts vgl. DÜLFER, Schreibschrift und Kunst (2000), S. 31–43.

7 Ü-LSB, Mss. 188, 189, 191, 193, 194, 195, 196, 197, 198, 199, 200, 201, 205, 206, 207, 212, 213, 214, 215, 216, 217, 218, 219, 220, 221, 223, 224, 226, 227, 228, 229, 230, 231, 232, 233, 235 und 236.

8 Ü-LSB, Mss. 194, 196, 198, 200, 201, 206, 207, 212, 213, 214, 217, 218, 221, 223, 224, 228, 230, 231 und 233.

9 Es handelt sich um eine kalligraphisch ansprechend gestaltete Kurrente. Es ist m.E. unwahrscheinlich, dass es sich um eine besonders sorgfältige Variante der Haupthand von Gruppe-188 handelt. Die Zusatzhände in dieser Handschrift u.a. auf S. 13, 40, 41 oder 323.

10 Ü-LSB, Mss. 159, 174, 178, 190, 242, 245, 254, 259 und 270.

verwendeten Sprache unterscheiden: Die italienischen Canones in Ms. 159 sind in einer Art lateinischen Minuskel, ihre italienischen Erläuterungen in einer aufrechten, lateinischen Kursivschrift festgehalten (Duktus a), während die anschließenden deutschen Abschnitte in einer aufrechten, deutschen Kurrente (Duktus b) ausgeführt wurden. Auch bei dieser Schrift gleicht das ‚K' einem schlaufenförmigen ‚T', jedoch ist dieses nicht so ausgeprägt wie in Gruppe-188. In den Handschriften Ms. 178, Ms. 242, Ms. 245, Ms. 254 und Ms. 270 wurden beide Duktus zusammen verwendet. Bei Ms. 174 und Ms. 190 findet sich die lateinische Minuskel des Duktus a als Auszeichnungsschrift. Die Handschrift Ms. 259 wurde wiederum komplett in Duktus b verfasst. Aufgrund der Schrift kann die Gruppe-159 in das späte 18. Jahrhundert eingeordnet werden.[11]

Gruppe-167 vereint ebenfalls Handschriften, deren Gemeinsamkeit im Zusammentreffen zweier verschiedener Schreibstile einer Hand besteht.[12] Ms. 167 wird ab S. 2 von einer Hand geschrieben, die deutschsprachige Textabschnitte in einer strengen deutschen Kurrentschrift festhält (Duktus a). Passagen, die fremdsprachige Äußerungen sowie Namen wiedergeben, sind in einer lateinischen Minuskelschrift geschrieben, die nur sehr wenige kursive Elemente vorweist (Duktus b). Im Gegensatz zur Kurrentschrift wirkt sie bisweilen wie ‚gemalt'. Diese beiden Schrifttypen wurden bei den Handschriften Ms. 246, Ms. 253, Ms. 267, Ms. 268, Ms. 273 und Ms. 277 verwendet. Auch hier bestimmte die Sprache die Wahl der Schrift. In den Manuskripten Ms. 179 und Ms. 282 wurde ausschließlich Duktus b verwendet: Sie enthalten nur lateinische Texte. Da Ms. 246 das Jahr 1789 erwähnt, ist davon auszugehen, dass die acht Handschriften der Gruppe-167 Ende des 18. Jahrhunderts – vereinzelt vermutlich auch Anfang des 19. Jahrhunderts – entstanden, was die gestochene Kurrente des Duktus a nahelegt.

Die letzte abgrenzbare Schriftgruppe soll analog zu den vorhergehenden **Gruppe-158** genannt werden. Sie enthält die eigenhändigen Aufzeichnungen des Hauptsammlers der Manuskripte, Johann Baptist Sebastian von Sonnenthal. Aufgrund zweier von Sonnenthal geschriebener Briefe aus den Jahren 1806 und 1807 an Johann Kaspar Adam Ruef (vgl. Anhang C) liegen zwei Autographe zum Handschriftenvergleich vor.[13] Sonnenthal schrieb – entsprechend seiner beruflichen Tätigkeiten als Jurist und fürstlicher Kanzler – in einer kanzleigemäßen, kalligraphisch präzisen Kurrentschrift (vgl. Anhang B, Abb. 8). Die Kanzleimäßigkeit ermöglicht eine gute Lesbarkeit, erschwert aber die Suche nach individuellen Details. Die Ausführung der u-Bögen, die Zierstriche beim ‚F', der lange Anstrich beim ‚z' sowie das recht ausladende ‚W' markieren zusammen mit dem Gesamteindruck die persönliche Handschrift Sonnenthals. Auf dieser Grundlage wurden 18 Manuskripte bzw. einzelne Komponenten in denselben dieser Hand zugeordnet.[14] Bei Ms. 292 wurde diese Zuordnung durch das notierte Kürzel ‚v.S.' bestätigt. Aus punktuellen Datierungen (Ms. 281) und Druckvorlagen (Ms. 158 und Ms. 290) geht hervor, dass

11 Die Wasserzeichenanalyse aus Ms. 242 führt zeitlich in die Wende vom 18. ins 19. Jahrhundert.

12 Ü-LSB, Mss. 167, 179, 246, 253, 267, 268, 273, 277 und 282.

13 Vgl. Freiburg UA, C 127/69: Nachlass Ruef.

14 Ü-LSB, Mss. 158, 172, 209, 245, 247, 275, 281, 283, 284 (Basis hier nur lateinische Kursive), 286, 287, 288, 290, 290a, 291, 291a, 292 und 293.

diese Gruppe vom letzten Viertel des 18. Jahrhunderts an bis ins 19. Jahrhundert hinein niedergeschrieben wurde.

4.3 Wasserzeichen

Während der Sichtung der Handschriften zeigte sich, dass einige Manuskripte die gleichen Wasserzeichen vorweisen. Zusammen mit der Tatsache, dass in manchen Fällen der Wasserzeichenbefund hinsichtlich der Datierung der Manuskripte hilfreich war, führte diese Beobachtung zum Entschluss, die eindeutig beschreibbaren Wasserzeichen in die Handschriftenbeschreibung aufzunehmen.[15] Ich weiche damit von der Empfehlung der DFG-Richtlinien für Handschriftenbeschreibung ab (s. auch Teil C, Kap. 9.1).[16] Fünf markante Binnengruppen können so regional und zeitlich eingegrenzt werden.

Herausragend ist die Handschriftengruppe, die durch die Wasserzeichen ‚A' und ‚M' definiert wird. Sie umfasst 32 Manuskripte.[17] Die Marke, meist kursiv und zweikonturig, die in diesen Handschriften in unterschiedlichen Formen auftritt, kann nach Arnstadt in Thüringen eingeordnet werden. Die Zeitspanne der Referenzen reicht von 1720/1733 bis in die 2. Hälfte des 18. Jahrhunderts.[18] Die Identifizierung des Papiermachers war nicht möglich. Diese Handschriften werden im Folgenden als **Arnstadtgruppe** bezeichnet. Sie sind, wie oben erwähnt, komplett der paläographischen Gruppe-188 zuzuordnen (vgl. Anhang A, Tabelle 2).

In den heutigen ostdeutschen Raum verweisen auch Wasserzeichen aus der Region des Finowtal/Brandenburg. Verschiedene Wasserzeichen stammen aus den Papiermühlen von Josua Fournier (†1805) in Wolfswinkel, und Johann Gottlieb Ebart (1747–1805) in Spechthausen. Diese kleinere Gruppe, ca. 45 bis 50 Jahre später als die Arnstadtgruppe entstanden, umfasst vier Handschriften und wird im Folgenden als **Finowtalgruppe** bezeichnet.[19] Charakteristisch für die Papiermühle Josua Fourniers in Wolfswinkel sind in der vorliegenden Sammlung die Wasserzeichen ‚J.FOURИIER' (Ms. 211), das umrankte und gekrönte Monogramm ‚FRW' mit der Gegenmarke ‚J F WOLFSWIИKEL' (Ms. 211) sowie das Porträt des Königs Friedrich Willhelm III. mit der Beischrift ‚FRIED WILH dIII' (Ms. 237) und der Gegenmarke ‚I FOURNIER' (Ms. 237). Diese Wassermarken weisen in die Zeit zwischen 1792 und 1803.[20] Für die Papiermühle in Spechthausen ist seit 1787 Johann Gottlieb Ebart als Pächter nachgewiesen. Die vorliegenden Wasserzeichen ‚IGEBART IИ SPECHTHAUSEN' (Ms. 242), als Gegenmarken einmal ein

15 Als Referenzen vgl. WASSERZEICHENINFORMATIONSSYSTEM, online (19.04.2018), HÖSSLE, Württembergische Papiergeschichte (1910/1914), WEISS, Thüringer Papiermühlen (1953), VOORN, Papiermolens in de provincie Noord-Holland (1960) und FRIESE, Papierfabriken im Finowtal (2000).

16 DFG-RICHTLINIEN HANDSCHRIFTENBESCHREIBUNG (1992), S. 37.

17 Ü-LSB, Mss. 188, 189, 191, 193, 194, 195, 196, 197, 200, 201, 207, 212, 213, 214, 215, 216, 217, 218, 219, 220, 221, 223, 224, 226, 227, 228, 229, 231, 232, 233, 235 und 236.

18 Vgl. WASSERZEICHENINFORMATIONSSYSTEM, online (19.04.2018) und Ü-LSB: Ms. 188.

19 Ü- LSB, Mss. 211, 237, 242 und 259.

20 Vgl. FRIESE, Papierfabriken im Finowtal (2000), S. 115–125 und Ü-LSB, Ms. 211 und Ms. 237.

gekrönter Adler in Vollfigur, Zepter und Schwert in den Fängen und einer Beischrift ‚KPHSTUGK' (Ms. 211) und einmal ein Porträt des Königs Friedrich Wilhelm III. mit der Beischrift ‚FRIED: WILH: dIII' (Ms. 242 und Ms. 259), weisen in die Zeit zwischen 1792–1805.[21]

Wasserzeichen aus der unteren Papiermühle in Wolfegg und der Papiermühle bei Eberhardzell, die im 18. Jahrhundert beide im Herrschaftsgebiet der Grafen und Fürsten von Waldburg-Wolfegg-Zeil lagen, führen schließlich in den süddeutschen Raum. Das Wasserzeichen ‚IAU WOLFEG' bzw. ‚WOLFEG' ist in sieben Handschriften enthalten, die die **Wolfegggruppe** bilden.[22] Nur einmal ist eine Gegenmarke – ein doppelköpfiger, heraldischer Adler mit der Beischrift ‚IAV' – identifizierbar. Es handelt sich hier um Wasserzeichen aus der Zeit Joseph Anton Unolds, der von ca. 1740 bis 1781 Pächter dieser Papiermühle war. Zwar sind diese Marken so nicht bei Hössle notiert, aufgrund ihres Inhalts und der Informationen Hössles sind sie aber diesem Papiermacher zuzuordnen.[23] Bemerkenswert ist, dass es hier zu einer Schnittmenge mit der Arnstadtgruppe kommt: Ms. 197, Ms. 200, Ms. 207, Ms. 223 und Ms. 232 enthalten die Wasserzeichen beider Gruppen (vgl. Anhang A, Tabelle 2). Da die Wasserzeichen der Wolfegggruppe hier in den Vorsatzpapieren enthalten sind, kann angenommen werden, dass diese fünf Handschriften höchstwahrscheinlich im Wolfegger Herrschaftsbereich (neu) gebunden wurden. Sechs weitere Handschriften enthalten Wasserzeichen der Papiermühle bei Eberhardzell unter Konrad Steinhauser, der von 1791 bis 1824 deren Pächter war, und bilden damit die **Eberhardzellgruppe**.[24] Die vier Marken, erstens in Ms. 158 ‚CONRAD STEINHAUSER IN EBERHARTSZEL', zweitens in Ms. 172 und Ms. 280 – in lateinischer Kursive – ‚C.Steinhauser', drittens in Ms. 288 die ‚Hollandia' Marke mit der Beischrift ‚EBERHARDZELL' sowie viertens die Marken ‚EBERHARD ZELL' mit Schleife, Horn und ‚CST' in Ms. 170 und Ms. 275 sind in dieser Form ebenfalls nicht bei Hössle verzeichnet.[25] Aufgrund der Namensangaben der Zeichen selbst ist eine Zuordnung zu dieser Papiermühle dennoch unstrittig. Bemerkenswert ist, dass der ‚Hollandia' Marke der sonst übliche Schriftzug ‚Pro Patria' fehlt.[26] Dass in Ms. 288 zudem das Wasserzeichen ‚TRUCHSESS WALDSEE' enthalten ist, bestärkt die Verortung der Manuskripte in das Waldburg-Wolfegg-Waldsee'sche Gebiet.

Die Wasserzeichen in acht weiteren Überlinger Handschriften stammen aus den Niederlanden.[27] Papier aus der Mühle von C. & J. Honig ist in den Handschriften Ms. 190,

21 Vgl. FRIESE, Papierfabriken im Finowtal (2000), S. 177–207 und Ü-LSB, Ms. 211, Ms. 242 und Ms. 259. – Friese bietet keine Auflösung der Beischrift, ‚KP' steht wohl für ‚Königlich Preußisch'.

22 Ü-LSB: Mss. 165, 197, 200, 206, 207, 223 und 232.

23 Vgl. HÖSSLE, Württembergische Papiergeschichte (1910/1914), S. 50.

24 Ü-LSB, Mss. 158, 170, 172, 275, 280 und 288.

25 Vgl. HÖSSLE, Württembergische Papiergeschichte (1910/1914), S. 52–53.

26 Dieses Wasserzeichen zeigt üblicherweise innerhalb eines Palisadenzauns eine sitzende Figur mit Stab, einen aufsteigenden Löwen mit Schwert und den Schriftzug ‚Pro Patria', vgl. z.B. WASSERZEICHEN-INFORMATIONSSYSTEM, online (23.05.2018): DE0945-2786Graun_18v. – In Überlingen taucht diese Marke, ohne ‚Pro Patria' und ohne die Beischrift ‚Truchsess Waldsee Eberhardzell' auch noch in Ms. 258 auf. Zudem mit ‚Pro Patria', aber ebenfalls ohne die Truchsessische Beischrift in Ms. 251.

27 Ü-LSB, Mss. 179, 190, 251, 262, 274, 282, 283 und 293.

Ms. 251, Ms. 262 und Ms. 274 enthalten. Der Schriftzug ‚C&IHONIG' findet sich in Ms. 190 mit spiegelverkehrtem, in Ms. 251, Ms. 262 und in Ms. 274 mit korrektem ‚N'. Im Papier der letzteren Handschrift ist diese Buchstabenfolge unter einer gekrönten Wappenkartusche mit Glocke positioniert. Die Kartusche enthält ein Posthorn. Aus der Papiermühle J. Honig & Zonen stammt Papier der Handschriften Ms. 179, Ms. 251, Ms. 282, Ms. 283 und Ms. 293. Hier liegt ebenfalls in verschiedenen Varianten das Posthorn in gekrönter Wappenkartusche mit Glocke sowie eine Lilie mit Glocke vor. Diesen Zeichen sind entweder der Schriftzug ‚JHONIG&ZOONEN' oder ‚JH&ZOON' beigeordnet. Henk Voorn verzeichnet in seiner Studie mehrere Wasserzeichen dieser beiden Papiermühlen, die ihren Sitz in Zaandijk – heute ein Ortsteil von Zaanstadt/Noordholland – hatten.[28] Dem entsprechend wird dieses Handschriftengruppe als **Zaandijkgruppe** bezeichnet. Um 1675 sind die Papiermacher Jacob und Adrian Cornelisz Honigh im Gebiet der Zaan belegt.[29] Bei den vorliegenden Marken handelt es sich vermutlich um Wasserzeichen einer Folgegeneration von Mühlenbetreibern. Keines der bei Voorn gelisteten Wasserzeichen ist mit den Marken der Zaandijkgruppe deckungsgleich, jedoch stimmen die Motive wie auch die Schriftzüge überein. Betrachtet man bei Voorn die beiden Zeichen, die den vorliegenden am nächsten kommen – Nr. 135 und Nr. 183 – kann man ein Zeitfenster zwischen den Jahren 1742 und 1824 eingrenzen. Der Beleg, der bei Voorn auf 1824 hinweist, leitet sich jedoch nicht anhand beschriebenen und dabei datierten Papiers ab, sondern aufgrund der Verwendung eines unbeschriebenen Bogens als Einlage in ein Buch, das 1824 gedruckt wurde. Hier zeigt sich die bekannte Schwäche der Wasserzeichenanalyse: Sie ist – sofern die Marken keine Jahresangaben enthalten – auf Datierungen aus dem jeweiligen Überlieferungskontext angewiesen. Solche vermitteln wiederum nur Zeitpunkte ante quem, die erst ab einer gewissen Zahl eine präzise Datierung ermöglichen. Zudem besteht die Möglichkeit, dass ein Papier erst deutlich nach dem Zeitpunkt seiner Herstellung verwendet wurde. Die obigen Ergebnisse sind dennoch für die weitere Einordnung der Überlinger Sammlung ertragreich und daher ein Plädoyer für die Inklusion von Wasserzeichenanalysen bei Beschreibungen neuzeitlicher Handschriften: Wasserzeichenbefunde sind hinsichtlich der Beobachtung möglicher Binnenstrukturen in einer Sammlung und damit für sammlungsgenetische Aspekte relevant und – als Ausgangs- oder Ergänzungsbefunde – bei Datierungsfragen nicht zu vernachlässigen.

4.4 Illustrationen

Als Nicht-Kunsthistorikerin ist mir eine fachkundige Bewertung der Illustrationen nicht möglich – gleichwohl soll das folgende Unterkakpitel kurz die Vielfalt der Darstellungen in den Überlinger Handschriften ‚streifen'. Mehrere bekannte alchemische Werke mit Bilderzyklen, wie z.B. die Aurora consurgens (Ms. 183), das Donum Dei (Ms. 176 und Ms. 184), die Pretiosa margarita novella (Ms. 176 und Ms. 184), der Liber mutus

28 Vgl. VOORN, Papiermolens in de provincie Noord-Holland (1960).
29 Vgl. ebd., S. 125f. und S. 541.

(Ms. 280), Auszüge aus Abraham Eleazars uraltem chymischem Werk (Ms. 204) oder der Splendor solis (Ms. 237) sind vertreten. Daneben stehen unbekanntere Folgen wie die Sapientia veterum (Ms. 179) sowie praktische Darstellungen oder Diagramme. Neben den sehr sorgfältigen Ausführungen verschiedener Illustratoren, z.B. in Ms. 183 (vgl. Anhang B, Abb. 3), Ms. 204 oder Ms. 237, fallen besonders jene der Handschriften Ms. 176 und Ms. 181 (vgl. Anhang B, Abb. 4) ins Auge. Bei ihrer Anfertigung wurde augenscheinlich die gleiche Farbe verwendet, was auf entstehungsgeschichtliche Zusammenhänge hinweisen könnte. Besonders auffällig sind die Illustrationen, die mit der paläographischen Gruppe-188 (s.o.) einhergehen. Diese als Federzeichnungen konzipierten Illustrationen wurden meist mit Bleistift vorgezeichnet und später häufig koloriert. Vergleichbare Reihen oder Einzelbilder sind mir nicht bekannt. In manchen Handschriften finden sich unvollendete Abbildungen, die Anweisungen dazu enthalten, welche Farbe in welchem Bereich anzubringen sei (vgl. Anhang B, Abb. 5). Im Allgemeinen wurden diese Darstellungen zwar recht grob, aber nicht lieblos gezeichnet. Eine genauere kunstgeschichtliche Prüfung wäre wünschenswert und könnte die Einordnung des Überlinger Bestandes weiter präzisieren.

4.5 Einbände

Wenngleich Einbände nicht zwangsläufig relevante Informationen zur Entstehungszeit der Manuskripte enthalten müssen, da sie auch ausgetauscht und nachträglich angebracht worden sein können, geben Gruppen mit gleichen Einbänden doch Aufschluss darüber, welche Handschriften einst wohl zusammen in einer Bibliothek oder Sammlung standen. Auch aus der vorliegenden Handschriftensammlung stechen einzelne Einbandgruppen hervor.[30]

Im Bestand ist nahezu die ganze Bandbreite an Einbandtechniken vertreten. Neben einigen Handschriften ohne Einband, werden die Manuskripte von bloßen Papierlagen, Pappbänden, Einbänden mit Schmuckpapier, Halbleder- und vereinzelt Vollederbänden umschlossen. Quantitativ dominieren die Handschriften, deren Hülle aus Papier- bzw. Karton besteht.[31] Als Binnengruppe stechen jene Halblederbände hervor, deren Rücken und Ecken in ein hellbraunes Leder geschlagen sind, während die Pappe des Vorder- und Hinterdeckels mit hellbraunem Kiebitzpapier, auch französisches Lederpapier genannt, beklebt wurde – einem seit dem 17. Jahrhundert verwendeten und vom 18. bis ins

30 Für die Terminologie und Identifizierung vgl, HAEMMERLE/HIRSCH, Buntpapier (1961), GRÜNEBAUM, Buntpapier (1982) und MAYWALD, Die Buchverschlüsse, Buchbeschläge und sonstigen Metallteile am Buch (2005).

31 Papierbände: Ü-LSB, Mss. 159, 178, 192, 241, 244, 245, 247, 249, 253, 254, 256, 257, 258, 259, 260, 268, 269, 270, 272, 274, 280, 281, 282, 283, 284, 285, 286, 287, 288, 290, 291, 293, 294 und 297. – Blaue Kartonbände: Ü-LSB, Mss. 162, 167, 173, 174, 180, 186, 187, 190, 199 (auch Einbandgruppe-2), 202, 203, 212 (auch Einbandgruppe-2), 213, 222, 225, 229, 234, 236, 242, 250, 252, 261, 262, 263, 271, 273, 277, 279, 289 und 296.

19. Jahrhundert weit verbreiteten Einbandpapier.[32] 17 Handschriften wurden so eingebunden und werden im Folgenden als **‚Einbandgruppe-1'** bezeichnet.[33] Fast alle dieser Einbände weisen auf den Lederpartien Streicheisenlinien auf.[34] Innerhalb dieser 17 Handschriften wurde zudem die Hälfte mit doppelten Schleifenverschlüssen versehen, vorzugsweise in grüner (einmal in blauer) Farbe. Vermutlich ist Ms. 251 ebenfalls dieser Einbandgruppe zuzuordnen, da auch hier hellbraunes Leder auf Schleifenverschlüsse trifft, die Einbanddecken sind hingegen von grauer Farbe. Die Texte in diesen Bänden spiegeln das heterogene Wesen der Überlinger Sammlung wider. Monografien (Ms. 185, Ms. 191) stehen neben Sammelhandschriften (Ms. 166, Ms. 197), jüngere Inhalte (Ms. 158) neben älteren (Ms. 206) und als uralt deklarierten (Ms. 201). Einzig die Niederschrift der Manuskripte im 18. und frühen 19. Jahrhundert stellt neben der Hülle eine Gemeinsamkeit der ‚Einbandgruppe-1' dar.

Unter den Handschriften, die mit Buntpapier eingebunden wurden, sind zwei Gruppen bemerkenswert. Als **‚Einbandgruppe-2'** werden jene Manuskripte bezeichnet, deren Einbände aus Kattunpapier bestehen,[35] das Motive aus der Pflanzenwelt wiedergibt.[36] Hier sind je nach Einband grüne Birnen, rote oder lila Blüten, die an Nelken oder Lilien erinnern, zu sehen. Bis auf Ms. 231 findet sich auf jedem Vorderdeckel ein großes, ornamental ausgeschnittenes Papierschild, auf dem sich eine alte Signatur befindet.[37] Von dem darauf verbliebenen Freiraum zu schließen, wollte man unter der Signatur weitere Angaben noticren, wozu es allerdings nicht kam. Auch Ms. 199 und Ms. 212 sind diesem Ensemble zuzuordnen: Ms. 199 ist zwar nur in blaue Pappe gebunden, enthält aber auch ein entsprechendes Papierschild mit Signatur (11). Bei Ms. 212 verblieb nach einer Restauration an den Ecken und am Rücken ein kleiner Rest des beschriebenen Buntpapiers. Sie trägt auf dem Vorderdeckel die zusätzliche Signatur 49 – jedoch nicht auf einem entsprechenden Papierschild. Eine kleinere Gruppe – **‚Einbandgruppe-3'** – scheint von gleicher Provenienz wie Einbandgruppe-2 zu sein.[38] Die Handschriften entsprechen mit ihrem Format sowie den alten Signaturen auf den großen Titelklebern denen der vorigen Gruppe. Bei diesen drei Einbänden wurde jedoch Herrnhuter Kleisterpapier in roter und blauer Farbe verwendet, ein Buntpapier, das „im Süden und Westen Deutschlands sowie im Ausland nahezu unbekannt war".[39] Die Reihung der alten Signaturen beider Gruppen ist lückenhaft. Diese Lückenhaftigkeit bildet sich inhaltlich nicht ab: So enthalten z.B. die Handschriften Ms. 215 bis 220 – denen die alten Signaturen 1, 9, 12, 15, 24 und 27 ent-

32 Vgl. Haemmerle/Hirsch, Buntpapier (1961), S. 30–31, Grünebaum, Buntpapier (1982), S. 20 und S. 160–161, und Trenkle, Fachbegriffe (2018), S. 130.

33 Ü-LSB, Mss. 158, 165, 166, 170, 182, 185, 191, 197, 200, 201, 206, 207, 209, 223, 227, 230 und 232.

34 Lediglich bei Ms. 158, Ms. 166 und Ms. 209 wurde auf diese dezente Zierde verzichtet.

35 Vgl. Haemmerle/Hirsch, Buntpapier (1961), S. 145–160 und Grünebaum, Buntpapier (1982), S. 32.

36 Ü-LSB, Mss. 199 (11), 212 (49), 214 (10), 215 (15), 216 (12), 217 (27), 221 (67), 228 (29), 231 (14, auf dem Einbandrücken) und 233 (41).

37 Diese wurden in der vorherigen Anmerkung in Klammern notiert.

38 Es handelt sich um Ü-LSB, Mss. 218 (9), 219 (24) und 220 (1).

39 Haemmerle/Hirsch, Buntpapier (1961), S. 139. Vgl. weiter ebd., S. 137–144 und Grünebaum, Buntpapier (1982), S. 48 und S. 108.

sprechen – durchgehend Texte eines Vincentius. Es kann daher als sicher gelten, dass Einbandgruppe-2 und -3 einst zusammen in einer größeren Sammlung standen (vgl. hierzu Kap. 6.3.1).

4.6 Signaturen

Viele Handschriften weisen neben ihrer aktuellen Bibliothekssignatur ältere Standortnummern auf. Die im vorherigen Unterkapitel festgehaltenen Beobachtungen weisen auf die Bedeutung alter Signaturen bei Provenienzfragen hin. Im kodikologischen Sachregister sind die Handschriften mit alten Signaturen notiert (s. Kap. 11.3).

Bemerkenswert ist die 24 Mal auftretende Ziffer ‚5077', bei der es sich nicht um eine alte Signatur im klassischen Sinn handeln kann. Wie eine Kennnummer ist die Ziffer in den verschiedensten Stücken meist mit Bleistift eingetragen. Sie markiert u.a. elf Exemplare aus der Gruppe-188[40] sowie zwölf weitere Handschriften.[41] Sie wurde sehr beherzt, in manchen Fällen regelrecht lieblos (in Ms. 167 z.B. auf dem Kopf stehend, oder in Ms. 176 fol. 2r über den beginnenden Text) eingetragen. Da diese Eintragungen augenscheinlich jüngeren Datums sind, könnte es sich um eine bibliothekarische Kennzeichnung im Rahmen einer der Neuaufstellungen oder Verwahrungen der LSB in der Zeit nach 1846 handeln, als die Bibliothek ihr bisheriges Lokal räumen musste. Die Zahl korrespondiert jedoch weder mit der Sachstruktur des Katalogs von 1862 noch mit dem Ordnungsschema, das Bibliothekar Matthes 1852 der Bibliothekskommission vorschlug.[42]

Weiter verweisen einige Signaturen auf den Katalog von 1862.[43] Nach langen und mühsamen Vorarbeiten wurde dieses – unvollständige – Verzeichnis der Drucke und Handschriften der LSB durch „Benefiziat Kurz, Hauptlehrer Ziegler und Benefiziat Fritschner"[44] erarbeitet und in Druck gegeben. In 18 Handschriften finden sich entsprechende Signaturen dieses Katalogs und belegen, dass diese um 1862 als feste Bibliotheksbestandteile gewertet wurden.[45] Die aktuellen Handschriftensignaturen werden seit 1894 verwendet: Ende des 19. Jahrhunderts wurden die Manuskripte erstmals von den Drucken separiert und 1893 bis 1894 durch Otto Kunzer in einem handschriftlichen Verzeichnis aufgenommen.[46] Jede der hier bearbeiteten Handschriften trägt in sich und meist auch auf dem Einband ihre jeweilige Kunzer-Signatur.

---

40 Vgl. Ü-LSB, Mss. 189, 194, 197, 201, 205, 215, 218, 220, 223, 224 und 228.

41 Vgl. Ü-LSB, Mss. 167, 169, 176, 179, 180, 181, 182, 184, 186, 187, 190, 222 und 234.

42 Ü-SA, Spitalarchiv Überlingen VII/64/2: Die Fertigung eines Katalogs für die Bibliothek.

43 Vgl. Katalog der Stadt-Bibliothek in Überlingen (1862).

44 SEMLER, Leopold-Sophien-Bibliothek (1957/58), S. 128. Semler zeichnet hier kurz die Entstehungsumstände des Katalogs nach.

45 Ü-LSB, Mss. 141, 156, 157, 158, 160, 161, 162, 165, 172, 174, 182, 187, 205, 208, 218, 225, 228 und 234.

46 SEMLER, Die historischen Handschriften LSB (1928), S. 1210f.

Die dargestellten kodikologischen Befunde sind hinsichtlich der Beantwortung von Fragen nach den Produktions- und Rezeptionskontexten der handschriftlichen Überlinger Alchemica hilfreich. Das folgende Kapitel zeigt exemplarisch, inwiefern diese Ergebnisse zusammen mit der chronologischen Unterteilung die sammlungsgenetischen Überlegungen weiterführen, die letztlich hinsichtlich des inhaltlichen Profils der Sammlung und ihres möglichen Nutzungskontextes von Bedeutung sind.

5 Zur Provenienz Sonnenthal – Belege, Indizien und Hypothesen

Bereits Kunzer, Semler, Tröndle-Weintritt, Römer und Müller gingen von der Sonnenthal'schen Provenienz der meisten alchemischen Überlinger Handschriftenbestände aus (vgl. Kap. 1.2). Auch Gerda Koberg, einstmals Bibliothekarin in Überlingen, war dieser Ansicht. In einer Notiz im Provenienzkarteikasten in der LSB notierte sie außerdem, dass – neben mehreren Druckwerken anderer Signaturen – sämtliche Drucke aus der Gruppe ‚Mc, Chemie und Alchemie' – von Sonnenthal stammten.[1] Wenn Sonnenthal sich auch nachweislich für Alchemie interessierte (vgl. Kap. 3.1 und Kap. 3.3.3), werden diese Befunde nur punktuell durch handschriftliche Besitzvermerke und Exlibris bestätigt. Müller ging aufgrund der damaligen Quellenlage noch davon aus, dass Sonnenthal seine Bücher der Bibliothek geschenkt habe.[2] Ihr Gewährsmann für diese Annahme, Semler, spricht aber nicht von einer Schenkung, sondern lediglich davon, dass die Bibliothek die „alchimistische[n] H[and]s[chriften]" Sonnenthal „verdank[e]".[3] Will man in Erfahrung bringen, wie sich die mutmaßliche Sonnenthal'sche Sammlung inhaltlich zusammensetzte und wie sie in die LSB gelangte, zeigt sich, dass in den Überlinger Akten, die Notizen bei Ms. 160 und Ms. 161 im Handschrifteninventar Kunzers ausgenommen,[4] keine Hinweise hierzu enthalten sind.[5] Hingegen enthält eine Notiz aus dem Nachlass des ersten Bibliothekars der LSB, Wendelin Haid, einen Hinweis zum Weg der Bücher in die Bibliothek. Ungefähr ein Jahr nach dem Tod Sonnenthals, notierte Haid kurz:

> „Vom 15. Mai 1835 bis dahie 1836 hat u[n]s[er] decan Wocheler in die Bibli[othek] gegeben: Am Soph[ien] Feste 1835: f[loreni] 39, 42 [Kreuzer], **f[ür] d[ie] Bar[on] v[on] Son[n]enthalsch[en] Bücher: f[loreni] 100 [...]**" [Hervorhebung von mir].[6]

1 Vgl. Provenienzkarteikasten LSB (laufend), Karte ‚Sonnenthal'.

2 Vgl. MÜLLER, Katalog (2007), ohne Seitenzahlen.

3 SEMLER, Die historischen Handschriften LSB (1928), S. 120.

4 Vgl. Ü-LSB, Otto Kunzer, Handschriften, Ms. 160 u. Ms. 161.

5 Im Stadtarchiv Überlingen habe ich folgende Akten genauer eingesehen: Ü-SA, Spitalarchiv Überlingen S IV/36/4: Schenkung von Büchern für die Bibliothek; Ü-SA, Spitalarchiv Überlingen VII/64/2: Die Fertigung eines Katalogs über die Bibliothek; Ü-SA, Spitalarchiv Überlingen VII/61/1: Die Verwendung des jährlichen Beitrags des Schulfonds; Ü-SA, Spitalarchiv Überlingen VII/57/2: Stiftung der Bibliothek; Ü-SA, Zugang 1997 [Mappe mit vier Verschlussbändern]: Bücherverzeichnisse der Leopold-Sophien-Bibliothek; Ü-SA, Koberg provisorische Zählung, Fasz. 1–34, Kiste 1 und Kiste 2; Ü-SA, LSB Zugang 1997 (Frau Lambertz), Kiste 1 und Kiste 2.

6 Freiburg EA, Na 1/42. Die Notiz wurde (nachträglich?) in ein „Verzeichnis der v[om] h[ie]s[igen] d[e]c[an] Wocheler vom 15. Mai 183[unleserlich]er bis dahie 1835 in die Bibliothek abgegebenen Gegenstände" eingeheftet. Vom Verlauf der Eintragungen muss der unleserliche Eintrag eigentlich

Stadtpfarrer Wocheler war also an den Sonnenthal'schen Büchern für seine Bibliotheksstiftung interessiert und gab für deren Ankauf 100 Gulden. Der Eintrag erwähnt leider nicht, um wie viele Bücher es sich handelte oder welchen Inhalt diese hatten. Das Erwerbungsbuch der Bibliothek, das die Zugänge seit 1832 verzeichnet, enthält keine Informationen, die auf einen Zugang alchemischer Handschriften oder Drucke hinweisen.[7] Auch liegt kein Verzeichnis über die annähernd 10.000 Bücher vor, mit denen Wocheler 1832 die LSB ins Leben rief.[8] Es kann daher nicht mehr rekonstruiert werden, welche alchemischen Handschriften und Drucke aus dem Eigentum Wochelers in die Bibliothek kamen. Laut Semler gilt als sicher, dass auch der Stadtpfarrer einige Werke z.B. zum Rosenkreuzertum und den Illuminaten besessen habe, sich also mit Themen beschäftigte, die Berührungspunkte zu Alchemie aufweisen.[9] Nach derzeitigem Kenntnisstand lassen sich Fragen zum Inhalt einer ‚Sammlung Sonnenthal' also nur anhand der Bestände der LSB selbst beantworten. Kunzer hält in seinem Handschrifteninventar bei Ms. 160 fest,[10] dass Sonnenthals Sammlung aus Handschriften und Drucken bestand. Eine klare Bestimmung dieser Provenienz kann daher nur unter Einbeziehung beider Überlieferungsmedien erfolgen.

Der Annahme einer Sonnenthal'schen Herkunft lege ich folgende Kriterien zugrunde:

1. Der Eintrag der Namen ‚Sonnenthal' oder ‚Parthenschlager' in einem Werk,
2. Vorhandene Exlibris und/oder Wappenstempel mit dem Wappen Sonnenthals bzw. aus seinem nächsten sozialen Umfeld,
3. Die Existenz eigenhändiger Notizen oder Abschriften Sonnenthals.

Der Bestand, der anhand dieser Grundlagen erschlossen werden kann, bildet den Kern der ‚Sammlung Sonnenthal'. Er wird erweitert durch Handschriften und Drucke, die über Indizien auf Sonnenthal hinweisen, z.B. wenn Handschriften, die mit Themen in Beziehung stehen, für die sich Sonnenthal interessierte, zugleich Papier aus dem Waldburg-Wolfegg-Waldsee'schen Herrschaftsraum, in dem Sonnenthal jahrelang tätig war, enthalten. Stimmen Werke, die solche Indizien enthalten zudem mit Werken, die diese *nicht* enthalten, in Schreiberhänden oder Einbänden überein, wird geprüft, ob auch für letztere die Annahme einer Sonnenthal'schen Provenienz plausibel ist und ob solche Bestände mithin den Kern der ‚Sammlung Sonnenthal' erweitern können. Die folgenden Unterkapitel legen dar, inwiefern anhand der genannten Kriterien eine klar eingrenzbare ‚Sammlung Sonnenthal' rekonstruiert werden kann, welche plausiblen Erweiterungen derselben aufgrund von kodikologischen Indizien möglich sind und welche daran anknüpfenden Hypothesen formuliert werden können.

1834 heißen; die Lesart ist aber diffus. An dieser Stelle herzlichen Dank an Herrn Walter Liehner, Überlinger Stadtarchivar, der mich auf den Nachlass Haid in Freiburg aufmerksam gemacht hat.

7 Ü-LSB, Erwerbungsbuch.

8 Vgl. KUNZER, Katalog LSB (1898), S. VIII.

9 Vgl. SEMLER, Leopold-Sophien-Bibliothek (1957/58), S. 122f.

10 Vgl. Ü-LSB, Otto Kunzer, Handschriften, Ms. 160.

5.1 Belege durch Autopsie

Der nächstliegende Weg, Bücher möglichen Vorbesitzern zuzuordnen, besteht darin, den Exemplaren selbst die Hinweise zu entnehmen. Von den katalogisierten Handschriften lassen sich anhand von Exlibris, Besitz- und Schreibereinträgen insgesamt sieben Handschriften Johann Baptist Sebastian von Sonnenthal zuordnen (vgl. Anhang B, Abb. 9 und 10).[11] Weitere 18 Manuskripte sind nach einem Schriftvergleich mit zwei Briefen[12] der Hand Sonnenthals zuzuweisen (vgl. Anhang B, Abb. 8),[13] darunter Ms. 158 und Ms. 281, die zugleich einen Besitz- bzw. Schreibervermerk tragen und daher bei den eben erwähnten sieben Manuskripten bereits mitgezählt wurden. Von den Drucken, die sich in der LSB befinden, stammen 69 aus der Provenienz Sonnenthal, darunter befinden sich Schulbücher seiner Söhne Anselm und Joseph wie auch ein juristisches Werk eines Joseph Bernard Parthenschlager.[14] Weiter gibt es Werke zu Religion, Geschichte oder Geistererscheinungen. Besonders prominent vertreten – und damit offenbar Ausdruck der von Sonnenthal favorisierten Bereiche – sind die Themen (Al-)Chemie, Medizin und Geheimgesellschaften. Es stehen also 92 Bücher in der LSB, die sicher auf Sonnenthal zurückgehen. Sie bilden den Kern der ‚Sammlung Sonnenthal' (vgl. Anhang A, Tabelle 1.1.). Diese Kernsammlung kann im Folgenden aufgrund von Indizien erweitert werden.

5.2 Vier Erweiterungen anhand von Indizien

Die Summe der 92 Handschriften und Drucke Sonnenthal'scher Provenienz ist an erster Stelle um die vier Handschriften Ms. 160, Ms. 161, Ms. 241 und Ms. 242 zu erweitern, für die Kunzer bzw. Koberg postulieren, dass sie zu Sonnentals Sammlung gehörten.[15]

Die nun 96 Exemplare zählende ‚Sammlung Sonnenthal' kann um mehrere Handschriften ergänzt werden, wenn man weitere äußere Befunde einbezieht. Sonnenthal stand ca. 18 Jahre lang in Diensten des Grafen und Fürsten Joseph Anton von Waldburg-Wolfegg-Waldsee. Wenn sich in der LSB mehrere Handschriften befinden, die Wasserzeichen dieser Region in sich tragen (vgl. Kap. 4.3), sind diese Marken durchaus als Indizien für eine mögliche Sonnenthal'sche Herkunft anzusehen. Dass einige der Überlinger Handschriften, die das Eberhardzeller Wasserzeichen enthalten (Ms. 158, Ms. 170, Ms. 172, Ms. 275, Ms. 280 und Ms. 288), gleichzeitig der Hand Sonnenthals entstammen (Ms. 158, Ms. 172, Ms. 275 und Ms. 288), bekräftigt diese Herangehensweise. Die Sammlung kann daher um Ms. 170 und Ms. 280 aus der Eberhardzellgruppe sowie um jene Manuskripte mit dem Wolfegger Wasserzeichen ergänzt werden. Bei diesen handelt sich um die Handschriften Ms. 165, Ms. 197, Ms. 200, Ms. 206,

---

11 Ü-LSB, Mss. 156, 158, 176, 185, 190, 204 und 281.

12 Vgl. Freiburg, UA, C 127/69: Briefe Sonnenthal-Ruef, sowie Anhang C.

13 Ü-LSB, Mss. 158, 172, 209, 245, 247, 275, 281, 283, 284, 286, 287, 288, 290, 290a, 291, 291a, 292 und 293.

14 Es konnten nicht alle Drucke durch Autopsie überprüft werden. Ein Teil dieser Provenienzangaben gründet sich daher auf die im Südwestdeutschen Verbundkatalog angegebenen Herkunftsangaben, vgl. SWB, online (02.02.2017). Zu einer genauen Auflistung vgl. Anhang A, Tabelle 1.

15 Vgl. Ü-LSB, Otto Kunzer, Handschriften.

Ms. 207, Ms. 223 und Ms. 232. Auffallend ist, dass das entsprechende Wasserzeichen auf einen Papiermacher zurückgeht, der die Wolfegger Papiermühle von ca. 1740 bis 1781 gepachtet hatte, also deutlich vor dem Dienstantritt Sonnenthals in Wolfegg im Oktober 1790. Auch taucht das Zeichen in diesen Handschriften nur in den Vorsatzblättern auf: Die Handschriften wurden wohl in Wolfegg gebunden, aber an einem anderen Ort aufgeschrieben. Das Wasserzeichen der Textseiten in Ms. 197, Ms. 200, Ms. 207, Ms. 223 und Ms. 232 verweist auf die Thüringer Arnstadtgruppe und in die erste Hälfte des 18. Jahrhunderts (vgl. Kap. 4.3). Somit kann die Entstehung der Manuskripte nicht in einem direkten Zusammenhang mit Sonnenthal gesehen werden. Es ist aber aufgrund der biographischen Umstände wahrscheinlich, dass Sonnenthal in Wolfegg in den Besitz dieser Stücke gekommen ist und ihr Weg in die LSB über ihn führte. Diese sieben Handschriften mit Wolfegger Wasserzeichen sowie die zwei Manuskripte mit Eberhardzeller Wassermarken, die nicht von Sonnenthal aufgeschrieben wurden, bilden die zweite Erweiterung der Kernsammlung Sonnenthal.

Die nunmehr 105 Exemplare dieser erweiterten ‚Sammlung Sonnenthal' weisen in ihrem Äußeren auf zusätzliche Handschriften und Drucke hin. Wie eben dargestellt, ist in fünf Handschriften, die mit Wolfegger Papier eingebunden wurden, zugleich das Wasserzeichen der Thüringer Arnstadtgruppe enthalten. Dieser Befund führt zur Vermutung, dass alle Handschriften mit diesen Wassermarken über Sonnenthal an die Bibliothek gekommen sein könnten. Da die Arnstadtgruppe wiederum komplett in der paläographischen Gruppe-188 enthalten ist, ist diese Vermutung folgerichtig auf sämtliche Vertreter der Gruppe-188 zu übertragen. Aus dieser sind daher noch all jene Handschriften hinzuzuzählen, die kein Wolfegger Wasserzeichen aufweisen: 31 Exemplare. Damit dehnt sich in einer dritten Erweiterung die ‚Sammlung Sonnenthal' auf 136 Handschriften und Drucke aus, bei denen der Zugang in die LSB über Sonnenthal wahrscheinlich ist.

Eine vierte Erweiterung erfolgt schließlich durch die Einbeziehung des Drucks Md 1a, der das Exlibris der Reichserbtruchsessen von Waldburg trägt. Zwar war das Haus Waldburg während der Koalitionskriege des 18. Jahrhunderts auch im südlichen Oberschwaben präsent,[16] es ist aber doch wahrscheinlicher, dass dieser Druck von Sonnenthal nach Überlingen gebracht worden ist, als dass er während kriegerischer Handlungen mitgeführt worden und dort gestrandet wäre. Die Zahl an Handschriften und Drucken, die höchstwahrscheinlich über Sonnenthal in die LSB gelangten, kann letztlich also um 45 auf insgesamt 137 Exemplare erweitert werden (vgl. Anhang A, Tabelle 1.2).

Worauf die Annahme Gerda Kobergs, nach der sämtliche Titel der Signaturengruppe ‚Mc' aus dem Besitz Sonnenthals stammten, gründet, kann nicht mehr nachvollzogen werden. Unter ‚Mc' sind über 250 Drucke zu Alchemie und Chemie versammelt, von denen nur fünf eindeutig einen Sonnenthal'schen Hinweis enthalten.[17] Eventuell schloss Koberg vom Inhalt der Sektion auf den alchemieinteressierten Sonnenthal. Vielleicht basiert ihre Vermutung aber auch auf einer Äußerlichkeit: Der Großteil der ‚Mc'-Gruppe verfügt über gleiche Einbände, was für eine gemeinsame Provenienz sprechen könnte. Es handelt sich um schlichte hellbraune Halblederbände mit Kibitzpapier, bei denen der Titel häufig in

16 Vgl. MÖSSLE, Maximilian Wunibald von Waldburg-Zeil-Trauchburg (1968), S. 70–88.
17 Ü-LSB, Mc 1a, Mc 3, Mc 34, Mc 88 und Mc 97.

Gold auf den Rücken geprägt wurde. Diese Art Einband – jedoch ohne die goldgeprägten Titel – wurde auch bei Handschriften der Einbandgruppe-1 verwendet (vgl. Kap. 4.5), aus der drei eindeutig von Sonnenthal stammen (Ms. 158, Ms. 185 und Ms. 209). Bei den Drucken ist unter anderem Mc 34, der einen Besitzvermerk Sonnenthals trägt, von einem solchen Einband umschlossen. Solche Einbände findet man in der Bibliothek aber nicht nur unter der Signatur ‚Mc'. Vielmehr sind sie in allen anderen Signaturengruppen vertreten. Vereinzelt finden sich auch hier Drucke, die definitiv von Sonnenthal stammen.[18] Eine Entscheidung, jene Halblederbände als möglichen Beleg für eine Sonnenthal'sche Herkunft zu werten, ist daher auf den ersten Blick nachvollziehbar, auch wenn bei vielen Exemplaren ein Sonnenthal'sches Exlibris oder ein Besitzvermerk fehlt. Letzteres lässt sich damit erklären, dass viele Besitzer erst dann einen derartigen Hinweis im Buch hinterlassen, wenn sie den Titel an andere verleihen. Dennoch ist der Ansatz, das Äußere dieser Halblederbände als Indiz für eine Sonnenthal'sche Provenienz in Anspruch zu nehmen, problematisch, wie im Folgenden dargelegt wird.

5.3 Hypothesen durch Ableitungen

Nähme man an, dass sämtliche Halblederbände mit Kibitzpapier auf eine Sonnenthal'sche Provenienz veweisen, beträfe das nicht nur den Großteil der Drucke der Signatur ‚Mc', sondern auch viele andere Titel aus verschiedensten Signaturengruppen der LSB, was zwangsläufig in die Schlussfolgerung einer äußerst umfangreichen ‚Supersammlung Sonnenthal' mündete: Zum sicher rekonstruierten Sonnenthal'schen Bestand von 137 Handschriften und Drucken würden nicht allein pauschal die über 250 Bände zählende Gruppe alchemischer Drucke (‚Mc') hinzugefügt. Zahllose weitere Bände der Bibliothek würden allein aufgrund ihres Einbands mit einem Schlag als ehemalige Bücher des Freiherrn klassifiziert. Das quantitative Ausmaß dessen einstmaliger Büchersammlung erreichte auf diese Weise Dimensionen, die wohl das Zehnfache jener 137 Bücher ausmachten,[19] die bisher eindeutig dieser Provenienz zugerechnet werden können. Die Existenz einer solchen ‚Supersammlung' ist aus drei Gründen unwahrscheinlich.

Zum ersten spricht die Tatsache, dass das besagte Kiebitzpapier ein sehr beliebtes und verbreitetes Buntpapier war, das häufig bei Halblederbänden verwendet wurde, dagegen. Es handelt sich um eine gängige Standardausführung von Buchbindern (vgl. Kap. 4.5), die nicht zwangsläufig auf eine Person hindeuten muss. Zweitens widerlegen die Handschriften und Drucke, die Besitz- oder Schreibervermerke anderer Provenienz enthalten, eine derartige Sonnenthal'sche ‚Supersammlung'. Allein in den thematisch Sonnenthal nächstliegenden Sektionen ‚Mc' und ‚Md' (Magie) gibt es mehrere solcher Fälle, z.B. Mc 32 (Exlibris der Augsburg-Nürnberger Familie Scheidlin),[20] Mc 46 (Supralibros Paulus Bruckner

18 Ü-LSB, Ba 223, Ba 227, Da 209 und Da 345.

19 Es handelt sich hier um eine augenscheinliche Schätzung des Magazins der LSB. Ich habe die Halblederbände mit Kiebitzpapier im Gesamtbestand der historischen Bibliothek nicht durchgezählt.

20 Vgl. STADTLEXIKON-AUGSBURG, online (13.08.2015).

aus Schweinfurt, 1558–1621),[21] Mc 115 (Supralibros Wilhelm Hilmar von Grapendorf, preußischer Oberjägermeister und Freimaurer, 1709–1782),[22] Md 9 (Johann Stephan Burgermeister von Deizisau, Ulmer Jurist und kaiserlicher Rat, 1663–1722)[23] oder Md 37 (Johann Georg Benedikt Kefer, Priester, Lehrer und Professor für Dogmatik und Kirchengeschichte, 1774–1833)[24]. Sie stehen exemplarisch dafür, dass auch andere Personen ein Interesse an Alchemie und damit verwandten Themen hatten. Deren Bücher können ebenfalls aufgrund des Engagements von Franz Sales Wocheler in die Bibliothek gelangt sein, wie z.B. nachweislich der Nachlass von Johann Georg Kefer.[25] Die Existenz einiger Dubletten unter den alchemischen und chemischen Drucken spricht für diese Möglichkeit.[26] Drittens schließlich wäre das offenkundige Schweigen der offiziellen Bibliotheksquellen über den Zugang einer wohl nahezu tausend Exemplare zählenden Büchersammlung unerklärlich. Schon allein die Tatsache, dass lediglich in den privaten Notizen des Bibliothekars Haid der Zuschuss Wochelers für die nicht klarer definierten „Baron von Sonnenthal'schen Bücher" vermerkt wurde, ist sehr verwunderlich. Wie dargelegt (vgl. Kap. 2.1 und 3.3), war der gesellschaftliche Argwohn gegen die verschiedenen Spielarten der Alchemie sowie gegen geheime Gesellschaften nicht in derart hohem Maß ausgeprägt, dass man eine solche Bestandserweiterung hätte vertuschen müssen. Und die Biografie Wochelers offenbart, dass er selbstbewusst genug gewesen sein dürfte, eine solche Entscheidung rigoros zu verteidigen. Vermutlich hatte Wendelin Haid, der hauptberuflich als Kooperator/Vikar von Wocheler tätig war, in seinem Nebenberuf als Bibliothekar (1832–1845)[27] schlicht nicht immer die zeitlichen Kapazitäten, das Erwerbungsbuch und die Bibliotheksdokumente auf dem Laufenden zu halten. Hätte es sich nun aber bei den Sonnenthal'schen Büchern um ein viele hundert Handschriften und Drucke zählendes Ensemble gehandelt, kann m.E. davon ausgegangen werden, dass dies von Haid zumindest summarisch festgehalten worden wäre. Mutmaßungen über eine ‚Supersammlung' Sonnenthal, die sich aus rein einbandbasierten Befunden unter den Handschriften und Drucken ableiten, bleiben daher hypothetisch.

Die Annahme Kobergs zur Provenienz der Sektion ‚Mc', ob sie sich nun auf Äußerlichkeiten oder auf den inhaltlichen Schwerpunkt gründete, kann in dieser Pauschalität nicht bestätigt werden. Auch wenn es möglich ist, dass die Zahl der Bücher Sonnenthals, die 1835 für die Bibliothek gekauft wurden, höher als die rekonstruierbaren 137 Stücke war, kann sie weder durch äußerliche noch inhaltliche Ableitungen weiter präzisiert werden: Die rekonstruierbare ‚Sammlung Sonnenthal' setzt sich daher aus einem Kern von 92 eindeutig belegbaren Titeln und dessen indizienbasierter Erweiterung um 45 Handschriften und einem Druck zusammen (vgl. Anhang A, Tabellen 1.1 und 1.2).

---

21 Vgl. MÜLLER, Der Schweinfurter Ratsadvokat Prückner (2004).
22 Vgl. GERLACH, Freimaurer im alten Preußen (2014), S. 227.
23 Vgl. STEFFENHAGEN, Art. ‚Burgermeister von Deizisau, Johann Stephan' (1876).
24 Vgl. KÖNIG, Art. ‚Benedikt Georg Kefer' (1881).
25 Vgl. KUNZER, Katalog LSB (1898), S. XII.
26 Vgl. exemplarisch Ü-LSB, Mc 1 und Mc 1a, Mc 66 und 66a, oder Mc 153 und Mc 153a.
27 Vgl. KUNZER, Katalog LSB (1898), S. IX–X, und SEMLER, Leopold-Sophien-Bibliothek (1957/58), S. 131.

6 Die Sammlungsgenese – Bezugswege und ihre Kontexte

Welche Personen letztlich auch an der Zusammenstellung der alchemischen Handschriften- und Druckbestände der LSB beteiligt waren, sie gelangten auf verschiedenen Wegen an die Bücher. Das folgende Kapitel stellt exemplarisch für die Handschriften mögliche Produktions- und Erwerbungssituationen vor. Sie zeigen, dass Sonnenthal oder andere beteiligte Personen Manuskripte selbst abschreiben, als Erbstücke entgegennehmen oder käuflich erwerben konnten. Der Bezug über den öffentlichen Handel offenbart dabei Verbindungen zu geheimgesellschaftlichen Kontexten, wie zwei Beispiele zeitgenössischer Handschriftenangebote belegen. Dass hierbei nicht nur Einzelstücke sondern auch Teilsammlungen in eine Sammlung eingegliedert wurden, verdeutlicht schließlich die markante Binnensammlung um die paläographische Gruppe-188. Die dargestellten Beispiele begründen die These, dass auch für die alchemischen Überlinger Handschriften in merklicher Weise geheimgesellschaftliche Kreise als Bezugskontexte anzunehmen sind.

6.1 Erbstücke und Abschriften

Die in Kap. 3.1.1 als Familienerbstück deklarierte Sammelhandschrift von Gabriel Örtel (Ü-LSB, Ms. 156) steht exemplarisch für den Bezugsweg über Erbe. Der Eigentumsübergang im Rahmen von Vererbung oder Schenkung stellt bei sammlungsgenetischen Überlegungen eine überzeitliche Konstante dar. Gleichwohl hierfür keine weiteren Belege aus den Überlinger Alchemica angeführt werden können, ist auch für diesen Bestand wahrscheinlich, dass sich mehrere Stücke darunter befinden, die auf familiärer oder freundschaftlicher Basis vererbt oder verschenkt wurden.

Die Handschriften von der Hand Sonnenthals belegen (vgl. Kap. 5.1), dass er aus verschiedenen Druckwerken exzerpierte und abschrieb. Woher die Vorlagen stammten, lässt sich nicht definitiv nachweisen, jedoch könnten manche – z.B. Martin Schmucks *Thesaurioli, Secretorum Naturalium, Chymicorum, et Medicorum* von 1642 (Ü-LSB, Ms. 288) oder Bernard G. Penots *Theophrastisch Vade mecum* 1596 in Magdeburg erschienen (Ü-LSB, Ms. 293) – durchaus in der umfangreichen Bibliothek des Hauses Waldburg gestanden haben. Bereits der als ‚Bauernjörg' bekannt gewordene Graf Georg III. von Waldburg-Zeil (1488–1531) besaß eine stattliche Zahl an Handschriften, darunter mehrere, nicht genauer definierte „seltsame Bücher".[1] Besonders hervorzuheben ist Graf Max Willibald von Waldburg-Wolfegg (1604–1661), der noch 1907 explizit als „Alchimist" bezeichnet wurde, ein eigenes Labor unterhielt und sich finanziell – wie erfolglos – an alchemischen

1 Pappenheim, Chronik der Truchsessen von Waldburg, Bd. 1 (1777), zitiert nach MÖßLE, Maximilian Wunibald von Waldburg-Zeil-Trauchburg (1968), S. 33.

Prozessen beteiligte.[2] Seine Bücher dürften in den Buchbesitz des Herrschaftshauses übergegangen sein. Noch Jahrzehnte später bemühte sich Graf Franz Anton von Waldburg-Zeil (1714–1790) intensiv um die Zeiler Bibliothek.[3] Es ist davon auszugehen, dass Sonnenthal als hochrangiger Beamter Zugang zu den Bibliotheken in Zeil und Wolfegg hatte.[4] Auch wenn eine Überprüfung durch mich vor Ort aus arbeitsökonomischen Gründen nicht erfolgte, besteht die Möglichkeit, dass Sonnenthal in diesen Büchersammlungen manche seiner Vorlagen fand.

Noch weitere Überlinger Manuskripte stellen Abschriften von bzw. Exzerptsammlungen aus Drucken dar, so beruht z.B. Ms. 165 auf dem 1717 in Hamburg erschienenen Druck *Basilius Innovatus, Das ist: Fr. Basilii Valentini Ordin. Benedict. Chymische Schrifften*, die Handschriften Ms. 249 und Ms. 259 sind Abschriften des 1669 erschienen Drucks von Johann August von Crantzberg *Preißwürdiger Nie vorhin so gesehener Probier-Stein Der güldinen Natur*, und Ms. 289 enthält Auszüge des 1572 erstmals erschienenen *De Lapide Philosophorum drey Tractat Philippi Theophrasti Paracelsi.*

Den Druckvorlagen zu Seite stehen die Vorlagen, die – mangels nachweisbarer gedruckter Parallelüberlieferungen – mutmaßlich nur handschriftlich vorliegen. So korrespondieren z.B. die Titel zweier Handschriften in der Sächsischen Landesbibliothek Dresden (Ms. N 111 und Ms. N 161)[5] mit dem Titel von Ü-LSB, Ms. 167, Abraham ben Simon: *Bücher der wahren Praktiken Kabbala und Magie.* In den Beständen der Universitätsbibliothek Hamburg liegen gleichfalls mögliche Parallelüberlieferungen zu Texten oder Verfassern von Überlinger Handschriften vor.[6] Die Hamburger Handschrift UB Cod. Alchim. 619 z.B. spricht von *Azaharasch: Sieben Säulen und Tabellen*, die von Johann Philipp Eberhard übersetzt worden seien, während in Ü-LSB, Ms. 188 im zweiten Teil ein Pater Eber Hartus *dei* [!] *7 Seillen des großen Meysters Azaharasch*[7] erläutert. Und bei unterschiedlichen Texten ist sowohl in Hamburg, SUB, Cod. Alchim. 622 als auch in Ü-LSB, Ms. 189 die Rede von einem Ps.-Trithemius, der einen Text des Jamblichius übersetzt habe.[8] Wenn auch der Status als Parallelüberlieferung erst durch eingehende Textvergleiche vollends nachgewiesen werden kann, deuten die übereinstimmenden Verbindungen zwischen Titeln und Autoren innerhalb verschiedener Handschriftensammlungen darauf hin, dass sich dahinter identische oder verwandte Texte verbergen, die nur handschriftlich zirkulierten.

---

2 VOCHEZER, Geschichte des fürstlichen Hauses Waldburg, Bd. 3 (1907), S. 982–984.
3 Vgl. MÖßLE, Maximilian Wunibald von Waldburg-Zeil-Trauchburg (1968), S. 34.
4 Vgl. MAYER, Ein Hort des Wissens und der Bildung (2012), S. 97.
5 Vgl. SCHNORR VON CAROLSFELD/SCHMIDT, Katalog der Handschriften in Dresden (1906).
6 Vgl. PAULUS, Katalog (1995).
7 Ü-LSB, Ms. 188, S. 35.
8 Vgl. weiter Kap. 10.2, *Mögliche handschriftliche Parallelüberlieferungen*.

6.2 Der öffentliche Handschriftenhandel

Im 18. Jahrhundert bot neben Vererbung, Schenkung und Abschrift auch der – mitunter durch aufklärerisches Wirken mitgeförderte – breite öffentliche Markt Möglichkeiten des Erwerbs alchemischer Handschriften. Manche Aufklärer versuchten, aus ihrer Sicht irrationale oder diskussionswürdige Inhalte dadurch zu neutralisieren bzw. zu entkräften, dass sie sie allgemein verfügbar machten, um jedem Interessierten die Möglichkeit zu bieten, sich selbst von deren Fragwürdigkeit zu überzeugen. Wie Stephan Bachter am Beispiel von Zauberbüchern des 18. Jahrhunderts untersuchte, konnte die Präsenz solcher Angebote mitunter die Nachfrage nach solchen Texten fördern und damit ihre öffentliche Zirkulation begünstigen.[9]

Bereits 1710 veröffentlichte Samuel Schröer ein Angebot über als magisch-kabbalistisch-chymisch bezeichnete Drucke und Manuskripte, die er komplett für 4000 Reichstaler zu veräußern hoffte.[10] Dieser durch Roth-Scholtz 1732 nachgedruckte Katalog enthält vereinzelt Titel, die in ihrer Wortwahl solchen der Überlinger Manuskripte ähneln.[11] Für die vorliegende Arbeit sind aber aufgrund präziserer Übereinstimmungen spätere Verkaufsanzeigen besonders interessant. 1786, kurz nachdem Kaiser Joseph II. sein Freimaurerpatent erlassen hatte, veröffentlichte Maximilian Joseph von Linden (1736–1801), ein Freimaurer und Rosenkreuzer,[12] anonym einen gedruckten Angebotskatalog, den *Catalogus manuscriptorum chemico-alchemico-magico-cabalistico-medico-physico-curiosorum* (im Folgenden *Catalogus manuscriptorum*).[13] Dieser besteht aus einem Hauptteil sowie einem Anhang. „Die Werke, die er [= der Katalog] enthält, sind in ihrer Art so sonderbar, daß es nicht nöthig ist, sie weitläuftig anzupreisen, ihr Name, und der von ihren ehemaligen Besitzeren ist ihre Empfehlung."[14] Die Handschriften wurden nicht zum

9 Vgl. hierzu BACHTER, Anleitung zum Aberglauben (2005).

10 Vgl. Roth-Scholtz, Catalogus rariorum librorum et manuscriptorum (1732), S. 1.

11 So vermerkt z.B. Nr. 15 aus Roth-Scholtzens Katalog einen *Speculum Salomonis, sive Sphaera universae Sapientiae & Scientiae* und Ü-LSB, Ms. 260 enthält *Der Spiegel Salomonis, oder die Sphaeram aller Weisheit zu bereiten*.

12 Von Linden war k.k. Administrationsrat im Banat, Freimaurerbruder in mehreren Logen, Asiatischer Bruder, Gold- und Rosenkreuzer und an alchemischen und magischen Schriften interessiert, vgl. KODEK, Brüder (2011), S. 147. Zu von Linden vgl. auch ABAFI, Geschichte der Freimaurerei (1893), Bd. 3, S. 318f.: „Als überaus eifriger Rosenkreuzer widmete er sein ganzes Leben chemisch-physikalischen Versuchen, als deren Frucht er eine Reihe einschlägiger Werke veröffentlichte [...]".

13 Linden, Catalogus Manuscriptorum (1786). – Zu diesem vgl. KOPP, Die Alchemie in älterer und jüngerer Zeit, Bd. 2 (2013 [1886]), S. 223–224, sowie E.F. und H.H., Liquidierung der Alchemie (1948), S. 5–6. Die letztgenannte Mitteilung erwähnt, dass 1788 ein Katalog gleichen Titels beim Wiener Buchhändler Johann Georg Binz erschienen sei, für den ebenfalls von Linden als Verfassser in Betracht käme. In den Datenbanken ist dieser Titel nicht erfasst, vgl. KVK, online (28.11.2018). Vermutlich handelt es sich um eine irrtümliche Datierung des *Catalogus manuscriptorum* und dessen Zuschreibung zu Binz. Dieser publizierte 1791 ein *Verzeichnis von chymischen, alchymischen, physikalischen, theosophischen, kabalistischen und Kunstbüchern*, die zum Verkauf standen. Dieser alphabetisch geordnete Katalog umfasst 238 Seiten.

14 Linden, Catalogus Manuscriptorum (1786), S. 3f.

Verkauf, sondern zum Erwerb einzelner Abschriften angeboten.[15] Man wolle so auch die eigenen „Unkösten“ ausgleichen.[16] Der Preis der Abschriften, die sorgfältig von „Herrn Gräffer dem jüngern“[17] – wohl der Bruder des angesehenen Wiener Buchhändlers und Freimaurers Rudolph Gräffer[18] – ausgeführt würden, konnte einer vorangestellten Tabelle entnommen werden: Für 15 Kreuzer erhielt man z.B. auf einem Viertelbogen eine Abschrift von Katalognummer 51: *Probe aus Goldkiesen*, und für 99 Gulden die 33 Bögen zählende Abschrift von Nr. 25: *Manuscriptum quod incipit: Recipe Leonem viridem, latein, deutsch, und italiänisch, 44 Blat. Eine Sammlung verschiedener, und besonderer Arbeiten, nebst Anmerkungen über einen Arsenikal Prozeß eines Künstlers so 1749 in Wien gelebt hat.*[19] Neben diesen Preisangaben notiert von Linden in Einzelfällen auch die Preise, die die Vorbesitzer für die Stücke aufgewendet haben wollen. So enthält das Sammelwerk Nr. 310 „Eine Tinktur Antimonii um 10.000 Thaler erkauft“ oder einen Text „Bonus Goldgrube, so um 1000 Dukaten gekauft worden“.[20] Man hatte also entweder einst wahrhaft stattliche Summen in diese Texte investiert, oder aber man nannte fiktive Preise, um den jeweiligen Artikel als unwiderstehliches Schnäppchen anzupreisen. So wurden z.B. für die Abschrift von besagter Nr. 310 ‚nur‘ 100 Dukaten in Rechnung gestellt.

Als Vorbesitzer vieler Stücke führt von Linden u.a. die Sammler Christoph Gottfried Friedrich Freiherr von Engelhardt zu Schnellenstein (†1767), einen kaiserlichen Sekretär Poqnier von Jolifief, einen Joseph Leopold Franz Ferdinand Brendler von Lindenberg und einen Michael Dietmann an.[21] Erstgenannter war laut Hermann Kopp dafür bekannt, Vorhersagen mittels kabbalistischer Methoden zu erstellen und entsprechende Literatur hochzuschätzen.[22] Die Nennung der ehemaligen Sammler durch von Linden erfolgte offensichtlich als Ausdruck einer inhaltlichen Qualitätsgarantie und als Betonung der Seriosität des Angebots – dass sie auch die immer noch stattlichen Verkaufspreise rechtfertigen sollten, ist wahrscheinlich.

Von den 401 im *Catalogus manuscriptorum* numerisch aufgelisteten Angeboten kommen vier Titel als Parallelüberlieferungen von Überlinger Handschriften – keine davon kann Sonnenthal zugeordnet werden – in Frage. Ü-LSB, Ms. 171 deckt sich in Titel und Binnenstruktur mit Nr. 51 im Anhang des von Linden'schen Katalogs: *Compendiolum de Praeparatione Auri potabilis veri, Marci Eugenii Bonacinae, partes III, cum figuris*. Ü-LSB, Ms. 253, Teil 1 trägt denselben Titel wie Nr. 268: *Nobilis Joannis Kornreuther Ordinis*

15 Als Argument für diese Praxis wurde weiter angefügt, dass man zwar in Erwägung gezogen habe, die Manuskripte in einem Druck zu veröffentlichen, es aber oft nicht im Sinne eines Käufers sei, eine komplette Sammlung solch verschiedener Themen in einem gedruckten Band zu erwerben. Die Stücke aus dem Anhang hätten dem Anbieter auf diese Weise 677 Gulden eingebracht; für diese Teilsammlung bot man aber wiederum auch einen geschlossenen Ankauf der Manuskripte für 360 Gulden an, vgl. ebd., Anhang, S. 5.

16 Ebd., S. 3.

17 Ebd., S. 10.

18 FRANK/FRIMMEL, Buchwesen in Wien (2008), S. 58–62, und KODEK, Brüder (2011), S. 88.

19 Linden, Catalogus Manuscriptorum (1786), S. 18 und S. 20.

20 Ebd., S. 47.

21 Weiteres hierzu vgl. KOPP, Alchemie in älterer und neuerer Zeit, Bd. 2 (2013 [1886]), S. 222–246.

22 Vgl. KOPP, Alchemie in älterer und neuerer Zeit, Bd. 2 (2013 [1886]), S. 238f.

S. Augustini Prioris, Magia ordinis artium & Scientiarum abstrusarum, und Ü-LSB, Ms. 282 korrespondiert mit Nr. 267: *Scientia notoria, per quam omnes Scientae per breve tempus possunt aquiri, 1 Blat*. Bemerkenswert ist hier, dass auf dem Titelblatt von Ms. 282 die Ziffer „267" notiert ist.[23] Besonders hervorzuheben ist des Weiteren Ü-LSB, Ms. 263, eine Sammelhandschrift in 8 Teilen, von denen fünf mit den Abteilungen von Nr. 78 aus von Lindens Kataloganhang übereinstimmen:

> „78) Das Christophorus Gebet 17, Blätter in Fol[io] [–] Thesaurus inestimabilis & occultorum Miraculorum, sive Conclave Scientiarum Salomonis, mit Caractern 8 Blätter in [Octavo] [–] Aurifodina Trithemii, oder Herpentil, in Caractern, 8 Blätter in [duodecimo] [–] Ein Fragment von der Wirkung der Namen Gottes, 2 Blätter in Fol[io] [–] Ein Fragment von Magischen Kläckel, und andern Dingen, 7 Blätter in [Quarto]".[24]

Zwar sind die Texte in Ms. 263 in anderer Reihenfolge eingebunden, aber die Variabilität der Formate ist stimmig. Das gemeinsame Auftreten dieser fünf Texte – zusammen mit drei weiteren – in dieser Sammelhandschrift legt ebenso wie die notierte Ziffer ‚267' auf Ms. 282 eine Verbindung zu dem Katalogangebot von 1786 nahe. Wenn eine solche für Ms. 171 und Ms. 253 mangels Vergleichsmöglichkeit nicht eindeutig nachgewiesen werden kann, deuten die beobachteten Übereinstimmungen mit von Lindens *Catalogus manuscriptorum* auf einen geheimgesellschaftlichen Bezugskontext dieser vier Überlinger Handschriften hin.

Zwei spätere Verkaufsanzeigen im Leipziger *Allgemeinen Litterarischen Anzeiger* aus den Jahren 1797 und 1798 erinnern in Gestaltung und praktischer Handhabe an den *Catalogus manuscriptorum*, schließen aber zusätzlich die Option eines Gesamtkaufs ein:[25] In den Angeboten wurde hinter jeder Position ein Preis in Reichstalern angegeben. Die anonymen Anbieter von März 1797 – die Anzeige spricht vom „Nachlaß eines bekannten Adepten" und den „Erben der alchym[ischen] und magischen Manuskripte"[26] – verlangten für den Erwerb der kompletten Sammlung einen Gesamtpreis von 500 Reichstalern in Gold. Gleichzeitig wurden Interessierte dazu aufgerufen, Angebote auf die Gesamtsammlung der Leipziger Redaktion, die als Mittler angegeben wurde, bis zur Jubilate-Messe (7. Mai) zuzusenden, der Höchstbietende werde benachrichtigt. Falls jemand lediglich an einem Einzeltext interessiert sei, gebe es die Möglichkeit, eine Abschrift des Textes für den hinter der Einzelposition angegebenen Preis zu erhalten. Die Umstände des Angebots von 1798 sind ähnlich. Der ehemalige Besitzer habe den Bestand auf seinen Reisen aufwendig zusammengetragen, wolle diesen nun veräußern und „aus leicht begreiflichen Ursachen nicht bekannt sein".[27] Zwar ist keine Rede von einem fixen Mindestpreis, es wird aber no-

23 Gleichwohl dies als Indiz dafür herangezogen werden kann, dass es sich bei Ü-LSB, Ms. 282 tatsächlich um eine Abschrift des von Lindens angebotener Nr. 267 handelt, ist es irritierend, dass Nr. 267 im *Catalogus manuscriptorum* als ein Blatt angepriesen wird, Ms. 282 hingegen aus 20 Blättern besteht.

24 Linden, Catalogus Manuscriptorum (1786), [S. 61].

25 ALA, Nr. 37 (1797), Beilage, und ALA, Nr. 30 (1798), Beilage.

26 ALA, Nr. 37 (1797), Beilage, Sp. 397.

27 ALA, Nr. 30 (1798), Beilage, Sp. 309.

tiert, dass die Sammlung „nicht leicht"[28] unter vier bis fünfhundert Reichstalern in Gold abgegeben werde. Auch bei diesem Angebot wird hinzugefügt, dass bei Interesse an Einzelstücken gegen angegebene Preise („in sächsischen Münzsorten oder in Gold"[29]) Abschriften angefertigt würden. In beiden Fällen wird die Seltenheit oder Kostbarkeit der Handschriften betont. Inwiefern diese Aussagen oder die Angaben zu den Anbietern der Wahrheit entsprechen, ist nicht prüfbar. Man ging aber offenbar davon aus, für diese Manuskripte noch stattliche Geldsummen fordern zu können. Auch hier entsprechen mehrere Handschriften oder einzelne Texte aus der Überlinger Sammlung im Titelwortlaut einzelnen Positionen der Angebote im *Allgemeinen Litterarischen Anzeiger* von März 1797 und Februar 1798, wie die folgende Übersicht zeigt.

Handschriften (Ü-LSB) und Text	**ALA 1797, Nr. 37**	**ALA 1798, Nr. 30**
Ms. 173: Die allerhöchsten Geheimnisse so der Mensch unter der Sonne haben und erlangen mag, Id est alle verborgenen Dinge zu erforschen und zu wissen	Sp. 396, Nr. 60	Sp. 308, Nr. 39
Ms. 187: Johann Faust: Miracul-, Kunst und Wunderbuch	Sp. 396, Nr. 52	Sp. 307, Nr. 23
Ms. 190: Johann Franziskus Degenhart: De via quintam essentiam et particularem	Sp. 395, Nr. 4	Sp. 307, Nr. 14
Ms. 204, Teil 4: Goldener Begriff der Gold- und Rosenkreuzer	Sp. 397, Nr. 72	Sp. 308, Nr. 32
Ms. 220: (S. 1–234) Vincentius: Geheimes kabbalistisches Mysterium	Sp. 395, Nr. 8	Sp. 306, Nr. 11
Ms. 220: (S. 235–358) Vincentius: Das kabbalistische Feuer der uralten Weisen	–	Sp. 306, Nr. 11
Ms. 222, Teil 1: Basilius Valentinus: Großes Geheimnis der ägyptischen Könige	Sp. 395, Nr. 11	Sp. 306, Nr. 4

28 Ebd.
29 Ebd.

Handschriften (Ü-LSB) und Text	**ALA 1797, Nr. 37**	**ALA 1798, Nr. 30**
Ms. 223: (Vv–S. 294) Basilius Valentinus: Großes Geheimnis der ägyptischen Könige	Sp. 395, Nr. 11	Sp. 306, Nr. 4
Ms. 223: (S. 296–562): Ps.-Trithemius: Goldenes Kleinod oder Schatzkästlein	Sp. 395, Nr. 10	Sp. 306, Nr. 6
Ms. 223: (S. 296–667): Basilius Valentinus: Goldene Rose aller meiner Arzneien	Sp. 395, Nr. 2	Sp. 305, Nr. 1
Ms. 231: Ps.-Trithemius: Himmlisches [!] und übernatürliches Geheimnis des Geistes und der Seele der Welt und der natürlichen Magia	Sp. 394, Nr. 1?	Sp. 306, Nr. 5?
Ms. 234: Ps.-Trithemius: Heimliches und übernatürliches Geheimnis des Geistes und der Seele der Welt und der natürlichen Magia	Sp. 394, Nr. 1	Sp. 306, Nr. 5
Ms. 248: Das Buch der Wahrheit, Donum Dei Patris luminum genannt	Sp. 395, Nr. 3	Sp. 307, Nr. 12
Ms. 249 und Ms. 259: Johann August von Crantzberg u.a.: Preiswürdiger und nie vorhin gesehener Probierstein der goldenen Natur	Sp. 397, Nr. 66	Sp. 306, Nr. 9
Ms. 253, Teil 1: Johannes Kornreuther: Magia ordinis atrium scientiarum abstrusarum	Sp. 396, Nr. 57 (dt.) und Nr. 58 (lat.)	Sp. 309, Nr. 59
Ms. 269: Ps.-Paracelsus junior: Arcana arcanorum arcanissimum	Sp. 395, Nr. 19	Sp. 307, Nr. 15

Diese gelisteten 16 Texte in 14 Handschriften der LSB enthalten außer den Titeln keine Hinweise darauf, dass sie unmittelbar mit den beiden Angeboten zusammenhängen. Nur zwei dieser Manuskripte enthalten Kaufvermerke mit Preisen (Ü-LSB, Ms. 220 und Ms. 223). Diese korrespondieren nicht mit jenen, die in den Angeboten veranschlagt werden.[30]

Die Überschneidungen verdeutlichen, dass es sich bei einigen Überlinger Texten um Schriften handelt, die vermutlich öfter vervielfältigt wurden und innerhalb eines Kreises von potentiellen Adepten und alchemisch Interessierten kursierten. Die Verkaufsanzeigen charakterisieren die Texte thematisch explizit als alchemisch bzw. magisch. Als mögliche Anbieter wie auch Käufer sind zu diesem Zeitpunkt in erster Linie geheimgesellschaftlich aktive Personen zu vermuten. Die Formulierung der zweiten Anzeige, nach der der Besitzer „aus leicht begreiflichen Ursachen nicht bekannt sein" wolle, deutet angesichts der österreichischen und preußischen Restriktionen gegen Geheimgesellschaften 1795 bzw. 1798 (vgl. Kap. 2.1.2) einen solchen Kontext an. Es ist davon auszugehen, dass manche alchemieaffinen Personen, die diesem Interesse im Rahmen einer solchen Gesellschaft nachgegangen waren, sich angesichts obrigkeitlicher Verbote von ihren verfänglichen Buch- und Handschriftenbeständen zu trennen versuchten. Dass hierbei stattliche Verkaufssummen ins Spiel gebracht wurden, spricht dafür, dass man den Aufwand eigener Investitionen auszugleichen versuchte – wie es im *Catalogus manuscriptorum* explizit vermerkt wurde – und dass man von einer gewissen Nachfrage ausgehen konnte.

Der *Catalogus Manuscriptorum*, anonym durch einen rosenkreuzerisch tätigen Freimaurer 1786 publiziert, und die beiden Verkaufsanzeigen im *Allgemeinen litterarischen Anzeiger* belegen also, dass Ende des 18. Jahrhunderts Angebot und Nachfrage hinsichtlich alchemischer Handschriften auf einem öffentlichen Markt zusammenfinden konnten. Dieser wurde in merklicher Weise durch die Teilhabe von Mitgliedern freimaurerischer Hochgradsysteme oder der Gold- und Rosenkreuzer geprägt. Wenn die Verkäufer die angegebenen Preise auch nur annähernd durchsetzen konnten, war der Zugang zu diesem Markt nur mit einer überdurchschnittlichen Kaufkraft möglich und damit auch aus ökonomischer Sicht exklusiv. Dass Sonnenthal und andere aus der adlig-bürgerlichen Elite ihre Büchersammlungen auf diesem Weg ergänzten, ist eine naheliegende Vermutung. Wenn auch der Name des freimaurerischen Herausgebers Maximilian Joseph von Linden im *Catalogus Manuscriptorum* ungenannt bleibt: Der Abschreiber der bestellten Abschriften, Herr Gräffer junior, Bruder eines angesehenen Wiener Buchhändlers und Freimaurers, sowie zahlreiche Vorbesitzer der genannten Handschriften werden namentlich erwähnt und quasi als Gewährsleute für die gestalterische und inhaltliche Qualität angeführt.[31] Dem gegenüber weist wenige Jahre später in den Anzeigen von 1797 und 1798 die explizite Anonymität der Verkäufer und der Einsatz eines vermittelnden Dritten darauf hin, dass es mitunter nicht unverfänglich war, in der breiteren Öffentlichkeit als

30 Ü-LSB, MS. 220 spricht von 54 aufgewendeten Talern, die Preise von 1797 bzw. 1798 lagen bei 30 bzw. 20 Talern. Die drei Texte, die in Ms. 223 vereint sind, hätten 1797 zusammen 33 Taler, 1798 derer 51 gekostet. Die Handschrift enthält aber den Kaufvermerk von 3180 Talern.

31 Vgl. KOPP, Alchemie in älterer und neuerer Zeit, Bd. 2 (2013 [1886]), S. 223f.

Interessent alchemischer und magischer Inhalte in Erscheinung zu treten. Dieser Umstand dürfte mehr den zahlreichen Verboten geheimer Gesellschaften als einem nachlassenden Interesse an Alchemie geschuldet gewesen sein.

Alchemische Schriften für 100 Gulden? – Exkurs

Angesichts der Preisvorstellungen in den angeführten Verkaufsangeboten ist an dieser Stelle in einem kurzen Exkurs auf den Geldbetrag Wochelers einzugehen, den er 1835 für die Sonnenthal'schen Bücher gab. Kann anhand der obigen Preisangaben abgeschätzt werden, wie viele alchemische Handschriften und Drucke er für 100 Gulden annähernd erwerben konnte? Den Gesamtwert seiner 10.000 gestifteten Bücher schätzte Wocheler einst auf 30.000 Gulden.[32] In einem pauschalen analogen Rückschluss dazu hätte er 1835 mit 100 Gulden – die dem Jahresgehalt des Bibliothekars Haid entsprachen[33] – bestenfalls etwas mehr als 30 Titel erwerben können. Es befinden sich aber 137 Handschriften und Drucke Sonnenthals in der LSB.

1710 verlangte Samuel Schröer für 149 Titel eine Gesamtsumme von viertausend Reichstalern. 1786 konnte von Linden für eine Abschrift von 33 Bögen allein noch 99 Gulden fordern. Für die 1797 im *Allgemeinen litterarischen Anzeiger* angebotenen 78 Positionen wurde als Gesamtpreis die Summe von 500 Reichstalern ausgerufen. Es ist unbestätigt, ob die geforderten Beträge in der Regel in voller Höhe erzielt wurden. Auch befanden sich unter den Angeboten des *Allgemeinen litterarischen Anzeigers* Titel, für die lediglich wenige Groschen verlangt wurden, es gab also auch preisgünstige Texte. Aus den erwähnten Angeboten lässt sich von 1710 bis 1798 ein leichter Preisverfall ablesen, der sich bis 1835 angesichts verschiedener Umstände – allen voran die Folgen der Koalitionskriege gegen Napoleon – fortgesetzt haben dürfte. Die Überlinger Alchemica decken hinsichtlich ihres Erhaltungszustandes und ihrer Ausführung außerdem die ganze Bandbreite von gut erhalten bis stark beschädigt, von sehr sorgfältig bis lieblos ab. Kombiniert man dies mit dem genannten Preisverfall ist es also nicht unwahrscheinlich, dass Wocheler 1835 mit 100 Gulden deutlich mehr als 30 Handschriften und Drucke, darunter viele primär alchemischen Inhalts, erstanden hat.

6.3 Geheimgesellschaftliche Kontexte: Die (Gold- und) Rosenkreuzer

Wie eben dargelegt, partizipierten am öffentlichen alchemischen Handschriftenmarkt vorrangig geheimgesellschaftliche Kreise. Das folgende Unterkapitel stellt in diesem Zusammenhang für eine Binnensammlung der Überlinger alchemischen Handschriften die These vor, dass dieses Teilensemble einst unter einer Gruppe von Rosenkreuzern kursierte. Die Bedeutung kodikologischer Befunde zu Wasserzeichen oder Einbänden für Fragen

32 KUNZER, Katalog LSB (1898), S. VIII.
33 Vgl. SEMLER, Leopold-Sophien-Bibliothek (1957/58), S. 123.

der Provenienz wurde bei der Behandlung der Sonnenthal'schen Provenienz bereits diskutiert (vgl. Kap. 5.2). Für die dabei behandelte Arnstadtgruppe und die paläographische Gruppe-188 sind diese Gesichtspunkte ein weiteres Mal aufzugreifen und um die Aspekte ‚Einbände' und ‚Signaturen' zu ergänzen. So kann gezeigt werden, dass diese Exemplare einst eine gesonderte Sammlung bildeten. Wenn diese Handschriften auch über Sonnenthal und seine Station in Wolfegg in die LSB gelangt sein mögen, steht die Frage nach ihrem Vorleben im Raum. Wo wurden sie aufgeschrieben, wer benutzte sie und wie gelangten sie nach Wolfegg? Im Folgenden wird zusammengefasst, aufgrund welcher kodikologischer Beobachtungen und erwerbungsgeschichtlicher Informationen diese Binnensammlung als solche aufzufassen ist. Danach stelle ich eine Theorie hinsichtlich möglicher rosenkreuzerischer Nutzerkreise dieses Ensembles vor.

6.3.1 Eine Überlinger Binnensammlung

Wie erwähnt, ist die Arnstadtgruppe in der Gruppe-188 enthalten (vgl. Kap. 4.2 und 4.3). Beide Gruppen stehen darüber hinaus auch über ihre Einbände und ihre alten Signaturen in Zusammenhang. Alle dreizehn Handschriften, die Einbandgruppe-2 und Einbandgruppe-3 zugeordnet werden können (vgl. Kap. 4.5), stammen aus der paläographischen Gruppe-188. Von diesen dreizehn tragen wiederum zwölf das Arnstädter Wasserzeichen. Die Einbände der Gruppen zwei und drei weisen bis auf eine Handschrift (Ü-LSB, Ms. 231) neben den Signaturen der LSB eine ältere Signaturreihe, meist auf ornamental ausgeschnittenen Papierklebern, auf. Zusätzlich sind auf bzw. in weiteren, schmucklos eingebundenen Handschriften aus der Gruppe-188 alte Signaturen im selben Schreibduktus notiert, so dass insgesamt 20 Handschriften gleichartige alte Signaturen aufweisen.[34] Die höchste dieser Signaturen lautet ‚67'. Diese 20 Stücke entstammen also einer Sammlung, die einst mindestens 67 Titel umfasste. Es ist weiter zu vermuten, dass zu dieser Sammlung auch jene Handschriften der Einbandgruppe-1 gehörten, die gleichzeitig Bestandteil der Gruppe-188 sind und häufig neben dem Arnstadt-Wasserzeichen auch jenes von Wolfegg tragen: Sie wurden wohl in Wolfegg neu gebunden und haben dabei die alte Signatur verloren.

Anhand des Arnstädter Wasserzeichens lässt sich erschließen, dass das verwendete Papier zwischen 1733 und 1755 in Thüringen hergestellt wurde. Viele Exemplare der Überlinger Gruppe-188 enthalten zudem Kaufvermerke,[35] von denen sechs Datierungen vorweisen, die den Wasserzeichenbefund stützen:

> Ms. 197: „Constat [!] 650 Th[a]l[er] den 3. Januari 1741",
> Ms. 212: „Costet 154 th[a]l[er] an[n]o 1739",
> Ms. 223: „kommt mir zu zahlen über 3180 Th[a]l[er] ohne die große Mühe ab zuschreibe[n] doch ist es tausent mahl mehr werth [...] 1738",

34 Es handelt sich um die Ziffern 1, 9, 10, 11, 12, 14, 15, 16, 19, 21, 22, 24, 27, 29, 36, 41, 48, 49, 52 und 67.

35 Ü-LSB, Mss. 189, 194, 195, 196, 197, 205, 207, 212, 218, 219, 220, 223, 224, 226, 227 und 228.

Ms. 224: „Vincenti 3 Sachen: Kleeblatt kost mich 120 th[a]l[er] Das Schatz Kästlein kost mich 160 Th[a]l[er] [...]. Dieses buch habe abgeschrieben anno 1736. Kostet mich 164 th[a]l[er]",
Ms. 227: „Dieses Manuscript Costet mich 70 [Thaler] bahres gelt: Anno 1740 den 22. October" und
Ms. 228: „Constat [Tilgung] Th[a]l[er] Anno 1740 den 16. November".[36]

Diese Einträge präzisieren also die wasserzeichenbasierte Datierung und weisen in die Jahre zwischen 1736 und 1740. Der Schreibduktus der Kaufvermerke gleicht dem der Haupthand, bestätigt also die Aussage aus der Handschrift Ü-LSB, Ms. 224, nach der der Text selbst abgeschrieben wurde, wobei sich die Frage stellt, weshalb dennoch 164 Taler aufgewendet werden mussten. Dies widerspricht eklatant dem Eintrag in Ü-LSB, Ms. 223, nach dem man sich die Mühe der Abschrift gegen Zahlung erspart habe. Allein: Die Schreiberhand der Notiz ist auch in Ms. 223 identisch mit der Texthand.

Neben der großen Spannbreite bei den Preisangaben – sie reichen von 20 (Ü-LSB, Ms. 226) bis 3180 Taler (Ü-LSB, Ms. 223) – fällt eine Wendung in Ü-LSB, Ms. 207 auf, nach der die Handschrift „uns" 1000 Taler kostete.[37] Zwar kann es sich hier um die Verwendung des pluralis majestatis handeln, zwischen all den anderen Kaufnachrichten, die fast alle in der ersten Person Singular notiert wurden, sticht dieser Eintrag aber heraus. Eventuell wurde dieser hohe Betrag – sofern es sich nicht um eine fiktive, mutmaßlich wertsteigernde Zahl handelt – tatsächlich von mehreren Personen aufgebracht. Dies wiederum spräche dafür, dass es sich bei den Handschriften um die Reste einer Bibliothek handelt, an deren Entstehung und Nutzung mehrere Personen teilhatten.

Aufgrund der dargestellten Beobachtungen entsteht der Eindruck, dass es sich bei diesen 20 Stücken um Exemplare einer ehemals umfangreichen Sammlung alchemischer Handschriften handelt, die im heutigen ostdeutschen Raum aufgezeichnet worden sein könnte. Der Standort der Papiermühle in Thüringen garantiert jedoch nicht zwangsläufig die dortige Entstehung. Da man bei der Verwendung von Währungseinheiten die Tendenz beobachten kann, dass im Süden des deutschsprachigen Gebiets eher von ‚Gulden', im Norden vermehrt von ‚Talern' gesprochen wurde, spricht die verwendete Abkürzung ‚thl' aber ebenfalls für diese – grobe – Lokalisierung.[38]

Die Kaufvermerke sprechen stellenweise – wie auch vereinzelte Einträge im oben erwähnten *Catalogus manuscriptorum* – von fabelhaft großen Summen, die für den Erwerb

36 Ü-LSB, Mss. 197, IIIv, 212, IIv, 223, S. 682, 224, Iv, 227, IIIv, und 228, VIIIv.

37 Ü-LSB, Ms. 207, IIr.

38 Die Währungssysteme im 18. Jahrhundert variierten innerhalb der verschiedenen Territorien mannigfach und Leit- sowie Untereinheiten wurden uneinheitlich verwendet. Es gab Reichstaler, Taler, Goldgulden, Guldengroschen, Flore/in, Dukaten u.v.m. In der Mitte des 18. Jahrhunderts galt im Habsburger Gebiet ein Reichstaler als anderthalb, im Württemberger Raum als zwei Gulden. Im Königreich Bayern bestand ein Gulden aus 15 Batzen, im sächsischen Gebiet hatte ein Dukat den Wert von vier Gulden, im Königreich Preußen bestand ein Reichstaler aus 24 Gutergroschen u.s.w. Dazu kamen diverse Reformierungsversuche wie z.B. 1750 eine preußische Währungsreform, oder 1753 eine bayerisch-österreichische. Vgl. KAHNT/KNORR, Alte Maße (1986) und VERDENHALVEN, Alte Meß- und Währungssysteme (1998), S. 90–103.

der Manuskripte aufgewendet wurden, lassen aber Zweifel daran aufkommen, dass die Handschriften selbst abgeschrieben wurden. Der paläographische Befund spricht eindeutig für letzteres, die investierten Geldsummen muten in diesem Zusammenhang aber seltsam an, zumal nur ein Eintrag (Ü-LSB, Ms. 224) davon spricht, dass man die Handschrift selbst abgeschrieben habe. In diesem Zusammenhang ist interessant, dass in der Universitätsbibliothek Dresden mit Ms. Dresd. N. 158, *Tesdamendum der Frader Aurae vel Rosae als gewiße Exstases*, eine Handschrift liegt, die in ihrer Schreiberhand der Überlinger Gruppe-188 zuzuordnen ist und mit ihrem Titel auf die Gold- und Rosenkreuzer hindeutet. Diese Handschrift, die sich in ihrem Einband gänzlich von jenen in Überlingen unterscheidet und auch keine der alten Signaturen der Überlinger Exemplare trägt, enthält den Vermerk „Bibl. El. Sax. Publ. Donavit Ill. Graefe. [und die Rubrik:] Pseudophil." Die Person des „Ill. Graefe" konnte nicht genauer identifiziert werden.[39] Auch korrespondiert diese kurze Information mit keinem Eintrag einer Überlinger Handschrift. So dient Ms. Dresd. N. 158 als Beweis dafür, dass der anonyme Schreiber der Gruppe-188 wohl noch mehr Handschriften produzierte. Ob er seinerzeit seine Produkte bei verschiedenen Interessenten erfolgreich zu platzieren vermochte, oder ob einst eine reine Gruppe-188-Handschriftensammlung existierte, deren Bestandteile sich bei einer mutmaßlichen Auflösung des Ensembles zerstreuten, bleibt vorerst unklar und konkrete Produktions-, Erwerbungs- wie auch Verbreitungsszenarien damit diffus. Die Exemplare enthalten keine Hinweise darauf, wann und wie die Handschriften nach Wolfegg kamen. Die Wasserzeichenbefunde des verwendeten Wolfegger Papiers in den Vorsatzblättern mancher Stücke belegen aber, *dass* sie in das dortige Umfeld gelangten. Das Alter des Papiers (~1740–1781) führt zur Annahme, dass diese Handschriften bereits vor Sonnenthals Dienstantritt 1790 in Wolfegg lagen. Max Willibald, der prominente Alchemiker in Wolfegg, der 1661 starb (vgl. Kap. 6.1), kann diese Manuskripte aus der ersten Hälfte des 18. Jahrhunderts jedoch definitiv nicht erworben haben. Weder Vochezer noch Mößle noch Beck erwähnen aber nach Graf Max Willibald weitere ausgewiesene alchemisch interessierte Vertreter des Hauses Waldburg-Wolfegg-Waldsee.[40] Es ist vorstellbar, dass Sonnenthal diese Handschriften während seiner Wolfegger Dienstzeit erstand und einzelne davon neu binden ließ, wobei das deutlich ältere Papier dieser Region verwendet wurde. Konkrete Hinweise, die diesen Sachverhalt klarer werden ließen, liegen nicht vor. Hinsichtlich einer Theorie über die Nutzerkreise der Handschriften vor Wolfegg bzw. Sonnenthal eröffnet aber Ü-LSB, Ms. 182 einen Zugang.

6.3.2 Rosenkreuzerische Provenienz: Die Initialen GF(rd)

Ü-LSB, Ms. 182, Ps.-Albertus Magnus: *Das goldene ABC*, ist eine Handschrift, die augenscheinlich nichts mit der Gruppe-188 gemeinsam hat. Sie schließt mit der stolzen Bemerkung „S[oli] D[eo] G[ratia] Haussen Scripsi haec aetatis anno 76mo 7 Monat[en] 9 Ta-

39 Abteilung N wurde von Franz Schnorr von Carolsfeld bearbeitet, vgl. SCHNORR VON CAROLSFELD/SCHMIDT, Handschriften Dresden, Bd. 3 (1906), S. VI.

40 Vgl. VOCHEZER, Geschichte des fürstlichen Hauses Waldburg, Bd. 3 (1907), MÖSSLE, Maximilian Wunibald von Waldburg-Zeil-Trauchburg (1968) und BECK, unschuldiges Staatsopfer (2006).

ge[n] alles ohne Brille. Gliuxbrunn d[en] 20. Jul[i] 1801". Es handelt sich bei dem 76-jährigen Schreiber wohl um Johann Salomon Haussen (1729–1802). Er hatte das Amt des Berginspektors in Glücksbrunn inne, interessierte sich für Geheimwissenschaften und war der Urgroßvater von Carl Kiesewetter (1854–1895),[41] einem der ersten Okkultismusforscher in Deutschland.[42] Jedoch stimmen die Angaben des Schreibervermerks nicht mit den Lebensdaten überein, die Sudhoff ermitteln konnte: Im Jahr 1801 war Johann Salomon Haussen laut Karl Sudhoff höchstens 72 Jahre alt.[43] Dass er dennoch der Schreiber von Ü-LSB, Ms. 182 war (vgl. Anhang B, Abb. 11), belegt in München die Handschrift BSB, Kiesewetteriana 30. Es handelt sich um ein Autograph Haussens, nämlich eine Abschrift des *Briefwechsel*[s] *Tobias Schultzens, Ehelichs und Haußens.* Zwar wechselt innerhalb dieser Abschrift der Schreibduktus von lateinischer und deutscher Schrift stets ab, es besteht aber kein Zweifel, dass es sich um dieselbe Hand wie in Ü-LSB, Ms. 182 handelt. Dieses Münchner Manuskript enthält in Abschrift Briefe aus den Jahren 1765 bis 1769, und zwar von einem Tobias Schultze an seinen Sohn, von Johann Salomon Haussen an Tobias Schultze und retour sowie Briefe eines gewissen Frieds an Haussen. Letztere sind im vorliegenden Fall von Belang.

Auf fol. 19v von München, BSB, Kiesewetteriana 30 endet die Abschrift eines Briefes des besagten Frieds an Haussen. Die Unterschrift – vermutlich entsprechend des Originalbriefs imitiert – besteht aus dem Wort ‚Fried' und einem vorgelagerten, überlappenden Zierschnörkel, der als ‚G' oder ‚P' gelesen werden kann. Eben dieser Zierschnörkel, zusammen mit dem darauffolgenden ‚Fr', stellt eine Verbindung zu der Überlinger Gruppe-188 her: Er gleicht den ersten drei Buchstaben der im vorliegenden Katalog als Initialen festgehaltenen ‚Gfrd' bzw. ‚GF' in den Kommentaren von dritter Hand in mehreren Überlinger Handschriften (vgl. Anhang B, Abb. 7),[44] die allesamt der Gruppe-188 entstammen.

Eine weitere Münchner Handschrift, BSB, Kiesewetteriana Nr. 16, enthält ebenfalls die Haussen'sche Abschrift eines Briefs von Fried aus dem Jahr 1770, auch hier gleicht der Beginn der Unterschrift den genannten Initialen. Fried bezeichnet sich hier explizit als „Frater Rosae Crucis".[45] Der Nachtrag zu dieser Abschrift wiederum ist in gleicher Weise unterzeichnet wie die Schreibervermerke in Ü-LSB, Ms. 182, nämlich mit „S[oli] D[eo] G[ratia] Haussen Glücksbrunn". Weitere Erläuterungen und Bemerkungen in München, BSB, Kiesewetteriana Nr. 16 sind mit einem schlichten ‚H' unterzeichnet, das wohl für ‚Haussen' steht. Eine Handschrift in New Haven, Yale University, Coll. Mellon, Ms. 136 enthält schließlich laut Katalogisat ebenfalls mehrere Vermerke, die wie folgt aufgelöst wurden: „S[oli] D[eo] G[ratia] Glucksbrunn [...] September Klaussen 1798", und am Ende des Gesamttextes das Monogramm „GFried", das hier als ‚Gottfried' interpretiert wur-

41 Vgl. DEUTSCHE BIOGRAPHIE, online (30.01.2017). – Zum Schloss Glücksbrunn vgl. 300 Jahre Schloss Glücksbrunn (2003/2004).

42 SUDHOFF, Versuch einer Kritik, Bd. 2 (1899), S. 25–27.

43 Vgl. ebd.

44 Ü-LSB; Mss. 217, 218, 221, 223, 224 und 233.

45 München, BSB, Kiesewetteriana 16, fol. 7v: „[...] Euer allezeit wohl meynender Freund GFrd. Laus Deo Salome Gabrielist F[rater] R[osae] Crucis".

de.[46] Die Handschriftenbeschreiber waren bei ihrer Auflösung unsicher – sie versahen sie mit einem Fragezeichen – und nahmen als mutmaßlichen Schreiber ihrer Handschrift einen ‚Gottfried Klaussen' in Glücksbrunn an, eine Einschätzung, die nach den obigen Ausführungen nicht korrekt ist. Vielmehr dürfte es sich um die Haussen'sche Abschrift eines Textes des bisher unbekannten G. Fried handeln. Die abgebildeten Textseiten im Katalog der Yaler Sammlung Mellon zeigen, dass die Texthand auch hier eindeutig dieselbe ist wie in Ü-LSB, Ms. 182 und in den Exemplaren München, BSB, Kiesewetteriana Nr. 16 und 30.

Die Briefe des G. Fried an Johann Salomon Haussen belegen einen direkten Kontakt. Die Tatsache, dass Haussen Abschriften der an ihn entsendeten Fried'schen Briefe und Texte anfertigte, zeigt, dass dessen Äußerungen für ihn von großer Relevanz waren. Es wäre möglich, dass er die Briefe nach Abschrift an Dritte weitergab. Die dritte Kommentarhand, die in insgesamt 19 Überlinger Handschriften der LSB – sämtlich aus der Gruppe-188 – Marginalien, Korrekturen und sechsmal die Initialen ‚GF' bzw. ‚GFrd' hinterließ, ist nicht mit der Hand Haussens identisch. Es kann daher davon ausgegangen werden, dass sie einer weiteren Person gehörte, die ebenfalls mit den Ansichten des unbekannten G. Fried vertraut war.

Diese – etwas unübersichtlichen – Stränge zusammenführend (vgl. Anhang A, Tabelle 2), kann folgende Abschlussthese festgehalten werden: Die 20 Überlinger Handschriften mit der besagten alten Signaturfolge – der Ausgangspunkt vorliegender Überlegungen – machten mutmaßlich zusammen mit allen Handschriften der Gruppe-188 einst innerhalb eines erweiterten Personenkreises um Johann Salomon Haussen die Runde.[47] Haussen „soll der letzte Großmeister einer Rosenkreuzer-Gesellschaft gewesen sein".[48] Dies, zusammen mit der Erwähnung der Rosenkreuzer in Ü-LSB, Ms. 213, ebenfalls eine Handschrift aus der Gruppe-188,[49] und der Selbstbezeichnung seines Briefpartners G. Frieds als ‚Frater Rosae Crucis' stützt die Annahme, dass dieser Personenkreis als rosenkreuzerisch zu charakterisieren wäre. Zusammen mit der Entstehungszeit der Gruppe-188 in der ersten Hälfte des 18. Jahrhunderts markieren diese Selbstbezeichnungen, dass es sich um Rosenkreuzer und nicht Gold- und Rosenkreuzer handelte. Gleichwohl spricht die oben angeführte Dresdner Handschrift vom *Tesdamendum der Frader Aurae vel Rosae*. Wie gezeigt (vgl. Kap. 2.1.2), ist die Geschichte der Rosenkreuzer mit der der Gold- und Rosenkreuzer auf diffuse Weise verbunden – Gruppe-188 stellt hierfür ein eindrückliches Beispiel dar.

---

46 Vgl. MacPhail/Witten/Pachella (Hg.), Alchemy and the occult, Bd. 4 (1977), S. 759–762.

47 Als weiteres Indiz für eine Nähe in das Haussener Umfeld kann Ü-LSB, Ms. 231 angeführt werden. In ihr befinden sich als lose Beilage vier unausgeschnittene Visitenkarten oder Namensschilder mit der Beschriftung „Appellations Rath Triers Beyderseits". In den Briefabschriften Haussens, München, BSB, Kiesewetteriana 30, ist „Herr […] Appellations Rath Trier" der Überbringer des Fried'schen Briefes. Eine klare Identifikation konnte nicht erfolgen. Es wäre möglich, dass es sich um Karl Friedrich Trier, kurfürstlich sächsischen Appellationsrat (1726–1794), handelte, vgl. Leipziger Biographie, online (23.09.2015). Er entstammte der Familie von Trier, die seit 1701 als Pächter des Altensteiner Bergwerks in Schweina belegt ist und die von 1706 bis ins letzte Viertel des 18. Jahrhunderts Eigentümer des dort gelegenen Schlosses Glücksbrunn war, vgl. 300 Jahre Schloss Glücksbrunn (2003/2004), S. 50–54.

48 München, BSB, Kiesewetteriana 0, fol. 1.

49 Vgl. Ü-LSB, Ms. 213, vorderer Spiegel.

In ihrer Gesamtheit kann die Sammlungsgenese der Überlinger handschriftlichen Alchemica letztlich nur durch das Aufsummieren von Studien zu den einzelnen Handschriften nachvollzogen werden. Die Manuskripte kamen über die Erwerbungen Wochelers an die Bibliothek und wurden dort mit inhaltlich verwandten Stücken zusammen aufbewahrt. Aus diesen Erwerbungen sticht der umfangreiche Bestand aus dem Besitz Sonnenthals als zentraler Dreh- und Angelpunkt hervor, der in die zweite Hälfte des 18. Jahrhunderts und später führt: Ein Großteil der alchemischen Handschriften und Drucke Überlingens geht mittelbar auf diese Person zurück.

Das vorliegende Kapitel stellte verschiedene Möglichkeiten der Sammlungsentstehung vor, die auch Sonnenthal zur Verfügung gestanden haben dürften. Man schrieb Handschriften ab, vererbte oder verschenkte sie. Weiter zeigten Verkaufsangebote des ausgehenden 18. Jahrhunderts, dass ein öffentlicher Markt existierte, der Angebot und Nachfrage hinsichtlich alchemischer Handschriften zusammenbrachte. Das Interesse an solchem Material war also Ende des 18. Jahrhunderts nicht erloschen. Trotz oder auch wegen bestehender Verbote von Geheimgesellschaften hatten am Handel mit alchemischen Handschriften häufig (ehemalige) Mitglieder geheimer Gesellschaften teil. Dass dabei auch ehemals autonome Handschriftensammlungen in andere Bestände überführt wurden, belegt die Überlinger Binnensammlung um die paläographische Gruppe-188. Ihr Produktionsort ist nicht präzise lokalisierbar. Die aufgrund des Wasserzeichens naheliegende Option des ostdeutschen Raums bleibt durch weitere Belege zu verifizieren. Wie die Handschriften nach Wolfegg und in den Besitz Sonnenthals kamen, ist weiterhin unklar.[50] Die Binnensammlung besteht aus Teilen eines größeren Ensembles, das einst von mehreren Personen genutzt wurde, was die alten Signaturen sowie die verschiedenen Kommentarhände belegen. Die Existenz einer Handschrift von gleicher Schreiberhand und korrespondierendem Inhalt in Dresden spricht bei unterschiedlichem Einband und Signatursystem dafür, dass der anonyme Schreiber der Gruppe-188 noch mehr Manuskripte verfasste. Die Beziehung zwischen Johann Salomon Haussen und dem nicht klarer identifizierbaren G. Fried belegt zusammen mit einzelnen Notizen aus den Handschriften, dass der Nutzerkreis von Gruppe-188 als (gold- und) rosenkreuzerisch geprägt aufzufassen ist. Dieser Befund geht in das nachfolgende Kapitel ein, das sich dem Profil der Überlinger Alchemica zuwendet.

50 Ebenfalls unklar ist, wie der Weg des Haussen'schen Autographs Ms. 182 nach Überlingen verlief: 1899 befanden sich laut Sudhoff die „Glücksbrunner Handschriften [...] noch im Besitz der Familie Kiesewetter", wurden aber zum Verkauf angeboten, SUDHOFF, Versuch einer Kritik, Bd. 2 (1899), S. 26. Ein Richard Wedel schrieb 1917, dass er einige dieser Handschriften nach Karl Kiesewetters Tod – dieser starb 1895 – gekauft habe und der Münchner Bibliothek schenken wolle. München, BSB, Kiesewetteriana 0: Repertorium des Nachlasses, fol. 1: „Die beiliegenden Manuskripte, welche ich hiermit der Münchener Hof- und Staatsbibliothek schenke, stammen aus dem Nachlasse des in okkultistischen Kreisen bekannten Schriftstellers Karl Kiesewetter. Ich habe dieselben nach seinem Tode von seiner alten Mutter erworben. Nach Aussagen der Frau Berta Kiesewetter stammen diese Manuskripte von ihrem Großvater Hausen aus Weissenfels. [...]". Über wen und ob Ms. 182 vor oder nach Haussens bzw. Kiesewetters Tod in die LSB kam, ist ungeklärt.

7 Das Profil der Handschriftensammlung

Die Rekonstruktion der ‚Sammlung Sonnenthal' (vgl. Kap. 5) zeigte anhand der zugehörigen Drucke und Handschriften, dass Sonnenthal vielseitig interessiert war, besonders aber eine Vorliebe für Alchemie und Geheimgesellschaften hatte. Aus dem Gesamtbestand der 143 handschriftlichen Überlinger Alchemica gehen 67 Exemplare auf Sonnenthal zurück.[1] Die 143 Manuskripte wurden offensichtlich stets als thematisch verbundene Einheit wahrgenommen.[2] Im Folgenden wird für dieses Ensemble zuerst der kodikologische, danach ein genauerer inhaltlicher Gesamteindruck festgehalten.[3] Bei letzterem geht es zuerst um die Einschätzung des Verhältnisses von authentischen zu pseudoepigraphischen Texten. Danach wird der Frage nach der Präsenz der vier idealisierten Hauptrichtungen von Alchemie bzw. nach der Sichtbarkeit der engen Verflechtungen zwischen den Diskursen Alchemie, Hermetismus und Magie (vgl. Kap. 2.1.1) nachgegangen. Der darauffolgende Vergleich der Überlinger Handschriftensammlung mit thematisch ähnlichen Beständen in Deutschland stützt die oben formulierte These von der Situiertheit der Sammlung innerhalb geheimgesellschaftlicher Kontexte. Die Ergebnisse des vorangegangenen Kapitels aufgreifend, präsentieren Charakterisierung und Vergleich die Überlinger Sammlung so als ein weitgehend geheimgesellschaftliches Handschriftenensemble.

7.1 Kodikologischer und inhaltlicher Gesamteindruck

Viele alchemische Handschriften Überlingens enthalten Inhaltsverzeichnisse – bisweilen nachträglich eingerichtet oder ergänzt[4] – was darauf hindeutet, dass man eine möglichst leichte Orientierung über den oft umfangreichen Handschrifteninhalt anbieten wollte. Bisweilen sind strukturierende Elemente wie z.B. Kapitelnummerierungen unvollständig,[5] oder brechen auch Texte unvermittelt ab.[6] Manche Handschriften sind in der Ausführung ihrer Illustrierung unvollständig, weisen aber Anweisungen hinsichtlich ihrer Kolorierung auf, was den Eindruck erweckt, als seien diese Manuskripte in Arbeitsteilung entstanden,

1 Die Vorbesitzer der 76 verbleibenden Exemplare sind weitgehend unbekannt. Es gibt wenige Ausnahmen z.B. gehörte Ü-LSB; Ms. 156 einst einem *Zacharias Puffenauser*, Ms. 161 einem *Whistlug*, vermutlich aus *Merseburg*, und das Einzelblatt Ms. 265 wohl einem *Anton Glückselig* aus Salem.

2 In einer Kombination aus thematischen und arbeitsökonomischen Aspekten ließen die bisherigen Katalogisierungsprojekte zu Überlinger Beständen diese Handschriften unberücksichtigt, vgl. HEITZMANN, Die mittelalterliche Handschriften (2002) und MÜLLER, Katalog (2007).

3 Da der Bezug zur LSB in Überlingen hier eindeutig ist, verzichte ich in diesem Kapitel bei den Handschriftennennungen auf die Ortsangabe „Ü-LSB".

4 Vgl. exemplarisch Ü-LSB, Ms. 205, Ms. 232 oder Ms. 278.

5 Vgl. exemplarisch Ü-LSB, Ms. 236.

6 Vgl. exemplarisch Ü-LSB, Ms. 255.

aber nicht immer vollendet worden (vgl. Anhang B, Abb. 5).[7] Mit sehr vielen Handschriften hat man gearbeitet, sie enthalten Korrekturen, inhaltliche oder satzbauliche Ergänzungen sowie An- und Unterstreichungen.[8] Bei den Marginalien handelt es sich mitunter um Binnenverweise, Hinweise auf andere Texte,[9] oder um nachträgliche Gliederungsversuche.[10] In einigen Fällen wurde die Sprache hinsichtlich der gemeinten Stoffe übersetzt[11] bzw. wurden die Textinhalte ‚präzisiert' (vgl. Anhang B, Abb. 6)[12] oder religiös-christlich interpretiert (vgl. Anhang B, Abb. 7).[13] Häufig finden sich Verweise auf Bibelpassagen.[14] Vereinzelt wurden auch neuzeitliche religiöse Werke angeführt, so wird z.B. in Ms. 189 und Ms. 217 auf Werke des Protestanten Martin Moller (1547–1606) verwiesen. Kommentare, Ergänzungen und Marginalien stammen von verschiedenen Händen. Besonders bemerkenswert ist auch hier die schon mehrfach erwähnte paläographische Gruppe-188, in der immer wieder zwei markante Kommentatorenhände aufeinandertreffen. Zusammen mit den bereits vermerkten kodikologischen Beobachtungen – wie z.B. die unterschiedliche Qualität der Einbände – deuten diese Punkte darauf hin, dass Ästhetik oder Unversehrtheit der Handschriften für den oder die Nutzer nicht maßgeblich waren: Im Fokus stand primär der Inhalt der Manuskripte.

Bemerkenswert sind weiter drei Gegenstände des Bestands, die keine Handschriften sind und die umgangssprachlich als ‚Zaubergürtel' bezeichnet werden (Ms. 264, Ms. 264a und Ms. 264b). Es handelt sich um zwei längere schmale Pergamentstücke, die mit Sigeln und fremdartigen Worten bedruckt wurden (z.B. „Aufgang der Sonne Agla Elohim Adoney Udaufasta Tusadafadas Tassadafadut Sadafutasut"[15]), sowie um einen kürzeren Papiergürtel, auf dem Gott und die Heilige Dreifaltigkeit angerufen werden. Ihr exakter Verwendungszweck bleibt unklar, ist vermutlich aber in Zusammenhang mit Zeremonien oder Ritualen zu sehen.

Die Handschriftensammlung mit einem Adjektiv allein zu beschreiben, fällt auf den ersten Blick schwer. In den Titeln und Untertiteln der enthaltenen Texte fallen neben einschlägigen alchemischen Werktiteln und Schlagwörtern die Begriffe Kabbala, Geomantie, Geheimnis, Arcanum, Mysterium, Weisheit und Wahrheit sowie u.a. die Adjektive astrologisch, chemisch, heilig, hermetisch, magisch, natürlich und übernatürlich. Bei genauerer Sichtung des Katalogs erschließt sich dem Nutzer, dass mit diesen Begriffen mehrheitlich Texte betitelt wurden, die Alchemie, besonders oft im Spannungsfeld von Magie und Hermetismus (vgl. Kap. 2.1.1), als inhaltlichen Schwerpunkt haben. Viele der Manuskripte vermitteln vordergründig einen ‚hermetischen' Eindruck in dem Sinn, dass sie von uralten und lange tradierten Geheimnissen sprechen, deren Auflösung und Erklärung

7 Vgl. exemplarisch Ü-LSB, Ms. 216.
8 Vgl. exemplarisch Ü-LSB, Ms. 175, Ms. 180 oder Ms. 221.
9 Vgl. exemplarisch Ü-LSB, Ms. 207 oder Ms. 233.
10 Vgl. exemplarisch Ü-LSB, Ms. 276.
11 Vgl. exemplarisch Ü-LSB, Ms. 161.
12 Vgl. exemplarisch Ü-LSB, Ms. 188 oder Ms. 201.
13 Vgl. exemplarisch Ü-LSB, Ms. 230.
14 Vgl. exemplarisch ebd. oder Ü-LSB, Ms. 214 oder Ms. 233.
15 Ü-LSB, Ms. 264b.

das jeweilige Werk zu enthalten verspricht.[16] Neben dem mehrfachen Rekurs auf Hermes Trismegistos[17] sowie auf andere antike und mittelalterliche Autoritäten wird dieser Eindruck dadurch verstärkt, dass die Illustrationen in vielen dieser Handschriften dem Leser die Materialität ihrer uralten Vorlagen vor Augen führen. Sie bilden häufig gravierte Pyramiden[18] und Steinsäulen (vgl. Anhang B, Abb. 1),[19] steinerne oder eherne Texttafeln[20] sowie beschriebene Widder- oder Drachenhäute (vgl. Anhang B, Abb. 2)[21] und alte, beschriftete Medaillons[22] ab.

Nur vereinzelt liegen für die Texte aus den 143 Handschriften Druckvorlagen oder handschriftliche Parallelüberlieferungen vor. Es ist bemerkenswert, dass die Zahl der derzeit identifizierbaren Autoren bzw. authentischen Texte vergleichsweise niedrig ausfällt, während sich viele Anonyma und Pseudoepigraphica in der Sammlung befinden.[23] Ob es sich bei letzteren um literarische Fälschungen, pseudoepigraphische Texte oder Plagiate handelt, bleibt im Einzelfall zu prüfen – ich spreche im Folgenden zusammenfassend von Pseudoepigraphica.[24]

Johannes Trithemius (1462–1516) wird als Verfasser von sechs[25] und als Übersetzer von zehn[26] Texten aufgeführt. Die Fälle, die die Entstehung dieser Werke in Jahre vor 1462 datieren,[27] markieren sie als nicht authentische Zuschreibungen. Thomas von Aquin (1225–1274) soll Verfasser von vier Schriften gewesen sein[28] und drei weitere übersetzt haben,[29] während Augustinus von Hippo (354–430) für ein dreibändiges Werk *Das Licht der Natur* (Ms. 226 bis Ms. 228) verantwortlich sein soll. Auch der Mythos um Raimundus Lullus (~1232–1315/16) als Alchemiker findet in einigen Abschnitten von Ms. 160 seinen Niederschlag. Die acht Schriften, die der ohnehin historisch vagen Figur des Benediktinermönchs Basilius Valentinus (16./17. Jh.) als Autor und Übersetzer untergescho-

16 Z.B. Ü-LSB, Mss. 222, 223 oder 226–229.

17 Z.B. Ü-LSB, Mss. 160,183, 190 oder 223.

18 Vgl. Ü-LSB, Ms. 197.

19 Vgl. Ü-LSB, Ms. 188, Ms. 197 oder Ms. 207.

20 Vgl. Ü-LSB, Ms. 189 und Ms. 207.

21 Vgl. Ü-LSB, Ms. 207 und Ms. 215.

22 Vgl. Ü-LSB, Ms. 200, Ms. 201 und Ms. 212.

23 Im Folgenden sei für weiterführende Literatur zu den genannten Personen auf die Handschriftenbeschreibungen der entsprechenden Manuskripte in Kap. 10.1 verwiesen.

24 Zur Problematik von Fälschungen vgl. einführend: WEIMAR, Art. ‚Fälschung' (1997). Literarische Fälschungen beschreiben Texte, die einen eindeutigen Verfasser sowie eine eindeutige Sprachform haben, dies aber hinter einer anderen – auch anonymen – Verfasserperson verbergen. Die Möglichkeit, dass die besagte – vorgeschobene – Person tatsächlich die Urheberschaft innehaben könnte, ist maßgeblich: Eine Zuschreibung, die offenkundig unrealistisch ist (hierbei ist relevant, was ein Leser in seiner Zeit wissen konnte), erfüllt nicht den Tatbestand der literarischen Fälschung. Pseudoepigraphica wiederum schließen „falsch zugeschriebene anonyme Texte ein und anonyme Fälschungen aus" (ebd., S. 563). Plagiate zeichnet aus, dass ein fremder Text und nicht ein fremder Verfasser angeeignet wird.

25 In Ü-LSB, Mss. 223, 230, 231, 233, 234 und 269.

26 In Ü-LSB, Mss. 189, 215, 216, 217, 226, 227, 228, 229, 232 und 235.

27 In Ü-LSB, Mss. 215, 216, 226, 227, 228, 229, 230, 232 und 235.

28 Ü-LSB, Mss. 212, 213, 214 und 292.

29 Ü-LSB, Mss. 189, 200 und 201.

ben wurden,[30] verwundern in diesem Ensemble kaum. Für die Texte in Ms. 207 und Ms. 232 wurde als Verfasser ein vermutlich vorchristlicher Hipparchos (5. bzw. 2. Jh. v. Chr.) angegeben und auch Pythagoras (6. Jh. v. Chr.) werden zwei Texte zugeschrieben.[31] Des Weiteren sind in Ms. 235 Pseudoepigraphica zu Rabbi Löw (1525–1609) enthalten. Als historisch nicht bzw. kaum identifizierbare Personen fallen als Verfasser oder Übersetzer ein Benediktinermönch Johann(es) Macarius und ein Dominikanermönch Vincentius ins Auge. Ob es sich bei letzterem um Zuschreibungen zu Vincenz von Beauvais (vor 1200–1223) oder zu Vinzenz Ferrer (~1350–149) handelt, ist unklar. Die Person soll aber an neun[32] Schriften beteiligt gewesen sein, während Johannes Macarius in neun[33] Werken als Übersetzer angegeben wird und sechs[34] Texte originär verfasst haben soll. Neben diese Pseudoepigraphica treten Werke, die sich allgemein auf alte Weise oder Philosophen beziehen: Ms. 179 enthält eine *Sapientia veterum* und Ms. 199 u.a. eine *gründliche Erklärung der alten Philosophen*. In der Auswahl der angeführten Autoren stehen die Zuschreibungen in der Tradition alchemischer sowie hermetischer Literatur. Dies und das Aufeinandertreffen und Vermischen dieser bisweilen offensichtlich pseudoepigraphischen Texte in Sammelhandschriften[35] erwecken den Eindruck, dass der Inhalt vieler Manuskripte selbstbewusst mit der Würde und Autorität antiker und mittelalterlicher Gelehrter verknüpft und damit aufgewertet werden sollte.

Den Anonyma und Pseudoepigraphica gegenüber steht eine vielseitige, aber an reinem Volumen weniger stark vertretene Gruppe von Texten oder Textauszügen, die auf authentischen Werken oder auf authentischer Erfahrung zu basieren scheinen. So z.B. die Sammelhandschriften Ms. 176 und Ms. 184 mit den Text-Bild-Kompositionen *Donum Dei* und der *Pretiosa margarita novella* des Petrus Bonus, der *Index secretorum sequentium*, mit seinen Kurzregesten, in denen viele historisch verbürgte Personen als Referenzen aufgeführt werden (Ms. 177), der Text des *Splendor solis* (ohne Illustrationen in Ms. 176 sowie vollständig in Ms. 237), der *Liber mutus* (Ms. 280), die Exzerptsammlungen zu Brennspiegeln und Brenngläsern, die auch Verfasser des 18. Jahrhunderts berücksichtigen (Ms. 291 und Ms. 291a) oder auch die Auszüge aus Christoph Grummets *Blut der Natur* in Ms. 295. Die Rezeptsammlungen oder die Einzeltraktate, die praktische Ausführungen enthalten, sind insofern authentisch, als sie sich als sukzessiv entstandene Produkte länger dauernder Sammel- und Praxistätigkeit darstellen, so z.B. die *Artes magicae* in zwei Teilen (Ms. 272 und Ms. 285), die *Medizinisch-alchemische Sammelhandschrift* des Gabriel Örtel (Ms. 156), die *Sammelhandschrift zum Bergbau und zur Probierkunst* (Ms. 244) oder der noch ungebundene *Thesaurus Thesaurorum* (Ms. 211).

Weiter enthält die Sammlung Dubletten, wie z.B. Johann August von Crantzbergs *Preiswürdiger und nie vorhin gesehener Probierstein der goldenen Natur* in den Handschriften Ms. 249 und Ms. 259, Johann Augustin Brunnhofers *Buch der Weisheit und des voll-*

30 Ü-LSB, Mss. 180, 218, 219, 221, 222, 223, 224 und 225.
31 Ü-LSB, Mss. 200, 201 und 229.
32 Ü-LSB, Mss. 197, 215, 216, 217, 218, 219, 220, 223 und 230.
33 Ü-LSB, Mss. 200, 201, 212, 213, 218, 220, 230, 235 und 292.
34 Ü-LSB, Mss. 193, 194, 195, 196, 197 und 198.
35 Z.B. Ü-LSB, Ms. 200, Ms. 218 oder Ms. 230.

kommenen Reichtums in Ms. 178 und Ms. 181, der Text eines Ps.-Johannes Trithemius *Himmlisches/Heimliches und übernatürliches Geheimnis des Geistes und der Seele der Welt* in Ms. 231 und Ms. 234, oder das *Große Geheimnis der ägyptischen Könige* eines Ps.-Basilius Valentinus, das – teilweise unvollständig – in Ms. 222 wie in Ms. 223 enthalten ist.

Dagegen fehlen andere Autoren gänzlich: Die bekannten angelsächsischen Alchemiker John Dee (1527–1608), Kenelm Digby (1603–1665), Edward Kelley (1555–ca. 1597) und George Ripley (15. Jh.) sind nicht vertreten.[36] Desgleichen fehlt in der Handschriftensammlung mancher ‚Klassiker' der alchemisch-mystischen Richtung: Weder Jacob Böhme (1575–1624), noch Heinrich Khunrath (1560–1605), noch Georg von Welling (1655–1727) fanden Eingang.[37] Auch vermisst man auf den ersten Blick Texte von Georg Agricola (1494–1555), Michael Maier (1569–1622), Leonhard Thurneisser zum Thurn (1531–1596) oder Agrippa von Nettesheim (1486–1535).[38] Diese Lücken sind insofern zu vernachlässigen, als der Druckbestand der LSB sie zu schließen vermag: Werke nahezu all dieser Personen sind hier vorhanden.[39] Auch die wenigen (ps.-)paracelsischen Handschriften werden durch entsprechende Drucke flankiert. Dieser Befund ist ein Indiz dafür, dass die Überlinger alchemischen Handschriften einen Bestandteil einer Alchemica-Sammlung darstellen, die – unabhängig davon, welche Personen an der Genese beteiligt waren – sowohl Manuskripte als auch Drucke in sich vereinte.

Es obliegt letztlich Detailstudien, die einzelnen Texte hinsichtlich ihrer Text- und Verfasserauthentizität zu überprüfen und sie im Rahmen der vier alchemischen Teildiskurse und ihrer Wechselwirkung mit Hermetismus oder Magie inhaltlich präzise einzuordnen. Trotzdem zeigen einzelne Manuskripte und Texte, dass in Überlingen die idealisierten alchemischen (und magischen) Teildiskurse greifbar werden, besonders aber Beispiele für die gegenseitige Überlagerung dieser Teildiskurse wie auch für die Verwobenheit von Alchemie mit Hermetismus und Magie vertreten sind. So enthält die Sammlung z.B. eine alchemisch-technische *Beschreibung eines Metallflusses* (Ms. 241) und mit den Auszügen aus Bernard Georges Penots (~1520/1530–1620) *Theophrastisch Vade mecum* (Ms. 293) einen Vertreter der ‚Alchemia medica'. Der *SplendorsSolis* (Ms. 237) entstammt dem Bereich der Transmutationsalchemie, während die *Aurora consurgens* (Ms. 183) ein ‚Klassiker' der ‚Alchemia mystica' ist.[40] In einigen Manuskripten überlagern bzw. ergänzen sich die alchemischen Teildiskurse, so z.B. in den alchemischen Sammelhandschriften Ms. 152 und Ms. 160 oder im noch ungebundenen *Thesaurus thesaurorum* (Ms. 211). Zudem lassen sich auch Beispiele der idealisierten Magiekategorien nennen. Die

36 Vgl. zu diesen KARPENKO, Art. ‚Dee, John' (1998), BALDWIN, Art. ‚Digby, Kenelm' (1998), PAULUS, Art. ‚Kelley, Edward' (1998) und PRINCIPE, Art. ‚Ripley, George' (1998).

37 Vgl. zu diesen PRINCIPE, Art. ‚Boehme, Jacob' (1998), TELLE, Art. ‚Khunrath, Heinrich' (1998) und PAULUS, Art. ‚Welling, Georg von' (1998).

38 Vgl. zu diesen SUHLING, Art. ‚Agricola, Georgius' (1998), NEUMANN, Art. ‚Maier, Michael' (1998), MÜLLER-JAHNCKE, Art. ‚Thurneisser zum Thurn, Leonard' (1998) und MÜLLER-JAHNCKE, Art. ‚Agrippa von Nettesheim' (1998).

39 Vgl. exemplarisch die Signaturen Ü-LSB, Fe 1, Ma 29, Mc 20, Mc 104, Mc 125, Mc 152, Mc 163, Mc 167, Md 2, Md 36 oder Nb 2.

40 Vgl. TELLE, Art. ‚Aurora Consurgens' (1980) und DERS., Art. ‚Splendor Solis' (1998).

zweibändigen *Artes magicae* (Ms. 272 und Ms. 285) vermitteln eine Vorstellung von der ‚Magia artificialis', die neunzigseitige Fassung des *Calendarium naturale magicum perpetuum* von Großschedel von Aicha (Ms. 166) bildet einen Systematisierungsversuch der ‚Magia naturalis' ab, und mit dem *Geister- und Höllenzwang* der Figur des Johann Faust (Ms. 186) liegt ein Beispiel der ‚Magia daemoniaca' vor.

Der Gesamtbestand wird von den meist pseudoepigraphischen Handschriften dominiert, in denen Alchemie eng mit den Diskursen von Hermetismus und Magie verwoben ist. In ihnen stehen alchemische Prozesse im Zentrum, die durch Paratexte flankiert werden, die das hohe Alter, die lange und geheime Überlieferung sowie den göttlich-natürlichen bzw. übernatürlichen Ursprung des jeweiligen Inhalts hervorheben. So rekurriert der nicht näher bestimmbare Johannes Franziskus Degenhart in dem Werk *De via quintae essentiae et particularae* (Ms. 190) in seiner Vorrede auf Hermes Trismegistos und die ägyptischen Ursprünge der „große[n] Wissenschaft" sowie in seiner Nachrede auf die „geheimen Schriften der Egyptier".[41] Ms. 189, eine alchemische Sammelhandschrift, die u.a. *Ps.-Pabias: Vom Feuer und Licht der Wundergeister* und eines Micirinus *Goldene Quelle im Licht der Natur* enthält, beschäftigt sich mit Natur und Stofflichkeit. Wenn in dem darin enthaltenen Text des Ps.–Iamblichos auf die geheimen Schriften der „Eigiptischen großen Könige und Magus"[42] Bezug genommen wird und Tafeln mit arkanen Schriftzeichen passagenweise erläutert und interpretiert werden, offenbaren sich hier Bezüge zur Idee einer ‚Philosophia perennis' sowie der naturkundliche Aspekt einer ‚Magia naturalis'. Zwei Pseudotrithemii *Himmlisches/Heimliches und übernatürliches Geheimnis des Geistes und der Seele der Welt* (Ms. 231 und Ms. 234) verweisen hinsichtlich ihres Inhalts explizit auf eine natürliche, weil göttliche Magie. Mit einer Version des *Arbatel* (Ms. 170) liegt ein Werk vor, das sich mit Magie beschäftigt und dabei eng an Traditionen um Hermes Trismegistos wie auch Paracelsus anknüpft.[43] Weitere Beispiele diskursiver Interaktion stellen die Texte des nicht näher fassbaren Vincentius dar. So beschäftigt sich Ms. 216, *Die übernatürlichen Wunder in der Natur*, u.a. mit astralischen Geistern wie auch mit der Universalmedizin. Die diskursive Verwobenheit von Alchemie, Hermetismus und Magie belegt besonders eindrücklich Ms. 263, eine mehrteilige Sammelhandschrift. Darin beschäftigt sich Teil eins mit der Auslegung der Worte Gottes, die Teile zwei und vier behandeln alchemische Prozesse und astronomische Grundlagen, Teil sechs widmet sich verborgenen Wundern salomonischer Herkunft, die Teile drei, fünf, sieben und acht wiederum beschäftigen sich mit Geisterbeschwörungen und magischen Praktiken.[44]

Vor dem Hintergrund der vorgestellten Grundlagen zu Alchemie und Geheimgesellschaften (vgl. Kap. 2.1) stützt der obige inhaltliche Überblick die These, dass die Überlinger Handschriften in einem geheimgesellschaftlichen Kontext genutzt worden sein könnten: Die sichtbaren Wechselbeziehungen zwischen Alchemie, Hermetismus und Magie im Handschriftenbestand machen ihn für die inhaltliche Ausrichtung manchen Hochgrad-

41 Ü-LSB, Ms. 190, S. 1 und S. 190.

42 Ü-LSB, Ms. 189, S. 207.

43 Vgl. hierzu GILLY, The first book of white magic in Germany (2002).

44 Ü-LSB, Ms. 263, Teil 1, ein Fragment, das nur aus einem Blatt besteht, könnte in einem kabbalistischen Kontext gesehen werden. Auch hier wirken hermetische wie magische Wechselbeziehungen.

systems oder für eine Geheimgesellschaft wie die Gold- und Rosenkreuzer anschlussfähig; diese Annahme wird nach einem weiteren Blick in die Handschriften bestätigt.

Der Großteil der 143 Manuskripte, nämlich 106 Exemplare, wurde im 18. Jahrhundert aufgeschrieben (vgl. Kap. 4.1), der Blütezeit der Geheimgesellschaften. Es bestehen vier Titelübereinstimmungen zwischen Überlinger Handschriften und dem Textangebot des 1786 publizierten *Catalogus manuscriptorum* des Freimaurers und Rosenkreuzers von Linden. Dieser Befund wird ergänzt um jene 16 Übereinstimmungen Überlinger Texttitel mit den im *Allgemeinen Litterarischen Anzeiger* 1797 und 1798 angebotenen Titeln, deren Präsentation geheimgesellschaftliche Hintergründe nahelegt (vgl. Kap. 6.2). Darunter ist besonders Ms. 204 bemerkenswert, eine hochwertige Sammelhandschrift, die unter anderem mit *Goldener Begriff der Gold- und Rosenkreuzer* einen Text enthält, der eindeutig dieser Geheimgesellschaft zugeordnet werden muss. Darüber hinaus können einzelne Autoren der Überlinger Texte als Vertreter des ‚gold- und rosenkreuzerischen Literaturkanons' (vgl. S. 31f.) bestimmt werden. So enthält der Handschriftenbestand den Text *Symbolum Apostolicum* eines Ps. Bernardus Trevisanus (Ms. 184) und eine Kurzform des *Opus Saturni* von Isaac Hollandus (Ms. 222). Zwei Manuskripte verzeichnen Werke des Federicus Gualdus (Ms. 159 und Ms. 185) und eine Handschrift enthält Exzerpte aus Schriften des Johann Gottfried Jugels (Ms. 152). In Ms. 152 wird zudem an anderer Stelle auf Friedrich August Graf von Rutowski (1702–1764) verwiesen, der sich in Sachsen im Rahmen der frühen Hochgradmaurerei engagierte.[45] Ms. 178 und Ms. 181 schließlich enthalten *Das geheime Buch der Weißheit zum langen Leben und vollkommenen Reichthum* eines Johann Augustin Brunnhofer. Die Vorrede meldet, dass der vorliegende Inhalt „nach lang gehaltner Berathschlagung"[46] bzw. „vermittels unserer gehaltenen Versammlung und reiffer Berathschlagung"[47] entstanden sei, um die Korrespondenz in entferntere Gebiete zu erleichtern und das Risiko uneinheitlicher Meinungen gering zu halten: Diese Schrift war für eine größere Gruppe bestimmt, deren Teilnehmer überregional verstreut waren. Vladimir Kuncitr weist diesen Text den Gold- und Rosenkreuzern zu.[48] Und Ms. 181 bildet – diese Zuweisung bestätigend – ein Bruderschaftszeichen ab, das in seiner Grundstruktur an die Brustzeichen der Gold- und Rosenkreuzer erinnert (vgl. Anhang B, Abb. 12).[49] Der Bestand enthält also inhaltlich eindeutige Bezüge zu geheimen Gesellschaften, besonders zu den Gold- und Rosenkreuzern. Bemerkenswert ist in diesem Zusammenhang ein Katalogentwurf für die Aufstellung der LSB, der 1852 von Bibliothekar Mattes vorgestellt wurde.[50] In dieser Systematik, die insgesamt 19 Abteilungen umfasste, war die Sektion Nr. 17 für die „Alchimia samt maurerischer Schriften"[51] vorgesehen: Mitte des 19.

45 Vgl. FRICK, Die Erleuchteten, Bd. 1 (2005 [1973]), S. 215f.

46 Ü-LSB, Ms. 178, fol. 1r.

47 Ü-LSB, Ms. 181, fol. 3rv.

48 Vgl. KUNCITR, Fraternitatis Rosae Crucis (1997), S. 196–198.

49 Vgl. die Abbildungen in BEYER, Lehrsystem der Gold- und Rosenkreuzer (1978 [1925], Beilage und GEFFARTH, Religion und arkane Hierarchie (2007), S. 182–183.

50 Vgl. Ü-SA, Spitalarchiv Überlingen VII/64/2: Schreiben von Mattes vom 15. April 1852.

51 Ebd., 2r.

Jahrhunderts wurde in Überlingen Alchemie sozusagen selbstredend zusammen mit dem gesamten Spektrum der Freimaurerei gedacht.

Zusammengefasst zeigt der Gesamteindruck, dass es sich um eine alchemische Handschriftensammlung handelt, deren Zusammenstellung im 18. Jahrhundert begann und noch im Folgejahrhundert fortgeführt wurden. Sie vereint neben einigen authentischen Schriften mehrheitlich Texte, deren Verfasser anonym bleiben oder die – vor der Idee einer durch die Zeit tradierten ‚Philosophia perennis' – antiken und mittelalterlichen Autoritäten untergeschoben wurden. Obgleich Belege für die idealisierten Kategorien innerhalb von Alchemie und Magie vertreten sind, spiegeln sowohl der Gesamtbestand als auch die Mehrzahl der einzelnen Handschriften die diskursive Verwobenheit von Alchemie mit Hermetismus und Magie wieder. In die Sammlung floss nahezu alles ein, das den Anschein hatte, Wissen zu Alchemie und zu damit verbundenen Diskursen in sich zu bergen. Die kodikologischen Beobachtungen, wie z.B. die Heterogenität der Einbände oder die qualitativen Unterschiede im Erscheinungsbild, betätigen diesen Eindruck. Der Bestand wurde nach inhaltlichen, nicht nach bibliophilen Maßstäben zusammengestellt und genutzt, was die zahlreichen Kommentierungen, Korrekturen oder Ergänzungen in Form von Marginalien oder Nachträgen deutlich machen: Die Mehrzahl der Manuskripte diente der theoretischen und/oder praktischen Auseinandersetzung mit ihrem Inhalt. Es zeigt sich zudem, dass es hinsichtlich einer inhaltlichen Auswertung nicht sinnvoll ist, die Medien ‚Handschrift' und ‚Druck' voneinander zu trennen. Was in der LSB unter den Manuskripten inhaltlich an gängigen Autoren und Texten der Alchemie fehlt, wird durch die Präsenz entsprechender Drucke in vielen Fällen ausgeglichen. Dies korrespondiert mit der Beobachtung, dass unter den Manuskripten viele Texte zu finden sind, die nach derzeitigem Kenntnisstand nie in Druck kamen, mutmaßlich nie für eine Drucklegung vorgesehen waren.

Das den Gesamtbestand inhaltlich dominierende Geflecht aus Alchemie mit Hermetismus und Magie sowie einzelne gold- und rosenkreuzerische Texte und Autoren rücken das Ensemble angesichts der Entstehungszeit der meisten Handschriften im 18. Jahrhundert in den Kontext geheimer Gesellschaften. Inwiefern dieses Handschriftenkorpus, das eng mit den thematisch verwandten Drucken verbunden ist, in seiner mutmaßlichen Funktion als Freimaurer- oder Rosenkeuzersammlung definiert werden kann, wird im nächsten Schritt abschließend anhand eines Vergleichs mit anderen alchemischen Handschriftensammlungen in Deutschland geprüft.

7.2 Vergleich mit anderen Sammlungen in Deutschland

Die Verkaufsanzeigen im *Allgemeinen Litterarischen Anzeiger* sowie aus dem *Catalogus manusrciptorum* haben gezeigt, dass es Ende des 18./Anfang des 19. Jahrhunderts einen öffentlichen Markt gab, auf dem alchemische Handschriften feilgeboten wurden. Es gab in dieser Zeit wohl mehrere Sammlungen mit dieser Thematik, von denen unklar ist, ob und wo sie heute noch existieren. Es ist aber davon auszugehen, dass sich sowohl in Deutschland als auch in Europa in privaten Beständen noch mehr geschlossene (Teil-)Sammlungen alchemischen Inhalts befinden, als in den Handbüchern der historischen Buchbestände aufgezeichnet wurden.[52] Exemplarisch für das Gebiet des heutigen Deutschlands sollen im Folgenden die alchemischen Handschriftenbestände aus Dresden, Sächsische Landesbibliothek, Staats- und Universitätsbibliothek (SLUB),[53] Gotha, Thüringisches Staatsarchiv und Forschungsbibliothek Gotha,[54] Hamburg, Staats- und Universitätsbibliothek – Carl von Ossietzky (SUB),[55] Karlsruhe, Badische Landesbibliothek (BLB)[56] und Kassel, Universitäts- und Landesbibliothek sowie die Murhardsche Bibliothek (ULB)[57] als Vergleichsfolie für die Überlinger Handschriften herangezogen werden. Ziel ist es, den Bestand der LSB unter Berücksichtigung der Aspekte Entstehung, Inhalt und Funktion kurz in der Landschaft alchemischer Handschriftensammlungen in Deutschland einzuordnen.

Auch wenn die Gemeinsamkeit ‚Alchemie' offenkundig zutage tritt, sind die vier Sammlungen in Dresden, Gotha, Kassel und Karlsruhe im Zusammenspiel der genannten Aspekte dem Handschriftenensemble in Überlingen nicht ähnlich. Die Bestände in Kassel und Gotha sind prominente Beispiele praktizierter Fürstenalchemie.[58] Zentral für ihre Zusammensetzung waren die Interessen des Landgrafs Moritz von Hessen-Kassel (1572–1632) und Friedrichs I. von Sachsen-Gotha-Altenburg (1646–1691).[59] Sie und die an ihren Höfen verkehrenden Gelehrten prägten diese Buchbestände. In Kassel versuchte man sich – durchaus mit finanziellen Hintergedanken – an Transmutationsalchemie, laborierte hinsichtlich der ‚Alchemia medica' und beschäftigte sich mit alchemisch-mystischen Aspekten. Über das Kontaktnetz am Hof standen Gelehrte aus ganz Europa miteinander in Verbindung.[60] Des Weiteren zeigte sich der Landgraf am gesellschaftlichen Phänomen der Rosenkreuzer interessiert.[61] In Gotha war der Fokus besonders auf die pekuniären Aspekte der Alchemie gerichtet. So legte Friedrich I. z.B. eine präzise Liste an, wie er die zu erwartenden Erträge aus der alchemischen Laborpraxis zu investieren gedachte.[62] Mit diesem Schwerpunkt ist der Gothaer Bestand dem Charakter der alchemischen Handschriften der LSB an fernsten, dieweil Kassel mit seiner breiten thematischen Anlage und rosenkreuzerischen Spuren inhaltlich durchaus Ähnlichkeiten mit der Überlinger Sammlung aufweist, nicht aber im Hinblick auf den kaum zu unterschätzenden soziokul-

52 Besonders in der Tschechischen Republik sind größere Bestände zu vermuten, vgl. exemplarisch ANTONIN, Buchlov (Buchlau) Burgbibliothek (1996), und DERS., Buchlovice (Buchlowitz) Schloßbibliothek (1996). – Im Allgemeinen vgl. hierzu FABIAN (HG.), Handbuch historischer Buchbestände in Deutschland (1992–2000), und DERS. (Hg.), Handbuch deutscher historischer Buchbestände in Europa (1997–2001).

53 Vgl. SCHNORR VON CAROLSFELD/SCHMIDT, Katalog der Handschriften in Dresden, Bd. 3 (1906).

54 Vgl. HUMBERG, Der alchemistische Nachlass Friedrichs I. (2005).

55 Vgl. PAULUS, Katalog (1995). – An dieser Stelle ein großes Dankeschön an Julian Paulus, der mir seine Arbeit als Ausdruck zur Verfügung stellte.

56 Vgl. STÖCKINGER/TELLE, Die Alchemiebibliothek Alexander von Bernus (1997).

57 Vgl. BROSZINSKI, Manuscripta chemica (2011).

58 Zur Fürstenalchemie vgl. einführend SMITH, Art. ‚Fürstenalchemie' (1998).

59 Zu diesen beiden vgl. WOLFF, Art. ‚Moritz der Gelehrte' (1997) und BECK, Art. ‚Friedrich I.' (1878).

60 Vgl. BROSZINSKI, Manuscripta chemica (2011), S. XVI.

61 Vgl. WOLFF, Art. ‚Moritz der Gelehrte' (1997) und BROSZINSKI, Manuscripta chemica (2011), S. XV–XXV.

62 Vgl. HUMBERG, Nachlass Friedrichs I. (2005), S. 38, Nr. 98.

turellen Hintergrund eines fürstlichen Hofes. Zwar kann, wie oben gezeigt, nicht für sämtliche Überlinger Alchemica ihre Provenienz rekonstruiert werden; es ist dennoch sehr unwahrscheinlich, dass Handschriften (und Drucke), die einstmals an einem Adelshof zusammengetragen worden wären, keinerlei explizite Hinweise auf einen derartigen Kontext enthalten. Eben solche Hinweise fehlen aber in den Handschriften der LSB gänzlich.

Der Dresdner Bestand – die Signaturgruppe „N. Magische und alchymische Handschriften“[63] – entstand über einen längeren Zeitraum und kann in seiner Gesamtheit nicht auf eine Person zurückgeführt werden. Vielmehr wurde die 1556 gegründete Kurfürstenbibliothek Augusts I. (1526–1586) durch die Zeiten ständig um Ankäufe erweitert.[64] Seit 1788 war die universal angelegte Bibliothek öffentlich zugängig. Betrachtet man die Sektion ‚N‘, so überwiegen Handschriften aus dem 16. und aus dem 18. Jahrhundert. Thematisch ist ein deutliches Übergewicht an Texten zu beobachten, die sich auf verschiedene Praktiken der Vorhersage konzentrieren.[65] Die Handschriften belegen damit vorrangig ein Bedürfnis, die Zukunft zu kennen und zu beeinflussen. Die Abteilung enthält vereinzelt Vertreter aller vier Teildiskurse von Alchemie,[66] sowie Texte, die – soweit es dem jeweiligen Katalogisat entnommen werden kann – einen vorwiegend theologisch-philosophischen Charakter zu haben scheinen.[67] Wie die Gewichtung in der Sektionsübeschrift, die an erster Stelle die magischen Handschriften anführt, bereits andeutet, handelt es sich beim Dresdner Bestand um eine Zusammenstellung, die eher dem Diskurs ‚Magie‘, insbesondere der ‚Magia naturalis‘ prominent Rechnung trägt und nur bisweilen dabei auch alchemische Texte miteinschließt. So wie die Überlinger Handschriften als Gesamtbestand als ‚alchemisch‘ zu charakterisieren sind, ist daher die Dresdner Sektion ‚N‘ nach einer katalogbasierten Einschätzung vorrangig als ein ‚magischer‘ Bestand aufzufassen.

Die Sammlung des Alexander von Bernus (1880–1965) in Karlsruhe offenbart in ihrer Druck- und Handschriftenauswahl, dass es sich um die praktisch genutzte Büchersammlung eines Alchemo-Mediziners handelt, der, vor dem Hintergrund der Idee von der Universalarznei als Heilmittel für Körper und Seele, auch alchemisch-mystischen Inhalten offen gegenüberstand. Von Bernus beschäftigte sich in seiner Eigenschaft als Autor und Lyriker auch mit den anderen Richtungen der Alchemie.[68] Aufgrund der Wirkungszeit Bernus‘ sind einige der insgesamt 17 Handschriften deutlich jünger als jene der LSB.

63 SCHNORR VON CAROLSFELD/SCHMIDT, Handschriften Dresden, Bd. 3 (1906), S. 1–71.

64 Z.B. durch den Ankauf der Sammlung des Grafen von Brühl (1700–1763) oder durch den Nachlass Johann von Bessers (1654–1729), vgl. NITZSCHKE, Die großen Erwerbungen (1996). – Zu August dem Starken vgl. RÖẞLER, Art. ‚August‘ (1953).

65 So z.B. Dresden, SLUB, N 12–18, N 30 und N 31sb, Werke zur Geomantie, oder N 20, N 22, N 23b, 24b, N 41 oder N 98, Werke zur Astrologie, ebenso z.B. die Sammelhandschrift N 100.

66 So z.B. Dresden SLUB, N 64, N 74a, N 79, N 81a, N 90 a und b, N 101 oder N 107.

67 So z.B. Dresden SLUB, N 77: *Ordnung undt Ahrt der Wiederherstellung nach der Mensch Werdung Jesus Christus*, N 90a, enthält u.a.: *L'Esprit de Spinosa c est à dire ce que croit la plus saine partie du Monde par Mr. Lucas Medecin á la Haye*, oder N 140, enthält u.a. *De Imposturis religionum breve compendium*.

68 Vgl. TELLE, Alexander von Bernus (1997), S. 17–23, und RAEPKE/TELLE, Art. ‚Bernus, Alexander von‘ (2008).

Manche der genannten unidentifzierbaren Verfasser, wie z.B. aus Hs. Bernus 98, die einen „Eleazar Hacklier“[69] anführt, korrespondieren aber mit Namen aus Überlinger Handschriften. Zugleich geht diese Handschrift auf den bereits vorgestellten Johann Haussen zurück (vgl. Kap. 6.3.2).[70] Trotz dieser beiden punktuellen Gemeinsamkeiten ist das Bernus'sche Ensemble mit seiner eindeutigen, medizinischen Orientierung nicht mit dem Gesamtbestand der LSB vergleichbar.

Hinsichtlich der alchemischen Handschriftensammlung Überlingens sind somit zwar thematische Überschneidungen gegeben, aufgrund der jeweiligen Sammlungsgenese sowie von Funktion und Inhalt liegen mit Dresden, Gotha, Karlsruhe und Kassel dennoch keine ‚Pendants‘ im eigentlichen Sinn vor. Dagegen befindet sich in der Universitätsbibliothek Hamburg eine Handschriftenkollektion, die jener der LSB in mehr als einer Hinsicht ähnelt.[71] Sie umfasst unter der Signatur ‚Cod. Alchim‘ 135 Stücke. Der Anteil der Handschriften des 17. Jahrhunderts ist in Hamburg zwar deutlich höher als in der LSB, dennoch stammen wie in Überlingen die meisten der Manuskripte – insgesamt 75 Stück – vollständig oder in Teilen aus dem 18. Jahrhundert.[72] Für einige Verfasser der Überlinger Handschriften, die nicht identifiziert werden konnten, liegen in Hamburg mögliche Parallelüberlieferungen vor: So sind auch dort die ansonsten unbekannten Verfasser Johann Franciscus Degenhard,[73] Johann Philipp Eberhard[74] und der geheimnisvolle Azaharasch[75] vertreten. Zwar verzeichnet Paulus für die Hamburger Handschriften auch Texte von Heinrich Khunrath,[76] John Dee,[77] Edward Kelley[78] und Georg Ripley,[79] Autoren, die innerhalb des Überlinger Ensembles gänzlich fehlen, auch kennen die Überlinger Schriften z.B. keinen Verfasser namens Liberius Benedictus[80] oder einen Schreiber Benedictus Nicolaus Petraeus,[81] doch diese Unterschiede treten hinter den Gemeinsamkeiten zurück. Auch in Hamburg finden wir die Texte des *Donum Dei*,[82] des *Splendor solis*[83] oder der

69 STÖCKINGER/TELLE, Die Alchemiebibliothek Alexander von Bernus (1997), Ms. 98, S. 312.

70 Vgl. ebd.

71 Die nachfolgenden Beobachtungen beziehen sich auf den unveröffentlichten Handschriftenkatalog von Julian Paulus, vgl. PAULUS, Katalog (1995). Es war aus arbeitsökonomischen Gründen nicht möglich, die Hamburger Bestände persönlich einzusehen.

72 Nach PAULUS, Katalog (1995) sind dies folgende Handschriften: Cod. Alchim. 184, 185a, 193, 554, 556, 557, 558, 564, 565, 570, 572, 573, 574, 575, 576, 577, 580, 581, 584, 585, 586, 587, 591, 597, 598, 600, 605, 607, 608, 610, 611, 612, 619, 620, 621, 622, 623, 624, 625, 626, 628, 629, 631a-c, 632, 633, 634, 635, 638, 639, 639a, 643, 645, 653, 673, 675, 676, 677, 678, 690, 692, 695, 700, 707, 709, 722, 723, 724, 750, 751, 753, 754, 763 und 766.

73 Hamburg, SUB, Cod. Alchim. 570.

74 Hamburg, SUB, Cod. Alchim. 574 und 619.

75 Hamburg, SUB, Cod. Alchim. 619.

76 Hamburg, SUB, Cod. Alchim. 192b.

77 Hamburg, SUB, Cod. Alchim. 612.

78 Hamburg, SUB, Cod. Alchim. 649 und 661.

79 Hamburg, SUB, Cod. Alchim. 661.

80 Hamburg, SUB, Cod. Alchim. 567.

81 Hamburg, SUB, Cod. Alchim. 649, 650, 651 und 652.

82 Hamburg, SUB, Cod. Alchim. 183.

83 Hamburg, SUB, Cod. Alchim. 564.

Aurora consurgens,[84] ebenfalls die *Pretiosa margaritha novella*[85] des Petrus Bonus, den Traktat des Marcus Eugenius Bonacina[86] oder die Figur eines Rabbi Micerinus.[87] Auch das Buch *Arbatel* ist vertreten.[88] Des Weiteren enthält Cod. Alchim. 675 den Text von Johann Augustin Brunnhofer *Clavis sapientae oder Das geheime Buch der Weißheit zum langen Leben und vollkommenen Reichthum*,[89] jener Titel aus dem Kontext der Gold- und Rosenkreuzer, der in Überlingen zweimal vertreten ist (Ms. 178 und Ms. 181). Als Pseudoepigraphica findet man in Hamburg ebenfalls Albertus Magnus,[90] Paracelsus,[91] Raimundus Lullus,[92] Johannes Trithemius[93] und Zoroaster[94] zugeschriebene Texte. Aus diesen ragt die Anzahl der Basilius Valentinus untergeschobenen Schriften heraus.[95] Schließlich liegen, wie in Überlingen, mehrere Handschriften vor, die explizit auf das (Gold- und) Rosenkreuzertum Bezug nehmen.[96]

Es ist beim Hamburger Bestand nicht zur Gänze geklärt, aus welchen Provenienzen er sich speist. Analog zu Überlingens Primärsammler, Johann Baptist Sebastian von Sonnenthal, ist aber mit dem Arzt Rudolf Friedrich Johann Schmidt (1702–1761) eine Person besonders prominent mit ihren Handschriften vertreten. Über Schmidt gelangten annähernd 300 Handschriften in die Hamburger Bibliothek, freilich nicht alle alchemischen Inhalts. Viele dieser Stücke identifizierte Paulus anhand von Besitzvermerken und Marginalien als jene Schmidts.[97] Von diesem ist wenig bekannt.[98] „Schmidt appeared 'to be heavily involved in secret societies',"[99] meldet Mulsow. So stand er auch im Ruf, ein Rosenkreuzer zu sein. Er verfügte, dass nach seinem Tod seine Handschriften der Stadtbibliothek Hamburg gehören sollten. Ferdinand Maack hielt in einer fiktional-faktualen Darstellung die kuriosen Umstände seines (Ab-)Lebens sowie den Inhalt des Testaments fest.[100]

84 Hamburg, SUB, Cod. Alchim. 662.
85 Hamburg, SUB, Cod. Alchim. 181.
86 Hamburg, SUB, Cod. Alchim. 575 und 667.
87 Hamburg, SUB, Cod. Alchim. 628.
88 Hamburg, SUB, Cod. Alchim. 778.
89 Hamburg, SUB, Cod. Alchim. 675, S. 147–251.
90 Hamburg, SUB, Cod. Alchim. 566 und 659.
91 Hamburg, SUB, Cod. Alchim. 555.
92 Hamburg, SUB, Cod. Alchim. 185.
93 Hamburg, SUB, Cod. Alchim. 625.
94 Hamburg, SUB, Cod. Alchim. 576 und 724.
95 Hamburg, SUB, Cod. Alchim. 556, 557, 584, 585, 620, 631a-c, 632–635, 638, 639 und 639a.
96 Hamburg, SUB, Cod. Alchim. 193, 649 und 750. Cod. Alchim. 751 enthält Texte, die in Ü-LSB, Ms. 204 zusammen mit Rosenkreuzerschriften aufgenommen wurden.
97 Vgl. PAULUS, Collection in Hamburg (1990), S. 247.
98 Vgl. zu Friedrich Johann Schmidt PAULUS, Collection in Hamburg (1990). Daraus stammt der Hinweis auf Maack, Zweimal gestorben (1912), vgl. außerdem MULSOW, You only live twice (2006).
99 MULSOW, You only live twice (2006), S. 278.
100 Vgl. MAACK, Zweimal gestorben (1912). Angeblich sei Schmidt zweimal verschieden, das erste Mal im Februar 1761 in Hamburg – ohne eine anschließende Beerdigung, aber unter Erfüllung seines mündlich geäußerten Testaments, aufgrund dessen die Stadtbibliothek seine Bücher erhielt – und kurze Zeit später im September des gleichen Jahres in Kopenhagen, diesmal inklusive Bestattung,

Als einen weiteren Sammler konnte Paulus den Arzt, Freimaurer und Alchemiker Gottfried Jacob Jaenisch (1707–1781) ausmachen,[101] der einstmals im Besitz der alchemischen Sammelhandschriften war, die von Benedictus Nicolaus Petraeus (gest. 1717) verfasst worden sind.[102] Diese umfangreichen Manuskripte enthalten zahlreiche Prozessbeschreibungen, häufig unter Nennung der schriftlichen oder persönlichen Quellen, und verschiedenste Exzerpte. Nach exemplarischer Sichtung der Schreiberhände Schmidts, dessen Sekretärs sowie Petraeus' ist es unwahrscheinlich, dass ihre Hände in den alchemischen Schriften der LSB vertreten sind.[103] Der Duktus und einzelne Zeichen der stellenweise enthaltenen Geheimschriften decken sich aber mit den arkanen Inschriften in vielen Überlinger Manuskripten,[104] womit neben den inhaltlichen Übereinstimmungen weitere punktuelle Gemeinsamkeiten zwischen den Handschriftenbeständen vorliegen

Der Vergleich der Überlinger handschriftlichen Alchemica mit den thematisch ähnlichen Beständen in Dresden, Gotha, Hamburg, Karlsruhe und Kassel zeigt also im Blick auf die Entstehungsumstände und die funktional-inhaltlichen Ausrichtungen, dass nur Hamburg als ‚Pendant' der Überlinger Schriften in Betracht kommt. Dies wird anhand der vielen Übereinstimmungen zwischen Überlingen und Hamburg bei der Text- und Verfasserauswahl sowie bei der paläographischen Gestaltung mancher Manuskripte deutlich. Große Teile der Hamburger Sammlung stammen von dem geheimgesellschaftlich interessierten Rosenkreuzer Rudolf Friedrich Johann Schmidt, weitere Handschriften

bei der dem Leichnam „ein roter Liquor in den Sarg gegossen" (ebd., S. 89) worden sei. Nachdem die Grabstätte daraufhin vor sich hin zu dampfen begonnen habe, sei auf Betreiben der ängstlichen Bauern eine Exhumierung erfolgt, bei der der Sarg bis auf „einen kleinen Klumpen Schleim" (ebd.) leer vorgefunden worden sei. Ob es sich hier um mutwilligen Schabernack, bloße Legendenbildung oder selbsterhaltendes Taktieren handelt, ist an dieser Stelle nicht genauer auszuführen. Vgl. hierzu die jüngere Arbeit von MULSOW, You only live twice (2006), der diese Begebenheit als Taktik des Selbstschutzes angesichts einer repressiven Haltung gegenüber einer religionskritischen Gesellschaft interpretiert, zu der Schmidt gehört haben soll.

101 Zu Jänisch vgl. HERZOG, Gottfried Jacob Jänisch (1990) und PAULUS, Collection in Hamburg (1990).

102 Vgl. PAULUS, Collection in Hamburg (1990). S. 248. Es handelt sich um Hamburg, SUB, Cod. Alchim. 649, 650, 651 und 652. Jänisch besaß eine Privatbibliothek, die angeblich an die 32.000 Bände umfasste und eine „der reichsten und universellsten Privatbibliotheken seiner Zeit" war, HERZOG, Gottfried Jacob Jänisch (1990), S. 21. Ein Teil der Bücher wurde nach Jänischs Tod öffentlich verkauft. Unter anderem trat die Königliche Bibliothek in Kopenhagen als Käufer auf. Jänisch sah wohl einen weiteren Teil seiner Bücher für die Hamburger Logen vor. Dieser Bestand scheint heute verschollen: „Noch zu Lebzeiten vermachte Dr. Jänisch seinen Hamburger Logen seine [im mir vorliegenden Druckexemplar wurde ‚seine' zu ‚eine' korrigiert] bedeutende Büchersammlung. Dieses Jänisch-Legat wurde der Bibliothek zugeführt, für deren Betreuung derzeit der Br. Joh. Philipp Beckmann, Großsekretär der Provinzialloge, zuständig war. Wo diese wertvolle Sammlung abgeblieben ist, war nicht festzustellen. Beim Abriß und der Plünderung des alten Logenhauses der Großen Loge von Hamburg [in der NS-Zeit] sind vermutlich die umfangreichen Bibliotheksbestände gestohlen oder vernichtet worden", HERZOG, Gottfried Jacob Jänisch (1990), S. 22.

103 Mir liegen Einzelscans aus den Handschriften Hamburg, SUB, Cod. Alchim. 622, 639, 369a (Provenienz Rudolf Friedrich Johann Schmidt) und 649 (Provenienz Gottfried Jacob Jaenisch) vor.

104 Vgl. z.B. Hamburg, SUB, Cod. Alchim. 622, fol. 1r.

kamen über den Freimaurer Gottfried Jacob Jaenisch in den Bestand. Zudem weisen andere Manuskripte mit ihrem Inhalt auf geheime Gesellschaften hin, so z.B. Hamburg, SUB, Cod. Alchim. 185a, in dem mehrere Freimaurerrituale festgehalten wurden.[105] Wenngleich Paulus nicht für alle Hamburger handschriftlichen Alchemica ermitteln konnte, woher sie stammen, ist davon auszugehen, dass ihr Großteil in den Kontext geheimer Gesellschaften einzuordnen sind. Auf Basis der inhaltlichen Übereinstimmungen münden diese sammlungsgenetischen Beobachtungen in einen weiteren Beleg für die These, dass es sich bei den Überlinger Handschriften ebenfalls um einen Bestand handelt, der einst in einem vergleichbaren Umfeld zusammengestellt und genutzt wurde.

105 Vgl. Hamburg, SUB, Cod. Alchim. 185a.

8 Die Überlinger Alchemica als Zeugen ihrer Zeit – Fazit

Die vorliegende Arbeit erschließt nicht nur erstmalig einen alchemischen Handschriftenbestand für weiterführende Einzel- und Detailstudien. In Wechselwirkung mit den kodikologischen und inhaltlichen Beobachtungen sowie den dabei erzielten sammlungsgenetischen Resultaten zieht sie Kreise in kultur- und regionalgeschichtliche Bereiche. Die darstellenden Teile A und B gründen maßgeblich auf den Handschriftenbeschreibungen im Teil C. Da diese beiden Teile zugleich die Handschriften als Ensemble historisch und kulturell kontextualisieren, ziehe ich bereits an dieser Stelle ein Fazit, das die in der Einleitung formulierten Ziele aufgreift und die erarbeiteten Ergebnisse zusammenfasst. Gewissermaßen als Scharnier leitet das folgende Kapitel so zu den einzelnen Handschriften und ihren Beschreibungen über.

Das Ergebnis zum Kernziel der Arbeit, die Erschließung der alchemischen Handschriften Überlingens, liegt mit Teil C vor. Wie dort ausführlich diskutiert (vgl. Kap. 9), bewährte sich bei der Handschriftenerschließung eine großzügige Auslegung der DFG-Richtlinien. Indem kodikologische Merkmale und Besonderheiten sowie inhaltliche Bestandteile und Strukturen ausführlich festgehalten wurden, bieten die einzelnen Katalogisate den Benutzern einen aussagekräftigen und detaillierten Eindruck von der jeweiligen Handschrift. Dies ist angesichts der noch oft diffusen Überlieferungssituation einzelner Alchemica sowie des am Alchemiediskurs mannigfaltig beteiligten Personenkreises, dessen Spuren sich auch in den Manuskripten niederschlagen, als Ausgangspunkt für weiterführende Studien hilfreich.

Der kodikologische Gesamteindruck des Ensembles ist heterogen. Die unterschiedliche Sorgfalt bei der Ausführung der Manuskripte sowie die große qualitative Bandbreite bei den Einbänden legen nahe, in dem Bestand weniger eine bibliophile als vielmehr eine konsultierte, quasi eine benutzte Sammlung zu sehen. Auch die zahlreichen Korrekturen und Kommentierungen dokumentieren, dass man sich theoretisch und/oder praktisch mit den jeweiligen Inhalten auseinandersetzte. Die Existenz mehrerer Kommentarhände sowie die punktuelle Präsenz von Dubletten erwecken den Eindruck, als hätten einst mehrere Personen Anteil an einem Sammelprozess gehabt, an dessen Ende Johann Baptist Sebastian von Sonnenthal steht.

Wenn Sonnenthal als Primärsammler maßgeblich an der Entstehung des hier untersuchten Handschriftenensembles beteiligt war, so zeigte die Rekonstruktion einer ‚Sammlung Sonnenthal' hingegen, dass die durch Otto Kunzer und Alfons Semler angedeutete und von Gerda Koberg aufgegriffene Hypothese, er sei der Sammler sämtlicher derartiger Handschriften und Drucke in Überlingen gewesen, sich anhand der Quellen so pauschal nicht belegen lässt. Es konnte zwar erstmals nachgewiesen werden, dass Sonnenthal seine Bücher der Bibliothek nicht schenkte oder vererbte, sondern dass Wocheler diese nach Sonnenthals Tod im Jahr 1835 käuflich erwarb. Die genaue Zahl der erstandenen Handschriften und Drucke kann hingegen nicht präzise bestimmt werden. Anhand von kodikologischen Belegen und Indizien konnte immerhin für 67 Manuskripte und 70 Drucke Sonnenthal als Vorbesitzer nachgewiesen werden. Da aber nicht zwangsläufig jeder Titel einen expliziten Hinweis auf seinen Eigentümer enthält, ist es möglich, dass über diese 137 Exemplare hinaus weitere Bücher aus den Themenbereichen Alchemie, Magie und geheime Gesellschaften auf Sonnenthal zurückgehen. Andere Provenienzen belegen aber, dass sich die Bestände der entsprechenden Sektionen der Bibliothek punktuell auch aus weiteren Quellen speisten. So besaß z.B. auch der Bibliotheksbegründer Franz Sales Wocheler vereinzelt Drucke zu Geheimgesellschaften.

Hinsichtlich der Erstellung eines inhaltlichen Gesamteindrucks zeigte sich, dass eine strikte mediale Trennung von Handschriften und Drucken nicht zielführend ist und für eine angemessene Einschätzung des Handschriftenbestands die entsprechenden Drucke, die mitunter ebenfalls auf Sonnenthal zurückgehen, mit einbezogen werden müssen. Inhaltlich wird der Handschriftenbestand durch den Alchemiediskurs mit seinen vier Teildiskursen ‚Alchemia technica', ‚Alchemia transmutatoria metallorum', ‚Alchemia medica' und ‚Alchemia mystica' dominiert. Diese sind in Überlingen selten in Reinform vertreten. Neben den alchemischen Mischformen schlägt sich die unlösbare Verflechtung von Alchemie mit den Diskursen Magie und Hermetismus in vielen Sammelhandschriften nieder. Allgemein überwiegt die Zahl der Pseudoepigraphica und anonymen Schriften. Sehr oft wird das biblische bzw. vorchristliche Alter der Inhalte, der ‚Geheimnisse', betont und damit die Verbundenheit mit der Idee einer hermetisch inspirierten ‚Philosophia perennis' offenbar. Die Entstehungszeiten der Manuskripte reichen vom 15. bis in das 19. Jahrhundert, wobei der Großteil der Handschriften im 18. Jahrhundert entstanden ist. Dieser zeitliche Schwerpunkt, der häufige Rekurs auf ‚uralte' Inhalte und die punktuell gold- und rosenkreuzerisch rezipierten Schriften und Autoren, waren zusammen mit inhaltlich entsprechenden Drucken erste Hinweise auf die mögliche Entstehungs- und Nutzungssituation vieler Handschriften innerhalb geheimer Gesellschaften. Diese waren im 18. und zu Beginn des 19. Jahrhunderts im Rahmen ihrer verschiedenen Systeme häufig an alchemischen Inhalten interessiert und führten sich in ihren Gründungslegenden oft auf vorchristliche Zeiten bzw. auf synkretistische und esoterische Traditionen zurück.

Anhand verschiedener Verkaufsanzeigen des späten 18. Jahrhunderts konnte im Rahmen der Sammlungsgenese exemplarisch für alchemische Manuskripte dargelegt werden, dass es neben den zeitlosen Erwerbungsmöglichkeiten wie der persönlichen Abschrift, der Schenkung oder der Erbschaft einen öffentlichen Markt gab, über den Handschriften wie auch deren Abschrift zum Verkauf angeboten wurden. Die Personen, die mit diesen Angeboten in Verbindung gebracht werden können, so z.B. Maximilian Joseph von Linden, sowie die Verkaufsangebote selbst weisen ebenfalls in die Kreise geheimer Gesellschaften. Die Ergebnisse eines Vergleichs des Überlinger Bestandes mit solchen Verkaufsangeboten (20 miteinander übereinstimmende Werktitel) sowie die sammlungsgenetische Theorie hinsichtlich einer Überlinger Binnensammlung konvergierten zusammen mit dem inhaltlichen Gesamteindruck zur These, dass große Teile der alchemischen Handschriften der LSB tatsächlich geheimgesellschaftlichen Kontexten entstammen.

Der Abgleich des untersuchten Überlinger Handschriftenbestands mit anderen alchemischen Handschriftensammlungen in Deutschland bestätigte schließlich diese These. Der Vergleich mit den Sammlungen in Dresden, Gotha, Hamburg, Karlsruhe und Kassel zeigte, dass das Überlinger Ensemble in seiner inhaltlichen Charakteristik sowie mit seinen oft nicht identifizierbaren Verfasserangaben in einigen Fällen mit dem Hamburger Bestand korrespondiert. Dieser Bestand geht zu weiten Teilen auf die Sammeltätigkeit des mutmaßlichen Rosenkreuzers Rudolf Friedrich Johann Schmidt sowie des Freimaurers Gottfried Jacob Jaenisch zurück. Damit ist letztlich auch für die Überlinger Alchemica davon auszugehen, dass Personen aus einem vergleichbaren Umfeld maßgeblich für die Entstehung des Handschriftenensembles verantwortlich waren.

Die Sattelzeit von ~1750 bis ~1850 wurde durch ein besonders großes Ausmaß an politischen, gesellschaftlichen und kulturellen Veränderungen geprägt, die alle sozialen Ebenen betrafen. Die Auseinandersetzung mit dem allgemein wahrnehmbaren Wandel äußerte sich in einem produktiven Ringen von Tradition mit Innovation, im Zuge dessen Politik, Gesellschaft und Kultur differenzierter wurden. Dabei stand optimistischem Veränderungswillen häufig eine pessimistische Bewahrungshaltung bzw. Verlustangst gegenüber. Monika Neugebauer-Wölk zeigte, dass diese beiden Pole – und der entsprechende Zwischenraum – auch innerhalb geheimer Gesellschaften existierten, die sich im frühen 18. Jahrhundert besonders vor dem Hintergrund der Aufklärung etabliert hatten. Sowohl die optimistische wie auch die pessimistische Haltung wirkten hier häufig in Interaktion mit esoterischen Inhalten. Alchemie, Magie und Hermetismus als esoterisch fundierte Phänomene waren daher im Rahmen von Geheimgesellschaften häufig Katalysator für progressive, tolerante oder revolutionäre Strömungen, aber auch Basis für weltfliehende, traditionelle oder gar reaktionäre Bewegungen. Das Interesse an diesen Bereichen ist daher weder zwangsläufig ein Beleg für eine traditionelle oder anachronistische Geisteshaltung noch ein Garant für eine tolerant-aufgeschlossene oder fortschrittliche Einstellung. Weder für Sonnenthal noch für Franz Sales Wocheler konnte die Mitgliedschaft in einer Geheimgesellschaft nachgewiesen werden. Dessen ungeachtet, ist besonders für den Juristen und Beamten Sonnenthal ein Interesse für Alchemie, (Gold- und) Rosenkreuzer und Freimaurerei zu erkennen. Dies wird bereits durch die inhaltlichen Schwerpunkte der ‚Sammlung Sonnenthal' deutlich. In besonderer Weise belegt dies aber sein langjähriger Kontakt zur ‚Hermetischen Gesellschaft', die zum Ende des 18./Anfang des 19. Jahrhunderts über den *Reichsanzeiger* eine öffentliche Auseinandersetzung mit Alchemie bzw. mit Hermetismus initiierte. Obwohl diese Gesellschaft an die Öffentlichkeit trat, offenbart ihr Umgang mit einem ausgewählten Kreis von Ehrenmitgliedern, dass sie in ihrer Außendarstellung bewusst bei geheimen Gesellschaften Anleihen machte. Die Verbindung von Alchemie und Geheimgesellschaften wurde also zu einem gewissen Grad außenwirksam instrumentalisiert. Hinter der großen Resonanz, die der erste Artikel im Jahr 1796 hervorrief, verbargen sich Personen aus dem gesamten deutschen Gebiet und aus allen gesellschaftlichen Schichten. Alchemie, eingekleidet in die Aura einer geheimen Gesellschaft, stieß also einerseits auf ein gesellschaftliches Interesse. Andererseits zeigen die kritischen Stimmen, die unter anderem den *Reichsanzeiger* für dessen publizistisches Engagement in dieser Sache angriffen, dass die öffentliche Wahrnehmung und Wertung des Diskussionsgegenstands heterogen war.

Die soziokulturellen Kontexte, die für Sonnenthal (die Adelshäuser Oettingen-Wallerstein und Waldburg-Wolfegg-Waldsee sowie Johann Kaspar Adam Ruef) und Wocheler (Heinrich Zschokke und Ignaz Heinrich von Wessenberg) in den Jahren 1789 bis 1848 aufgezeigt wurden, belegen, dass im südwestdeutschen Raum Alchemie und Geheimgesellschaften präsent waren. Während Nachweise aktiver Fürstenalchemie im Haus Wolfegg aus dem 17. Jahrhundert vorliegen, waren Personen am Hofe Oettingen-Wallersteins bzw. Vertreter des Hauses Waldburg-Wolfegg-Waldsee gleichermaßen im 18. Jahrhundert Mitglieder in Freimaurerlogen bzw. im Illuminatenbund. Anhand des Freimaurertums der beiden Aufklärer Ruef und Zschokke konnte bestätigt werden, dass Alchemie im geheimgesellschaftlichen Kontext diskutiert wurde. In Freiburg, im westlichen Bodenseeraum und in der Nordwestschweiz existierten Freimaurerbünde, die sich in ihrer Haltung zu Hochgradstrukturen und der Berücksichtigung esoterischer und alchemischer Bestandteile unterschieden. In der Freiburger Loge ‚Zur Edlen Aussicht', in der auch Überlinger und Stockacher Bürger Mitglieder waren, war angesichts einer unbefriedigenden politischen Situation unter napoleonischer Herrschaft seit 1808 eine betont geheimnisvolle Logenwelt als temporärer Zufluchtsort ins Leben gerufen worden. Dagegen strebte Zschokke mit der Aarauer Logengründung 1811 nach einer demonstrativ nüchternen, am Allgemeinwohl orientierten Gesellschaft, in der esoterisches Gebaren ausgeklammert wurde. Die Aarauer Loge ‚Zur Brudertreue' ging in dieser Angelegenheit sogar auf Konfrontationskurs mit der Basler Großloge. Esoterik und Alchemie waren also diskussionswürdige Gegenstände, die, unabhängig von ihrer letztlichen Wertschätzung innerhalb der Logen, auch in südwestdeutschen und nordschweizerischen Freimaurersystemen gegenwärtig waren. Das Beispiel des Konstanzer Bistumsverwesers von Wessenberg zeigt die unterschiedliche gesellschaftliche Wahrnehmung von Geheimgesellschaften auf. Wessenberg äußerte sich in seinem privaten Umfeld durchaus wohlwollend zur Freimaurerei. Dennoch wurde er nie Mitglied einer Geheimgesellschaft. Äußerungen seiner Untergebenen belegen, dass unter den Gläubigen des Konstanzer Bistums trotzdem despektierlich von Wessenberg als einem Freimaurer oder als einem Illuminaten gesprochen wurde. Diese Behauptung sollte den reformorientierten katholischen Aufklärer Wessenberg bei der römischen Kurie, die sich entschieden gegen die Freimaurerei ausgesprochen hatte, weiter diskreditieren. Sie war letztlich eine Denunziation, die an mehr oder weniger unterschwellige Vorbehalte gegenüber geheimen Verbindungen innerhalb der weltlichen wie geistlichen Gesellschaft anknüpfte.

Allgemein dominierte im Feld der persönlichen Kontakte Sonnenthals und Wochelers eine Geisteshaltung, die eng, aber nicht radikal, mit den Idealen der Aufklärung verbunden war. Insbesondere vor dem Hintergrund der lange ins 19. Jahrhundert wirkenden Volksaufklärung war bei Wessenberg und Zschokke ein engagiertes Bemühen um eine Verbesserung der Volksbildung, der prekären sozialen Lage vieler Menschen sowie der wirtschaftlichen Strukturen von großer Bedeutung. Damit einher ging eine tolerante Haltung gegenüber Außergewöhnlichem oder Andersartigem, wie sie z.B. bei den Katholiken Wocheler und Wessenberg in ihrer Einschätzung der unorthodoxen protestantischen

Herrnhuter Brüdergemeine sichtbar wird, oder wie sie sich bei Zschokke und Wessenberg in ihren Ansichten zur Gleichwertigkeit der verschiedenen Religionen äußerte. Wenngleich aufklärerisch und tolerant, ging innerhalb dieses soziokulturellen Gefüges nur Zschokke so weit, eine allgemeine Demokratie einzufordern. Mit Wocheler einte ihn die grundlegende Überzeugung, dass der Mensch an sich besserungsfähig und besserungswürdig sei.

Vor diesem Hintergrund ist Wochelers Stiftung seiner privaten Büchersammlung für eine städtische, öffentliche Bibliothek zu betrachten. Vorrangig für Schüler und Lehrer gedacht, sprach er – wie eingangs bereits zitiert – in seinem Stiftungsschreiben gleichwohl davon, dass für

> „alle Einwohner der hiesigen Stadt von jedem Stand, Rang u[n] Geschlecht, alle, welche durch Lectüre sich veredeln, sich stets mehr Einsicht für Kunst, Gewerbe, Berufspflicht verschaffen, sich im[m]er mehr wissenschaftliche Bildung erwerben, zur höchsten Humanität u[nd] Dievinität heranzusteigen sich bestreben wollen [...] die unentgeltliche Benutzung der Bücher aus der Leopolds-Sophien-Bibliothek zu Gebote stehe“.[1]

Bildung, Weiterbildung und kritische Auseinandersetzung mit Gegenständen verschiedenster Art stehen laut Wocheler also angesichts der vorhandenen Bibliothek „zu Gebote“. Da er die Bibliothek eben nicht als „todte Rüstkam[m]er“, nicht als leblose Sammelstätte, betrachtete,[2] belegt die Einbindung von Alchemie, Magie, Hermetismus und Geheimgesellschaften in ‚seine‘ öffentliche „Bildungs-Anstalt“,[3] dass diese Themen für ihn eine gewisse gesellschaftliche Relevanz besaßen – was die Untersuchung des historischen und soziokulturellen Umfelds von Sonnenthal und Wocheler gleichsam bestätigt. Wenn Wocheler auch bestimmt seine Bücherbegeisterung mit antrieb, bewahrte er die Handschriften und Drucke zu diesen umstrittenen Inhalten also nicht aus zweckfreien Motiven. Er bewahrte sie im Bewusstsein sich beständig wandelnder gesellschaftlicher Wertungen und einer sich rapide verändernden Wissenschaftslandschaft sowie angesichts herrschaftlicher Restriktionen und Verbote von weltlicher wie geistlicher Seite. Mit seiner aufgeklärt-toleranten und wertschätzenden Geisteshaltung hat Wocheler somit dazu beigetragen, dass im süddeutschen Raum noch heute eine umfangreiche geheimgesellschaftlich geprägte alchemische Handschriftensammlung des 18. und beginnenden 19. Jahrhunderts, deren Kern auf die Sammeltätigkeit Sonnenthals zurückgeht, erhalten ist. Ihre weitere Auswertung hofft die vorliegende Untersuchung mit ihren Kontextualisierungsergebnissen sowie besonders mit ihren nachfolgenden Handschriftenbeschreibungen anstoßen zu können.

---

1 Ü-SA, Spitalarchiv Überlingen VII/57/2, Urkunde der Stiftung, 15. Mai 1832, Schreiben an den Stiftungsvorstand: „ad I“..

2 Ebd.: „ad bb“.

3 Ebd.

Teil C:
Die Beschreibung der Handschriften

9 Methodologisches

Handschriftenkataloge entstehen in aller Regel nach dem Autopsieprinzip und vereinen in sich materielle und textliche Kerninformationen, anhand derer die Nutzer darüber entscheiden, ob eine Handschrift für ihre Fragestellung interessant ist. Die Auswahl sowie die Ausführlichkeit der Darstellung jener Kerninformationen können variieren. Kataloge des 19. und jungen 20. Jahrhunderts zeigen,[1] dass es einst weitgehend im Ermessen der beschreibenden Personen lag, ob und wie sie das Äußere einer Handschrift aufnehmen wollten, wie ausführlich sie inhaltliche Details der Texte in ihrer Beschreibung berücksichtigten und ob sie ihre Katalogisierungsmethode überhaupt thematisierten:

> „Noch lange in die Neuzeit ging das Interesse der katalogisierenden Fachleute vom einseitig am Inhalt der H[and]s[chriften] orientierten Standpunkte aus, demgegenüber der individuelle Charakter der H[and]s[chriften] zu kurz kommen mußte. Mangelndes Interesse am äußeren Erscheinungsbild des Codex und unzureichende Erschließung des Inhalts sind Merkmale alter Katalogbeschreibungen."[2]

Bei jüngeren Katalogen im deutschsprachigen Gebiet wird meist in kurzer Form auf die „als Norm akzeptiert[en]"[3] DFG-Richtlinien zur Handschriftenkatalogisierung hingewiesen.[4] Als Grundstruktur sind solche Richtlinien bzw. Standards aus arbeitsökonomischer Sicht sehr hilfreich: Den Beschreibenden bieten sie Anhaltspunkte hinsichtlich möglicher zu berücksichtigenden Aspekte, deren Auswahl wohl durchdacht sein muss, besonders, wenn ein Katalogisierungsprojekt in einem absehbaren Zeit- und Förderrahmen abgeschlossen werden soll. Den Nutzern erleichtern sie aufgrund ihres Mustercharakters den Umgang mit verschiedenen Katalogwerken. Der Grad der Richtlinientreue wird allerdings vom Untersuchungsmaterial beeinflusst. Das folgende Unterkapitel behandelt den Aspekt des Handschriftenalters und setzt sich mit der Empfehlung in den DFG-Richtlinien auseinander, dass ältere Manuskripte ausführlicher zu beschreiben seien als neuzeitliche. Es verdeutlicht, dass es bisweilen erforderlich ist, diese Empfehlung zugunsten detaillierter Beschreibungen großzügig zu interpretieren. Das zweite Unterkapitel zeigt, weshalb diese Großzügigkeit bei der Beschreibung alchemischer Schriften besonders angeraten ist. Da-

1 Vgl. exemplarisch die Kataloge von BARACK, Die Handschriften der Hofbibliothek Donaueschingen (1865), SCHERRER, Verzeichnis der Handschriften der Stiftsbibliothek St. Gallen (1875) oder SCHNORR VON CAROLSFELD/SCHMIDT, Katalog der Handschriften in Dresden, Bd. 3 (1906).

2 MAZAL, Art. ‚Handschriftenkatalogisierung' (1991), S. 359.

3 EFFERTZ, Neue Wege der Handschriftenerschließung (2008), S. 121.

4 Vgl. MAZAL, Zur Praxis des Handschriftenbearbeiters (1987), DFG-RICHTLINIEN HANDSCHRIFTENKATALOGISIERUNG (1992), und DEROLEZ, Die Handschriftenbeschreibung und die Bibliotheks- und Buchgeschichte des Mittelalters (2008).

rauf gründend, legt das dritte Unterkapitel schließlich die Beschreibungsprinzipien dar, die den vorliegenden Katalog inhaltlich und formal strukturieren.

9.1 Handschriftenbeschreibung als Entscheidungspraxis

Hinsichtlich der Aufnahme neuzeitlicher Handschriften hält der DFG-Unterausschuss für Handschriftenkatalogisierung fest, dass „es möglich und geboten [ist, diese] erheblich kürzer als mittelalterliche Handschriften zu beschreiben“[5]. Diese Empfehlung wird mit drei Argumenten begründet:

> „Ihrem Wesen nach sind sie [d.s. neuzeitliche Handschriften] zum einen schriftliche Erzeugnisse, die [1.] aus einem persönlichen Nachlass stammen, zum anderen Werke, die [2.] für die Verbreitung in einem engeren Kreise bestimmt waren und als solche an die Stelle von Drucken traten. Sie bieten zumeist die für ihre Identifizierung wesentlichen Elemente selbst (wie Verfasser, Titel, Lokalisierung und Datierung); zudem erübrigt sich [3.] bei den häufig vorkommenden einmaligen Überlieferungen die Notierung von Angaben, die zur Zusammenführung von Parallelüberlieferungen notwendig wären.“[6]

Direkt daran anschließend folgt die Einräumung, dass

> „[d]er Grad der Ausführlichkeit [...] dabei Schwankungen unterworfen sein [kann] von einer Annäherung an das ausführliche Beschreibungsschema für mittelalterliche Handschriften bis zur Anwendung der sehr knappen Aufnahmeformen bei der Nachlasskatalogisierung oder auch bei der Druckschriftenkatalogisierung.“[7]

Betrachtet man die zuerst genannten Argumente für das Gebot der Kürze genauer, wird deutlich, weshalb eine kategorisch kurz gefasste Beschreibung neuzeitlicher Handschriften nicht zielführend wäre und die Richtlinien hier einen gewissen Interpretationsspielraum anbieten. Der erste Punkt nimmt Bezug auf die DFG-Richtlinien zur Beschreibung von persönlichen Nachlässen. Bei Nachlasserfassungen wird streng nach wesentlichen und unwesentlichen Bestandteilen unterschieden. Während letztere ausgesondert werden, findet bei ersteren eine Einteilung in vier Hauptgruppen statt: Werkmanuskripte, Korrespondenzen, Lebensdokumente und Sammlungen. Die ausführliche Aufnahme einzelner Stücke innerhalb dieser Gruppen ist an einen deutlich höheren Wert des Einzelstücks im Vergleich zu übrigen Bestandteilen gebunden, denen ein „geringeres Maß von Aufmerksamkeit und Arbeit zuzuwenden“ sei.[8] Ergänzende Hintergrundangaben seien nur zu ermitteln, sofern dies „ohne größere Nachforschungen“ bzw. „ohne besondere Schwierig-

5 DFG-Richtlinien Handschriftenkatalogisierung (1992), S. 35.
6 Ebd.
7 Ebd.
8 DFG-Richtlinien Handschriftenkatalogisierung (1992), S. 44.

keiten" vonstatten gehen könne.[9] Diese Vorgehensweise ist plausibel, da die in der Regel große Materialfülle von Nachlässen nur bewältigt werden kann, wenn im Interesse des Gesamteindrucks die inhaltliche Darstellung jeder Sektion auf das Wesentlichste reduziert wird. Da es aber einen merklichen Unterschied macht, ob man neuzeitliche Manuskripte im Rahmen eines Nachlasses erfasst oder einen Handschriftenbestand als separates Ensemble aufnimmt, sind Handschriften im letzteren Fall immer möglichst genau in einem Katalog zu erfassen.

Das zweite Argument, nach dem neuzeitliche Handschriften vorrangig als Ersatz für Drucke betrachtet werden, erscheint konstruiert: Davon abgesehen, dass manche neuzeitlichen Handschriften „die für ihre Identifizierung wesentlichen Elemente" eben nicht enthalten, wird als gängige Praxis angenommen, dass eine Person aus einem Druck abschrieb und ihre Abschrift einem kleineren Personenkreis zu Verfügung stellte. Selbst wenn dies im Allgemeinen zuträfe, wäre für die Nachwelt interessant, inwieweit die Vorlage wortgetreu und komplett abgeschrieben wurde, ob es sich um eine Kompilation aus mehreren Werken handelt, oder ob gar eigene Zusätze Eingang fanden. Angesichts der verschiedenen Auflagen und Varianten vieler gedruckter Publikationen kann dieser Abgleich in der Überlieferung jedoch in der Tat nicht von den Beschreibenden geleistet werden. Die Untersuchung solcher Differenzen und Überlieferungslinien ist von den Nutzern selbst zu leisten. Dies wird innerhalb der DFG-Richtlinien an anderer Stelle wie folgt berücksichtigt:

> „Katalogisierung ist keine Textuntersuchung und keine Vorbereitung einer kritischen Edition; sie wird nicht in jedem Fall die Identität eines Stückes feststellen wollen. Die Katalogaufnahme soll den Fachmann lediglich an das Material heranführen, ihm aber nicht die eigene Einsichtnahme ersparen."[10]

Zwar taucht diese Formulierung nicht als allgemeines Postulat, sondern nur im Rahmen der Nachlasskatalogisierung auf, es liegt hier aber ein generell sinnvoller Katalogisierungsgrundsatz vor.[11] Ein gewisses Maß an Fachkenntnis voraussetzend, sollten Handschriftenbeschreiber Interessierten also eine Heranführung an das Material anbieten, nicht weniger, aber auch nicht mehr. Für eine solche Heranführung ist – sofern erschließbar – zumindest der kurze Hinweis auf eine mögliche Druckvorlage im Katalogisat erforderlich.

Was das dritte Argument, die „häufig vorkommenden einmaligen Überlieferungen", betrifft, ist zu fragen, wie denn der Nachweis einer eventuell bestehenden Parallelüberlieferung (im Katalog: PÜ) angestoßen werden sollte, wenn keine inhaltlichen Angaben aufgenommen werden. Auf welcher Basis – wenn nicht auf bloßen Verdacht hin Bibliotheksbestände gesichtet werden wollen – sollte jemand denn bemerken, dass es sich unter Umständen nicht um eine einmalige Überlieferung handelte, wenn nicht in Katalogen

---

9 Ebd.

10 Ebd.

11 Auch Otto Mazal vertritt diesen Gesichtspunkt, vgl. MAZAL, Zur Praxis des Handschriftenbearbeiters (1987), S. 8: „Es kann aber vom Handschriftenbearbeiter nicht verlangt werden, Studien zur Textgeschichte der einzelnen Autoren zu geben und die Codices in ein Stemma einzubauen. Hier ist deutlich die Grenze zwischen Philologie und Handschriftenkatalogisierung zu ziehen [...]".

erste Anhaltspunkte aufgenommen wären? Textinitien stellen solche ersten Anhaltspunkte dar, und da es nicht nur darum gehen kann, vorhandene Erwartungen zu bestätigen, sondern auch neue zu wecken, sollten die Initien des Haupttextes, von Vorreden und Gedichten immer in die Handschriftenbeschreibung aufgenommen werden und nicht erst dann, wenn „eine breitere Überlieferung zu erwarten ist".[12]

Es wird oft betont, dass eine Scheidung in mittelalterliche und neuere Handschriften keine Wertung beinhaltet,[13] letztlich scheint die Mahnung zur Kürze, die den Richtlinien zur Beschreibung neuzeitlicher Handschriften vorangestellt wird, aber auf eine ebensolche Wertung hinzuweisen. Eine solche ist aus quantitativer Sicht nachvollziehbar, übersteigt doch die Zahl handschriftlicher Zeugnisse der Neuzeit eindeutig die des Mittelalters und der Antike. Auch der materielle Wert, der sich in der Summe aus Beschreibstoff, Tinte und Zierelementen, sowie Produktionszeit und -sorgfalt bestimmen lässt, macht viele der älteren Handschriften zu Gegenständen von kulturell und geschichtlich unschätzbar hohem Wert. Ebenfalls ist die ideelle Bedeutung, die sich auf konkrete Inhalte wie auch auf die Aura hohen Alters gründen kann, kaum messbar. Obwohl dies alles nicht bestritten werden soll, kann man aus diesen Aspekten nicht zwangsläufig ableiten, dass jüngeres Handschriftenmaterial von geringerem Wert als älteres ist.

Zum einen zeichnet sich die Masse neuzeitlicher handschriftlicher Zeugnisse durch eine sehr große Gattungsvielfalt aus, die den sich kontinuierlich ändernden gesellschaftlichen und politischen Strukturen der frühen Neuzeit entspricht. Für eine angemessene Beschäftigung mit dieser Zeit ist daher in vielen Fällen mehr als eine grob summarische Erschließung der entsprechenden Schriftzeugnisse nötig. Des Weiteren nimmt der rein materielle Wert einer Handschrift ab dem 16. Jahrhundert im Durchschnitt zwar ab, es entstehen aber immer noch viele Schriftstücke singulärer Art mit größter Sorgfalt und unter großem Zeitaufwand. Und letztlich trifft die ideelle Bedeutung gleichermaßen auch auf neuzeitliche Schriftstücke zu: Als gegenwartsferne Textzeugnisse eröffnen sie uns mittels ihrer überlieferten Inhalte verschiedene Zugänge zur jüngeren Vergangenheit.

Der Wert und die Aussagekraft eines Schriftstücks können sich also in manchen Fällen primär auf sein Alter und seine Seltenheit gründen. In aller Regel werden sie aber dadurch bestimmt sein, inwiefern wir einen Text als geschichtliche Quelle nutzen, in welche Kontexte wir ihn einordnen und welche Bezüge zur Vergangenheit und/oder Gegenwart wir aus ihm ableiten. Auf dieser Basis wird der hohe Status antiker und mittelalterlicher Schriftquellen bewahrt, ohne dass damit eine Abwertung neuzeitlicher handschriftlicher Überlieferung einher geht.

> „[...] jede Handschrift [ist], ob mittelalterlich oder neuzeitlich, ob Buchhandschrift oder Einzelblatt, immer etwas Einmaliges, ein Einzelwesen, das nur ein einziges Mal vorhanden ist, das als ein »Einzelwesen entstanden ist und als solches betrachtet und bewertet werden will«."[14]

---

12 DFG-RICHTLINIEN HANDSCHRIFTENBESCHREIBUNG (1992), S. 36.

13 Vgl. exemplarisch LÖFFLER/MILDE, Einführung in die Handschriftenkunde (1997), S. 2.

14 LÖFFLER/MILDE, Einführung in die Handschriftenkunde (1997), S. 2f.

Handschriftenbeschreiber müssen beobachten und bedenken, welche Fragen an Material und Inhalt der Handschriften gestellt werden können. Auf dieser Grundlage entscheiden sie, welche Kerninformationen in eine aussagekräftige Handschriftenbeschreibung einfließen – letzteres impliziert eine durchdachte Ausführlichkeit. Gelingt dieser Selektionsprozess, wird eine einzelne Beschreibung dem Charakter der individuellen Handschrift gerecht, während die Summe der Katalogisate zugleich das Profil einer Sammlung zu zeichnen vermag.

9.2 Zur Beschreibung alchemischer Handschriften

Wurde im vorherigen Kapitel im Allgemeinen für eine ausführlichere Beschreibung neuzeitlicher Handschriften plädiert, behandelt der folgende Abschnitt, weshalb im Besonderen der Themenbereich Alchemie mit seinen überlieferungstechnischen und sprachlichen Eigenheiten Ausführlichkeit bei einer Handschriftenbeschreibung erfordert.

Ab dem 16. Jahrhundert nahm, u.a. auch aufgrund des sich verbreitenden Paracelsismus,[15] die Zahl gedruckter Alchemica stetig zu.[16] Die Ansicht, Alchemie sei vorwiegend im Verborgenen praktiziert worden und über Inhalte und Prozeduren sei selten etwas an die Öffentlichkeit gedrungen,[17] trifft daher für die frühe Neuzeit und später so pauschal nicht zu. Zwar war die alchemische Praxis insofern exklusiv, als sie spezielle Fachkenntnisse erforderte und nur unter großem materiellen Aufwand und hohem finanziellen Einsatz betrieben werden konnte, allein: Die zunehmende Menge alchemischer Druckwerke zeigt, dass sich das Themenfeld Alchemie – in praktischer wie theoretischer Hinsicht – als naturkundliche und naturphilosophische Disziplin zu etablieren vermochte und bis ins 18. Jahrhundert prominenter Teil des öffentlichen Diskurses war.[18] Trotzdem blieb der Aspekt der Handschriftlichkeit kontinuierlich für viele alchemisch Tätige von großer Bedeutung und daher ein „Charakteristikum der alchemistischen Literatur".[19] Die Gründe hier-

15 Vgl. EIS, Von der Rede und dem Schweigen der Alchemisten (1951), S. 52 u. S. 68, TELLE/KÜHLMANN, Der Frühparacelsismus 1 (2001), S. 15–120, u. FEUERSTEIN-HERZ, Öffentliche Geheimnisse (2014), S. 60.

16 Vgl. TELLE, Art. ‚Alchemie II, historisch' (1978), S. 201. – LIMBECK, Alchemische Literatur (2014), S. 53. – FEUERSTEIN-HERZ, Öffentliche Geheimnisse (2014), S. 57.

17 So suggeriert z.B. der von Martin Mulsow und Michael Multhammer herausgegebene Band *Kriminelle-Freidenker-Alchemisten. Räume des Untergrunds in der Frühen Neuzeit* bereits mit seinem Titel einen subkulturellen, wenn nicht gar subversiven Charakter der Alchemie. These des Bandes sei, „dass Personen, die Teil einer dieser Gruppen waren, sich teilweise oder gänzlich im »Untergrund« bewegt haben und dass es daher Überschneidungen und wechselseitige Kontakte zwischen ihnen gegeben hat oder gegeben haben könnte." (MULSOW/MULTHAMMER, Kriminelle-Freidenker-Alchemisten (2014), S. 9). Es wird also eine generelle, wenn auch mehr oder weniger intensive Teilhabe von Alchemikern am gesellschaftlichen Untergrund postuliert; dieser Aussage ist so pauschal nicht zuzustimmen.

18 Laut Kühlmann erwies sich Alchemie „für geraume Zeit geradewegs als Leitwissenschaft der modernen Naturbeherrschung", KÜHLMANN, Vorbemerkungen zum Themenkomplex ‚Alchemie' (2004), S. 635.

19 BROSZINSKI, Die Katalogisierung der Kasseler alchemistischen Handschriften (1986), S. 23.

für waren sowohl praktischer als auch ideeller Natur.[20] In praktischer Hinsicht ermöglichte Handschriftlichkeit die nutzerorientierte Textauswahl in individuellen Sammelhandschriften; sie diente auch der notwendigen Fixierung eigener Ergebnisse und Beobachtungen. Weiter fand nicht jeder Alchemiker einen Verleger bzw. nicht die notwendigen einflussreichen Gönner, die eine Veröffentlichung seiner Arbeiten zu fördern bereit waren. Zudem fertigte nicht jeder seine Aufzeichnungen mit dem Ziel einer gedruckten Publikation an, auch um zu vermeiden, in das Visier eines profitorientierten Fürstenhauses zu geraten, in dessen Dienste gezwungen zu werden und die eigene Freizügigkeit – und bei Erfolglosigkeit gar auch das Leben – zu verlieren.[21] Die ideellen Gründe für Handschriftlichkeit sind mitunter so alt wie der Themenbereich Alchemie selbst. Erstens sahen sich manche alchemisch Tätige in einer sozialethischen Verantwortung und fürchteten unkalkulierbare „Gefahren für die wirtschaftliche und gesellschaftliche Ordnung“,[22] sollten alchemische Entdeckungen, wie z.B. das Schießpulver, einer breiten Masse zur Verfügung gestellt werden. Damit verbunden war zweitens, dass – angelehnt an antike und mittelalterliche Anschauungen – die Übermittlung alchemischer Wissensbestände an die herausragende Gottgefälligkeit, Weisheit und Demut ausgewählter Empfänger gekoppelt sein konnte. Eine geringe Zahl handschriftlicher Zeugnisse war hierfür ausreichend und vermochte zudem die Inhalte wesentlich besser gegen Profanierung zu schützen als die vergleichsweise hohen Druckauflagen. Dieser Gesichtspunkt verband drittens jede Handschrift mit einer Aura von Einzigartigkeit und Geheimwissen, die ihrem Inhalt zusätzliches Gewicht verleihen konnte – weshalb letztlich viele Drucke der frühen Neuzeit in ihren Vorworten betonen, dass (alte) Handschriften den Druckwerken zugrunde lägen.[23]

Die angeführten Gründe zeigen, weshalb die handschriftliche Überlieferung von Alchemica neben den gedruckten Publikationen fortbestand. Als Ausgangspunkt für die Durchdringung dieser Vielfalt von Entstehungs-, Nutzungs- und Überlieferungskontexten sind ausführliche Handschriftenbeschreibungen notwendig. Ausführlichkeit erfordern auch die sprachlichen Besonderheiten vieler Alchemica, die mit den Aspekten der Handschriftlichkeit in Verbindung stehen.

Alchemisch Tätige überlieferten ihre Ergebnisse und Theorien mittels verschiedener Textsorten, z.B. als Traktate, Prozessbeschreibungen, Dialoge, Lehrgedichte oder Rätsel. Sie verwendeten dabei in der Regel eine komplexe, vieldeutige und bildhafte Fachsprache. Dialoge, Rätsel und Lehrgedichte konnten zusammen mit Bildhaftigkeit das Memorieren der Inhalte erleichtern, vor allem aber zeichnete die souveräne Handhabe dieser mehrdeu-

---

20 Vgl. LIMBECK, Alchemische Literatur (2014).

21 Beispiele hierfür sind Johann Friedrich Böttger (1682–1719), Marco Bragadino (~1545/1550–1591) und Dominico Emanuele Caetano (~1667/1670–1709). Während ersterer ‚lediglich‘ seiner Freizügigkeit beraubt wurde, mussten Caetano und Bragadino ihre Leben lassen, vgl. FIGALA, Art. ‚Böttger, Johann Friedrich‘ (1998), DIES., Art. ‚Bragadino, Marco‘ (1998) und DIES., Art. ‚Caetano, Dominico Emanuele‘ (1998). Weitere glücklose Alchemiker führt Telle auf, vgl. TELLE: Art. ‚Alchemie II, historisch‘ (1978), S. 208.

22 EIS, Von der Rede und dem Schweigen der Alchemisten (1951), S. 66.

23 Vgl. LIMBECK, Alchemische Literatur. S. 54, u. FEUERSTEIN-HERZ, Öffentliche Geheimnisse (2014), S. 58.

tigen Fachsprache den Verfasser als kundigen und ernstzunehmenden Experten aus.[24] Hierbei handelte es sich um die gängige Praxis, den Erwartungen eines exklusiven Fachpublikums gerecht zu werden und sich gleichsam mit seiner Ausdrucksweise für einen Fachdiskurs zu qualifizieren, der sich so von unkundigen oder unwürdigen Laien wie auch von unredlichen Zeitgenossen abzugrenzen versuchte. Dabei war bis ins 18. Jahrhundert für die alchemischen Bestandteile und Produkte keine einheitliche Nomenklatur gefunden worden,[25] weshalb die Bezeichnungen für ein und denselben Stoff gerne variierten. Nicht selten wurde die alchemische Fachsprache bis zur Unauflösbarkeit verrätselt und in eine regelrechte Arkansprache verschlüsselt, deren Sinn mitunter „völlig unverständlich"[26] bleibt. Sie nutzte und erweiterte offensiv die Fülle des fachsprachlichen Ausdrucks und dessen Interpretationsspielräume. Diese Form der Codierung mag sicher in manchen Fällen ein bloßes Spiel mit den Möglichkeiten gewesen sein. Häufiger diente sie einer verschärften Abgrenzung von Laien und der Fixierung spekulativ-philosophischer oder mystischer Inhalte, deren letztliche Erkenntnis oft an die unmittelbare Offenbarung durch Gott gebunden war.[27] Daher begegnet uns die Arkansprache oft dort, wo Alchemie intensiv mit den Diskursen Magie und Hermetismus sowie mit Religion, Philosophie und Literatur korrelierte. Generell gilt, dass „die Grenzen zwischen den stärker empirisch-technologisch bzw. naturphilosophisch-spekulativ betonten Literaturflügeln nur unscharf gezogen [sind]"[28] und innerhalb der alchemischen Literatur finden sich zahlreiche Belege für die kontinuierliche Diskussion der Beteiligten um das angemessene Maß an Diskretion, Offenheit und Eindeutigkeit.[29]

Letztlich beeinflussten verschiedene –auch miteinander konkurrierende– Phänomene, wie z.B. der Paracelsismus seit dem 16. Jahrhundert und die Etablierung transparenter Dokumentationsstandards bei naturkundlichen Arbeiten seit dem 17. Jahrhundert, den sprachlichen Ausdruck der Alchemiker.[30] Eine ausführliche Handschriftenbeschreibung, bei der die verwendete Sprache zumindest über Textinitien oder markante Auszüge tat-

---

24 Vgl. hierzu EIS, Von der Rede und dem Schweigen der Alchemisten (1951), BUNTZ, Deutsche alchemistische Traktate (1968), S. 52–67, TELLE, Art. ‚Alchemie II, historisch (1978), S. 210–212, DERS. Splendor Solis (2006), S. 422–424, u. WELS, Manifestationen des Geistes (2014), S. 213–228. Zum Aspekt der Memorierbarkeit vgl. WELS, Die Alchemie der Frühen Neuzeit als Gegenstand der Wissensgeschichte (2015), S. 236–242.

25 Erste Versuche einer übersichtlichen Vereinheitlichung unternahm Andreas Libavius (1555–1616), vgl. MÜLLER-JAHNKE, Art. ‚Libavius (Liebau), Andreas' (1998).

26 Vgl. EIS, Von der Rede und dem Schweigen der Alchemisten (1951), S. 55.

27 Diese notwendige göttliche Unmittelbarkeit und Inspiration spielt besonders bei vielen Paracelsisten eine Rolle, vgl. WELS, Manifestationen des Geistes (2014), S. 220–222.

28 TELLE, Art. ‚Alchemie II, historisch (1978), S. 210.

29 Vgl. ebd., S. 211, u. FEUERSTEIN-HERZ, Öffentliche Geheimnisse (2014).

30 In jüngerer Zeit legte Volkhard Wels dar, dass sich die mittelalterlich geprägte Fachsprache der Alchemie zunehmend von der Sprache der ‚boomenden', frühneuzeitlichen ‚Wissenschaft' wegen deren Klarheitsanspruch gelöst habe. Zudem sei innerhalb der verschiedenen Ausprägungen des Paracelsismus, der sich überwiegend als ‚antiakademisch' verstand, die allegorische Arkansprache der Alchemie intensiv aufgegriffen und verbreitet worden. Beide Entwicklungen hätten die poetische Funktionalisierung der alchemischen Sprache im Rahmen von literarischen Arbeiten vorangetrieben, vgl. WELS, Manifestationen des Geistes (2014), S. 131–187 u. S. 189–232.

sächlich ‚zur Sprache' kommt, ist daher ein weiterer Anhaltspunkt, der bei einer ersten Einschätzung der Situiertheit einer Handschrift hilfreich ist.

Für die komplexe Sattelzeit belegen besonders die handschriftlichen Zeugnisse die Gegenwart und die Diskussion alchemischer Themen in privaten und exklusiven Gesellschaftsbereichen. Eine aussagekräftige Erschließung alchemischer Sammlungen dient daher nicht nur der inhaltlichen Beschäftigung mit dem Phänomen Alchemie. Sie ist auch wichtig, will man die gesellschaftliche Nutzungssituation klarer konturieren und die Motivation der beteiligten Akteure sowie ihre Situiertheit innerhalb größerer gesellschaftlicher, historischer und kultureller Rahmenbedingungen verstehen. Nicht zuletzt aber kann eine fachkundige Einordnung der Texte innerhalb des vielseitigen Diskurses um Alchemie nur mit Hilfe ausführlicher Handschriftenbeschreibungen begonnen werden.

9.3 Die Beschreibungsprinzipien für die Überlinger Alchemica

Bei der Erstellung des Katalogs wurden die Richtlinien der DFG berücksichtigt, aber vor dem Hintergrund obiger Darlegungen und in Anlehnung an Hartmut Broszinski großzügig ausgelegt.[31] Die Struktur der einzelnen Handschriftenbeschreibungen setzt mit den kodikologischen (vgl. auch Kap. 4) und historischen Aspekten ein und wendet sich danach dem Handschrifteninhalt zu.

Zeitliche Zuordnungen, die ausschließlich anhand der Schrift erfolgten, beschränken sich auf die Angabe von Jahrhunderten.[32] Sofern nicht anders in der Beschreibung angegeben, handelt es sich bei der Schrift um den Regelfall der deutschen Kurrentschrift. Die in den Handschriften notierte Seiten- bzw. Blattzählung, sei sie zeitgenössisch oder nachträglich, wurde in den Katalogisaten übernommen. Da die Seiten- bzw. die Blattzählung bisweilen willkürlich einsetzt und häufig unvollständig ist, unberücksichtigte Blätter dabei mitunter relevante Informationen enthalten, wurden sämtliche ‚ungezählten' Blätter in die Gesamtblattanzahl aufgenommen: Ihre Seiten- bzw. Blattangabe sind im Katalogisat durch die Verwendung römischer Zahlen markiert. Sofern Wasserzeichen (WZ) erkennbar waren, wurde eine Wasserzeicheneinschätzung vorgenommen und in einer separaten Rubrik ‚Wasserzeichen' aufgeführt.[33] Eine exakte Zählung der Illustrationen – die trotz ihrer inhaltlichen Relevanz unter ‚Illustrationen' dem kodikologischen Bereich zugeord-

31 „Verständlich, daß ein Katalog alchemistischer Handschriften auch neuere, nachmittelalterliche Texte identifizierbar verzeichnen muss und alles dingfest zu machen hat, was wichtig genug scheint und über ein literarisches Eintagsfliegendasein, wie kleine Prozeßbeschreibungen, Notizen usw., hinausgeht." BROSZINSKI, Manuscripta chemica (2011), S. 23.

32 Unterschiedliche Schreibanlässe in der frühen Neuzeit führten dazu, dass verschiedene musterhafte Alphabete und Buchstabenformen sowie individuelle Handschriften parallel verwendet wurden. Deshalb können neuzeitliche Handschriften oft nur schwer nach der Schrift exakt chronologisch bestimmt werden, vgl. DÜLFER, Schreibschrift und Kunst (2000), S. 11–44, besonders S. 16f., und BECK, Die lateinische Schrift (2007).

33 Anhand von Wasserzeichen können Datierungen überprüft sowie Handschriften mit identischen Wasserzeichen zu Binnengruppen separiert werden. Letzteres kann auch bei Fragen möglicher Provenienzen hilfreich sein.

net werden, – sowie genauere Beschreibungen von Bildinhalten erfolgen nur in Ausnahmefällen. Von einer Verzeichnung der Bildstandorte innerhalb der Handschriften wird in der Regel abgesehen. Um eine differenzierte Aufnahme der enthaltenen Illustrationen zu gewährleisten, wurden diese bei der Handschriftenautopsie in sieben Bildgruppen unterschieden:[34]

1. **Autorbilder**: Sie bezeichnen (fingierte) Darstellungen der angegebenen Verfasser.
2. **Siegel**: Innerhalb der Handschriften werden sie „Siegel“ oder „Charaktere“ genannt und vereinen in sich Schrift oder Schriftelemente mit geometrischen Mustern. In diese Gruppe fallen auch die magischen Beschwörungszirkel.[35]
3. **Figuren**: In den Handschriften häufig ebenfalls als „Figur“ bezeichnet, sind damit Illustrationen allegorischen Charakters gemeint.
4. **Praktische Darstellungen**: In diese Gruppe fallen Illustrationen komplexer Versuchsanordnungen sowie einzelner Vorrichtungen, Instrumente oder Gefäße.
5. **Tabellen** (rechteckige Grundform) und **Schemata** (nicht-rechteckigen Grundformen): Sie bezeichnen sämtliche symmetrisch strukturierte Übersichtsgraphiken.
6. **Arkane Inschriften**: In einigen Handschriften werden solche Inschriften zur Zierde verwendet, in anderen interpretiert und gedeutet. Der Zeichenbestand speist sich meist aus hebräischen, arabischen und von mir nicht identifizierbaren Schriftzeichen. Er wirkt mitunter so, als habe man sich von der *Turris Babel* des Athanasius Kircher inspirieren lassen (vgl. Anhang B, Abb. 1 und Abb. 2).[36]
7. **Zierelemente**: Hierunter fallen alle Darstellungen, die eine ausschließlich ästhetische Funktion zu erfüllen scheinen.

Einbände wurden, sofern vorhanden, hinsichtlich ihres Materials und Zustands ebenfalls als eigenständiger Beschreibungsbestandteil aufgenommen. Signaturen, Besitz- und Schreibervermerke, bemerkenswerte Notizen oder bibliotheksinterne Angaben zur Handschrift sind unter der Rubrik ‚Geschichte‘ festgehalten, während der Punkt ‚Literatur‘ dem seltenen Fall Rechnung trägt, dass die besagte Handschrift bereits Gegenstand wissenschaftlichen Interesses war und in einer Publikation behandelt wurde.

---

34 Als Illustration werden in einer weiten Interpretation all jene graphischen und bildnerischen Darstellungen aufgefasst, die nicht als Fließtext den Handschrifteninhalt aufgreifen, stützen oder ergänzen. Somit fallen auch Tabellen und Schemata unter dieser Rubrik.

35 Vgl. u.a. WINKLER, Siegel und Charaktere in der muhammedanischen Zauberei (1980/[1930]).

36 Vgl. Kircher, Turris Babel (1679), S. 157. – Es konnten keine wesentlichen Übereinstimmungen mit freimaurerischen Geheimschriften oder jenen der Rosenkreuzer festgestellt werden, vgl. ENGEL, die freimaurerischen Geheimschriften (1972), und BEYER, Lehrsystem der Gold- und Rosenkreuzer (1978 [1925]).

Der Handschrifteninhalt wurde nach Möglichkeit identifiziert. Wenn eine Identifikation nicht möglich war, enthält die Beschreibung für eine solche erste Anhaltspunkte (z.B. die Initien der Vorreden und Haupttexte). Bei der inhaltlichen Aufnahme wurde zwischen kürzeren (Traktate, Rezepte, Gebete, Gedichte, Exzerpte) und längeren Texten (Werke mit separaten Titeln und einer erweiterten Binnenstruktur) unterschieden. Erstere werden summarisch, unter Nennung einer exemplarischen Auswahl enthaltener Beiträge aufgeführt. Letztere sind mit ihrem kompletten Titel und einer kurzen Skizze ihrer Binnengliederung festgehalten. Im Initienregister sind die Textanfänge der Paratexte und des jeweiligen Haupttextes vermerkt. Sofern Drucke als (potentielle) Vorlagen erkannt wurden, erwähnt das Katalogisat – sofern nichts Gegenteiliges vermerkt ist – stets den ältesten bekannten Druck mit Jahr und Ort. Hinweise auf mögliche Vorlagen oder Parallelüberlieferungen stehen nach der inhaltlichen Beschreibung. Die Literatur, die bei der Identifizierung bzw. kontextuellen Einordnung eines Textes zu Rate gezogen wurde oder die hinsichtlich erwähnter Personen und Orte weiterführend war, ist in den Katalogisaten ebenfalls den jeweiligen inhaltlichen Passagen nachgestellt angegeben: Sie wird mit dem Autornamen, dem Erscheinungsjahr und – falls erforderlich – mit einem Kurztitel vermerkt und ist im abschließenden allgemeinen Literaturverzeichnis eingearbeitet.[37] Neben Standardwerken,[38] die in der Regel problemlos in wissenschaftlichen Bibliotheken eingesehen werden können, war vor allem die Möglichkeit, über Online-Datenbanken Digitalisate einzusehen, bei der Identifizierung eine große Erleichterung.[39]

Titelangaben sind in den Katalogisaten in »Doppelklammern« gesetzt und stehen in Werkschrift. Sie wurden außerdem in das Orts-, Personen- und Titelregister aufgenommen und zwar unter dem Namen des Verfassers, sofern ein solcher angegeben oder erschließbar war bzw. unter dem ersten sinngebenden Wort des Titels, wenn es sich um einen anonymen Text handelte. Beschreibungen, Inhaltsangaben und Normalisierungen von mir stehen in normaler Werkschrift. Erschlossene Verfasser- oder Titelangaben, die nicht explizit in der Handschrift genannt werden, sind durch [eckige Klammern] angezeigt. Textauszüge sind gemäß dem Wortlaut der Handschrift wiedergegeben und durch *kursive Schrift* markiert. Abkürzungen wurden bei der Transkription aufgelöst. Die Auflösungen sowie eigene Einfügungen und Auslassungen sind ebenfalls durch [eckige Klam-

37 In den Handschriftenbeschreibungen – wie auch in den beiden darstellenden Teilen A und B – markiert hier die Auszeichnung des Verfassers in KAPITÄLCHEN, dass es sich um Sekundäriteratur handelt. Bei den Quellenangaben habe ich auf eine gesonderte Auszeichnung verzichtet.

38 Vgl. exemplarisch FERGUSON, Bibliotheca Chemica (1954 [1906]), KILLY, Literaturlexikon (2008–2012) oder BÄCHTOLD-STEUBLI, Handwörterbuch des deutschen Aberglaubens (= HDA, 1927–1942). – Die dreibändige ‚Bibliographie der alchemistischen Literatur' von Volker Fritz Brüning (2004–2007) wurde bei der Recherche wegen ihrer Mängel nur dann herangezogen, wenn die Suche in den anderen Hilfsmitteln ergebnislos blieb. Ohne den Aufwand Brünings mißachten zu wollen, ist sein Werk mitunter nicht zuverlässig genug, als dass man ihm den Vorzug vor älteren Publikationen oder Online-Datenbanken geben wollte, vgl. hierzu TELLE, Rezension Brüning (2005).

39 Hier ist besonders der Karlsruher Virtuelle Katalog zu nennen, der eine breite, flächendeckende Titel- und Textsuche ermöglicht und in vielen Fällen Verlinkungen zu Digitalisaten anbietet, vgl. KVK, online (23.05.2019). Die Literatursuche in dieser Meta-Suchmaschine wurde ergänzt durch die Nutzung des Verzeichnisses Deutscher Drucke des 18. Jahrhunderts, VD 18, online (01.07.2019).

mern] kenntlich gemacht. Auflösungen von im Text eingefügten Symbolen sind in <spitze Klammern> gefasst. Ligaturen werden nicht als solche, sondern als Doppellaute abgebildet (z.B. ,æ' als ,ae'); auch auf die handschriftengetreue Wiedergabe diakritischer Zeichen habe ich verzichtet (z.B. steht ,ó' in der Beschreibung als ,o'). ,U' geschrieben als ,V' (und umgekehrt) steht in normalisierter Schreibweise. Das Alter der Handschriften sowie dialektale Einflüsse erklären in den meisten Fällen die eigentümliche und mitunter sperrige Orthografie, weshalb mutmaßliche Fehlschreibungen nicht gesondert kenntlich gemacht sind;[40] lediglich inhaltlich offenkundig unkorrekte Jahres- oder Signaturangaben und vereinzelte Irrtümer im Lateinischen sind durch ein Ausrufungszeichen markiert. Auf unleserliche bzw. unauflösbare Buchstaben weist jeweils ein Sternchen* hin.

40 Dies zumal auch deshalb, weil einem beim Transkribieren auch Lese- und Deutungsfehler unterlaufen können.

10 Die Handschriften

Es folgen die Beschreibungen der 143 alchemischen Handschriften Überlingens, an deren Ende eine Übersicht möglicher handschriftlicher Parallelüberlieferungen anschließt. Nach einer Auflistung potentieller Druckvorlagen beschließen die Register zu den Initien, zu den Orten, Personen und Titeln bzw. zu den kodikologischen Komponenten den Teil C.

10.1 Beschreibungen

Ms. 141

(Ps.-) Raimundus Lullus: »Practica brevis super tabulam generalem«, »De anima rationali«, u.a.

15./16. Jh. ▪ 121 Bl. ▪ 21,5 x 15,5 cm

Datierung nach der Schrift. – Lagenformel: $VI^{12} + V^{22} + VI^{34} + VI^{46} + (VI-1)^{57} + VIII^{73} + VIII^{89} + VIII^{105} + VIII^{121}$. – Die nachträgliche Foliierung beginnt auf (1r). – Zwei Haupthände: Hand 1 (gotische Kursive) auf (1r–57v); Hand 2 (Bastarda) auf (58r–121r); Marginalien von den Haupthänden sowie zusätzliche Titelangaben (1r, 2r, 57v, 111v, 112r, 121v) u. weitere Marginalien von zwei? Späteren Händen (frühe Kurrentschrift; Zierminuskel).

Wasserzeichen: a) Ochsenkopf, darauf zweikonturige Stange mit Dreiblatt von Schlange umwunden; b) Ochsenkopf, darauf an einkonturiger Stange ein Dreiblatt; beide WZ so nicht nachgewiesen.
Einband: brauner, gestempelter Lederband. Vorderseite: in zentraler Position ein Rechteck mit Blattwerk/Blüten in Spitzovalen, darum drei Rahmen mit Wellenranken: a) kleine Blüten, b) verschiedene Blüten (Rose, Edelweiß u.a.), c) recht abgenutzt, ebenfalls Blüten; Rückseite: Zentral Rechteck mit Blattwerk/Blüten in Spitzovalen, darum drei Rahmen: a) Blüten/Reben, b) Wellenranken, c) Wellenranken mit verschiedenen Blüten (wie Vorderseite), nicht in Einbanddatenbank, online (03.11.2016) nachgewiesen. Stellenweise abgenutzt, beschädigt u. mit Wurmlöchern. Im Einband Makulaturreste eines Graduales in frühgotischer Minuskel mit Neumennotation.
Geschichte: Rücken: Signaturzettel *Mscrpt CXLI.* – Vorderer Spiegel: Titelangaben *Compendiu*[m] *artis parve, De anima Rationali, Liber novus philosopho*[rum]: *Raymundi*, darunter von anderer Hand ein Vermerk: *S*[ignum?] *chilhui* [?] *ab Herdun*[n]. *d*[at?]. – (1r): spätere Titelangabe *Ars Roboba Augusta Rayomandi Luly secundi*, darunter *Mscrpt CXLI* sowie alte LSB-Signatur *4875/459*, s. KATALOG (1862) u. alte Signatur *Hs. 54.* – (53v): Datierung aus der Vorlage: [...] *finita e*[st] *hec a*[r]*s c*[om]*pediosa ad henoce*[m] *dei parisi*[us] *anno d*[o]*m*[ini] *m*[illesimo] *cc*[ducentesimo] [nonagesimo] [nono] [1299] *deo gra*[tia]s *me*[n]*se Januarii.* – Hin-

terer Spiegel: seitenverkehrt durchscheinend eine kaum leserliche Notiz, vermutlich [R]*aymu*[n]*d* ligraf* [Rest unbestimmbar].
Literatur: KRISTELLER, Iter Italicum 3, S. 724b.

(2r–53v): [Ps.-Raimundus Lullus?]: »Practica brevis super tabulam generalem« [um 90° gedreht und als *Verus Titulus* bezeichnet].

(2r): *Cap*[itulum] *1, Ars Magna,* Incipit: *Incipit Breve Compendiu*[m] *in practica tabule g*[e]*n*[er]*alis. Alphabetu*[m] *tabule* g[e]n[er]*alis est hoc* [...].

(57v): [Ps.-Raimundus Lullus?]: »Practica artis suethe serrylle«.

Practica Artis suethe serrylle Augusta SPQR Aphabeuca Amaco Rurilla Rugitu Rayomanti Sexti Heremiti P[ro]*eani* [bricht ab].

(58r–111r): [Raimundus Lullus]: »De anima rationali« [um 90° gedreht, als *Verus Titulus* bezeichnet und als *s*[e]*c*[un]*d*[u]*m Tabulam Generalem* eingeführt].

(58r): *De*[us] *in tua v*[ir]*tute incipim*[us] *libru*[m] *novu*[m] *d*[e] *a*[n]*i*[m]*a r*[ati]*o*[n]*al*[i]; Incipit: *Quoniam a*[n]*i*[m]*a r*[ati]*onalis est s*[u]*b*[stanti]*a invissibilis* [...].

Vgl. THORNDIKE/KIBRE, Sp. 1260.

(111v–121r): [Raimundus Lullus?]: »Physica nova« [diese Titelangabe wird auf (112r) mit dem Zusatz *Verus Titulus* notiert].

(111v): *Liber nov*[us] *phe*[?losoph]*or*[um]. *Magia, Ars Peuloa, Plato Minor. Deus cum tua gr*[atia]*a sapi*[enti]*a et v*[ir]*tute ac Ineffabili kari*[ta]*te,* Incipit: *Incipit liber nov*[us] *phy*[losoph]*o*[rum] *et*[iam] [com]*pendios*[us]. *Cum agredi re*[rum] *phi*[si]*ca*[rum] *d*[e]*t*[er]*mi*[n]*are* [...].

Bei THORNDIKE/KIBRE, Sp. 280: Inc. „Cum aggredi sufficienter determinare" für Lullus »Physica nova«.

(121v): [Ps.-Raimundus Lullus?]: »Ars Roboban Augusta«.
Ars Roboban Augusta Rayomandi celebris Quinti oratoris Rethoris Compar Suetho Excelsus Iustitie Iuris Posterior Prior Testudinis Antro [bricht ab].

Zu Raimundus Lullus (1232–1315/16) u. pseudo-lull'schen Schriften s. FERGUSON 2, S. 49–57, TELLE, in: [2]VL 5 (1985), Sp. 1046–1049, DERS., in: LEXMA 6 (1993), Sp. 2–3, PEREIRA, S. 6–59 (ohne Erwähnung dieser Handschrift), u. CLERICUZIO, in: PRIESNER/FIGALA, S. 224–227.

Ms. 152

Alchemische Sammelhandschrift, dt./lat.

1750/1753 ▪ 140 Bl. ▪ 19,5 x 15,5 cm ▪ Illustrationen

Datierung aus der Handschrift (s.u.). – Die nachträgliche Foliierung beginnt auf (1r), ab (48r) setzt eine zeitgenössische Paginierung ein bis (S. 34 = 64v); vor (Bl. 135) wurde ein Blatt herausgerissen: Textverlust. – Zwei Haupthände: Hand 1 auf (2r–42v), (45r–46v), (47v), (65r–95r), (101v–120v), (121r–123v), (127r–132r), (133r–140v); Hand 2 auf (43r–44v), (48r–64v = S. 1–34), (96r–101r), (121r), (123v–126v). – Mehrere Anmerkungen u. Korrekturen von Hand 2, z.B. auf (68r). – Überschriften vereinzelt in Kanzleischrift.

Wasserzeichen: *A* u. *G* ein Kreuz flankierend, nicht nachgewiesen.
Illustrationen: praktische Darstellungen.
Einband: Pergamentband.
Geschichte: Vorderdeckel: Abkürzung mit Jahreszahl: *C.D.I.A.K. 1750* und alte Signatur *n*[umero] *64* – (1r): *das 64 Einzebogen.* – (2r) Abkürzung mit Jahreszahl: *1752 von I.A.K.M.* – (68r): Jahreszahl aus Literaturverweis: *1753.*
Literatur: MÜLLER, Katalog, Ms. 152.

(2r–44v): *Extracte vom Berg-Werck, Probier-Kunst, Hütten-Weesen, Hydraulica, und andere Mixtualia, Arcana und dergleichen zusam*[m]*engetragen* [...]; vereinzelt mit Literaturangaben.

Erwähnt werden u.a. 1) (9r): Eberhard Werner Happel: Happelii Gröste Denkwürdigkeiten der Welt Oder so genannte Relationes Curiosae [...]. Fünf Teile, Hamburg 1683–1691, 2) (17r): Johann Gottfried Jugel: Höchstnützlicher und gründlicher Unterricht des annoch geheimen Röst-, Schmelz- und Probierwesens. Zittau 1754, 3) (34r): Albaro Alonsi Barba: Eines spanischen Priesters und hocherfahrnen Naturkündigers Berg-Büchlein, Darinnen von der Metallen und Mineralien Generation [...] Frankfurt a. M. 1739.

Zu Eberhard W. Happel (1647–1690) s. KÜHLMANN, in: ²Killy 4 (2009), S. 653–655. – Zu Johann G. Jugel (1707–1786), s. GÜMBEL, in: ADB 14 (1881), S. 658–659, FERGUSON 1 (1954 [1906]) (1954 [1906]), S. 440–443 sowie Kap. 2.1.2 S. 31f.

(45r–47v): *Arcana medica*, diverse medizinische Rezepte.

Enthalten sind u.a. (45v): *Pillula Antipodagricae vur deren composition 200 fl.* [=Taler] *bezahlt werden.*

(S.1–34=48r–64v): Notizen zur Probierkunst.

(S. 1): *Bey Erlernung der Probier-Kunst kom*[m]et *für 1. Die Erkenntnis der Ertze, 2. die zurichtung der holtz und beinasche zum cappellen* [...].

(65r–95r): Exzerpte u. Notizen zur Metallveredelung u. zu chemischen Prozessen, vereinzelt mit Literaturangaben.

Erwähnt werden u.a. 1) (68r): [Johann Gottfried Jugel:] *Sehr geheim gehaltene, u*[nd] *nunmehro frey entdeckte experimentirte Kunst-Stücke* [Zittau] *1753*, 2) (86r): <Gold> *Arcana des Proceßes auff* <Gold> *und* <Silber>*Augmentation wie solcher im Laboratorio zu Dresden unter Protection des General-Feld-Marschals Graffen Rutowski u*[nd] *der Gräffin Moszynska Excel*[lentia] *im Jahr 1745–46 getrieben worden.*

Zu Jugel, s.o. – Zu Friedrich August Graf von Rutowski (1702–1764), s. WINKLER, in: ADB 30 (1890), S. 51–52. – Zu Friederike Alexandrine Gräfin Moszinski (1709–1784), s. FLATHE, in: ADB 4 (1876), S. 512.

(96r–133r): *Mixtualia Verschiedener Arcana*, diverse Exzerpte, vereinzelt mit Literaturangaben.

Erwähnt werden u.a. 1) (108v): Johann Rudolf Glauber: Glauberus Concentratus, oder Kern der Glauberischen Schrifften: Worinnen alles unnöthige Streit-Wesen weggelassen [...] Leipzig 1715, 2) (119v): Johann Kunckel von Löwensterns Königl. Schwedischen Berg-Raths und der Käyserl. Leopold. Societät Mit-Gliede, des Hermes III. Collegium Physico-Chymicum Experimentale, oder Laboratorium Chymicum [...] Hamburg/Leipzig 1716.

Zu Johann Rudolf Glauber (1604–1670) s. FERGUSON 1 (1954 [1906]), S. 322–330, PIETSCH, in: NDB 6 (1964), S. 437–438, u. MÜLLER-JAHNKE, in: Priesner/Figala (1998), S. 150–151. – Zu Johann Kunckel (von Löwenstern) (~1630/38–1702/03) s. FERGUSON 1 (1954 [1906]), S. 483–485, TROITZSCH, in: NDB 13 (1982), S. 287–288 u. SMITH, in: Priesner/Figala (1998), S. 202–205.

(139r–140v): Verschlüsselte Aufzeichnungen eines Kardinal Csaki Protner [?], Informationen des Pater Johannes betreffend.

(139r): *Ex Memento, Processus defuncti R*[everen]*di in* [Chris]*to Patris Joannis a Conceptione B*[eatae] *M*[ariae] *V*[irginis] *Ordinis s*[ancti]*s*[simae] *Trinit*[atis] *de Redemptione Captivorum et C*[o]*n*[fessoris] *Cardinalis Csaki protner Theologi octo dieb*[us] *ante mortem ad verbum Sacerdotale sub strictissimo juramento com*[m]*unicatus* [...]; es folgt eine verschlüsselte Buchstaben-Zahlen-Passage.

Hinweis auf eine mögliche PÜ in: Linden, Catalogus Manuscriptorum (1786), S. 60, Nr. 64 (der Umfang des dort angebotenen Manuskripts wird mit 120 Blättern angegeben); zu von Lindens Angebotskatalog s. auch Kap. 6.2.

Bei Pater Joannis handelt es sich um Juan Bautista Rico (1561–1631), s. FRANK, in: [3]LThK 1 (2001), Sp. 238–239.

Ms. 156

Gabriel Örtel: Medizinisch-alchemische Sammelhandschrift

1613 ▪ 109 Bl. ▪ 17,5 x 14 cm

Datierung auf (Ir): *Anno 1613.* – Nach (Iv) beginnt die Foliierung von späterer (= 5.) Hand; vor (Bl. 94) wurden vor der Foliierung vier Blätter herausgetrennt, Textverlust sichtbar. – Vier Schreiberhände: Hand 1 (die Hand Gabriel Örtels, vgl. EIS, Medizinisch-alchemische Sammelhandschrift (1958)) auf (1r–15v), (67r–68r), (75r–77v), (81r–93v), (95r), (101r–102r) u. (105v–108v); Hand 2 auf (17r–55v) u. (68v), auch Hand in Ms. 261 Teile 1 u. 4 sowie in Ms. 279; Hand 3 auf (16r), (55v–57v(74rv), (77v–78v) u. (102r); Hand 4 auf (58r–59r); Register von Gabriel Örtel u. anderen.

Einband: Pergamentband, von den Verschlussbändern sind drei abgerissen.
Geschichte: Vorderdeckel, von verschiedenen Händen: alte Signatur *Nr. 23, Kunstbuch Augustan*[us], *B on S, Ein schön Kunstbuch*, vgl. Ü-SA, LSB Zugang 1997, Mappe, Handschriftenkatalog, Nr. 23. – Rücken: *Ein schön Kunstbuch* und *Mscrpt CLVI.* – Hinterdeckel: unleserliche Schriftspuren, von der Rückseite des letzten Bogens durchscheinend. – vorderer Spiegel: alte LSB-Signatur *6587/101*, s. KATALOG (1862), darunter *csr. Joh. 58 et 59*, darunter *Mscrpt CLVI.* – (Ir): Schreibervermerk *Anno 1613 In alle deine sachen förchte Gott//so wirstu auff Erden nit zu spot/Im sag allein Lob Ehre und danck/die Zeitlich Ehr die wert nit Lang/GaÖ Augustan*[us], darunter *On Gottes Sögen und gunst/Ist wissenschafft und Khunst umbsunst/wan Gottes sög und gunst nit will//So hülfft wüssenschafft und ghunst nit vill/Gab. Ö.* Darunter Besitzvermerk *Zaccaria Puffenauser.* – (59r): Besitzvermerk eines J. A. Parthenschlager aus dem Jahr 1695 (s.u.). – Hinterer Spiegel: Federproben u. Notizen u.a. mehrfach *MINOR MUNDUS ES TU, Cognosce te ipsum, N*[ota] *B*[ene] *den Truckhnen weg so Lapide philo*[sophorum] *schreibe darum Theop*[hrasti] *In der Tincutra phisicorum den Nassen weg in einem Manuale.* – Ü-LSB, Kunzer [1894], Ms. 156, beschreibt als „Ein schön Kunstbuch".
Literatur: MÜLLER, Katalog (2007), Ms. 156. – EIS, Medizinisch-alchemistische Sammelhandschrift (1958).

(1r–95r): Medizinische u. alchemische Rezepte sowie Prozessbeschreibungen, gelegentlich mit Quellenangaben; dazwischen eine Erberzählung aus der Familie Sonnenthal/Parthenschlager.

> Enthalten sind u.a. 1.) (3v) *Ein bewertte Kunst für Ein Nabelbruch Fraue Maria Frenekhin*, 2.) (15v) Aureoli Theophrasti Parcelsi schreiben Von Tartarjschen kranckheiten, nach dem alten nammen, Vom grieß sand und stein [...] Basel 1563, hier: Kapitel 16, 3.) (17r) *Proceß so ich von dem alten Zettel so mir D.B. geben, abgeschrieben hab*, 4.) (47r) *1590 Vom Englischen J. Die Tinctur mit dem schönen reinen Berckh-Zinober*, 5.) (54r) *daß seind die gaist in der Kunst* [...] *Gabriel Örtel*, 6.) (58r–59r) Bericht eines *J.A. Parthenschlager*, die vorliegende Handschrift stamme aus dem Besitz seines Großvaters (ehemals ein *Baron v. Sonnenthal*); 7.) (83r) *Memorial Theophrast*[us]: Incipit: *Der Mensch und seine starckhe Imagination ist mehr dan daß gestirn* [...].

Zu Oertel (1549/50–1617) s. PAULUS, Alchemie und Paracelsismus (1994), S. 372. – zu 2.) vgl. SUDHOFF 1 (1894), Nr. 57. – Zu Partenschlager, Sonnenthal u. dessen Sammlung (das Herz des Überlinger Alchemica-Bestandes) s. weiter auch Kap. 3.1. sowie Kap. 5. – Zu Paracelsus (1493–1541), seinen Werken u. pseudo-epigraphischen Schriften s. SUDHOFF, Versuch einer Kritik, FERGUSON 2 (1954 [1906]), S. 168–174, Sudhoff/Theophrast von Hohenheim, Werke (1922–1960), Rudolph, in: TRE 25 (1995), S. 699–705, KÜHLMANN, in: ^{2}Killy 9 (2010), S. 83–90 u. JÜTTNER, in: LexMA 6 (1993), Sp. 1695f.

(101r–103r): Register.

(105v–108v): Notizen u. Rezepte.

Enthalten ist u.a. (107r): *Capaunen zu schopen von Hanß Jacob Kydt.*

Ms. 157

Geomantische Sammelhandschrift, enthält u.a. Bartholomäus Bononiensis de Parma (Magister Paritales?): »Nova conscriptio geomantiae«, dt./lat.

spätes 15. Jh. ▪ 256 Bl. ▪ 30 x 22 cm ▪ Illustrationen

Datierung nach den Wasserzeichen (s.u.) u. der Schrift. – Lagenformel: VIII^{16} + $(20 \times XII)^{256}$; Lagenfalze aus Pergamentmakulatur, deren Lesbarkeit durch die Heftung eingeschränkt ist. Es scheint sich um einen Vertrag zu handeln: (178v) *trewlich und ungenerlich mit urkund des briefs besiegelt* zwischen (190v/ 191r) *Jorg am Ort in Lernsperg pharr und ich margreth*[en] *petern Pawngaeten selign tocht*[er]. – Die nachträgliche Foliierung beginnt auf (1r); vor den Bl. 15 u. 245 wurde jeweils ein Blatt nicht foliiert; zweispaltig; Schriftraum jeweils ca. 6,5 x 15. – Eine Haupthand (Bastarda); auf (2r–2v) u. (255r–256v) Anwendungsbeispiele u. Lostafeln von einer zweiten Hand (gotische Minuskel); auf (1v) der Eintrag von einer dritten Hand (humanistische Minuskel; der Haupttext ist bisweilen unvollendet; mehrfach leere Seiten (6r–6v, 61r–62v, 249r–254r u.a.); rubriziert. – Notizen (2r) u. ein Nachtrag von der Haupthand; gelegentliche Marginalien von einer späteren, ev. der dritten Hand. – Ein loser Notizzettel: *Tempus 1524 Dei II i*[n] *Octobris vesperi infra 3 ec 4.*

Wasserzeichen: a) Ochsenkopf (~1470), s. WASSERZEICHENINFORMATIONSSYSTEM: DE1335-PO–70252; b) Waage (~1479), s. WASSERZEICHENINFORMATIONSSYSTEM: AT3800-PO–117069, online (23.05.2018).

Illustrationen: teilweise kolorierte Schmuckelemente, auf (43r) u. (44v) Randminiaturen sowie vereinzelt Zierinitialen u. Kreisschemata.

Einband: Koperteinband aus dunklem Leder, die Verschlussbänder sind abgerissen.

Geschichte: der Rücken war einst beklebt: oben Titelkleber mit alter Signatur *Maier Barth. Opus Astrologicum Hs. 65* darunter Signaturzettel: *Mscrpt. 157 CLVII.* – (1r): alte LSB-Signatur (durchgestrichen): *1671/234*, s. KATALOG (1862); Signatur *Mscrpt. CLVII.* – (1v): der Eintrag

Anno p[ost] *nativitate*[m] [Iesu] *C*[hrist]*i 1523, 16. die februarii q*[uae] *erat dies lunae post d*[omi]*nica*[m] *esto mihi Vesp*[er]*i post occasu*[m] *solis infra septima*[m] *et octava*[m] *angefert*[igt]) sowie (um 180° gedreht) der viel spätere (20. Jh.?) Vermerk *Geomantisch*. – (1r, 2r–3r u. 255r–255v): Anwendungsbeispiele mit Lostafeln. – (2r): Notizen u.a. *Nym Aloeptarum* [...]. – (17r): nachträgliche Autornennung (s.u.). – (256v): Nachtrag von Haupthand *Für pete l**tz. Ich nim*[?]** *zibel den grosten do ir haben* [...]. – Ü-LSB, Kunzer [1894], Ms. 157, datierte diese Handschrift in das 16. Jahrhundert u. bezeichnete sie als „Opus astrologicum".
Literatur: KRISTELLER, Iter Italicum 3 (1983), S. 725a.

(3v–162r): Lateinische Anleitungen zur Anwendung der Geomantie, mit zusammenfassenden Erklärungen in deutscher Sprache, stellenweise unvollendet.

(3v–10r): Tabellen u.a. (3v): *Des tags lenge*, (7r): *Tabula ascensionis signorum in circulo recto seu eq*[ua]*tore*, (8r): *Tabula ascensionis signorum zodiaci ci*[rc]*culi ad wyenna* [ve]*l latitudine*[m] *48 g*[raduum].

(11r): Deutsche Erklärung, Incipit: *Wildu den ascendent*[en] *wysen auf wyen* [...].

(11v–12r): Geomantische Tabellen.

(17r–48v): *Magister Bartholomäus Bononiensis professor Astrolo*[giae] *de parma oriund*[us]: »Nova conscriptio geomantie«. (17r): Incipit: *Sancti sp*[irit]*us assit nobis gratia Amen. Hec est nova* [con]*scripcio geomancie magistri w. In qua multos sensus* [...]; (48v): Expl. [...] *Item quindecima do*[mus] *est domus iudic*[is] *qui est* [con]*firmacio toci*[us] *veritat*[is] *que in questione habetur* [bricht ab].

THORNDIKE/KIBRE (1963 [1937]), Sp. 1526, verweisen unter dem Incipit „Spiritus sancti adsit nobis gratia amen" auf einen Magister Paritales und dessen »liber novus«.

(54v–59v): Geomantische Tabelle.

(60r–61v): Deutsche Erklärung, (60r): Incipit: *Wildu recht und v*[er]*nufftiklich richten das Juditium geomantie dastu selbs gemacht hast* [...], bricht nach der neunten Regel ab.

(63r): Gebet: *Das gepet soltu sprech*[e]*n So du wild Iudiciu*[m] *machen*, Incipit: *Almöchtig*[er] *Ewig*[er] *und parmh*[er]*zig*[er] *got Alle ding sten in dein*[er] *gwalt* [...].

(65r–162r): Fortsetzung der geomantischen Anleitung, (65r): *Prima dom*[us] *Incipit capitulum de questionibus. Si queritur de vita alic*[uius] *ut*[rum] *sit longa vel brevis* [...].

Mit München, BSB: Clm 398 liegt die Handschrift eines Bartholomäus de Parma (Bononiensis) vor, die sich ebenfalls der Geomantie zuwendet. – Thorndike kennt von Bartholmäus von Parma eine Summa über Geomantie, die er 1288 für den Bischof Theodosius de Flisco verfasste, s. THORNDIKE, History 2 (1923), S. 835–836 u. 5 (1941), S. 50–68.

Zu Bartholomäus von Parma (letztes Viertel 13. Jh.), s. BUSARD, in: LexMA 1 (1980), Sp. 1496.

(163v–230v): »Liber coniunctionum figurarum omnium«.

(163v): *Sequitur liber coniunctionu*[m] *figurarum omni*[um] *in* [co]*gnicione testium et iudicis*, Incipit: [L]*iber testiu*[m] *et iudicis talis est quod non potest formari questio quin rep*[er]*iatur* [...].

(243r–254v): Darstellung u. deutschsprachige Erläuterung von fünf Planeten-Schemata sowie Notizen u. ein Namensregister.

(243r): Incipit: *Nota durch dy hernach geschriben 5 figur vindt man alles das man wissen wil* [...]. (248r): *Das ist dy tafel der gleichen Zal Nach dem abc* [...].

Ms. 158

Auszüge aus dem ,Reichsanzeiger' zur Hermetik und zur hermetischen Gesellschaft

18./19. Jh. ▪ 159 Bl. ▪ 22 x 18,5 cm

Datierung nach WZ, s. u. – Die zeitgenössische Paginierung beginnt nach (IIv) bis (S. 296). – Die Handschrift stammt von der Hand Sonnenthals (Schriftvergleich mit zwei Briefen aus den Jahren 1806/1807, s. Freiburg, UA, C 127/69), dessen Hand ist auch in den Mss. 172, 209, 245, 247, 275, 281, 283, 284, 286, 287, 288, 290, 290a, 291, 291a, 292 u. 293 enthalten, zu Sonnenthal s. Ms. 156, zu seiner Schrift s. Kap. 4.2., Gruppe–158.

Wasserzeichen: *CONRAD STEINHAUSER IN EBERHARTSZEL*, Steinhauser war von 1791 bis 1824 Inhaber dieser PM, s. HÖSSLE, S. 52f. Weitere WZ dieser PM unter Steinhauser auch in Mss. 170, 172, 275, 280 u. 288; alle WZ so nicht bei Hössle abgebildet, s. Kap. 4.3, Eberhardzell-gruppe.
Einband: leicht abgenutzter, hellbrauner Halblederband mit Kiebitzpapier, s. HAEMMERLE/HIRSCH, S. 30f. u. GRÜNEBAUM, S. 160f. Ein solcher Einband umschließt auch die Mss. 165, 166, 170, 182, 185, 191, 197, 200, 201, 206, 207, 209, 223 (?), 227, 230 und 232, s. Kap. 4.5, Einband-gruppe–1. Der Rücken gestempelt mit Goldprägung.
Geschichte: Einbandrücken: *Auszüge aus dem Reichsanzeiger* sowie Signaturschild *Mscrpt CLVIII*. – Vorderer Spiegel: *Mscrpt CLVIII* u. ein Besitzvermerk *v*[on]*Son*[n]*enthal*. – (IIr): alte LSB-Signatur *2534/19*, s. KATALOG (1862). – Ü-LSB, Kunzer [1894], Ms. 158.

Abschriften zur ,Hermetischen Gesellschaft' aus: Der Reichs-Anzeiger oder Allgemeines Intelligenz-Blatt zum Behuf der Justiz, der Polizey und der bürgerlichen Gewerbe im Deutschen Reiche wie auch zur oeffentlichen Unterhaltung der Leser ueber gemeinnuetzige Gegenstaende aller Art- Mit Römisch-Kaiserl. Allergnaedigster Genehmigung und Freyheit, Jahrgänge 1796 – 1802.

Hierzu s. Kap. 3.3.3.

Ms. 159

Federicus Gualdus: »Opus philosophicum«, ital./dt.

18. Jh. ▪ 16 Bl. ▪ 21 x 17 cm

Datierung nach der Schrift. – Die nachträgliche Foliierung beginnt auf (1r). – Eine Hand mit zwei Schreibduktus: Duktus a auf (1r–14v) u. Duktus b auf (15r–16r), beide Varianten zusammen ebenso in den Mss. 178, 242, 245, 254 u. 270; Duktus a auch in Ms. 174 u. Ms. 190; Duktus b auch in Ms. 259, s. Kap. 4.2., Gruppe–159; auf (3v), (4v), (5v), (6v), (7r–7v) u. (11v) Anweisungen, dass an diesen Stellen Figuren zu platzieren seien.

Einband: Papierband.
Geschichte: Vorderdeckel: Signaturschild *Mscrpt CLIX.* – (1r): alte Signatur *2817.* – Ü-LSB, Kunzer [1894], MS. 159.
Literatur: KRISTELLER, Iter Italicum 3 (1983), S. 725a. – BOELLA/GALLI (2008), S. 197–222. – HUMBERTCLAUDE (2010), S. 223f., S. 230f. u. S. 236–239. – TELLE, Alchemie u. Poesie 2 (2013), Nr. 27, S. 1036.

(1r–16r): Federicus Gualdus: »Opus philosophicum«; 50 italienische Canones mit jeweils vier Paarreimen mit anschließender italienischer Beschreibung der Universalmedizin u. einer deutschen Beschreibung der in den Canones erwähnten, aber nicht enthaltenen Figuren.

(1r–12v): *Opus philosophicum a Federi*[c]*o Gualdi hujus seculi vero Adepto postquam Venetiis fuga se salvasset Italico idiomate delineatum ad Filios nostros.* (2r): *Praefatio*, Incipit: *Quando La Venezia mi volse abbrazzare/Feci il mio viaggio di notte per il mare* [...] Expl. [...] *Vive in protettione della Maiesta divina/Augura alli Veneti tutto bene e veruna ruina*; (3r): Canon 1, Incipit Haupttext: *Ascoltate figliole il vostro padre Adepto dell' arte/Che con le figure e presenti Carte* [...] (12v): Expl. [Canon 50] [...] *Che cosi vi conservate in gratia divina e nostra paterna/Ed haverete da noi sempre l'ajuto ebenedizione eterna. C.A.M.D.G.*

(13r–14v): Italienische Beschreibung des Opera Universale, (13r): Incipit: *Il grand Elissir si fa di due estremi a questi estremi sono il erudo ed il cotto* [...] (14v): Expl. [...] *cosi l'habbiate tutta l'opra nostra communicata. Scritta nell' Anno 1227.*

(15r–16r): Deutsche Figurenbeschreibung, (15r): *Erklärung der Figuren des philosophischen Werks des Fr*[ederico] *Gualdi*. Incipit: *Die erste Figur stellt eine Weltkugel auf einem grünen Felde vor* [...].

Edition: BOELLA/GALLI (2008), S. 197–222, ohne genauere Berücksichtigung der deutschen Passage. – Telle vermutet als Autor einen „deutschbürtigen Dichteralchemiker[...]“, vgl. TELLE, Alchemie u. Poesie 2 (2013), Nr. 27, S. 1036.

Zu Federicus Gualdus (+ 1682/1686), s. HUMBERTCLAUDE (2010), S. 19–67 u. BALBIANI (2014), s. auch S. 31f.

Ms. 160

Alchemische Sammelhandschrift, enthält u.a.: Ps.-Raimundus Lullus: »De intentione alchimistarum«, lat./dt./tschech.

1489/1544 ▪ 133 Bl. ▪ 15 x 11 cm

Datierungen auf (22r) *1544* und (45r) *1489*. – Lagenformel: $VI^{12} + VI^{24} + (V-1)^{33} + V^{43} + IV^{51} + V^{61} + VI^{73} + V^{83} + V^{93} + V^{103} + V^{113} + V^{123} + V^{133}$; vereinzelt unbeschriebene Blätter z.B. Bl. 1 und Bl. 5; vor (Bl. 24) wurde eine Seite herausgeschnitten, Textverlust; die Lagen werden an zwei Heftnähten quer durch zwei Pergamentstreifen zusammengehalten; die zeitgenössische Foliierung setzt nach (Iv) ein, bis (131r). – Fünf Hände, die Haupthand mit zwei Schreibduktus: Duktus a: Kursive mit humanistischem Einschlag bei lateinischem Text u. Duktus b: gotische Kursive bei deutschem Text, (Irv), (2r–19v), (24r–125v) u. (130v); Zwischenpassage von einer zweiten Hand in Kurrentschrift (20r–22r); von vermutlich drei weiteren Händen Nachträge: in gotischer Kursive (126r–128r) u. (131r–131v), Kurrentschrift (128v–130r) u. isolierter gotischer Kursive/frühe gotische Kursive (130v); Schriftraum ca. 12 x 8; Überschriften, Absätze u. zahlreiche Marginalien rubriziert.

Geschichte: (Ir): Sprüche bzw. Federproben: *Deus in nomi*[n]*e tuo salvu*[m] *me fac et in virtute tua libera; In te speraverunt p*[at]*res nostri et tu liberasti eos; sumus colu*[m]*binis* [?]; *vanitas vanitatu*[m] *et o*[mn]*ia vanitas; Ars vapor et fumus inanisq*[ue] *ocupacto*; alte LSB-Signatur *4769/353*, s. KATALOG (1862) u. alte Signatur *No: 28*, s. Ü-SA, LSB Zugang 1997, Mappe, Handschriftenkatalog, *Nr. 28*, sowie die aktuelle Signatur *Mscrpt CLX*. – (22r): Jahreszahl *1544*. – (45r): Schreibervermerk [...] *et h*[aec] *est tota ph*[ilosoph]*ia ab omnib*[us] *sapientibus abscondita et nob*[is] *p*[at]*r*[ibus] *et fr*[atribus] [?] *pandita, et sic est finis huius p*[rae]*clarissimi op*[er]*is p*[er] *me m.m. in p*[rima] *f*[e]*ri*[a] *p*[ost] *francisci 1489*. – Ü-LSB, Kunzer [1894], Ms. 160, vermerkt: „Diese Handschr[i]ft war früher in der grossen alchemist[ischen] Bücher- und H[an]dschr[i]fte[n]sam[m]lung des Baron von Sonnenthal zu Ueberlingen“, s. hierzu weiter Ms. 156.
Literatur: KRISTELLER, Iter Italicum 3 (1983), S. 725a. – PEREIRA (1989), S. 70–71 u. S. 75.

(Iv–3r): [Ps.-Raimundus Lullus?]: »De intentione alchimistarum«.

(Iv): *De intentione alchimistar*[um] *Liber Reymundi Lulii*, (2r): Incipit: *Metalla om*[n]*ia generant*[ur] *ex argent*[o] *vivo* [liest sich: vino] *et sulfure* [...]; (3r): Expl. *Hor*[um] *aut*[em] *metallor*[um] *g*[e]*n*[er]*ation*[em] *et natura*[m] *Alchimicus q*[uod!]*lib*[et] *not*[are] *debet*.

Vgl. FERGUSON 2 (1954 [1906]), S. 51. – Pereira führt unter diesem Titel ein anderes Incipit („Laus sit Deo qui gratiam nobis contulit"), listet aber die vorliegende Handschrift dennoch darunter auf, vgl. PEREIRA (1989), S. 75.

Zu Lullus s. Ms. 141.

(3v–4v): [Ps.-Raimundus Lullus: »Testamentum abbreviatum« (?)].

(3v): *Nota ex Rosario q*[uae]*dam collecta et excerpta*; Incipit: *Resp*[onsio?] *na*[m] *om*[n]*ia liq*[ue]*bilia naturaliter fiunt op*[er]*ata ex argento vivo cum sui sulfuris substa*[n]*tia.* (4v): Expl. [...] *argentu*[m] *vivu*[m] *est eleme*[n]*tu*[m] *et m*[ateri]*a o*[mn]*iu*[m] *metallo*[rum].

Pereira führt einen Pseudo-Lull'schen Text ‚Testamentum abbreviatum' mit dem alternativen Titel ‚Rosarius' an, dessen Textanfang das ‚Argentum vivum' erwähnt, vgl. PEREIRA (1989), S. 92 (ohne Erwähnung der vorliegenden Handschrift). – THORNDIKE/KIBRE (1963 [1937]), Sp. 990 kennen ein Incipit „Omnia liquebilia sunt ex argento vivo et sui sulphuris substantia naturaliter operata" (ohne Verfasser).

Zu Lullus s.o.

(6r–19v): [Ps.-Roger Bacon?]: alchemischer Traktat, lat.

(6r): *Opus Rogeri Bacon* Incipit: *R*[ecipe] *vitrioli romani* [...]; Expl. *et h*[aec] *p*[ro]*bavit d*[omi]*nus comes fr*[a]*t*[er] [?] *Severini.*

Zu Roger Bacon (1214/20–1292) u. Zuschreibungen zu diesem Autor s. FERGUSON 1 (1954 [1906]), S. 63–66 u. NEWMAN, in: Priesner/Figala (1998), S. 68–70.

(20r–22r): Alchemischer Traktat aus Silber Gold zu erzeugen, dt.

(20r): *Generatio* <solis> *in Luna* Incipit: *Recipe* <solem> *dy do ist resolvirt durch aquam mercurii* [...]; (22r): Expl. *unden und oben eines fingers dick und das es szo gros sey das ein Marr*[??] *hinein komme und 1 aber X* [mal] *XX ic*[??] *1544.*

(24r–35v): »De Alchemia«, fünf Kapitel.

(24r): *Capitulu*[m] *p*[r]*imu*[m] *de Alchimia* Incipit: *Quid est Alchimia: est sci*[enti]*a divi*[n]*a docens transferre transformare omne genus metalli in alterum* [...]; (35v): Expl. [...] *post revocavit se*[ntent]*ia*[m] *qua*[m] *tulerat.*

(37r–45r): »Compendium artis secretum et expertum«.

(37r): Incipit: *R*[ecipe] *m*[ercur]*ii sublimati l*[i]*b*[ram] *i bene contriti m*[ercur]*ii* [...]. (45r): Expl. *Sed vivet cu*[m] *p*[er]*f*[e]*ctis s*[i]*g*[num] *corp*[or]*ib*[us] *in eternu*[m] *et h*[aec] *est tota phi*[ilosophi]*a* [...] *et sic est finis huius p*[re]*clarissimi op*[er]*is p*[er] *me M. M. in p*[rima] *f*[e]*ri*[a] *p*[ost] *francisci 1489* [s.o.].

(45v–48r): »Proiectio Tincture«.

(45v): Incipit: *R*[ecipe] *quodcumq*[ue] *corpus volueris tinge*[re] [...]; (48r): Expl. *ita q*[uod] *op*[or]*tet tertia*[m] *p*[ar]*tem lune addere p*[re]*nimia sua rubedine. Laus deo.*

(49r–55v): Rezept für vier *medicinae* zur Metalltingierung, dt.

(49r): *In nomine domini ad Album*, Incipit: *Nym auff dise nachgeschribne raitung von luna* [...].

(55v): Alchemisches Gedicht, lat.

(55v): Incipit: *Ferme*[n]*to ing*[er]*e nolatu*[m] *sublimatu*[m]*q*[ue] *solve/Solutu*[m] *fige fixo volatile po*ne [...], Expl. *Quo plus recteras ta*[m] *plus h*[ab]*ebis q*[uod] *optas/Si sic p*[ro]*cedis sic infinita habebis.*

(56r–56v): Alchemische Rezepte, lat.

Enthalten ist u.a. (56r): *Aqua Mercurii.*

(57v–59v): »Liber secreta de floribus philosophorum«.

(57v): *Secreta de floribus* Incipit: *Hermes dicit p*[ri]*mo corpus solutu*[m] *in aqua*[m] *vocat*[ur] *aqua p*[er]*hennis* [...]; Expl. *de cetero sep*[ar]*ari no*[n] *possunt.*

Vgl. Thorndike/Kibre (1963 [1937]), Sp. 611.

(61r–69r): Alchemische Rezepte, dt.

Enthalten sind u.a. (61r): *Ein pewerte practica Ein hubsthu*[m] *doctor aus welhischu*[n] *landt*[e]n; (64r): [...] *Also hab ich seh*[e]*n arbait*[e]*n den maister pernhartu*[m] *von Aragonia der hat* <gold> *verchaufft und dy chunst ist chum*[men]*von den patriarch*[e]*n von constantinopl.*

(70r–86v): Alchemische Rezepte, lat.

Enthalten sind u.a. (71r): *Porax Alexandrie*, (78r): *Practica: Q*[ui]*da*[m] *honestus fr*[ater] *Georgius de arme*[n]*ia accepit* [...].

(87r–94r): [Ps.-Raimundus Lullus]: »Compendium artis alchimiae et naturalis philosophiae« (Ars magica).

(87r): Incipit *Compendium artes magice secundum natur*[ae] *cursum formatum*, (87v): [...] *Accipe nigr*[um] *nigrius nigro et ex eo p*[ar]*tes XVIII distilla in vase vitreo*, (94r): [...] *Explicit c*[om]*pendium artis magice m*[a]*g*[ist]*ri Reymu*[n]*di Lulii de In*[m]*mutation*[e] *secreta metallor*[um].

Vgl. Thorndike/Kibre (1963 [1937]), Sp. 237 u. 728. – Pereira (1989), S. 69 (ohne Erwähnung der vorliegenden Handschrift).

Zu Lullus s.o.

(95r–96r). »De quinta essentia elementorum«.

(95r): *De quinta essentia elementorum sep*[ar]*ation*[e] *ex ani*[m]*alibus et aliis*, Incipit: *Re*[cipe] *sanguine*[m] *humanu*[m] *facta residencia* [...].

(96v–104r): Ps.-Raimundus Lullus: Alchemischer Traktat, lat.

(96v): *Sequitur practica Reimu*[n]*di Lolii figure fundame*[n]*tal*[is] *arboris philossophalis in qua videri p*[otes]*t quo*[modo] [com]*bina*[n]*t sua p*[ri]*n*[cipia] *ad execution*[ne]*m op*[eris]; Incipit: *R*[ecipe] *calcem cuiusuis corp*[or]*is imp*[er]*f*[e]*cti facta p*[er] *modu*[m] *canonis* [...]; (104r): Expl. [...] *honor et g*[ra]*tia in sec*[u]*la secular*[um] *am*[en] *Deo gratias.*

(105r–125v): [Ps.-Raimundus Lullus]: »De magna medicina« (De medicinis secretissimis).

(105r): *Raymundi Lulij de Insula maioritar*[um] *medicine sue magne libellus secretissimus*, Incipit: *Proponi*[mus] *nanq*[ue] *tibi filii in p*[rese]*nti libello revelare secreta*[m] *maxi*[mu]*m et medicina*[m] [...]; (125v): Expl. [...] *et venenu*[m] *absq*[ue] *passion*[e] *et detrime*[n]*to n*[atura]*e.*

Vgl. Thorndike/Kibre (1963 [1937]), Sp. 1138. – Pereira (1989), S. 70–71.

Zu Lullus s.o.

(126r–128r): Alchemisches Rezept, lat.

(126r): Incipit: *R*[ecipe] *1 p*[ar]*tem lune finite et etiam p*[ar]*tem cinobri* [...].

(128v–131r): Alchemische [?] Rezepte, tschechisch u.a.

Enthalten sind u.a. (128v): *Ten olig H*[u] *Sangtru tak to se diela* [...]; (130v): *tak to se ta woda diela*; (131r): *Oley z Musskatoweho orzecha kteryz.*

Danke an Dr. Grzegorz Krajewski und Prof. Dr. Juliane Besters-Dilger (Freiburg, Albert-Ludwigs-Universität, Slavisches Seminar) für ihre Hilfe bei der Sprachidentifikation.

Ms. 161

Bernhart Fasnacht: »Liber Alchimie«, dt.

1526 ▪ 189 Bl. ▪ 16 x 12 cm ▪ Illustrationen

Datierung aus der Handschrift (IIr), s.u. – Die zeitgenössische Foliierung setzt nach (IIv) ein u. ist doppelseitig: einander gegenüberstehende Seiten haben die gleiche Folioangabe: (3r) = beschriftet als 1, (3v) = beschriftet als 2, (4r) = beschriftet als 2 etc.; nach (86v) vier fehlende Blätter, mit Textverlust. – Die Haupthand ist eine kaligraphisch hochwertige, gotische Kursive. Erklärungen u.

Vermerk auf (IIr) von einer zweiten, späteren Hand sowie Marginalien von einer dritten späteren Hand.

Illustrationen: kolorierte praktische Darstellungen.
Einband: Pappband mit Buntpapier (Adermarmorpapier, s. GRÜNEBAUM (1982), S. 136), Rückeninnenseite: Notenpapier.
Geschichte: Einbandrücken: oben Schild *Buch der Alchemie Saec. XV, Nr. 30*, unten Signaturschild *Mscrpt CLXI 161*. – Vorderer Spiegel: alte Signatur (durchgestrichen) *30*, s. Ü-SA, LSB Zugang 1997, Mappe, Handschriftenkataloge, Nr. 30, u. *Mscrpt CLXI*. – (Ir): alte LSB-Signatur (durchgestrichen) *4427/11*, vgl. KATALOG (1862). – (IIr): alte Signatur *N. 193*; *N*[ota] *B*[ene] *142*, Besitzvermerk *Whistlug in Merseburg* [Lesart unklar], Datierung *1596 Jan*[uar] sowie der Vermerk *Steffan vom Stadl mag von der Alchamay nichts hörren od*[er] *sehen sonder thut sich vor der Kunst aufkläre*[n] *Laborist allein Im Tale* [...]; auf *von Stadl* wird auch auf (36v) verwiesen. – Zu Steffan von Stadl s. PAULUS, Alchemie u. Paracelsismus (1994), S. 383. – Ü-LSB, Kunzer [1894], Ms. 161, meldet: „Das Buch war früher in der Sammlung des Baron v[on] Sonnenthal in Ueberlingen", s. hierzu weiter Ms. 156.
Literatur: KRISTELLER, Iter Italicum 3 (1983), S. 725a.

(IIr–187v): Bernhart Fasnacht: »Liber Alchimie«, dt.

(IIr): *Liber Alchimie Unserm Bernhart Fasnacht zu Schwarz*. (1r–3v): Vorrede, Incipit: *Alle wishait Ist von Got dem herren und ist ye bey Im gewesen* [...]. (3v): *De Scientia*, Incipit Haupttext: *Alain ich mach purg und Castell und steet durch einer kunst willen die Alchimia ist genant* [...].

THORNDIKE/KIBRE (1963 [1937]) kennen einen Magister Bernardus, dessen Werk »Liber Alchemia« mit den Worten „Cum volueris facere capitum (?) fortissimum" einsetze, vgl. Sp. 353.

Ms. 162

»Cabala Numerica«, dt./lat.

18./19. Jh. ▪ 7 Bl. ▪ 18,5 x 26,5 cm (Querformat) ▪ Illustrationen

Datierung nach der Schrift. – Die nachträgliche Foliierung beginnt mit (1r). – Eine Hand, lateinische Passagen in lateinischer Schrift.

Illustrationen: Tabellen u. Schemata.
Einband: abgenutzter, graubrauner Kartonband.
Geschichte: Vorderdeckel: Signaturschild *Mscrpt. CLXII 162*. – Vorderer Spiegel: *Msrcpt CLXII*, alte LSB-Signatur *4506–90*, s. KATALOG (1862) sowie alte Signatur *Hs. 47*. – Ü-LSB, KUNZER [1894], Ms. 162, vermerkt: „Die H[an]dschr[i]ft ist ganz jung".
Literatur: KRISTELLER, Iter Italicum 3 (1983), S. 724a.

(1r–7v): »Cabala Numerica«, Anleitung zur Auswertung von Buchstaben u. ihren Zahlenwerten.

(vorderer Spiegel): *Cabala Numerica, J.P.M.R.A.G.M.* (1r): *Erklärung der Tafeln*, Incipit: *Die Frag wird auf kaine gewisse Zahl der Wörter eingeschrenckt und kann in was immer für einer Sprache angesetzet werden* [...].

Hinweis auf eine mögliche PÜ bei Linden, Catalogus Manuscriptorum (1786), S. 25, Nr. 98/3; zu diesem Katalog s. weiter Ms. 152.

[Ms. 163]

Laut Ü-LSB, Kunzer [1894], eine Handschrift des 16. Jahrhunderts im Duodezformat: „Ein klein Tracktetlein von dem Stein der weisen, ercleret durch Etliche Sprüch, aus derselben Bücher, dardurch Clerlicher angezeigt aus was Materia, gemelter stein gemacht, auch wo diesebig zu bekomen zu beraiten, zu componirn, auch vo[m] feuer der Weisen zu dieser bereitu[n]g, vom gefes, gewicht, zeit, Augmenation, und proiection und für diesem eine kleine vorrede wie volget. [Nachtrag von späterer Hand:] Fehlt seit 1934".

Ms. 164

»Clavicula Salomonis expurgata«, dt.

18. Jh. ▪ 98 Bl. ▪ 21,5 x 18 cm ▪ Illustrationen

Datierung nach der Schrift. – Nach (IIv) beginnt die nachträgliche Foliierung, bis (35r), danach 61 unbeschriebene Bl. – Eine Hand, Kurrentschrift u. lateinische Schrift im Wechsel; Fraktur- u. Kanzleischrift als Auszeichnungsschriften, diese häufig rubriziert oder golden; alle Blätter sind doppelt (schwarz, rot) umrandet. – Vorderer u. hinterer Spiegel sowie Vorsatzblätter aus rotem Marmorpapier. – Goldschnitt. – Lose Beilage.

Illustrationen: Kolorierte Tabellen, Schemata u. Siegel.
Einband: brauner Lederband; Rücken mit Zierstempel in Goldprägung.
Geschichte: Einbandrücken: Signaturschild *Mscrpt CLXIV 164.* – Vorderer Spiegel: *Mscrpt CLIV* [!]. – (Ir): *2592* u. alte Signatur *Hs. 46.* – (1r): alte Signatur *298.* – Auf lose Beilage die alte Signatur *70.* – Ü-LSB, Kunzer [1894], Ms. 164.
Literatur: KRISTELLER, Iter Italicum 3 (1983), S. 724a.

(1r–35v): »Clavicula salomonis expurgata«, ein Buch mit zwei Kapiteln sowie Anweisungen zur Siegelherstellung.

(1r–10r). *Clavicula salomonis expurgata, der Schlissel des Königs Salomonnis wunderlichen Geheimnissen und vieler zukünfftigen dingen*, Vorrede Incipit: *Was Konig Salomon seiht zu Seinem Sohn Roboam* [...]. (2r): *Das Erste Buch, Von der gottlichen*

Liebe durch welche man die Weißheit erlangen kan, Incipit Haupttext: *Sagt der Salomon: In Anfang unsres Schlüssels ist Nothwendig die forcht Gottes* [...].

(10r–35v): *Weise Die heilige PENTACULA Zumachen*, enthält u.a. (23v): *Ehre, Reichthum und Schätze zufinden*, (24v): *Wieder alle gefahren der weld* oder (29r): *Einen Regen zumachen*.

Eine mögliche PÜ in Dresden, SLUB: Ms. N 165, Bl. 13–31. – Auch in ALA (1798) Nr. 30, Beilage, Sp. 308, Nr. 27 – Zu diesem Angebot s. weiter Kap. 6.2 – der Hinweis auf eine mögliche PÜ.

Zur Clavicula Salomonis s. JACOBY, in: HDA 2 (2005 [1930]), S. 87–93 sowie KIESEWETTER, Faust 2 (1921 [1893]), S. 66–82. – Zu Salomon s. GÖRG, in: Neues Bibel-Lexikon 3 (2001), Sp. 426–427.

Ms. 165

Basilius Valentinus: »Basilius Innovatus«, daraus: »Anderer Theil«, Auszüge u. Exzerpte

18. Jh. ▪ 83 Bl. ▪ 20,5 x 15 cm ▪ Pergament

Datierung nach der Schrift u. dem WZ im Vorsatzpapier. – Die zeitgenössische Paginierung beginnt nach (IIv) bis (S. 162). – Eine Schreiberhand; Fraktur- u. Kanzleischrift als Auszeichnungsschriften; vereinzelt ‚Nota Bene'-Vermerke von anderer Hand. – Goldschnitt.

Wasserzeichen: im Vorsatzpapier *IAU WOLFEG*, wohl aus der unteren PM bei Wolfegg unter Ioseph Anton Unold (*1717 +1785), ca. ab 1740 Inhaber der PM, s. HÖSSLE (1910–1914), S. 50, dort kein identisches WZ. WZ aus dieser PM finden sich auch in Ms. 197, 200, 206, 207, 223, 232, s. Kap. 4.3., Wolfegggruppe.
Einband: hellbrauner Halblederband, wie bei Ms. 158, s. dort; Rücken mit Zierkerben.
Geschichte: Einbandrücken: Schild *Basilii Valentini Alchemia, 17. Jh.*, u. Signaturschild *Mscrpt CLXV 165*. – Vorderer Spiegel: *Mscrpt CLXV*. – (Ir): alte LSB-Signatur *5031/615*, vgl. KATALOG (1862). – (Iv): *Chimica Excerpta*. – (IIr): alte Signatur *379*. – Ü-LSB, Kunzer [1894], Ms. 165, meldet „Gute Schrift" u. datierte die Handschrift in das 17. Jahrhundert.
Literatur: KRISTELLER, Iter Italicum 3 (1983), S. 724a.

(S. 1–162): Basilius Valentinus: »Basilius Innovatus«, daraus: »Anderer Theil«, Auszüge u. Exzerpte.

(S. 1–13): *Vorrede und Eingang Fratris Basilii Valentini Benedicter Ordens* (S. 1): Incipit: *Demnach die Zeit vorhanden, daß ich durch den Willen meines Schöpffers und seines lieban Sohns* [...]. (S. 13): *Folgt der Ander Theill* [...], Incipit: *Darinnen er mit etlich wenig Worten und aufs Kürzeste wiederholet* [...]. (S. 147): *Das fürstliche unndt letzte fünfte Theil F.B.V. Benedict. Darin angezeiget undt Kürzlich ver-*

meldet wird, die Wundt Arzney, welche der Schöpffer aller gnaden und barmherzig Kheit in die Metalla [...].

Vorlage: Basilius Innovatus, Das ist: Fr. Basilii Valentini Ordin. Benedict. Chymische Schrifften, Aufs fleißigste aus einigen alten MS. recorrigiret [...] Hamburg 1717. Darin auf S. 465–992: »Anderer Theil, oder: Die fünff letzte Bücher betitulíert: Sein letztes Testament [...]«. In der vorliegenden Handschrift fehlt das erste Buch; der Wortlaut der Handschrift (S. 147, Beginn des fünften Teils) belegt, dass die Ausgabe von 1717 (dort S. 861) u. nicht die Erstausgabe von 1677 als Vorlage diente.

Zu Basilius Valentinus (16./17. Jh.) u. untergeschobenen Schriften s. FERGUSON 1 (1954 [1906]), S. 77–81, TELLE, in: [2]Killy 1 (2008), S. 348–350 u. PRIESNER, in: Priesner/Figala (1998), S. 70–75.

Ms. 166

Johann Baptist Großschedel von Aicha: »Calendarium naturale magicum perpetuum«

18. Jh. ▪ 92 Bl. ▪ 15,5 x 21 cm (Querformat) ▪ Illustrationen

Datierung nach der Schrift. – Die zeitgenössische Foliierung beginnt nach (IIv) mit Ziffer 2. – Antiqua-Majuskel. – Eine lose Beilage: Notizzettelchen recto: *Josephine tue bist meine Göttin* [Rest unleserlich], verso: *durch die bin ich verjüngt.*

Wasserzeichen: ein mit zwei Bügelhelmen (Helmzierden: Mensch u. Vogel (?)) gekröntes Wappen, nicht nachgewiesen.
Illustrationen: Tabellen, Schemata, Siegel u. Figuren, u.a. Bilderzyklus der Planetenkinder, hierzu s. OLBRICH 5 (1993), S. 631–632.
Einband: hellbrauner Halblederband, wie bei Ms. 158, s. dort; auf Rücken Zierkerben; türkisfarbene Verschlussbänder.
Geschichte: vorderer Spiegel: *Mscrpt CLXVI.* – (Ir): alte Signatur? *N73/ 91 Blütte* und *Schubl III.* – Ü-LSB, Kunzer [1894], Ms. 166.
Literatur: KRISTELLER, Iter Italicum 3 (1983), S. 725a.

(Ir–91r): [Johann Baptist Großschedel von Aicha: »Calendarium naturale magicum perpetuum«].

> (Ir): *LIBER ARCANORUM OMNIUM NATURALIUM QUI PROFUNDISSIMAM RERUM NATURALIUM CONTEMPLATIONEM TOTIUSQU PHILOSOPHIAE COGNITIONEM COMPLECTITUR UNDE MAGIA INTELLIGITUR EX INTEGRO TU IGITUR SI VIS MAGIAM ARTEM PENETRARE LEGE ET PERLEGE SCOPUM PRAESEXUM* [!] *EX VOTO ATTINGES BENE VALE*; (2r): Incipit: *UNITAS PIETAS*

CONCORDIA ET AMICITIA FONS ET ORIGO NUMERORUM QUO NIHIL PRIUS NIHIL POSTERIUS; (91r): Expl. [...] *MULTIS PLACere DIFFICLE EST OMNIBUS DIFFICILIMUM.*

Aufgegliederte Abschrift (ohne Verfasserangabe) des ‚Calendarium naturale magicum perpetuum', des Johann Baptist Großschedel von Aicha. Erster Druck (drei Blätter, zusammen: 119 x 57 cm): [Frankfurt 1618], vgl. GILLY, Rediscovery (2002), S. 310. – Großschedels Originalhandschrift besteht, ähnlich wie die vorliegende Handschrift, aus 90 Blättern und liegt in London, British Library, Ms. Harley 3420, vgl. ebd., hier auch weitere Hinweise auf handschriftliche PÜ (ohne Kenntnis der vorliegenden Handschrift).

Zu Johann Baptist Großschedel von Aicha (1577-?) vgl. ebd. und FERGUSON 1 (1954 [1906]), S. 347–349.

Ms. 167

Abraham ben Simon: Bücher der Kabbala und Magie

18./19. Jh. ▪ 118 Bl. ▪ 25 x 19,5 cm ▪ Illustrationen

Datierung nach der Schrift. – Nach (Iv) beginnt die nachträgliche Paginierung, bis (S. 230), (2v) wurde nicht paginiert; nach (S. 230) zwei ungezählte Blätter (IIrv und IIIrv); S. 49 und 50: Kapitel 15–18 fehlen, kein Blattverlust. – Zwei Hände: Hand 1 auf (S. 1–2); Hand 2 auf (S. 2–230), sie ändert ihren Duktus entsprechend der Sprache: Duktus a: deutscher Text in präziser, deutscher Kurrentschrift, so auch in Ms. 246, 253, 267, 268, 273, 277; Duktus b: lateinische Schrift als Auszeichnungsschrift für fremdsprachige Worte, so auch in Ms. 179, 246, 253, 267, 268, 273, 277, 282; s. hierzu Kap. 4.2., Gruppe–167.

Illustrationen: Tabellen.
Einband: blauer Kartonband.
Geschichte: Einbandrücken: Signaturschild *Mscrpt CLXVII 167.* – Vorderer Spiegel: *Mscrpt CLXVII.* – (Ir): zeitgenössische Lagenzählung *T. Prima.* – (S. 1): alte Signatur *2585/ 60 a, 39, 5717.* – (IIIv): *5077* (um 180° gedreht). – Ü-LSB, Kunzer [1894], Ms. 167.
Literatur: KRISTELLER, Iter Italicum 3 (1983), S. 724a.

(S. 1–230): Abraham ben Simon: Bücher der Kabbala und Magie; 142 Kapitel in vier Büchern.

(S. 1): *Cum Deo. Dieses sind die Bücher der Wahren Practicorum Kabula et Magia* [...] *Der ich Jud Abraham ein Sohn Simonis des Sohns Judae, des Sohns Simoni zum Theil durch eigene Erfahrung* [...] *meinem jüngeren Sohn Lamech* [S. 230: *Zamech*] [...] *in eine Schrift verfasset und als eine sonderbahren Schatz hinterlassen habe im Jahr 1387* [S. 230: *1379*]. (S. 2): *Das Erste Buch des Juden Abrahams 1tes Capitel,*

Incipit: *Aus waß Ursachen ich dir mein Sohn Lamech das Buch zu eigen* [...]; (S. 29): [...] *als ich meiner Kunst zu üben angefangen, das war der gemeinen Jahrzahl nach 1409* [...]; (S. 119): *M.A.P.J.A.*; (S. 196): *Das Vierte Buch Des Juden Abrahams Von Abramelin gelernet* [...], *Das erste Capitel handelt, wie man alle Vergangenen und künftigen Ding, so nicht wider Gott und seinen Willen, wissen könne* [...].

Daxelmüller kennt ein »Buch der wahren Praktik der göttlichen Magie« von einem Abraham ben Simon, vgl. DAXELMÜLLER (1993), S. 267. – Mögliche PÜ in Dresden, SLUB: Ms. N 111 und Ms. N 161.

[Ms. 168]

Laut Ü-LSB, Kunzer [1894], eine Handschrift des 18. Jahrhunderts im Duodezformat: „Alchemistische Abhandlung". – Fehlt.

Ms. 169

»Oraculum mago-kabbalisticum et astrolgicum«, dt.

18. Jh. ▪ 225 Bl. ▪ 18,5 x 12 cm ▪ Illustrationen

Datierung nach der Schrift. – Die zeitgenössische Paginierung setzt nach (IIv) ein, bis (S. 163), danach nachträgliche Paginierung bis (S. 504). – Eine Hand.

Illustrationen: Tabellen.
Einband: Pappband mit Buntpapier (Kleistermaserpapier, s. GRÜNEBAUM (1982), S. 102–103), leicht beschädigt.
Geschichte: Einbandrücken: *169 Mscrpt CLXIX.* – Vorderer Spiegel: *Mscrpt CLXIX* – (Ir): *5077.* – Hinterer Spiegel: *246 Bl*[ätter]. – Ü-LSB, Kunzer [1894], Ms. 169.

(IIr–S. 504): »Oraculum mago-kabbalisticum et astrologicum«, Regeln, Erläuterungen und Tabellen eines *Special-Oraculi* (S. 32–79), eines *geheimen Oraculi* (S. 80–89) und eines *Oraculi generalis* (S. 90–93).

(S. 1–28): Vorrede: *Geneigter nach Standesgebühr und Würden GeEhrter Leser.* Incipit: *Die Begierde zukunftige und Verborgene Dinge zuerforschen und zuerfahren* [...]; (S. 29): *Regeln wie sich derjenige der dieses Oraculum Mago-Kabbalisticum et Astrologicum gebrauchen will verhalten soll. 1tens*, Incipit Haupttext: *Soll man womöglich lieber gleich in der früh als zu einer ander*[n] *zeit* [...].

Zum Orakelwesen s. HEROLD, in: HDA 6 (2005 [1935]), Sp. 1255–1294.

Ms. 170

»Arbatel«, dt.

18. Jh. ▪ 63 Bl. ▪ 19,5 x 11,8 cm ▪ Illustrationen

Datierung nach den WZ (s.u.) u. nach der Schrift. – Die zeitgenössische Paginierung setzt nach (Iv) ein, bis (S.103); die letzten zehn Blätter sind von einem anderen Papier. – Der Schriftraum ist umrandet. – Eine Hand; Überschriften in Kanzleischrift. – Rotschnitt.

Wasserzeichen: *EBERHARD ZELL* mit Horn, Schleife u. CTS, wohl aus der PM in Eberhardzell unter Conrad Steinhauser (18./19. Jh.), auch in Ms. 275, s. hierzu Ms. 158.
Illustrationen: Siegel.
Einband: brauner Halblederband, wie bei Ms. 158, s. dort; mit Wurmlöchern.
Geschichte: Einbandrücken: *Mscrpt CLXX.* – Ü-LSB, Kunzer [1894], Ms. 170.

(S. 1–103): »Arbatel«, 7 x 7 Aphorismen zur Magie.

(S. 1): *Das Buch Arbatel. Von der alten Magie, welches ist das höchste Studium der Weisheit* [...] *aus dem Latein ins deutsche treul*[ich] *versetzt an*[n]*o Christi 1619, durch M.H.A.F.M.* (S. 2) *Der Eingang dieses Buchs lautet also*, Incipit: *Im Namen des Schöpfers aller sichtbaren und unsichtbaren Dingen welcher seine geheime und verborgene Schätze eröffnet denen, die ihn darum anrufen* [...].

In Linden, Catalogus Manuscriptorum (1786) der Hinweis auf eine mögliche PÜ, s. S. 40, Nr. 265; s. weiter Ms. 152 – S. auch Arbatel (1846). – Ein lateinisches Werk »Arbatel de Magia Veterum. Summum Sapientiae studium« mit 49 Aphorismen erschien 1575 in Basel, vgl. GILLY, First book (2002).

Zum Arbatel s. ebd. und JACOBY, in: HDA 1 (2005 [1927]), Sp. 568.

Ms. 171

Alchemische Sammelhandschrift, enthält u.a.: Marcus Eugenius Bonacina: »Compendiolum de praeparatione auri potabilis«, lat./dt.

17./18. Jh. ▪ 46 Bl. ▪ 20,5 x 16 cm ▪ Illustrationen

Datierung nach der Schrift u. nach Notiz auf vorderem Spiegel (s.u.) – Die zeitgenössische Paginierung setzt auf (Ir) ein, bis (S. 92); (Bl. I = S. 1–2) wurde vor (Bl. II=unpaginiert) eingefügt. Zudem beginnt eine nachträgliche Foliierung mit (Ir). – Eine Haupthand (lateinische Kursive), Nachträge (S. 87–89) von einer zweiten Hand (Kurrentschrift), Notiz auf (S. 85) von einer dritten Hand (ebenfalls Kurrentschrift). – Unterstreichungen mit Bleistift.

Illustrationen: Wappen der Zerotin [?]; auf dem Titelblatt kolorierte Figur eines Hermaphroditen; ein kolorierter Figurenzyklus (2 x 5 Figurae, Figura prima der zweiten Folge fehlt).

Einband: Pappband mit Buntpapier (Fantasiemarmorpapier, vgl. GRÜNEBAUM (1982), S. 120–122), darauf Einstichspuren eines Zirkels?

Geschichte: Vorder- u. Hinterdeckel: jeweils die Signatur *171*. – Einbandrücken: *171* u. *Mscrpt CLXXI*. – Vorderer Spiegel: Notizen u.a. *A*[nn]*o 1698 audivi unum Philosophum nomine Cualdo* [...], zu Gualdus s. Ms. 159. – (IIr): bibliographische Notizen, u.a. wird *Aloisius Marlianus ille nempe qui conscripsit Aureum Vellus* erwähnt (wohl das Werk: Oratio in comitiis ordinis Aurei velleris serenissimi Caroli regis catholici aedita. Basel 1517). Zudem kaum leserliche Bleistiftnotiz: *Suche nichts **** sich zu ******** und Ihm *****. – (S. 1): *Mscrpt CLXXI*. – Ü-LSB, Kunzer [1894], Ms. 171, datiert diese Handschrift in das 17. Jahrhundert.

Literatur: KRISTELLER, Iter Italicum 3 (1983), S. 725a.

(S. 1–84): Marcus Eugenius Bonacina: »Compendiolum de praeparatione auri potabilis«, 20 Kapitel in drei Teilen.

(S. 1): *Compendiolum DE PRAEPARATIONE AURI POTABilis veri M.E. Bonacina D. Medici Mediol*[anenis]. (S. 2): *In novissimis diebus Nihil ocultum quod revelatur.* (S. 3–6): *Ad Illustrem et Generosum Dominum D. Ladsilaum Weler liberum Baronem a Zerotin D. Triboviae* [...], Vorrede Incipit: *Aristoteles (Generose Domine) primo Metaphysicorum dixit omnes homines naturaliter scire desiderare* [...]; (S. 6–10): *PRAEFATO AD Lectorem*, Incipit: *Omnibus in Fide sobriis, nec non mentalibus et simplicib*[us]; (S. 11): *Caput 1. Solent illi (ut plurimum) qui hanc artem quaerunt, habere prae oculis illud Virgilii dictum: Quid n*[on] *mortalia pectora cogis? Auri sacra fames.* Incipit Haupttext: *At non avaritia fuit, quae Philosophos excitavit ad perscrutationem secretorum Naturae* [...].

Mögliche Vorlage: Marcus Eugenius Bonacina: Compendiolum de praeparatione auri potabilis veri. Ölmütz 1616 (Abdruck d. Titelblatts s. PURŠ (2008)).

Mögliche PÜ u.a. in New Haven, YUL: Mellon, Ms. 131, fol. 43r–105v; Hamburg, SUB: Cod. Alchim. 575 sowie Cod. Alchim. 661, Teil XII; Breslau, UB: R 2318; Prag, Bibliothek Nationalmuseum: Ms. XI H 61 u. Ms. XI C 42. – Auch Linden, Catalogus Manuscriptorum (1786), S. 58, Nr. 51 erwähnt diesen Text; s. zu diesem Katalog weiter Ms. 152. – Zum Text, zum Verfasser Marcus Eugenius Bonacina u. zum ‚Mäzen' Ladislaus Welen Baron von Z(i)erotin s. PURŠ (2008).

(S. 85–86): Bibliographische und alchemische Notizen.

Erwähnt werden u.a. (S. 85): *Chymische Schrifften, darinnen Begriffen process Maria des Aarons schwester und so weiter: Franckfort und Hamburg in Verlegung Georg Wolffs Buchhendler Bey S*[ankt] *Joannis Kirchen.*

Eine mögliche Vorlage: Fr. Basilii Valentini [...] Chymische Schriften alle so viel derer verhanden, Anitzo zum ersten mahl zusammen gedruckt [...] Hamburg 1677.

Näheres zu Basilius Valentinus s. Ms. 165. – Zu Maria, Schwester Aarons u. Mose s. GÖRG, in: Neues Bibel-Lexikon 2 (1995), Sp. 815–816.

(S. 87–92): Alchemische Rezepte und Notizen.

Enthalten ist u.a. (S. 87) *Ungeschmeidig Gold weich zu machen.*

Ms. 172

Alchemische Sammelhandschrift, enthält u.a.: »Das Buch der Weisheit«, Exzerpte

18./19. Jh. ▪ 37 Bl. ▪ 23 x 18,3 cm ▪ Illustrationen

Datierung nach der Schrift u. den WZ (s.u.). – Nach (Iv) beginnt die zeitgenössische Paginierung, bis (S. 62). – Die Illustrationen auf anderem Papier. – Eine Hand (Schreiber: von Sonnenthal, s. hierzu Ms. 158).

Wasserzeichen: a) in den illustrierten Blättern: *C. Steinhauser* in lateinischer Schreibschrift, wohl aus der PM Eberhardzell unter Conrad Steinhauser (18./19. Jh.), s. hierzu Ms. 158; b) in den Textblättern: ein mit einer Bügelkrone gekrönter Doppeladler, der in seinen Fängen Zepter und Schwert hält u. auf der Brust einen herzförmigen Schild trägt, so nicht nachgewiesen, auch in Mss. 284, 286, 287, 290, 291, 291a.
Illustrationen: praktische Darstellungen.
Einband: Pappband, im Vorderdeckel ein Loch.
Geschichte: Vorderdeckel: Signatur *Mscrpt CLXXII 172.* – Vorderer Spiegel: *Mscrpt CLII.* – (Iv): alte LSB-Signatur *2595/80*, s. KATALOG (1862). – Ü-LSB, KUNZER [1894], Ms. 172, datierte diese Handschrift in das Ende des 18. Jahrhunderts.

(S. 1–46): »Das Buch der Weisheit«, Exzerpte aus den Kapiteln 6, 15, 17–22.

(S. 1): *Compendium Des Buchs der Weisheit, worin allein nach seinen Kapiteln zu Fertigung des Steins der Weisen nöthige Handgriffe gelehrt werden.* (S. 1) *Ex Capite VI*, Incipit: *Nehme 1 Pfund reines und sauberes ungarisches* <Spießglass> [...].

Textbestand und -struktur belegen, dass keine Verbindung zum gleichnamigen Text des Johann Augustin Brunnhofer besteht, vgl. Ms. 178 und Ms. 181.

(S. 47–62): Alchemische Prozessbeschreibungen und Rezepte.

Enthalten sind u.a. (S. 57): *Das Bleyglas zu machen*; (S. 61): ein Quellenhinweis auf Pierre Joseph Macquer: Anfangsgründe der practischen Chymie, als der zweyte Theil zu dessen theoretischen Anfangsgründen [...]. Zweyte Auflage. Leipzig 1768.

Zu Pierre-Joseph Macquer (1718–1784) s. FERGUSON 2 (1954 [1906]), S. 60f.

Ms. 173

»Die allerhöchsten Geheimnisse so der Mensch unter der Sonne haben und erlangen mag«

18. Jh. ▪ 24 Bl. ▪ 21,8 x 17,3 cm ▪ Illustrationen

Datierung nach der Schrift. – Die zeitgenössische Paginierung beginnt nach (Iv), bis (S. 46). – Eine Hand; Überschriften in Kanzleischrift.

Wasserzeichen: a) Harfe; b) *IGM*; beide nicht nachgewiesen.
Illustrationen: Tabellen u. Siegel.
Einband: schwarzer Kartonband.
Geschichte: Vorderdeckel: Signatur *Mscrpt CLXXIII*. – Vorderer Spiegel: Reste eines alten Signaturzettels. – Ü-LSB, Kunzer [1894], Ms. 173.

(Ir–S. 46): »Die allerhöchsten Geheimnisse so der Mensch unter der Sonne haben und erlangen mag«, diverse Magische Formeln und Praktiken. – (Ir): [...] *Id est Alle verborgene Dinge zu erforschen und wissen, Ex Cabbala sacra divina, secundam Practicam Mosaicam oblatam ad experientiam illud institutum ST.*

(S. 1–6): Herstellanweisung für Goldpfennige für Beschwörungszwecke. (S. 1): Incipit: *Diese Geheimniße nehmlich verborgene Dinge zu wißen, ist das aller höchste und schröcklichste, und übertrifft auch alle andern* [...].

(S. 7–35): *Kurze Betrachtung von der geistlichen und natürlichen Cabbala denen hochverständigen Urtheilen des fürtreflichen Senioris der Sofianischen Gesellschaft übergeben A. Gottlieb 1696* <Eisen?> Incipit: *Die Cabbala divina gründet sich auf* (S. 8): *den Bund welichen ein Mensch als das Ebenbild Gottes mit Gott macht* [...].

(S. 36–46): Diverse magische Formeln (S. 36): *Pfuj Diabolo!* Incipit: *Verflucht sind und werden verflucht bleiben die Teufel* [...]; (S. 37f.): Erwähnung der ANANISAPTA-Formel; (S. 45): *für die Blutstillung.*

Hinweise auf eventuelle PÜ enthalten in: ALA (1797), Nr. 37, Sp. 396, Nr. 60 sowie in ALA (1798), Nr. 30, Sp. 308, Nr. 39; zu diesen Angeboten s. weiter Ms. 164.

Bereits Johann Weier (1515/16–1588) kannte die Ananisapta-Formel, vgl. Weier (1586), S. 326. – s. a. ROCHHOLTZ (1859), S. 116f.

Ms. 174

»Eine sehr große und geheime Kunst so der vornehmste und vortrefflichste Teil Salomonis ist«

2. Hälfte 18. Jh. ▪ 4 Bl. ▪ 21,3 x 17,5 cm ▪ Illustration

Datierung nach der Schrift u. den WZ (s. u.). – Die nachträgliche Foliierung beginnt mit (1r). – Eine Haupthand, die Hand des Titeleintrags auf dem Vorderdeckel im Duktus a von Ms. 159, s. dort.

Wasserzeichen: a) *HALLE* (~ 2. Hälfte 18. Jh.), s. WASSERZEICHENINFORMATIONSSYSTEM: DE0960-HeideER1M_12, auch in Mss. 190, 192 u. 234; die Gegenmarke dieses WZ (=ein gekrönter Adler, auf der Brust *RW*, in den Fängen Zepter u. Reichsapfel, s. WASSERZEICHENINFORMATIONSSYSTEM: DE0960-HeideER1M_13, online (23.05.2018), dort in der Beschreibung m.E. irrtümlich *FRW*) findet sich in den Mss. 190, 248 u. 249; b) Bügelkrone auf Zepter, flankiert von zwei Palmwedeln, so nicht nachgewiesen, in gleicher Form bzw. ähnlich auch in den Mss. 186, 187, 192, 234.
Illustration: Schema.
Einband: blauer Kartonband.
Geschichte: Vorderdeckel: der Titel u. alte Signaturen: [durchgestrichen: *37*], *38* sowie *Mscrpt CLXXIV 174*. – Vorderer Spiegel: Reste eines alten, blauen Signaturzettels. – (1r): *Mscrpt CLXXIV*, [durchgestrichen, alte LSB-Signatur: *2747/232*], vgl. KATALOG (1862). – Ü-LSB, Kunzer [1894], Ms. 174, datiert diese Handschrift in das Ende des 18. Jahrhunderts.

(2r–4r): [Titel auf Einband:] »Eine sehr grosse und geheime Kunst so das führnehmste und vortreflichste Theil Salomonis ist«, Herstellanweisung für ein Amulett.

(2r): Incipit: *Nim gar wohl geschlagen rein gold lege und trage es auf Junfern Pergament* [...].

Zu Salomon s. Ms. 164.

Ms. 175

Alchemische Sammelhandschrift, enthält u.a. »Mosaica kabbala pyrotechnica Hermetis sophiae«, dt./franz./lat.

18. Jh. ▪ 41 Bl. ▪ 21 x 17 cm ▪ Illustrationen

Datierung nach der Schrift. – Die nachträgliche Foliierung beginnt mit (1r); die Bl. 37–42 sind von anderem Papier. – Zwei Hände, Hand 1 auf (2r–36v), Hand 2 auf (37r – 42r), sowie Korrekturen und Nachtrag (41v42r) von einer dritten Hand. – Mehrere Bleistiftanstreichungen. – Goldschnitt.

Wasserzeichen: ein Horn in einer gekrönten Wappenkartusche, die unten sanft gebogen verläuft, darunter eine Glocke, so nicht nachgewiesen.
Illustrationen: Schemata u. Siegel.
Einband: Buntpapier (geprägtes Brokatpapier, s. HAEMMERLE/HIRSCH (1961), S. 77–130 u. GRÜNEBAUM (1982), S. 38–48.); Vorderdeckel mit Wurmlöchern.
Geschichte: Vorderdeckel: Das Signaturschild *Mscrpt CLXXV 175* auf ein älteres Schild geklebt. – Vorderer Spiegel: *Mscrpt CLXXV*. – Ü-LSB, Kunzer [1894], Ms. 175.

(1r–32v): »Mosaica kabbala pyrotechnica Hermetis sophiae«, alchemischer Traktat, dt./lat.

(1r): *Mosaica Cabala Pyrotechina* [!] *Hermetis Sophi*[ae]. *Ex unius Radicis Duabus Substantiis unus Fit* [...]; (1v): *Parvus est Hic libellus, Sed magna Continet in se, qui Hoc laboret, Craesus esse dicitur* [...]; (2r–5v): Vorwort, Incipit: *Es ist wahr, daß jedermeniglich, und allerley stands Persohnen sich eine gwisse profession, und eine gwisse wissenschafft oder Kunst befleißen* [...]; (2v): [...] *die nicht so weith wie paracelsus und Helmontius kom*[m]*en seind* [...]; (3r): Erwähnung eines Einsiedler[s] *B.R. welcher 200 Jahr schon überlebet*; (5r–6r): Lateinische Einführung, Incipit: *Qui vis Magnorum penetralia Sophorum/Saepius Haec animo volve revolve tuo* [...]; (6r): Incipit Haupttext: *Die alten Poeten fabulieren, daß in denen Inseln Gorgades und Corsicae ein König nahmens Phoregon war* [...]; (32v): [...] *in dem göttlichen Segen befohlen von mir A.d.Z.t. Anno 1656.*

Zu Paracelsus s. Ms. 156. – Zu van Helmont s. CLERICUZIO, in: Priesner/Figala (1998), S. 169–171.

(33r–36v): Traktat zur Spiegelherstellung, dt.

(33r): *Tractatum brevem den modum artificii speculi Salomonis zu machen a viro quoddam* [!] *bono Hujus artis peritissimo suma* [!] *dexteritate descript*[us] *et Hactenus in Saeculum conservatus*, Incipit: *man soll die metallen reinigen erstlich das* <gold> *3 mahl* [...].

Zu Salomon s. Ms. 164.

(37r–41v): Alchemisches Rezept, den Universal-Stein zu machen, französisch.

(37r): *La magniere de faire la piere universelle com*[m]*e ma dit le P. August.* Incipit: *Premierement boucoup disferre que du* <mercurius> *vulge lon ne peut rien faire, et dautres* [...].

Ms. 176

Alchemische Sammelhandschrift, enthält u.a.: »Donum Dei«, Petrus Bonus: »Pretiosa Margarita Novella«, lat./dt.

17./18. Jh. ▪ 122 Bl. ▪ 20 x 16 cm ▪ Illustrationen

Datierung nach der Schrift. – Die nachträgliche Foliierung setzt mit (1r) ein; die Text- und Bildabfolge im Abschnitt (2r–9r) ist nicht stimmig, vermutlich Bindefehler. – Zwei Hände Hand 1 auf (1r–37r u. 65v–122v), Hand 2 auf (41r–62v); Marginalien u. Unterstreichungen von einer späteren Hand in Bleistift. – Rotschnitt.

Wasserzeichen: Horn, darunter *H* u. *S*, so nicht nachgewiesen.
Illustrationen: (1v) Regenbogen mit Beischrift: *SERENITATEM ADFERL.*; u.a. kolorierter Bilderzyklus des Donum Dei, zehn Bilder (Figur 2 vor Figur 1, Abgleich mit London, BL: Sloane Ms. 2560 anhand von VÖLLNAGEL, Alchemie (2012), S. 54.65); kolorierter Bilderzyklus der Pretiosa Margarita Novella in 25 Bildern; kolorierter, unvollständiger Bilderzyklus des Bildgedichts Sol und Luna, 16 Bilder (u. a. fehlt die Figur zur ‚solutio'; Abgleich mit Paris, BN: Ms. lat. 7171 anhand von VÖLLNAGEL, Alchemie (2912), S. 66–79).
Einband: Pergamentband: zweispaltige Textura (frühes 15. Jh.), Makulaturreste eines Missales (Abschnitte des 5. Sonntags nach Pfingsten, sowie zu den darauf folgenden Mittwoch und Freitag); Reste von zwei Verschlussbändern; Wurmfraß.
Geschichte: Einbandrücken: *Mscrpt CLXXVI.* – Vorderer Spiegel: *Mscrpt CLXXVI* u. zwei Besitzvermerke: [durchgestrichen: *Joseph Schraettinger*] und *v*[on] *Sonnenthal.* – (2r): *5077.* – Ü-LSB, Kunzer [1894], Ms. 176, datiert diese Handschrift in das 18. Jahrhundert u. vermerkt die Provenienz Sonnenthal, s. hierzu Ms. 156.
Literatur: TELLE, Sol u. Luna (1980), besonders S. 45.

(2r–19r): [»Donum Dei«], mit Illustrationen.

(2r): Incipit: *Est autem materia lapidis aqua grossa agens* [...]; (7r): *TABULA SCIENTIA MAIORIS, In primo havetur in Leone nostro* [...]; (8r): *Medicina nostra est solum composita ex natura,* (17v): Vers: *Ut non candescat rosea sed luce lucescat* [...]/*candida candorem generat rubicunda ruborem*; (18v): [...] *in hoc completur pra*[e]*tiosum donum Dei quod super o*[mn]*e mundi scientiarum est arcanum* [...].

Eine variierende PÜ: Ms. 184. – Augenscheinlich keine Abschrift des lat. Erstdrucks in: Bernard Georges Penot: Tractatus varii de vera praeparatione et usu medicamentorum chymicorum. Basel 1616, S. 211–236.

Zum Donum Dei s. TELLE, in: ²VL 11 (2004), Sp. 376–376, PAULUS, in: Priesner/Figala (1998), S. 111f. und VÖLLNAGEL, Alchemie (2012), S. 54–65, alle ohne Erwähnung der vorliegenden Handschrift.

(19r–23r): »Liber de compositione alchimia«.

(19r): *Hic autem Liber nominatus est Liber de compositione Alchimia*[e] [...], Incipit: *Et quando quid sit Alchimia, et quae sit sua compositio* [...].

(23v–37r): [Georgius Aurach de Argentina]: »Hortus divitiarum«, 20 Kapitel.

(23v): *Ortus divitiarum Sapientiae Dei. In nomine Jesu christi filii Dei vivi, et in nomine beatissimae et gloriosissimae Virginis Mariae genitricis eiusdem, ac beatissimi militis e Martyris Georgii, totiusque curiae caelestis triumphantis. Amen.* Incipit: *Incipiam Scribere et componere librum, in quo perfecte et integre aperteq*[ue] *declarabo* [...].

Vgl. Thorndike/Kibre (1963 [1937]), Sp. 723.

(40v–54r): [Petrus Bonus: »Pretiosa Margarita Novella«], Illustrationen und deutsche Kurzexzerpte, drei Teile.

(40v): Incipit: *Wir haben gesagt Von der Zusammenfügung der siben Baume* [...]; (44v): [...] *nun wollen wir sagen von der bildern, die wir funden Heben in dem stuel, alß gesagt ist, Es ist Zu wissen, daß im Anfang des gemäls, was ein könig gemalt* [...]; (54r): [...] *Hie endet sich das buech Zabo und Zalsime.*

Mögliche Vorlage: [Petrus Bonus]: Pretiosa Margarita, Oder Neu-erfundene Köstliche Perle Von dem Unvergleichlichen Schatz und höchst-kostbahren Stein der Weisen [...]. Leipzig 1714. – vgl. weiter Ms. 184.

Zu Petrus Bonus (14. Jh.) s. TELLE, in: LexMA 2 (1983), Sp. 435f., CLERICUZIO, in: Priesner/Figala (1998), S. 270–271 und VÖLLNAGEL, Alchemie (2012), S. 136–142.

(55r–63r): [»Sol und Luna«], Auszüge mit Illustrationen.

(55r): Incipit: *Wer Unsern Maisterlichen stein will bauen/der soll auf die anfäng der natur schauen* [...].

Die den Illustrationen vorangestellten Verse sind – stellenweise variiert – in dem Bildgedicht „Sol und Luna“ enthalten, vgl. TELLE, Sol u. Luna (1980), S. 38–44. Dieses Bildgedicht wird oft im Rahmen des sogenannten ‚Rosarium Philosophorum‘ überliefert, hierzu s. TELLE, in: ²VL 8 (1992), Sp. 172–176 sowie DERS., in: LexMA, 7 (1995), Sp. 1028–1029. Der vorliegende Bilderzyklus entspricht nicht dem Frankfurter Druck von 1550, De Alchimia opuscula complura veterum philosophorum, Rosarium philosophorum secunda pars [...]. Auch Telle ordnete die vorliegende Handschrift letztlich nicht in den „»Rosarium«-Kontext“ ein, s. TELLE, Sol u. Luna (1980), S. 46.

(65v–77r): Alchemische Rezepte.

Enthalten ist u.a. (69r): *Das ist diß Kunst stück mit dem Goldt und Öel.*

(77v–110r): »*Splendor Solis*«, ohne Ausführung der Figuren.

(77v): *Mit seinen Figuren, darinn Anzeigung von dem Lapide Philosophorum beschrieben wird*, Incipit: *Ich bin der weg und die ebene straßen* [...].

Die erste Druckausgabe des Splendor Solis erschien im Aureum Vellus 3 (1599), S. 3–59 (mögliche Vorlage?), vgl. auch FERGUSON 2 (1954 [1906]), S. 469 (dort als Erscheinungsjahr 1598).

Zum Splendor Solis s. TELLE, in: Priesner/Figala (1998), S. 339–440, VÖLLNAGEL, Splendor Solis (2004), (ohne Kenntnis der vorliegenden Handschrift), und TELLE, in: ²Killy 11 (2011), S. 136–137.

(110v–122v): Alchemischer Traktat in sieben Kapiteln.

(110v): Incipit: *In viel undt mancherley weiß haben die Philosophi Vorzeiten miteinander geredt durch ihre geschrifft* [...].

Ms. 177

»Index secretorum«, dt.

1636 ▪ 200 Bl. ▪ 20 x 16 cm

Datierung aus der Handschrift (fol. XIr), s.u. – Die zeitgenössische Paginierung beginnt nach (XIv), bis S. 245, danach leere Seiten. – Eine Haupthand, diese auch in Ms. 210. – Goldschnitt.

Wasserzeichen: gekrönte Wappenkartusche, darin *SH*, so nicht nachgewiesen.
Einband: schwarzer Lederband mit Zierlinien u. zentralem Zierelement im Goldprägedruck; im Vorderdeckel Reste von zwei seitlichen Verschlussbändern seitlich; Wurmlöcher.
Geschichte: Rücken: *Mscrpt CLXXVII 177.* – *V*orderer Spiegel: alte Signatur *litt. X No 32* u. *Mscrpt CLXXVII.* – Ü-LSB, Kunzer [1894], Ms. 177.

(XIr–S. 245): »Index secretorum«, Rezept- und Quellensammlung mit Kurzregesten *Anno 1636.*

(S. 1): *Index Viler Underschidlicher fürnemmer Undt hochenn Secreten so nachfolgendt zursamen getragen Samt einem Kurzen in begriff was ein iedes für würckhung auch wohero Undt von woher selbige Kommen thun in sich haltendt.*

Enthält neben Verweisen auf Drucke auch zahlreiche Hinweise auf Personen, z.B. 1.) (S. 5): *Opus philosophicum Alexandri filii Mardachaei de nelle Judaei*, 2.) (S. 8–9): [...] *dise gehaimbnus hat Michael Sentevoi der Chron Pohlen*[s] *secretarius An*[n]*o 1606 meinem Gnädigsten fürsten und herrn Friedrichen herzogen Zue Wirtemberg etc. eröffnett* [...]; 3.) (S. 10–11): [...] *hier auff folgt nur ein ander Post-Scriptum Von Johann Candler Haubtmann Undt Gräffl*[ich] *Schlikhischer Münzdirectoren Zue Plan Bohaimb*; 4.) (S. 122): [...] *ein Wahrhafftes stuckh welches ein Laborant bey dem Alten Graffen Ludewigg Von Öttingen etc. gemacht* [...]; bricht auf (S. 245) mit No. 286 ab.

Eine gleich datierte, mutmaßliche PÜ liegt mit Donaueschingen, FFS: Ms. 813, Centuria Secretorum vor (ehemals in Besitz von Bonifatius Brix von Wahlberg).

Zu Michael Sendivogius (1556/66–1636/46) s. FERGUSON 2 (1954 [1906]), S. 364–370 und FIGALA, in: Priesner/Figala (1998), S. 332–334. – Zu Herzog Friedrich I. von Württemberg (1557–1608), s. LORENZ (1997), S. 139–142. – Zu Johann Candler (+ 1641), zu den Grafen Schlick und deren Münzrecht s. JÄGER (1953–1958). – Vermutlich handelt es sich bei dem hier genannten Ludwig von

Oettingen um Ludwig XVI. von Oettingen (1506–1569), s. VOLCKAMER, in: NDB 19 (1999), S. 472–474. Auch für dessen Sohn Gottfried (und dessen Gattin Barbara) sind alchemische Interessen belegt, s. PAULUS, Alchemie u. Paracelsismus (1994), S. 372–374.

Ms. 178

Johann Augustin Brunnhofer/Raphael Egli: »Das Buch der Weisheit und des vollkommenen Reichtums«

18. Jh. ▪ 52 Bl. ▪ 21 x 17 cm ▪ Illustrationen

Datierung nach der Schrift. – Die zeitgenössische Foliierung beginnt mit (1r) bis (51r). – Eine Hand mit zwei Duktus, wie in Ms. 159, s. dort; vereinzelt Marginalien von Texthand; Bleistiftunterstreichungen mit Lineal.

Illustrationen: Figuren.
Einband: Papierband.
Geschichte: Deckblatt: *Mscrpt CLXXVIII.* – Vorderer Umschlag innen: Reste eines alten Signaturzettels. – Ü-LSB, Kunzer [1894], Ms. 178.
Literatur: TELLE, Alchemie u. Poesie 2 (2013), Nr. 27, bes. S. 1030–1031.

(1r–51r): [Johann Augustin Brunnhofer/Raphael Egli]: »Das Buch der Weisheit und des vollkommenen Reichthums«, Regeln und Gebete, Figuren mit Erläuterungen sowie Canones zur Alchemie sowie Anweisungen zur Universaltinktur und zum Universalprozess.

(1r–4r): Grundregel und Gebete, (1r): *Grundregel, an unsere der göttlichen Wissenschaft angenommene Mitbrüder und Mitverwandte der wahren Universaltinktur.* Incipit: *Wir haben nach lang gehaltner Berathschlagung vor gut befunden zur Abkürzung aller so weit entlegenen Correspondenzen und zur Aufhebung aller Gefährlichkeiten, di uns und unsern brichten mit unterschiedlichen Parthien widerfahren dieses Buch der Weisheit zu schreiben* [...]; (1r): Erwähnung des *jüngsten Mitverwandten M.F.V.H.*

(4v–51r): dreizehn Figuren und Canones mit Erklärungen in Versform, eine Erläuterung zur Universaltinktur sowie eine Beschreibung des Universalprozesses. (4v): *Erklärung der ersten Figur*: Incipit Haupttext: *Unter den 7 Planeten bin ich Sol genannt/der Sitz meiner Kron gar wohl bekannt* [...]; auf (30v) wird eine 14. Figur erwähnt, die aber nicht enthalten ist.

Mögliche Vorlage: Hermaphroditisches Sonn- und Mondskind [...]. Mainz 1752. Die Canones und Erklärungen in Versform darin stimmen oft mit den hier vorliegenden überein. Im ‚Mondskind' sind zwölf, in Ms. 178 dagegen 14 Figuren enthalten. Telle macht als Verfasser der erläuterten Figurenserie und als Kompilator des Gesamtwerks Johann Augustin Brunnhofer aus. Die Canones stammen von Raphael Egli sowie einem anonymen Dichter des 16. Jahrhunderts, vgl. TELLE, Alchemie und Poesie (2013), Nr. 27 (besonders S. 1017).

Mögliche PÜ u.a. in Hamburg, UB: Cod. Alchim. 675, S. 147ff. u. Münchengrätz/Tschech. Republik, Schlossbibliothek: HS. A Ms. 48. Mit Ü-LSB: Ms. 181 liegt eine weitere PÜ vor. Hier unter dem Titel ‚Das Buch der Weisheit zum langen Leben und vollkommenen Reichtum'. Weitere mögliche PÜ dieses Titels in New Haven, YUL: Mellon Ms. 132 (hier auch ‚Johannis Augustini Prunhofer' als Verfasser) u. Ms. 133. Carl Kiesewetter (1854–1895, vgl. auch Kap. 6.3.2) besaß eine mögliche PÜ, s. München, BSB: Kiesewetteriana 0, Nr. 10. Auch in Linden, Catalogus Manuscriptorum (1786), S. 34, Nr. 193 wird ein solcher Titel aufgeführt (dort wird die Vorläuferschaft des Textes für die »Aurea catena homeri« postuliert); zu von Lindens Katalog s. weiter Ms. 152. – Zu den Handschriften Ü-Ms. 178 u. Ms. 181 s. weiter auch Kap. 7.1.

Zu Brunnhofer (2. Hälfte 17. Jh.) s. TELLE, Alchemie und Poesie (2013), Nr. 27. – Zum Hermaphroditischen Sonn- und Mondskind s. FERGUSON 1 (1954 [1906]), S. 388f.

Ms. 179

»Sapientia Veterum«

18. Jh. ▪ 46 Bl. ▪ 23,8 x 19 cm ▪ Illustrationen

Datierung nach der Schrift. – Die nachträgliche Foliierung setzt nach (IIv = ursprüngliches Einbandblatt) ein, bis (43r). – Eine Hand, wie in Ms. 167, Duktus b, s. dort.

Wasserzeichen: ein Horn in gekrönter Wappenkartusche, darunter Glocke, darunter: *JHONIG ZOONEN*, wohl aus einer PM in Zaandijk (Noord-Holland, 18./19. Jh.), s. VOORN, S. 115–141, gleiche bzw. ähnliche WZ auch in den Mss. 251, 282, 283 u. 293, hierzu sowie zu weiteren WZ dieser Region (*C&IHONIG* bzw. *C&IHOHIG* in Mss. 190, 251, 262 u. 274) s. Kap. 4.3., Zaandijkgruppe.
Illustrationen: kolorierte Figuren, stellenweise mit Beischriften; teilweise wohl aus: J. C. Barchusen: Elementa chemiae. Leiden 1718 (Abdruck auch in: ROOB 2014 [1996]), S. 115–135, dort wird das Werk irrtümlicherweise als „Elementa chemicae" betitelt).
Einband: brauner Kunstlederband aus jüngster Zeit.
Geschichte: Rücken: *Mscrpt. CLXXIX 179.* – (IIr): Signaturschild *Mscrpt CLXXIX* und Ziffer *5077.* – (1r): Signatur *Mscrpt CLXXIX.* – Ü-LSB, KUNZER [1894], Ms. 179, datiert diese Handschrift in das Ende des 18./Anfang des 19. Jahrhunderts.

(1r–43r): »Sapientia Veterum«, Alchemische Abhandlung, 40 Kapitel.

(1r): *Sive Doctrina eorundem, de Sum*[m]*a Universalis Doctrinae, qua Sanitas humana adhuc integra in eodem Statu conservatur* [...] *Quadraginta Hyroglíphicis explicata* [...]; (2r): *Chaos Veterum*: Incipit: *Chaos est e*[xiste]*ns primum primi a Creatore increato creatum* [...].

Eine mögliche PÜ liegt mit Los Angeles, Getty Center, Manley Palmer Hall: Ms. 50 vor. – Gleichwohl die Bildmotive aus Barchusens Elementa chemiae entnommen sind, gibt es augenscheinlich keine Textübereinstimmungen, s. a. Illustrationen.

Ms. 180

Ps.-Basilius Valentinus: »Compendium veritatis philosophicum«, dt.

~ 1783 ▪ 80 Bl. ▪ 22,5 x 15 cm

Datierung auf dem Einbanddeckel. – Die zeitgenössische Paginierung setzt nach (Iv) ein, bis (S. 167); nach (S. 133) springt die Paginierung ohne Text- oder Blattverlust auf (S. 144). – Eine Haupthand; Seitenangaben im Inhaltsverzeichnis nachträglich von anderer Hand, vereinzelt Marginalien und Korrekturen von dieser Nachtragshand, Unterstreichungen mit Lineal und Bleistift; Überschriften in Kanzleischrift.

Einband: blauer Kartonband.
Geschichte: Rücken: *Mscrpt CLXXX*. – Vorderdeckel: alte Signaturen *381* u. *180*, u. auf einem roten Schild in Prägedruck die Jahreszahl *1783* sowie ein leeres Schild. – (Ir): alte Signatur *381* u. *5077* sowie die aktuelle Signatur *CLXXX*. – Ü-LSB, KUNZER [1894], Ms. 180, datiert diese Handschrift in das Ende des 18./Anfang des 19. Jahrhunderts.
Literatur: Kristeller, Iter Italicum 3 (1983), S. 724a.

(Ir–S. 167): [Ps.-Basilius Valentinus]: »Compendium veritatis philososphicum«, 17 Sektionen in vier Büchern, dt.

(Ir): *Compendium Veritatis Philosophicum Fratris Basilii Valentini Ord*[inis] *S*[anc]*ti Benedicti et ejus Collectanea De Variis Adeptis nec non Multiplicatio et Projectio S*[anc]*ti Petri Anno 1481.* (S. 1–9): Vorrede Incipit: *Der Allerhöchste hat durch seine Göttliche Allmacht uns armen Menschen zu gutten ein Ding in die Natur geleget* [...]; (S. 9–14): *TENOR MANUSCRIPT* = Inhaltsverzeichnis; (S. 14): *Erstes buch sectio prima, Handelt von dem Universal Azoth wie solcher aus der Ersten Materia bereitet wird* Incipit Haupttext: *Was nun die Materiam anbelangt woraus unser Azoth et Ignis bereitet wird* [...]; (S. 146): *Das Vierte Buch, Sectio 1ma handelt von dem trokenen Weege* (S. 147): *der alten, wie man nemlich aus unseren Alten Saturno* [...].

Mögliche PÜ liegen in Wien, ÖNB: Ms. 11307 u.in Hamburg, UB: Cod. Alchim. 639.

Zu Basilius Valentinus s. Ms. 165.

Ms. 181

Johann Augustin Brunnhofer/Raphael Egli: »Das Buch der Weisheit zum langen Leben und vollkommenen Reichtum«

17./18. Jh. ▪ 64 Bl. ▪ 24 x 18 cm ▪ Illustrationen

Datierung nach der Schrift. – Die nachträgliche Foliierung beginnt nach (Iv), bis (60r), vor (Bl. 56) wurde ein Blatt übersehen; vor (Bl. 1) und (Bl. 3) wurde jeweils eine Seite herausgerissen, Textverlust nicht bestimmbar; drei Illustrationen wurden herausgetrennt (Figuren eins, fünf und sechs) u. fehlen. – Zwei Hände, Hand 1 auf (2r–16r) u. (18r–60r), Hand 2 auf (17rv); vereinzelte Marginalien.

Wasserzeichen: im Vorsatzpapier eine Lilie, so nicht nachgewiesen.
Illustrationen: kolorierte Figuren u. auf (1v) ein Bruderschaftszeichen (*Signum Fraternitatis*) in einer Kartusche (ein gekrönter Reichsapfel, geteilt u. halb gespalten, in den Feldern die Zeichen für Mars u. Venus, für Quecksilber u. Schwefel sowie Sonne, Mond u. Stern), s. Anhang B. Abb. 12; die grüne Farbe der Illustrationen gleicht jener Farbe in Ms. 176, s. Anhang B, Abb. 4 u. Kap. 4.4.
Einband: Pappband mit abgenutztem Buntpapier (Fantasiemarmorpapier, s. hierzu Ms. 171).
Geschichte: Rücken: Signatur *Mscrpt CLXXXI 181*. – Vorderer Spiegel: *Mscrpt CLXXXI*. – (Ir) u. (2r): *5077*. – Ü-LSB, Kunzer [1894], Ms. 181, datiert diese Handschrift in das 18. Jahrhundert.
Literatur: TELLE, Alchemie u. Poesie 2 (2013), Nr. 27.

(2r–60r): [Johann Augustin Brunnhofer/Raphael Egli]: »Das Buch der Weisheit zum Langen Leben und vollkommenen Reichthum«, Regeln, Figuren mit Erläuterungsgedichten sowie Beschreibungen zu Universaltinktur und -werk in vier Teilen.

> (2r–17v): [...] *erster Theil*, (3rv): Vorrede Incipit: *Es hat der Allerhöchsten Göttlichen Mayestät also gefallen durch seinen H*[ei]*l*[igen] *Geist und vermittels unserer gehaltenen Versammlung und reiffer Berathschlagung* [...]; (4r): *Erklärung der Ersten Figur* Incipit Haupttext: *Unter aln 7 Planeten bin ich Sol genannt//der spize meiner Cron gar wohl bekannt [...];* (56r–60r): vierter Teil: *worinnen wirdt verhandelt von particularien* [...]; (57r): [...] *Grundregel An unsre der göttl*[ich] *hochen Wissenschafft angenohmenen Mitbrüd*[er] [...]; (60r): [...] *Ende des Vierdten buechs der Weißheith Northonus Proceptor Philaleths. Johann Augustin Brunhofer author libroru*[m] *4tuor Sapientiae. Luna* [et] *Diana* [fit] *Regul*[us] <antimonii> *sum*[m]*e* [?] *purificatus.*

Eine PÜ liegt mit Ms. 178 vor (einzelne Textpassagen (z.B. die ‚Grundregel') sind mit Ms. 178 identisch bei unterschiedlicher Abfolge. – Weitere mögliche PÜ s. dort.

Zu Brunnhofer und zur Verfasser- bzw. Kompilatorfrage s. Ms. 178.

Ms. 182

Ps.-Albertus Magnus: »Das goldene ABC«

1801 ▪ 164 Bl. ▪ 21,5 x 18 cm ▪ Illustrationen

Datierung aus der Handschrift: *30. Jun. 1801* (S. 11) bis *20. Jul. 1801* (S. 286). – Die zeitgenössische Paginierung beginnt nach (IIIv), bis (S. 286). – Eine Haupthand (Schreiber: Johann Haussen, s.u.); Quellenangaben sind meist quer zum Text hineingeschrieben, vereinzelt Marginalien u. Ergänzungen einer weiteren Hand, z.B. (S. 73); lateinische und deutsche Schrift wechseln ohne ersichtliche Intention.

Illustrationen: Federzeichnungen: Figuren u. praktische Darstellungen.
Einband: hellbrauner Halblederband, wie bei Ms. 158, s. dort.
Geschichte: Rücken: Signatur *Mscrpt CLXXXII 182*. – Vorderer Spiegel: alte Signatur *896* u. *Mscrpt CLXXXII*. – (Ir): [durchgestrichen: alte LSB-Signatur *7439/2*, s. KATALOG (1862), *aut N 2521/6*] sowie *5077*. – (IIr): *A*[lbertus] *M*[agnus] *anno 1286* u. alte Signatur *7*. – (IIIr): alte Signatur *42* u. Kaufvermerk *kommt über 100 r*[eichs]*t*[aler] *zu stehen*. – Elf verzierte Schreibervermerke von Johann Haussen (1729–1802) mit Datum u. Ortsangabe, der letzte lautet (S. 286): *S*[oli] *D*[eo] *G*[ratia] *Gliuxbrunn Haussen d. 20. Jul. 1801 Scripsi haec aetatis anno 76mo 7 Monat. 9 Tage. alles ohne Brille*, zu Haussen s. weiter Kap. 6.3.2. – Ü-LSB, Kunzer [1894], Ms. 182.

(IIIr–S. 286): [Ps.-Albertus Magnus]: »Das goldene ABC«, 64 Kapitel in neun Büchern.

> (IIIr): *DAS GÜLDENE ABC von denen Geheimnissen der Natur Albertus Magnus, Bischoff zu Ratisbon, Anno Domini 1286* [!]; (IIv): Vers, Incipit: *Das Licht giebt allen Kraft/Gott selber lebet im Lichte* [...]. (S. 1–11): Vorrede: *In Nomine PATRIS et FILII et SPIRITUS SANCIT Durch Gott geheiligter Vater!* Incipit: *Ich habe denselbigen versprochen als ein Knecht und Diener* [...]; (S. 13): *Das 1. Buch handelt Von dem* <Antimonio> *und dessen geheimen Arbeiten: Von dem* <Antimonio> *und was solches vor ein Mineral sey und was in demselbigen verborgen ist.* Incipit Haupttext: *Das* <Antimo>*nium ist ein Mineral, so denenjenigen Mineralien beygezählet wird* [...]; (S. 235): *Das 9. Buch handelt Wie man aus dem animalischen Reiche den Stein bereiten soll* [...].

Vereinzelt bibliographische Angaben (der Vorlagen?) u.a. 1.) (S. 14): Johann August Arends: De emeticorum usu et abusu. Lyon 1723, 2.) (S. 234): Cornelius

Leonhard van Amsterdam: Cibi, potus et condimentorum plurimorum, consideratio medica [...]. Leiden 1736.

Eine PÜ liegt mit Ms. 205 vor.

Zu Albertus Magnus (~1200–1280) und pseudoepigraphischen Schriften s. FERGUSON 1 (1954 [1906]), S. 15–17, FRIES/ILLING, in: ²VL 1 (1978), Sp. 124–139, und KIENING, in: ²Killy 1 (2008), S. 69–71.

Ms. 183

Alchemische Sammelhandschrift, zwei Teile, enthält u.a.: »Aurora consurgens«

18. Jh. ▪ 100 Bl. ▪ 20,2 x 16,8 cm ▪ Illustrationen

Datierung nach der Schrift. – Die Handschrift besteht aus zwei Teilen, wobei Teil 1 (1r–86r) von Teil 2 (= (Bl. I), (Bl. 1A) und (87r–96r)) umschlossen ist. Die zeitgenössische Blattzählung beginnt nach (1A = Titelblatt) u. vergibt die Blattangabe ‚3' zweimal hintereinander: (Bl. 3, Bl. 3A); eine spätere Foliierung vergibt zusätzlich ein weiteres Mal die Blattangabe ‚1' an das Titelblatt (Bl. 1A). Die auf den ersten Seiten notierte Blattfolge lautet daher: (Titelblatt = 1A), (Bl. 1), (Bl. 2), (Bl. 3), (Bl. 3A), (Bl. 4) [...] bis (Bl. 86); ab (87r) nachträgliche Blattzählung bis (96r); bei der Zusammenheftung gerieten die ersten fünf foliierten Blätter durcheinander, daher ist die Folge der Illustrationen unkorrekt: Nr. 2, Nr. 4, Nr. 3, Nr. 1, Nr. 5 [...]. Die ersten zwei und letzten elf Blätter sind von anderem Papier. Eine lose maschinengeschriebene Beilage vermerkt, dass die Vorlage dieser Handschrift 1420 im Kloster Rheinau entstanden sei. – Zwei Hände, Hand 1 in lateinischer Kursive auf (1r–86r), Hand 2 auf (87r–96r); von dieser zweiten Hand stammen die deutschen Beitexte der ersten vier Figuren, vereinzelte Ergänzungen bzw. Übersetzungen sowie die inhaltlichen Kapitel- bzw. Exempelzuordnungen zu den Bildern. – Das Titelblatt (1A) mit Goldfarbe. – Wurmfraß.

Wasserzeichen: Kleeblatt mit *SI*, nicht nachgewiesen.
Illustrationen: 34 überwiegend kolorierte Figuren des Aurora-Consurgens-Zyklus, die ab der fünften Figur aus einer anderen Handschrift stammen u. eingeklebt wurden – manchmal auch über bereits bestehende Textzeilen, s. (9v). Figur Nr. 2 zeigt einen dreibeinigen Hermaphroditen (s. Anhang B, Abb. 3), wie ihn auch Zürich, Zentralbibliothek: Ms. Rh 172 abbildet, s. AURNHAMMER (1986), Zum Hermaphroditen, besonders S. 188–189 (ohne Kenntnis der vorliegenden Handschrift).
Einband: Pappband, der Vorderdeckel mit den Resten zweier Verschlussbänder.
Geschichte: Rücken: Signatur *Mscrpt CLXXXIII 183*, vermutlich auf eine alte Signatur geklebt. – Vorderer Spiegel: *Mscrpt CLXXXIII*. – Paginierung, Hände, Illustrationen u. Papier lassen vermuten, dass zwei Handschriften, die die Aurora consurgens enthielten, zusammengefasst wurden: Wahrscheinlich wurden die Illustrationen aus Teil 2 herausgelöst u. in Teil 1 eingearbeitet (s.o.). Dieser wurde dann in (die Überreste?) von Teil 2 eingefasst.– Ü-LSB, Kunzer [1894], Ms. 183.

Teil 2,1 (Bl. 1A-r): Titelblatt: *AURORA CONSURGENS in qua Quo pacto Lapis Philosophorum a natura datus, a Philosophis innumirabilibus rebus Comparatus et tandem per Artem in hanc ipsam perfectionem deductus sit describitur Expressis variis Figuris Parabolicis, cumque earundem Explicationibus ad ornata ex Arabico in Latinum versa Idioma.*

Teil 1: (1r–86r): Diverse Alchemische Texte u. Traktate.

(1r–52v): [»Aurora consurgens«], 33 Kapitel, mit Illustrationen.

(1r–3v): die ersten vier Figuren mit Beischriften, Incipit: *Haec est Obscura Sapientum vera figura/ In qua profunda stat Philosophia foecunda* [...], Incipit der deutschen Übersetzung der Beischrift: *Dir zeigt diese figur der Weisen Rätsel-Bild/ und ihre gantze Kunst i*[n] *dem geheimen Schild* [...]; (4v): *Incipit Aurora quae dicitur mora.* Incipit Haupttext: *Venerunt mihi omnia pariter cum illa sapientia austri, quae foris praedicat in plateis* [...].

Edition: von Franz (1984).

Zur Aurora Consurgens s. Telle, in: LexMA 1 (1980), Sp. 1245f. u. Völlnagel, Alchemie (2012), S. 24–41.

(53r–67v): [Albertus Magnus (?): »Alchemia«], 11 Abschnitte.

(53r): Incipit: *Kalistenus unus de antiquioribus post Hermetem hujus nostrae artis Inventoribus dicit: quod Alchymia sit scientia* [...].

Vgl. Thorndike/Kibre (1963 [1937]), Sp. 184.

Zu Albertus Magnus s. Ms. 182.

(67v–77v): [Michael Scotus: »Disputatio Scoti de opere lapidis philosophorum«].

(67v): *Quaestio curiosa de Natura Solis et Luna* Incipit: *Quaeritur, utrum secundum artem possit fieri verum aurum* [...].

Vgl. Thorndike/Kibre (1963 [1937]), Sp. 1669.

Zu Michael Scotus (letztes Viertel 12. Jh.- ~1235) s. Ferguson 2 (1954 [1906]), S. 355–360, u. Ackermann, in: LexMA 6 (1993), Sp. 606f.

(77v–79v): Alchemischer Traktat, lat.

(77v) : Vers: *Non secreta tui cordis sciat omnis amicus/ Hic tibi forsan erit Capitalis cras inimicus.* Danach Incipit: *Putrefactis est corruptio facta in humido a calore* [...].

Der Vers findet sich im „Florilegium Treverense", Vss. 2111ff., vgl. Brunhölzl (1966), S. 203.

(79v–86r): [Michael Scotus: »De transmutatione metallorum«].

(79v): *Incipit liber proportionum elementoru*[m:] *Septem sunt planetae secundum quorum cursum omnia inferiora reguntur* [...].

Vgl. THORNDIKE/KIBRE (1963 [1937]), Sp. 1433.

Zu Michael Scotus s.o.

Diese Texte aus Teil 1 liegen in gleicher Abfolge (mögliche Vorlage?) in Zürich, Zentralbibliothek Ms. Rh 172 vor, s. auch Illustrationen.

TEIL 2,2 (87r–96r): Nachträgliche Erläuterungen der Figuren und Gleichnisse der »Aurora consurgens«.

(87r): *Expositio Seu Dilucidatio Figurarum et Parabolarum in hac Aurora Contentarum.*

Ms. 184

Alchemische Sammelhandschrift, enthält u.a.: Petrus Bonus: »Pretiosa Margarita Novella«

~ 1578 ▪ 81 Bl. ▪ 19,5 x 15 cm ▪ Illustrationen

Datierung aus der Handschrift: *Vom 8 Julii A*[nno]*1578* (24v) u. *Soli Deo gloria den 20 Junii Anno 78* (44v) sowie nach der Schrift. – Die zeitgenössische Foliierung beginnt nach (Iv). – Eine Hand, die ihren Schreibduktus je nach lateinischer oder deutscher Sprache von lateinischer Kursive zur Kurrentschrift wechselt; Marginalien und Nachträge, z.B. (45r), von zwei späteren Händen.

Wasserzeichen: Horn, so nicht nachgewiesen.
Illustrationen: Bilderzyklus der Pretiosa Margarita Novella in vermischter Reihenfolge (Figuren 8–10 vor Figur 4, kein Bindefehler, Abgleich mit dem Druck Venedig 1546 anhand von: VÖLLNAGEL, Alchemie (2012), S. 136–143); unvollständiger Bilderzyklus des Donum Dei (Figur des Caput Corvi/Oleum philosophorum fehlt, Abgleich mit London, BL: Sloane Ms. 2560 anhand von: VÖLLNAGEL, Alchemie (2012), S. 54–66).
Einband: dunkler Pappband; Vorderdeckel beschädigt.
Geschichte: Vorderdeckel: Signatur *184*. – Rücken: *Mscrpt CLXXXIV* u. *184*. – Vorderer Spiegel: *Mscrpt CLXXXIV*. – (Ir): *5077*. – (Iv): *a2708/193* u. *37*. – (1r): alte Signatur *378*. – Schreibervermerke mit Datierung auf (24v) u. (44v), s.o. – Ü-LSB, Kunzer [1894], Ms. 184, bezeichnet diese Handschrift als „Alchemistischer Tractat mit gemalten Figuren" aus dem 18. Jahrhundert.
Literatur: TELLE, Alchemie u. Poesie 1 (2013), Nr. 14, besonders S. 503–508.

(1r–6v): [Petrus Bonus]: »Pretiosa Margarita Novella«, Auszüge mit Illustrationen, lat./dt.

(1r): Darstellung der vier Elemente; (1v): Darstellung alchemischer Geräte mit Kurzerläuterung zum Opus magnum: *Tria in opere servanda sunt* [...]; (2r): [erstes Bild *Locus Primus: Quinq*[ue] *Servi deprecantur Regem...*], *Typicarum imaginum*

Expositio: Incipit: *Palatium ingrediens, in quo quindecim sunt mansiones, ubi Rex Diademate coronatus* [...], Incipit dt. Passage: *Ich bin ein König mit gesundem Leib/mein gemüet sehnet sich nach einem weib* [...].

Mögliche Übersetzungsvorlage: Petrus Bonus: Pretiosa Margarita Novella de Thesauro, ac pretiosissimo philosophorum lapide [...]. Venedig 1546, eine deutsche Übersetzung erschien erst 1714 bei Johann Friedrich Braun in Leipzig. – Vgl. außerdem Ms. 176.

Zu Petrus Bonus s. Ms. 176.

(7r–16v): [(Ps.)-Paracelsus] Textauszüge.

Enthalten sind u.a. (7r): *De Specifico corrosivo* aus: Archidoxorum Dess Hochgelehrten und mit berumptesten Herren D. Theophrasti Paracelsi X Bücher [...]. S.I. 1572, hier S. 83, (14v): *Eine Wundsalben damit dem Verwundeten ohne alle Pflaster und Salben geholfen mag werden* [...].

Vgl. SUDHOFF, Versuch einer Kritik 1 (1894), Nr. 142.

Zu Paracelsus s. Ms. 156.

(16v–25v): [Ps.-Bernhardus Trevisanus]: »Symbolum Apostolicum«.

(16v): *Simbolum D. Bernhardi Comitis Valatini Et Marcae Trevisanae*; (16v): Incipit: *In dieser folgender Lehr wirstu die erkentnus Gottes der Heil*[igen] *Dreyfaltigkeit und die erkentnus der Kuchelen der Erden* [...]; (17r): *Ich geloue in Gott Wir sollen allen unsern Trost Hoffnung* [...].

Mögliche Vorlage: Thesaurinella Olympica aurea tripartita, Das ist Ein himmlisch güldenes Schatzkämmerlein [...]. Frankfurt 1608, darin S. 39–45: Tractat II: Deß Wolgebornen Hocherfahrnen und vortrefflichen Philosophi, Herrn Bernhardi Graffen von der Marck und Ternis etc. Symbolum Apostolicum [...].

Zu Bernardus Trevirensis/Trevisanus (1406–1490) u. untergeschobenen Schriften s. FERGUSON 1 (1954 [1906]), S. 100–104, TELLE, in: ^{2}Killy 1 (2008), S. 477 u. NEWMAN, in: Priesner/Figala (1998), S. 7; s. auch Kap. 2.1.2, S. 31.

(26r–44v): »Omnium munus dei excellentissimum et secretorum maximum secretum«, alchemische Abhandlung, 11 Kapitel in drei Teilen mit je einer Vorrede.

(26r): *Omnium munus Dei excellentissimum et secretorum maximum Secretum, ein warhafftigk Bericht von* <argento vivo> *corporis auff* <aurum> *und* <argentum>. (26r–27r): *Vorrede* Incipit: *Die Liebhaber dieser Kunst sollen wissen, das die metallen nit verendert mögen werden, es seye dan* [...]; (27v): *Frage Mus man den* <argentum vivum> *aus denen imperfecten metallen gezogen au*[c]*h erstlich sublimieren und rectificirt, ehe man ihnen zu* <argentum> *tingirt?* Incipit Haupttext: *Es ist ohne noth, d*[a]*s man den* <argentum vivum> *auß denen* [...]; (41r): *Volget das Werck der tinctur Zuem roten*[,] Vorrede [3]: *So Du aus diesem König den gebenedeyten Weissen Stein* [...], *Theile den weissen Stein in 2* <Teil> [...].

(45r): Rezept zur Kupferbearbeitung, dt.

(46r–46v): Gebet, lat.

(46r): *Precatio Artificis Ad Dei omnipotentis Majestatem*: Incipit: *Laus, honor, virtus et gloria sit tibi Domine Deus* [...].

(46v–73r): [»Donum Dei«], mit Illustrationen.

(46v): *Qualis himiphilus Vir esse debeat*: Incipit: *Alphidius: Scito fili, quod istam Scientiam habere non potes* [...]; (46v): *TABULA SMARAGDI Verum sine mendacio certum et verissimum, quod est inferius* [...]; (48r): *Incipit Tabula scientiae majoris In primis habetur in Leone nostro* [...]; Nennung von u.a. *Rosarius magnus* (51v), *Rosarius Philosophorum* (52r) und *Malchamech* (52v) sowie eine mit *Author* (72r) überschriebene Passage.

Eine andere PÜ des Donum Dei als in Ms. 176, s. dort.

Zum Donum Dei s. Ms. 176. – Zu Alphidius s. FERGUSON 1 (1954 [1906]), S. 27.

(74v–75r): Marcello Palingenio Stellato: [»Zodiacus Vitae«], Auszug, lat./dt.

(74v): *De opere Philosophico Schreibt Marcellus Palingenius also*, Incipit: *Hunc juvenem Arcadium infidum nimiumq*[ue] *fugacem//Preh*[e]*ndite et immersum Stygiis occidite lymphis* [...]; (75r): *Auf teutsch lauten diese vers also* [:] Incipit: *Dem flüchtigen Arcader Gesellen//Solt ihr nach leib und leben stellen* [...].

Die lateinische Passage ist ein Auszug aus: Marcello Palingenio Stellato: Zodiacus Vitae [...] Libri XII. Basel 1543, dort: S. 299. Eine deutsche Version erschien 1564 durch Johannes Spreng in Frankfurt »Martelli Palingenii Stellati, deß weitberühmten und Hocherleuchten Poeten zwölff Bücher, zu Latein Zodiacus vitae, das ist, Gürtel des lebens genannt, gründtlich verteutscht und in Reimen verfaßt«. Die deutsche Passage aus der vorliegenden Handschrift korrespondiert nicht mit der entsprechenden Stelle dort, vgl. S. 231.

‚Marcellus Palingenius' ist das Pseudonym des Pier Angelo Manzolli, s. THORNDIKE, History 8 (1958), S. 106. Hierzu u. zum Zodiacus Vitae im neuzeitlichen alchemischen Kontext s. TELLE, Alchemie u. Poesie 1 (2013), Nr. 14, S. 503–508.

Ms. 185

Federicus Gualdus: »Opus Universalis«, dt.

18. Jh. ▪ 69 Bl. ▪ 21,6 x 17,6 cm ▪ Illustrationen

Datierung nach der Schrift. – Die nachträgliche Foliierung beginnt mit (1r) bis (51r). – Eine Hand; Schriftraum mit Tinte eingefasst. – Rotschnitt.

Wasserzeichen: springender Hirsch, so nicht nachgewiesen.
Illustrationen: kolorierte Federzeichnungen: Autorenporträt (2r) u. 13 Figuren, zu Porträts von Gualdus s. MORTZFELD, A8345.
Einband: Halblederband auf Holzdecken mit Kiebitzpapier, wie bei Ms. 158, s. dort; auf dem Rücken im Stempeldruck: *PHIL*[osophia]*: CHIM*[ia]*: et MEDI*[cina]: sowie mehrere Blüten.
Geschichte: Vorderdeckel: altes Signaturschild *No 52*, darunter *5* [?]. – Vorderer Spiegel: *Mscrpt CLXXXV* u. ein Besitzeintrag *Fr*[ei]*h*[err] *E*[dler] *v*[on] *Sonnenthal* (Humbertclaude, s.u., transkribiert irrtümlich ‚Besitzer von Sonnenthal', s. S. 226), zu Sonnenthal s. Ms. 156. – Ü-LSB, Kunzer [1894], Ms. 185.
Literatur: KRISTELLER, Iter Italicum 3 (1983), S. 725a. – BOELLA/GALLI (2008), S. 159 (Illustrationen). – HUMBERTCLAUDE (2014), S. 226f.

(3r–50v): Federicus Gualdus: [»Opus universalis«], Abschrift einer unbekannten Vorlage, 67 Kapitel, mit jeweils zwei bis fünf Paarreimen.

> (3r): *Censura mortis Apologus vitae Fridericus Gualdus Natione ut dicebatur Germanus Sed vere Cosmopolita Attamen melius dicam Hermetici orbis Principeptz Nam plusquam* [...]; (4r): *Abschrift des Universalis des Gelehrtesten Herrn Friderici Gualdi Berümbten Weld-weißen und Adepti.* (4v): *Caput 1mo,* Incipit Haupttext: *Meine Söhne und Schuller hört so ich sage euch//Seit stätts in Gottes forcht und dessen Gnaden Reich* [...]; (50v): *Caput 67,* Explicit: [...] *dises aber kan euch geben diser unser stein/*[nachträglich eingefügt: *Einzig hilft, des götl*[ichen] *Hermetis wan rede mit gott arbeitt und mit gedult das werckh ge endt bringt*]*/und das gewissen rein.*
>
> Die biographische Passage auf (3r) ist wortgetreu in: Communication einer vortrefflichen Chymischen Medicin, Krafft welcher Nechst Gott und guter Diaet der berühmte Venetianische Edelmann Fridericus Gualdus, sein Leben auff 400 Jahr [...] conservirt [...]. Leipzig/Augsburg 1700, enthalten. Der im Druck weiter enthaltene Text weist keine Nähe zu dem der vorliegenden Handschrift auf. – Es scheint sich um eine Übersetzung des italienischen Textes ‚Philosophia Hermetica' (Ed. Boella/Galli (2008), S. 159–196) zu handeln (dort nur 51 Kapitel, die mitunter bis zu 25 Verse umfassen). – In Linden, Catalogus Manuscriptorum (1786), Anhang, S. 8, Nr. 52 der Hinweis auf eine PÜ; zu diesem Katalog s. weiter Ms. 152.

Eine mögliche PÜ in New Haven, YUL: Mellon Ms. 131. Die Handschrift enthält zwar weniger Kapitel (51) aber wohl denselben Bildzyklus.

Zu Federicus Gualdus s. Ms. 159.

Ms. 186

»Doctor Johann Faust, Geister- und Höllenzwang«

18./19. Jh. ▪ 58 Bl. ▪ 21,8 x 17,6 cm ▪ Illustrationen

Datierung nach der Schrift. – Die zeitgenössische Paginierung setzt nach (Iv) ein, bis S. 92 (S. 34 aus 33 und S. 35 aus 45 korrigiert); danach mit nachträglicher Foliierung 12 Blätter, die dazu gebunden wurden.

Wasserzeichen: a) Krone u. Palmwedel, wie in Ms. 174, s. dort; b) Nelke, ähnlich in: WEISS (1953), Nr. 17, auch in Mss. 192 u. 234.
Illustrationen: auf den zwölf nachträglich eingebundenen Blättern verschiedene Siegel.
Einband: schwarzer, abgegriffener Kartonband.
Geschichte: Vorderdeckel: Signatur *Ms 186.* – Rücken: *Mscrpt CLXXXVI.* – Hinterdeckel: *186.* – Vorderer Spiegel: *Mscrpt CLXXXVI* u. Reste eines alten blauen Signaturzettels. – (1r): *5077.* – Ü-LSB, Kunzer [1894], Ms. 186, datiert diese Handschrift in das 18. Jahrhundert.
Literatur: KRISTELLER, Iter Italicum 3 (1983), S. 725a.

(Ir–S. 92): »Doctor Johann Faust, Geister- und Höllenzwang«.

(Ir): *D*[octor] *Joh*[ann] *Faust Geister und Höllenzwang, womit man alle und jede Geister sie mögen Nahmen haben wie sie immer wollen, zwingen und zur Dienstbarkeit bringen kann, daß sie immer thun müssen, was man von ihnen haben will – der große Höllenzwang.* (S. 1): Incipit: *Dieses gerechte und wahrhafte Werk, als welches ein arcanum universale mysticum ist, alle und jede Geister zu berufen* [...].

Vgl. Scheible, Bücherschatz (1851), S. 337–379, sowie HENNING, Faust-Bibliographie 1 (1966), Nr. 3157.

Zu Johann Faust (~ 1490/91-~1539/40) u. seinem Nachleben, s. WEISER, in: HDA 2 (2005 [1930]), Sp. 1270–1274, ZASTRAU, in: NDB 5 (1961), S. 34–35, HENNING, Faust-Bibliographie (1966–1976) und MÖBUS (1995).

(1r–12r): Verschiedene Siegel.

Ms. 187

»Doctoris Joannis Fausti Mirakel- Kunst- und Wunderbuch«

18. Jh. ▪ 63 Bl. u. 4 lose Papptafeln ▪ 21,3 x 17,7 cm ▪ Illustrationen

Datierung nach der Schrift. – Die nachträgliche Foliierung beginnt auf (1r); die 4 losen Tafeln sind separat foliiert. – Eine Haupthand, diese auch in Ms. 192; die Beschriftung vereinzelter Siegel von einer weiteren Hand; Titel u. Überschriften in Kanzleischrift, einige Passagen sind rubriziert; die Hand von Tafel 3 ist identisch mit der des Zaubergürtels Ms. 264.

Wasserzeichen: a) Krone mit Palmwedel, wie in Ms. 174, s. dort; b) *H*, so nicht nachgewiesen.
Illustrationen: Schemata u. Siegel.
Einband: abgenutzter, schwarzer Kartonband.
Geschichte: Vorderdeckel: ein leerer Aufkleber. – Rücken: *Mscrpt CLXXXVII 187.* – Hinterdeckel: schwach erkennbar ist ein unleserlicher roter Schriftzug. – Vorderer Spiegel: durchgestrichen eine alte Signatur *347* u. die alte LSB-Signatur *2628/113b*, s. KATALOG (1862), sowie *5077* u. *Msrcpt CLXXXVII*. – Ü-LSB, Kunzer [1894], Ms. 187.
Literatur: KRISTELLER, Iter Italicum 3 (1983), S. 725a.

(1r–61v): »Doctoris Joannis Fausti Mirakel- Kunst- und Wunderbuch«.

(1r): *Doctoris Joannis Fausti Miracul und Wunderbuch mit welchem er die Geister gezwungen, daß sie ihm haben bringen müßen, was er begehret hat, es sey* <Gold>, <Silber> *Edelgestein oder andere Schätze groß oder klein gewesen, so haben sie es bringen müßen, auch die Springwurzel und was sonsten nur auf Erden ist, das habe ich mit diesem Buche zu wege gebracht, auch die Wiederabdanckung der selben. Passau 1612.* (2v): *Wie man sich zu verhalten um die Geister zu zwingen vor dem Kreise sichtbarlich zu erscheinen und zu geben was man verlanget, 1.* Incipit: *Muß man sich mit seinen Gesellen mit Gebet vorbereiten* [..]; enthält u.a. (34v): *Luzifers Nasenzwang*, (38r): *Cingulum oder Gürtel Salomonis*, und (34v–57v): 33 Siegel mit Angaben ihres Verwendungszwecks.

Vgl. Scheible, Faust (1846), S. 852–897, u. HENNING, Faust-Bibliographie 1 (1966), Nr. 3151 (hier: mit „fingiert[em]" Druckort Lyon 1469). – Eine eventuelle PÜ wird in ALA (1797), Nr. 37, Sp. 396, Nr. 52 geführt (s. weiter Ms. 164).

Zu Faust, s. Ms. 186.

Auf den Papptafeln: Magische Siegel, mitunter mit Bibelzitaten z.B. *O TOD WO IST DEIN STACHEL; HÖLLE WO IST DEIN SIEG?* (s. Hos. 13, 14 u. 1Kor. 15, 55).

Ms. 188

Johann Philipp Eberhard: »Azaharasch«, dt.

18. Jh. (1. Hälfte) ▪ 90 Bl. ▪ 35 x 21,7 cm ▪ Illustrationen

Datierung nach der Schrift u. Datierungen in anderen Handschriften von gleicher Hand, die auch durch die WZ-Bestimmung (s.u.) gestützt wird. – Die zeitgenössische Paginierung beginnt nach (IIIr); die Bl. (I–II) enthalten den unvollständigen Index *V – Z*; zwischen S. 30 und S. 31 wurden zwei Blätter herausgetrennt, kein Textverlust; zwischen S. 58 und 59 wurde ein Querstreifen (32a) eingebunden und beschriftet. – Eine Haupthand, diese auch in den Mss. 189, 191, 193, 194, 195, 196, 197, 198, 199, 200, 201, 205, 206, 207, 212, 213, 214, 215, 216, 217, 218, 219, 220, 221, 223, 224, 226, 227, 228, 229, 230, 231, 232, 233, 235, 236; Paginierung, Index und Marginalien von einer zweiten Hand, diese auch zweite Hand in Mss. 189, 191, 193, 194, 195, 196, 197, 198, 200, 201, 205, 207, 212, 213, 214, 215, 216, 217, 218, 219, 220, 221, 223, 224, 226, 227, 228, 229, 230, 231, 232, 233, 235, 236; zu den Schreiberhänden s. Kap. 4.2., Gruppe–188 sowie Anhang B, Abb. 1, 6 u. 7. – Lose Beilagen: vier Lesezeichen, die aus zwei Drucken herausgeschnitten wurden: 1) Hermannus Paulus Juch/Johann Gotthard Römer: De Respiratione eijusque effectibus in corpore humano. Hering 1739, 2) Joanne Danie[...] Spoe[...] De G[...].

Wasserzeichen: *A*, wohl aus einer PM in Arnstadt/Thüringen (vorwiegend aus der ersten Hälfte des 18. Jh.), s. WASSERZEICHENINFORMATIONSSYSTEM: DE4815-DNB-L-WZ-0000440 o. DE4815-DNB-L-WZ-0000449-wm1, u. die Gegenmarke *M*, s. WASSERZEICHENINFORMATIONSSYSTEM: DE0945-Bach243_1a o. DE0945–285Benda_6r, online (23.05.2018), dieses WZ ist mitunter leicht variierend auch in den Mss. 189, 191, 193, 194, 195, 196, 197, 200, 201, 207, 212, 213, 214, 215, 216, 217, 218, 219, 220, 221, 223, 224, 226, 227, 228, 229, 231, 232, 233, 235 u. 236 enthalten, s. hierzu auch, Kap. 4.3, Arnstadtgruppe.

Illustrationen: Kolorierte Federzeichnungen: Figuren, arkane Inschriften. Unter den Figuren sind Passagen in einer unidentifizierbaren Schrift notiert. Sie wirkt, als sei sie durch die Arbeiten Athanasius Kirchers ‚inspiriert', s. KIRCHER, Turris Babel (1679), S. 157. Diese Arkanschrift ist in ähnlicher Gestaltung auch in den folgenden Handschriften enthalten: Mss. 189, 197, 200, 201, 207, 215, 222, 223 und 231, s. auch Anhang B, Abb. 1 u. 2. Auf das Titelblatt (=IIIr) wurde die ausgeschnittene Figur eines Magiers [?] aus einem Druck geklebt.

Einband: moderner Pappband mit Buntpapier (Schneckenmarmorpapier, s. GRÜNEBAUM (1982), S. 130–131).

Geschichte: Einbandrücken: Signaturkleber *Mscrpt CLXXXVIII.* – Ü-LSB, Kunzer [1894], Ms. 188.

Literatur: KRISTELLER, Iter Italicum 3 (1983), S. 725a.

(IIIr–S. 157): [Johann Philipp Eberhard]: »Azaharasch«, zwei Teile, mit Illustrationen.

(IIIr–S. 27): *AZAHARASCH Erschder Theill, Welches handelt von den Großen Elixier, der alten Egiebtier in Hiroglivischen Fieguren: über setzet und erkleret: von MAGISTRI EHER HARTUS odinis s*[anc]*ti Pennedictui Patris Walchenrith anno 1496*; zwölf Kapitel.

(S. 1–2): Vorrede *IN NOMINE PATRIS et FILIUS et SPIRITUS SANCTUS* Incipit: *Nach dem mir diße gegenwerdiges Chimische*[s] *uhraldes Manuskript in die hende kome*[n] [...]; (S. 2): Inhaltsverzeichnis; (S. 3): *die 1 Figur handelt, Von der Maderia worauß diße himlische kleinoth bereidet wirt.* Incipit Haupttext: *Hir in diese*[m] *Caput zeiget und lehredt der audor* [...].

(S. 31–157): *AZAHARASCH* [zweiter Teil]; 44 Kapitel in sieben Büchern.

(S. 32–34): erste Vorrede und Inhaltsverzeichnis; (S. 32): [arkane Schrift] *welches auff teitsch also heysett:* Incipit: *Azaharasch Tubal alß ein Besitzer Athebaphilhos der wise*[n]*schafft* [...]; (S. 35): zweite Vorrede *Pader Eber Hartus Ein bruder und Nafolger des heyligen Benedicti,* Incipit: *fange an* [...] *Zu er kleren dei 7 Seillen des großen Meysters Azaharasch* [...] *anno domini 1496 Walckenrith*; (S. 36): *Daß 1. Bichlein handelt von den* <Salz>*Nidro und allen Mineralischen* <Sal>*zen Das 1. Caputh:* Incipit Haupttext: *Der audor fihret unß alhir gleich in anfang zu* [...]; (S. 152): *Daß 7. Bichlein handelt, von den Vegetabilischen Reich, Das 1. Caputh: Von der animalische*[n] *komet der audor mit wehnigen worten zu der Vegetabilischen* [..].

Eine mögliche PÜ des zweiten Teils in Hamburg, SUB: Cod. Alchim. 619, hier Johann Philipp Eberhard als Übersetzer sowie das Jahr 1496.

Zu Walkenried (auch in Ms. 193 erwähnt), einem Zisterzienserkloster [!] s. HEUTGER (1977). – Zu Walkenried als vermeintlicher Wirkungsort des Basilius Valentinus s. SCHMIEDER (2005 [1832]), S. 190–191 u. 212. – Zu Tubal s. GÖRG, in: Neues Bibel-Lexikon 3 (2001), Sp. 927.

Ms. 189

Alchemische Sammelhandschrift, enthält u.a.: Ps.-Pabias: »Vom Feuer und vom Licht der Wundergeister in der Natur«

18. Jh. (1. Hälfte) ▪ 261 Bl. ▪ 35,8 x 22 cm ▪ Illustrationen

Datierung nach der Schrift und Datierungen in anderen Handschriften von gleicher Hand (s. Ms. 188). – Die zeitgenössische Paginierung beginnt nach (Iv) bis S. 520. – Eine Haupthand (wie in Ms. 188, s. dort); Paginierung u. Bemerkung auf dem Titelblatt von einer zweiten Hand (wie zweite Hand in Ms. 188, s. dort), gelegentliche Marginalien von der Haupthand.

Wasserzeichen: *A* u. *M*, wie in Ms. 188, s. dort.
Illustrationen: Federzeichnungen, stellenweise koloriert z.B. Autorenporträts von Pabias u. Zoroaster, Figuren u. Tabellen, arkane Inschriften, wie in Ms. 188, s. dort; unter dem Titelbild (Iv) der Vers: *PAPIAS MEIN NAME IST/EIN SCHIELER DES PISCHOFS JOHANN EVANGELIST/WELCHER MIR TEM WECH ZUM LICHT GEZEIGT/UND TURC DAS CHREITZ VON DER FINSTERNUS PEFREIT.*

Einband: restaurierter Pappeinband, der Rücken ist vom Originaleinband.
Geschichte: Rücken: altes Titelschild mit den alten Signaturen *93*, *94*, *95*, *96* u. den Autorenangaben *PAPIAS*, *IA*[MPLI]*CH*, *MI*[CIRI]*NI*, *ZOROASTE*[R], darüber ein altes Signaturschild *9* darunter Signatur *Mscrpt CLXXXIX 189*. – (Ir): alte Signaturen *N11* u. *5077*. – (S. 1): die Bemerkung *Vide Martin Möller Praxis Evangelica* = Martin Moller: Praxis Evangeliorum. Einfeltige erklärung und nützliche betrachtung der Evangelien [...]. Vierdter Theyl. Görlitz 1603, zu Moller (1547–1606) s. STUPPERICH, in: NDB 18 (1997), S. 1, sowie ein Kaufvermerk *Costet 130 th*[a]*l*[er] u. eine weitere alte Signatur *53* – (S. 17): eingeklebte Titelnotiz von späterer Hand *Papias von* <Feuer> *et Licht*. – (S. 436): die Unterschrift unter dem Titelbild wurde zum Teil mit einem leeren Stück Papier zugeklebt, lesbar nur noch *AUGURAPH*. – Ü-LSB, Kunzer [1894], Ms. 188.
Literatur: KRISTELLER, Iter Italicum 3 (1983), S. 725a.

(S. 1–202): [Ps.-Papias]: »Vom Feuer und Licht der Wundergeister in der Natur«, 32 Kapitel in zwei Büchern.

> (S. 1): *PABIAS VON* <FEUER> *VON LICHT DER WUNDER GEISTER IN DER NATUR VON MAGISDER TEGENHART AUS DEM GRICHISCHE IN DAS TEIDSCHE ÜPERSETZET*. (S. 5–14): Vorrede, *IN NOMINE PATRIS ET FILIUS ET SPIRITUS SANCTUS* Incipit: *Meine liebe*[n] *Brütter und Nachfolger dieses himmelische*[n] *geheimnusse*[s], *du solt wissen* [...]; (S. 15–19): Inhaltsverzeichnis; (S. 20): *Das 1. Cap*[itel] *hantelt von dennen Ma*[teri]*a vorauß die große Meticin und lichter Erdhen bereidet wurt*, Incipit Haupttext: *Es hatt der allweiße schöpffer himmelß und der Erden dem menschen* [...]; (S. 111): *Das 2. Buch handelt von dem* <Satu>*rni der philosophi wo der selbige gefunden wirt und ist deßen 2erley* [...].
>
> Der Name Degenhard/t (mögliche PÜ?) taucht ebenfalls auf in New Haven, YUL: Ms. 50 (Magister Degenhardius), in Kassel, ULB: 4° Ms. Chem. 31 (M. Degenhart) u. in Hamburg, SUB: Cod. Alchim. 570 (Johannes Franciscus Degenhard).
>
> Eventuell handelt es sich um eine Zuschreibung zu Papias von Hierapolis (2. Jh. n. Chr.), zu ihm s. KÖRTNER, in: TRE 25 (1995), S. 641–644.

(S. 204–389): [Ps.–Iamblichos]: »Die Geheimnisse der ägyptischen Könige«, 12 Tabellen in zwei Büchern, mit Illustrationen. Enthält jeweils zweimal Erläuterungen zu Tabellen der Könige Xaphor (S. 223/S. 321), Suusfort (S. 247/S. 333), Xogar (S. 259/S. 345), Xaphalot (S. 269/S. 363), Julaton (S. 373) und Elemon/Xamon (S. 293/S. 380).

> (S. 205): *JAMPLICHI RAPPI TIE GEHEIMNUS DE EIIGIPTISCHEN KÖNIGE IN ARAPISCHEN SPRASCHE VON TOMAS AQUINAS IN DAS LADEINISCHE ÜPERETZTET VON TRITHEMIO IN DAS TEIDSCHE ÜPERSETZET*. (S. 207–222) Vorrede: *I.N.P.E.F.E.S.S.*, Incipit: *Nachdem ich gefunden daß dieses die richtigste über setzunge ist der Eigiptischen großen Könige und*

Magus ihrer geheimen schrifften [...]; (S. 223): *Die 1. Tappell des Königs Xaphor* [arkane Schriftzeichen] (S. 224): *Diese ist nun also zu verstehen* [...], Incipit Haupttext: *es ist nur ein Geist in der Nadur* [...]; (S. 321): *Das 2. Buch, Die 1te Tappell des Weißen Könichs XAPHOR* [...].

Keine Übereinstimmung mit Iamblichus: De mysteriis aegyptiorum, chaldaeorum, assyriorum [...]. Venedig 1497, oder mit Gustav Parthey: Jamblichi, De mysteriis liber. Berlin 1857. – Hamburg, SUB: Cod. Alchim. 622 erwähnt ebenfalls die Übersetzungsarbeit des Trithemius bei einem Text des Jamblichos.

Zu Iamblichos (*240–325+) s. BRISSON, in: PAULY 5 (1998), Sp. 848–852. – Zu Thomas von Aquin (1225–1274) und den ihm zugeschriebenen Texten s. FERGUSON 2 (1954 [1906]), S. 446–448, NEWMAN, in: Priesner/Figala (1998), S. 359f. sowie RUH/SCHMIDTKE, ^{2}VL 9 (1995), Sp. 813–838. – Zu Trithemius von Sponheim (1462–1516) und Ps.-Trithemiana s. ARNOLD (1991), besonders S. 260, NEWMAN, in: Priesner/Figala (1998), S. 362 sowie ARNOLD, in: ^{2}Killy 11 (2011), S. 602f. – Zur Verquickung des Verfassers Trithemius mit anderen Autoren s. PEUCKERT, Pansophie (1956 [1936]), S. 70–78. – Vgl. auch Kap. 7.1.

(S. 393–430): Micirinus: »Goldene Quelle im Licht der Natur«, acht Kapitel.

(S. 393): *MICIRINI RABI GÜLTENE QUELL IM LICHTE TER NATUR AUS DEM ARRAPISCHEN IN TAS LATEISCHE ÜPERSETZET VON ALPERTO MANGNO, VON MAGISTER TEGENHARTEN IN DAS TEITSCHE IPESETZET.* (S. 394–398): Vorrede, Incipit: *Wen wir bedrachten wie das licht der natur sich im Ein*[en] *dinge mehr als in dem andern* [...]; (S. 399–400): Inhaltsverzeichnis; (S. 400): *Daß 1. Cap*[itel] *hantelt wie man Ma*[teri]*a erkennen sol*[l] *zu unser Metizin.* Incipit Haupttext: *Diese Ma*[teri]*a ist ein nichts andershals der Stein Putz mit* [...].

Zu Albertus Magnus und Pseudoepigraphica s. Ms. 182. – Zu Magister Degenhart s. o.

(S. 436–520): [Ps.-Zoroaster?]: »Augurapory«, ein dritter Teil, 17 Sätze.

(S. 436): *ZOROASTER AUGURAPHORI 3. THEIL SOTAHANTELT VON DEM SIESEN* <FEUER> *ÜPERSETZET VON ALPERTO MANGNO AUS DEM ARAPISCHEN IN DAS DEUTSCHE ANNO DOMINI 1283.* (S. 439–442): Vorrede: [arkane Schriftzeichen] *Acajachzar Almer Almasall*, Incipit: *Also mache ich hir dem anfang von unserm honigsießen* <feuer> *und lebe*[n] *der gantzen Natur* [...]; (S. 443): *Der 1. Satz, wie ich das licht undem sisen* <feuer> *geschiten kheiner der* <wasser> [?]: Incipit Haupttext: *Nach dem ich in der wüsten in bedrachtunge derre hohe*[n] *tinge Zu gebracht so* [...].

Das Buch Augurapory wird mit einer kurzen Inhaltsangabe bei NICOLAI, Das Merkwürdigste aus der Geschichte der Medicin (1808), S. 216–224 erwähnt. – S. auch Ms. 209 (darin Teile 1 u. 2?).

Zu Zoroaster (u.a. auch als wichtige Figur in iranischen Religionen) u. der Verfasserproblematik s. FERGUSON 2 (1954 [1906]), S. 570f. u. LANCZKOWSKI, in: TRE 16 (1987), S. 247–258, besonders Absatz 2. – Zu Albertus Magnus s.o.

Ms. 190

Johannes Franziskus Degenhart: »De via quintae essentiae et particularis«

18. Jh. (2. Hälfte) ▪ 99 Bl. ▪ 35 x 21,5 cm ▪ Illustration

Datierung nach den WZ (s.u.) u. der Schrift. – Die zeitgenössische Paginierung beginnt nach (IIIv), bis (S. 190). – Eine Haupthand; die Bildunterschrift des Autorenporträts wie die Hand in Ms. 159, Duktus a, s. dort; Marginalien in der Texthand, gelegentlich Farbmarkierungen u. Unterstreichungen in Bleistift; Kapitelüberschriften in Kanzleischrift.

Wasserzeichen: a) *C&IHOИIG*, im WASSERZEICHENINFORMATIONSSYSTEM, online (23.05.2018) mehrere Belege für das 18. u. 19. Jh., allerdings nicht wie in der vorliegenden Handschrift mit einem seitenverkehrten *N*; wohl aus einer PM in Zaandijk (Noord-Holland), s. VOORN, S. 115–141, ähnliche WZ auch in Ms. 251, 262 u. 274; zu weiteren WZ dieser Region s. Ms. 179; b) *GCK*, so nicht nachgewiesen; c) *HALLE* u. Gegenmarke (gekrönter Adler mit zentralem *RW*), wie WZ a) in Ms. 174, s. dort.
Illustrationen: kolorierte Federzeichnung, auf (2v) Autorenporträt auf anderem Papier, Bildunterschrift: *Ordinis St. Augustini Magister Ioh. Franciscus Degenhart Pater Prior.* Vers: *Si fixum solvas facias solutum/Et volverem figas faciam te vivere.*
Einband: fleckiger Kartonband.
Geschichte: vorderer Spiegel: Besitzvermerk *v*[on] *Sonnenthal*, zu diesem s. Ms. 156; Reste eines alten blauen Signaturklebers u. *CLXXXX*. – (Ir): *Alchimie.* – (IIIr): alte Signatur *52* u. Blindprägestempel mit dem Wappen Sonnenthals, s. SIEBMACHER 23 (1982), Tafel 127, zu Sonnenthals Wappen s. Anhang B, Abb. 10 – Die Marginalien erwähnen u.a. *Pater Vincedti* (S. 88), *Pater Nicolai* (S. 90), *Pater Schwartz* (S. 93), einen *Graf Reiß in Küstriz* (S. 118) u. die Arbeit *des verstorbenen Penebuch* (S. 107). – (S. 190): Schreibervermerk aus Vorlage (?), s. u. – (99v): *5077.* – Hinterer Spiegel: Notizen von späterer Hand, u.a. *Philos*[ophische] *Jungfrau*[en] *Milch pag. 97.* – Ü-LSB, Kunzer [1894], Ms. 190.
Literatur: KRISTELLER, Iter Italicum 3 (1983), S. 725a.

(IIIr–S. 190): Johannes Franziskus Degenhart: »De via quintae essentiae et particularis[?]«, 144 Kapitel in zwei Büchern.

> (IIIr): *Magister Johannes Franciscus Degenhart Ordinis S*[anc]*t*[i] *Augustini Patris Prioris de Via Quint*[am] *Essentiam et Particularem* [!]: *Große Concortantz.* (S. 1–73): *Das erste Buch*, (S. 1–4): Vorrede, Incipit: *Es hat zu denen Zeiten Hermetis Trismegisti diese unsere große Wissenschaft floriert, wie dem Democritus solche mit aus Egypten nach Griechenland gebracht* [...]; (S. 4): *Cap*[itel] *1: Der geheime*

Schlüssel unserer Kunst: Incipit Haupttext: *Nimm eine gediegene Minera* <Vitrio>*li wie man dieselbige in Ungarn und anderen Orten im Ueberfluß finden kann* [...]; (S. 75): *Das andere Buch*, (S. 75–76): Vorrede: *Mein Freund, ich habe dir die Geheimniße* <Gold> *und* <Silber> *zu machen, mit allen Umständen wie ich solches in meinem Laboratorio* [...]; (S. 77): *Caput 1: Die fixe R*[ezeptur] *der Sonnen, welche ad* <Silber> *die allerbeste ist: Nimm von einem reinen* <Gold> *und* <Quecksilber> [...]; (S. 190): *Dieses ist nun, was ich in 50 Jahren durch die Gnade Gottes zusammen getragen, und mit vieler Mühe hin und wieder gearbeitet habe, in dem hier in unserm Kloster die vornehmsten Wissenschaftler aus allen geheimen Schriften der Egyptier und anderen Völker mit von Rom durch unsere Magisters seye mitgebracht worden, dieses alles ist derohalben von mir mit Fleiß mit allen Handschriften beschrieben worden, und also hier im Kloster zurückgelegt. Erfurt den 13 Oktober anno 1496, Johann Francisci Degenhart.*

Laut (S. 190) angeblich die Abschrift Erfurter Handschriften. – Hinweise auf mögliche PÜ finden sich in ALA (1797), Nr. 37, Sp. 395, Nr. 4 u. ALA (1798), Nr. 30, Sp. 307, Nr. 14 (zu diesen Angeboten s. weiter Ms. 164). – Weitere mögliche PÜ s. Ms. 189.

Zu Johannes Franziskus Degenhart s. Ms. 189.

Ms. 191

Nikolai Mirantulanus: u.a. »De lapide philosophorum«, dt.

18. Jh. (1. Hälfte) ▪ 103 Bl. ▪ 33,5 x 20 cm ▪ Illustration

Datierung nach der Schrift u. Datierungen in anderen Handschriften von gleicher Hand (s. Ms. 188). – Die zeitgenössische Paginierung setzt nach (IIIr) ein, bis S. 190; die Kapitelnummer 7 wurde nicht vergeben. – Eine Haupthand (wie Haupthand in Ms. 188, s. dort), von einer zweiten Hand (wie zweite Hand in Ms. 188, s. dort) die Paginierung; einige Unterstreichungen mit Bleistift u. grüner Farbe. – Rotschnitt.

Wasserzeichen: *A* u. *M*, wie in Ms. 188, s. dort.
Illustrationen: Schema als Federzeichnung, darunter *NICOLAI MIRANDULANUS GRAF.*
Einband: Halblederband, wie bei Ms. 158, s. dort; nur noch der Lederrücken ist erhalten
Geschichte: Rücken: *Mscrpt. CLXXXXI.* – (Ir): *Mscrpt CLXXXXI.* – (IIr): alte Signaturen *No 114*, ***49, 114* u. *MIRANDULANUS Graffe (5.)* – (S. 2): alte Signaturen *56* u. *N 72.* – Ü-LSB, Kunzer [1894], Ms. 191.
Literatur: KRISTELLER, Iter Italicum 3 (1983), S. 725a.

(S. 1–167): Nikolai Mirantulanus: »De lapide philosophorum«, 17 Kapitel, dt.

> (S. 1–167): *NICOLAI MIRANTULANUS DE LAPIDE PHILOSOPHORUM FRANSICANER MONACHI PARFISER ORTINIS ANNI 1496.* (S. 4–11): Vorrede, *Ad MAGOREM dei gloriam.* Incipit: *Wen*[n] *wir bedrahten den geistlichen leib deß ürtischen* <Feu>*ers und seine nadurliches wese*[n] [...]; (S. 12): *Das 1. Cap*[itel] *wirt handeln von der all gemeine* <Er>*ten wie auß der selbigen also die höchste Meticin bereitet wird.* Incipit Haupttext: *Sowir wolle*[n] *erforschen die natur so mißen wir den anfang machen mider Erden* [...].

(S. 167–190): Nikolai Mirantulanus: Eine *Historia.*

> (S. 167): Incipit: *Ich muß auch hir dir mein lieber Nachfolger Eine Historia Erzehlen wie Es mir Einstens mahl ergange*[n] *ist* [...].

Ms. 192

»Clavis Artis des berühmten Juden und Rabbi Zoroaster«

18. Jh. ▪ 5 Bl. ▪ 35 x 21,4 cm ▪ Illustration

Datierung nach der Schrift. – Die nachträgliche Foliierung beginnt mit (Bl. 1). – Eine Haupthand (wie in Ms. 187, s. dort).

Wasserzeichen: a) *HALLE*; b) Krone mit Palmwedel; a u. b wie in Ms. 174, s. dort; c) Nelke, wie in Ms. 186, s. dort; d) *AK*, nicht nachgewiesen.
Illustration: kolorierte Federzeichnung: Figur.
Einband: Papierband.
Geschichte: (1r): auf dem Papier u. auf einem Kleber *Mscrpt CLXXXXII.* – (1v): Reste eines alten, blauen Signaturzettels. – Ü-LSB, Kunzer [1894], Ms. 192.

(1r–5r): [»Clavis Artis des berühmten Juden und Rabbi Zoroaster«], Exzerpte.

> (1r): *Ein Stück aus des großen Weltweißen Zoroasters Chymico Magico Cabalistico Aus dem Arabischen übersetzt*; (3r): *Ein Stück aus des* [...], *Dieses handelt nun von dem Alatach und dessen geheime Alazachi. Hier führet uns unser alter Abua auf das Alatacha und lehret mit wenigen Worten* [...], Incipit: *Nimm Alatacha, mache zu Staub in der Iuremutmae* [...].
>
> Möglicherweise Abschrift/Exzerpte aus: Clavis Artis Des berühmten Juden und Rabbi Zoroasters: wie solcher 1996 Von Anfang der Welt in Arabischer Sprache aufgesetzt [...]. Jena 1738. – Hinweise auf mögliche handschriftliche PÜ in: ALA (1797), Nr. 37, Sp. 395, Nr. 9 u. ALA (1798), Nr. 30, Sp. 306, Nr. 7 (zu diesen Angeboten s. Ms. 164). – s. auch Ms. 247.
>
> Zu Zoroaster s. Ms. 189.

Ms. 193

Johann Macarius: »Diarium 1479 bis 1490«, dt.

18. Jh. (1. Hälfte) ▪ 131 Bl. ▪ 35,7 x 16,7 cm

Datierung nach der Schrift u. Datierungen in anderen Handschriften von gleicher Hand (s. Ms. 188). – Die zeitgenössiche Paginierung setzt nach (IIv) ein, bis (S. 258); zwischen (S. 252) u. (S. 255) fehlt ein Blatt: Textverlust. – Eine Haupthand, wie Haupthand in Ms. 188, s. dort; von zweiter Hand, wie zweite Hand in Ms. 188, s. dort, auf (S. 255–258) ein Nachtrag sowie Paginierung u. Seitenverweise; Marginalien von Haupthand u. zweiter Hand; Lesezeichenzettel aus anderen Handschriften; grüne Unterstreichungen. – Eine lose Beilage (17 x 8,5): *Unden heil*[igen] *Vincentio ist Zulaste*[n] *Luth. Geneh. P. II p. m. 2927 § 203* [...].

Wasserzeichen: *A* u. *M*, wie in Ms. 188, s. dort.
Einband: moderner schwarzer Kunstlederband.
Geschichte: Rücken: *Mscrpt CLXXXXIII 193.* – (IIr): *Mscrpt CLXXXXIII.* – Ü-LSB, Kunzer [1894], Ms. 193.

(IIr–S. 252): [Johann] Macarius: »Diarium 1479–1488«, dt.

(IIr): *DIARIUM VON JAHR 1479 BIS 1488 WAS MIR IN DENEN GEHEIMEN ARBEITEN IST BEGEGNET MACARIUS FRADER S*[ANC]*T*[I] *BENEDICTINER ORDINIS IN X JAHREN.* (S. 1): *Der herr sey bey dem anfang und auch bey dem ende.* Incipit: *Nachdem ich Mir Macarius vorgenommen alles auffzuschreibe*[n] *was ich under der handt Meines lehr meisters under Frader Matathanio gearbeidet so mache ich hier den anfang also im Jahr 1479 dem 10. Mardio* [...].

Carl Kiesewetter (s. auch Ms. 178) war im Besitz einer gleichnamigen Handschrift, s. München, BSB: Kiesewetteriana 0, Nr. 21a.

Die Figur des Johann Macarius ist historisch schwer greifbar. SCHMIEDER (2005 [1832]), S. 190f. u. S. 212, kennt ihn als einen Schüler des Basilius Valentinus (s. Ms. 165). Kiesewetter nennt einen Johann Macarius als Übersetzer pseudoepigraphischer pythagoreischer Schriften, ohne ihn genauer zu identifizieren, s. KIESEWETTER, Geheimwissenschaften (2005 [1895]), S. 39. In Kassel erwähnt Handschrift 4°chem. 30 auf (1r) ebenfalls ein Johannes Macarius (s. BROSZINSKI, Manuscripta chemica (2011), S. 592) u. in Karlsruhe, BLB: Hs. Bernus 98 wird ein „Joannes Macarius Monachus Benedictini Ordinis" als Übersetzer angeführt (s. STÖCKINGER/TELLE (1997), S. 312); s. auch Kap. 7.1. – Zu Madathanus s. FERGUSON 2 (1954 [1906]), S. 61.

(S. 255–258): Nachtrag, die Jahre 1489 u. 1490.

(S. 255): Eine Art Vorrede, Incipit: *von dem Closter Walckenrieth hier nacher Creutsburg kom*[m]*en und Euren Freund angetroffen, welcher mir treulich in mei-*

nem Alter die Handt geboten [...], erwähnt werden Arbeiten des Schreibers, u.a. (S. 255): *was ich in Meinem Büchlein Per Viam saxi et* <Ign>*is schone vormahlen mit Meine*[m] *lieben Lehrmeister gearbeitet hatte, wie ich dann solches 1470 geschrieben wie auch den Hacklier a*[nn]*o 1480 mit großen Vergnügen als des IVten Theils der Kern aller Schriften des heiligen Vincentii aus den Spanischen in das Teütsche also übersetzet* [...], *Anno 1489*, (S. 255): Incipit: *Arbeitete ich in den Metallen, und mußte deren* <Vitriol> [...].

Kiesewetter (s. auch Ms. 178) war in Besitz einer Handschrift »Via per saxa et ignem«, s. München, BSB: Kiesewetteriana 0, Nr. 21c.

Zum Kloster Walkenried, s. Ms. 188. – Zum Kloster Kreuzburg s. GROTE (1881), S. 284, der vier Klöster dieses Namens aufführt. Aufgrund der Nähe zu Walkenried könnte das Benediktinerkloster an der Werra bei Eisenach/Sachsen am ehesten das hier gemeinte Kloster sein. Zu diesem u. seinem dürftigen Quellenbestand s. HENNING, Creuzburg/Werra (2012). – In den Handschriften Mss. 216, 217, 223, 226, 229 u. 233 wird zudem ein Kloster Kreuzburg aus nicht nachvollziehbaren Gründen Abt Johannes Trithemius (s. Ms. 189) zugeordnet. Ev. handelt es sich um eine Verwechslung mit Würzburg, wo Trithemius später Abt war. – Zu Hacklier s. Ms. 197. – Zu den diversen heiligen Vincentii s. STADLER/HEIM/GINAL 5 (1882), S. 709–716. Einc abschließende Identifizierung ist an dieser Stelle nicht möglich. Als vorgeschobener Gewährsmann kann aufgrund des Vermerks einer Übersetzung aus dem Spanischen der spanische Dominikaner, Inquisitor und Prediger zur Apokalypse Vincenz Ferrer (~1350–1419) in Frage kommen, s. HONEMANN, in: [2]VL 2 (1980), Sp. 726f. u. FEIGE, in: LexMA 4 (1989), Sp. 895–897. Nicht auszuschließen ist aber, dass der Dominikaner Vinzenz von Beauvais (vor 1200–1264) als Referenz vorgeschoben wurde, der u.a. aufgrund seines *Speculum naturale* als Autorität im Bereich der Naturkunde galt, s. DÜCHTING/HÜNEMÖRDER, in LexMA 8 (1997), Sp. 1705f. – Vgl. auch Kap. 7.1.

Mss. 194–196

Johann Macarius: »Introitus ad portam coeli sapientiae«, Teile 1–3, dt.

Teil 1 (Ms. 194): 18. Jh. (1. Hälfte) ▪ 187 Bl. ▪ 35 x 22,2 cm ▪ Illustrationen

Datierung nach der Schrift und Datierungen in anderen Handschriften von gleicher Hand (s. Ms. 188). – Die zeitgenössische Paginierung beginnt nach (IIIv) bis (S. 350), danach bis (S. 359) nachträglich; zwischen (S. 70) u. (S. 71) ein ungezähltes Blatt. – Eine Haupthand, wie Haupthand in Ms. 188, s. dort; teilweise Paginierung u. Bemerkungen von zweiter Hand, wie zweite Hand in Ms. 188, s. dort; weiter Bemerkungen von einer dritten Hand, diese auch in den Mss. 196, 198, 200, 201, 206, 207, 212, 213, 214, 217, 218, 221, 223, 224, 228, 230, 231, 233, s. hierzu Kap. 4.2.,

Gruppe–188; im vierten Buch rubrizierte Abschnitte; An- und Unterstreichungen in Bleistift sowie grüner u. roter Farbe.

Wasserzeichen: *A* u. *M*, wie in Ms. 188, s. dort.
Illustrationen: Federzeichnungen, stellenweise koloriert: Figuren u. praktische Darstellungen.
Einband: Pappband (in Schutzpapier nachträglich eingeschlagen), auf dem Hinterdeckel ein roter Fleck.
Geschichte: Vorderdeckel: in einem gekrönten Herz der Titel *Introitus ad Porta Coelum Macaru*[s] *1ter Theil. Der kern und Saft aller Philosophischen arbeiden*, Kaufvermerk: *Kostet 116 Th*[a]*l*[er] sowie alte Signatur *(21)*. – Rücken: *MACARI Monachi Handbuch genant Introitus ad Porta Coelum Sapientii*, ein alter Signaturkleber *17* u. *Mscrpt CLXXXXIV*. – Vorderer Spiegel: *Mscrpt CLXXXXIV* sowie durchscheinend ein unleserlicher Text. – (Ir): *5077* – (IIIr): (Kauf-)vermerke: *Frader Andreas Doctor auß dem Ladeinischen in daß Deitsche übersetzet 1733*, u. *Vür dieses Buch habe 116 th*[a]*l*[er] *bahres gelt gegebe*[n] *und halte solches höcher den alle Meine Schrifte*[n] *Nebest der geheim*[en] *Perl des T. Aquinas*. – (S. 357) Notiz von weiterer Hand *87 ½. 21–10 ½*. – Ü-LSB, Kunzer [1894], Ms. 194.
Literatur: KRISTELLER, Iter Italicum 3 (1983), S. 725a.

(IIIv–S. 350): [Johann] Macarius: »Introitus ad portam coeli sapientiae«, erster Teil, 64 Kapitel in vier Büchern.

> (IIIv): *INTROITUS AT PORTA* [!] *CÖLUM SAPIENDIE PHILOSOPHIE MACARI*[i] *MONACHI ORTINIS PENETICDI SOTAHANTELT VON DEM VIDRIOLLUM DER WEISEN UND ALEN GEHEIMEN ARPEITEN TARAUS ANNO DOMINI MIVLXXXV* [wohl: 1485]. (S. 1–4) *VORRETE*, Incipit: *Mein freundt du solt wiße*[n] *daß ich dir hir werde ein buch hinder laße*[n] *in welche*[m] *ich anfangeß allein handeln werde vo*[n] *dem geheime*[n] <Vitriol> *der weißen Meister* [...]; (S. 5) *Das Erschte Cap*[itel] *Welches handelt von dem* <Vitriol> *der Weißen woraus Mann also sehen kan was sich die alten wan sie von deßen bereidunge wie auch wider Zerlegung war verborgene Rethensarthen gebraucht*. Incipit Haupttext: *Mein freundt wan die alte*[n] *Philosophie von dem geheime*[n] <Vitriolo> *gehredet* [...]; (S. 328) *Das 4. Buch handelt von dennen geheimmen wegen der alten*; (S. 331) *Das 1. Cap*[itel] *Handelt von dem großen geheimnus der alten in Truckenen wege. Mein freint Du solt wießen und verstendiget sein wie die alten* [...].

(S. 351–359): Index.

Teil 2 (Ms. 195): 18. Jh. (1. Hälfte) ▪ 182 Bl. ▪ 34,8 x 22 cm ▪ Illustrationen

Datierung nach der Schrift und Datierungen in anderen Handschriften von gleicher Hand, s. Ms. 188. – Die zeitgenössische Paginierung beginnt nach (IIIv) bis (S. 337), danach nachträglich bis (S. 344), nach (S. 57) wurden die Seitenzahlen 51–56 ein zweites Mal vergeben, die Seitenzahl 79 wurde zwei Mal vergeben, die Seitenzahlen 191, 233 u. 311 wurden übersprungen, zwischen S. 199 u. 200 wurden die Seiten eines Blattes nicht gezählt; im ersten Teil (S. 1–157) wurde die Kapitelnummer 14 zweimal vergeben. – Eine Haupthand (wie Haupthand in Ms. 188, s. dort), Bemerkungen u. Verweise von einer zweiten Hand (wie zweite Hand in Ms. 188, s. dort); Unterstreichungen in grün u. lila.

Wasserzeichen: *A* u. *M*, wie in Ms. 188, s. dort.
Illustrationen: Federzeichnungen: Figuren u. praktische Darstellungen.
Einband: Pappband (nachträglich in Schutzpapier eingeschlagen), auf dem Vorder- u. Hinterdeckel ist der Einzug verstärkender Lederbünde sichtbar, auf dem Vorderdeckel Wasserflecken.
Geschichte: Vorderdeckel: alte Signatur *(22)* u. Kurztitel in besterntem Herz *2. Theil item Rechder Schlißel*. – Rücken: alter Signaturkleber *18*, darunter *Mscrpt CLXXXXV 195*. – Vorderer Spiegel: *Mscrpt CLXXXXV*. – (IIIr): Kaufvermerk: *Coste*[n] *120 Th*[a]*l*[er] *zu samen*[n.] – Ü-LSB, Kunzer [1894], Ms. 195.
Literatur: KRISTELLER, Iter Italicum 3 (1983), S. 725a.

(IIIr–S. 338) Johann Macarius: »Introitus ad portam coeli sapientae, Teil 2«, 44 Kapitel in drei Büchern.

> (IIIr): *INTROITUS AT PORTA* [!] *COELUM SAPIENTE, II. THEIL JOHANN MACARI*[i] *MONACHI ORDINIS PENEDICTI*. (S. 1–6): Vorrede *TETRAGRAMATON DEUS deorum deus*. Incipit: *Ihr Meine liebe*[n] *freundte Euch zu Liebe habe ich aber Mahl*[s] *dieses buch geschrieben* [...]; (S. 7) *Das 1. Cap*[itel] *handelt sich gleich im anfang von dem universal* <Salz> *dem Nitro. Inomine Patris et filius et Spiritus Sanctus Amen*, Incipit Haupttext: *in dise*[n] *Nahme*[n] *fangeich an meine arbeide*[n] *so ich hir in die ordnunge bringe* [...]; (S. 266) *Das 3. Buch handelt von dem geheimen* <Vitriol> *der weißen* [...].

(S. 339–344): Index.

Teil 3 (Ms. 196): 18. Jh. (1. Hälfte) ▪ 114 Bl. ▪ 34,5 x 22 cm ▪ Illustrationen

Datierung nach der Schrift u. Datierungen in anderen Handschriften von gleicher Hand, s. Ms. 188. – Die zeitgenössische Paginierung beginnt nach (IIIv) bis (S. 214), (S. 143) wurde zwei Mal vergeben. – Eine Haupthand, wie Haupthand in Ms. 188, s. dort; Marginalien u. Korrekturen von der Haupthand, einer zweiten Hand, wie zweite Hand in Ms. 188, s. dort, u. einer dritten Hand, wie dritte Hand in Ms. 194, s. dort; Unterstreichungen in grün u. lila.

Wasserzeichen: *A* u. *M*, wie in Ms. 188, s. dort.
Illustrationen: Federzeichnungen: praktische Darstellungen.
Einband: Pappband (nachträglich in Schutzpapier eingeschlagen), auf dem Vorder- u. Hinterdeckel sind die Einzüge verstärkender Lederbünde sichtbar.
Geschichte: Vorderdeckel: in besterntem Herz der Titel *3ter Theil INTROITUS AT Porta Cöllium Sabienti*, darunter mit Bleistift *3*. – Rücken: ein alter Signaturkleber *1*[9], darunter *Mscrpt CLXXXXVI*. – Vorderer Spiegel: *Mscrpt CLXXXXVI*. – (IIIr): alte Signatur *54* u. Kaufvermerk *dieser 3. Theil Cost*[et] *120 th*[a]*l*[er]. – Ü-LSB, Kunzer [1894], Ms. 196.
Literatur: KRISTELLER, Iter Italicum 3 (1983), S. 725a.

(IIIr–S. 211): [Johann] Macarius: »Introitus ad portam coeli sapientiae, Teil 3«, 13 Kapitel in drei Teilen.

(IIIr): *INTROITUS AT PORTA* [!] *CÖLLUM SAPIENTIE 3. Theil MACARI*[i] *MONACHI ORDINIS PENEDICTI.* (S. 1–8) Vorrede: *SOLI DEO GLORIA*, Incipit: *Mein freint und Nachfolger in unser*[n] *geheime*[n] *wißenschafften: Du hast in Meinen 2 Ersthen Deillen* [...]; (S. 9) *Das 1. Cap*[itel] *handelt von dennen an fängen unsers Geheimen* <Feu>*ers.* Incipit Haupttext: *Nu*[n] *freunde fange also an in dem Nahmen des allerhöchst*[en] *zu beschreibe*[n] [...]; (S. 121) *Der 3. Theill handelt von denen geheimnußen der alden auß dem Solon seinen Tappellen. Mein freundt* [...].

Näheres zu Johann Macarius s. Ms. 193.

Ms. 197

Alchemische Sammelhandschrift, enthält u.a.: Elias Hacklier: »Lux mundi«, dt.

18. Jh. (1. Hälfte) ▪ 262 Bl. ▪ 35,4 x 21,5 cm ▪ Illustrationen

Datierung nach der Schrift u. Datierungen in anderen Handschriften von gleicher Hand (s. Ms. 188). – Zwischen weißen viele blaue Papierbögen, stellenweise Tintenfraß; die zeitgenössische Paginierung beginnt nach (IIIv) bis (S. 497), (S. 498–500) nachträglich. – Eine Haupthand (wie Haupthand in Ms. 188, s. dort), von ihr auch Marginalien u. Kaufvermerk; weitere Marginalien, Nachtrag, Paginierung, Notizen u. Seitenangaben im Inhaltsverzeichnis von zweiter Hand (wie zweite Hand in Ms. 188, s. dort). – Rotschnitt.

Wasserzeichen: a) *A* u. *M*, wie in Ms. 188, s. dort; b) vorderer Spiegel *WOLFEG*, zu ähnlichen WZ s. Ms. 165; c) ein stehender Mann mit Stab, nicht nachgewiesen.
Illustrationen: Federzeichnungen (stellenweise koloriert): Figuren (u.a. aus Abraham Eleazars Uraltem chymischen Werk, z.B. auf (IIv), zu A. Eleazar s. Ms. 204), Tabellen, Siegel, arkane Inschriften (auch in Ms. 188, s. dort) u. Zierelemente.
Einband: brauner Halblederband, wie bei Ms. 158, s. dort; mit Zierlinien u. grünen Verschlussbändern.
Geschichte: Rücken: Reste eines alten Signaturschildes, darunter *Mscrpt CLXXXXVII.* – Vorderer Spiegel: *Mscrpt CLXXXXVII.* – (IIr): *5077.* – (IIIv): ein eingeklebtes Prägesiegel *SAPIENTI SIT SAL CENTRA*, darunter Vermerk *De hoc Sigillo vide Diar*[ium] *Bas*[ilii] *Val*[entini] *Pag. m. 417 ad Notam notabilem Philosophia*[m] *item I.M.P.II.p.m.10*, darunter Kaufvermerk *Constat 650 Th*[a]*l*[er] *den 3. Januari 1741*, darunter Notiz *Dieses Buch kan ohne Speciellen Eyd nicht in andere hände gegebe*[n] *werde*[n] *welche*[s] *Zu mercke*[n] *d*[en] *4. Mai 1741 e*[st] *Memento mori.* – Ü-LSB, Kunzer [1894], Ms. 197.
Literatur: KRISTELLER, Iter Italicum 3 (1983), S. 724a.

(IIIr–S. 420): Elias Hacklier: »Lux mundi«, 49 Kapitel in fünf Büchern, mit Illustrationen.

> (IIIr): *LUX MUNDI ELIASER HACKLIER DES GROSEN CAPALISTEN* [arkane Schriftzeichen] *ARTHASCHA EIN SOHN CYRI IM IAR DER WELT MLXXX* [wohl: 1080] *WELCHER PESCHRIPEN DIE GEIMNUS DER ALTEN ALS DES MEDIANISCH PRISTERS IETHOROE SEINE ZWEI PICHER UNDER GLEICHEN GEHEIME SCHRIFDEN MEHR AUS DEN ARAPISCHEN ASIRISCHEN EWRESCHEN VON IHM IN GRIECHISCHER SPRACHE PE SRIPEN ~ VON MIR IN DAS DEITSCHE IPER SETZET JOHANN MACARI MONACHI PENEDICTIENE OTINIS ANNO MIVLXXXXV* [wohl: 1495]. (S. 1–4): *Vorrethe* [des *Hacklier ein ver stoßener Prister* (S. 4)], Incipit: *Wir finden under denne*[n] *wundern der alde*[n], *daß sie fielle geheimnuß beseßen habe*[n*] ab sonderlich wan wir* [...]; (S. 5–12): *Der InDext dieser Bücher*; (S. 12–13): Vorrede des *Macarius*, Incipit: *Nach dem ich auff meiner wallfahrt, dieses buch gefunden in Rohm, nemlich das buch lux mundi genannt* [...]; (S. 14) *Das 1. Buch deß Jethoroe handelt von dennen Göttern, welche auß den 7 Metallen Miden Astralischen geiste und selischen geiste des Men Mang Nelisch gemacht werden Nachter influenz, Hacklie*, Incipit Haupttext: *ich finde in der Historie daß dieses buch, von anfang der welt* [...]; (S. 375) *Das 5. Buch handelt von denen Geheimnißen der alten Heberer von ihren caracteern heyligen worden und iehrer bereitunge und wie die selbige solche in ihren nöthen gebraucht ihre ganze geheime Tratition und Cabala. Ich Hacklier will dir hir beschreiben* [...].
>
> Eine mögliche PÜ: Karlsruhe, BLB: Hs. Bernus 98, eine Handschrift, die u.a. einen gleichlautenden Text des Hacklier und gleichlautende Anmerkungen (wie auf IIIv) enthält. – Kiesewetter (s. weiter Ms. 178) besaß einen „Extract aus dem großen Philosophen Hacklier", vgl. München, BSB: Kiesewetteriana 0, Nr. 19.
>
> Zu Johann Macarius s. Ms. 193.

(S. 421–497): Johann Macarius: »Goldenes Kleinod«, 42 Kapitel.

> (S. 421): *Das 6te Buch: GILTENE KLEINOTH ALLER MEINER SCHRIFTEN IOHANN MACARIUS MONACHI ORTINIS Penedicti Anno MIVLXXXXV* [wohl: 1495]. (S. 421–426): *Vorrethe*, Incipit: *Mein freundt ich habe gleich im anfang meines HYDROLITHUS in der Vorrethe dies worde* [...]; (S. 426): *Im Erschten Capitel Meines Hidrolitius auß dem Thaue Regen Reuiff und Schnee die 3 principia scheiden folgt nun solche guet conjunctionem mit filler in eine*[m] *rothe*[n] *liquite übertreibe*[n], Incipit Haupttext: *So baltig dißes liquit in henden hast und solches* [...].

(S. 497–500): Nachtrag.

> (S. 497): *Hier Allaun als ein Kleiner Geheimer Appendix folgendes 43. Cap*[itel] *aus dem Tractat v*[om] *genannt*[en?] *und Homerus Von dem Geheimniß der Götter*

Übersetzt aus dem Griechische[n] *in das Spanische Von Frater Vincentio aber In das Teutsche übersetzt von Basilio Valentino Ordinis Benedicti, das 43. Cap*[itel] *also lautende*, Incipit: *Hier werde Ich dir zeigen das wahre* <ign>*em Sanctum der großen Egyptier* [...].

Ms. 198 befasst sich mit dem Hydrolithus, s. dort.

Zu Johann Macarius s. Ms. 193. – Zu Homer als Autorität der Naturkunde u. Zukunftschau, s. THORNDIKE, History 1 (1923), S. 49, 169, 245, 260, 434 u. 582. – Zu (hl.) Vincentii als Verfassern s. Ms. 193. – Zu Basilius Valentinus s. Ms. 165.

Ms. 198

Johann Macarius: »Hydrolithus sophicus sive philosophia aquarium sapientum«, dt.

18. Jh. ▪ 211 Bl. ▪ 33,8 x 20,3 cm ▪ Illustrationen

Datierung nach der Schrift. – Die zeitgenössische Paginierung beginnt nach (IVv) bis S. 329; eine Haupthand, Marginalien, Nachträge u. Seitenangaben im Inhaltsverzeichnis von zweiter Hand, wie zweite Hand in Ms. 188, s. dort; weiter Marginalien von dritter Hand, wie dritte Hand in Ms. 194, s. dort; im Inhaltsverzeichnis sind pro Eintragung zwei Seitenzahlen angegeben, als sollte eine Abgleich mit einem weiteren Werk dokumentiert werden; Überschriften in Kanzleischrift; Unterstreichungen in grün und rot. In der Machart (Titelbildgestaltung, Illustrationen) gleicht die Handschrift jenen der Gruppe–188 (s. Kap. 4.2. und 4.4.), mit der Ausnahme, dass die Haupthand hier in keiner Weise flüchtig, sondern sehr präzise u. kalligraphisch ansprechend ausfällt. – Rotschnitt.

Illustrationen: Federzeichnungen: alchemische Figuren und praktische Darstellungen; zwei nicht genauer bestimmbare Zyklen mit Phiolenfiguren (darunter Muschel mit Perle (S. 310) sowie ebd. eine Schnecke) in Buch 5 u. in Buch 8.
Einband: Holzeinband mit Buntpapier (Kleistermaserpapier, s. hierzu Ms. 169) u. zwei Metallschließen.
Geschichte: Vorderdeckel: alte Signatur *3*. – Rücken: altes Signaturschild *1*[...] u. *Mscrpt CLXXXXVIII 198*. – Vorderer Spiegel: *Mscrpt CLXXXXVIII*. – (IVr): ein alter Eintrag wurde mit Titelangaben überschrieben. – Ü-LSB, Kunzer [1894], Ms. 198.
Literatur: KRISTELLER, Iter Italicum 3 (1983), S. 724a.

(IVr–S. 329): Johann Macarius: »Hydrolithus sophicus sive philosophia aquarum sapientium«, 50 Kapitel in neun Bücher.

> (IVr): *HYDROLITHUS SOPHICUs SIVE PHILOSOPHIA AQUARUM SAPIEnTUM DE LAPIDE PHILOSOPHORUM JOHANN MACARII MONACHI PENEDICTINER ORTINIS S*[ank]*T*[i] *PET*[ri] *ANNO DIVLXXXX* [wohl: 1490]. (S. 1–12): Vorrede *AN DIE FRATRES*, Incipit: *Sist freylich allzu wahr, daß nur diejenigen sollen Bücher schreiben, die es können und etwas gelernt haben*

[...]; (S. 13–20) Index; (S. 21) *Das 1. Buch handelt von den Astralischen Geistes* <Wass>*ern.* Incipit Haupttext: *Ich als ein Bruder und Nachfolger des Heil*[igen] *Benedicti und ein Schuler des großen Philosophie Basilii Valentini, laut meiner schweren Pflicht* [...]; (S. 323) *Das 9. Buch handelt von dem* <Mercurius> *Metallorum. Ich habe auch schon von dieser Ma*[teri]*a gehandelt, allein hier kom*[m]*et etwas mehres vor* [...].

1625 erschien in Frankfurt a.M. der lateinische Druck: ‚Musaeum Hermeticum Omnes Sopho-Spagyricae Artis Discipulos Fidelissime Erudiens' (Titelblatt: ‚In gratiam filiorum doctrinae, quibus germanicum idioma ignotum, in latinum conversum ac juris publici factum'). Er enthält auf den Seiten 103–194 das Werk ‚Hydrolithus sophicus seu Aquarium sapientum, Hoc est: Opusculum chymicum, in quo via monstratur [...]', ohne Angabe eines Verfassers. Die vorliegende Handschrift hat nur den Titel mit diesem Druck gemeinsam. Diesem lateinischen Text ging als deutsche Vorlage der: Wasserstein der Weysen [...], Frankfurt 1619, voraus; auch mit diesem Text lässt sich nach einem ersten Abgleich keine Übereinstimmung finden. – Zum Wasserstein der Weysen s. TELLE, in: [2]Killy 12 (2011), S. 156f.

Zu Johann Macarius s. Ms. 193.

Ms. 199

Alchemische Sammelhandschrift, enthält u.a.: »Testament oder Morgenröte des heiligen blutigen Feuers«

18. Jh. (1. Hälfte) ▪ 190 Bl. ▪ 35 x 22,7 cm ▪ Illustration

Datierung nach der Schrift u. Datierungen in anderen Handschriften von gleicher Hand (s. Ms. 188). – Die Handschrift wurde in zwei separat paginierte Abschnitte unterteilt: Abschnitt 1: (Bl. I–IV, S. 1–201, Bl. Vrv–VIrv) u. Abschnitt 2: (Bl. I–VII, S. 1–154, Bl. VIII–IX); in beiden Teilen ist die Paginierung zeitgenössisch. – Eine Haupthand, wie Haupthand in Ms. 188, s. dort; Marginalien von einer weiteren Hand; Unterstreichungen mit Lineal u. Bleistift.

Illustrationen: Federzeichnung: praktische Darstellung.
Einband: blauer Karton/Pappband, hintere Bindung lose, auf dem Hinterdeckel Knicke u. Vogeldreck; zum weiteren Kontext s. Ms. 212
Geschichte: Vorderdeckel: alter Signaturaufkleber *(11)*. – Rücken: *Mscrpt CLXXXXIX.* – Vorderer Spiegel: *Mscrpt CLXXXXIX.* – Abschnitt 2, (IIv): Bibelvers *In 2. Buch Macab*[äer] *V18 ad 22* [...]. – Ü-LSB, Kunzer [1894], Ms. 199.
Literatur: KRISTELLER, Iter Italicum 3 (1983), S. 725a.

Abschnitt 1, (IVr–S. 201, Vv–VIr): »Testament oder Morgenröte des heiligen blutigen Feuers«, 11 Kapitel.

(IVr): *TESTAMENT ODER MORGEN RÖTHE DES HEILIGEN BLUTIGEN FEUERS IN DEN HELLGLÄNTZENDEN CRYSTALLISCHEN SULPHURISCHE SALTZ LEIBE UND SALIS BETRAE PHILOSOPHORUM ODER NITER V.F.P.J.H.F.R.A. Utrecht Anno 1554*; (S. 1–25): Vorrede, Incipit: *Mein lieber Freund, du soltest dich wohl wundern, warum ich diesen Tractat geschrieben habe* [...]; (S. 26): *das 1. Cap*[itel] *handelt wie man aus unser*[e]*m Primordialische Chaos das Hylealische* <Sal> *Sapientiae bereiten soll.* Incipit Haupttext: *Mein Sohn, ich werde dich hier in diesem Cap*[itel] *lehren wie aus unser*[em] *Primordial*[ischen] *Chaos* [...]; (Vv–VIr): *Inhalt des Testaments* (unvollständig).

Abschnitt 2, (IIr–S. 154, VIIIr–IXr): »Gründliche Erklärung der alten Philosophen von dem heiligen Feuer und Licht oder heiligen Niter«, 15 Kapitel in drei Büchern.

(IIr): *GRUNDLICHE ERKLAERUNG DER ALTEN PHILOSOPHEN VON DEN HEILIGEN FEUER UND LICHT ODER HEILIGEN NITER J.H.CL.* (IIIr–VIIv): Vorrede, Incipit: *Mein lieber Theophile wan*[n] *es dorten heißet beym Mose: Wan er Jacob den Joseph also seegnet* [...]; (S. 1): *Das 1. Buch, Das 1. Cap*[itel] *handelt wie aus der Primoridalischen Chaos das Hylealische Sal Sapientiae kann bereitet werden.* Incipit Haupttext: *Nachdem Gotter Herr Him*[m]*el und Erden geschaffen, so segnete er die Erde* [...]; (S. 79): *Das III. Buch dieser Geheimnis, das 1. Cap*[itel] *handelt von unterschiedliche*[n] *Laborib*[us] *aus dem Nitro. Ex Nitro Universali wird das Solvens Universale bereitet* [...]; (VIIIr–IXr): Inhaltsverzeichnis.

Zu Moses s. Herrmann, in: Neues Bibel-Lexikon 2 (1995), Sp. 847–849. – Zu Jakob u. Joseph s. Seebass, in: ebd., Sp. 272–274 u. Wehrle, in: ebd., Sp. 385f.

Mss. 200–201

Ps.-Pythagoras: »Goldene Weisheit der sibyllianischen Götter«, Teile 1–2

Teil 1 (Ms. 200): 18. Jh. (1. Hälfte) ▪ 125 Bl. ▪ 34,4 x 21,2 cm ▪ Illustrationen

Datierung nach der Schrift u. Datierungen in anderen Handschriften von gleicher Hand (s. Ms. 188). – Die zeitgenössische Paginierung beginnt nach (IIIv) bis S. 234, der Buchblock wurde beschnitten, die Seitenzahlen sind nicht immer erkennbar. – Eine Haupthand, auch Marginalien, wie Haupthand in Ms. 188, s. dort; Paginierung u. Marginalien von einer zweiten Hand, wie zweite Hand in Ms. 188, s. dort; von dritter Hand, wie dritte Hand in Ms. 194, s. dort, Marginalien u. Korrekturen; Unterstreichungen mit Bleistift u. Lineal. – Rotschnitt.

Wasserzeichen: *A* u. *M*, wie in Ms. 188, s. dort; im Vorsatzpapier *IAU WOLFEG*, wie in Ms. 165, s. dort.

Illustrationen: Federzeichnungen: Figur, Siegel und arkane Inschriften, auch in Ms. 188, s. dort.
Einband: brauner Halblederband, wie bei Ms. 158, s. dort.
Geschichte: Rücken: *Mscrpt CC 200.* – Vorderer Spiegel: *Mscrpt CC* – (IIr): alte Signatur *(39).* – (IIv): Bildunterschrift: *Die reine Unschuld* sowie die Notiz *Dieses ist ein Talisman die Geister zu zwingen* [...]. – Ü-LSB, Kunzer [1894], Ms. 200.
Literatur: KRISTELLER, Iter Italicum 3 (1983), S. 725a.

(IIIr–S. 234): [Ps.-Pythagoras]: »Goldene Weisheit der sibyllianischen Götter«, 23 Sermones in 12 Büchern. – Jedes Buch widmet sich einer Sibylle: (S. 35): *Cumana Telphinos,* (S. 72): *Ethyraea,* (S. 91): *Eluchalie,* (S. 129): *Polexena,* (S. 157): *Iphigenia,* (S. 175): *Epinogina,* (S. 187): *Siophile,* (S. 192): *Florintie Maiitonica,* (S. 196): *Gerntie Tiringie,* (S. 198): *Melusina auß Aragonien,* (S. 206): *Persinia* und (S. 211): *Ebriomie Asiati.*

> (IIIr): *GULDENE WEISHEIT DER SIPILIANISCHEN GÖTTER VON PITAGORAS IN GRIGISCHER SPRACHE PESCHRIPEN VON TOMAS AQUINAS DOCTOR ANGELUS IN DAS LATEINISCHE UPERSETZET 1287 VON JOHANN MACARI MONCHI IN DAS TEIDSCHE UPERSETZET.* (S. 1–6) Vorrede *Pitagoras,* Incipit: *Was ich mir vor manche Mihe und arbeit gegeben wirdestu mir nicht glauben* [...]; (S. 7–34): *Vorrede Tommas aquinas,* Incipit: *Hir komet uns Ein geheimnuß volles buch under die hendt so in grichischer Sprache ist beschriben* [...]; (S. 35) Die 1. *Cermon der Cumana Telphinos So ta hantelt von Einen Talißmana wie Man denselbigen bereiden soll. Dieser stehet gleich anfages auff dem Kupfferblatt.* Incipit Haupttext: *So du wilßt Ein Talismana bereide*[n] *um dich dar turch in der Welt die große Weißheit* [...]; (S. 211) *Das 12. Buch Ist der Ebriomie Asiati so fille weißagungen unß hir darlaßen* [...].

Teil 2 (Ms. 201): 18. Jh. (1. Hälfte) ▪ 126 Bl. ▪ 35,5 x 21,5 cm ▪ Illustrationen

Datierung nach der Schrift u. Datierungen in anderen Handschriften von gleicher Hand (s. Ms. 188). – Die zeitgenössische Paginierung beginnt nach (IVv) bis (S. 235), danach nachträglich; eine Haupthand, wie Haupthand in Ms. 188, s. dort, von ihr auch Marginalien; von zweiter Hand, wie zweite Hand in Ms. 188, s. dort, Paginierung; von dritter Hand, wie Hand in Ms. 194, s. dort, Korrekturen, Erklärungen u. Merknotizen; Markierungen u. Unterstreichungen mit Bleistift u. Lineal, in rot u. grün.

Wasserzeichen: *A* u. *M,* wie in Ms. 188, s. dort.
Illustrationen: Federzeichnungen: Siegel, arkane Inschriften, wie in Ms. 188, s. dort; auf (IIIv) eine Titelfigur mit den Beischriften *Sipiela Cummana: Der weiße trach – der Rothe Löwe/Die Laterem* [Laterne?] *– mit Sollem/der schwartze Rab – der weiße schwan/das* <Feuer> *der Natur, der Carfunke*[l]*, dem weißen ein wunder, dem Törichten ist es Tunckel.*
Einband: brauner Halblederband, wie bei Ms. 158, s. dort; mit grünen Verschlussbändern.
Geschichte: Rücken: *Mscrpt CCI 201.* – Vorderer Spiegel: *Mscrpt CCI.* – (Ir): *5077.* – (IIr): durchgestrichen alte Signaturen: *4, 103, (43)* u. *No. 40.* – (S. 241): zahlreiche Notizen von dritter Hand,

unterschrieben mit *durch die Stim*[m] *Eines Predigers der Europaeischen Wusteney Johannem Gabrielem Laus Deo Salomonem, Levit von der Fraternitas Jesu in Jehova von Gottes Gnaden.* – Ü-LSB, Kunzer [1894], Ms. 201.
Literatur: KRISTELLER, Iter Italicum 3 (1983), S. 724a.

(IVr–S. 234): [Ps.-Pythagoras]: »Goldene Weisheit der sibyllianischen Götter«, Teil 2, 27 Sermones in neun Büchern. – Jedes Buch wird einer Sibylle zugeordnet: (S. 7): *Marra Provetas Sibilas*, (S. 64): *Asnath*, (S. 105): *Cumana Telphinas*, (S. 135): *Weryrae Erovihile*, (S. 153): *Eluchalie*, (S. 177): *Polexena*, (S. 190): *Iphigenia*, (S. 199): *Epiroginea* und (S. 217): *Gerntie Thiringia.*

> (IVr): *2. Theil GÜLTENE WEISHEIT DER SIPILIANISCHEN GÖTTER VON PITAGRAS IN GRICHISCHER SPRACHE PE SCHRIPEN APER VON TOMAS AQUINAS IN DAS LATEINISCHE ÜPERSETZET VON IOHANN MACARI MONACHI ORTINIS PENEDICTI IN DAS TEITSCHE ÜPERSETZET.* (S. 1–4): Vorrede: *IN NOMINE PATRIS ET FILIUS ET SPIRITUS SANCTUS*, Incipit: *Wan wir betrachten wie von anfang gotter aller höchste seine gabe ausgedeilet* [...]; (S. 4–6) *Pytagoraß Zermon*, Incipit: *Die Vor sehunge der götter wiße*[n] *wie solche die geheimnuß derer geister sollen denen wirdig en offenbahren* [...]; (S. 7) *Das 1. Buch der Marra, Provetas, Sibilas*, Incipit Haupttext: *Wandie Mensche*[n] *Kündter die weißheit liebde*[n] *so würden sie die selbige auch finden* [...]; (S. 217) *Das 9. Buch der Gerntie Thiringia. Die Alismena oder Teit habe*[n] *dem vorzug daß solche gegen Morgen und abend die gröste*[n] *Schätze besitze*[n] [...].
>
> Kiesewetter (s. weiter Ms. 178) besaß eine gleichnamige Handschrift u. ordnete sie mit anderen pseudoepigraphischen Pythagoras-Schriften der Urheberschaft der „späteren Rosenkreuzer[...]" zu, s. Kiesewetter, Geheimwissenschaften (2005 [1895]), S. 39.
>
> Zu Pythagoras s. RIEDWEG, in: Pauly 10 (2001), Sp. 649–653. – Zu Thomas von Aquin s. Ms. 189. – Zu Johann Macarius s. Ms. 193. – Zu den Sibyllen s. PEUCKERT, in: HDA 7 (2005 [1936]), Sp. 1655–1659, SEHLMEYER, in: Pauly 11 (2001), Sp. 501f. u. WALDE, in: Pauly 11 (2001), Sp. 499–501. – Vgl. auch Kap. 7.1.

Ms. 202

Johann Kornreuther: »Gewaltige Zitation und Beschwörung des vermaledeiten Teufels«

18./19. Jh. ▪ 5 Bl. ▪ 35 x 22,2 cm ▪ Illustrationen

Datierung nach der Schrift. – Fragment: Der Text setzt auf (2r) unvermittelt mit *11tens* ein; die nachträgliche Foliierung beginnt auf (1r). – Eine Hand.

Wasserzeichen: a) Anker mit *TML*; b) in gekrönter Wappenkartusche ein gespaltener Schild (links fünf Adler (ev. Lerchenwappen Niederösterreich?), rechts zwei Balken, darunter *HOLS*); a) u. b) auch in Mss. 203, 252 u. 277, b) allein in Ms. 268; beide WZ so nicht nachgewiesen.
Illustrationen: Siegel u. kolorierte Zierelemente.
Einband: Blauer Kartonband mit Wurmfraß.
Geschichte: Einbandvorderseite: *Mscrpt CCII.* – (1r): *Mscrpt CCII.* – Ü-LSB, Kunzer [1894], Ms. 202.

(1r–5v): Johann Kornreuther: »Gewaltige Zitation und Beschwörung des vermaledeiten Teufels«, Fragment.

> (1r): *Johann Kornreuthers Hochwürdigen Paters und des heiligen Augustinerordens Prior etc. Gewaltige* [...] *Astharoth Beelzebub Dirle Bassiel das er dadurch und auf den Befehl des Exorcisten der ein geweyter Priester und h*[eiliger] *Man*[n] *seyn muß* [...] *gedruckt in Isphahan, im 2308ten Jahr nach dem anfang der Persischen Monarchie*; (1v): Reimprolog, Incipit: *Ich weiß mit Wahrheit abgewogen/ daß dieser Prior nicht betrogen* [...], Explicit: *vergnugte sich und konte geben/ Machs auch so freund, und folge nach*; (2r): *11ten*[s] Incipit, Haupttext: *den lezten tag des Werks muß er sich vorm Crucifix mit bren*[n]*enden geweyhten Lichtern, zur Anrufung der göttlichen Gnade* [...].
>
> Eine PÜ: Ms. 253, Teil 2 (s. dort).
>
> Zu Johann Kornreuther u. den Kornreuther-Texten (~ 16. Jh.) s. HORST, Zauber-Bibliothek 1 (1821), S. 157–176 u. 2 (1821), S. 101–107 (hier auch zu Übereinstimmungen zwischen den Kornreuthertexten u. den Texten Herpentils, vgl. Mss. 203, 246 u. 263), GESSERT (1844), KIESEWETTER, Faust 2 (1921 [1893]), S. 111f. u. JACOBY, in: HDA 5 (2005 [1933]), Sp. 317.

Ms. 203

»Remedium praeter naturale«, magische Sammelhandschrift, dt.

18./19. Jh. ▪ 3 Bl. ▪ 34,9 x 22,2 cm ▪ Illustrationen

Datierung nach der Schrift. – Vermutlich Fragment: falsche Bindung u. fehlende Lagen: (1r) überschrieben mit *95*, (2r) überschrieben mit *89*, auf (1r) Überschrift *Remedium praeter naturale*; nachträgliche Foliierung ab (1r). – Eine Hand.

Wasserzeichen: a) Anker; b) Wappenkartusche, wie in Ms. 202, s. dort.
Illustrationen: Siegel.
Einband: blauer Kartonband mit Wurmfraß.
Geschichte: vordere Einbandseite: *Mscrpt CCIII 203.* – (1r): alte Signatur *20* u. *Mscrpt CCIII.* – Ü-LSB, Kunzer [1894], Ms. 203.

(1r–3v): »Remedium praeter naturale«, dt., u.a. Beschwörungen mit magischen Siegeln u. Schriftzeichen, Fragment.

(1r): [magische Schriftzeichen]. *N*[ota Bene]: *Pronunciatae die Verbanisierung aufzulösen*, Incipit: *Samedal, Kasazapsach, Hahuilez* [...], weitere Beschwörungen in magischen Schriftzeichen; (3v): *Der schwarze Herpentil, Remedium praeternaturale das 11te Kapitel Translatiert: Griechisch, Hebräische und Chaldäisch* [bricht ab].

Zum Verfasser Herpentil s. GESSERT (1844), KIESEWETTER, Faust 2 (1921 [1893]), S. 111f. u. JACOBY, in: HDA 3 (2005 [1931]), Sp. 1792.

Ms. 204

Alchemisch-rosenkreuzerische Sammelhandschrift, sieben Teile, enthält u.a. Johann Georg Toeltius: »Schlüssel der wahren Weisheit«, dt.

18. Jh. (2. Hälfte) ▪ 290 Bl. ▪ 32,3 x 20 cm ▪ Illustrationen

Datierung nach der Schrift u. der WZ-Bestimmung (s.u.) auf ~ 1751 u. später, was durch die Druckjahre der möglichen Vorlagen gestützt wird. – Die Sammelhandschrift besteht aus 7 Teilen, die jeweils separat u. mit Unterbrechungen foliiert bzw. paginiert sowie fehlerhaft gebunden wurden: Teil 1: (ungezählte Blätter: I–III, foliierte Blätter: 1–54), Teil 2: (Bl. I–II, Bl. 55–98), Teil 3: (beschnitten, Bl. I, Bl. 1–50, hier fehlen ohne Textverlust Bl. 44–49), Teil 4: (Bl. I, Bl. 1–14), Teil 5: (beschnitten, Bl. I, Bl. 1–33), in diesem Teil wurden 3 illustrierte Blätter von der Foliierung ausgenommen. Außerdem fehlen zwischen Bl. 28 und Bl. 33 vier Blätter (kein Textverlust, da diese vier Blätter in Teil 6 eingebunden wurden, s. dort). Daher die Blattformel für Teil 5: (Bl. I^{I}, Bl. $1–4^{V}$, Illustr. I^{VI}, Bl. 5^{VII}, Illustr. II^{VIII}, Bl. $6–14^{XVII}$, Illustr. III^{XVIII}, Bl. $15–28^{XXXII}$, Bl. 31^{XXXIII}, Bl. II^{XXXIV}), Teil 6: (beschnitten, Bl. I, Bl. 29–32, Bl. 1–33) u. Teil 7: (Bl. I, S. 1–69), danach verbleiben 19 leere Blätter. Die einzenen Teile sind durch seitliche Lederreiter markiert. Eine lose Beilage (14 x 8,8 cm) mit Seitenverweisen. – Eine Haupthand in leicht variierendem Duktus, Marginalien in der Haupthand u. vereinzelt von einer zweiten Hand; Unterstreichungen in Bleistift u. roter Farbe; Seitenzahlen im Index von zweiter Hand; Titelblätter in Kanzleischrift bzw. Fraktur; Kapitelüberschriften sind vereinzelt rubriziert. – Rotschnitt.

Wasserzeichen: a) stehender Löwe mit Blume u. *IIM*, wohl PM in München Harlaching unter dem Inhaber Joseph Ignaz Mayr, ~1751, vgl. WASSERZEICHENINFORMATIONSSYSTEM: DE0510-CodI32_15_Va, online (23.05.2018) u. SCHNEIDER, Deutsche mittelalterliche Handschriften (1988), S. 55 (Cod. I.3.2° 15); b) Kurpfälzer Wappen mit Wappenkrone u. *MVI*, nicht nachgewiesen.

Illustrationen: kolorierte Federzeichnungen: (T4): die Hand des Philosophen (Erstabdruck in: Crollius Redivivus, Das ist hermetischer Wunderbaum [...]. Frankfurt a. M. 1647, s. TELLE, Hand des Philosophen (2001), Abb. 10; (T5): Bilderzyklus aus des Abrahami Eleazaris Uraltem chymischen Werk [...] Erfurt 1735.

Einband: brauner Lederband mit Wurmlöchern u. Resten gelber Verschlussbänder, der Rücken mit Goldprägedruck Krone in Rautenornament.
Geschichte: Einbandrücken: alte Signatur *1* und *Mscrpt CCIV 204*. – T1, (IIr): Inhaltliche Verweise oder alte Signaturen *62, 76, 77, 78, 79–83, Mscrpt. CCIV* u. Besitzvermerk *v*[on]*Sonnenthal*, zu diesem s. Ms. 156. – Ü-LSB, Kunzer [1894], Ms. 204.

TEIL 1, (IIIr, 1r–54v): [Johann Georg Toeltius]: »Schlüssel der wahren Weisheit«, Auszüge und Exzerpte, Teil 1.

(IIIr): *Schlüßel der Wahren Weißheit Erster Theil: Undter einem Gespräch, Eines wohlerfahrnen Sophisten mit der Weisheit Welche alle Fehler entdeckhet, und Ihme an die Hand ohne hinderhalt gibt. Von F*[rater] *C*[rucis] *R*[osae] *Nur allein denen Kindern der Lilien und Rosen zugebrauchen von denen Gottlosen aber gäntzlich zu verbergen*. (1r): *Sophista*: Incipit: *Nach deme ich Vil Jahr her in so manchen dingen laboriert, umb den Stein der Weißen Meister* [...].

TEIL 2, (Ir, 55r–98r): [Johann Georg Toeltius]: »Schlüssel der wahren Weisheit«, Auszüge und Exzerpte, Teil 2.

(Ir): *Schlüßel der wahren Weißheit Anderer Theil Undter Einem Gespräch eines durch die Weißheit gelehrten Schuelers welchen die Weisheith alle geheime Manipulierung durch alle 4 Reiche wahr u*[nd] *ohne Hinterhalt in die Hände gibt als das allergrößte Geheimnuß solches zu verbörgen u*[nd] *zu versiglen Anno MCDLXVIII*. (55r): *Sophista*: Incipit: *Einen Glückvollen Guten Morgen! Ich habe die gantze Nacht Liebe Weisheit* [...].

TEIL 3, (Ir, 1r–49v): [Johann Georg Toeltius]: »Schlüssel der wahren Weisheit«, Auszüge und Exzerpte, Teil 3.

(Ir): *Schlüßel Über den Sophisten der Waren Weißheit Dritter Theill F*[rater] *C*[rucis] *R*[osae] [104v]: *Mörcke, daß dieser des Schlüssels 3ter Theil nur ein Auszug ist* [...]. (1r): *Die Weißheit über daß 1te Capitel:* Incipit: *Hier in dieser Arbeit ist nichts verhalten alß nur d*[a]*s Einige* [...].

Teile 1–3 wohl Abschrift/Auszüge aus: Johann Georg Toeltius: Schlüßel der wahren Weisheit. Unter einem Gespräch eines wohlerfahrnen Sophisten mit der Weisheit, in dreyen Theilen [...]. Leipzig 1787. – Eine mutmaßliche PÜ in Hamburg, StUB: Cod. Alchim. 577 und Cod. Alchim. 751.

Kiesewetter (s. weiter Ms. 178) kennt ein gleichnamiges Manuskript, das er auf 1648 datiert, vgl. KIESEWETTER, Geheimwissenschaften (2005 [1895]), S. 156f., führt aber die Autorschaft des Toeltius nicht an.

Zu Toeltius u. seinem Werk (18. Jh.) s. FERGUSON 2 (1954 [1906]), S. 457f.

Teil 4, (Ir, 1r–14r): »Goldener Begriff der Gold- und Rosenkreuzer«, 11 Kapitel, mit Illustration.

(Ir): *Guldiner Begriff der Gold- u*[nd] *Rosenkreizer als Die Eröffnete Hand mit Ihren 3 Steinen der Wunder, Anno 1478.* (Iv): *Der Stein der Weißen Wird Verfertiget mit* <Mercuri>*o und durch* <Mercuri>*um, Mit Metalle*[n] *von Metalle*[n], *wie alle wahrhafft Weiße bezeugen*; (1r–2r) Vorrede, Incipit: *Hier fange ich an die Eröffnete Hand mit ihren 3 Steinen der Wunder welche uns Gott umbsonst gegeben* [...]; (2r): *Caput 1mu*[s], *Wie man Unsern Alcahest, alß den Einigen Schlüssel Zu Unserer Kunst bereithen soll?* Incipit Haupttext: *Will man in unserer Kunst waß fruchtbarliches Außrichte*[n], *so mues eß wahrlich mit dem* <Mercuri>*o* [...].

Eventuell liegt mit ALA (1797), Nr. 37, Sp. 397, Nr. 72 (hierzu s weiter Ms. 164) eine PÜ vor. – Das Literatur-Blatt (1821), Nr. 92 vom 16. November vermerkt ein Angebot von einem J. G. Lindner, das sich auf eine Handschrift bezieht, die in sich den „Schlüssel zur wahren Weisheit" sowie den „goldenen Begriff der Gold- und Rosenkreuzer, als die eröffnete [...]", also Texte entsprechend den vorliegenden Teilen 1 bis 4, enthalte.

Teil 5, (Ir, 1r–33v): »R. Abrahami Eleazaris Uraltes Chymisches Werk«, mit Illustrationen.

(Ir): *DAS BUCH Abraham Eliaser Judens etc. Seiner Geheim*[n]*ussen darüber Maranata geschworen.* (2r): Vorrede: *Gott ohne Anfang u*[nd] *Ende*, Incipit: *Abraham Eliaser der Jud, Ein Fürst, Priester u*[nd] *Levit, Astrologus u*[nd] *Philosophus, gebohren auß dem Stam*[m] *Abrahams, Isaac und Jakobs, wünsche meinen brüdern* [...]; (2r): *Azoth, Hyle, Schamain. Esdra 1*: Incipit Haupttext: *Und mir wurde gegebe*[n] *Ein becher vol* <Feuer>, *und seine gestalt sahe als ein* <Feuer> [...], bricht auf (28r) ab: [...] *wo ich Euch Liebe*, s. Teil 6.

Mögliche Vorlage: R. Abrahami Eleazaris Uraltes Chymisches Werk, Welches ehedessen von dem Autore Theils in Lateinischer und Arabischer, theils auch in Chaldaeischer und Syrischer Sprache geschrieben [...]. Erfurt 1735. Die vorliegende Handschrift enthält nur den siebenteiligen Bilderzyklus, die laborpraktischen Abbildungen fehlen.

Zu Abraham Eleazar s. Ferguson 1 (1954 [1906]), S. 2–4.

Teil 6, (Ir, 29r–32v, 1r–33v): »Das Geheimnis aller Geheimnisse ex Macro- et Microcosmo«, 28 Kapitel.

(Ir): *Das Geheimnus Aller Geheimnußen ex MACRO & MICROCOSMO.*

(29r–32v): Schlussteil des Teils 5, (29r): *brüder de*[n] *weeg gezeigt* [...].

(1r): Fortsetzung von Teil 6: »Das Geheimnis aller [...]«: *Aus dem* <Oleum Vitriolum> *den wahren Alcahest zu machen. Geschicht also*: Incipit: *Nimb einez ausgewachsnen* <Oleum Vitriolum> *10 l*[i]*brae, fülle darmit* [...].

Abschrift/Auszüge aus: Das Geheimnis aller Geheimnisse ex Macrocosmo et Microcosmo oder der güldene Begriff oder der güldene Begriff der geheimsten Geheimnisse der Gold- und Rosenkreuzer [...]. Leipzig 1788, auch abgedruckt in: Schriften der Gold- und Rosenkreuzer (1999 [1788]).

TEIL 7, (Ir, S. 1–67): [Ludwig Conrad Orvius]: »Occulta philosophia«, neun Kapitel.

(Ir): *PHILOSOPHIA occulta vel SCIENTIA SAPIENTUM VEXATIO STULTORUM*; (S. 1–3): Vorrede: *Tere cruda maturum et matura crudum*. Incipit: *Ver lasse alle falche Bücher, biß auf einige (als den Basilius Valentin*[us] [...]; (S. 3–4): Inhaltsverzeichnis; (S. 5): *Caput 1um handelt von der Magnesia, waß diese sey, was für Unt*[er]*schied bey solcher und wo sie gefunden wird*. Incipit Haupttext: *Was nun die Magnesia allen vor ein ding seye* [...].

Abschrift/Auszüge aus: Ludwig Conrad Orvius: Occulta Philosophia oder Coelum sapientum et vexatio stultorum [...]. S. I. 1737, Kapitel vier fehlt in der vorliegenden Handschrift.

Zu Orvius (17. Jh.) s. FERGUSON 2 (1954 [1906]), S. 158f.

(S. 68) tabellarischer Nachtrag: *Arcanum omnium Arcanorum Naturae Secretissimum ex Infinita DEI Misericordia* [...].

Ms. 205

Ps.-Albertus Magnus: »Das goldene ABC«

18. Jh. (1. Hälfte) ▪ 228 Bl. ▪ 33,5 x 21,3 cm ▪ Illustrationen

Datierung nach der Schrift u. Datierungen in anderen Handschriften von gleicher Haupthand, s. Ms. 188. – Die zeitgenössische Paginierung beginnt nach (IIIv), bis (S. 426), danach nachträgliche Paginierung bis (S. 436); nach (S. 436) wurden vier Blätter herausgetrennt: Textverlust; auf den ersten sieben Blättern befindet sich eine doppelte/alternative Foliierung von zeitgenössischer Hand: *13–19*. – Eine Haupthand, wie Haupthand in Ms. 188, s. dort; von zweiter Hand, wie zweite Hand in Ms. 188, s. dort, Paginierung, Seitenzahlen im Index und Nachtrag; Marginalien von Haupthand u. zweiter Hand; Unterstreichungen in rot u. schwarz; Buchregeste sind teilweise rubriziert. – Rotschnitt.

Wasserzeichen: steigender Löwe u. *SVH*, nicht nachgewiesen.
Illustrationen: Federzeichnungen: Figuren u. praktische Darstellungen; auf (IIv) unter dem Autorbild (?) folgender Reim: *DAS LICHT GIPT ALLEN KRAFT/GOTT SELPER LEPET IM LICHTE/DOCH WER ER NICHT EIN FEIR/SO WIRT ALES ZUNICHTE/WER UNSE* <FEUER> *AUS DER MATERIA KENT/DER MACHET* <GOLD> *UND* <SILBER> *GAR PEHEND.*

Einband: Pappband in Pergamentmakulatur: Reste eines Graduales des 13. Jh. (Festtag des Hl. Paulus, 30. Juni); Reste von Verschlussbändern.
Geschichte: Vorderdeckel: alte Signatur *18* und *52*. – Rücken: Titelschild *Albertus Magnus ABC gülden* und *Mscrpt CCV 205*. – Vorderer Spiegel: *Mscrpt CCV* u. Kustode *Eines*. – (Ir): *5077*, alte LSB-Signatur [durchgestrichen: *7439/2b*], s. KATALOG (1862), erste alte Folienangabe *13* (s.o.) u. *WXYZ*. – (IIIr): Kaufvermerk *Komet mich über 100 zu stehen*. – Ü-LSB, Kunzer [1894], Ms. 205.

(IIIr–S. 436): [Ps.-Albertus Magnus]: »Das goldene ABC«, 59 Kapitel in zehn Büchern, einem Appendix u. Inhaltsverzeichnis.

(IIIr): *DAS GILTENE A.B.C. VON DENNEN GEHEIMNUS DER NATUR ALPERDUS MANGNUS PISCHOF ZU RATISPON ANNO DOMINI 1286*; (S. 1–12): Vorrede: *IN NOMINE PATRIS et FILIUS et SPIRITUS SANCTUS, Durch Gott geheiligten vatter*, Incipit: *ich habe durch selbigen ver spro*[c]*h*[en] *als ein* [...]; (S. 13): *Das 1. Buch handelt von dem* <Antimon>*io und deßen geheimen arbeiden. Das 1. Cap*[itel] *handelt, von dem* <Antimon>*ii und was solches vor ein Mineral sey und was in demselbigen verborgen ist*, Incipit Haupttext: *Das* <Antimon>*ii ist Ein Minera*[l] *so damit under die geringen* [...]; (S. 373): *Das 10. Buch handelt von dennen* <Feu>*ern der Eygiptier underen bereitungen* [...]; (S. 375): *Das 1. Cap*[itel] *handelt von dem großen* <Feuer> *der Eygiptier. Somann nun dießes* <Feuer> *bereiden wie*[ll] *so muß man zusehen* [...]; (S. 403–425): Appendix; (S. 427–436): Inhaltsverzeichnis.

Aufgrund der Sprache wohl eine ältere PÜ des Textes aus Ms. 182, s. dort.

Zu Albertus Magnus s. Ms. 182.

Ms. 206

Heinrich Friedrich von Friesen: »Glückshafen Johann Kunckels von Löwenstern«

18. Jh. (1. Hälfte) ▪ 207 Bl. ▪ 35,9 x 22 cm ▪ Illustrationen

Datierung nach der Schrift u. Datierungen in anderen Handschriften von gleicher Hand, s. Ms. 188. – Die zeitgenössische Paginierung beginnt nach (IIIv), bis (S. 400), hierbei kam es zu Fehlern: (S. 13), (S. 42) u. (S. 342) wurden zweimal vergeben, ebenso (S. 172); (S. 171) wurde nicht vergeben; nach (S. 400) nachträgliche Paginierung bis (S. 410). – Eine Haupthand, wie Haupthand in Ms. 188, s. dort; Nachträge von der Haupthand, stellenweise wohl zuerst in Bleistift vornotiert; Marginalien von der Haupthand u. einer zweiten Hand, vermutlich die dritte Hand aus Ms. 194, s. dort; grüne Unterstreichungen.

Wasserzeichen: in Vorsatz- bzw. Nachsatzblättern: *IAU WOLFEG*, wie in Ms. 165, s. dort.
Illustrationen: Stellenweise kolorierte Federzeichnungen: praktische Darstellungen u. Diagramme.

Einband: hellbrauner Halblederband, wie bei Ms. 158, s. dort; mit grünen Verschlussbändern, Vorderdeckel u. oberer Rücken leicht beschädigt, Hinterdeckel mit Wurmlöchern.
Geschichte: Rücken: Reste eines alten Signaturzettels sowie *Mscrpt CCVI 206.* – Vorderer Spiegel: *Mscrpt CCVI.* – Ü-LSB, Kunzer [1894], Ms. 206.

(IIIr–S. 410): [Heinrich Friedrich] von Friesen: »Glückshafen Johann Kunckels von Löwenstern«, Zusammenstellung Kunckel'scher Texte [?], 11 Bücher, dazwischen Einschübe v.a. zu magischer Flora, vereinzelt illustriert.

(IIIr): *GLIüKSHAVEN Johann Kunckels vo*[n] *Löwenstern vonn mier nach dem Tod des Selligen Kunckles in eine Richtige Ornunge bracht und zusamen getragen von Friesen. In diesen Glücks HAVEN fiendet man alle geheime arbeiden Soman am hause Saxen gehabt darbey auch fiele geheime arbeiden aus denen alten wahren Philosophis um auff richtigen Ateptis Sophorum zu finden mid allen Hantgriffen zur wahren Crisopiae. Docter Berniz Königlicher leibmedicus in pohlen.* (S. 1–6): Vorrede, Incipit: *So du wilst zu der wahren Criesopoae der alten gelangen, so findestu hier in diese*[m] *Glückshafen underschieldiche wege dazu* [...]; (S. 7): *Das 1. Buch handelt von dem* <sal> *und* <nitr>*um*[?] *und deren geheimen arbeiten.* Incipit Haupttext: *Also machen wir dem anfang von dem* <Salz> *andem hause saxen* [...].

FERCHL (1938), S. 39, kennt einen Martin Bernhard Bernitz, der „Ende des 17. Jahrh.: Vom Nutzen und Gebrauch des pohlnischen Scharlachs zum Färben und zu Lacken" schrieb.

(S. 228): Erster Einschub: *Auß dere Magii Naturalis J*[ohann] *F*[austs] *Vor diesem Kraut und blumen fliehen alle geister* [...].

Das im Einschub erwähnte Werk bezeichnet vermutlich eine nicht genauer bestimmbare, Faust zugeschriebene, magische Schrift, s. HENNING, Faust-Bibliographie 1 (1966), Nr. 3176 o. Nr. 3221.

(S. 229–251): Fortsetzung Glückshafen, (S. 229): *Von der* <kupf>*eren, handelt wie Man einen ethlen* <Vitriol> *aus dem* <Kupf>*er bereiten soll* [...].

(S. 252): Zweiter Einschub: *Sternatori solaria.*

(S. 253–265): Fortsetzung Glückshafen, (S. 253): *Vom* <antimon>*ii und* <plumb>*o wie auch vom* <plumbo albo?> [...].

(S. 266): Dritter Einschub: *Spring wurtzel im Zottengebirge.*

(S. 267–346): Fortsetzung Glückshafen, (S. 267): *Vom* <antimon>*ii, handelt vom antimonia wie man mit hilffe dessen* [...].

(S. 347): Vierter Einschub: *S*[ankt] *Johannes Kraut.*

(S. 347–396): Fortsetzung Glückshafen, (S. 347): *Von dem Ammeyssen Stein, Dißer nun wird* [...]; (S. 393): *Dieses Buch* [Nr. 11] *handelt von der animalischen Es-*

sens und <Tinctur>. *Wir müße*[n] *toch auch in diese*[m] *Glückshaffen von der Essentz und* <sal> *Microcosmi et was melde*[n] [...].

(S. 397–398): Fünfter Einschub: *Öfen.*

(S. 399–409): Inhaltsverzeichnis.

(S. 410): Sechster Einschub: *Die Crono Wiet* [= Bezeichnung für Wacholder in südlichen Donauraum, s. KÖNIG, dtv-Atlas (2004), S. 212].

Zu Heinrich Friedrich von Friesen (1681–1739) s. FLATHE, in: ADB 8 (1878), S. 87f. – Zu Johann Kunckel s. Ms. 152.

Ms. 207

Alchemische Sammelhandschrift, enthält: Texte eines Rex Evanthes, Ps.-Hipparchos [?]: »Die geheime Weisheit der Araber«, u.a.

18. Jh. (1. Hälfte) ▪ 339 Bl. ▪ 35,2 x 21,3 cm ▪ Illustrationen

Datierung nach der Schrift u. Datierungen in anderen Handschriften von gleicher Hand, s. Ms. 188. – Die zeitgenössische Paginierung setzt nach (IIIv) ein, bis (S. 461), danach nachträglich bis (S. 466), der Index wurde auf Papier größeren Formats notiert, das am unteren Rand eingefaltet wurde. – Eine Haupthand, wie Haupthand in Ms. 188, s. dort; Paginierung, Index u. Zitat auf Titelseite von zweiter Hand, wie zweite Hand in Ms. 188, s. dort; vereinzelt Korrekturen von dritter Hand, wie dritte Hand in Ms. 194, s. dort; grüne Unterstreichungen u. Anstreichungen in Bleistift.

Wasserzeichen: a) *A* u. *M*, wie in Ms. 188, s. dort; b) auf den Vorsatzblättern *IAU WOLFEGG*, wie in Ms. 165, s. dort.
llustrationen: stellenweise kolorierte Federzeichnungen: Autorenporträts des *Rex Evanthes* [2v] u. der *Propheta Phitis* (S. 154), arkane Inschriften, auch in Ms. 188, s. dort, u. praktische Darstellungen.
Einband: hellbrauner Halblederband, wie bei Ms. 158, s. dort); Reste von drei grünen Verschlussbändern, das vierte ist erhalten; am Vorder- u. Hinterdeckel u. am oberen Rücken eingerissen, Wurmfraß.
Geschichte: Rücken: *Mscrpt CCVII 207.* – (IIr): Kaufvermerk *Diese mide*[n] *Sibile*[n] *und Constutiones wahrer Experimenta Kostet uns 1000T*[a]*hl*[er] *bares Gelt.* – (IIIr): Zitat aus *Erasmus in Acta Apostolorum Cap*[itel] *17, N*[umerus] *27, p.m. 129 Quoniam iuxta suum* [...]. – (S. 461): Notiz aus der Vorlage? *1632 Vor diße Schriftten hatt Justavus Adolvus dem C* [...] *der ab zu schreibe*[n] *gebe*[n] *12000 T*[a]*hler der Concipient wahr der graff OliwenCranz.* Johann Konrad Creiling vermerkt einen Streitfall um eine transmutierte Goldmünze, in den ein Graf Oliwencrantz, ein Professor Reyher u. Gustav Adolf von Schweden involviert gewesen seien, s. Creiling (1730), S. 199ff. – Ü-LSB, Kunzer [1894], Ms. 207.

(IIIr–S. 152): Texte von drei als „Kabbalisten" bezeichneten Verfassern: Rex Evantes, Hipparchus u. Alamaon, mit einer Vorrede von Ps.-Roger Bacon.

(IIIr): *REX EVANTHES ARAPICUM DER GROSE CAPALISTE WAR AUF EINE WIEDERHAUT* [/] *HIIPARCHUS TIE GEHEIME WESHEIT DER ARAPER AUF WITERHAUT* [/] *ALAMAON BAPIILONIER HAT PESCHRIEPEN DA GROSE LICHT IN DER NATUR auf PAUMrinden ERSTER TEIL IN DAS LATEISCHE UPERSETZET VON ROCHERUS PACHONIS 1282.* – (S. 1–8): Vorrede Ps.- *R*[oger] *B*[acon] *IN NOMINE Patris et Filius et Spiritus Sanctus Ammen. Allerheyligster aller hochwurdigster underdenen Mensche*[n] *Kinder*[n] *hochwirdigster Vatter der Romischen Kirche,* Incipit: *Nach dem für ihre*[n] *Diener die geimnisse der alte*[n] *durch dem N. über schicket* [...].

Zu Roger Bacon s. Ms. 160.

(S. 9–68): Rex Evantes, fünf Sätze u. fünf erläuternde Kapiteln.

(S. 9): *Das 1. Buch Iber des Königs Evantes seine geheimnuß so in arabischer Sprache auff Eine wiederfell beschriebe*[n] *so also laudent*; (S. 9–19) Beschreibung der fünf Sätze, auf (S. 9) erwähnt: *Abribal Zachei* [arkane Schriftzeichen und deutsch im Wechsel] *und heißt also,* Incipit: *Hir mache ich dem anfang vondem form und wirkenden gestalden der Natur* [...]; (S. 19) *Das 1. Cap*[itel] *handelt von dem universall Elexir wie man solches bereiden soll* [...].

Die Person 'Rex Evanthes' ist nicht eindeutig identifizierbar. Thorndike kennt einen „Evax" als antike Autorität hinsichtlich Naturerkenntnis oder Zukunftsschau, vgl. THORNDIKE, History 3 (1934), S. 548f., 4 (1934), S. 171 u. 6 (1934), S. 300.

(S. 69–102): Hipparchos: »Die geheime Weisheit der Araber«, Darlegung u. drei erläuternde Kapitel.

(S. 69): *DER 2. CAPALISTE HIIPARCHUS DIE GEHEIME WEISHEIT DER ARAPER AUF EINER WIEDERHAUD, Das 2. Buch* [:] *Iber die geheime Weißheit des hyparchus*; (S. 69–75): Darlegung Incipit: *Dieses Nachfolgendte stundt auff Einer wiederhaut* [arkane Schriftzeichen und deutsch im Wechsel]; (S. 76): *Das 1. Cap*[itel] *handelt wie auß dem* <Antimon>*ii alß den albaon und* <sol> *Sophicum daß große ferbente Elexir bereidet wirt* [...].

Eventuell handelt es sich bei Hipparchos um eine Zuschreibung zu Hipparchos dem Pythagoreer oder zu Hipparchos von Nikaia. Zu diesen (5. bzw. 2. Jh. v. Chr.) s. RIEDWEG, in: Pauly 5 (1998), Sp. 568 u. HÜBNER, in: ebd., Sp. 568–571.

(S. 103–152): Alamaon: »Das große Licht der Natur«, sechs Sätze u. sechs erläuternde Kapitel.

(S. 103): *DER 3. CAPALISTE ALAMAON BAPIILONIER HATPESCHRIPEN DAS GROSE LICHT IN DER NATUR WAR ALLES AUF PAUMRIN-*

DEN, Das 3. Buch [:] *Iber die geheime Weißheit des Alamaons*; (S. 103–114): Beschreibung der sechs Sätze, Incipit: *Abselgamos, Abselgamos also mache ich dem anfange vun dem* [arkane Schriftzeichen und deutsch im Wechsel]; (S. 114) *Das 1. Cap*[itel] *handelt von dem anffang der Natur geister so auß dem Thaue und Regen bereidet wirt* [...].

(S. 155–461): Texte von drei antiken (Ps.-) Verfassern: Prophetin Pithis, Iamblichos u. Micerinus, mit einer Vorrede von Ps.-Roger Bacon, mit Illustrationen.

(S. 155): *DAS 2. PUCH PROPHETA PITHIS HAT ERÖFNET UND ERKLERET DIE FIGUREN UND SCHRIFDEN SOMAN IN DEM HEILIGTHUM GEFUNDEN AUF PAUMRINTE UND KUPPERN PLATE PESCHRIben; JAMPLICIS HAT ERKLERET DIE TAPELLE HERMETIS UND ANDERE MERAUF PLEERN TAFELN; MICERINE EIGIEPTIER HAT ERKLEHRET DIE TAPELLEN ISIACO PEMPINE ISITIS HORNEUM AUF PALMPLEDERN.* – (S. 157–162): Vorrede Ps.-Roger Bacon *Gloria in Excelsis deo,* Incipit: *Hir komet unß nun zu hande*[n] *wiederum underschiedene geheimniß der alden* [...].

Näheres zu Roger Bacon s.o.

(S. 163–298): Propheta Pithis, Erläuterung von 16 magischen Sätzen in 16 Kapiteln.

(S. 163–186): Beschreibung der Sätze, (S. 163): [arkane? Schriftzeichen und deutsch im Wechsel], *Athebaphithos ist chaldeisch und Asirisch und heißt,* Incipit: *ich habe turch meine*[n] *Verstant begriffe*[n] *die verborgene weißheidt* [...]; (S. 187): *Das 1. Cap*[itel] *welches handelt von der iten wurchenden Kraft auß dem Thaue und Regen wie man mit solchen auß der Erten unßer himmelischs* <feuer> *bereiden soll* [...].

Vielleicht liegt hier eine Zuschreibung zu Sophia Pistis vor, eine mythische Figur aus der Gnosis, s. SCHENKE, in: Pauly 9 (2000), Sp. 1049f.

(S. 299–352): [Ps.–Iamblichos], Erläuterungen von sechs Tabellen in sechs Kapiteln.

(S. 299): *DER CAPALISDE DAS 2. BUCH JAMPLICIS: HAT ERKLEHRET DEI TAPPELLEN HERMEIS AUF PLEIERNE TAFFELN. Das 2te Buch in diesen theil über die geHeimnuß deß Hermetis*; (S. 299–308): Beschreibung der Tabellen, [arkane Schriftzeichen und deutsch im Wechsel], (S. 299): Incipit: *Alnert* [?] *der Schwartze* <Saturn>*us* [...]; (S. 309) *Das 1. Cap*[itel] *handelt, wie man auß dem* <saturn>[us] *und* <mart>*em mitem Metalischen trukenen* <wasser> *das adlers glüden bereiden* [...].

Zu Iamblichos s. Ms. 189.

(S. 353–461): Micerinus, Erklärungen von 13 alchemischen Sätzen in 13 Kapiteln.

(S. 353): *DAS 3. BUCH DES CAPALISTEN MIICERINE EGIPTIER HAT ERKLERET DIE TAPELLEN ISIACO PIPINI ISITIS HORHEUM AUF PALMPLEDERN*; (S. 353–461): Beschreibung der Sätze, [arkane Schriftzeichen u. deutsch im Wechsel], (S. 353): *Alnnthainnahseko Mycerine*, Incipit: *im Jahr der Welt habe ich Micerini* [...]; (S. 367) *Das 1. Cap*[itel] *handelt wie Man auß Einner Rothe*[n] *Erde*[n] *Mit hilffe des Thaues unser Meticin Nalischeß Elexier bereiten sol* [...].

Zu Micerinus s. Ms. 189.

(S. 463–466): Gesamtindex.

Eine PÜ dieser Handschrift, aufgeschrieben wohl vom Schreiber der Hand 3 aus Ms. 194 (s. dort), liegt in Leipzig, UB: Cod.mag. 141: Rex Evanthes Arabicum. Der große Cabaliste war auf eine Witterhaut. Hyparchus Die geheime Weisheit der Araber, auf Witterhaut. Alamaon Babylonier [...].

Ms. 208

»Manuale magicum doctoris Fausti« (Abraham Calorno: Clavicula Salomonis?)

18. Jh. ▪ 85 Bl. ▪ 27,2 x 21,7 cm ▪ Illustrationen

Datierung nach der Schrift. – Die Handschrift ist in zwei separat paginierte Abschnitte unterteilt: Die zeitgenössische Foliierung beginnt nach (IVv) bis (56r) = Abschnitt 1, danach setzt mit den Bildtafeln Abschnitt 2 mit einer neuen Foliierung, ebenfalls zeitgenössisch, (Bl. 1–20), ein; der Index besteht aus fünf ungezählten Bl. (fol. V–X). – Eine Hand, lateinische Kursive.

Wasserzeichen: in einer Pikform *CM* u. eine Blume, so nicht nachgewiesen
Illustrationen: kolorierte Federzeichnungen: Tabellen, Schemata, Figuren, praktische Darstellungen u. Siegel.
Einband: schwarzer Lederband um Holz mit zwei Metallschließen, das Leder abgenutzt u. brüchig, auf dem Vorderdeckel Zierlinien.
Geschichte: Rücken: *Mscrpt CCVII 208*. – Vorderer Spiegel: *Mscrpt CCVII* u. von späterer Hand (Frau Koberg?) Darstellung der Blattzählung. – (Ir): alte LSB-Signatur *7580/51*, s. KATALOG (1862), sowie alte Signatur *4511/b*. – Ü-LSB, Kunzer [1894], Ms. 208.
Literatur: KRISTELLER, Iter Italicum 3 (1983), S. 725b.

Abschnitt 1, (Ir–59v): »Manuale magicum doctoris Fausti«, 28 Kapitel in zwei Büchern, mit Illustrationen.

(Ir): *MANUALE magicum DOCTORIS FAUSTI id est MAGNU*[m] *QUATRA-TU*[m] *SALOMONIS REGIS PENDACULUM seu Terribilis, Astrictio et Compulsio Gehenna*[e] *Omnia Daemoniorum genera Obedientia*[e] *Subycienda.*

(1r–28v): Incipit [1. Buch]: *Cavere debes, si operationum finem, et effectum consequi volueris, ut punctuatim, et fideliter o*[m]*nia quae in hoc capitulo continentur, observes, nam magica*[e] *Scientia*[e] *Veritas dependet* [...].

(28v–59v): *Liber 2dus*, (28v–29r): Vorrede, Incipit: *Istud opus Salomonis in duos libros distinquitur. In primo demonstratur, quomodo experimentum fallacia*[e] *detegatur, in hoc vero docebitur quomodo* [...]; (29r): *Caput 1mum*, Incipit Haupttext: *Qua hora praeparatis prius omnibus praeparandis, artis istius Exercitii Perfectio dari debeat* [...].

Abschnitt 2, (1r–20r, Vr–VIIIr): 20 Bildtafeln, Inhaltsverzeichnis u. Nachtrag.

(1r–20r): 20 Bildtafeln mit lateinischen Erläuterungen.

(Vr–VIIIr): Inhaltsverzeichnis.

(VIIIr–IXr) Nachtrag: *Canderia et Numismata facienda ad experimenta, sine quib*[us] *nullu*[m] *experimentu*[m] *fieri potest* [...].

Nach einem Vergleich der Inhaltsverzeichnisse könnte es sich bei dieser Handschrift um eine Überlieferung der ‚Clavicula Salomonis' handeln, deren Text mit dem jener verwandt ist, die Kiesewetter „als lateinische Version der italienischen Übersetzung des Abraham Calorno" bezeichnet, s. KIESEWETTER, Faust 2 (1921 [1893]), S. 73–75.

Zu Abram Calorni (1544–1599) u. seiner Übersetzung s. JÜTTE (2005), bes. S. 438–443. – Zu Faust u. Zuschreibungen s. Ms. 186. – Zu Salomon s. Ms. 164.

Ms. 209

Ps.-Zoroaster: »Clavis Artis«, dt.

18. Jh. ▪ 146 Bl. ▪ 34,4 x 21,7 cm ▪ Illustrationen

Datierung nach der Schrift. – Die zeitgenössische Paginierung beginnt nach (IIv), bis (S. 263); (S. 62) wurde zweimal vergeben, dafür fehlt (S. 63); vor (S. 243) wurde ein Blatt herausgetrennt, Textverlust. – Zwei Hände, Hand 1 auf (S. 1–7, S. 215–263), Hand 2 auf (S. 70–214), vermutlich auch Haupthand in Ms. 255 (s. dort). – Eine lose Beilage (21 x 16,6): Notizzettel (von der Hand Sonnenthals, s. hierzu Ms. 158): 1) *Der Verfasser der 10 Wunder bei Batsdorffilem ariadne*** heißt Hauptman*[n]*, vide, Handschriften für Freunde geheimer Wissenschaften von M*[aximilian] *J*[oseph] *F*[reiherr] *v*[on] *L*[inden] [...] *pag. 194, 2) von Barozzi, oberstwachtmeister bei der Ungarischen adligen Leibgarde*, zu von Linden s. Kap. 6.2.

Wasserzeichen: schreitender Hirsch, nicht nachgewiesen.
Illustrationen: kolorierte Federzeichnungen: Figuren u. praktische Darstellungen.
Einband: hellbrauner Halblederband, wie bei Ms. 158, s. dort; am Rücken leicht beschädigt.
Geschichte: Rücken: *Mscprt 209 CCIX.* – Vorderer Spiegel: *Mscrpt CCIX, 1 Beilage* sowie eine weitere Notiz: *circulata pag*[ina] *143, Merke wohl, daß 14. Buch pag*[ina] *94–99.* – Ü-LSB, Kunzer [1894], Ms. 209.

(IIr–S. 263): [Ps.-Zoroaster]: »Clavis Artis«, 49 Bücher in zwei Teilen. – (IIr): *Augurapory des großen berühmten uralten Magii Zoroaster des Juden Rabby Clavis artis so bestehet in 39 Büchern, so wir aus dem Arabischen soviel als es hat seyn wollen in teudtscher Sprache beschrieben, vom Jahr der Welt 1996 verteutscht Anno Christi 1236 durch S.V. F*[rater?] *C*[rucis?] *R*[osae?] *C.*

(S. 1): Vorrede des Autoris, Incipit: *Aeo vel Aaoo, fange ich Zoroaster an, die verborgne Geheimnuß des großen Erzvaters Adams und Henochs auf diese Pithons Haut zu mahlen* [...]; (S. 2–11): *Anrede an den Filius Artis §1*, Incipit: *Man hat zeithero von den Liebhabern der Kunst vieles Klagen und Lamentieren Hören müßen, wie daß man aus so vielen Autoribus, so von dieser göttlichen Kunst geschrieben* [...].

(S. 12–214) Teil 1: [Ps.-Zoroaster]: »Clavis Artis«, 39 Bücher, mit Illustrationen.

(S. 12–16): Index; (S. 17): *Kurze Anrede des Zoroaster in einem Gebet: Nachdem der Ralischo Abua Aeo durch seinen Ruah* [...]; (S. 18) *Das 1. Buch hantelt von der Marez Aquaroris und aqua grandis, Das 1. Cap*[itel]: Incipit Haupttext: *Der große Jehova der Welt hat sich in seiner großen Kraft erbarmet über das menschliche Geschlecht* [...].

Mögliche Vorlage: Clavis Artis Des berühmten Juden und Rabbi Zoroaster, wie solcher 1996 Von Anfange der Welt [...]. Jena 1738. Die Überschriften der ersten 13 Bücher der vorliegenden Handschrift entsprechen weitgehend den 13 Kapitelüberschriften des Drucks. Die Vorreden sind vertauscht, manche Textabschnitte stimmen wortgetreu mit dem Druck überein. Insgesamt ist die Handschrift umfangreicher. – Ms. 247 scheint punktuell eine PÜ zu sein. – Eventuell besaß auch Kiesewetter (s. weiter Ms. 178) eine PÜ, vgl. München, BSB: Kiesewetteriana 0, Nr. 41.

Zum Titel Augurapory s. Ms. 189, es sind keine textlichen Zusammenhänge zwischen dieser und der vorliegenden Handschrift erkennbar.

(S. 215–263): Teil 2: [Ps.-Zoroaster]: Ergänzung zur Clavis Artis, 10 Bücher, mit Illustrationen.

(S. 216–217): *Vorrede des 2ten Theils*, Incipit: *Nachdem wir bei Uibersetzung des der* [!] *39 Bücher von unsern Zoroaster, welche wir auf der Pithons Haut under wenigen Worten gefunden und das mehreste in Figuren, Zeichen, Caracteren bestanden* [...]; (S. 217) *Das 1te Buch handelt von den Achium, wie man in trucknen Wege mit solchem ein Acaricho ausarbeiten soll auf verschiedne Wege: Das Cap*[itel] *1:* Incipit Haupttext: *Hier führet uns der Autor auf die Kiesel und lehret wie man* [...].

Eine mögliche PÜ dieser Handschrift wurde im November 1804 von einem Dr. Struve zum Verkauf angeboten. Deren Inhaltsverzeichnis stimmt mit der Unterteilung u. den Kapitelüberschriften des vorliegenden Manuskripts weitgehend überein, aufgrund der angegebenen Seitenzahl kann es sich jedoch nicht um die vorliegende Handschrift handeln, vgl. The medical and physical Journal, 14 (1805). S. 91–95. – Eine weitere mögliche PÜ in Triest, Bibliotheca Civica Hortis: Ms. 2–27.

Zu Zoroaster s. Ms. 189.

Ms. 210

Alchemische Sammelhandschrift, enthält Exzerpte, Rezepte, Traktate und Abschriften u.a.: Paracelsus: »De natura rerum libri septem«, dt./lat.

17. Jh. ▪ 406 Bl. ▪ 34,3 x 22 cm ▪ Illustrationen

Datierung nach Handschriftenvergleich mit datierter Handschrift von gleicher Hand, Ms. 177, s. dort, sowie Vorlagenverweise auf (373r): post 1661. – Die zeitgenössische Foliierung setzt nach (IIIv) ein, bis (396r); die Ziffer 177 wurde bei Foliierung nicht vergeben; (Bl. 204) wurde herausgerissen, kein Textverlust; nach (Bl. 396) wurden 4 Blätter herausgetrennt, Textverlust. – Eine Haupthand; vereinzelt Anstreichungen mit Bleistift. – Rotschnitt.

Wasserzeichen: Lilie mit *M* u. *B*, so nicht nachgewiesen.
Illustrationen: Federzeichnungen, schwarz-weiß koloriert: praktische Darstellungen u. Figuren.
Einband: brauner Lederband mit goldenen Zierlinien, im Vorderdeckel Wurmfraß, der Hinterdeckel mit leichten Kratzern.
Geschichte: Einbandrücken: *Mscrpt CCX 210.* – Vorderer Spiegel: alte Signatur: *litt*[e]*ra*[?] *X Numero 8, Thomus quintus* sowie *Mscrpt CCX*. – Ü-LSB, Kunzer [1894], Ms. 210.

(1r): *ALIUS LIBER varios et raros TRACTATUS Chymicos et Alchymicos in Praxi et Theoria existentes nec non varia varii generis utilia SECRETA et ARCANA Continens Collectus et conscriptus ex multis Arte peritis Viris A me M.W.S.R.I.D.H.C.I.W.E.B.I.W.*

(2r–50v): [Gebhard] Schellhammer, Kompilation alchemischer Rezepte u. Traktate, 23 Kapitel, dt, die ab (312v) fortgeführt werden, s. dort.

> (2r): *LIBELLUS Varia in Se continens Secreta A Domino Doctore Schelhamero Cancellario Episcopi Constantiensis et S*[acri] *R*[omani] *Impe*[rii] *Principis in Mörspurg conscripta; Nun folgen hierauff Und*[er]*schidliche thails zwahr Gemaine jiedoch einem Khunstliebendhen anfahendten Discipulo, Nothwendig Undt nutzlich Stuekch, Zue wissen undt deren handtgriff*[en] *in deren Operationibus Zue practicie-*

ren, Sonderbahr. Weylen obgedachter Herr Canzler ein Erfahrner Chymicus gewest, vil Undt lange Jahr laboriert, auch das Summum Philosophicum Secretum erlangt, Undt desselben ein wahrer besizer gewesen undt mit dem beruembten P. Terentio S.Z. als ein Vertrauter guetter fräundt in sond[er]*bahre Gehaimen Correspondenz undt verständnus gestandten.* (2r): *Das Erste Capittell,* Incipit: *Währ da calcinieren will, der mueß zue dem allerersten wissen wie die öffen sollen gemacht undt beschaffen sein* [...].

Zu Gebhard Schellhammer (1613–1621 Kanzler des Konstanzer Bischofs Jacob Fugger) s. OTTNAD (1988), besonders S. 186.

(51r–99v): Paracelsus: »De natura rerum libri septem«, deutsche Exzerpte, sieben Bücher.

(51r): *Sequitur Parvus Libellus Manu Scriptus Plane non minus admiratione quam Lectione Scitu dignus a Magno illo Scientiae et Experientiae peritissimo Viro et Philosopho Philippo Theophrasto Paracelso Bombast de Hohenhaim conscriptus et ab Amico Amico ex Singulari Amore et benevolentia communicatus Anno Dom*[ini] *1575.* [51v]: *De Natura Rerum das ist Von Natur undt Eigenschafft der Geschöpffen Gottes* [...]; (52r–54r): Vorrede, Incipit: *Es ist lieber Undt vertrauter fräundt undt brueder billig, das ich dir auff dein fräundtlich undt Ernstliches* [...]; (54v): *Liber Primus, De Generationibus Rerum Naturalium,* Incipit Haupttext: *Die Generation aller Naturlichen dingen ist zwayerlay, od*[er] *wirdet in Zway membra dividiert* [...].

Übersetzung/deutsche Exzerpte (mit Ergänzungen) von: Aureoli Theophrasti Paracelsi [...]: De natura rerum libri septem [...]. Basel 1573, s. auch SUDHOFF, Versuch einer Kritik 1 (1894), Nr. 145 u. Nr. 165.

Zu Paracelsus s. Ms. 156.

(100r–120r): Ottomannus, Traktat in zwei Teilen, dt.

(100r): *TRACTATUS Philosophicus Multa rara non Solum Scitu dignissima verum*[que] *Pro filiis doctrinae plane Necessaria et utilissima continens, A* [me]; *Magno Chymico Philosopho et Artis perito Ottomanno ex Singulari benevolentia Communicatus Viennae Anno Dom*[ini] *1638;* (100v): *Initium Tractatus,* Incipit: *In allen dingen, so die Natur wunder Ihre hat Zuverwalten undt ihr Undeworff*[en] *ist, wirdt die Corruption gesphürt undt wahrgenommen* [...]; (112r): *diß andrer thail begreiffet noch vile un*[d] *andrer Vil höhere undt gewaltige Arbeit* [...].

Vgl. auch (292v).

(121r–129v): Traktat zur Bereitung des Steins der Weisen, vier Abschnitte (*labores*), dt.

(121r): *DESCRIPTIO Magni Operis Philosophici hoc est Arcanum et Modus Lapidem Philosophicum praeparandi et conficiendi ab Ignoto Auctore* [con]*script*[us]. *Cum aliquibus Annotationibus Adiu*[n]*ctis et observatione dignis*; (121v): *Principi-*

um Primi Laboris Oder Anfang der Ersten Arbeit, Incipit: *Nimme des Allerbösten Ungerischen Goldts so vil du wilst* [...].

(130r–204v): [Oswald Croll]: »Hermetischer Wunderbaum«, Exzerpte, 36 Kapitel in sieben Büchern, dt., mit Illustrationen.

(130r): *TRACTATUS PHILOSOPHic*[us] *Pulcher et Rarus Intittulatus HERMETISCHER WUNDERBAUMB In septem distinctos libros divis*[us] *In quibus varia Scitu et admiratione dignae nec non cum Significatione tituli Tractatus Convenientia continent*[ur] *Omnia ad Maiorem DEI Gloriam et honorem*; (130v–131r): Inhaltsverzeichnis; (131v): *D.O.M.A. Primus Liber Oder Erstes Buchl*[in] *des hermetischen Wunderbaumbs von dem feuwrigen bleibendt*[en] *Wasser oder aber AZOTHO permanente. Wie lib*[er] *2 Macab*[äer] *Cap*[itel] *I, 29 beschriben zu fündten.* Incipit: *Wann da unsere vätter in Persien weggeführt wurdten, haben die Priester* [...]; (201v): Verweis auf den Druck von 1647.

Abschrift/Exzerpte aus: D.O.M.A. Crollius Redivivus: Das ist hermetischer Wunderbaum, Worinn zu sehen wie die wunderbahre Werck Gottes [...]; durch Anonymum von Feldtaw. Frankfurt a. Main 1647.

Zu Crollius Redivivus (Oswald Croll, 1590/92–1616/19), s. FERGUSON 1 (1954 [1906]), S. 185–187 u. TELLE, in: [2]Killy 2 (2008), S. 504–506.

(205r–212r): Brief über das philosophische Werk, dt.

(205r): *Pulchra Epistola a Viro Illustri ad Suum Amicum conscripta De Opere Philosophico Et quaenam observanda nec non p*[rae]*cave*[n]*da; Wohlgebohrner hochadelicher hochvertraudter vilgeliebter herr brued*[er] *undt werthester fräundt, Uber Velfältig meines großen fräundts Schwager undt brueders h*[errn] *G.d. wie auch* [...].

(212v–219r): 61 alchemische Anmerkungen, dt.

(212v): *Variae Annotationes Chymicae welche da nicht allain auß underschiedtlichen Gehaimben schrifften undt von hochberüembten Chymicis herkhommen und gezogen sondern auch guetten thails durch aigene Erfahrenhaiet undt praxin erlangt* [...] *An*[n]*o 1640 beschreb*[en].

(219v–264r): Medizinische und alchemische Rezepte, dt.

Enthalten sind u.a. (219v): *Initium Eines sehr bewerthen hochen Medicinalischen Stuekhs*; (227r): *Praeparatio Crocci Martis*; (232r): *Doctoris Alstanii Oleum Saturnie* und (S. 254v): *Rubini ex Saturno.*

Es wäre möglich, dass es sich bei Doktor Alstanius um Dr. Jacob Alstein handelt, s. PAULUS, Alchemie u. Paracelsismus, S. 384.

(265r–271r): »De lapide physico seu medicina universali«, 40 lateinische Canones sowie abschließend ein deutsches Lehrgedicht.

(265r): *De Lapide Physico Seu Medicina Universali*; *Trimon: Symboli luminis Naturae B. hoc est Intentum Lapidis Philosophici, Materiae unicae* [...]; *Canon Primus*, Incipit: *Quiscunq*[ue] *in Regno Philosophorum Universalis medicinae Salvari vult* [...]; (269v): *Explicit Inferior Astronomia Per sequentes Rythmos* [...], Lehrgedicht, Incipit: *Wilt du durch Gottes Gnadt allain//Erlangen den Philosophischen Stain* [...], (271r): Expl. [...] *Undt manchen bringt das Ewig Verderben//So Ohne dies Er thet mit Ehren sterben. Finis.*

Eine mögliche PÜ der Canones in Hamburg, SUB: Cod. Alchim. 566, S. 79ff.

Bei dem Lehrgedicht handelt es sich um eine kurze (86 Verse) Variante des Lehrgedichts: Vom Tinkturwerk, Näheres u. Edition s. TELLE, Alchemie u. Poesie 2 (2013), Nr. 20, ohne Kenntnis dieser Handschrift.

(271v–275v): »Gloria Mundi, kleine Paradeiß tafel«, 15 Exzerpte, dt.

(271v): *Extract Oder Summarischer Innhalt des Buechlins genant Gloria Mundi Oder Paradeis Taffell in Kurze Positiones et utiles Concordantias* [...]; Incipit: *Wilßt du Zur beraittung Uhralten stains der Weißen von Gott* [...].

Mögliche Vorlage: Gloria Mundi. Kleine Paradeiß Taffel. Das ist Beschreibung der Uralten Wissenschaft deß Lapidis Philosophorum [...]. Frankfurt a. Main 1620.

(276r–292r): Diverse alchemische Abhandlungen u. ein Gedicht, dt.

Enthalten sind u.a. (276r): *Folgett Ein sonderbahres Werckh so da gehet auß einem Centrali quodam Sale Atherio resoluto in igne Minerali terreno seu Oleo Vitrioli* [...] *Ex Theophrasto Redivivo Michaelis Perelli, circa finem*; (277r): *Das Uhrthail der gleichung des Gottes und Richters Mercurii*, in sieben *picturae* (ohne Bilder); (278v): *Folgens Etliche Reihem oder Rythmi von gleichem Innhalt*, Gedicht, Incipit: *Hier ist ein blueth/O heldenmueth/Clarificiert/*[...] (279v): Explicit: [...] *durch Christum geben/das ewig leben*; (279v): *Secretum Faciendi Praecipitatum fixum qui Lunam in Solem figur*[at] (291v): *Das alle Erze flüssen es seün Goldt sülber Erz oder Khüssl.*

(292v–311v): [Ottomannus], alchemischer Traktat, in zwei Teilen, dt.

(292v): *TRACTATUS Philosophicus Pulcher non minus et Rarus De Summo totius Philosophiae Spagyricae Arcano* [...]; (292v): Incipit: *In allenn dingen so die Natur hat, undt Ihr Zue uerwalten* [...]; (302r): *Dieser andere thaill begreifft undt haltet in sich eine noch vil höhere undt gewaltigere arbaiet* [...]; (311v): *Notandum* zum vorgenannten Traktat.

PÜ von (100r–120r), s. dort.

(312r): Rezept zu Quecksilber, dt.

(312r): *Modus einen Mercurium currentem auß der Luna Zuemachenn welchen man den Mercur*[ium] *corporis nennet* [...].

(312v–338r): Fortführung der Schellhammer'schen Kompilation, s. (2r), sieben weitere Kapitel, dt.

(312v): *Caput Vigesimum 4tu*[m] *De Marte et Primo de Calcinatione Martis* [...].

(338v–342r): Alchemische Abhandlungen u. Rezepte, dt.

Enthalten sind u.a. (338v): *Oleum Talci oder das hochberihembte Laelikhälb So von meniglichen wann Es recht undt wohlberaiet, so hoch geschäzt werdt, von dem Hoch-Erfahrnen Alchymico Baretschi genant Camillo*; (340r): *Vera et omnium optima et perfecta purgatio Mercurii vulgis seu Com*[m]*unis* u. (341r): *De Anima Saturni.*

(342v–361r): »De lumine naturae«, Exzerpte, dt.

(342v): *Extractus ex quoda*[m] *scripto De lumine Naturae intitulatu*[m]. (342v–343r) Gedichtvorrede, Incipit: *Hier spiegelldich du stolzer Sophist/der du so hochberuehmet bist* [...] (343r): [...] Expl. *Bey der kay*[serlich] *Maij*[estät] *hoffe gefreitte/Ein fridenstüdscher*[?] *vilen Zuelaidt.* (343r): Incipit Haupttext: *Es bezeuget die Natur in allen geschlechten undt creaturen, das iedes dings generation* [...].

(361v–366r): Alchemische u. medizinische Rezepte, dt.

Enthalten u.a. (361v): *Remedium Exquisitum contra Pestem*; (363r): *Mercurius sublimatus dulcis und ein bewehrtes Recept wann ein Pferd von den Würmern angegriffen*; (364r): *Argentum vel Aurum minuere* u. (365v): *den Messing von dem Sülber schaiden.*

(366v–372): Fünf alchemische Prozessbeschreibungen, dt.

(366v): *Sequuntur quinque pulchri et rari nec n*[on] *differentes Process*[us] *De Leone Rubeo sive de Ente horizontis* [...] *Processus Primus*, Incipit: *Nimme des allerschönsten rainesten undt schönsten rothen leuwens, so sonsten khain anderes metall dann allein silber* [...].

(373r–396v): Abschriften u. Exzerpte zur Chemie aus den Schreiben eines H.C.M., ungeordnet aufgeführt aus dem Zeitraum von 2.9.1660, (387v), bis 19.11.1661, (395v), dt.

(373r): *Acta et Actitata varia Von Und*[er]*schiedlicher in Rebus Chymicis gewächselter Schreiben Undt was occasione desselben möhrer mit Und*[er]*loffen. Schreiben von H.C.M. de dato 5. 7ber Anno 1661* [...].

Enthalten sind u.a. (377v): *Cementum et Augmentum*; auf (387v) u. (389v): *Extract*[e] [aus einem] *Amsterdamisch*[en] *Prothocols* [vom] *2. 7ber.1660*; (391v): *Processus A quodam Laborante Constantia in effectum productus*; (396v): *Postscriptum H*[err] ***mel*[?] *werdte bey guettem fräundte behalten*[n] *müessen, Vorab Er sich Zue bestendiger fernerer auffrichtikhaiet undt treuwe verbindtlich machet, einmahl hofft von ihme Zuebringen was H*[err] *Carl Montendon bey herrn Baron Wildenst*[ein] *guettes ausgerichtet, halte dau** hir haben erlangt den Saurtaig* [?] *Zuer* *tinctur selbige Zue Ihren werkhan Zue legen dann sonsten H*[err] *Amedl* [bricht ab, fehlende Seiten].

Zu Charles de Montendon, s. YOUNG (1998), S. 204f.

Ms. 211

»*Thesaurus thesaurorum*«, *dt.*

18./19. Jh. ▪ 166 Bl. ▪ 21 x 34,8 [21 x 33] cm

Datierung nach der Schrift u. den Wasserzeichen (s. u.). – 44 lose, unterschiedlich umfangreiche Lagen; ab (79r) sind die einzelnen Lagen von leeren Bögen umfasst, die so eingefassten Bögen enthalten kleine Signaturzettelchen, deren Abfolge auf einer losen Beilage vermerkt wurde; eine nachträgliche, leicht fehlerhafte Foliierung (Titelblatt u. Vorwort (8r–9r) folgen erst nach dem ersten Rezept (1r–6r)), die sich an den Angaben der losen Beilage orientiert. – Eine Haupthand; Titel- u. Kapitelüberschriften in Kanzleischrift u. gelegentlich in blauer Tinte (Rest schwarz). – Eine lose Beilage (17,4 x 22,7cm).

Wasserzeichen: a) ein gekrönter Adler als Vollfigur, mit Zepter u. Schwert in den Klauen u. der Beischrift *K*[öniglich] *P*[reussischer]*HSTVGK*), aus der PM Spechthausen unter Johann Gottlieb Ebart (1787–1805), s. FRIESE, S. 207, Nr. 1b; b1) *JFOURHIER*, s. FRIESE (2000), S. 115–125, Nr. 3a (in vorliegender Handschrift folgt nach dem J ein Punkt) u. b2) das umrankte u. gekrönte Monogram *FRW* mit der Gegenmarke *J F WOLFSWIHKEL*, s. FRIESE (2000), S. 115–125, Nr. 13a und b, beide WZ aus der PM Wolfswinkel unter Josua Fournier (1790–1803); WZ aus den PM Spechthausen und Wolfswinkel auch in Mss. 237, 242 und 259, s. hierzu Kap. 4.3., Finowtalgruppe; c) gekrönter Adler in Vollfigur, mit Zepter u. Reichsapfel in den Fängen, ev. auch aus einer PM im Finowtal, so bei Friese nicht nachgewiesen; d) Hirschkopf im Profil, nicht nachgewiesen.
Geschichte: alte Signaturen an den Einzellagen: (79r–106v = Signaturen *165, 167, 179, 185, 205, 214, 216*), (107r–110v = Sign. *247*), (111r–114v = Sign. *217*), (115r–138v = Signaturen *250, 256, 263, 265, 266, 277*) u. (139r–166v = Signaturen *6, 34, 40, 41, 46, 51, 53*). – Auf der losen Beilage alte Signatur *ad N. 14.* – (8r): Vermerk: *Non sic est quaeso quae nunc ego dixero Vera Natura atque Deus condere cunctia queant.* – Ü-LSB, Kunzer [1894], Ms. 211.

(1r–165r): »Thesaurus thesaurorum«, alchemische u. medizinische Rezepte und Traktate, dt.

(8r): *Thesaurus Thesaurorum in wellichem Ich meine gar schöne und Approbierte Singularia Rerum Chimicarum Secreta mit sonderem Fleiß in latino, germanico und alphabetico Sermone, Semini suo, ut Deo & proximo bene serviat, hinderlaßen und auch beschrieben hab wollen.*

(9r): *Proaemium*, Incipit: *Nachdem der allmächtige Gott Himmel und der Erden erschaffen, hat er dieselbige nicht wollen lassen leer stehen, sondern mit dem, so ihm ge-*

fallen erfüllen. Den Himmel [...]; enthält u.a. (1r–6r): *Particulare vom Aackenschen Galmey*, (35r): *Einen Rubinen so bleich ist und Wolcken hat, die allerhöchste Rubinfarbe zu geben*, (40r): *Schlüssel der Geisterschrift*, (40v–41v): *Schlüssel zu diesem Buch*, (52r): *Pars cum Parte, soll schöner sein als rheinisch* <Gold> [...] *a Do*[mi]*n*[o] *Kornmann*, (71r): *Aus dreißig oder mehr Perlen ein gar großes Perlengeschenk zu machen*, (140r): *Den Krötenstein zu bekommen* u. (148r): *Wohl bestehen in Coitu.*

Ms. 212

Ps.-Thomas von Aquin: »Die geheime Perl der wahren Weisheit«

18. Jh. (1. Hälfte) ▪ 225 Bl. ▪ 35,5 x 21,5 cm ▪ Illustrationen

Datierung nach der Schrift u. Datierungen in anderen Handschriften von gleicher Hand, s. Ms. 188. – Die zeitgenössische Paginierung setzt nach (IIIv) ein, bis (S. 438), danach nachträglich bis (S. 447). – Eine Haupthand, wie in Ms. 188, s. dort, Marginalien von Haupthand; vereinzelt Verweise u. Einfügungen von einer zweiten, wie in Ms. 188, s. dort, und von einer dritten Hand, wie in Ms. 194, s. dort; die Kapitelüberschriften sind vereinzelt rubriziert; Unter- u. Anstreichungen in grün, lila u. rot.

Wasserzeichen: *A* u. *M*, wie in Ms. 188, s. dort.
Illustrationen: kolorierte Federzeichnungen: Schemata u. praktische Darstellungen.
Einband: blauer Kartonband mit Buntpapier (Kattunpapier, s. HAEMMERLE/HIRSCH (1961), S. 145–160 u. GRÜNEBAUM (1982), S. 32; ähnlich auch bei Mss. 199, 214, 215, 216, 217, 221, 228, 231 u. 233, s. hierzu Kap. 4.5., Einbandgruppe–2; im Vorderdeckel u. Hinterdeckel Wurmfraß.
Geschichte: Vorderdeckel: alte Signatur *49*. – Rücken: alte Signatur *5*, *Mscrpt CCXII 212* sowie ein kaum mehr lesbares altes Titelschild *Thoma*[s] *Aquina*. – (Ir): *Mscrpt CCXII*. – (IIv): Kaufvermerk *Costet 154 th*[a]*l*[er] *an*[n]*o 1739*. – (IIIr): *Notiz Matth. C. XIII. N. 45, 46*. – Ü-LSB, Kunzer [1894], Ms. 212.

(IIIr–S. 435): [Ps.-Thomas von Aquin]: »Die geheime Perl der wahren Weisheit«, sechs Tabellen in 55 Grundsätzen erläutert, mit Illustrationen.

> (IIIr): *DIE GEHEIME PERL DER WAREN WEISHEIT ÜPER TAS PIITHAGORE TAPELLEN – THOMAS DE AQUINAS, DOCTER ANGELUS ORTINIS PRETICATOR ROM 1266, AUS DEN LATEINSCHEN IN UNSERE MUTTER SPRACHE ÜPER SETZET VON IOHANN MACARI MONACHI OTINIS Penedicti anno 1492*; (S. 1–16): Vorrede, Incipit: *Meine kinder ihr solt wißen daß alle gutte gaben von oben herab komme*[n] *alß von dem vatter des lichtes* [...]; (S. 17–164): *Die 1. Tapelle des Pythagoras, Wer TA WEIS unt verstehet, was da vermag der geist der Welt Der weiß und ver stehet sehr viell, dan er kan nicht verderben sondern wirt dem göttlichen gleich Ps. 82, 6, Die Erklerunge*

dieser Tapelle, Incipit Haupttext: *Meine kinder dieße Tappell wahr von Eine*[m] *Carfunkel geschiede*[n] *Nach der kunst under in wendigen figur welche bedeutet daß Confusi*[on] *Chaos* [...]; (S. 417): *Die er klehrunge über die 6te Tappel des Pythagoras, Meine kinder dißе Tappell wahr* (S. 418): *auch auß Eine*[m] *smarakt stei*[n] *bereidet turch die kunst gemacht under Ein gegrabenen Zeichen* [...].

Eine punktuelle PÜ in Ms. 292, Teil 5 (s. dort). – Kiesewetter (s. weiter Ms. 178) meldet, dass er eine Handschrift »Die geheime Perl der wahren Weisheit über des Pythagorae Tabellen« besessen habe, s. KIESEWETTER, Geheimwissenschaften (2005 [1895]), S. 39.

Zu Thomas von Aquin s. Ms. 189.

(S. 435–438): Stellungnahme des Macarius zum Text.

(S. 438): *Lohb dieser schrifften*, (S. 435) Incipit: *Wier haben gott dem aller höchsten zu danken, daß er uns durch diße*[n] *heyligen Man die großen geheimnis* [...].

Zu Johann Macarius s. Ms. 193.

Ms. 213

Ps.-Thomas von Aquin: »Clavis artis thesaurus mundi«, dt.

18. Jh. (1. Hälfte) ▪ 221 Bl. ▪ 34,5 x 20,5 cm ▪ Illustration

Datierung nach der Schrift u. Datierungen in anderen Handschriften von gleicher Hand, s. Ms. 188. – Die zeitgenössische Paginierung beginnt nach (Iv) mit (S. 2), bis (S. 241); nach (Bl. I) wurde ein Blatt herausgetrennt, Textverlust. – Eine Haupthand, wie in Ms. 188, s. dort; Paginierung u. Seitenangaben im Inhaltsverzeichnis von zweiter Hand, wie zweite Hand in Ms. 188, s. dort; von dritter Hand, wie dritte Hand in Ms. 194, s. dort, Notiz auf vorderem Spiegel; vereinzelt Anstreichungen in Bleistift u. grüner Farbe.

Wasserzeichen: *A* u. *M*, wie in Ms. 188, s. dort.
Illustrationen: kolorierte Federzeichnung: Figur.
Einband: blauer Kartonband, Rücken fehlt.
Geschichte: Vorderdeckel: alte Signatur *48*. – Rücken: *Mscrpt CCXIII 213* u. alte Signatur *58*. – Vorderer Spiegel: Notiz *Nota lieber Freund, N*[ota]*B*[ene] *p*[agina] *14 u*[nd] *15 faße man wohl auf u*[nd] *auch pag*[ina] *149 et p*[agina] *150 B.C.D.S.G. R*[osae] *Crucis*. – (S. 2): alte Signatur *N65*. – Ü-LSB, Kunzer [1894], Ms. 213.
Literatur: KRISTELLER, Iter Italicum 3 (1983), S. 724a.

(S. 2–235): [Ps.-Thomas von Aquin]: »Clavis Artis thesaurus mundi«, dt., 30 Grundsätze in zwei Teilen.

(S. 2–147): *CLAVIS ARTIS TESAURUS MUNDI DE LAPIDE PHILOSOPHORUM TOMAS AQUINAS DOCTER ANGELUS ORTINIS PRETICATORUM ROM*[A] *1266 IN DAS DEITSCH ÜPERSETZET VON IOHANN MACARI MONACHI ORDINIS PENETICDI ANNO DOMINI 1469*; [erster Teil]; 17 Grundsätze.

(S. 4–13): Vorrede: *IN Nomine Patris et Filius et Spiritus Sanctus Ammen*, Incipit: *Mein lieber freundt wan wir auß dem Zoroaster folgendte wordte bedrachte*[n] [...]; (S. 14) *Der 1. Grundsatz hantelt von unßern Chaos oder Electrum Mineralle.* Incipit Haupttext: *Nun aber mit alle*[n] *ein Nande*[r] *zu beschreibe*[n] *wie Man ußе*[m] *Chaos unßer Electrum recht Erkenne*[n] *soll* [...].

(S. 148–235): *CLAVIS ARTIS ZWEIDER Theil Sota handelt von dennen* <Sal>*Mander der weißen auß denen Piros und Mineram* <Vitriol>*i*; 13 Grundsätze.

(S. 148–157) Vorrede: *Mein kindt die schrift saget daß gotter aller höchste alß Ein* [?] *verglichen wird* [...]; (S. 158) *Der 1. Grundsatz handelt von der wahren Resoludion der Piros in Einen krinen und Weißen* <Vitriol>. *Wan nun in dißer* [?] *sein arbeit anfange*[n] *will* [...].

(S. 236–241): Inhaltsverzeichnis (*InText*).

Kiesewetter (s. weiter Ms. 178) besaß eine gleichnamige Handschrift, s. München, BSB: Kiesewetteriana 0, Nr. 34a.

Zu Thomas von Aquin s. Ms. 189.

Ms. 214

Ps.-Thomas von Aquin: Alchemischer Traktat

18. Jh. (1. Hälfte) ▪ 86 Bl. ▪ 35,5 x 22,4 cm ▪ Illustrationen

Datierung nach der Schrift u. Datierungen in anderen Handschriften von gleicher Hand, s. Ms. 188. – Die zeitgenössische Paginierung beginnt nach (Iv), bis (S. 142), danach nachträglich bis (S. 150); (Bl. I) besteht aus einem zusammengeklebten Doppelblatt. – Eine Haupthand, wie Hauptthand in Ms. 188, s. dort; Paginierung, Seitenzahlen u. Korrektur (S. 143) im Index u. Anmerkungen von zweiter Hand, wie zweite Hand in Ms. 188, s. dort; zahl- u. umfangreiche Marginalien u. Einschübe von dritter Hand, wie dritte Hand in Ms. 194, s. dort; die Schrift ist stellenweise rubriziert; Unterstreichungen in rot.

Wasserzeichen: a) *A* u. *M*, wie in Ms. 188, s. dort; b) in einer Vase fünf Blumen, so nicht nachgewiesen.
Illustrationen: Federzeichnungen: praktische Darstellungen u. Zierelemente.
Einband: Pappband mit Buntpapier (s. hierzu Ms. 212), stellenweise ausgebessert.

Geschichte: Vermutlich sollte die vorliegende Handschrift einst mit dem nicht erhaltenen 2. Teil zu Ms. 233 zusammengebunden werden, s. dort u. vgl. (S. 143–147). – Vorderdeckel: alte Signatur *10*. – Rücken alte Signatur *11* u. *Mscrpt CCXIV 214*. – Vorderer Spiegel: *Mscrpt CCXIV* u. Seitenvermerke. – (Iv): Anmerkungen u. Notizen zum Text von zweiter u. dritter Hand. – Ü-LSB, Kunzer [1894], Ms. 214.

(Ir–S. 142): [Ps.-Thomas von Aquin]: Alchemischer Traktat in 14 Kapiteln (= Sätzen).

(Ir): *THOMAS AQUINAS DOCTOR ANGELICUS ORD*[INIS] *PRAEDICATORUM 1286*. (S. 1–12): *Vorrethe*, Incipit: *Non enim disputando sed agendo scitur ars amandi daß ißt die Kunst und wißenschafft gott zu lieben wirdt nicht gelernet mit fielle*[m] *disputieren sondern Miit wircke*[n] *und die Tugend zu üben* [...]; (S. 13): *Das 1. Gesatz So ta handeln wird von dem begin und anfangenten* <Feuer> *und geißt so in der gestalt eines* <Wassers> *ErKant wirt*. Inicpit Haupttext: *Mein armes kindt so tu wilst mit mir weißheit Er forschen so wiße waß in den 4 Buche Ester stehet* [...].

(S. 143–147): *Der In dex dißer geheimen Schrift*, [Korrektur:] *N*[ota] *B*[ene]: *Dieser Index gehört zu des Trithemii andern Theil Seines Ternarii Sancti Sancti* [...].

(S. 148–150): *Der Intext über den Tommas de Aquinas*.

Zu Thomas von Aquin s. Ms. 189.

Ms. 215

Vincentius: »Das verborgene Licht in der Natur«

18. Jh. (1. Hälfte) ▪ 187 Bl. ▪ 34,5 x 21,5 cm ▪ Illustrationen

Datierung nach der Schrift u. Datierungen in anderen Handschriften von gleicher Hand, s. Ms. 188. – Die zeitgenössische Paginierung setzt nach (IIv) ein, bis (S. 364), danach weitere ungezählte Blätter (III–V); nach (Bl. II) wurde ein Blatt herausgetrennt, Textverlust nicht bestimmbar. – Eine Haupthand (wie Haupthand in Ms. 188, s. dort), Marginalien u. Paginierung von einer zweiten Hand (wie zweite Hand in Ms. 188, s. dort); Unterstreichungen in grün u. mit Bleistift.

Wasserzeichen: *A* u. *M*, wie in Ms. 188, s. dort.
Illustrationen: Siegel, Figuren, arkane Inschriften, auch in Ms. 188, s. dort, u. praktische Darstellungen.
Einband: Pappband mit Buntpapier (s. hierzu Ms. 212).
Geschichte: Vorderdeckel: ein altes Signaturschild *(15)*. – Rücken: *(15)*, ein altes Signaturschild, darauf *31* u. *Frater Vincent*[ius], darunter *Mscrpt CCXV 215*. – Vorderer Spiegel: *Mscrpt CCXV*. – (Ir): *5077*. – (IIr): alte Signatur *58*. – Ü-LSB, Kunzer [1894], Ms. 215.
Literatur: KRISTELLER, Iter Italicum 3 (1983), S. 725b. – ARNOLD (1991), S. 260.

(IIr–S. 362): Vincentius: »Das verborgene Licht in der Natur«, in 14 Abschnitten; *Tabellen* und Figuren und deren Erläuterung.

(IIr): *DAS VERPORGENE LICHT IN DER NATUR FRATRIS VINCENTIUS ORDINIS PREDICATORUM ANNO 142* [wohl: 1412, s. Ms. 216] *AUS DEN SPANISCHEN ÜBERSETZE: VON TRITHEMIO VON SPONHEIM APAS ZU CHREITZPURG 1430.* (S. 1–22): Vorrede, Incipit: *Mein freind und lieber Leser, Mir veriffelt nicht, du wirscht gerne gestehen daß alle Weißheit von Gott herr kommt* [...]; (S. 23–28): *Die Heilige Anrethe uns*[res] *Vatters Vinsentius* Incipit: *Mein Kindt alle weisheit und verstand und Erkendnis kommet allein von Gott her* [...]; (S. 30–56): *Die wiederhaut des Camhis Osiris: So ich von Eine*[m] *Egyptischen bruder bekome*[n] *undt laudet die Schrifft alßo auff dißer haut* [arkane Schriftzeichen u. deutsch im Wechsel]; (S. 32) *Das 1. Cap*[itel] *handelt von der wirchenden und anfahenden geiste in der nadur* [...], (S. 33): Incipit Haupttext: *Mein sohn dieser alt vatter hat durch die Erken*[tn]*iß deß großen gottes auch dir* [...]; (S. 57–73) *Die Tapell Isfitis*; (S. 73–87) *Die Tapelen Sems*; (S. 87–104) *Die Tabelle Simmeramus*; (S. 105–116) *Die Tebelle Japheto*; (S. 117–133) *Die Tabellen Tubals*; (S. 134–158) *Die Trachenhaut des Herculis so ich in Thebe*[n] *bekomen*; (S. 159–172) *Die wiederhaut deß Jasonnis wie solche in Rohm ligett*; (S. 173–204) *Die Tabellen Jacobs und Labans*; (S. 205–232) *Die Tabellen Salom*[m]*onis*; (S. 233–252) *Die Tabellen Achilis wie ich solche aus Griechenlant mit gebracht*; (S. 253–278) *Die Tabell Athalia So ich in Africa bekomen*; (S. 279–305) *Die Tabellen Samuelis Baruchs genantt*; (S. 305–362) *Die 7 Tabellen des Rabi Eliasers Abraham.*

(S. 363–364): Inhaltsverzeichnis.

(IIIr–Vv): *Index Rerum et Verborum in hoc Volumine contentor*[um], unvollendet.

Eine Zuschreibung zu Trithemius, s. ARNOLD (1991), S. 260.

Zu Trithemius s. Ms. 189. – Zu (hl.) Vincentii als Verfasser s. Ms. 193. – Zu Sem u. Japhet s. SCHORCH, in: Neues Bibel-Lexikon 3 (2001), Sp. 565–566 u. GÖRG, in: ebd. 2 (1995), Sp. 256. – Zu Tubal s. Ms. 188 – Zu Jakob s. Ms. 199. – Zu Laban s. GRÜNDWALDT, in: Neues Bibel-Lexikon 2 (1995), Sp. 571–572. – Zu Salomon s. Ms. 164. – Zu Herkules s. TRIPP/RAUTHE (2012), S. 222–239. – Zu Jason s. ebd., S. 258–261. – Zu Achilles s. ebd., S. 10–14. – Zu Abraham Eleazar s. Ms. 204.

Ms. 216

Vincentius: »Von den übernatürlichen Wundern in der Natur«

18. Jh. (1. Hälfte) ▪ 242 Bl. ▪ 35,5 x 21,5 cm ▪ Illustrationen

Datierung nach der Schrift u. Datierungen in anderen Handschriften von gleicher Haupthand, s. Ms. 188. – Die zeitgenössische Paginierung setzt nach (Vv) ein, bis (S. 174). – Eine Haupthand, wie Haupthand in Ms. 188, s. dort; Marginalien, Paginierung u. ein unvollendeter Index von zweiter Hand, wie zweite Hand in Ms. 188, s. dort; Unterstreichungen mit Bleistift u. grüner Tinte; Kolorierungsanweisungen bei den unvollendeten Illustrationen, s. Anhang B, Abb. 5.

Wasserzeichen: *A* u. *M*, wie in Ms. 188, s. dort.
Illustrationen: Federzeichnungen: Figuren u. praktische Darstellungen.
Einband: Pappband mit Buntpapier (s. hierzu Ms. 212).
Geschichte: Vorderdeckel: altes Signaturschild *(12)*. – Rücken: alte Signatur *27*, *P Vincentie* u. *Msrcpt. CCXVI 216*. – Vorderer Spiegel: *Mscrpt CCXVI*. – (Ir): alte Signatur *4947/432b*. – Ü-LSB, Kunzer [1894], Ms. 216.
Literatur: KRISTELLER, Iter Italicum 3 (1983), S. 724a. – ARNOLD (1991), S. 260.

(Vr–S. 174): Vincentius: »Von den übernatürlichen Wundern in der Natur«, neun Bücher.

(Vr): *S*[ANCTI] *VINCENTIUS ODINIS PreeTICATORUM HANTELT VON DENNEN IPERNATIRLICHEN WUNDERN IN DER NADUR GESCHRIPEN ANNO 1412 ÜPERSETZET AUS DEN SPANISCHEN IN DAS DEITSCHE TRITHEMIUS VON SPONHEIM APAS ZU CREITZPURG M.IV.L* [wohl: 1450]; (S. 1–12): Vorrede Incipit: *Mein Kind wen wir bedrachten den begreifflichen leib des irtischen* <Wass>*ers, und seine Nadur* [...]; (S. 13–14): Inhaltsverzeichnis; (S. 15): *Das 1. Buch handelt von den astralischen geistern worinnen solche zu finden und als ein* <Feuer> *zu scheiden*. Incipit Haupttext: *Mein Kind hir weis ich dir den anfang machen von dennen universall geistern* [...]; (S. 124): *Das 9. Buch handelt von der universall Meticin* [...]; (S. 162): [...] *dir zum beschluß dieses buches solches geheim nuß Noch Ein Mahl: in lauder figuren auf egiptische ahrt wieder holle*[n].

(S. 163–173): Figuren.

(S. 182–221): unvollendeter Index.

Eine Zuschreibung zu Trithemius, s. ARNOLD (1991), S. 260.

Zu Trithemius s. Ms. 189. – Zu (hl.) Vincentii als Verfasser s. Ms. 193.

Ms. 217

Vincentius: »Mysterium magnum dei«, erster Teil, dt.

18. Jh. (1. Hälfte) ▪ 242 Bl. ▪ 35,5 x 21,5 cm ▪ Illustrationen

Datierung nach der Schrift u. Datierungen in anderen Handschriften von gleicher Hand, s. Ms. 188. – Die zeitgenössische Paginierung beginnt nach (IIv), bis (S. 482), danach nachträglich. – Eine Haupthand, wie in Ms. 188, s. dort, von dieser auch Marginalien u. Korrekturen; von einer zweiten Hand, wie zweite Hand in Ms. 188, s. dort, Marginalien, Paginierung, Seitenzahlen im Inhaltsverzeichnis, Index u. ein Appendix; von dritter Hand, wie dritte Hand in Ms. 194, s. dort, Marginalien; Unterstreichungen in grün.

Wasserzeichen: *A* u. *M*, wie in Ms. 188, s. dort.
Illustrationen: praktische Darstellungen.
Einband: Pappband mit Buntpapier (s. hierzu Ms. 212).
Geschichte: Vorderdeckel: alte Signatur *(27)*. – Rücken: über die alte Signatur *(27)* wurde eine weitere alte Signatur *30* geklebt, ein weiterer Kleber mit: *Mscrpt CCXVII* u. *48*. – Vorderer Spiegel: *Mscrpt CCXVII* u. von dritter Hand Bemerkungen zum Text u.a. *p. 439 Absonderl. diese Theosophische Regel des Geists der Seelen in Praxin* [?] *zu bringen*; die Initialen *G.F*[ried], diese Initialen auch in den Mss. 218, 221, 223, 224 und 233, s. weiter Kap. 6.3.2. – (IIr): Bleistiftvermerk *Tom 1* u. Bemerkung von zweiter Hand: *Huius Denominationii Ratio et Approbatio vide haec in Hydrolytho Macarii pag. m. 7*, zu Macarius s. Ms. 193. – (S. 20): von zweiter Hand inhaltliche Verweise auf nicht im Codex enthaltene Passagen: *der zweyte theil folget p. 399*, [...] *der dritte theil folgt pag. 575* [...] *der vierte theil aber pag. 709* [...], wohl Verweise auf separate Folgecodices, die übergreifend paginiert wurden, vgl. die Notiz von zweiter Hand auf (S. 483): *Nöthige Erinnerung bey diesem Ersten Theil des Mysterii Magni: Weilen der Autor Vincentius in seinemsogenanten Buche Mysterii Cabbalisticii p.m. 341 schreibet: Daß solches buch zu seinem Ersten, nehmlich den Ersten Theile des Mysterii Magni Dei benehmset* [?] *gehöre; So halte ich derer dienlich: daß man die Arbeiten, so allhier zufinden nach den Paginier dorthin Zu allegiren* [unleserliche Passage] *unb solche bey befindender noth hier selbst nach Zuschlagen und deren arbeiten rechte Einsicht zu erlangen*. – (S. 25): Erwähnung in einer Randbemerkung *Martin Möller Postill. Part. IV* = Martin Moller: Praxis Evangeliorum. Einfeltige erklärung und nützliche betrachtung der Evangelien [...]. Vierdter Theyl. Görlitz 1603, s. auch Ms. 189. – Ü-LSB, Kunzer [1894], Ms. 217.
Literatur: KRISTELLER, Iter Italicum 3 (1983), S. 724a. – ARNOLD (1991), S. 260.

(IIr–S. 375): Vincentius: »Mysterium magnum dei«, Teil 1, dt., 33 Kapitel in zehn Büchern.

> (IIr): *MYSTERIUM MANGNUM DEI FRATRIS VINCENTIUS ORDIN[INIS] PREDICATORUM DIVXXXX* [1440?] *ÜPERSETZET VON TRITHEMIO VON SPONHEIM APAS ZU CREIZPURG ANNO DOMINI DIVLXX* [wohl: 1470]; (IIv): Gedicht: *Si ad actoris placitum Reum dijudicas/Nae judex es non aulicus, sed caulicus/Sic fit libros prus ac legas fastidias/jam auritus es non Mulus sed sileni equus*; (S. 1–15): Vorrede: *I.N.P.E.F.E.S.S.* Incipit: *Mein lie-*

ber Freund und brutter in dem herrn der him[m]*el und* <E>*rden erschaffen hat: Esthat der Barmherzige* [...]; (S. 15–20): Inhaltsverzeichnis; (S. 21): *Das 1. Buch handelt von den einzigen geiste welcher alles in allem ist.* Incipit Haupttext: *Es stehet geschrib*[en] *in de*[m] *erste*[n] *Buch der Schöpffung alß gotter herr hümmel* [...]; (S. 324): *Das 10. Buch handelt von der großen Universall Meticin* [...].

(S. 375–387): Appendix.

(S. 387–425): Nachträge u. Ergänzungen.

(S. 425–483): Zusammenfassung des vorangegangenen Textes.

(S. 425): *Eine wieder holung einiger geheimen arbeiden auß dem Erschten Theill des Mysterium Mangnum;* (S. 425): *Vorrethe Ich habe dir Mein Kindt in Meine[m] in Meine*[m] *Erschten teille* [...]; (S. 426–427): Inhaltsverzeichnis; (S. 427): *Im 4ten Buch In den 2t*[en] *Cap*[itel], *wo von dem* <Vitriol> *gehandelt, wan du* [...].

Eine Zuschreibung zu Trithemius, s. ARNOLD (1991), S. 260.

Zum Überlieferungskontext s. Ms. 230 (S. 453).

Zu Vincentius s. Ms. 193. – Zu Trithemius s. Ms. 189. – Zum Kloster Kreuzburg s. Ms. 193.

Ms. 218

Vincentius: »Universalschlüssel« (»dreifaches Kleeblättlein«), 2 Teile

18. Jh. (1. Hälfte) ▪ 226 Bl. ▪ 35,5 x 21,5 cm ▪ Illustrationen

Datierung nach der Schrift u. Datierungen in anderen Handschriften von gleicher Haupthand, s. Ms. 188. – Die Handschrift besteht aus zwei Teilen: Teil 1: (ungezählte Blätter I–V, gezählte Seiten 1–73), Teil 2: (Bl. I, S. 1–360). – Eine Haupthand, wie Haupthand in Ms. 188, s. dort; Paginierung, Ergänzungen u. Marginalien von einer zweiten Hand, wie zweite Hand in Ms. 188, s. dort; Marginalien u. Ergänzungen von dritter Hand, wie dritte Hand in Ms. 194, s. dort; rote, grüne u. Bleistiftunterstreichungen. – Eine lose Beilage (34,6 x 10,3), die eine Synchronisierung alter u. neuer Seitenzahlen enthält, die allerdings keine Entsprechungen mit den Seitenzahlen der vorliegenden Handschrift vorweist.

Wasserzeichen: *A* u. *M*, wie in Ms. 188, s. dort.
Illustrationen: Figuren, praktische Darstellungen u. Zierelemente, teilweise koloriert.
Einband: Pappband mit Buntpapier (Herrnhuter Kleisterpapier, s. HAEMMERLE/HIRSCH, S. 137–144 u. GRÜNEBAUM, S. 48 u. S. 108), auch bei Mss. 219 u. 220, s. Kap. 4.5., Einbandgruppe-3.
Geschichte: Vorderdeckel: alte Signatur *(59)*. – Rücken: alte Signatur *(5*[9]), darüber geklebt *33*, darunter handschriftlich *Frater Vincenti Universal Schlissel*, darunter *No. 2*[5]. – Teil 1, (Ir): Notiz *Nitrumreiniger p. 38, 5077* sowie alte LSB-Signatur *7830/ 393*, s. KATALOG (1862). – (IIIr): die

zeitgenössische Seitenzahl *309.* – (IVr): alte Signatur *51.* – Teil 2, (Iv): Kaufvermerk *Dieses Buch kostet 450 th*[a]*l*[er] *bahres gelt allein es ist der kerrn aller schrifften* [...]. – (S. 217): Anmerkung: [...] *Euer Aufrichtiger GFr*[ie]*d* [...], s. hierzu weiter Ms. 217. – Ü-LSB, Kunzer [1894], Ms. 218.
Literatur: KRISTELLER, Iter Italicum 3 (1983), S. 725b.

TEIL 1, (IIIr–S. 73): Vincentius: »Universalschlüssel« (»dreifaches Kleeblättlein«), erster Teil, acht Kapitel in drei Teilen.

(IIIr): *FRATER VINCENTI UNIVERSAL SCHLISEL ALLER MEINER SCHRIFDEN ALS DAS 3 FACHE KLEEBLETLEIN AN*[N]*O DOMINI DIVXXXX* [wohl: 1440?], (IVr): [...] *AUS DEN SPANISGN* [!] *VON MIR IN DIETSCHE SPRACHE ÜPERSETZTET FRATER PASILIUS VALENTINI ORTINIS PENEDICTI ANNO DOMINI MVLXXXII* [wohl: 1582]; (S.1–8): Vorrede: *Alles was othem hatt lohbe dem herren* Incipit: *Mein Kindt ich kan Nicht umhin dir Noch Etwas zu sagen, daß ich in allen meinen Schriffte*[n] *under laßen habe* [...]; (S. 8): *Das 1. Cap*[itel] *hantelt Von denen uhrsachen warum ich Nicht alles in meinen schrifften so gleich ohne allen under Schit geoffenbahrt habe.* Incipit Haupttext: *Mein Kindt du wirscht fille geheim nuße finden in Meinen vorhergehenden* [...]; (S. 59): *Das 7. Cap*[itel] *Wiert handeln von Denen trucknen* <Wass>*er derer Mineralien od*[er] *Mineralischen geistern.*

Kiesewetter (s. weiter Ms. 178) besaß eine gleichnamige Handschrift, vgl. München, BSB: Kiesewetteriana 0, Nr. 40d.

Zu (hl.) Vincentii als Verfasser s. Ms. 193. – Zu Basilius Valentinus s. Ms. 165. – Zur Verwendung des Begriffs ‚Kleeblatt' in alchemischer Literatur s. KOPP 2 (2013 [1886]), S. 338.

TEIL 2, (S. 1–360): Vincentius: »dreifaches Kleeblättlein«, zweiter u. dritter Teil.

(S. 1–214): *KLEE PLETLEIN II. TEIL FRADER VINCENTI ORDINIS PREDICATORUM WELCHES HANDELT VON DEM GEISTLICHEN* <Wasser> *DER METALLEN UND MINERALIEN IN IHRER TREIZAHL PESCHRIPEN NACH DES INEREN GEISTES AUS GEPURTH ZUR PARATISISCHEN KRAFT TAS ALLER GRÖSTE GEHEIMNUS AUS DEM LICHTE DER EHWIGEN WAHRHEID VOR MEINE KINDER ÜPERSETZET VON JOHANN MACARII MONCHI ORDINIS PENEDICTI*; 17 Kapitel in zwei Teilen.

(S. 4–27): Vorrede Incipit: *Mein Kindt du wirscht gar gerne gestehe*[n] *daß alle weiß heidt vom gott fur kame* [...]; (S. 28) *Das 1. Cap*[itel], *Hir werde ich Tir zeigen die anfänge der Natur.* Incipit Haupttext: *Mein Kindt dir ist vorhero höchst nöthig zu wißen: wie auß dem* <Wasser> *alles er bohren*[...]. (S. 131): *Das 8. Cap*[itel] *handelt hir von einem andern Wege des 2 Köpfigen Trachens* [...].

(S. 216–360): *KLLEE BLETLEIN FRATER VINCENDII ORTINIS PRETICATORUM III. Theil WELCHES HANTELT VON DEM WUNTER* <Feuer> *DER EIGIPTIER in ihren Esendialischen geist feurigen wesen und über nadirlichen Kreften als unsers Caroseamischen Hundes so alles fresen tuth das große geheimnus der Eygiptier*; 23 Kapitel in zwei Teilen mit zwei Vorreden.

(S. 218–222) *Vorrethe* Incipit: *Mein Kind alßo wil ich dir hir aus dem inern grunde der Natur zeige*[n] *und lehre*[n] [...]; (S. 222): *Das 1. Cap*[itel] *Hier will ich dier die anfänge zu unsers* <Feuer> *der Eygiptier beschreiben*. Incipit Haupttext: *Mein Kindt also mache in den anfang in beschreibunge derjenige*[n] *ma*[teri]*a so wir* [...]. (S. 344–345) *Vorrethe* [Teil 2] *Von viscosen Wege*] *Mein Kind ich habe dir hir in diese*[m] *Buche ver sprochen alles daß genuge zu er öffne*[n] *was mir geheimes in der Natur verborgen ist* [...]; (S. 345) *Das 1. Cap*[itel] *Hier werde ich handeln von dem universall* <Feuer> *der kinder israel. Mein Kindt von dem Essentialische*[n] *und Capalistische*[n] <Feu>*er*[n] *wende ich Mich hier zu dem geheimen* <Feu>*er*[n] *der Kinder israel* [...].

Kiesewetter (s. weiter Ms. 178) besaß eine gleichnamige Handschrift, vgl. München, BSB: Kieswetteriana 0, Nr. 40a.

Zu Johann Macarius s. Ms. 193. – Zu (hl.) Vincentii als Verfasser u. zum Terminus ‚Kleeblatt' s.o.

Ms. 219

Vincentius: »Geheimes kabbalistische Bilderkabinett«

~ 1741 ▪ 254 Bl. ▪ 35,5 x 22 cm ▪ Illustrationen

Datierung aus der Handschrift: (IIr) sowie lose Beilage. – Die zeitgenössische Paginierung beginnt nach (IVv), bis (S. 440). – Eine Haupthand, wie Haupthand in Ms. 188, s. dort; Paginierung, Index, Marginalien u. Leservermerk von zweiter Hand, wie zweite Hand in Ms. 188, s. dort. – Eine lose Beilage von zweiter Hand (20,5 x 4,5): Rezeptnotiz: *Ich halte davor: daß das V.G.C. p.m. 67 lin auf 10* [Pfund] *Crystalle gehöret* [...] *d*[en] *9. Nov*[ember] *1741* [...].

Wasserzeichen: *A* u. *M*, wie in Ms. 188, s. dort.
Illustrationen: Federzeichnungen: Figuren u. Schemata.
Einband: Pappband mit Buntpapier (Herrnhuter Kleisterpapier, s. hierzu Ms. 218).
Geschichte: Vorderdeckel: altes Signaturenschild *(24)*. – Rücken: altes Signaturenschild *29* u. *Mscrpt CCXIX 219*. – Vorderer Spiegel: *Mscrpt CCXIX*. – (IIr): Vermerk: Gebet *Liebster Gott Mich stets regier, daß mein Fleisch nichts hab an mir; Herr Dein Geist mich leit und führe, daß ich Gutes nehme für. Was du wilst* [?], *hilfst mir erfüllen, Des bitt Ich umb Cristi Willen! So fang ich an in Jesus Nahmen, Was Ich mit Gott genom*[m]*en für: Sprich Jesus ein Gesegnet Amen, Das alle woll gerathe*

mir. Erffurt d[en] *26. Marti 1741.* – (IIIv): Kaufvermerk: *Dieses buch kostet mich 264 T*[a]*hl*[er] *bares gelt.* – Ü-LSB, Kunzer [1894], Ms. 219.
Literatur: KRISTELLER, Iter Italicum 3 (1983), S. 725b.

(IVr–S. 440): Vincentius: »Geheimes kabbalistisches Bilderkabinett«, 118 Figuren u. deren Erläuterungen in acht Büchern.

(IVr): *FRATER VINCENTIUS ORDINIS PREDICATORUM GEHEIM CAPALISTISCHES PILTER CFFINET ANNO MIVL* [wohl: 1450] *ÜPERSETZET VON FRATRIS PASILI VALENTINI PENEDICTIN*[I] *ORT*[INIS] *AN*[NO] *MIVLIV* [wohl: 1454]; (S. 1–2): *Anrethe* Incipit: *Mein Kindt Eß wehre Nicht Nöthich gewesen, dir über gegen werdige Figuren und Caracteres Eine Er Klehrungen zu mache*[n] [...]; (S. 3–4): *Der Index dieser geheimen Cabalistischen Bücher*; (S. 4): *Das 1. Buch handelt von dem Astralischen arbeiden und deren geheime Cabalistische figuren,* (S. 5): *Die Erschte figur*: Incipit Haupttext: *diese Figur stellet vor, de*[n] *Samen aller tinge als das sperma Macrocosmu welches turch das wordt des herrn gemacht* [...]; (S. 432): *Das 8. Buch handelt von unsern geheimen arzeneyen* [...], *Mein Kindt ich habe dir zwar turch alle tise bücher von demgebrauch* [...].

Zum Überlieferungszusammenhang vgl. Ms. 230.

Zu (hl.) Vincentii als Verfasser s. Ms. 193. – Zu Basilius Valentinus s. Ms. 165.

Ms. 220

Vincentius: »Das geheime kabbalistische Mysterium« und »Das kabbalistische Feuer der uralten Weisen«

~ 1740 ▪ 230 Bl. ▪ 35,5 x 21,5 cm ▪ Illustrationen

Datierung aus der Handschrift: (S. 53) u. (S. 354), s. u. – Die zeitgenössische Paginierung beginnt nach (IVv), bis (S. 366). – Eine Haupthand, wie Haupthand Ms. 188, s. dort, von ihr auch Marginalien in rot, grün u. schwarz; von einer zweiten Hand, wie zweite Hand in Ms. 188, s. dort, die Paginierung der beschriebenen Seiten, Seitenergänzungen in den Inhaltsverzeichnissen, Querverweise, Marginalien (auch auf den sonst unbeschriebenen Seiten), Notizen u. Nachtrag; farbige Unterstreichungen.

Wasserzeichen: *A* u. *M*, wie in Ms. 188, s. dort.
Illustrationen: Kolorierte Federzeichnungen: Figuren.
Einband: leicht abgenutzter Pappeinband, zweifach mit Buntpapier (obere Schicht: Hernhuter Kleisterpapier, s. hierzu Ms. 218) beklebt.
Geschichte: Vorderdeckel: ein großes Titelschild, darauf alte Signatur *1.* – Rücken: Signaturkleber *26* u. *Mysterium Cabbalist*[icum], unten Signaturkleber *Mscrpt CCXX 220.* – Vorderer Spiegel:

Mscrpt CCXX. – (Ir): *277/282.* – (IIIr): *5077* sowie Notiz *gott ist lauder licht und wer in dem lichte wandelt und tise 2 bucher bekomet sihet das offenbahre licht in der natur und Creatur.* – (IVv): Kaufvermerk: *Dieses Buch Kostet Mich 54 Th*[a]*l*[er] *ist aber so sicher 100 Th*[a]*l*[er] *wehrt* [Initialen:] *HL.* – (S. 53): eingeklebte Notiz: *Eine schöne Methode das Cabbalistische* <Sal> *Zubereit*[en] [...] *d*[en] *17. Jul*[i] *1740* [...]. – (S. 354): Nachtrag vom *9. Martii 1741.* – Ü-LSB, Kunzer [1894], Ms. 220, spricht von „allegor[ischen] Figuren".

Literatur: KRISTELLER, Iter Italicum 3 (1983), S. 724a.

(IVr–S. 366): *1. Theill TAS GEHEIME MISTERIUM CAPALISTICUM 2. Theill HANDELT VON DEN CAPALISTISCHEN VEIR DER UHRALDEN WEISEN FRATRIS VINCENTI ORDINIS PREDICATORUM ANNO*[O] *DOMINI MIVLXII* [wohl: 1462] *AUS DEN SPANIS̀C*[HE]*N IN DAS TEITSCHE ÜBERSETZET VON JOHANN MACARI MONACHI PENECDINER ORT*[INIS] *ANNO MIVLXXXI* [wohl: 1481].

(S. 1–234): Vincentius: »Das geheime kabbalistische Mysterium«, 27 Kapitel, mit Illustrationen.

> (S. 1–7): Vorrede, Incipit: *Gott ist feir und lauder licht. Wer nun im lichte wandelt* [...]; (S. 7–15): Index; (S. 16): *Das 1. Buch handelt von dem geheimen astralischen* <Feuer> *auß dem Thaue Regen Reiff und Schar bereidet* [...], Incipit Haupttext: *Meine liebe*[n] *Kinder und freunde im herrn, hir in diese*[m] *buch werde ich* [...].
>
> Eine mögliche PÜ in ALA (1797) Nr. 37, Sp. 395, Nr. 8 u. in ALA (1798) Nr. 30, Beilage, Sp. 306, Nr. 11 (s. hierzu weiter Ms. 164).

(S. 235–358): Vincentius: »Das kabbalistische Feuer der uralten Weisen«, 27 Kapitel, mit Illustrationen.

> (S. 235): *Der andere Theil oder das 2. Buch handelt von dem Cabalistischen* <Feuer> *über Haupt*; (S. 235–238): Vorrede, Incipit: *Mein kindt es haben die alten weisen nicht mehr verborgen als ihr* <feuer> [...]; (S. 239–242): Index; (S. 243): *Das 1. Cap*[itel] *handelt wie Man das Einfache* <Feuer> *bereiden und scheiden soll.* Incipit Haupttext: *Mein Kind wie ich dir schonne gesaget so haben die alt vätter nichts mehr ver borgen als die M*[a]*t*[eri]*a* [...]; (S. 359–366): Nachwort.
>
> Zu (hl.) Vincentii als Verfasser s. Ms. 193. – Zu Johann Macarius s. Ms. 193.

Ms. 221

Ps.-Basilius Valentinus [?]: »Schatzkästlein«

18. Jh. (1. Hälfte) ▪ 191 Bl. ▪ 35 x 21 cm ▪ Illustrationen

Datierung nach der Schrift u. Datierungen in anderen Handschriften von gleicher Hand, s. Ms. 188.

– Die zeitgenössische Paginierung beginnt nach (VIv), bis (S. 320), danach nachträglich bis (S. 365). – Eine Haupthand, wie Haupthand Ms. 188, s. dort, von ihr auch Marginalien; von einer zweiten Hand, wie zweite Hand in Ms. 188, s. dort, Paginierung, Marginalien u. Ergänzungen im Index; von einer dritten Hand, wie dritte Hand in Ms. 194, s. dort, Marginalien, Ergänzungen u. Korrekturen; von einer vierten Hand vereinzelte Bleistiftanmerkungen; farbige Unterstreichungen. – Lose Beilage: fünf Notizzettelchen.

Wasserzeichen: *A* u. *M*, wie in Ms. 188.
Illustrationen: (IVv): als Autorbild ein eingeklebter u. händisch bearbeiteter Kupferstich mit eingefügter Bildunterschrift: *FR. BASILII VALENTINI PENEDICTINER ordens wie der Selbige in seinen Leben ausgesehen 1447 ist geborn a*[nn]*o 1399 d*[en] *1. Mayjs im Elsass*, praktische Darstellungen u. Figuren, die zur Kolorierung vorgesehen waren.
Einband: leicht abgenutzter Pappeinband, mit Buntpapier (s. hierzu Ms. 212).
Geschichte: Vorderdeckel: ein Titelschild mit alter Signatur: *67.* – Rücken: oben alte Signatur *41*, darunter Signaturkleber *Mscrpt. CCXXI 221.* – Vorderer Spiegel: Diverse *N*[ota] *B*[ene] Vermerke von Hand 3, Initialen *G.F*[ried], s. hierzu Ms. 217; darunter: *Mscrpt CCXXI.* – Ü-LSB, Kunzer [1894], Ms. 221.
Literatur: KRISTELLER, Iter Italicum 3 (1983), S. 724a.

(VIr–S. 320): [Ps.-Basilius Valentinus?]: »Schatzkästlein«, 28 Kapitel in sechs Büchern.

(VIr): *SCHATZ:KÄSTLEIN FRATER BASILII VALENTINI ORDIN[is] BENEDICTI IN WELCHEN VERPORGEN DAS GEHEIMNUS DES DREYFACHEN* <Mercurius> *DER WEISEN WELCHER BEREITET WIERT AUS DEN OBERN UND UNDERN WASERN unser krichende trach und VISCOSE* <Wasser> *und unverbrenliches öhl. das griene löwenbluth. in Welchen sich* <sol> *und* <luna> *als Mann und Weib verjüngen un Neygeboren Werden der Stein der uuhr alten Meister ANN*[o] *MIVLXXX* [wohl: 1480]; (S. 1–30): Vorrede, Incipit: *Beim EntSchluß aller Meinner Schrifften, so ich den Closter zuliebe geschrieben habe* [...]; (S. 31–33): Index; (S. 33): *Das 1. Buch, Wie man per Via liquita auß den mineralischen und Metalischen* <Sal>*ien unsern Adler als das erschte* <Wasser> *alß ein Schlüßell der Metallen und Mineralien zu bereiden soll*, Incipit Haupttext: *Eß haben die alten alleZeit die* <sal>*ia sehre hoch erhaben weille*[n] *ohne* [...]; (S. 268): *Daß 6. Buch handelt von under schiedenen pardicularien* [...], *So nimb 1* [Pfund] *Kleine gestossen* <antimon>*y* [...].

(S. 321–S. 365): ein unvollendeter Index.

Zu Basilius Valentinus s. Ms. 165.

Ms. 222

Alchemische Sammelhandschrift, enthält u.a.: Ps.-Basilius Valentinus [?]: »Großes Geheimnis der ägyptischen Könige«, Isaac Hollandus: »Opus saturni«, dt.

18. Jh. ▪ 36 Bl. ▪ 35 x 21 cm ▪ Illustrationen

Datierung nach der Schrift. – Die Handschrift ist in zwei separat paginierte Abschnitte unterteilt: Abschnitt 1: (Ir–IIv, S. 1–44), Abschnitt 2: (S. 1–24), die Paginierung ist jeweils zeitgenössisch. – Eine Haupthand (auch in Ms. 225); vereinzelte Marginalien von einer weiteren Hand. – Lesezeichenzettel.

Wasserzeichen: in Zierkartusche eine Lilie, so nicht nachgewiesen.
Illustrationen: arkane Inschriften, ähnlich den in Ms. 188, s. dort.
Einband: schwarzer Kartonband.
Geschichte: Vorderdeckel: Signaturschild *Mscrpt CCXXII 222.* – Vorderer Spiegel: *Mscrpt CCXXII.* – (Ir): *5077*, Rest eines eingeklebten alten Signaturzettelchens. – Ü-LSB, Kunzer [1894], Ms. 222.
Literatur: KRISTELLER, Iter Italicum 3 (1983), S. 724a.

ABSCHNITT 1, (IIr–S. 44): [Ps.-Basilius Valentinus?]: »Großes Geheimnis der ägyptischen Könige«, sechs Tabellen u. acht Kapitel, mit Illustrationen.

(IIr): *Fratris Basilii Valentinii Ord*[inis] *S*[an]*ct*[i] *Benedicti Großes Geheimnis der Egyptischen Könige als des Königs Xophar, Suusfort, Xogar, Xophalat, Iulaton, Xamon Welches durch den großen Alexander Magnus ist nach Rom gebracht worden, wo ich solches mit Beibehaltung ihrer Sprachen in das Teutsche übersetzt. Anno 1482. Oh! Wie viel Handgriffe findet man in diesen Schriften so in anderen fehlen, daß man wohl Ursach hat, solche vor den Kern aller andern zu halten und eines der allerersten Bücher von dem Alterthum. P.W.A.D.* (S. 1–3): Vorrede: *Im Nahmen Gottes des Vaters des Sohnes und des heiligen Geistes Amen*; Incipit: *Mein lieber Freund und Bruder unserer heiligen Congregation* [...] (S. 2): [...] *wie ich dieselbe in Rom auf meiner Wallfahrt von S*[an]*ct Jacob mit großer Mühe abgeschrieben und also abgemahlt* [...] (S. 3): *N*[ota] *B*[ene] *Hier in diesen Tabellen ist der Viscose Weg beschrieben* [...]; (S. 4): *Im Nahmen der heiligen Dreifaltigkeit*: Incipit Haupttext: *Also mache ich den Anfang in der Erklärung derer Tabellen der Geheimnisse der Egyptischen Könige wiewohl der heilige Vincentius auch viele dergleichen geheimen Tabellen mit heraus gebracht* [...], Verweise auf *Basilii Schlüssel* u. auf *Episteln des Macarius* (S. 3), auf *Thomas Aquina* (S. 8) sowie auf Trithemius, z. B. (S. 38) *hieran siehe das 16. und 17. Kapitel des zweiten Buchs des Trithemii güldnen Kleinods, wo alles ausführlich beschrieben.*

Eine PÜ liegt mit Ms. 223 vor: Die Kapitelstruktur u. der Text bis Buch 2, Kapitel 1 (S. 1–36) sind identisch mit Ms. 223 (S. 1–143), allerdings ohne Illustrationen. – Weitere PÜ könnten mit ALA (1797), Nr. 37, Sp. 395, Nr. 11 und ALA

(1798), Nr. 30, Beilage, Sp. 306, Nr. 4 vorliegen, zu diesen Angeboten s. weiter Ms. 164.

Zu Basilius Valentinus s. Ms. 165. – Zu Thomas v. Aquin s. Ms. 189. – Eventuell ist auf S. 3 die Rede von Makarios Chrysokephalos (1300–1382), s. SCHREINER, in: LexMA 6 (1993), Sp. 152. – Zu Trithemius s. Ms. 189.

ABSCHNITT 2, (S. 1–24): Isaac [Hollandus]: »Opus Saturni«, deutsche Kurzfassung.

(S. 1) Inhaltsverzeichnis; (S. 1): *Isaacs ganze Meinung*: Incipit: *Aus unsern Saturno wird der Lap*[is] *Phil*[osophorum] *der thut Projection üben* [...], (S. 14): Verweis auf *König Zoroaster Arabien*, (S. 24): Expl. [...] *so tingirest du alle Metalle in das allerbeste Gold.*

Vermutlich eine deutsche Kurzfassung des »Opus Saturni« des Isaac Hollandus, zuerst abgedruckt in: Triumphwagen Antimonii Fratris Basilii Valentini, Benedictiner Ordens [...]. Leipzig 1604, dort ab S. 477.

Zu Isaac Hollandus (16. Jh.) s. FERGUSON 1 (1954 [1906]), S. 412–415 u. PAULUS, in: Priesner/Figala (1998), S. 181 (s. weiter Kap. 2.1.2, S. 31).

Ms. 223

Alchemische Sammelhandschrift, enthält u.a.: Ps.-Basilius Valentinus [?]: »Das große Geheimnis der ägyptischen Könige«

~ 1738 ▪ 352 Bl. ▪ 34 x 20 cm ▪ Illustrationen

Datierung aus der Handschrift: (S. 682), s.u. – Die zeitgenössische Paginierung beginnt nach (Vv), bis (S. 667), (S. 505) wurde dabei nicht vergeben; danach nachträglich bis (S. 684); danach fünf leere Blätter. – Eine Haupthand (wie Haupthand in Ms. 188, s. dort), von ihr auch Marginalien; von einer zweiten Hand (wie zweite Hand in Ms. 188, s. dort) der Nachtrag zur Vorrede u. Querverweise; von dritter Hand (wie dritte Hand in Ms. 194, s. dort) Marginalien u. Hinweise zur Seitengestaltung; farbige Unterstreichungen.

Wasserzeichen: a) in den Vorsatzblättern *IAU WOLFEG*, wie in Ms. 165, s. dort, als Gegenmarke ein Doppeladler mit herzförmigem Schild, darunter *IAV*, so nicht nachgewiesen; b) *A* u. *M*, wie in Ms. 188, s. dort.
Illustrationen: Figuren, arkane Inschriften, auch in Ms. 188, s. dort, u. praktische Darstellungen, (S. 296) Autorbild Johannes Trithemius: ein eingeklebter u. händisch bearbeiteter Kupferstich mit eingefügtem Vers: *So balt durch Gottes bild, wan er sich viel besehen, So kan es mir in Mir, und wer mir gleicht geschehen.*
Einband: Reste eines braunen Ledereinbands, wie Ms. 158, s. dort.
Geschichte: Rücken: Signaturschild *Mscrpt CCXXIII 223*. – (Ir): *5077*, darunter: *Cabbala*, darunter: *Mscrpt CCXXIII*. – (IVr): alte Signatur: *56*. – (IVv): *Ach Freund N*[ota] *B*[ene] *O beobachte*

pag[ina] *166 ed* 167 *auf daß GOTT nicht zür*[n] *wie auch Pag*[ina] *666 Gfr*[ie]*d*. (zu diesem s. weiter Ms. 217), darunter *O wie viel hant Griffe findet man in diesen Schriften so in den anderen büch*[ern] *daß man wehl iche sache hat solche vor den Cerne aller der anderen Zu halten P.W.A.D.* s. ALA (1798) Nr. 30, Beilage, Sp. 306, Nr. 4 (s. hierzu weiter Ms. 164). – (S. 166): Warnung: *Freund hierin folgenden Mercke drauf; auf daß dich nicht der Fluch d*[es]*h*[ei]*l*[igen] *treffe Gfr*[ie]*d*, s.o. – (S. 681): *Dieses ist der Kern under allen den viellen*[n] *Schrift*[en] *so ich in dem Closter S*[anc]*te Petri wie auch in dem Chartußer bekommen in dem ich alle so **ch deß Vincentii Trithemi Pasili Schwertz und wie sie Nahmen haben mögen gegen dieße schriften gehalden* [...]. – (S. 682): Kaufvermerk: [...] *kommt mir zu zahlen über 3180 Th*[a]*l*[er] *ohne die große Mühe ab zuschreibe*[n] *doch ist es tausent mahl mehr werth* [es folgt eine unleserliche Unterschrift] *1738*. – Ü-LSB, Kunzer [1894], Ms. 223.
Literatur: KRISTELLER, Iter Italicum 3 (1983), S. 724a. – ARNOLD (1991), S. 260.

(IIIv–S. 294): [Ps.-Basilius Valentinus?]: »Das große Geheimnis der ägyptischen Könige«, Erläuterungen über die *Tabellen* der Könige in 27 Kapitel in 6 Büchern, mit Illustrationen.

> (IIIv): *TAS GROSE GEHEIMNUS DER EGIPTIER*; (IVr): *FRADER PASILIUS VALENTINUS ORTIN*[is] *SA*[ncti] *PENEDICTI DAS GROS GEHEIMNUS DER EGIPTISCHEN KÖNIGE ALS TES KÖNIGS XAPHOR DES KÖNIGS SUUSFORT DES KÖNICHS XOGAR DES KÖNICHS XAPHOLOT DES KÖNIGS IULATO DES KÖNICHS XAMON. WELCHES DURCH DEN GROSEN ALEXANTER MANGNUS IST NACHER ROMM PRACHT WORDEN WO ICH SOLCHE MIT PEI PEHALTUNGE IRER SRACHEN IN DAS DEITSCHE ÜPER SETZET ANNO DOMINI MIVLXXXII* [wohl: 1482]; (S. 1–7): Vorrede: *IN NOMINE PATTRIS ET FILIUS ET SPIRITUS SANCTUS AM*[EN] Incipit: *Mein lieber Freund und Brutter unser heilligen Creädion* [...]; (S. 10): *IN NOMINE PATRIS ET FILIUS ET SPIRITUS SANCTUS* Incipit Haupttext: *Also mache ich den anfang in erklehrunge der tapellen*[...]; (S. 271) *Daß 6te Buch handelt von der 6ten Tappel des Königs Elomon, Diese Schriftt auff dißer Tappel alß deß weisen Konich Elomon laudet also* [...].
>
> Eine PÜ liegt in Teilen mit Ms. 222 vor, s. dort.
>
> Zu Basilius Valentinus s. Ms. 165.

(S. 296–562): [Ps.-Trithemius]: »Goldenes Kleinod«, 36 Kapitel in drei Büchern, mit Illustrationen.

> (S. 297): *GÜLDENES KLEINOT OD*[er] *SCHATZKÄSTLEIN TRITHEMIO VON SPONHEIM APAAS ZU CREITZPURG AUS den Ladeinischen um seiner unschetzbarkeit willen in daß teidsche ver setzet von FRATER PASILI*[I] *VALENTIN*[I] *ORTINIS Penedicti im Closter S*[anc]*t*[i] *Petri Anno domini MIV*[nachträglich eingefügt: *C*]*LXXXII* [nachträglich eingefügt?: *1482*]; (S. 298): Gedicht: *Si centrum aetherum Cognoveris accipe centrum/Aetheris, et centri quaere superficiem/Iunge superficiem centro: sic aether abatto/defluet sic Terram: terre polumq[ue]*

peret/Hanc Hermetis avem si Multuplicaveris arte/Totius arcani Rex eris Alchymicii; (S. 299–304): Vorrede: *IN NOMINE PATRIS ET FILIUS et Spiritus Sanctus Am*[en], Incipit: *Here Du Weißheitliebender mir ist alle* [...]; (S. 305): *Das erschte Cap*[itel] *handelt von der bereidunge unsers geheimen* <feu>ers [...], Incipit Haupttext: *Pidagoras saget von unser*[m] <Feuer> *alßo: Es ist daß* <Feuer> *der weiße*[n] [...]; (S. 552) [...] *3ter Theil so da in Einigen geheimen figuren bestehn* [...], *diße figur stellet vor unßer geheimes* <feuer> *und auch unser geheimes* <salz> [...].

Eine Zuschreibung zu Trithemius, s. ARNOLD (1991), S. 260.

Mögliche PÜ in ALA (1797), Nr. 37, Sp. 395, Nr. 10 u. in ALA (1798) Nr. 30, Beilage, Sp. 306, Nr. 6 (s. hierzu weiter Ms. 164). Die vorliegende Handschrift ist keine Abschrift des gleichnamigen Druckes Leipzig 1782, „[...] zum erstenmale herausgegeben [...] Jamimah koranhapuCH". – Das Gedicht auch in Ms. 224 (S. 1).

Zu Trithemius s. Ms. 189. – Zum Kloster Kreuzburg s. Ms. 193.

(S. 563–576): [Ps.-Trithemius]: »Geheimer Schlüssel«, Wörterliste zu arkanen Schriftzeichen mit Erklärungen.

(S. 563): *Geheimer Schlüssel, Dies Vocabelum habich Trithemius mit großer Mih zusameng*[e]*tragen woraus man der alten geheimnus gar leichte vernehen kan.*

Eine Zuschreibung zu Trithemius, s.o.

(S. 577–594): »Der geheime Schlüssel des heiligen Vincentius«, Erläuterungen zu einer arkanen Sprache.

(S. 577): *Der geheime Schlüssel des heiligen Vincenti über* [?] *seine Schrifften und Sprachen* [...] *Abribal Zachei* [...].

Zu (hl.) Vincentii als Verfasser s. Ms. 193.

(S. 596–667): [Ps.-Basilius Valentinus?]: »Goldene Rose aller meiner geheimen Arzneien«, 7 Kapitel.

(S. 596): *FR*[a]*T*[ris] *PASILI*[i] *VALENTINI ORTINIS PENEDICTI GÜLDENE ROSSE ALERMEIN*[e]*R GEHEIMEN ARTZENEIEN SO ICH GOTT zu ehren under armen Nechsten also zu Nutz gebrauchet hir zusammen getragen s*[anc]*t*[i] *Pedri TVLXXXII* [wohl 1582]; (S. 598–601): *Vorrede: INPEFESS* Incipit: *Ich Basilius Vallentinus ein Frader des geschworenen Ordens S*[ancti] *Benedicti wiell hier mit der krafft gottes* [...]; (S. 601): *Das 1. Cap*[itel] *handelt wie man sol*[ch] *eine wahre Quintam Essentiam bereiden aus der Schwalben Wurtzel* <Gold>*wurtzel Gelidoni genannt* Incipit Haupttext: *Wan du Nun wilst aus dem Schellkraut Gelidone genannt* [...].

Eine PÜ liegt mit Ms. 225 vor. – Weitere mögliche PÜ in ALA (1797), Nr. 37, Sp. 395, Nr. 2 und in ALA (1798) Nr. 30, Beilage, Sp. 305, Nr. 5 (s. hierzu weiter Ms. 164).

Zu Basilius Valentinus, s.o.

(S. 668–682): Gesamtindex.

Ms. 224

Ps.-Basilius Valentinus [?]: »Hauptmanual«

~ 1736 ▪ 188 Bl. ▪ 35 x 21 cm

Datierung aus der Handschrift (Iv), s. u. – Die zeitgenössische Paginierung beginnt nach (IIv) bis (S. 388). Sie ist ab (S. 168) fehlerhaft (Sprung von S. 167 auf S. 171, kein Textverlust) u. wurde von zweiter Hand korrigiert. – Eine Haupthand, wie Haupthand in Ms. 188, s. dort, von ihr auch Marginalien; von zweiter Hand, wie zweite Hand in Ms. 188, s. dort, Paginierungskorrektur u. Verweise; von dritter Hand, wie dritte Hand in Ms. 194, s. dort, Marginalien u. Notizen; farbige Unterstreichungen. – Eine lose Beilage: Notizzettelchen mit Datum *11. Jan. 1743*: *Lorber führet von dieser Action nichts weil solche Schritte in Teutschland noch sehr rahr wären und in Genff gedruckt. in Leipzig möchte man wohl Nachricht hiervon haben kön*[n]*en. Er wisse es also nicht, was herausser sey und läßt also der H*[err] *Dr. Wiederim seyn dienstlich compliment mach*[en].

Wasserzeichen: *A* u. *M*, wie in Ms. 188.
Einband: Pappeinband, mit rotem Papier beklebt.
Geschichte: Vorderdeckel: alte Signatur: *57*. – Einbandrücken Signaturschild *39*, darunter handschriftlich: *Basilius*, darunter Signaturschild: *Mscrpt CCXXIV 224*. – Vorderer Spiegel: Diverse Notizen u.a. auch Initialen *Gfr*[ie]*d*, s. hierzu Ms. 217. – (Ir): *5077*, darunter: *Mscrpt CCXXIV*. – (Iv): Kauf- u. Schreibervermerke: *Vincenti 3 Sachen: Kleeblatt kost mich 120 th*[a]*l*[er] *Das Schatz Kästlein kost mich 160 th*[a]*l*[er], darunter: *Dieses buch habe abgeschrieben anno 1736 Kostet mich 164 th*[a]*l*[er] [...]. – (IIr): Alte Signatur: *57*.– Ü-LSB, Kunzer [1894], Ms. 224.
Literatur: Kristeller, Iter Italicum 3 (1983), S. 724a.

(IIr–S. 366): [Ps.-Basilius Valentinus?]: »Hauptmanual«, 11 Bücher.

(IIr): *HAUPTMANUAL FRATER PASSILIUS VALLEN*[tinus] *so da handelt von allen den was mir in Meinen arbeiden vorgefallen von 1400 bis 30 zur Nachricht der nachkomenden aufgezeichnet S*[anc]*t*[i] *Petri Closte O*[rdinis] *P*[redicatorum] *ERFUHRT*; (S. 1): Gedicht: *JEHOVA Si centrum aetherum cognoveris* [...]; (S. 1–10): Vorrede, Incipit: *Sind wir uns alle Brüder, was haben wir* [...]; (S. 11): *Fangen also an von dem* <Saturn>*o* Incipit Haupttext: *Die Astronomi nene*[n] *diese*[n] *planeten dem zeiche*[n] *deiter* [...]; (S. 359) *Das 11. Buch* [...], *Ich habe auch Eine*[n] *Balßam bereidet alle giftig schadten zur heilunge* [...]; (S. 365) [...] *tag ver gehet alles und fallen die warzte*[n] *und huneraugen auß*.

(S. 367–369): Register, endet mit S. 369 bei den Angaben zur Seite 52.

Kiesewetter (s. Ms. 178) war im Besitz einer mutmaßlichen PÜ, vgl. München, BSB: Kiesewetteriana 0, Nr. 39a. – Das Gedicht ist auch in Ms. 223 (S. 298) überliefert.

Zu Basilius Valentinus, s. Ms. 165.

Ms. 225

Ps.-Basilius Valentinus [?]: »Goldene Rose aller meiner geheimen Arzneien«

18. Jh. ▪ 25 Bl. ▪ 34 x 21 cm

Datierung nach der Schrift. – Die zeitgenössische Paginierung beginnt nach (Iv) bis (S. 48). – Eine Hand, diese auch in Ms. 222; vereinzelt Marginalien u. Durchstreichungen.

Einband: grauer Kartonband.
Geschichte: Vorderdeckel: Signaturschild: *Mscrpt* C*CXXV 225*. – Vorderer Spiegel: alte LSB-Signatur *6498/12*, s. KATALOG (1862), darunter: *Mscrpt CCXXV*, Rest eines eingeklebten Zettelchens. – (Ir): alte Signatur *Hs. 81*. – Ü-LSB, Kunzer [1894], Ms. 225.
Literatur: KRISTELLER Iter Italicum 3 (1983), S. 724a.

(Ir–S. 48): [Ps.-Basilius Valentinus?]: »Goldene Rose aller meiner geheimen Arzneien«.

(Ir): *FrAtris BASilii Valentini Ordinis Benedicti Güldene Rose aller meiner geheimen Arzeneien so ich Gott zu Ehren und dem armen Nächsten zum Nutzen und Gebrauch also hier zusammengetragen S*[anc]*t*[i] *Petri Anno 1582.* (S. 1–3): *Vorrede: Im Nahmen Patris et Filii et Spirtus sancti,* Incipit: *Ich Basilius Valentinus ein Frater* [...]. (S. 4): *Das erste Kapitel handelt wie man solh eine Q*[uinta] *Ess*[entia] *bereiten aus der Schwalben Wurzel Celidonia genannt* [...].

Eine PÜ von Ms. 223, S. 596–667, s. dort.

Zu Basilius Valentinus s. Ms. 165.

Ms. 226–228

Ps.-Augustinus: »Das Licht der Natur«, Teile 1–3

Teil 1 (Ms. 226): 18. Jh. (1. Hälfte) ▪ 176 Bl. ▪ 35 x 21,5 cm ▪ Illustration

Datierung nach der Schrift u. Datierungen in anderen Handschriften von gleicher Hand, s. Ms. 188. – Die zeitgnössische Paginierung beginnt nach (IIIv) bis (S. 279), danach (S. 280) nachträglich. – Eine Haupthand, wie Haupthand in Ms. 188, s. dort, von ihr auch Marginalien; Marginalien, Korrekturen u. Indexankündigung von zweiter Hand, wie zweite Hand in Ms. 188, s. dort; Unterstreichungen.

Wasserzeichen: *A* u. *M*, wie in Ms. 188, s. dort.
Illustration: Federzeichnung: Siegel.
Einband: dunkelbrauner Halblederband.
Geschichte: Einbandrücken: Signaturschild: *Ms 226 CCXXVI*, darunter leeres Schild. – (Ir): *Mscrpt CCXXVI*. – (Iv): Kaufvermerk *20 Th*[a]*l*[er]. – Ü-LSB, Kunzer [1894], Ms. 226.
Literatur: KRISTELLER, Iter Italicum 3 (1983), S. 725b. – ARNOLD (1991), S. 260.

(IIIr–S. 279): [Ps.-Augustinus]: »Das Licht der Natur«, erster Teil.

> (IIIr): *DAS LICHT DER NATUR UND TAS GROSSE GEHEIMNUS DES GEISTES UND DER SELLEN ALS WARE SUMMUM PONUM AUGUSINI ANNO DOMINI 420 VON MIR IN DAS DEITSCHE UBESETZET TRITHEMIUS VON SPONHEIM APAS ZU CREITZBURG ANN*[O] *DOMINI 1450*; (S. 1–37): Vorrede: *IN NOMINE JESU JEHOVAH qui nobis est omnIAH* Incipit: *Die donatisten leugnen in der gottheit die Person gottes so sich ausgebore*[n] *in 3 personen* [...]; (S. 37–54): *Trithemii Vorrede*, Incipit: *Weille*[n] *dießes gege*[n] *werdige buch deß heyligen augustini aus er kore*[n] [...]; (S. 54): Incipit Haupttext: *Das reine licht der Nadur und die Medizin der Seellen ist nichts anderst, alß das ehwige licht der genathen* [...].

(S. 280): Ankündigung eines Index.

Teil 2 (Ms. 227): ~ 1740 ▪ 228 Bl. ▪ 35 x 21,5 cm ▪ Illustration

Datierung aus der Handschrift: (IIIv), s.u. – Die zeitgenössische Paginierung (von zwei Händen) beginnt nach (IVv), bis (S. 442), ab (S. 443) nachträglich; die zeitgenössischen Paginierungsfehler auf (S. 42), (S. 160–161), (S. 252) u. (S. 366) wurden zeitgenössisch korrigiert, daher ab (S. 42) doppelte Paginierung. – Eine Haupthand, wie Haupthand in Ms. 188, s. dort, von ihr auch Marginalien; von zweiter Hand, wie zweite Hand in Ms. 188, s. dort, die ersten Seitenangaben im Index (Fortführung von erster Hand), Titelblattergänzung (IIIr) u. Paginierungskorrektur; Unterstreichungen.

Wasserzeichen *A* u. *M*, wie in Ms. 188, s. dort.
Illustration: Kreisschema.
Einband: brauner Halblederband, wie bei Ms. 158, s. dort; Wurmfraß, grüne Verschlussbänder.
Geschichte: Einbandrücken: Signaturschild: *Mscrpt CCXXVII 227*. – Vorderer Spiegel: *Mscrpt CCXXVII*. – (IIIv): Kaufvermerk: *Dieses Manuschript Costet mich 70* [Thaler] *bahres golt: Anno 1740 den 22. October* – (IIIr): alte Signatur *17* u. die Ergänzung: *Pars II*. – Ü-LSB, Kunzer [1894], Ms. 227.
Literatur: KRISTELLER, Iter Italicum 3 (1983), S. 724b. – ARNOLD (1991), S. 260.

(IIIr–S. 422): [Ps.-Augustinus]: »Das Licht der Natur«, zweiter Teil, 19 Kapitel.

(IIIr): *DAS LICHT DER NATUR MIT ALLEN VERPORGENEN GEHEIMNUSEN DER ALDE WEISEN ALS DAS HÖCHSTE SECRETUM DER KINDER DER WEISHEID UND WARHEID ENDECKET UND ERKIERET UND ZUR LERE VORGESCHRIPEN AUGUSTINUS ANNO DOMINI IVXXX* [wohl: 430] *VON MIR IN DAS DEITSCHE IPER SETZET TRITHEMIO VON SPONHEIM APAS ZU CHREITZPURG ANNO DOMINI DIVL* [wohl: 1450]; (S. 1–9): Vorrede*: In nomine patris* [et] *filius* [et] *spiridus sanctus;* Incipit*: Ich sage dir Mein Lieber freint daß nicht mehr als Eine einzige Wahrheit sein kan*; (S. 9–12): *Index*; (S. 12): *Das 1. Cap*[itel] *Wie das Ewige licht der Nadur von dem göttlichen und zeitlichen nadur licht underschieden sey,* Incipit Haupttext: *Gott als daß aller höchste guth und die Ewige Nadur aller tinge sendt 2 under schiedliche Principia* [...].

Teil 3 (Ms. 228): ~ 1740 ▪ 228 Bl. ▪ 35 x 21 cm ▪ Illustrationen

Datierung aus der Handschrift: (VIIIv) s. u. – Die zeitgenössische Paginierung beginnt nach (VIIv), bis (S. 432), danach nachträglich bis (S. 442). – Eine Haupthand, wie Haupthand in Ms. 188, s. dort, von ihr auch Marginalien; von zweiter Hand, wie zweite Hand in Ms. 188, s. dort, Seitenangaben im Index u. Titelblattkorrektur; von dritter Hand, wie dritte Hand in Ms. 194, s. dort, Marginalien; Unterstreichungen.

Wasserzeichen: *A* u. *M*, wie in Ms. 188, s. dort.
Illustrationen: (VIv): Kreisschema, praktische Darstellungen.
Einband: restaurierter Halblederband, mit Buntpapier (s. hierzu Ms. 212).
Geschichte: Vorderdeckel: Titelschild mit Signaturen: (alt: *26*) u. (neu: *228*). – (Ir): alte LSB-Signatur: *7468/31*, s. KATALOG (1862), *5077* u. *ms 222.* – (VIIIr): Vermerk: *non d. Pars III.* – (VIIIv): Kaufvermerk: *Constat* [Tilgung] *Th*[a]*l*[er] *Anno 1740 den 16. November.* – Ü-LSB, Kunzer [1894], Ms. 228.
Literatur: KRISTELLER, Iter Italicum 3 (1983), S. 724b. – ARNOLD (1991), S. 260.

(VIIIr–S. 432): [Ps.-Augustinus]: »Das Licht der Natur«, dritter Teil, 21 Kapitel in 4 Büchern.

(VIIIr): *ZWEIDER THEL, EINE WIEDER HOLUNGE DES ERSCHTEN TEILS MIT FILEN ESENTZIALISCHEN GEHEIMNUSEN AUS DER EHWIGEN WIE AUCH AUS DER EISERN NATUR VORGESTELT UND ERKLEHRT AUGUSTINUS ANNO DOMINI IVXXX* [wohl: 430] *ÜPER SETZUT VON TRITHEMIO VON SPONHEIM APAS ZU CREITZPURCH ANNO DOMINI DIVL* [wohl: 1450]; (S. 1–8): Vorrede, Incipit: *MEIN FILIUS ich habe dir zwar in meine*[m] *Sumum Ponum vielles aus dem lichte der genathe*[n] [...]; (S. 9–12): Index; (S. 12): *Das 1. Cap*[itel] *Waß die ewige Natur sey.* Incipit Haupttext: *Waß nun anbelanget der wircklichen uhrsache der Ewigen Natur* [...]; (S. 421) *Daß 4. Buch handelt von den himlischen Offenbahrung en* [...].

Eine Zuschreibung der drei Teile zu Trithemius, s. Arnold (1991), S. 260.

Zu Augustinus von Hippo (354–430) s. OESTERLE/SCHMAUS/BINDING, in: LexMA 1 (1980), Sp. 1223–1229. – Zu Trithemius s. Ms. 189. – Zum Kloster Kreuzburg s. Ms. 193. – Vgl. auch Kap. 7.1.

Ms. 229

Ps.-Pythagoras: »Hellscheinendes Licht der sieben Naturgeister«

18. Jh. (1. Hälfte) ▪ 91 Bl. ▪ 34,5 x 20 cm

Datierung nach der Schrift u. Datierungen in anderen Handschriften von gleicher Hand, s. Ms. 188. – Die zeitgenössische Paginierung beginnt nach (Ir), bis (S.173), dabei (S. 173) zeitgenössisch korrigiert aus (S. 195) u. (S. 174) nachträglich. Nach Bl. I wurde ein Blatt herausgetrennt, vermutlich kein Textverlust. – Eine Haupthand, wie Haupthand in Ms. 188, s. dort; von zweiter Hand, wie zweite Hand in Ms. 188, s. dort, zahlreiche Marginalien, Paginierung u. der unvollendete Index.

Wasserzeichen: *A* u. *M*, wie in Ms. 188, s. dort.
Einband: blauer Kartonband; Einbandrücken fehlt.
Geschichte: Vorderdeckel: Signaturschild: *229* u. handschriftlich: die alte Signatur *35*. – Rücken: auf die Lagenheftung geklebt zwei Signaturschilder: *Mscrpt* [u.] *CCXXIX*. – (Ir): *Pitagoras* u. *Mscrpt CCXIX*. (S. 1): alte Signatur *N69* sowie nachträgliche Rechtschreibkorrekturen. –Ü-LSB, Kunzer [1894], Ms. 229.
Literatur: KRISTELLER, Iter Italicum 3 (1983), S. 725b. – ARNOLD (1991), S. 260.

(Ir–S. 172): [Ps.-Pythagoras]: »Hellscheinendes Licht der sieben Naturgeister«, Abhandlung in 11 Kapiteln (= Sätze).

(Ir): *PITAGORAS HELSCHINENTES LICHT DER 7 NATUR GEISTER AUS TEM LATEISCHEN IN DAS TEIDSCHE ÜPER SETZET VON TRITHEMIO VON SPONHIM APPAS ZU CREITZBURG ANNO DOMINI 1414*; (S. 3–13): Vorrede: *IN NOMINE PATRIS ED FILIUS ED SPIRITUS AMMEN* Incipit: *Es schreibet der weiße Konig Sallamon im Buch der Weisheit im 8. Cap*[itel] [...]; (S. 13): Incipit Haupttext: *Hier fange ich also an zu schreibe*[n] *die geheimniß deß große*[n] *Homeri* [...].

(S. 174): *Index Rerum et Verborum sive Librorum et capitum* [bricht ab].

Eine Zuschreibung zu Trithemius, s. Arnold (1991), S. 260.

Kiesewetter (s. weiter Ms. 178) besaß eine gleichnamige Handschrift, vgl. München, BSB: Kieswetteriana 0, Nr. 42a u. KIESEWETTER, Geheimgesellschaften (2005 [1895]), S. 39.

Zu Trithemius s. Ms. 189. – Zu Salomon s. Ms. 164. – Zu Homer s. Ms. 197. – Zu Pythagoras s. Ms. 201. – Zum Kloster Kreuzburg s. Ms. 193.

Ms. 230

Ps.-Trithemius: »Schlüssel über das Licht der Natur«

18. Jh. (1. Hälfte) ▪ 235 Bl. ▪ 35,5 x 22 cm ▪ Illustrationen

Datierung nach der Schrift u. Datierungen in anderen Handschriften von gleicher Hand, s. Ms. 188. – Die zeitgenössische Paginierung beginnt nach (IIr), bis (S. 433), danach nachträglich bis (S. 441). Bei S. 158 wurde ein unbeschriebener Papierstreifen eingefügt. Das Inhaltsverzeichnis besteht aus einer separaten Lage, die zusätzlich darin aufgeführten Werke (Ms. 217 u. Ms. 219?) wurden nicht – wie wohl geplant – mit dem vorliegenden Text in einer Handschrift zusammengebunden s.u. – Eine Haupthand, wie Haupthand in Ms. 188, s. dort; Marginalien u. Seitenzählung von zweiter Hand, wie zweite Hand in Ms. 188, s. dort; zahlreiche Marginalien von dritter Hand, wie dritte Hand in Ms. 194, s. dort; farbige Unterstreichungen.

Wasserzeichen: gekröntes Schriftband, darin: *IBS*, nicht nachgewiesen.
Illustrationen: praktische Darstellungen u. Zierelement.
Einband: hellbrauner Halblederband, wie bei Ms. 158, s. dort; grüne Verschlussbänder.
Geschichte: Einbandrücken: Signaturschild: *Mscrpt CCXXX*. – Vorderer Spiegel: *Mscrpt CCXXX*. – (S.442): hier wird als Übersetzungsjahr 1470 genannt. – Ü-LSB, Kunzer [1894], Ms. 230.
Literatur: KRISTELLER, Iter Italicum 3 (1983), S. 725b. – ARNOLD (1991), S. 260.

(S. 2–433): [Ps.-Trithemius]: »Schlüssel über das Licht der Natur«, 73 Kapitel in sieben Büchern.

> (S. 2): *SCHLIESEL ÜPE DAS LICHT DERNATUR TRITHEMIO VON SPONHEIM APAS ZU CHREITZPURG SAN*[CTI] *PENECTINER ORDINIS 1416 ÜPER SETZET VON IOHANN MACARI MONACHI 1472*; (S. 4–11): Vorrede, Incipit: *Ich habe in Meine*[m] *lichte der Natur dem anfang gemacht von Erschaffunge Himmel und Erde*[n] [...]; (S. 12): *Das 1. Buch handelt von dem anfang als dem g*[ei]*st*[?] *Mundi, als von der Prima maderia aller tinge So wohl der Vegetabilischen animailischen mineralischen und Metalischen*. Incipit Haupttext: *Wier finden in göttlicher heyliger schrifft wieder nichts alß das gotter her* [...]; (S. 424) *Das 7. Buch handelt von dem animalischen Reiche* [...].
>
> Eine Zuschreibung zu Trithemius s. ARNOLD (1991), S. 260. – Es scheint keine inhaltliche Nähe zu Samuel Friedrich Fischer: Kurtzer unnd Gegründeter Bericht von der Luna compacta oder Fixa [...] Aus dem Liecht der Natur Abbate Trithemio [...]. o.O. 1618, vorzuliegen.

(S. 442–466): Inhaltsverzeichnis; an den Index des oben genannten Werks schließen sich ab (S. 453) Indices von Texten an, die nicht in der vorliegenden Handschrift enthalten sind.

(S. 453): *Schlißell Der wahren Weißheit über das Mysterium Mangnum Frader Vincenti ordinis Predicatorum DIVXXXXV* [1445?] *auß dem spanischen in daß Teutsche übersetzet von Johanni Macari Monachi 1472*; 38 Kapitel in zehn Büchern.

(S. 458): [Vincentius?]: *Schliessel Über Mein geheimes Capalisches Emplematisches Caffinet DIVXXXXV* [1445?] *von Macari Monachi aus dem Spanischen in daß deitsche übersetzet 1473 mid*[en] *darzu gehörige*[n] *Schlißel*[n]; 67 Kapitel in drei Teilen.

Vermutlich besteht ein Zusammenhang zwischen diesem Inhaltsverzeichnis u. den Texten in Ms. 217 u. Ms. 219, s. dort.

Zu (hl.) Vincentii als Verfasser s. Ms. 193. – Zu Johann Macarius s. Ms. 193.

Ms. 231

Ps.-Trithemius: »Himmlisches und übernatürliches Geheimnis des Geistes und der Seele der Welt«

18. Jh. (1. Hälfte) ▪ 298 Bl. ▪ 35 x 22 cm ▪ Illustrationen

Datierung nach der Schrift u. Datierungen in anderen Handschriften von gleicher Hand, s. Ms. 188. – Die zeitgenössische Paginierung beginnt nach (Iv), bis (S. 531), danach nachträglich bis (S. 548); (Bl. I) ist von kleinerem Format u. wurde wohl später hinzugefügt. – Eine Haupthand, wie Haupthand in Ms. 188, s. dort; von einer zweiten Hand, wie zweite Hand in Ms. 188, s. dort, vereinzelte Bemerkungen u. Index (darin sind alle Buchstaben vorgesehen, aber nicht ausgefüllt); von einer dritten Hand, wie dritte Hand in Ms. 194, s. dort, Bemerkungen. – Eine lose Beilage: Visiten- oder Tischkarten[?] *Appellations Rath Triers Beyderseits*, eventuell handelte es sich um Karl Friedrich Trier, kurfürstlich sächsischer Appellationsrat (1726–1794) s. LEIPZIGER BIOGRAPHIE, online (23.9.2015), s. auch, Kap. 6.3.2, FN 47.

Wasserzeichen: *A* u. *M*, wie in Ms. 188, s. dort.
Illustrationen: kolorierte Federzeichnungen: Figuren u. Schemata, arkane Inschriften, auch in Ms. 188, s. dort.
Einband: Pappband, mit Buntpapier (s. hierzu Ms. 212); Rücken stark beschädigt.
Geschichte: Einbandrücken: alte Signatur: *(14) Trithemius u. Berghe* [bricht ab]. – Vorderer Spiegel: *Mscrpt CCXXXI*. – Ü-LSB, Kunzer [1894], Ms. 231.
Literatur: KRISTELLER, Iter Italicum 3 (1983), S. 725b. – ARNOLD (1991), S. 260.

(Ir–488): [Ps.-Trithemius]: »Himmlisches und übernatürliches Geheimnis des Geistes und der Seele der Welt«, 106 Kapitel.

(Ir): *HIMLISCHES und ÜBERNATÜRLICHES GEHEIMNIS des GEISTES und der SEELE der WELT und von der NATÜRLICHEN MAGIA von IOANNE TRITEHMIO Abbate Sponheimiensi*; (S. 1–8): Vorrede: *An den Leser:* Incipit: *Geliebter Freint dem dieses buch in die hende komet, halte es vor der welt verborge*[n] [...]; (S. 9): *Das 1. Cap*[itel] *von der Magia Divina und wie der Mensche sein Muß solche zu kennen.* Incipit Haupttext: *Wilstu Magia forschen so Mustu tich vorhero selbst forschen und Er kenn*[en] [...].

(S. 489–531): *Apendix*, enthält u.a. Zusatzinformationen zu den *Planeten und oberen Gestirn* (S. 489).

(S. 533–548): Index.

(S. 551): *Index Rerum in hoc volumine contentarum* [bricht danach ab].

Eine Zuschreibung zu Trithemius, s. ARNOLD (1991), S. 260.

Ms. 234 ist eine PÜ, s. dort. – Kiesewetter (s. weiter Ms. 178) besaß eine mögliche PÜ, vgl. München, BSB: Kiesewetteriana 0, Nr. 36a. – Hinweise auf weitere PÜ geben ALA (1797), Nr. 37, Sp. 394, Nr. 1 und ALA (1798), Nr. 30, Sp. 306, Nr. 5 (s. weiter hierzu Ms. 164).

Zu Trithemius s. Ms. 189.

Ms. 232

Ps.-Hipparchos [?]: »Die geheime Weisheit der Araber«

~ 1746 ▪ 86 Bl. ▪ 34 x 21 cm ▪ Illustration

Datierung aus der Handschrift: (S. 391), s.u. – Die zeitgenössische Paginierung beginnt nach (Iv) mit (S. 227–389); zusätzlich beginnt auf (S. 229) parallel die nachträgliche Foliierung (Bl. 1–83). Der Index auf (82r) setzt mit dem Inhalt von Ms. 235 ein, s. Gesch. Der Buchblock ist beschnitten. – Eine Haupthand, wie Haupthand in Ms. 188, s. dort, von ihr auch Anmerkungen; der Index von zweiter Hand, wie zweite Hand in Ms. 188, s. dort; Unterstreichungen. – Eine lose Beilage: *Luc. C. 10 V. 41 Martha, Martha Die Verdopplung zeiget Christi liebreichen Affekt* [...].

Wasserzeichen: a) *A* u. *M*, wie in Ms. 188, s. dort; b) (Vorsatzblätter) *IAU WOLFEG*, wie in Ms. 165, s. dort; c) Rad, nicht nachgewiesen, auch in Ms. 235.
Illustrationen: Figur.
Einband: hellbrauner Halblederband, wie bei Ms. 158, s. dort.
Geschichte: Der Index ab (82r) zeigt, dass die Handschrift einst mit Ms. 235 (s. dort) eine Einheit bildete. Die Vorsatzblätter enthalten ein Wolfegger WZ des 18. Jh. (s.o.), die Bände wurden also bereits im 18. Jahrhundert separiert. – Einbandrücken: Signaturschild *Mscr CCXXXII 232*. – (S. 82v): *So weit des Großen Magi und Gelehrten Juden Leo* [...] *Inhalts Register d*[en] *6. sept*[em-

ber]*1746 folget nun noch der Index über Die Geheime Weisheit des Araper Hipparchi.* – Ü-LSB, Kunzer [1894], Ms. 232.
Literatur: KRISTELLER, Iter Italicum 3 (1983), S. 725b. – ARNOLD (1991), S. 260.

(1r–81v): [Ps.-Hipparchos?]: »Die geheime Weisheit der Araber«, 54 Kapitel.

(1r): *HIPARCHUS DIE GEHEIME WEISHEIT TER ARAPER VON TRITHEMIO VON SPONHEIM AUS DEN ARAPISCHEN IN DAS TEIDSCHE ÜPERSETZTET ANNO DOMINI 1420*; (3r–4v): Vorrede [Hebräische Überschrift], Incipit: *Kinder ihr solt wiße*[n] *daß die weißheit so man sie erforschen wil*[l] [...]; (5r): *Das 1. Buch handelt von denen wirckungen der Seelischen geister wie solche in allen tingern offenbahr können gezeiget werden*, Incipit Haupttext: *Es hatt der große Jehova gleich weg* [?] *seine*[m] *geist auß gehen laßen* [...].

(82r–83v): Index.

Eine Zuschreibung zu Trithemius s. ARNOLD (1991), S. 260. – Vermutlich keine PÜ von Ms. 207, (S. 69).

Zu Trithemius s. Ms. 189. – Zu Hipparchos s. Ms. 207.

Ms. 233

Ps.-Trithemius: »Ternarius Sanctus in ternario sancto«, erster Teil, dt.

18. Jh. (1. Hälfte) ▪ 373 Bl. ▪ 35 x 21 cm ▪ Illustrationen

Datierung nach der Schrift u. Datierungen in anderen Handschriften von gleicher Hand, s. Ms. 188. – Die zeitgenössische Paginierung beginnt nach (Vv), bis (S. 550), danach nachträglich bis (S. 557). – Eine Haupthand, wie Haupthand in Ms. 188, s. dort; von zweiter Hand, wie zweite Hand in Ms. 188, s. dort Anmerkungen u. Index; von einer dritten Hand, wie dritte Hand in Ms. 194, s. dort, zahlreiche Anmerkungen u. Korrekturen auf (1r–3r); Unterstreichungen.

Wasserzeichen *A* u. *M*, wie in Ms. 188, s. dort.
Illustrationen: kolorierte Federzeichnungen: Schemata u. Figuren.
Einband: heller Pappeinband, mit ehemals buntem Buntpapier (s. hierzu Ms. 212) beklebt.
Geschichte: Der Index des zweiten Teils dieser Handschrift (nicht erhalten) wurde in M. 214 notiert, s. dort; ev. sollten Ms. 214 u. Ms. 233 einst zusammengebunden werden. – Vorderdeckel: Schild mit alter Signatur: *41*. – Einbandrücken: alte Signaturschilder: *13*, *41* u. *Mscrpt CCXXXIII 233*. – (S. 71): Initialen: *Gfr*[ie]*d*., s. hierzu Ms. 217. – Ü-LSB, Kunzer [1894], Ms. 233.
Literatur: KRISTELLER, Iter Italicum 3 (1983), S. 725b. – ARNOLD (1991), S. 260.

(vorderer Spiegel–IIIr): Vollständig mit Anmerkungen u. Korrekturen gefüllter Schriftraum; (Ir): *Dieses Buch sollen nicht alle Menschen lesen, sondern nur diejenigen so ** welche Gott in der Vereinigung des Geistes dienen, denn es ist keine Schrift vor die Welt* [...].

(Vr–S. 550): [Ps.-Trithemius]: »Ternarius sanctus in ternario sancto«, 20 Bücher.

(Vr): *TERNARIUS SANCTUS IN TERNARIO SANCTO ED TERNARIUM SANCTUM erster Theil TRITHEMIO VON SPONHEIM AbBAS ZU CREITZBURG ANNO DOMINI MIVXXXX* [wohl: 1440]; (S. 1–24): *Vorrede Esaia 43 V. 18, 19 Mein getencket nicht an daß vorige und sehet nicht mehr: auff das alte* [...], Incipit: *Mein freund in Jesu den geliebten in unsern A und O* [...]; (S. 25): *Das 1. Buch. Das 1. Cap*[itel] *Von der weißheit, und waß die selbige sey und von wann sie komme.* Incipit Haupttext: *Ein yegliches Ding hat seine Zeit, auch das licht* [...]; (S. 524): *Daß 20. Buch von den geheimnuß der Zeit, Eß ist kein schöner werk in der welt als sich selbst er ken*[n]*en* [...].

(S. 551–555): Index.

(S. 555–556): *Index Generatio Correctior.*

(S. 557): *Index specialis A B* [unvollständig].

Eine Zuschreibung zu Trithemius, s ARNOLD (1991), S. 260. – Die Illustration auf (S. 288) ist, mit identischem Beitext, auch in München, BSB, Kiesewetteriana 1c, S. 172 enthalten (mögliche PÜ?).

Zu Trithemius s. Ms. 189. – Zum Kloster Kreuzburg s. Ms. 193.

Ms. 234

Ps.-Trithemius: »Heimliches und übernatürliches Geheimnis des Geistes und der Seele der Welt«

18. Jh. ▪ 137 Bl. ▪ 35 x 21 cm ▪ Illustrationen

Datierung nach der Schrift. – Die zeitgenössische Paginierung beginnt nach (Iv), bis (S. 221), die illustrierten Seiten sind davon ausgenommen. – Eine Hand; vereinzelt Streichungen u. Korrekturen; Überschriften u. Marginalien in Kanzleischrift.

Wasserzeichen: a) *HALLE*, wie in Ms. 174, s. dort; b) Nelke, wie in Ms. 186, s. dort.
Illustrationen: Figuren u. Siegel.
Einband: abgenutzter, schwarzer Kartonband.
Geschichte: Vorderdeckel: Signaturschild: *234.* – Rücken: unleserliche Reste eines Signaturschilds. – Vorderer Spiegel: alte LSB-Signatur *7820/383*, s. KATALOG (1862). – (1r): *5077.* – Hinterer Spiegel: Zahlennotiz [?] – Ü-LSB, Kunzer [1894], Ms. 234.
Literatur: KRISTELLER, Iter Italicum 3 (1983), S. 725b. – ARNOLD (1991), S. 260.

(Ir–S. 221): [Ps.-Trithemius]: »Heimliches und übernatürliches Geheimnis des Geistes und der Seele der Welt«, 70 Kapitel.

(Ir): *Heimliches und über Natürliches Geheimnis des Geistes und der Seele der Welt und der natürlichen MAGIA NATURALIS Reverendissimo et Clarissimo Johanne Trithemio, Abbate Sponheimensi, et Magia Naturalis Magistro perfectissimo Anno MDVI* [wohl: 1506]; (S. 1–6): Vorrede *An den Leser*, Incipit: *Geliebter Freund, dem dieses Buch in die Hände kom*[m]*t* [...]; (S. 7): *Caput 1 Von der Magia divina, und wie der Mensch seyn muss, solche zu erkennen*. Incipit Haupttext: *Wilst du Magiam forschen, so mußt du dich vorher* [...], (S. 221): Expl. [...] *setze es wieder in dein Futteral u*[nd] *verwahre es, u*[nd] *schließe dein Zim*[m]*er hinter dir zu damit niemand dein kön*[n]*nen kann*.

Eine Zuschreibung zu Trithemius s. Arnold (1991), S. 260.

Unvollständige PÜ von Ms. 231: Daraus fehlen folgende Kapitel: 4–22, 32, 61, 64–71, 73–79, 105 und 106. Kapitel 13 und 69 liegen nur in vorliegender Handschrift vor. – Zu weiteren PÜ s. Ms. 231.

Zu Trithemius s. Ms. 189.

Ms. 235

Ps.-Rabbi Löw: Alchemische Schriften

18. Jh. (1. Hälfte) ▪ 117 Bl. ▪ 34,5 x 21,5 cm ▪ Illustrationen

Datierung nach der Schrift u. Datierungen in anderen Handschriften von gleicher Hand, s. Ms. 188. – Die zeitgenössische Paginierung beginnt nach (IVv), bis (S. 225). Beschnittener Buchblock, leichter Textverlust (z.B. S. 103). – Eine Haupthand, wie Haupthand in Ms. 188, s. dort; vereinzelte Korrekturen u. die Paginierung von zweiter Hand, wie zweite Hand in Ms. 188, s. dort.

Wasserzeichen: a) *A* u. *M*, wie in Ms. 188, s. dort; b) Rad, wie in Ms. 232, s. dort.
Illustrationen: Autorenbild des Rabbi Löw, praktische Darstellungen u. Figuren.
Einband: dunkelbrauner Halblederband.
Geschichte: Die Handschrift war einst Ms. 232 vorangestellt, s. dort. – Einbandrücken: Signaturschild: *Ms CCXXXV* u. ein leeres Schild. – (IIr): *Mscrpt CCXXXV*. – (IIIr): alte Signaturen? *19* [Rest unleserlich], *91*, *98* u. *(16)*. – (IVr): alte Signatur *47*. – Ü-LSB, Kunzer [1894], Ms. 235.
Literatur: KRISTELLER, Iter Italicum 3 (1983), S. 725b.

(IVr–S. 225): [Ps.-Rabbi Löw]: Alchemische Schriften, 45 Kapitel in 8 Büchern.

(IVr): *DER GROSE MAGUS UND GELERTE PHILOSOPHUS LEEO DER IUDE VON TRITHEMIO VON SPONHEIM AUS DEN EPEREISCHEN IN DAS LATEINCHE ÜPERSETZET VON MacARI MONACHI IN DAS DEITSCHE ANNO DOM*[INI] *1470*; (S. 1–8): Vorrede [hebräische Überschrift], Incipit: *Sicuti Mundus originem debet aqua cui Spiritus Domini incubabat rebus tam Caelestibus quam Terrestribus omnibus* [...] *dieses tug im so* [...]; (S. 9–67) *Das 1.*

Buch handelt von dem Berck<feuer> *dem Mineralischen* <Schwef>*ell oder Pirtre* Incipit Haupttext: *Wir machen wie bilch* [?] *dem anfang van dem gemeinen* <Schwefel> [...].

Eine Zuschreibung zu Trithemius s. ARNOLD (1991), S. 260. – Es handelt sich zudem um eine Zuschreibung zu Rabbi Löw (= Jehuda Livaj ben Bezalel, ~1525–1609), s. auch Kap. 7.1.

Zu Jehuda Livaj ben Bezalel s. UNTERMAN (1991), S. 109f. – Zu Trithemius s. Ms. 189. – Zu Johann Macarius s. Ms. 193.

Ms. 236

Albert Beyer: »Von der Metamorphisierung der Metalle« und Apollonarius: »Wahre hermetische Grundsätze«

18. Jh. (1. Hälfte) ▪ 81 Bl. ▪ 34 x 20,5 cm ▪ Illustrationen

Datierung nach der Schrift u. Datierungen in anderen Handschriften von gleicher Hand, s. Ms. 188. – Die zeitgenössische Paginierung beginnt nach (IIr), bis (S. 160). Ab inkl. Kapitel 3 wurde im Text für die Kapitelnummerierung eine Lücke gelassen, die nicht ausgefüllt wurde. – Eine Haupthand, wie Haupthand in Ms. 188, s. dort; Marginalien von zweiter Hand, wie zweite Hand in Ms. 188, s. dort.

Wasserzeichen: *A* u. *M*, in Ms. 188, s. dort.
Illustrationen: Figur u. Siegel, auf (S. 73) ein Autorbild mit Bildunterschrift *GLEICH WIE DER SALAMANTER LEPET IN DEM* <FEUER> *ALSO LEPET MEIN HERTZ IN IESU WUNDEN DEIER APOLONARIUS MONACHIUS PRETIGER ORDENS 1498.*
Einband: blauer Kartonband.
Geschichte: Vorderdeckel: alte Signatur *(36)*. – Einbandrücken: *alte Signaturschilder 66 und 236*. – (Ir): *Alberus Bäurer* u. *N115-N116*, darüber durchgestrichen: *17*, am unteren Rand: *No 5a*. – (S.2): *N 73*. – Auf den letzten Seiten Weinflecken.
Literatur: KRISTELLER, Iter Italicum 3 (1983), S. 724b.

(S. 1–71): Albert Beyer: »Von der Metamorphisierung der Metalle«, elf Kapitel in zwei Büchern, mit einer Illustration.

> (S. 1): *VON DER METAMORPHISIRUNG DER METALEN UND DER KRIN UND HIMELBLAUEN PLUME DER WEISEN ALPERTUS BEIIER CARMALIDER ORDINIS AUS TEM CLOSTE MARIA MAGTALENA DE STELA NOVIS ANNO DOMINI 1576*; (S. 4–13): Vorrede, *Gloria in Exselsio* Incipit: *Nachdem ich turch fielles unglick So mir zu gestoße*[n] *Ehe ich zu dißer geheim*[en] *Kunst gelanget Endlich der herogott hümmels und der Erden* [...]; (S. 14) *Das 1. Cap*[itel] *handelt von unsere*[m] *geheimen* <Saturn>*o und wie man aus dem*

selbigen die himene bleue blume beReiden sal Incipit Haupttext: *Mein freund und nachfolger in unsrer geheimen kunst du solt wiße*[n] [...]; (S. 50) *Das 2. büchlein handelt auch von der 2ten Matteria* [...].

Der vorliegende Text ist, entgegen dem bei Kühlmann/Telle, Corpus Paracelsisticum 3.2. (2013), S. 1186–1188 beschriebenen Text, nicht als Dialog konzipiert.

Zu Albert Beyer u. seinem Aufenthalt im Kloster „St. Maria Magdalena della stella nova (zu Florenz?)“ s. ebd., S. 1187.

(S. 73–160): Apollonarius: »Wahre Hermetische Grundsätze«, 12 Kapitel, eine Illustration.

(S. 73): *APOLONARIUS MONACHIUS PRETIGER ORDINS 1498 WARE HERMETISCHE GRUND SAETZE VON DER PEREIDUNGE DER ROTH UND KRIENEN PLUME WUNDERLICHER EIGENSCHAFT UND WIE DER STEIN DER WEISEN MEISTER TARAUS PEREIDET WIRT DURCH VIELES SUCHEN UND ARPEIDEN VON MIR GEFUNDEN UND AUCH PESRIPEN ZUR EHRE GOTTES UND ZUM NUTZ DER WEISHEILIEPENTEN*; (S. 76–79): Vorrede: *IN NOMINI PATRIS ET FILIUS ET SPIRIS SANCTIS*, Incipit: *Ich habe Mir anfenges vor nichts von der Kunst zu schreiben* [...]; (S. 80): *Daß 1. Cap*[itel] *handelt von der bereitung einer wahren universal*[en] *Menstrums Azoth Dingnus* [?] *genanndt*, Incipit Haupttext: *So du unßern Azoth dingnus hast so hastu dem wahren schlißel* [...].

Ms. 237

»Splendor Solis«

18./19. Jh. ▪ 62 Bl. ▪ 36,5 x 22 cm ▪ Illustrationen

Datierung nach WZ, s.u. – Die nachträgliche Foliierung beginnt nach (IIv), bis (58r); die Abbildungsseiten sind an den Falz der Folgeseite eingeklebt; Schriftraum schwarz-rot umrandet; durchgehend Kanzleischrift. – Eine lose Beilage zur Vorlage, s. Gesch.

Wasserzeichen: *I FOURNIER* u. *FriedWilhdIII*, aus der PM Wolfswinkel unter dem Pächter Josua Fournier (1790–1803) s. FRIESE, S. 115–125, s. hierzu weiter Ms. 211.
Illustrationen: kolorierter 22-tlg. Bilderzyklus des Splendor Solis, vereinzelt unvollendet.
Einband: moderner Lederband mit Goldprägung.
Geschichte: Laut einer losen maschinenschriftlichen Notiz eine Abschrift von Nürnberg, german. Nationalmuseum, 4° Hs. 146 766, allerdings entspricht die Reihenfolge der Miniaturen in der vorliegenden Handschrift nicht der in Hs. 146 766 (Abgleich mit VÖLLNAGEL, Splendor Solis (2004), S. 168 (ohne Kenntnis der vorliegenden Handschrift). – Einbandrücken: in Goldprägung *SPLENDOR SOLIS ODER SONNENGLANZ* – (IIv): Stempel der LSB u. *Ms. 237.*

(1r–59v): »Splendor Solis«, mit Illustrationen.

(1r): *Splendor Solis oder Sonnen Glanz*; (3r): *Das gegenwärtige Büchlein wird genandt Splendor Solis oder Sonnenglanz Theilet sich in Sieben Tractat* [...]; (4r–4v): Vorrede, Incipit: *Alphidius einer der alten Weisen spricht: „Einem jeden der Ihme nicht mag vornehmen zu überkommen* [...]; (6r): *Hernach folget zu reden vom Ursprung des Steins der alten Weisen und wie der mit der Kunst volbracht wird* [...]; (7r): Incipit Haupttext: *Dieser Stein der Weisen wird fürbracht durch den Weg der grünenden Natur, davon redet Hali der Philosophus* [...].

Eine mögliche Vorlage der Erstdruck in: Aureum Vellus 3 (1598/99), s. auch Gesch.

Zum Splendor Solis s. Ms. 176.

[Ms. 238]

Isidor Welte: Tagebuch einer Pilgerfahrt ins Heilige Land 1895

[Ms. 239]

Julius Allgeyer: Gedichte, 1840

[Ms. 240]

Josef Franz Ulrich von Mader: Hausbuch 1750–1797

Da weder alchemischen Inhalts noch aus der Provenienz Sonnenthal wurden die Manuskripte Ms. 238–240 nicht katalogisiert

Ms. 241

Beschreibung eines Metallflusses

Spätes 17. Jh. ▪ 2 Bl. ▪ 33,5 x 20,5 cm

Datierung nach der Schrift. – Nachträglich foliiert.

Wasserzeichen: a) *ICP*, darüber Krone, darunter Weinbeeren, ein ähnliches WZ auch in Ms. 244; b) gekrönter Doppeladler mit herzförmigem Schild; beide WZ so nicht nachgewiesen.
Einband: Papierband.
Geschichte: Umschlagvorderseite: *Ms. 241*. – Vorderer Spiegel: Reste eines alten Signaturzettelchens: *43*. – Interne Aufzeichnungen in der LSB (im Anschluss an Ü-LSB, Kunzer [1894], wohl von Frau Koberg) behaupten, diese Handschrift stamme aus dem Besitz Sonnenthals, zu diesem s. Ms. 156.

(1r–1v): Beschreibung eines Metallflusses, vermutlich für Dodo II. von Knyphausen.

(1r): *Seiner Excellentz Herrn Von Knipshausen auf begehren diesen Fluß gegeben. Ein Fluß Wordurch die Metallen Compact werden* [...].

Zu Dodo II. von Knyphausen (1641–1698) s. DEETERS, in: NDB 12 (1980), S. 234f. u. MATTHIAS (2010).

Ms. 242

»Arcanum magnum magicum«, dt.

18./19. Jh. ▪ 12 Bl. ▪ 21 x 17 cm ▪ Illustrationen

Datierung nach WZ, s.u. – Ungebundene Lagen; nachträgliche, fehlerhafte Foliierung, die korrekte Reihenfolge ist: (Bl. 4), (Bl. 5), (Bl. 6), (Bl. 7), (Bl. 8), (Bl. 9), (Bl. 10), (Bl. 11), (Bl. 1), (Bl. 2), (Bl. 3), (Bl. 12). – Eine Hand mit zwei Duktus, wie Hand in Ms. 159, s. dort.

Wasserzeichen: a) *IGEBart iH Spechthausen*; b) Profilporträt mit Beischrift *FRIED: WILH: dIII*, auch in Ms. 259; beide WZ aus der PM in Spechthausen unter dem Pächter Johann Gottlieb Ebart (1787–1805), s. FRIESE (2000), S. 204, Nr. 14, a u. b, s. hierzu weiter Ms. 211.
Illustrationen: Siegel.
Einband: blauer Kartonband.
Geschichte: Vorderdeckel: Signatur *Ms. 242.* – (2r): in einem Siegel der Name *Johann Giesfeld.* – Interne Aufzeichnungen in der LSB (im Anschluss an Ü-LSB, Kunzer [1894], wohl von Frau Koberg) behaupten, diese Handschrift stamme aus dem Besitz Sonnenthals, zu diesem s. Ms. 156.

(1r–11r): »Arcanum magnum magicum«, Anleitungen, ein magisches Schutzsiegel herzustellen.

(5r): *Arcanum magnum magicum oder großes magisches Geheimnis*; (6r): Incipit: *Dieses Arcanum dient jedem Menschen, er sey wer er wolle* [...]; (9r): [...] *Wie denn der C.D.G. Solches von dem Pater Clement anno 1534 den 15ten März im Closter St. Sebastian ganz kurz vor seinem Ableben erhalten.*

Ms. 243

Alchemisch-technische Sammelhandschrift

17. Jh. ▪ 23 Bl. ▪ 33 x 21 cm

Datierung nach der Schrift 17. Jh. – Die nachträgliche Foliierung beginnt mit (1r), vor (18rv) wurde ein Blatt vergessen; bei der Heftung wurden die Bögen falsch zusammengeheftet: Für den korrekten

Textverlauf muss die Reihenfolge sein: (Bl. 1), (Bl. 3), (Bl. 4), (Bl. 2), (Bl. 5r–21v). – Eine Hand; zweispaltig beschrieben; Überschriften in Kanzleischrift.

Wasserzeichen: a) Horn; b) Stadttor auf Wappen, darin ein stehender Löwe, auch in Ms. 244; beide WZ so nicht nachgewiesen.
Geschichte: (1r): Signatur *Ms. 243*.

(1r–21v): Anleitungen zur Gewinnung von Silber und Gold.

(1r–4v): *Bey dem Abtreiben kom*[m]*et zu betrachten vor 1) Die Personen* [...]; (5r–21v): *Vom Abtreiben der Silber- und Goldhaltigen Wercke* (5r): Incipit: *Nachdem vermittelst göttlichen Beystandes unsere vorgelauffene Schichten* [...].

Ms. 244

Alchemisch-technische Sammelhandschrift

1687 ▪ 122 Bl. ▪ 32,5 x 20,5 cm ▪ Illustrationen

Datierung aus der Handschrift: (73r), s.u. – 12 lose Lagen, deren Reihenfolge bei der nachträglichen Foliierung, die mit (Bl. 1) beginnt, durcheinanderkam: (13r–28v) weisen die zeitgenössische Foliierung (1–16) auf. – Drei Hände: Hand 1 auf (1r–12v), (29r–44v), (51r–54v), (59r–60v), (63r–67v); Hand 2 auf (13r–28v), (45r–50v), (55r–58v), (61r–62v), (68r–71v), (74r–122v); Hand 3 auf (72r–73v). – Elf lose Beilagen, nachträglich foliiert (Bl. 36a u. 36b sowie Bl. 123–131).

Wasserzeichen: a) *HSP*, darüber Krone, darunter Traube, so nicht nachgewiesen, ähnlich auch in Ms. 241; b) unter Stadttor ein stehender Löwe im Wappen, wie WZ b) in Ms. 243, s. dort; c) *DX* [= zwei gekreuzte Hammer?]*H*, darüber Taube, so nicht nachgewiesen.
Illustrationen: in den losen Beilagen praktische Darstellungen, z.B. Grundrisse.
Einband: Papierband, bei Foliierung mitgezählt.
Geschichte: in den ersten drei Lagen Reste alter Signaturschilder: *38*, *39* u. [40]. – Die beiden losen Beilagen 36a u. 36b mit den Nummern: *62* bzw. *49*. – (73r): Schreibervermerk: *dieses auf sonderliches begehren Ihr*[er] *Exellenc von Knypshausen etc. gemacht und über geben den 27. Novem*[ber] *1687*, zu Knyphausen s. Ms. 241.

(1r–12v): Fragenkatalog zur Probierkunst.

(1r): *Inhalt Derer ienigen Fragen*, [durchgestrichen: *samt hierauf beschehener Antwort*] [späterer Vermerk: *ist nicht gefolgt*] *an Ihr*[e] *Churfürstl*[iche] *durchl*[auch]*t zu Sachsen* [vermutlich Johann Georg II. 1613–1680] *etc. bestalten Guaradein in Freybergk Titz. Herrn Barthol Hoffman betreffend Die Information der Probir-Kunst Aufgesezet und zugesezet von Gabriel Süßenmilchen*; (2r–2v) Vorbericht Incipit: *Es dienet dem Herrn Guaradein hiermit zum Vorbericht 1) Waß etwa Erdler, Rachs und andere* [...]; (3r): *Q.D.F.F.C.I.1) Was probiren sey?*

Zu Bartholomäus Hoffmann (1607–1675, kurfürstlich-sächsischer Guardein in Freiberg), s. GRÜBLER 1 (1731), S. 350f. – Zu Gabriel Süssemilchen (letztes Viertel des 17. Jh.), s. ebd. 2 (1731), S. 237.

(13r–122v): Gesammelte Anleitungen zu Bergbau u. Metallgewinnung.

Enthält u.a. (13r): *Ein Neues und fündiges Bergkwerg zu erregen und die artigen Gänge Flöz und Geschicke* [...]; (29r–34v) *Erbauung der Öfen zum Kupffer saigern*; (35r–44v) *Gründlicher Unterricht Wie alle Metallen und Mineralien, durch eine besondere Arth wiederumb in gestalt der Ertze zu reducieren*; (45r): *Zien Erz oder Zwitter wird aus* <Zinn> *Einfluss gewirket* [...]; (51r): *Treibeherdt Erstlich wird ein Grund 6 Schuh tief gegraben* [...]; (59r–60v): *Von der Regierug des Feuers, zu dem Stahl härten ingleichen auch zum Eisen*; (61r–62v): *Von der Artillerie R*[Rest gelöscht] *Proportion, Eine doppelte Carthauen schießt* [...]; (63r–67v): *Nothwendiger Vorbericht von der Abkunfft oder Anfang der Probir-Kunst*; (68r–71v): *Schlagetot zu machen*; (74r–122v): *Eysenstein und zugutmachunng*, Incipit: *Das Eisen ist gewurket aus dem Einfluß Martis* [...].

(123–131): lose Beilagen: Grundriss- u. Werkzeugskizzen (z.B. (Bl. 123): hölzerner Blasebalg), metallurgische Rezepte.

Ms. 245

Alchemische Sammelhandschrift, zwei Teile, enthält u.a.: Ps.-Johann Arndt: »Vom alchemischen Kummerstein der Erde«

18. Jh. ▪ 97 Bl. ▪ 33,5 x 21 (32,5 x 21) cm ▪ Illustration

Datierung nach der Schrift u. dem WZ, s.u. – 13 ungebundene Lagen, die zwei Teile bilden: Teil 1: (1r–3v), Teil 2: (4r - S. 175). – Die nachträgliche Foliierung beginnt mit (Bl. 1), bis (Bl. 5); die zeitgenössische Paginierung beginnt nach (5v), bis (S. 175), das Inhaltsverzeichnis des 2. Teils (Bl. I–II) steht nach (S. 2) und wurde nicht mitgezählt. – Zwei Hände: Hand 1 auf (1r–3v), wie Hand in Ms. 159, s. dort (Bildunterschrift des Autorenporträts u. Kapitelüberschriften in Duktus a, (3r) in Duktus b); Hand 2 auf (5r–S. 175); Überschriften in Kanzleischrift; Unterstreichungen mit Lineal. – Zwei lose Beilagen (6,5 x 20) von der Hand Sonnenthals, s. hierzu Ms. 158.

Wasserzeichen: a) Reiter; b) springender Hirsch, darunter *GFLP* darunter *1782*; c) Adler, darunter *HD*; d) *ICS*; alle vier WZ so nicht nachgewiesen.
Illustrationen: (2r) Autorbild: *Johann Arndt weil*[and] *General-Superintendent des Fürstenthums Lüneburg*.
Einband: Papierband, bei nachträglicher Foliierung mitgezählt.
Geschichte: (1r): alte Signatur *91* u. *Ms. 245*. – Zwischen (Bl. 1 u. 2) Reste eines alten Signaturzettelchens: *23*.
Literatur: TELLE, Alchemie u. Poesie 1 (2013), Nr. 13.

TEIL 1, (1r–3r): [Ps.-Johann Arndt]: »Vom alchemischen Kummerstein der Erde«, Gedicht.

(1r): *Dr. Joh*[ann] *Arndt alchymistischer Process*; (3r): Incipit: *Ich hatte keinen Körper nicht/ Und war im Paradies* [...], Expl. *Der Arme lacht und macht in Ruh/ den Kummerstein der Erde. D. Joh. Arndt.*

Eine Johann Arndt zugeschriebene Dichtung. – Edition s. TELLE, Alchemie u. Poesie 1 (2013), Nr. 13.

Ev. Hinweis auf PÜ in ALA (1797), Nr. 37, Sp. 395, Nr. 17 (weiter hierzu s. Ms. 164).

Zu Johann Arndt (1555–1621) s. HAMMANN, in: NDB 1 (1953), S. 360–361; s. auch Kap. 2.1.2, S. 31.

TEIL 2, (5r–S. 175): »De lapide philosophico«, alchemischer Traktat, 32 Kapitel.

(5r): *DE LAPIDE PHILOSOPHICO oder von der Arth Ursache und Regierung des Steines der Weisen*; *Visitabis interiora terrae, rectificando invenio occultum lapidem, veram Medicinam.* (S. 1–2): *Prologus* Incipit: *Des ganzen Werks Inhalt oder unsere Intention u*[nd] *End-Ursach ist nichts anders* [...]; (Ir–IIv): *Index Capitulum*; (S. 4): *Von dem Stein der Philosophen Cap*[itel] *1 Daß die alchemische Kunst wahrhaftig sey*, Incipit Haupttext: *Viele sind der Meinung, daß die Alchmische Kunst keine wahrhafte Kunst sei u*[nd] *das aus zwei Ursachen* [...]; Verweise u.a. auf *Geber* (S. 6), *Ludow. Lazarelli* (S. 7), *Morienus* (S. 26), *Mylvesindus* (S. 40) u. *Maria prophetissa* (S. 86).

Zu Geber s. TELLE, in: ^{2}VL 2 (1980), S. Sp. 1105–1109 u. NEWMAN, in: Priesner/Figala (1998), S. 145–147. – Zu Louis (Ludovicus) Lazarel (~1450- ~1500) s. THORNDIKE, History 5 (1941), S. 533 und CRISCIANI (2000). – Zu Morienus (~ 7. Jh.) s. JÜTTNER, in: LexMA 6 (1993), Sp. 841 und HILD, in: Priesner/Figala (1998), S. 242f. – Zu Maria prophetissa s. JÜTTNER, in: LexMA 6 (1993), Sp. 280f. und HILD, in: Priesner/Figala (1998), S. 235f.

Ms. 246

Magische Sammelhandschrift, zwei Teile, enthält u.a.: »Herpentil« und das *»Geheimnis der Gesellschaft Jesu«*

18. Jh. ▪ 43 Bl. ▪ 35 x 22 cm ▪ Illustrationen

Datierung aus der Handschrift (16r, s.u.) u. nach der Schrift. – Zwei Teile, Teil 1: (1r–16v, 39r–39v), Teil 2: (18r–38r); die nachträgliche Foliierung beginnt auf (1r); die Nummerierung der abgebildeten Siegel auf (Bl. 1) u. (Bl. 39) zeigt, dass (Bl. 39) ursprünglich (Bl. 1) vorangestellt war; aus (Bl. 42) wurde eine Illustration herausgerissen; div. unbeschriebene Seiten z.B. (7v-11v) – Zwei

Hände: Hand 1 auf (1r–16v), wie Hand 2 in Ms. 167, Duktus a u. b im Wechsel, s. dort; Hand 2 auf (18r–38r).

Wasserzeichen: a) in Wappenkartusche stehender Löwe, darüber Krone, darunter *VAI*; b) Anker mit *FCP*; beide WZ nicht nachgewiesen.
Illustrationen: in Tabellen mehrfach Siegel, eine Figur u. Zierelemente.
Einband: ursprünglicher Einband verloren (Fadenreste).
Geschichte: (1r): *Ms. 246* sowie die Ziffern *137* u. *144*. – (12r): alte Signaturen: *No 113, 08, 82* u. (13r) *No 131*. – (13v): Bemerkung: *Franciscus geboh*[ren] *1712 den 4ten August* [...]. – (15v): Vermerk: *In das Deutsche gesetzet von mir Maria Elisabetha Grafin von Hoditz,* (16r): [...] *Dieses hab ich den August 1789 von dem Rittmeister v*[on] *Barozzi von der hungarischen Adelichen Garde erhalten* [...], *Goetz* [...], *Gehrung erzählte mir aber* [Bericht einer Anwendung des Arcanum in Stuttgart 1785], zu Maria Elisabeth Gräfin von Hoditz (sie ehelichte 1654 Johann Georg Graf von Götzen), s. Bermann (1654); zu Barozzi s. auch Ms. 209.

TEIL 1, (1r–16v, 39r–39v): Tabellarische Übersichten u. magische Exzerpte.

(1r–7r): Tabellarische Übersichten zu Engeln, Dämonen, bösen u. guten Geistern u. ihren Siegeln;

(12r–16v): Herpentil: verschiedene magische Exzerpte u. Auszüge.

Enthalten sind u.a. (12r): *Isti habentur in Herpentili Qui in haebraica Lingua habentur: Ki Malchow, Jezave* [...]; (13r): *Arcanum magnum*, Incipit: *Oportet accipere Juvenem Gallinam* [...]; (13v): Verse: *Deine Gedancken bestehen stätts in guten Sachen, wann sie nicht wancken ein innigliches Vergnügen machen,* und: *Dein gar gutes Dencken und aufrichtiger Humor macht großes Verhäncken und nichts komt empor*; (14r): *Diese Büchlein wird genandt d*[as] *Herbenti*l [...] *Albus Herpentilus verus*; (15r): [...] *ein Magisches Arcanum, durch welches ein Engel auf alle Fragen antwortet* [...].

Zum Verfasser Herpentil s. Ms. 203 (keine Textübereinstimmung der vorliegenden Handschrift mit der dort angegebenen Literatur). – (15v) meldet, dass es sich um eine Übersetzung von Maria Elisabetha Gräfin von Hoditz handelt (s. auch Gesch.).

(39r–39v): weitere tabellarische Übersichten zu Engeln, Dämonen, bösen u. guten Geistern u. ihren Siegeln.

TEIL 2, (18r–38r): »Geheimnis der Gesellschaft Jesu«, Anweisungen u. Gebete zur Geisterbeschwörung.

(18r): *Geheimnuß der Gesellschaft Jesu oder Die Teuffeln bezwingende Jesuiten* (18r): [...] *Dieses Buch ist ein kleines Werck, aber von solch großen Wichtigkeit, und ist von dem Ehrwürdigen Pater Erchard Priester und Mattheseos Professore zu Pestadient in Bayern zusammen getragen worden;* Vorrede *Ad Lectorem:* Incipit: *Ich Pater Erchardus derzeit in Gestand der Bayerischen Universitaet Ordinarius Professor matheseos beschwör all und jede* [...]; (21r–22v): Gebete; (23r): *Folget die Erste*

Beschwörung 1a, Incipit: *Höre terophi ich unwürdiger Diener Gottes, beschwöre, berufe und bezwinge dich* [...].

Ms. 247

Ps.-Zoroaster: »Clavis Artis«, Register, dt.

18./19. Jh. ▪ 91 Bl. ▪ 35,5 x 20,5 (33 x 21,5) cm

Datierung nach der Schrift. – Ungebundene Lagen; die nachträgliche Foliierung beginnt auf (1r). – Zwei Hände: Hand 1 (Schreiber: von Sonnenthal, s. hierzu Ms. 158) auf (1r–88r), Hand 2 auf (89r–90v).

Wasserzeichen: a) Lilie; b) Hirsch; beide WZ so nicht nachgewiesen.
Einband: Papierband, bei Foliierung mitgezählt.
Geschichte: (1r): *Ms. 247.*

(1r–88v): Register zur Clavis Artis des Ps.-Zoroaster.

(1r–28v, 36r–88v): *Register, vollständiges über Zoroasters Clavis Artis*, mit Seitenangaben; (29r–35r): Stichwortlisten ohne Seitenangaben.

Keine Entsprechungen mit: Clavis Artis Des berühmten Juden und Rabbi Zoroasters Wie solcher 1996, Von Anfange der Welt in Arabischer Sprache aufgesetzt [...]. Jena 1738 [der digital eingesehene (23.05.2018) Druck in Dresden, SLUB: Chem. 1267 trägt das Druckjahr 1378].

(89r–90v): [Ps.-Zoroaster]: »Clavis Artis«, Vorreden u. Inhaltsverzeichnis.

(89r): *Augurapory des großen berühmten uralten Magi Zoroaster des Juden Rabij Clavis Artis in 39 Büchern*, eine Inhaltsbeschreibung; (89r): *Vorrede des Autoris* Incipit: *Aeo vel Aeoo fange ich Zoroaster an die verborgen Geheimnis des großen Erzvaters Adams u*[nd] *Henochs auf diese Pithons Haut* [...], *im Jahre der Welt Zoroasters 1996*; (89r–89v): *Vorrede an den filius artis*, Incipit: *Viele Liebhaber der Kunst (wird behauptet) hätten bisher viel Klagen geführt* [...], (89v): [...] *übersetzen wollen, so geschehen Utrecht 1238 C.I.F*[rater] *R*[osae] *C*[rucis] *Nun folgt der Inhalt der 39 Bücher den ich nicht abschreiben kan*[n] *theils weil es zu viel Zeit u*[nd] *Raum erfordert, theils weil ich das meiste nicht verstehe* [...], *Diese 39 Bücher nehmen 321 folio Seiten ein* [...]; (90r): [...] *In dem ganzen Werke sind 62 ausgemalte Figuren u*[nd] *Charaktere* [...] *Inhalt* [...] *Das 1te Buch p. 18 handelt von dem Maretz Aqua Roris magalis aqua grandis* [...].

Mögliche Vorlage: Clavis Artis Des berühmten Juden und Rabbi Zoroasters Wie solcher 1996, Von Anfange der Welt in Arabischer Sprache aufgesetzt [...]. Jena 1738. Die vorliegende Handschrift vertauscht die Standorte der beiden Vorreden dieses Drucks. – Eine mögliche PÜ könnte sein: Weimar, Herzogin Anna Amalia Bibliothek: Ms. Q 459 (darin allerdings: Drachenhaut), sowie auch Ms. 209, T1.

Zum Buch Augurapory s. Ms. 189. – Zu Zoroaster u. Zuschreibungen s. ebd.

Ms. 248

»Das Buch der Wahrheit« (auch: »Donum Dei Patris luminum«)

18. Jh. ▪ 48 Bl. ▪ 36 x 22 cm

Datierung nach der Schrift. – Die nachträgliche Foliierung beginnt auf (1r); in der Kapitelordnung fehlen Kap. 19 u. 21, ohne Textverlust, Kap. 22 wurde zweimal vergeben. – Eine Hand, von ihr auch vereinzelt Marginalien.

Wasserzeichen: a) gekrönter Adler, wie Gegenmarke von WZ a) in Ms. 174, s. dort; b) *G*; so nicht nachgewiesen.
Einband: blauer, moderner Pappband, ohne Rücken.
Geschichte: (1v): *Ms. 248.*

(1r–47v): »Das Buch der Wahrheit«, sieben Sätze u. 25 daran anschließende Kapitel.

(1r): *I*[n] *N*[omine] *I*[esu] *Das Buch der Wahrheit, Donum Dei Patris luminum genannt. Nach dem Licht magischer feuer cabalistischen* <?> *Philosophorum nach der Weisheit erklärt, ja einfältig beschrieben, für die einfältigen Kinder der Wahrheit dieser heilichen verborgenen in der Tiefe gegründeten Weisheit und Kunst aus hertzlicher Liebe in dieser letzten Zeit, doch in der Zeit der Lilien und Rosen. Anno 1588 F.C.T.J.* (2r–4v): Vorrede Incipit: *Gott ist ein Licht, zu welichen Lichte niemand kom*[m]*en kann, als* [...]; (5r–15r): *V.V.IML F*[rater]*R*[osae Crucis?] *G et A Philosophische Erklärung des Kupfer Blattes*, Incipit Haupttext: *Hier liegt begraben der Erden großes Jehts auf das es in derselben* [...].

Mögliche PÜ in ALA (1797), Nr. 37, Sp. 395, Nr. 3 u. in ALA (1798) Nr. 30, Beilage, Sp. 307, Nr. 12 (s. hierzu weiter Ms. 164).

Ms. 249

Johann August von Crantzberg: »Preiswürdiger und nie vorhin gesehener Probierstein der goldenen Natur«

18. Jh. ▪ 27 Bl. ▪ 22 x 35 cm

Datierung nach der Schrift. – Nicht gebunden, die nachträgliche Foliierung beginnt auf (1r).

Wasserzeichen: gekrönter Adler, wie Gegenmarke von WZ a) in Ms. 174, s. dort.

Einband: Papierband, bei Foliierung mitgezählt.
Geschichte: (1v): Rest eines alten eingeklebten Signaturzettels und *Ms. 249*.

(1r–27r): [Johann August von Crantzberg]: »Preiswürdiger und nie vorhin gesehener Probierstein der goldenen Natur«.

(1r): *Preiswürdiger und Nie vorhin gesehener Probirstein der Güldenen Natur welcher unterschiedliche geheime chymische Wunder zum bewahrlichsten hervor gebracht Aus Serti Monte 1669*; (2r): *Im Namen des Allerhöchsten!* Incipit: *Die Natur unser aller Mutter, hat sich nicht als eine Stiefmutter erwiesen* [...], (27r): Expl. [...] *man muß auch einen Theil, um den übrigen damit zu imbibiren aufbehalten*.

Abschrift von: [Johann August von Crantzberg]: Preißwürdiger, Nie vorhin so gesehener Probier–Stein Der güldinen Natur, Welcher Unterschiedliche geheime Chymische Wunder zum bewährlichsten herfür streichet Erfunden und herfür gegeben Auß Serti-Monte. S. I. 1669. Die dort enthaltene Vorrede scheint hier zu fehlen.

Eine PÜ liegt mit Ms. 259 vor. – Weitere mögliche PÜ in ALA (1797), Nr. 37, Sp. 397, Nr. 66 und in ALA (1798), Nr. 30, Sp. 306, Nr. 9 (s. hierzu weiter Ms. 164).

Crantzberg trug auch den Beinamen ‚Sertomontano', vgl. Astronomia et geographia practica [...] Authore Joanne Augusto Sertomontano alias á Crantzberg (1668).

Ms. 250

J.J. Schick: »Anhang natürlicher Weise Schätze zu graben«

18. Jh. ▪ 4 Bl. ▪ 35 x 22 cm ▪ Illustrationen

Datierung nach der Schrift. – Die nachträgliche Foliierung beginnt auv (1r).

Illustrationen: Zierelemente.
Einband: blauer Kartonband.
Geschichte: Vorderdeckel: *Ms. 250*.

(1r–3v): J. J. Schick: »Anhang natürlicher Weise Schätze zu graben«.

(1r): *Anhang natürlicher Weise Schätze zu graben zusammen getragen von J.J. Schick V.D.M.* (1v): *Anhang vom Schatzgraben* Incipit: *Nim*[m] *Wasser aus dreyer Herren Grund* [...]. (4v): *In Signum debita Observantice Eminentissimo ac Reverendissimo Principi ac Domino Domino Ernesto Adalberto S. r. E. Tit. D. Praxedis*

Presbytero Cardinali ab Harrach Archiepiscopo Pragensi, [...] *Collegium Pragense Societas Jesu Ad. S. Clementem.*

Auszug aus: Gebete an die Heilige Corona, Erzschatzmeisterin über die verborgenen Schätze [...]. Köln 1770, darin: ‚Anhang natürlicher Weise Schätze zu graben'.

Zu Ernst Adalbert von Harrach (1598–1667), s. KELLER/CATELANO 1 (2010), S. 58–88.

Ms. 251

»Schemata terrae coelestica et magica«

18. Jh. ▪ 24 Blätter ▪ 33 x 23,5 cm ▪ Illustrationen

Datierung nach den Schriften u. den WZ. – Aus dem bestehenden Buchblock wurden die ursprünglichen Buchseiten bis auf schmale Falze herausgetrennt. An diesen wurden dann die 24 Blätter mit den Schemazeichnungen befestigt. Die nachträgliche Foliierung beginnt auf (1r), dabei wurde ein Blatt zwischen Bl. 14 u. Bl. 15 ausgelassen. Die Schemablätter weisen eine uneinheitliche u. lückenhafte zeitgenössische Foliierung auf: Die Blätter wurden offenbar aus einem anderen Werk entfernt u. hier in neuer Reihenfolge zusammengefügt.

Wasserzeichen: a) *IJ* in umrankter Zierkartusche, nicht nachgewiesen; b) *C&IHONIG*, s. WASSERZEICHENINFORMATIONSSYSTEM: DE0945-Anonymus2787_11v (18. Jh.), online (23.05.2018); c) Lilie, darunter Glocke, darunter *JH&ZOON*; zu b) u. c) s. weiter Ms. 179; d) WZ Hollandia mit *PRO PATRIA*, ähnlich wie WASSERZEICHENINFORMATIONSSYSTEM: DE0960-BACHP226_20 (1770–1788), online (23.05.2018); e) *AI*, so nicht nachgewiesen.
Illustrationen: Schemata.
Einband: Halblederband mit Zierlinien u. zwei grünen Verschlussbändern.
Geschichte: Vorderdeckel: Titelschild, Signaturschild *Ms. 251* u. alte Signatur *299*. – Vorsatzblatt: *fr. o. K.* u. alte Signatur: *399* (o. *377*).

(1r–23r): »Schemata terrae; coelistica et magica«, 24 [!] beschriftete astronomische, astrologische u. magische Schemazeichnungen in Bleistift u. Tinte.

Ms. 252

Petro de Mendoza: »Der schwarze Rabe oder das Geheimnis der sieben Raben«

18. Jh. ▪ 12 Bl. ▪ 35 x 22 cm ▪ Illustrationen

Datierung nach der Schrift. – Die nachträgliche Foliierung beginnt auf (1r).

Wasserzeichen: a) Anker mit *TML*; b) gekrönte Wappenkartusche; beide WZ wie a) u. b) in Ms. 202, s. dort; c) auf Anker (?) stehender Mann mit Lanze, nicht nachgewiesen.
Illustrationen: Siegel, Schema u. Zierelemente.
Einband: blauer Kartonband.
Geschichte: Vorderdeckel: *Ms. 252.* – (1r): alte Signatur: *133.*

(1r–11r): Petro de Mendoza: »Der schwarze Rabe oder das Geheimnis der sieben Raben«, Anleitung zur Geisterbeschwörung, enthält ein Gedicht und ein Lied.

(1r): *Der schwarze Rabe oder das Geheimnis der sieben Raben Beschwörung wodurch die Fürsten und Geister der Finsterniß gerufen um wichtige Dinge auszulegen. Weyland von einem Espagnol, Namens: Petro de Mendoza in dessen Sprache beschrieben hernach aber von Matthäus Pogne, S.I. ins lateinische übersetzt; Nun aber um der Einfältigen Willen ins Deutsche gebracht von Petro de Apono. Amsterdam, bei Andreas Lüppius 1686.* (1v): Motto: *Virgilius Tactere si nequeo Superos, Acheronta movebo.* (2r): Gedicht, Incipit: *Mitten aus den Schwefelseen/Ragt erhaben in die Höh* [...], Expl. [...] *und verkündiget was noch wird:/Friede, Glück und auch das Schwerd.* (2v): *Einleitung*, Incipit Haupttext: *Der schwarze Rabe ist ein vor allem anderen sehr gefährliches Werck* [...], (9v): Expl. [...] *so soll von allen Gesellen folgendes Lied und gleichsam Freudenlied, zur Ehre Gottes angestimmt und abgesungen werden.* (10v): Loblied (10 Strophen), Incipit: *Gott ewger Gott der Engel/Und Menschen, die von Stengel/des Adams schreiben sich* [...], (11r): [...] Expl. *Nach Gottes Wink gehe ferne/Lacht hohn dem Höllenwirth. Ende.*

Zu Petrus von Abano (1257–1316) s. THORNDIKE, History 2 (1923), S. 874–947 sowie STURLESE, in: LexMA 6 (1993), Sp. 1959f. – Zum Buchhändler u. Verleger Luppius s. I.U., in: ADB 19 (1884), S. 650–651. Der vorliegende Text konnte in keinem einsehbaren Druck (vgl. KVK, online, 22.05.2018) nachgewiesen werden.

Ms. 253

Magische Sammelhandschrift, zwei Teile, enthält u.a.: Johann Kornreuther »Magia ordinis artium et scientiarum abstrusarum«, dt./lat.

18. Jh. ▪ 17 Bl. ▪ 35 x 22 cm ▪ Illustrationen

Datierung nach der Schrift. – Zwei Teile, Teil 1: (1r–6r), Teil 2: (17r, 7r–16v); die zeitgenössische Bindung ist fehlerhaft, die nachträgliche Foliierung beginnt auf (1r), die korrekte Textfolge lautet: 1r–6v, 17r, 7r–16v. – Eine Hand, wie Hand 2 in Ms. 167, Duktus a u. b im Wechsel, s. dort.

Illustrationen: Autorbild des Kornreuther u. Zierelement.
Einband: Papierband, bei Foliierung mitgezählt.
Geschichte: (1r): *Ms. 253.* – nach (1v) Textverlust, die hier fehlenden Blätter bilden Ms. 268, s. dort.

TEIL 1, (1r–6r): Johannn Kornreuther: »Magia ordinis artium scientiarum abstrusarum«, lateinisch mit deutscher Übersetzung.

(1r): *Nobilis Joannis Kornreuther ordinis S*[ancti] *Augustini Prioris Libellus de Magia Ordinis artium et Scientiarum abstrusarum. Post Mariae Partum Anno 1515 editus Nunc vero Revisus, et Approbatus Per ejusdem Ordinis Sacerdotem G.P.M. Amstelodami (I)DCLII* [=MDCLII]; nach (1v) Textverlust (s. Ms. 268); (2r): *Sigillum Astharoth Sigillum Azabhzar Citatio Azabhzar!* Incipit: *Kederesgh wehrelet dach* [...], (4r): Expl. [...] *quosque per meum hunc librum citare potes certo certius docebunt. Finis.* (4v–6r) Appendix.

Fragment: Ms. 268 enthält die hier fehlenden Blätter, s. dort. Eine mögliche PÜ der lateinischen Passagen: Augsburg UB Cod. II 2.8.2, Magia Ordinis Artium Scientiarum abstrusarum des Nobilis Ioannis Kornreutheri (OSA) Prioris (ehemals im Besitz des Hauses Oettingen-Wallerstein); der Augsburger Codex enthält nicht die hier enthaltenen Appendix. – Hinweis auf eine mögliche PÜ in ALA (1797), Nr. 37, Sp. 396, Nr. 57 u. Nr. 58 sowie in ALA (1798), Nr. 30, Sp. 309, Nr. 59, lateinisch, u. Nr. 60, deutsch (zu den Angeboten in ALA s. weiter Ms. 164). – Eine mögliche PÜ erwähnt auch Linden, Catalogus Manuscriptorum (1786), s. S. 41, Nr. 268; zu diesem Katalog s. weiter Ms. 152.

TEIL 2, (17r, 7r–16v): Johann Kornreuther: »Gewaltige Zitation und Beschwörung des vermaledeiten Teufels«.

(17r): *Johann Kornreüthers hochwürdigem Paters und des heiligen Augustiner Ordens Prioris etc. etc. Gewaltige Citation und Beschwörung des vermaledeüten Teufels Asteroth, Beelzebub, Dierle, Bassiel. Daß er dadurch und auf Befehl des Exorcisten der ein geweühter Priester und heiliger Mann sein muss falls etwas tractier werden muss* [...] *Gedruckt in Isphahan im 2308ten Jahr nach dem Anfang der Persischen Monarchie*; (17v): Gedicht Incipit: *Ich weiß mit Wahrheit abgewogen/ daß dieser Prior nicht betrogen* [...] Expl. *Vergnügte sich und konnte geben/ Machs auch so Freund, und folge nach*; (7r–7v): Vorrede, Incipit: *Das waren die Künste und verborgenen Wissenschaften des hochwürdigsten Augustiner Priors* [...]; (7v) Incipit Haupttext: *Das ganze Werk muß in der reinsten und beßten Absicht* [...].

Ms. 202 ist eine PÜ, s. dort.

Zu Johann Kornreuther u. den Kornreuther-Texten s. ebd.

Ms. 254

Tobias Ludwig Kohlhans (?): »Eugenii VI Discours«, dt.

~ 1724 ▪ 108 Bl. ▪ 35 x 22 cm

Datierung aus der Handschrift: (2r), s.u. – Ungebundene Lagen; die ersten zwei Blätter wurden nachträglich foliiert, die zeitgenössische Paginierung beginnt nach (2v), bis (S. 212). – Eine Haupthand; von einer zweiten Hand, wie in Ms. 159, Duktus a u. b, s. dort, zudem eine Notiz zum Verfasser u. die Kapitelüberschriften.

Einband: Papierband, bei Foliierung mitgezählt.
Geschichte: (1r): *Alchymistische Schriften* u. *Ms. 254*. – Zwischen (Bl. 1) u. (Bl. 2) ein alter eingeklebter Signaturzettel: *18*.

(2r–S. 212): Tobias Ludwig Kohlhans (?): »Eugenii VI Discours«.

(2r): *Eugenii VI Discours* [...] *Nicht einem jedweden Schul, Esel, sondern nur denenjenigen Liebhabern freyer Künste welche noch ein Liberum philosophandi genus admittiren zu Gefallen abgefasst Anno 1724 im Gouvernement zu Dresden. Der Verfasser dieser Schrift ist Kohlhans aus Gotha, der hernach nach England gegangen ist.* (S. 2) *Eugenii Von dem Caracter eines Weisen und von der inwendigen und eigentlichen Menschen Unendlichkeit. Non factum sed providentia. Seneca.* Vers: *Ast ordinem fati, aeterna feries vegit/Cujus prima lex est stare decreto/Factum est naturae necessitas/Quam nulla vis frangit. Der Ewigkeit gewidmet.* Incipit: *Sterblicher! Ob du schon in dieser Periodo der Veränderung unterworfen bis du dennoch ein Kind* [...].

Der Arzt Tobias Ludwig Kohlhans (1624–1705) ging 1669 nach England, s. WAPPMANN (1995), S. 164f., S. 199, S. 221 u. S. 236f.

Ms. 255

Aletophilus: »Hermentis [!] Trismegisti Erkenntnis der Natur«

18. Jh. ▪ 88 Bl. ▪ 36 x 23 cm

Datierung nach der Schrift. – Nicht gebunden, die nachträgliche Foliierung beginnt auf (1r); gestaltet als Entwurf. – Eine Haupthand (3r–84r); von zweiter Hand (1r–2v).

Wasserzeichen: auf einem Kreis ein Stern, im Kreis ein Anker sowie *IAK*, unter dem Kreis *WEIRA* [?], so nicht nachgewiesen.
Geschichte: (1r): *Ms. 255*.

(1r–79r): [Aletophilus]: »Hermentis Trismegisti Erkenntnis der Natur«, unvollständige Abschrift.

(1r): *A et W Das erste Buch Hermetis trismegisti Poemander 1.* Incipit: *Einsmals da ich die wesentlichen Dinge betrachtete, und mein Gemüthe sich erhube* [...] (79r) Expl. [...] *Wenn aber die Einbildung einen Einfluß von oben herab hate, so ist sie eine Nachahmung der Wahrheit, aber ohne die Obere Wirkung bleibet sie nur eine lüge* [bricht ab].

(80v–84r): Kurzübersicht des Inhalts.

Mögliche Vorlage: Hermentis Trismegisti Erkäntnüß Der Natur Und Deß darin sich offenbahrenden Grossen Gottes, Begriffen in 17 unterschiedlichen Büchern [...] verfertigt von Alethophilo [...] Hamburg 1706. S. 138–142 fehlen in der vorliegenden Handschrift.

Ms. 256

»Cabbala di Salomone«, ital.

18. Jh. ▪ 12 Bl. ▪ 34 x 22 cm

Datierung nach der Schrift. – Die zeitgenössische Foliierung beginnt auf (1r). – Eine lose Beilage (17,5 x 12,5).

Einband: Papierband, bei Foliierung mitgezählt.
Geschichte: (1r): *Ms. 256* u. Schreibervermerk? *I Grimaldelli sono li zeri, che risultano* [...]. – (12v): Notiz: *Cabala di Salamone.* – Lose Beilage: *Libro di varij Epigramati O Fondamentale Instruzione della Cabbala* [...].

(1r–11v): »Cabbala die Salomone«, ital.

(1r): *Gabola di Salomone* Incipit: *Si forma il quesito retto e breve, di parole naturali usitate e non equiboche, ne ambique, ma die una cosa sola, ha da essere in forma, die Biramide naturale, composita die corona* [...] (11v): Expl. [...] *Questa de la Cabola di Salomone Rivelata dall Abb*[ate]. *Gioaduns data prima a Salomone da Dio con ordine di tener la secreta, e si puol Serviesen non in altro Che in bene.*

Eine mögliche PÜ erwähnt Linden, Catalogus Manuscriptorum (1786), S. 24, Nr. 81; zu diesem Katalog s. weiter Ms. 152.

Zu Salomon s. Ms. 164.

Ms. 257

Abhandlung über Worte und ihre Bedeutung, lat.

18. Jh. ▪ 8 Bl. ▪ 37 x 22,5 cm

Datierung nach der Schrift. – Die nachträgliche Foliierung beginnt auf (1r) u. zählt zwischen Bl. 4 u. Bl. 5 ein Blatt (= Bl. I) nicht mit.

Wasserzeichen: *IMH*, nicht nachgewiesen.
Einband: Papierband, bei Foliierung mitgezählt.
Geschichte: (1r): *Ms. 257.*
Literatur: Interne Aufzeichnungen der LSB (wohl Frau Koberg, im Anschluss an Ü-LSB, Kunzer [1894]) sprechen von „Deutung der hebräischen Buchstaben entspr. dem 46 Psalm."

(1r–6v): Abhandlung zur Bedeutung u. Herkunft von Worten, mit einem Fußnotenapparat.

> (1r–Ir): Incipit: *Angeli pacis vocate Reges: Legati omnes circa nationes,* [et] *dicite: Laetamini cum Jerusalem, et exultate in ea, omnes, qui diligitis eam* [...] ; (Ir- 6v): Deutung hebräischer Buchstaben. (Ir): א Incipit: *Laudate* [überschrieben mit *Laetamini*] *Caeli exulta terra: Jubilate montes Laudem DEO vestro* [...].

Ms. 258

»Petra philosophica«, dt.

~ 1751 ▪ 14 Bl. ▪ 38 x 24 cm ▪ Illustrationen

Datierung aus der Handschrift: (1r), s.u. – Die nachträgliche Foliierung beginnt auf (1r).

Wasserzeichen: Hollandia ohne! PRO PATRIA-Schriftzug, nicht nachgewiesen.
Illustrationen: praktische Darstellungen u. Schema.
Einband: Papierband.
Geschichte: Umschlagvorderseite: alte Signatur *308* – (1r): *Ms. 258.*

(1r–12v): »Petra philosophica«, dt.

> (1r): *Petra Philosophica oder Der Philosophische Stein wordurch alle Metalle in reines Gold verkehret werden magen aus einem uhralten deutsch Gothischen Manuscripto durch einen aufrichtigen Patrioten Sorgfältigst colligirt und aus dem Türkischen Reich auffs neue ins deutschland gebracht im Jahr 1751*; (2r–2v): Vorrede: *Geneigter Leser*, Incipit: *Dass Gott die Wesenheit aller Wesenheiten seye, erkennst du durch das Licht deines wahren Glaubens* [...] *Lese nur mit Bedachtsamkeit, gebe acht an die Rubriquen* [...] Verweise auf *Theophrastus*; (3r): *Erste Information von dem* <?> *Auf einmal siebenfach rectificierten Spiritu vini*. Incipit Haupttext: *Versehe dich*

mit sieben runden Glaßkolben [...] (12r–12v): Epilog, Incipit: *Hast du nun dieses alles genau und öftermal durchlesen, so hoffe ich du werdest hierüber nach denen Grundfesten einer gesunden Philosophi*[a] *dein Urtheil fassen* [...].

Ms. 259

Johann August von Crantzberg: »Preiswürdiger und nie vorhin gesehener Probierstein der goldenen Natur«

18./19. Jh. ▪ 18 Bl. ▪ 33 x 21 cm

Datierung nach WZ, s. u. – Die nachträgliche Foliierung beginnt auf (1r). – Eine Hand, wie Hand in Ms. 159, Duktus b, s. dort.

Wasserzeichen: Profilporträt Friedrich Wilhelms III. aus der PM in Spechthausen unter J.G. Ebart (1787–1805), wie in Ms. 242, s. dort.
Einband: Papierband, bei Foliierung mitgezählt.
Geschichte: (1r): *Ms. 259.*

(1r–18r): [Johann August von Crantzberg]: »Preiswürdiger und nie vorhin gesehener Probierstein der goldenen Natur«.

(1r): *Preiswürdiger und Nie vorhin gesehener Probierstein der Güldenen Natur welcher unterschiedliche geheime chymische Wunder zu bewahrlichsten hervor gebracht aus Serti Monte 1669*; (2r): *Im Namen des Allerhöchsten!* Incipit: *Die Natur, unser aller Mutter, hat sich nicht als eine Stiefmutter erwiesen* [...].

Mögliche Vorlage: [Johann August von Crantzberg]: Preißwürdiger, Nie vorhin so gesehener Probier–Stein Der güldinen Natur, Welcher Unterschiedliche geheime Chymische Wunder zum bewährlichsten herfür streichet Erfunden und herfür gegeben Auß Serti-Monte. S. I. 1669. – Identische PÜ: Ms. 249, einzige Differenz: Ms. 259: (16v) *Vom Mercurio* entspricht in Ms. 249, (23v): *Das 3. Buch vom Mercurius.* – Weitere PÜ s. Ms. 249.

Zu Crantzberg s. ebd.

Ms. 260

»Der Spiegel Salomons«

17. Jh. ▪ 6 Bl. ▪ 33 x 19,5 cm ▪ Illustrationen

Datierung nach der Schrift. – Die nachträgliche Foliierung beginnt auf (1r); Bl. 6 wurde nachträglich eingefügt. – Eine Hand; Marginalien u. (6r–6v) von späteren Händen.

Illustrationen: Siegel u. Schema.
Einband: Schwarzmelierter Papierband.
Geschichte: Vorderdeckel: *Ms. 260.*

(1r–6r): »Der Spiegel Salomons«, eine Herstellanleitung für eine Wahrsagekugel (?), in Kombination mit magischen Zeichenformeln.

(1r): *Der Spiegel Salomonis, oder die Sphaeram aller Weisheit zubereiten*; Incipit: *Reinige Erstlich die Metallen auf folgende Weiß* [...]; (2v): Französische Zeile unter Zeichenformel: *A natte Le nom de l'homme du miroir.*

Ein Hinweis auf eine mutmaßliche PÜ findet sich bei Binz (1791), S. 194.

Zu Salomon s. Ms. 164.

Ms. 261

Alchemische Sammelhandschrift, sechs Teile, dt.

1722/ 18. Jh. ▪ 10 Bl. ▪ 35 x 22 (33 x 21) cm

Datierung aus der Handschrift (Teil 2) sowie nach der Schrift. – Sechs Teile, Teil 1: (1r–2v), Teil 2: (3r–3v), Teil 3: (4r–4v), Teil 4: (5r–6v) u. Teil 6: (9r–10v); die einzelnen Teile wurden vor der Bindung in Rötel durchnummeriert; die nachträgliche Foliierung beginnt auf (1r) u. ist teilübergreifend. – Fünf unterschiedliche Haupthände, die Hand der Teile 1 u. 4 ist identisch, wie Hand 2 in Ms. 156, s. dort.

Einband: blauer Kartonband.
Geschichte: Vorderdeckel: alte Signatur *No. 19* u. *Ms. 261*. – Vorderer Spiegel: alte Signatur *No 19.*

Teil 1, (1r–2v): Alchemische Rezeptsammlung.

Enthält u.a. (1ra) *das lichtensteinische* <Gold><pulver>.

Teil 2, (3r–3v): Brief vom *4.* <Novem>*ber 1722* an *Ihro Hoch Gräff*[liche] *Excellenz von Schönburg in Sontheim*, enthält ein Rezept für *Morsellen vom Antimonio*; über der Adresse eine Rezept- und Kostenliste für *Prauw Glas.*

Teil 3, (4r–4v): Rezeptentwurf, *Vera Praeparatio olei Vitrioli dulcis* (4r).

Teil 4, (5r–6v): Rezeptsammlung.

Enthält u.a. (5r) <Pulver> <Salz> <Gold> *Etahlie oder Goldsalz* und *Passaua* <Gold>.

TEIL 5, (7r–8v): *Abhandlung Was das Menstrum seye* [...], (7r) *Ex M.S.R.B.* [durchgestrichen: *Von Graff Traudtmanstorff*] *Ihro Kay*[serliche] *May*[estät] *von einem besizer geoffenbahrt* [...].

Zur legendären Gestalt des Grafen Trautmannsdorf (1462–1609) s. Theoretisch u. praktischer Wegweiser (1773), S. 12–14 (a7v-a8v) u. FERCHL (1938), S. 541.

TEIL 6, (9r–10v): Rezept: *Arcanum Vegetabile oder Quint Essenz vini Zartarisata.*

Ms. 262

Alchemische Sammelhandschrift, dt.

18. Jh. ▪ 16 Bl. ▪ 37 x 22,5 cm ▪ Illustrationen

Datierung nach der Schrift, außerdem findet sich auf dem hinteren Spiegel eingeklebt eine Theaterankündigung „[...] May 1786 [...] Zum vierten Male die Berlinerin in Wien oder Kasperle der Leben-Bediente [...]". – Die nachträgliche Foliierung beginnt auf (1r). – Eine Hand; zeitgenössische Unterstreichungen.

Wasserzeichen: *C&IHONIG*, wie b) in Ms. 251, s. dort u. Ms. 179.
Illustrationen: praktische Darstellungen.
Einband: blauer Kartonband.
Geschichte: Vorderdeckel: alte Signatur *No. 21.* – (15v): alte Signatur: *No 21.* – Hinterer Spiegel: zeitgenössischer Schreibervermerk? mit Bleistift: *Ein seltner Brocess des kleinen Bauers welcher bei seinem gdruckten Werk abgschr*[ieben], es gibt von Johann Grasshoff: Der Grosse und Kleine Bauer. Zwey Philosophische und chymische Tractate. Leipzig 1744, allerdings scheint nach grobem Textvergleich die vorliegende Handschrift nichts mit jenem Text gemein zu haben, zu Grasshoff s. TELLE, in: [2]Killy 4 (2009), S. 377.

(1r–15r): Alchemische Rezepte u. Anweisungen.

(1r): *Soli Deo Gloria. Geschöpf Gottes!* Incipit: *glücklicher Mensch dem dieses zu Händen fällt* [...]; enthält u.a. (2r): *Praxis et Processus der Praeparation, Extraction und Purification des Philosophischen Goldsamens und der Saturnina* und (9v): *Fermentation der Tinktur mit Queksilber*; (14r–15r): *De Materia Philosophorum*, enthält u.a. Angaben zu ihrem Herkommen.

Abschrift aus unbekannter Vorlage, s. (1r): *Copia vid*[e].

Ms. 263

Alchemisch-magische Sammelhandschrift, acht Teile, dt./lat.

18. Jh. ▪ 44 Bl. ▪ 34 x 21 (17 x 11) cm ▪ Illustrationen

Datierung nach den Schriften. – Die Handschrift besteht aus acht Teilen, Teil 1: (1r–1v), Teil 2: (2r–2v), Teil 3: (3r–10r), Teil 4: (11r–11v), Teil 5: (12r–16v), Teil 6: (17r–24v), Teil 7: (25r–26v) u. Teil 8: (27r–44r); manche Teile sind in Rötel durchnummeriert, diese Rötelnummerierung wurde bei der Bindung nicht berücksichtigt (Teil II > Nr. 5, Teil VI > Nr. 2); TEIL 1 enthielt ursprünglich auch Ms. 267 (dort alte Signatur mit Rötel *4*); die nachträgliche durchgehende Foliierung beginnt mit (1r). – Sieben Hände, Teile 3 u. 5 von gleicher Hand.

Wasserzeichen: Teil VIII: Blume, darunter *ICL*, nicht nachgewiesen.
Illustrationen: Siegel, Schema u. Tabelle.
Einband: blauer Kartonband.
Geschichte: Vorderdeckel: alte Signatur aufgeklebt: *No 78,* darüber Notiz: *Cabbali Unser*. – Teile 2, 3, 6 u. 8 alte Signaturen mit Rötel *5, 3, 2* u. *1*, s.o.

TEIL 1, (1r–1v): Fragment: Charakterisierung der verschiedenen Worte Gottes.

(1r): Incipit: *Zum anderten seynd die wort die gott mit Moyses redet* [...].

Zu Moses s. Ms. 199.

TEIL 2, (2r–2v): Fragment einer Anleitung zum Opus Magnum.

(2r): *Nota* Incipit: *Nun folge*[n] *dir dahier* [durchgestrichen: im 2t[en] Theil] *alle handgriffe der arbeithe*[n] *die Kürtze der Kunst und Würkung über* [durchgestrichen: *d*[en] *erst*[en] *Theil*] *des gantzen Processes* [...].

TEIL 3, (3r–10r): »Ad Corporis Necessitatem«, Geisterbeschwörungen.

(3r): *Ad Corporis Necessitatem oder inwendig Tritemius de auri fodina oder herpentil worin die haubt Beschwörung auff die wassergeister zubringen wie man verlang* [...], es folgen arkane Schriftzeichen.

Zum Verfasser Herpentil s. Ms. 202.

TEIL 4, (11r–11v): Kreisschema u. Tabelle: Analogien zwischen Wochentagen, Tageszeiten u. Planeten.

TEIL 5, (12v–16v): Herstellanweisung für eine magische Glocke.

(12v): *Eine vorneme Kunst oder Wissenschaft ein sehr wunderbahres Klögel zu machen von denen 7 metaln oder 7 planeten* [...], mit einer Tabelle über die Kraft der Planeten im Tageslauf.

TEIL 6, (17r–24v): »Thesaurus inestimabilis«, mit Illustrationen.

(17r): *Thesaurus Inestimabilis, ocultorum Miraculorum Sive Archivius Seu Conclave Scientiarum Salomonis hebraeorum Regis. Retentum a Regina Arabica Indeliciis et post mortem eius munus nimis prodigiosum posteritati in universam Lucem edita Per nonnulla vero Secula iteru*[m] *abscondita denuo Anno 1660 in Biblioteca Parisiensi aureis Literis pergameno pictis repertum et Iussu Regio ex Arabico in Latinum Translatum* (18r): Incipit: *Septem sunt principes qui ad fluendam humanam naturam ab omnipotentia dei deputati sunt* [...].

Zu Salomon s. Ms. 164.

TEIL 7, (25r–26v): Anleitung zur Durchführung des Christopherusgebets.

(25r): Incipit: *Erstlich muß man haben daß bildt des heyligen Christophori wo die 14 Nothelfer darauf sind* [...].

Zum Christopherusgebet s. JACOBY, in: HDA 2 (2005 [1930]), Sp. 72–75.

TEIL 8, (27r–44r): Anleitung zu Geisterbeschwörungen, mit einem Beschwörungszirkel.

(27r): *Bey Bespröngung des Waihwassers*: Incipit: *Durch die Bespröngung dieses Kostbahren bluths* [...]; (44v): Nachträglicher Bleistiftvermerk *Wan man auß dem Kreis geht* [...] *lesen wie ausgesprochen werden* [bricht ab].

Eine PÜ der Teile 1, 3, 5, 6 u. 7 ist bei Linden, Catalogus Manuscriptorum (1786), S. 61. Nr. 78, erwähnt; zu diesem Katalog s. weiter Ms. 152.

Ms. 264

Zaubergürtel

18. Jh. ▪ 114,5 x 6,5 cm

Datierung nach der Schrift. – Zusammengeklebter Karton, mit Papier umklebt; rote Tinte.

Geschichte: in Zeile 2 Nennung des Besitzers? [...] *deine Güte sei mit mir! Eustatius Carolus* [...].

Aufgerollter Kartonstreifen mit Beschwörungsanrufen der Namen Gottes u. der Heiligen Dreifaltigkeit in drei Zeilen.

Näheres zu Zaubergürteln s. JUNGBAUER, in: HDA 3 (2005 [1931]), Sp. 1228–1230.

Ms. 264a

Zaubergürtel

18./19. Jh. ▪ 244 x ~ 6 cm

Datierung nach den Stempeldrucken. – Zusammengenähte Pergamentstücke; schwarz bedruckt, der Text unterbrochen durch Stempeldrucke: diverse Siegel aus dem 6. Buch Mosis, s. Scheible, Mosis (1849), Figuren 4 und 6, s. auch Ms. 264b.

Aufgerollter Pergamentstreifen mit magischen Anrufungen: *Tutafasata Fasutatas Adusataufa.*

Zu Zaubergürteln s. Ms. 264. – Zu den Anrufungen s. GUILEY (2006), S. 31.

Ms. 264b

Zaubergürtel

18./19. Jh. ▪ 315 x 7 cm

Datierung nach den Stempeln. – Zusammengenähte Pergamentstücke; schwarz bedruckt, Text unterbrochen durch Stempeldrucke: diverse Siegel aus dem 6. Buch Mosis, s. Scheible, Mosis (1849), Figuren 2, 3, 4 und 7.

Aufgerollter Pergamentstreifen mit magischen Anrufungungen: *Aufgang der Sonne Agla Elohim Adoney Udaufasta Tusadafadas Tassadafadut Sadafutasut.*

Zu Zaubergürteln u. den Anrufungen s. Ms. 264a.

Ms. 265

Hebräisches Gebet

18. Jh. ▪ 1 Bl. ▪ 34,5 x 22,5 cm

Datierung nach der Schrift.

Wasserzeichen: Segelboot, so nicht nachgewiesen.
Geschichte: (1r): *Ms. 265* und Besitzvermerk *Antoni Glückselig in Salmansweil.*

(1r): Gebet in hebräischer Kursive, s. Einschätzung durch Margaretha Boockmann, Heidelberg 2009 (freundliche Auskunft von Roswitha Lambertz).

Überschrift: יתברך האלוישתבח הבורא

Ms. 266

Alchemisch-magisches Schriftstück

18. Jh. ▪ 1 Bl. ▪ 76 x 24 cm ▪ Illustration

Datierung nach der Schrift. – Ein aus mehreren Blättern zusammengeklebtes Stück Papier.

Geschichte: Interne Aufzeichnungen der LSB (wohl Frau Koberg, im Anschluss an Ü-LSB, Kunzer [1894]) bezeichnen das Stück als „9 stufiges, langes Papier mit magischen Beschwörungen". – Verso: *Ms. 266.*

Darstellung von 9 miteinander verbundenen Bögen, mit alchemischen u. magischen Siegeln, Symbolen u. Namensbezeichnungen. Zweck: unbekannt.

Text Incipit: *LO VOS ISTE BENEDICTA VIRGO MORIA. OMNE MALigNum INRI. SINT METIGAMENDA MEI HOG ISEGNUM GAT BENEDICTUS SIT. TORMENTATU EATUR QUELEL ET HOMOF LOCPANTHon.* [Lesart mitunter unklar].

Ms. 267

Diverse magische Notizen und Abschriften, Fragment, enthält u.a.: »Die sieben hohen und kräftigen Namen Gottes«

18. Jh. ▪ 1 Bl. ▪ 33,5 x 22 cm

Datierung nach der Schrift. – An der Oberkante Papier- u. Textverlust. – Eine Haupthand, wie Hand 2 in Ms. 167, Duktus a u. b, s. dort; Korrekturen von einer zweiten Hand.

Geschichte: (1r): *Ms. 267.* – Fragment aus Ms. 263, T1, s. dort.

(1r–1v): Diverse magische Notizen u. Abschriften, Fragment (vgl. Ms. 263, Teil 1).

(1r): *Die sieben hohen und kräftigen Nah*[men Got]*tes wodurch man sie in guten Stunden und bequemen Ort* [Textverlust] *hen und werden sein begehren erlangen wird.*

(1v): Schutzbrief Jesu an König Abagar, Incipit: *Selig bist du König Abagar, der du mich nicht gesehen und an mich geglaubt hast* [...]; weiter die Beschwörungsformel *Schemham foras: Veniach, Iliel, Satael, Elemiach* [...].

Zum apokryphen Schriftwechsel Jesu mit König Abagar s. RAHNER, in: [2]LthK 1 (1957), Sp. 43. – Zum Schem hamphorasch in der Golemsage s. STAMMLER, in: HDA 3 (2005 [1931]), Sp. 939–941.

Ms. 268

Johann Kornreuther: »Instructio ad cultorem magiae«, lat./dt.

18. Jh. ▪ 4 Bl. ▪ 34,5 x 22 cm ▪ Illustrationen

Datierung nach der Schrift. – Die nachträgliche Foliierung beginnt auf (1r). – Eine Hand, wie Hand 2 in Ms. 167, Duktus a u. b im Wechsel, s. dort.

Wasserzeichen: a) Anker mit *ICP*, nicht nachgewiesen; b) gekrönte Wappenkartusche, wie WZ b) in Ms. 202, s. dort.
Illustrationen: Siegel u. Zierelemente.
Einband: Papierband, bei der Foliierung mitgezählt.
Geschichte: Einst ein Bestandteil von Ms. 253, Teil 1, s. dort. – (1r): *Ms. 268.*

(1v–4v): [Johann Kornreuther]: »Instructio ad cultorem magiae«, lat./dt.

(1v): *Instructio ad Cultorem Magiae.* Vorrede: *Sic scito cupide Lector!* Incpit: *In hoc Opere paucissimo non meas Speculationes inveniri, quae nihil realis continent* [...]; deutsche Übersetzung: *Unterricht an dem Liebhaber der Magiae. Wisse also begieriger Leser, daß in diesem sehr wenigem Werk nicht meine Speculationen gefunden werden, welche nichts reales in sich enthalten* [...]; (2r): *diese Kunst habe ich, da ich in Orient wanderte, von dem berühmtesten Mago Thagi Alsagi, einem Araber welcher denen Menschen durch seine Caballa viele Arcana offenbahret hat, anno 1495 gelernet* [...], Incipit Haupttext: *Nam sine Conjuratione et Spirituum Concursu plane nil effici poterit* [...]; bricht nach (4v) *Citatio Astaroth* ab.

Fragment aus Ms. 253, Teil 1, s. dort. – Zu PÜ u. zu Kornreuther s. ebd.

Ms. 269

Ps.-Paracelsus: »Arcana arcanorum arcanissima«, dt.

18. Jh. ▪ 7 Bl. ▪ 35,5 x 21 cm ▪ Illustration

Datierung nach der Schrift. – Die nachträgliche Foliierung beginnt auf (1r).

Wasserzeichen: *PK*, nicht nachgewiesen.
Illustration: Autorbild des Paracelsus *wie er im Jahr seines Absterbens gestaltet gewesen.*
Einband: Papierband, bei der Foliierung mitgezählt.
Geschichte: (1r): *Ms. 269.* – (1v): Rest eines ehemals eingeklebten Signaturzettels.

(1r–6r): [Ps.-Paracelsus]: »Arcana arcanorum arcanissima«.

(1r): *Philippi Theophrasti Paracelsi Arcana Arcanorum Arcanissima quae theophrastus Junior manu propria elaboravit et in suo manuali posteritati reliquit anno christi 1546*; *Hocce Manuscriptum in monasterio Patrum Ordinis Sancti Benedicti Erfurtensis inter Cimelia asservatur rarissima.* (3r): Vorrede, Incipit*: Ich P.T. Paracelsus Junior kam über ein Manuscript des Abbatis Joannis Trithemii welches betitelt war: Das allergröste Geheimnis der ganzen Natur, sive Materia Universalissima und wie man aus diesem Spermate coelesti den Spiritum* <Salpete>*rii und aus diesem die Tincturam universalem elaborieren könne. Processus*: Incipit Haupttext: *Es werden nämlich in den Elementen zwei Spermata generiert* [...] *Das erste heisst: Axunga Solis* [...] *Die Marga Luna hingegen kommt von* [...].

Eine mögliche PÜ in Glasgow, UB: Ms. Ferguson 219, die den gleichen Titel trägt. – Weitere Hinweise auf mögliche PÜ in ALA (1797), Nr. 37, Sp. 395, Nr. 19 u. ALA (1798), Nr. 30, Sp. 307, Nr. 15 (s. zu den Angeboten im ALA weiter Ms. 164).

Zu Paracelsus s. Ms. 156. – Zu Trithemius s. Ms. 189.

Ms. 270

»Das große Gebet des heiligen Christopherus«

18. Jh. ▪ 32 Bl. ▪ 21,5 x 17,5 cm ▪ Illustration

Datierung nach der Schrift. – Die nachträgliche Foliierung beginnt auf (1r). – Eine Hand, wie Hand in Ms. 159, Text wie Duktus b, Überschriften wie Duktus a, s. dort; Titel u. Zwischenüberschriften rubriziert.

Wasserzeichen: [...] *ROSEИKRUG* [?] *IT 98*, nicht nachgewiesen.
Illustration: Siegel.
Einband: Papierband.
Geschichte: Vorderdeckel: *Ms. 270* und *Gebeth Christophori.* – Vorderer Spiegel: auf eingeklebtem Zettel eine alte Signatur *58*.

(1r–30v): »Das Grosse Gebeth des Heiligen Christophori«, Anleitung zur Teufelsbeschwörung.

(1r): [...] *dieses ist zu Presburg in Ober Ungarn von einem Engel bekommen worden welches Anno 1452 wieder in einer Steinkluft gefunden worden ist*; (2r): *Das wahrhafte und gerechte grosse Gebet S*[anc]*t*[i] *Christophori welches heilig soll gewürket werden von Gott überschickt worden durch seinen heiligen Engel, wird genannt der Tagelöhner. Jesus Nazarenus Rex Judaeorum behüt uns allezeit vor Sünd und Lastere und vor allem Uebel.* Vorrede, Incipit: *Dieses Gebet ist von einem guten Engel einem einfältigen und sehr armen Tagelöhner offenbart und gelehrt worden* [...] *Dieser Mann hat geheissen Friedrich Latz aus Tyrol gebürtig* [...]; (2v): [...] *der Teufel kommt nicht gern sondern er muß durch Beschwörung in richtigem Gebet, gezwungen werden* [...], Incipit Haupttext: *Wenn man dieses Gebet in einem Zimmer oder Kammer oder Boden verrichten will* [...].

Zum Christopherusgebet s. Ms. 263, Teil 7.

Ms. 271

Christopherusgebete

18. Jh. ▪ 14 Bl. ▪ 23,5 x 19 cm

Datierung nach der Schrift. – Die nachträgliche Foliierung beginnt auf (1r).

Einband: schwarzer Kartonband.
Geschichte: Vorderdeckel: *Ms. 271.*

(1r–14r): Diverse Christopherusgebete.

(1r): *Gebete an den heiligen und großen Christoph welcher das Kind Jesu über den Jordan getragen, von ihme hernach getauft von einem heidischen König schaffend angetroffen und jämmerlich erwordet, von Gott aber, mit der himmlisch* [Tilgung] *Marter Kron gekrönet, und zum höchsten Schatzmeister im Himmel und auf Erden, gewaltigen Geber aller Verborgenen Schätze, und Austheiler an die Armen eingesetzt worden. Nach dem authentischen Manuscript welches im Vatican zu Rom auf behalten wird.* (2r): *Vorbereitung*, Incipit: *Wer dieses heilige Christophs-Gebet verrichten will, der muss Buße thun* [...].

Zum Christopherusgebet s. Ms. 263, Teil 7.

Ms. 272

»Artes magicae«, erster Teil, dt.

18. Jh. ▪ 10 Bl. ▪ 22 x 18 cm

Datierung nach der Schrift. – Die nachträgliche Foliierung beginnt auf (1r). – Eine Hand, wie in Ms. 285.

Wasserzeichen: Steigender Hirsch, nicht nachgewiesen.
Einband: Papierband, bei Foliierung mitgezählt.
Geschichte: (1r): *Ms. 272* u. Notiz: *Pro me Raggendorfii Diligenter descriptae.*

(2r–11v): »Artes magicae«, magische Sammelhandschrift, dt.

(1r): *Artes Magicae Pro me Raggendorffij Diligenter Descriptae*; enthält u.a. (4r): *Glück im Spihlen zu haben*, (6v): *Das einem niemand was Übels nachreden kan* und das *Sator-Arepo*-Quadrat; (10v): [...] *Finis Des Erster Theil des Artium Magicarum.*

Es handelt sich um Teil 1 von Ms. 285, s. dort.

Zur Sator-Arepo-Formel s. HOLTZ, in: TRE 7 (1981), S. 312f.

Ms. 273

»Arcanum arcanorum maximum, das wahre jesuitische Venusbüchlein«

18. Jh. ▪ 9 Bl. ▪ 23 x 18 cm ▪ Illustration

Datierung nach der Schrift. – Die nachträgliche Foliierung beginnt auf (1r); die Blätter wurden aus einem anderen Werk herausgelöst: eine zeitgenössische Paginierung beginnt nach (1v) mit (S. 33), bis (S. 47). – Eine Hand, wie Hand 2 in Ms. 167, Duktus a u. b im Wechsel, s. dort.

Wasserzeichen: a) Anker; b) Wilder Mann mit Keule; beide WZ nicht nachgewiesen.
Illustration: Siegel.
Einband: blauer Kartonband, Vorderseite fehlt.
Geschichte: (1r): *Ms. 273* u. alte Signatur, durchgestrichen: *No. 253.*

(1v–9r): »Arcanum arcanorum maximum, das wahre jesuitische Venusbüchlein«, Anleitung zur Geisterbeschwörung hinsichtlich einer Schatzsuche, dt.

(1v): Incipit: *Dieses ist der wahrhafte Zwang aller derjenigen Geister, so bey den verborgenen Schätzen oder Bergwercken sitzen, in was Gestalt man sie immer haben will* [...].

Ein Hinweis auf eine mögliche PÜ bei Brüning 3 (2007), Nr. 3921a: Sammlung der größten Geheimnisse außerordentlicher Menschen [...]. Köln 1725 [?].

Ms. 274

»Speculum magicum«, dt.

18. Jh. ▪ 6 Blätter ▪ 23 x 18,5 cm

Datierung nach der Schrift. – Die nachträgliche Foliierung beginnt auf (1r), zusätzlich zu einer zeitgenössischen Paginierung, die bei (1r) einsetzt, bis (S. 3). – Eine Hand; die Titelzeile auf (1r): *Speculum Magicum* von zweiter Hand.

Wasserzeichen: *C&IHONIG* unter gekrönter Wappenkartusche mit zentralem Posthorn, darunter eine Glocke (Zaandijk, 18. Jh.), zu ähnlichen WZ dieser Region s. Ms. 179.

Einband: Papierband, bei Foliierung mitgezählt.
Geschichte: (1r): *Ms. 274 S* u. eine alte Signatur: *158.*

(1r–5v): »Speculum magicum«, Gebet mit anschließender Beschwörung des Erzengels Uriel.

(1r): *Speculum Magicum, Gebeth*, Incpit: *Adonay Herr mein Gott! Barmherzig gnädig gewältig, von grosser Gnad und Treu* [...].

Ms. 275

Anleitungen zur Spiegelherstellung

18. Jh./post 1784 ▪ 3 Blätter ▪ 32 x 20 (23,5 x 15) cm

Datierung nach der Schrift u. aus dem Manuskript, Blatt c, s.u. – Jedes der drei Blätter wurde separat mit ‚1' foliiert. – Drei verschiedene Hände, Hand 3 (Blatt c) (Schreiber: von Sonnenthal s. hierzu Ms. 158).

Wasserzeichen: *EBERHARD ZELL* darunter Horn mit Schleife dazu *CST*, wie in Ms. 170, s. dort.
Geschichte: auf allen drei Blättern die Signatur: *Ms. 275.*

Enthalten sind je eine Anleitung zur Herstellung von a) Glasfirnis, b) Spiegeln u. c) Brennspiegeln, letzteres mit Quellenangabe: *Johann Georg Krüniz oekonome Encyklopädie Sechster Theil, zweite Auflage. Berlin 1784. Seite 622, Wort: Brennspiegel.*

c) Exzerpte aus: Krünitz, Johann Georg, u.a.: Oeconomische Encyclopädie oder allgemeines System der Land- Haus- und Staats-Wirthschaft. 242 Bde. Berlin 1773–1858.

Zu Krünitz (1728–1796) s. WEBER, in: NDB 13 (1982), S. 110f.

Ms. 276

»191 Aphorismi chymici sapientium«, dt.

~ 1767 ▪ 12 Bl. ▪ 37,5 x 25 cm

Datierung aus der Handschrift, s. u. – Ungebundene Lagen; die zeitgenössische Paginierung beginnt auf (1r). – Eine Hand; auf (S. 1) *191* u. *Sapientium* der Titelzeile, die Nummerierung der Aphorismen u. vereinzelte Marginalien von anderer Hand (?).

Wasserzeichen: a) gekrönte Wappenkartusche mit zentralem Kreuz, nicht nachgewiesen; b) Lilie (1756), s. WASSERZEICHENINFORMATIONSSYSTEM: DE0945-Benda3336_1r, online (23.05.2018)

Geschichte: (1r): *Ms. 276*, alte Signatur: *307*. – (S. 21): Notiz: *Sig*[natum] *Wien d*[en] 6. [Okt]*o-b*[er] *1767*.

(S.1–21): »191 Aphorismi chymici sapientium«, dt.

(S. 1): [...] *das ist kurze Chymische Sätze oder Sprüche, zu welchen alles, was zur chymischen Kunst gehöret, fürgleich gezogen werden kann*. Incipit: *Die Alchemie ist eine Vollkommene Erkenntnus der gantzen Natur und kunst von dem mineralischen reiche* [...].

Ms. 277

»Johannes Doktor Faust: Praktizierter Höllenzwang«

18. Jh. ▪ 20 Bl. ▪ 23 x 19 cm ▪ Illustrationen

Datierung nach der Schrift. – Die lückenhafte, zeitgenössische Paginierung wurde nachträglich ergänzt, Beginn auf (1r). – Eine Hand, wie Hand 2 in Ms. 167, Duktus a u. b im Wechsel, s. dort.

Wasserzeichen: a) Anker; b) gekrönte Wappenkartusche; beide wie WZ a) u. b) in Ms. 202, s. dort.
Illustrationen: Siegel, Tabelle u. Zierelemente.
Einband: blauer Kartonband, Rückseite fehlt.
Geschichte: Vorderdeckel: *Ms. 277*.

(S. 1–30): »Johannes Doktor Faust: Praktizierter Höllenzwang«.

(S. 1): *Iohannes Doctor Faust Prakticirter Höllenzwang Wodurch er die Geister bezwungen, daß, Sie seinen Willen in allem vollbringen musten. Passau 1605*; (S. 1): Gedicht Incipit: *Ohne Kreis ließ mich nicht laut, sonst bin ich dir beschwerlich, Der Geist dringt auf die Haut, Wann du dich wagst gefährlich* [...]; (S. 3): Incipit Haupttext: *Aziel ist unter allen dienstbaren Geistern der mächtigste* [...].

(S. 31–33): *Schlüssel zu Faust*.

Mögliche Vorlage: Doctor Johann Faust's Hexen- oder Höllenzwang. Nach dem Prager Exemplar 1509. Passau 1605, s. HENNING, Faust-Bibliographie 1 (1966), NR. 3166. – Das Gedicht ordnet Kiesewetter (s. weiter Ms. 178) einem Fausttext des 17. Jh. zu: Dr. Johann Faustens Miracul-Kunst und Wunderbuch oder der schwarze Rabe auch der Dreifache Höllenzwang genannt [...] Lyon 1469 [fingiert], s. KIESEWETTER, Faust 2 (1921 [1893]), S. 29f. (bei HENNING (s.o.), Nr. 3213).

Zu Faust s. Ms. 186.

Ms. 278

Alchemische Sammelhandschrift, enthält u.a.: »Corpus philosophorum«, dt.

17./ 18. Jh. ▪ 37 Bl. ▪ 23 x 18 cm ▪ Illustrationen

Datierung nach der Schrift. – Die zeitgenössische Paginierung beginnt auf (1r). Buchblock hinten: Reste von 6 herausgeschnittenen Blättern; Buchblock vorne: Rest einer Lagenschnur, Textverlust nicht bestimmbar. – Eine Haupthand; Paginierung u. Sachregister von einer zweiten Hand.

Wasserzeichen: Palme (?), nicht nachgewiesen.
Illustrationen: praktische Darstellungen u. Figuren, u.a. (S. 49) die „Hand des Philosophen", s. Ms. 204, Teil 4.
Einband: Vorder- u. Hinterdeckel fehlen, (Leder-?) Reste des Rückens.
Geschichte: (S. 1): *Ms. 278.*

(S. 1–20): »Corpus philosophorum«, dt.

(S. 1): *Das Gehaimbnus welches Corpus philosophorum genannt wird, von der hochsten medicin und artzney deß Menschlich leibeß undt von dem gros*[en] *Schahren albir auff erdt*[en] *nemblih von der Transmutation, Verendterung, und Vermischung der Metall*[en]; *Das 1. Stück, Im Nahme*[n] *der allerheiligste*[n] *treyfaltigkeit Gottes amen.* Incipit: *Demnach wir in allen Creaturen oder von Gott dem almöchtig*[en] [...].

(S. 20–84): alchemische Rezepte u. Abhandlungen, mit Illustrationen.

Enthalten sind u.a. (S. 22ff.): *Von der Spagirischen Kunst,* (S. 60ff.): Tartarum oder (S. 70ff.): Ein *Pulver Zuberaitten welches alle Metallen in Salpeter* [?] *verwandelt.*

(S. 84): Nachträgliches Sachregister.

Ms. 279

Alchemische Sammelhandschrift

17./ 18. Jh. ▪ 37 Bl. ▪ 23 x 18 cm ▪ Illustrationen

Datierung nach der Schrift. – Die nachträgliche Foliierung beginnt auf (1r). – Eine Hand, wie Hand 2 in Ms. 156, s. dort.

Illustrationen: praktische Darstellungen (als doppelt foliiertes Bl. 5 zwischen fol. 4 u. 5 eingefügt).
Einband: blauer Kartonband.
Geschichte: Vorderdeckel: *Ms. 279* u. alter Signaturkleber: *No 13* mit Zusatz *ad 6.* – Vorderer Spiegel: *gehört zu No 6.*

(1r–26r): Alchemischer Traktat, dt., mit Illustrationen.

(1r): *Vorrede: Und Einladung dieses werkhs* Incipit: *Lieber Schuller und Buller der Weisheit weliche dem undendlich und wunderbarliche Gott 7773 dem Jenigen offenbbart und ennsandet die ime rechtschaffen und warhaftig forchten* [...]; (2v): Motto *Visita Interiora Teriae Reitificato Invenes Occulutum Lapidem Veram Medicinam*; Incipit Haupttext: *Ich bin gentzlicher Meinung ja völlich überzeuget, daß* [...]; (7v): Verweise u.a. auf *Homerus germanus* [...] *Emilius augustanus d*[er] *Anonymus des tractats von Bludt der Natur* [= Grummet] *und des Salamanters Sinceri Mironis Tractat von der Universalfeüer d*[er] *Natur*; (26r): *Des ersten Theils Ende*.

Zu Grummet s. Ms. 290a.

(26v–34r): Diverse alchemische Kurzabhandlungen, dt.

Enthalten sind u.a. (27v–29r) *Ein geheimer Psalm Davids von der Quinta Esenz des philosphischen* <Goldes> *und* <Silbers>.

Zu David s. MÜLLER, in: Neues-Bibel-Lexikon 1 (1991), Sp. 390–396.

Ms. 280

Altus: »Mutus Liber«

18. Jh. ▪ 18 Bl. ▪ 23,5 x 19,5 cm ▪ Illustrationen

Datierung nach der Schrift u. der Vorlage, s. u. – Die zeitgenössische Foliierung beginnt nach (Iv=Einband), Bl. 10 ist unbeschrieben u. wurde bei der Foliierung nicht mitgezählt. – Die Bildbeischriften von anderer Hand als der Titel.

Wasserzeichen: C. Steinhauser, wie in Ms. 172, s. dort.
Illustrationen: Bilderzyklus des Mutus Liber.
Einband: Papierband.
Geschichte: (Ir): *Ms. 280.*

(Ir–15r): Altus: »Mutus Liber«, mit Illustrationen u. Erläuterungen.

(Ir): *Anonymi Liber Mutus Alchimiae Mysteria Filiis Artis nudis figuris evidentissime aperiens.* (Iv): *Mutus Liber in quo tamen tota Philosophia hermetica figuris hieroglyphicis depingitur, ter optimo maximo Deo misericordi consecratus, Solisque filiis artis dedicatus Authore cuius nomen est Altus. 21'11'22 neg.//93'82'72 neg.// 82'81'33 Ined.*

Der Erstdruck des Mutus Liber erschien 1677 (La Rochelle). Aufgrund des Titels handelt es sich höchstwahrscheinlich um eine Abschrift aus Manget (1702) 1, S. 938f., s. auch FERGUSON 1 (1954 [1906]), S. 29f. 2. S. 69.

Zum Mutus Liber s. VÖLLNAGEL, Alchemie (2012), S. 216–229.

Ms. 281

Alchemische Sammelhandschrift, dt.

1778 ▪ 12 Bl. ▪ 21,5 x 18 cm

Datierung aus der Handschrift: (1r), s. u. – Die nachträgliche Foliierung beginnt auf (1r). – Eine Hand, der Schreiber wohl der junge von Sonnenthal (geb. als Parthenschlager), s. hierzu Ms. 158.

Wasserzeichen: unter einer Wappenkartusche *AH*, nicht nachgewiesen.
Einband: Papierband, bei Foliierung mitgezählt.
Geschichte: (1r): *Ms. 281* u. ein teilweise getilgter Schreibervermerk: *verbo ad verbum Descripsi 1778 Sebastian P*[Rest getilgt], vermutlich ‚Parthenschlager'.

(1r–12v): Exzerpte zur Alchemie, dt.

> (1r): *Extractus chymicae ex vetustissimis Manuscriptis*. Enthalten sind u.a. (2r): <Aurum> *conficere ex luna fixa* u. eine Rezeptempfehlung für *Luna fixa* eines *Jörg Stengmäyer von Herlichhofen*.

Ms. 282

»Scientia notoria per quam omnes scientiae per breve tempus possunt acquiri«

18. Jh. ▪ 20 Bl. ▪ 23 x 18,5 cm

Datierung nach der Schrift. – Die zeitgenössische Paginierung beginnt auf (1r). – Eine Hand, wie Hand 2 in Ms. 167, Duktus b, s. dort.

Wasserzeichen: *JHONIG&ZOONEN*, wie in Ms. 179, s. dort.
Einband: Papierband.
Geschichte: Einbandvorderseite: *Ms. 282* u. *267* (eventuell Nummer aus Linden, Catalogus Manuscriptorum (1786), s. u.).

(S. 1–16): »Scientia Notoria per quam omnes scientiae per breve tempus possunt acquiri«, Anweisungen, sich in kurzer Zeit Wissenschaft anzueignen.

> (S. 1): [...] *In nomine Sanctissimae et individuae Trinitatis incipit notitia ista, per quam omnes Scientiae per breve tempus possunt acquiri*, Incipit: *Alpha et Omega Deus omnipotens principium omnium rerum Sine principio finis sine fine exaudi hodie preces meas piissime* [...].
>
> Eine mögliche PÜ erwähnt Linden, Catalogus Manuscriptorum (1786), S. 41, Nr. 267; zu diesem Katalog s. weiter Ms. 152.

Ms. 283

Alchemische Prozessbeschreibung

18. Jh. ▪ 8 Bl. ▪ 22 x 18,5 cm

Datierung nach der Schrift. – Die nachträgliche Foliierung beginnt auf (1r). – Eine Hand, der Schreiber: von Sonnenthal, s. hierzu Ms. 158.

Wasserzeichen: *JHONIG&ZOONEN*, ähnlich wie WZ in Ms. 179, s. dort.
Einband: Papierband, bei Foliierung mitgezählt.
Geschichte: (1r): *Ms. 283* – (2r): alte Signatur: *No. 135.*

(1r–8v): Prozessbeschreibung für die Universalmedizin.

> (1r): *Ein wahrhafter, gerechter und vollkommener Process aus einem bekan*[n]*ten Subjecto accidentali ganz allein, ohne Zusaz eines fremden Dinges, alle 3 Principia als* <Mercurius>, <Sulfur> *und* <Sal> *zu extrahieren, und nachselbiger composition mit dem Fermento Solis eine vollkommene Medicin oder Tinktur auf menschlichen Leib und die Metallen zu wege zu bringen Von Ihro Hochwürden Fürstlich Gnaden zu Freudenfels am Bodensee communiziert* [...]; (2r): Incipit: *Nehmet ungar Subiectum von einem gesunden Mann, wiewohl diejenige Materie, die man überall ander Straße und sonderlich hinter den Scheünen findet* [...].
>
> Die Herrschaft Freudenfels wurde 1623 vom Kloster Einsiedeln erworben, hierzu u. zu den Äbten ab 1623 s. SALZGEBER (1986).

Ms. 284

Produktionsanleitung: Silbertinktur

18. Jh. ▪ 8 Blätter ▪ 22 x 17,5 cm ▪ Illustration

Datierung nach der Schrift. – Die nachträgliche Foliierung beginnt auf (1r); die Bl. 6 u. 7 sind an der Oberkante noch miteinander verbunden. – Eine Hand, der Schreiber: von Sonnenthal, s. Ms. 158.

Wasserzeichen: gekrönter Doppelalder, wie WZ b) in Ms. 172, s. dort.
Illustration: (5r) Tabelle: *Planeten-Stund-Tafel.*
Einband: Papierband, bei Foliierung mitgezählt.
Geschichte: (1r): *Ms. 284.*

(1r–3v): Produktionsanleitung für eine Silbertinktur.

> (1r): *Tincutra* <Silber>, *beständig in allen Farben Vor welche Herr General von Tattenbach Excellenz dem gräflichen Schwarzenburgschen Laboranten H. Schön-*

leben 1000 Reichsthalern in anfangs angaarem Geld auszahlen lassen. Incipit: *R*[ecipe] *das allerhelliste, reinste und schweriste Reichensgulden Erz* [...].

Zu Hanns Erasmus Graf v. Tattenbach s. KRONES, in: ADB 37 (1894), S. 415–418. – Zur österreichischen Adelsfamilie Tattenbach s. KNESCHKE 9 (1870), S. 137f.

(5r): Tabelle über die Planeten u.a. im Tageslauf.

Ms. 285

»Artes magicae«, zweiter Teil, dt.

18. Jh. ▪ 24 Bl. ▪ 20 x 16,5 cm

Datierung nach der Schrift. – Die nachträgliche Foliierung beginnt auf (1r). – Eine Hand, wie in Ms. 272, s. dort.

Einband: Papierband, bei Foliierung mitgezählt.
Geschichte: Teil 2 zu Ms. 272. – (1r): *Ms. 285.*

(1r–14r): »Artes magicae«, Teil 2, magische Sammelhandschrift, dt.

(1r): *Zweyter Theil Artium Magicarum*; enthalten sind u.a. (2r): *De Mandragoribus: Sive Alraunuru: C.P. Alb*, Sprüche gegen Müdigkeit (fol. 5v) u. Erstarrungszauber (fol. 12r).

Es handelt sich um Teil 2 zu Ms. 272, s. dort.

Ms. 286

Faber: »De compositione lapis philosophorum ex zinco«

18. Jh. ▪ 6 Bl. ▪ 23,5 x 18,5 cm

Datierung nach der Schrift. – Die nachträgliche Foliierung beginnt auf (1r). – Eine Hand, der Schreiber: von Sonnenthal, s. hierzu Ms. 158.

Wasserzeichen: gekrönter Doppeladler, wie WZ b) in Ms. 172, s. dort.
Einband: Papierband, bei Foliierung mitgezählt.
Geschichte: (1r): *Ms. 286.*

(1r–6r): »De compositione Lapidis Philosophici ex Zinko«.

(1r): [...] *Doctor Fabri Coloniae.* (2r): Incipit: *Funde illud in crucibulo Satis largo* [...].

Ms. 287

Alchemische Sammelhandschrift, dt./lat.

18./19. Jh. ▪ 5 Bl. ▪ 22,5 x 17,5 cm

Datierung nach der Schrift u. dem WZ. – Die zeitgenössische Paginierung beginnt auf (1r), bis (S. 10). – Eine Hand, der Schreiber: von Sonnenthal, s. hierzu Ms. 158.

Wasserzeichen: gekrönter Doppelader, wie WZ b) in Ms. 172, s. dort.
Einband: Papierband.
Geschichte: Umschlagvorderseite: *Ms. 287.*

(S. 1–10): Alchemische Rezepte, dt./lat.

Enthalten sind u.a. (S. 1): *Sulphur* <Borax> *p*[e]*r x opere* <Öl> *et T*[inktu]*Rae* Incipit: *R*[ecipe] <Borax> *von Kassau* [ev. Košice?] *aus Hungarn* [...]; (S. 7): *Lapis igneus* und (S. 10): *Acetum pro opere.*

Ms. 288

Martin Schmuck: »Thesaurioli, Secretorum Naturalium, Chymicorum, et Medicorum, Pars altera«, Auszüge, dt.

18. Jh. ▪ 12 Bl. ▪ 23,5 x 19 cm

Datierung nach dem Wasserzeichen s.u. – Die nachträgliche Foliierung beginnt auf (1r). – Eine Hand, der Schreiber: von Sonnenthal, s. hierzu Ms. 158.

Wasserzeichen: a) Hollandia (ohne! Pro Patria-Schriftzug) mit der Beischrift *EBERHARDZELL*; b) TRUCHSESS WALDSEE, beide aus der PM in Eberhardzell, s. hierzu weiter Ms. 158.
Einband: Papierband, bei Foliierung mitgezählt.
Geschichte: (1r): *Ms. 288.*

(1r–9v): Martin Schmuck: »Thesauriolus Secretorum naturalium chimicorum et Medicorum« *(oder Schazkästlein in 8° Nürnberg 1642)*, Auszüge.

(1r): Incipit: *Alte deütsche Reime eines unbekannten* [...].

Mögliche Vorlage: Martin Schmuck: Thesaurioli, Secretorum Naturalium, Chymicorum, et Medicorum, Pars altera Oder Ander Theil deß Schatzkästleins [...]. Nürnberg 1642.

Zu Martin Schmuck (†1640) s. FERGUSON 2 (1954 [1906]), S. 337f. u. FERCHL (1938), S. 481.

Ms. 289

Paracelsus: »De Lapide Philosophorum drey Tractat«

18. Jh. ▪ 24 Bl. ▪ 23,5 x 18,5 cm

Datierung nach der Schrift. – Die nachträgliche Foliierung beginnt auf (1r). – Eine Hand; Marginalien u. Unterstreichungen von einer zweiten Hand.

Wasserzeichen: Krone mit blattförmigen Enden u. zwei Bändern (Schlüsseln?), darunter drei (unleserliche) Buchstaben, nicht nachgewiesen.
Einband: Kartonband mit Buntpapier (Walzendruckpapier, s. GRÜNEBAUM, S. 181–183).
Geschichte: Vorderdeckel: Signaturkleber *Ms 289.* – (24v): durchgestrichen: *24 Seiten*, ersetzt durch: *Blatt.*

(1r–24r): [Paracelsus]: »De Lapide philosophorum drey Tractat«, Auszüge.

(1r): *Manuale de Lapide Philosophorum medicinali Vorrede an den Leser Leser!* Incipit: *Dieweil Gott den Geist der Artzney durch Machaonem* [...] (4r): Incipit Haupttext: *Den Lapidem Philosophorum durch den Vulcanum zu schmieden, welchen wir Balsamum perfectum oder perpetuum* [...].

Auszüge des ersten Traktats aus: De Lapide Philosophorum drey Tractat Philippi Theophrasti Paracelsi [...], Straßburg 1572, s. SUDHOFF, Versuch einer Kritik 1 (1894), Nr. 140.

Zu Paracelsus s. Ms. 156.

Ms. 290

Sammelhandschrift zur Materia prima

1805 ▪ 16 Bl. ▪ 22,5 x 18 cm

Datierung aus der Handschrift: (S. 32), s. u. – Die zeitgenössische Paginierung beginnt auf (1r). – Eine Hand, der Schreiber: von Sonnenthal, s. hierzu Ms. 158.

Wasserzeichen: gekrönter Doppeladler, wie WZ b) in Ms. 172, s. dort.
Einband: Papierband, bei Paginierung mitgezählt.
Geschichte: galt zusammen mit Ms. 290a als eine Einheit (s. dort). – (S. 1): *Ms. 290.* – (S. 23): *Decopiert am 19. März 1805.*

(S. 1–32): Diverse Nachrichten über die Prima materia.

(S. 1): *Klare und wahre Anzeigen der primae Materiae Lapidis Philos*[ophorum]. Incipit: *Unser wunderbarlicher Stein soll und muss nirgend anders, als aus zweygen* [...]; (S. 4) [...] *laß fahren all Recept Laborir naturgemäß* [...].

Ms. 290a

Sammelhandschrift zum Lapis philosophorum

19. Jh. ▪ 2 Bl. ▪ 21 x 18 cm

Datierung nach der Schrift. – Die nachträgliche Paginierung beginnt auf (1r) und setzt mit (S. 33) ein. – Eine Hand, der Schreiber: von Sonnenthal, s. hierzu Ms. 158.

Geschichte: galt zusammen mit Ms. 290 als eine Einheit. Trotz der thematischen Nähe ist dies aufgrund des Formats, der Paginierung, des fehlenden Wasserzeichens u. des klaren Abschlusses von Ms. 290 unwahrscheinlich, s. Ms. 290. – (S. 33): Signatur *Ms. 290.*

(S. 33–36): Nachrichten zum Lapis philosophorum, mit Quellenangaben.

(S. 33): *Bemerkungen von dem Lapide Philosophorum* [...] *zum Goldmachen oder zur Medicin, Was die Materia prima, oder universalissima, oder der nächste Stoff seyn?* [...]; mit Quellenangaben u.a. 1.) (S. 34) Wilhelm von Schröder: Nothwendiger Unterricht vom Goldmachen, Leipzig 1684; erschien nach 1704 mehrfach als Zusatz im Werk desselben Verfassers: Fürstliche Schatz- und Rentcammer, nebst seinem Tractat vom Goldmachen, wie auch vom Ministrissimo oder Oberstaatsbedienten; 2.) (S. 34) Paracelsus: Libri quatuor De vita longa. Basel 1560; 3.) (S. 35) Christoph Brummet: Blut der Natur, in: Johann Kunckels von Löwensterns [...] V. Curiose Chymische Tractätlein. Frankfurt/Leipzig 1721. Die Erstausgabe des Titels erschien 1677 in Dresden.

Zu 2.) s. SUDHOFF, Versuch einer Kritik 1 (1894), Nr. 39. – PÜ zu 3.) s. Ms. 295.

Zu Schröder (1640–1688) s. HALDER, in: NDB 23 (2007), S. 577f. – Zu Paracelsus s. Ms. 156. – Zu Grummet, der aufgrund eines Druckfehlers bisweilen auch als ‚Brummet' auftaucht (17. Jh.) s. FERGUSON 1 (1954 [1906]), S. 350.

Ms. 291

Sammelhandschrift zu Brennspiegeln

19. Jh. ▪ 8 Bl. ▪ 22,5 x 18 cm

Datierung nach der Schrift. – Die nachträgliche Foliierung beginnt auf (1r). – Eine Hand, der Schreiber: von Sonnenthal, s. hierzu Ms. 158.

Wasserzeichen: a) gekrönter Doppeladler, wie WZ b) in Ms. 172, s. dort; b) *CTS*, nicht nachgewiesen.
Einband: Papierband, bei Foliierung mitgezählt.
Geschichte: diese Aufzeichnungen galten zusammen mit Ms. 291a als eine Einheit. – (1r): *Ms. 291.*

(1r–8v): Gesammeltes zu Brennspiegeln, mit Quellenangaben.

(1r): *Anmerkungen Brennspiegel betreffend* [...]; mit Quellenangaben, u.a. 1.) (3v) Johann Friedrich Hebenstreit: Speculorum ustoriorum brevem ideam delineant, Univ. Diss. Leipzig 1727; 2.) (5r) Johann Christoph Kohlhans: Tractatus Opticus [...] Leipzig 1663; 3.) (8r) Francois Vilette/Jean Baptiste Panthot: Description des Effets surprenans d'un Miroir ardent de l'invention de M. Vilette tirée d'une lettre ecrite de Lyon a L'Auteur du Journal, par M. Panthot, Doct. Medicin agrege au College de Lyon [...], in: Journal de Scavans 1679, S. 284–288; (8v) Verweis auf Herrn von Tschirnhausen als Verfertiger größter Brennspiegel.

Zu Hebenstreit (†1760/70) s. POGGENDORF 1 (1863), Sp. 1042. – Zu Kohlhans s. I.U., in: ADB 16 (1882), S. 447. – Zu Panthot (*1640) s. HIRSCH (1932). – Zu Vilette (1621–1698) s. POGGENDORF 2 (1863), Sp. 1208. – Zu Ehrenfried Walther von Tschirnhausen (1651–1708) s. LIEBMANN, in: ADB 38 (1894), S. 722–724.

Ms. 291a

Sammelhandschrift zu Brenngläsern

19. Jh. ▪ 4 Bl. ▪ 22,5 x 18 cm

Datierung nach der Schrift. – Die nachträgliche Foliierung beginnt auf (1r) und setzt mit (9r) ein. – Eine Hand, der Schreiber: von Sonnenthal, s. hierzu Ms. 158.

Wasserzeichen: gekrönter Doppeladler, wie WZ b) in Ms. 172, s. dort.
Geschichte: galt zusammen mit Ms. 291 als Einheit. Trotz thematischer Nähe legt die Gesamtgestaltung nahe, dass die Handschrift als autonome Exzerptsammlung entstand. – (9r): *Ms. 291.*

(9r–12v): Nachrichten zu Brenngläsern, mit Quellenangaben.

(9r): *Anmerkungen Brenngläser betreffend* [...]; mit Quellenangaben u.a. 1.) (10v) Christian Gottlieb Hertel: Vollständige Anweisung zum Glasschleifen, wie auch zur Verfertigung derer optischen Maschinen [...], Halle 1716; 2.) (11r) Christian von Wolf: Experimenta Physica oder allerhand nützliche Versuche dadurch zu genauer Erkenntniß der Natur und Kunst der Weg gebähnet wird. Drei Bde. Halle 1722/1723.

Zu Hertel (1683–1743) s. POGGENDORF 1 (1863), Sp. 1092. – Zu Wolf (1679–1754) s. HINZE, in: [2]Killy 12 (2011), S. 240–244.

Ms. 292

Konvolut alchemischer Rezepte und Exzerpte, 7 Teile

17./ 18. Jh. ▪ 11 Bl. ▪ 41 x 25,5 (17 x 13) cm ▪ Illustrationen

Datierung nach den Schriften. – Ungebunden u. nachträglich (lückenhaft) foliiert; sieben Teile von sieben Händen: Teil/Hand 1 auf (1r–1v); Teil/Hand 2 auf (2r–2v); Teil/Hand 3 auf (3r); Teil/Hand 4 auf (4r–5v); Teil/Hand 5 auf (6r–6v); Teil/Hand 6 auf (7r–8r); Teil/Hand 7 auf (9r–10v), der Schreiber: von Sonnenthal, s. hierzu Ms. 158.

Wasserzeichen: a) Horn in gekrönter Kartusche; b) in gespaltenem Schild rechts ein halber Adler, links ein Kreuz; c) kreisrundes Horn in zweikonturiger gekrönter Wappenkartusche; d) in gespaltenem Schild eine stehende Figur rechts, links ein *K*, als Beizeichen *C* u. *H*, alle vier WZ so nicht nachgewiesen.
Illustrationen: praktische Darstellungen; (6rv) ohne! Figuren.
Geschichte: auf den einzelnen Teilen die Signatur *Ms. 292*. – (9v) u. (10v) schließen mit dem Initialen *v.S.* = von Sonnenthal, zu diesem s. Ms. 156.

TEIL 1, (1r–1v): *Pflasterrecept*.

TEIL 2, (2r–2v): Alchemisches Rezept, mit Illustrationen.

(2r): Incipit: *Nime d*[a]*s Truckene wasser d*[a]*s die Handt nit naß Macht* [...].

TEIL 3, (3r): Glasfärberezepte.

TEIL 4, (4r–5v): Rezept für ein *Particulare Probatum Ex Subiecto Butyri.*

TEIL 5, (6r–6v): Exzerpte aus: Ps.-Thomas von Aquin: »Die geheime Perl der wahren Weisheit«.

(6r): *Aus der geheimen Perl der wahren Weisheit über des Pythagorae Tabellen von Thomas de Aquinas Dr. Angelus Ordo Praedicatorum. Romae 1266 Aus dem lateinischen ins teutsche übersetzt von Joh*[ann] *Macari Ordo Benedictorum Monach*[i] *Anno 1492. Ein Manuscript in Folio mit gemahlten Figuren. Constat 15ter rh.*[!?] *anno 1739*; (6v) weitere bibliografische Angaben des Schreibers *Addo sequentia* u.a. *Libro Flos Florum od*[er] *der* <Feu>*rige Cherub, aus dem Garten der Natur*, und *Evantes* (*rex arabu*[m]) *Geheimnisse M*[anu]*scr*[iptum] *v*[on] *R*[oger] *Baco 1282 übersetzt.*

Punktuelle PÜ: Ms. 212.

Zu Thomas von Aquin s. Ms. 189. – Zu Pythagoras s. Ms. 200. – Zu Johann Macarius s. Ms. 193. – Zu Evantes s. Ms. 207. – Zu Roger Bacon s. Ms. 160.

TEIL 6, (7r–8r): Rezepte für Reinigungswasser und Zahnpulver.

TEIL 7, (9r–10v): Rezepte mit *Nitrum christallinum*.

Ms. 293

Bernard G. Penot: »Theophrastisch Vade mecum«, Auszüge, dt.

18./ 19. Jh. ▪ 6 Bl. ▪ 21 x 18,5 cm

Datierung nach der Schrift. – Eine fehlerhafte nachträgliche Foliierung: die korrekte Folge muss lauten: (Bl. 1, 2, 5, 3, 4, [Textverlust], Bl. 6). – Eine Hand, der Schreiber: von Sonnenthal, s. hierzu Ms. 158.

Wasserzeichen: *JHONIG&ZOONEN*, wie in Ms. 179, s. dort.
Einband: Papierband, bei Foliierung mitgezählt.
Geschichte: (2r) u. (3r): *Ms. 293.*

(1r–6v): [Bernard G. Penot]: »Theophrastisch Vade Mecum«, Auszüge, dt.

(1r): *Ex Theophrasti chymisch medizinisch vademecum; Extractum Hellebori nigri et albi, in caduco, Apoplexia, Hydrope et Podagra* Incipit: *R*[ecipe] *der Weissen od*[er] *schwartzen Christwurtz* [...].

Mögliche Vorlage: Bernard G. Penot: Theophrastisch Vade mecum. Das ist: Etliche sehr nützliche Tractat, von der wahrhafftigen bereitung und rechten gebrauch der Chymischen Medicamenten [...], Magdeburg 1596.

Zu Bernard G. Penot (1520/30–1620) s. FERGUSON 2 (1954 [1906]), S. 179.

Ms. 294

Gebetsammlung

18. Jh. ▪ 4 Bl. ▪ 18 x 12 cm

Datierung nach der Schrift. – Die nachträgliche Foliierung beginnt auf (Bl. 1). – Eine Hand.

Wasserzeichen: Kleeblatt mit *M*, nicht nachgewiesen.
Einband: Papierband, bei Foliierung mitgezählt.
Geschichte: (1r): *Ms. 294.*

(1r–4r): Verschiedene Gebete, dt.

(1r): Incipit: *Ich bin dein Gott und dein Joannis sey nur getrost und Glaubens voll* [...].

Ms. 295

Christoph Grummet: »Das Blut der Natur«, Auszüge

18. Jh. ▪ 7 Bl. ▪ 17 x 10 cm

Datierung nach der Schrift. – 5 lose Blätter + 1 Doppelblatt, Seitenzahlen der Vorlage wurden am Rand notiert, Beginn: *Pag. 490* (bis Pag. 499); die nachträgliche Foliierung beginnt auf (1r). – Eine Hand.

Geschichte: wurde aus einer anderen Handschrift herausgelöst (Rissspuren). – (1r): *Ms. 295.*

(1r–7v): Christoph Grummet: »Das Blut der Natur«, Auszüge.

(1r): *Das Blut der Natur aus eigener Erfahrung handgreiflich angewiesen dazu Mit gewissen Experimenten zu Verfolg seiner Notifications-Schrift aufgesetzt und heraus gegeben von Christoph Brummeten, C. Frankfurt und Leipzig 1721. War angedruckt an Kunckels 5 curiose chymische Tractaetlein Frankfurt und Leipzig bei Wolfgang Christoph Mulz 1723*; (2r): *Großgünstiger Leser*, Incipit: *demnach vor kurzer Zeit, in meiner Peregrination 3 Steine, neml*[ich] [...].

Abschrift, mit Seitenangaben aus: Johann Kunckels von Löwensterns [...] V. Curiose Chymische Tractätlein [...] wobei zugleich angehänget wird: Christoph Brummets Tractätlein vom Blut der Natur [...] Frankfurt und Leipzig 1721.

Zu Grummet, s. Ms. 290.

Ms. 296

Produktionsanleitung für eine magnetische Kugel

18. Jh. ▪ 2 Bl. ▪ 17 x 11 cm

Datierung nach der Schrift. – Ungebunden; die nachträgliche Foliierung beginnt auf (1r). – Eine Hand.

Wasserzeichen: stehender Löwe mit Blume (oder Schwert?), nicht nachgewiesen.
Einband: blauer Kartonband.
Geschichte: Einband vorne: *Ms. 296* u. alte Signatur *92.*

(1r–2v): Produktionsanleitung für eine magnetische Kugel.

(1r): *Eine mit wenigen Unkosten durch mehrere Erfahrenheit authentisch befundene Kugel zu machen welche alleine nur gold und silber, es mag vergraben oder vermauert seyn ganz gewiss anzeiget* (2r): Incipit: *Die gold und Silber Blattle werden, wie auch der Schwöfl in einen kleine Mörßer* [...].

Ms. 297

Produktionsanleitung für eine magische Kugel

18. Jh. ▪ 7 Bl. ▪ 19,5 x 12 cm

Datierung nach der Schrift. – Die zeitgenössische Paginierung beginnt auf (1r), bis (S. 12). – Eine Hand.

Einband: Papierband, bei Paginierung mitgezählt.
Geschichte: (S. 1): *Ms. 297* u. alte Signatur: *103*.

(S. 1–12): Produktionsanleitung für eine magische Kugel, dt.

(S. 1): *Arth und weiß eine magische Kugel zu machen wodurch mann alles was unter der erde an gold und silber verborgen ist finden kan und wie solche soll bereithet werden, und hirzu das electrum magicum*; (S. 2) Incipit: *Erstlich nihm zu solchen 4 Loth gold so du durch antimonium* [korrigiert aus *nidritter*?] *7 mahl gegossen* [...].

10.2 Mögliche handschriftliche Parallelüberlieferungen (mit Nachweis)

Augsburg, Universitätsbibliothek: Cod. II.2.8.2 – s. Digitalisat Augsburg-UB (01.07.2019) > Ü-LSB, Ms. 253.

Breslau, Universitätsbibliothek: R 2318 – s. Digitalisat Breslau-UB (01.07.2019) > Ü-LSB, Ms. 171.

Donaueschingen, FFS: Ms. 813 – s. Barack, Handschriften der fürstlich-fürstenbergischen Hofbibliothek (1865) > Ü-LSB Ms. 177.

Dresden, Sächsische Landesbibliothek, Staats- und Universitätsbibliothek (= SLUB): Ms. N 111 – s. Schnorr von Carolsfeld/Schmidt, Katalog der Handschriften der königlichen öffentlichen Bibliothek (1906) > Ü-LSB, Ms. 167.

Dresden, SLUB: Ms. N 161 – s. ebd. > Ü-LSB, Ms. 167.

Dresden, SLUB: Ms. N 165 – s. ebd. > Ü-LSB, Ms. 164.

Glasgow, University Library: Ms. Ferguson 219 – s. Kühlmann/Telle, Frühparacelsismus, Bd. 2 (2004), S. 605–608 > Ü-LSB, Ms. 269.

Hamburg,[1] Staats- und Universitätsbibliothek – Carl von Ossietzky (= SUB): Cod. Alchim. 566 – s. Paulus, Katalog (1995, unveröffentlicht) > Ü-LSB, Ms. 210.

Hamburg, SUB: Cod. Alchim. 570 – s. ebd. > Ü-LSB, Ms. 189 und Ms. 190 (nur Verfassername?).

Hamburg, SUB: Cod. Alchim. 575 – s. ebd. > Ü-LSB, Ms. 171.

Hamburg, SUB: Cod. Alchim. 577 – s. ebd. > Ü-LSB, Ms. 204, Teile 1–3.

Hamburg, SUB: Cod. Alchim. 619 – s. ebd. > Ü-LSB, Ms. 188.

Hamburg, SUB: Cod. Alchim. 622 – s. ebd. > Ü-LSB, Ms. 189.

Hamburg, SUB: Cod. Alchim. 639 – s. ebd. > Ü-LSB, Ms. 180.

Hamburg, SUB: Cod. Alchim. 661 – s. ebd. > Ü-LSB, Ms. 171.

Hamburg, SUB: Cod. Alchim. 675 – s. ebd. > Ü-LSB, Ms. 178 und Ms. 181.

Hamburg, SUB: Cod. Alchim. 751 – s. ebd. > Ü-LSB, Ms. 204.

Karlsruhe, Badische Landesbibliothek: Hs. Bernus 98 – s. Stöckinger/Telle, Alchemiebibliothek Alexander von Bernus > Ü-LSB, Ms. 197.

Kassel, Universitäts- und Landesbibliothek sowie die Murhardsche Bibliothek (= ULB): 4° Ms. Chem. 31 – s. Broszinski, Manuscripta chemica (2011) > Ü-LSB, Ms. 189 (nur Verfassername?).

Leipzig, Universitätsbibliothek: Cod.mag.141 – s. Digitalisat Leipzig-UB (01.07.2019) > Ü-LSB, Ms. 207.

London, British Library, Ms. Harley 3420 – s. Gilly, Rediscovery (2002) > Ü-LSB, Ms. 166.

Los Angeles, Getty Center, Manley Palmer Hall: Ms. 50 – s. Digitalisat Getty search (01.07.2019) > Ü-LSB, Ms. 179.

München, Bayerische Staatsbibliothek (= BSB): Clm 398 – s. Digitalisat München-BSB (01.07.2019) > Ü-LSB, Ms. 157.

---

1 Herzlichen Dank an Julian Paulus, der mir freundlicherweise seine Katalogisierung der Handschriften der Hamburger Universitätsbibliothek zur Verfügung stellte.

München, BSB: Kiesewetteriana 1c – s. Digitalisat ebd. (01.07.2019) > Ü-LSB, Ms. 233.

Münchengrätz/Tschech. Republik, Schlossbibliothek: HS A, Ms. 48 – s. Kuncitr, Fraternitas Rosae Crucis, S. 196–198 > Ü-LSB, Ms. 178 und Ms. 181.

New Haven, Yale University Library (= YUL): Mellon, Ms. 50 – s. MacPhail/Witten/Pachella, Alchemy and the occult, Bd. 3 (1977) > Ü-LSB. Ms. 189.

New Haven, YUL: Mellon, Ms. 131 – s. MacPhail/Witten/Pachella, Alchemy and the occult, Bd. 4 (1977) > Ü-LSB, Ms. 171 und Ms. 185.

New Haven, YUL: Mellon, Ms. 132 – s. ebd. > Ü-LSB, Ms. 178 und Ms. 181.

New Haven, YUL: Mellon, Ms. 133 – s. ebd. > Ü-LSB, Ms. 178 und Ms. 181.

Prag, Bibliothek Nationalmuseum: Ms. XI H 61 und Ms. XI C 42 – s. Purš, Das alchemistische Traktat des M. E. Bonacina (2008), S. 78 > Ü-LSB, Ms. 171.

Triest, Bibliotheca Civica Hortis: Ms. 2–27 – s. Wikimedia.commens, online (27.02.2018) > Ü-LSB, Ms. 209.

Weimar, Herzogin Anna Amalia Bibliothek: Ms. Q 459 – s. Haab, online (23.05.2018) > Ü-LSB, Ms. 247.

Wien, Österreichische Nationalbibliothek: Ms. 11307 – s. ÖNB-Katalog, Bd. 6 (1873) > Ü-LSB, Ms. 180.

Zürich, Zentralbibliothek: Ms. Rh 172 – s. Mohlberg, Mittelalterliche Handschriften (1953) > Ü-LSB, Ms. 183.

10.3 Mögliche gedruckte Vorlagen

[2]Abraham Eleazar: R[abbi] ABRAHAMI ELEAZARIS Uraltes Chymisches WERK, Welches ehedessen von dem Autore Theils in Lateinischer und Arabischer, theils auch in Chaldaeischer und Syrischer Sprache geschrieben, Nachmahls von einem Anonymo In unsere Deutsche Mutter-Sprache uebersetzet [...]. Erfurt 1735. > Ü-LSB, Ms. 197 (Illustrationen), Ms. 204, Teil 5, Ms. 215 (Illustrationen).

Aletophilus: HERMETIS TRISMEGISTI Erkaentnueß Der Natur Und Deß darin sich offenbahrenden Grossen Gottes/Begriffen in 17 unterschiedlichen Buechern/nach grich. und latein. Exemplaren in die hochteutsche Sprache uebersetzet/[...] verfertiget von ALETOPHILO [...] Hamburg 1706. > Ü-LSB, Ms. 255.

van Amsterdam, Cornelius Leonhard: Dissertatio inauguralis sistens cibi, potus et condimentorum plurimorum, consideratio medicam: quam adnuente deo [...]. Leiden 1736. > Ü-LSB, Ms. 182.

Arends, Johann August: Dissertatio de emeticorum usu et abusu. Lyon 1723. > Ü-LSB, Ms. 182.

AUREUM VELLUS [in den Einzeltraktaten: AUREI VELLERIS] oder Guldin Schatz und Kunstkam[m]er. Darinnen der aller fuernemsten/ fürtreffenlichsten/ausserlesenesten/herrlichisten und bewehrteste[n] Auctorum Schrifften und Buecher/auß

2 Soweit es möglich war, wurden die Drucke in dieser bibliographischen Vorlagenübersicht buchgeschichtlich, vereinzelt aber gekürzt, aufgenommen.

dem gar uralten Schatz der uberblibnen/verborgnen/hinderhaltenen Reliquien und Monumenten der Aegyptiorum, Arabum, Chaldaeorum & Assyriorum Koenigen und Weysen. Von dem Edlen/Hocherleuchten/Fürtreffenlichsten/bewerte[n] Philosopho Salomone Trismosino (so deß grossen Philosophie und Medici Theophrasti Paracelsi Praeceptor gewesen) in sonderbare underschiedliche Tractaetlein disponiert und in das Teutsch gebracht [...]. Traktate 1–5. Rorschach am Bodensee/Basel 1598–1604. *Daraus*: 'Splendor Solis', siehe auch dort. > Ü-LSB, Ms. 176 u. Ms. 237.

[BARBA] ALBARO ALONSO; Eines spanischen Priesters und hocherfahrnen Naturkuendigers Berg-Buechlein, Darinnen von der Metallen und Mineralien Generation und Ursprung, wie auch von derselben Natur und Eigenschafft, Mannigfaltigkeit, Scheidung und Feinmachung, ingleichen allerhand Edelgesteinen, ihrer Generation etc. ausfuehrlich und nutzbarlich gehandelt wird [...] Frankfurt a. M. 1739. > Ü-LSB, Ms. 152.

[Barchusen, Johannes Conrad]: Johannis Conradi Barchusen ELEMENTA CHEMIAE, quibus SUBJUNCTA est CONFECTURA LAPIDIS PHILOSOPHICI IMAGINIBUS REPRAESENTATA. Leiden 1718. > Ü-LSB, Ms. 179 (Illustrationen).

[Basilius Valentinus]: Triumphwagen ANTIMONII, Fratris Basilii Valentini, Benedictiner Ordens/Allen/so den grund suchen der uhralten Medicin/Auch zu der Hermetischen Philosophy beliebnis tragen/Zu gut publiciret/und an den Tag geben/durch Johann Thölden. Leipzig 1604. Daraus 'Hollandus, Isaac: Opus Saturni', siehe auch dort. > Ü-LSB, Ms. 222, Abschnitt 2.

—: Basilius Innovatus, Das ist: Fr. BASILII VALENTINI Ordin. Benedict. Chymische Schrifften Aufs fleißigste aus einigen alten MS. gecorrigiret/mit vielen in vorigen Editionen ausgelassenen Passagen und Tractaten, auch etlichen Figuren, vermehret/Mit einem Generalen vollständigen Register versehen/Und in Drey Theile verfasset: [...] Hamburg 1717. > Ü-LSB, Ms. 165.

—: Fr. Basilii Valentini Benedictiner Ordens Chymische Schriften alle so viel derer verhanden, Anitzo zum ersten mahl zusammen gedruckt [...] Hamburg 1677. > Ü-LSB, Ms. 171

[Bernardus Trevirensis, auch: Trevisanus]: Deß Wolgebohrnen/Hocherfahrnen und vortrefflichen Philosophi, Herrn Bernhardi, Graffen von der Marck und Tervis etc. SYMBOLUM APOSTLICUM Cabalistisch/jedoch einfältig erkläret/und mit dem grossen uhralten Stein der Weisen verglichen, in: Thesaurinella Olympica aurea tripartita, Das ist Ein himmlisch güldenes Schatzkämmerlein/von vielen außerlesenen Clenodien zugerüstet [...]. Frankfurt 1608. S. 39–45. > Ü-LSB, Ms. 184.

Bonacina, Marcus Eugenius: Compendium de praeparatione auri potabilis veri. Ölmütz 1616. > Ü-LSB, Ms. 171

Brummet [auch bekannt als: Grummet], Christoph: Blut der Natur/Aus eigener Erfahrung handgreifflich angewiesen, Darzu Mit gewissen Experimenten vom Verfolg seiner Notification-Schrifft auffgesetzet und heraus gegeben von Christoph Brummeten, in: Johann Kunckels von Löwensterns [...] V. Curiose Chymische Tractätlein. Frankfurt und Leipzig 1721. S. 489–512. > Ü-LSB, Ms. 290a u. Ms. 295.

CLAVIS ARTIS Des berühmten Juden und RABBI ZOROASTERS: wie solcher 1996 Von Anfang der Welt in Arabischer Sprache aufgesetzt, 1236 Nach Christi Geburth ins Teutsche übesetzt von J. V. S. F. R. O. und In einer Uhralten Bibliothek gefunden worden [...]. Jena 1738. > Ü-LSB, Ms. 192, Ms. 209 u. Ms. 247.

[Crantzberg, Johann August von]: Preißwuerdiger/Nie vorhin so gesehener Probier–Stein Der gueldinen Natur/Welcher Unterschiedliche geheime Chymische Wunder zum bewaehrlichsten herfür streichet/Erfunden und herfuer gegeben Auß Serti-Monte. S. I. 1669. > Ü-LSB, Ms. 249 u. Ms. 259.

[Crollius, Oswaldus]: D.O.M.A. CROLLIUS REDIVIVUS. Das ist/hermetischer Wunderbaum/Worinn zu sehen wie die wunderbahre Werck Gottes von Liebhabern wahrer Chymischer Artzney/recht zu verstehen und zuerkennen und wie ein jeder Gottesfuerchiger Artist und Spagyrus derselben nachfolgen auff das er dermal einest mit eigener gesegneter Handarbeit im Philosophischen Acker nicht nur ein Fuencklein/sondern wol gar ein starcken Strahlen des Liechts der Natur/ohne sondere Muehe auswuercken und erlangen mag [...], durch ANONYMUM von Feldtaw. Frankfurt a. Main 1647. > Ü-LSB, Ms. 204, Teil 4 (Illustration) u. Ms. 210.

[Ps.-Faust, Johann]: Doctor Johann Faust's Hexen- oder Höllenzwang. Nach dem Prager Exemplar 1509. Passau 1605. > Ü-LSB, Ms. 277.

—: Dr. Johann Faustens Miracul- Kunst- und Wunder-Buch oder die schwarze Rabe auch der Dreifach Höllenzwag genannt. Womit ich die Geister bezwungen, daß Sie mir haben bringen müßen, was ich begehret habe. Es sey Gold oder Silbeer, Schätze groß oder klein, auch die Spring-Wurzel, und was sonst mehr dergleichen auf Erden ist, das habe ich alles mit diesem Buche zu Wege gebracht, auch die Geister wieder lossprechen können. Lyon 1469 [fingiert]. > Ü-LSB, Ms. 277.

Gebete an die Heilige Corona, Erschatzmeisterin [!] über die verborgenen Schätze, Vorsprecherin der armen Leuthe, und Gebieterin der bösen Geister etc. Nebst einer leichten Art natürlicher Weise Schätze zu graben [...]. Köln 1770. > Ü-LSB, Ms. 250.

Das Geheimnis aller Geheimnisse ex Macrocosmo et Microcosmo oder der güldene Begriff oder der güldene Begriff der geheimsten Geheimnisse der Gold- und Rosenkreuzer mit ihren drey Steinen der Wunder. Leipzig 1788. > Ü-LSB, M. 204, Teil 6.

[Glauber, Johann Rudolf]: GLAUBERUS CONCENTRATUS, oder Kern der Glauberischen Schrifften/Worinnen alles unnöthige Streit-Wesen weggelassen/was nutzbar ist/in die Enge gezogen/und was undeutlich oder verstecket/so viel möglich klar gemacht, und in Form eines Leicht begreifflichen Prozesses gebracht worden. Auffgesetzt Von einem Liebhaber Philosophischer Geheimnisse. Leipzig 1715. > Ü-LSB, Ms. 152.

Gloria Mundi. Kleine Paradeiß Taffel. Das ist Beschreibung der Uralten Wissenschaft, welche Adam von Gott erlernet [...] nemlich de lapide philosophico. Frankfurt a. Main 1620. > Ü-LSB, Ms. 210.

Großschedel, Johann Baptist: CALENDARIUM NATURALE MAGICUM PERPETUUM PROFUNDISSIMAM RERUM SECRETISSIMARUM CONTEMPLATIONEM TOTIUSQUE PHILOSOPHIAE COGNITIONEM COMPLECTENS. [Frankfurt 1618]. > Ü-LSB, Ms. 166.

[Gualdus, Federicus]: COMMUNICATION einer vortrefflichen Chymischen MEDICIN, Krafft welcher Nechst Gott und guter Diaet der berühmte Venetianische Edelmann/FRIDERICUS GUALDUS sein Leben auff 400 Jahr zu diesen unsern Zeiten conservirt/und kürzlich noch Anno 1688. zu Venedig zu sehen gewesen [...]. Leipzig/Augsburg 1700. > Ü-LSB, Ms. 185.

Happel, Eberhard Werner: Happelii Gröste Denkwürdigkeiten der Welt Oder so genannte Relationes Curiosae [...]. Tle. 1–5. Hamburg 1683–1691. > Ü-LSB, Ms. 152.

Hebenstreit, Johann Friedrich: SPECULORUM USTORIORUM von Brenn-Spiegeln BREVEM IDEAM DELINEANT, Univ. Diss. Leipzig 1727. > Ü-LSB, Ms. 291.

Hermaphroditisches Sonn- und Mondskind, Das ist: Des Sohns deren Philosophen natürlich-übernatürliche Gebährung, Zerstöhrung und Regenerierung oder Vorgestellte Theorie und Practic den Stein der Weißen zu suchen und zu machen [...]. Mit Applicir- und Beyfuegung so vieler Canonischen Versen des beruehmten Schwedischen Adepti Northons [...] expliciret, nebst denen Caballistischen Zeichen Salomonis durch [...] L. C. S. Mainz 1752. > Ü-LSB, Ms. 178 u. Ms. 181.

Hertel, Christian Gottlieb: Vollständige Anweisung zum Glaß-Schleiffen, wie auch zur Verfertigung derer Optischen Maschinen [...]. Halle 1716. > Ü-LSB, Ms. 291a.

Hollandus, Isaac: Opus Saturni M. JOHANNIS ISAACI Hollandus, in: Triumphwagen Antimonii Fratris Basilii Valentini, Benedictiner Ordens [...]. Leipzig 1604. S. 477–523. > Ü-LSB. Ms. 222, Abschnitt 2.

Jugel, Johann Gottfried: Sehr geheim gehaltene, und nunmehro frey entdeckte experimentirte Kunst-Stücke, Die schönsten und raresten Farben zu verfertigen: ingleichen Gummi-Copal, Glantz-Lacke, Holz- und Stein-Kütten [...]. Zittau 1753. > Ü-LSB, Ms. 152.

—: Höchstnützlicher und gründlicher Unterricht des annoch geheimen Röst-, Schmelz- und Probierwesens; Dem edlen Berg-Bau zu Liebe angesetzet [...]. Zittau 1754. > Ü-LSB, Ms. 152.

[Kohlhans, Johann Christoph]: TRACTATUS OPTICUS, Qui res quam plurimas, utiles, jucundas, ludicras, & admirandas naturaliter sistere docet [...]. Leipzig 1663.

Krünitz, Johann Georg, u.a.: Oeconomische Encyclopädie oder allgemeines System der Land- Haus- und Staats-Wirthschaft. Bde. 1–242. Berlin 1773–1858. > Ü-LSB, Ms. 275.

Kunckel, Johann, von Löwenstern: Johann Kunckels von Löwenstern Königl. Schwedischen Berg-Raths/und der Käyserl. Leopold. Societät Mit-Gliede/des Hermes III. COLLEGIUM PHYSICO-CHYMICUM EXPERIMENTALE, oder Laboratorium Chymicum In welchem Deutlich und gründlich Von den wahren Principiis in der Natur und den gewürckten Dingen so wohl über als in der Erden/Als Vegetabilien, Animalien, Mineralien, Metallen, wie auch deren wahrhafften Generation Eigenschafften und Scheidung/Nebst der Transmutation und Verbesserung der Metallen gehandelt wird/[...]. Hamburg/Leipzig 1716. > Ü-LSB, Ms. 152.

—: V Curiose Chymische Tractätlein; als I. Chymische Anmerkungen, darinn gehandelt wird von denen Princip. Chym. Sal. Acid. & Alcalibus [...]. Frankfurt a. M./Leipzig 1721. *Daraus*: Brummet, Blut der Natur, siehe dort.

[Macquer, Pierre Joseph]: Des Herrn Macquer [...] Anfangsgründe der practischen Chymie, als der zweyte Theil zu dessen theoretischen Anfangsgründen [...]. Zweyte Auflage. Leipzig 1768. > Ü-LSB, Ms. 172.

Manget, Jean Jaques: JO. JACOBI MANGETI MEDICINAE DOCTORIS Et sereniss. [...] BIBLIOTHECA CHEMICA CURIOSA SEU Rerum ad ALCHEMIAM pertinentium THESAURUS INSTRUCTISSIMUS, quo non tantum ARTIS AURIFERAE, ac Scriptorum in ea Nobiliorum Historia traditur; Lapidis Veritas Argumentis & Experimentis inumeris [...]. Bde. 1–2. Genf 1702. *Daraus*: 'Mutus Liber', siehe dort.

MUTUS LIBER IN QUO TAMEN tota Philosphia hermetica, figuris hieroglyphicis depingitur, ter optimo maximo Deo misericordi consecratus, solisque filiis artis dedicatus authore cuius nomen est Altus [...], in: Manget, Jean Jaques: Bibliotheca Chemica Curiosa seu Rerum ad Alchemiam pertinentium Thesaurus [...]. Bd. 1. Genf 1702. S. 938–967. > Ü-LSB, Ms. 280.

Orvius, Ludwig Conrad: LUDOVICI CONRADI ORVII OCCULTA PHILOSOPHIA oder COELUM SAPIENTUM ET VEXATIO STULTORUM Darinnen Ordentlich, deutlich und gründlich, als noch von keinem geschehen, gezeiget wird, wie man zu dem [!] acidösischen solventen und wahren hermetischen Wissenschaft gelangen soll [...]. S. l. 1737. > Ü-LSB, Ms. 204, Teil 7.

Palingenio Stellato, Marcello: MARCELLI PALINGENII STELLATI POEtae doctissimi, Zodiacus Vitae, hoc est de Hominis Vita, studio ac moribus optime instituendis Libri duodecim [...] Libri XII. Basel 1543. > Ü-LSB, Ms. 184.

[Paracelsus]: GENEROSI OMNIQUE IN SCIENTIARUM GENERE EXPERtissimi viri, Theophrasti Paracelsi ab Hohenheim, philosophiae & utriusque medicinae Doctoris clarissimi, Libri quatuor De vita longa. [...]. Basel 1560. > Ü-LSB, Ms. 290a.

—: Aureoli Theophrasti Parcelsi schreiben VON TARTARJSCHEN kranckheiten/nach dem alten nammen/Vom grieß sand und stein [...]. Basel 1563. > Ü-LSB, Ms. 156.

—: De Lapide Philosophorum drey Tractat/Philippi Theophrasti Paracelsi, des thewren/und hocherfarnen Teutschen philosophi/und beyder Artzney Doctoris [...]. Straßburg 1572. > Ü-LSB, Ms. 289.

—: AUREOLI THEOPHRASTI PARACELSI summi philosophici ac medici, De natura rerum libri septem. De natura hominis libri duo, Opuscula vere aurea [...]. Basel 1573. > Ü-LSB, Ms. 210.

Penot, Bernard Georges: Theophrastisch VADE MECUM. Das ist: Etliche sehr nützliche Tractat/von der wahrhafftigen bereitung und rechten gebrauch der Chymischen Medicamenten. Durch den Achtbarn und Hochgelarten Herrn/Bernhardum G. Penotum [...]. Magdeburg 1596. > Ü-LSB, Ms. 293.

[Petrus Bonus]: PRETIOSA MARGARITA NOVELLA DE THESAURO, AC PRETIOSISSIMO PHILOSOPHORUM LAPIDE. Artis huius divinae Typus, et Methodus: Collectanea ex Arnaldo, Rhaymundo, Rhasi, Alberto et Michaele Scoto [...]. Venedig 1546. > Ü-LSB, Ms. 184.

—: Pretiosa Margarita novella de thesauro ac pretiosissimo philosophorum lapide, Oder Neu-erfundene Köstliche Perle Von dem Unvergleichlichen Schatz und höchstkostbahren Stein der Weisen. In sich haltend den eigendlichen Grund-Riß und Lehr-Arth dieser Göttlichen Kunst [...]. Leipzig 1714. > Ü-LSB, Ms. 176.

Der Reichs-Anzeiger oder Allgemeines Intelligenz-Blatt zum Behuf der Justiz, der Polizey und der bürgerlichen Gewerbe im Teutschen Reiche wie auch zur oeffentlichen Unterhaltung der Leser ueber gemeinnuetzige Gegenstaende aller Art. Mit Römisch-Kaiserl. Allergnaedigster Genehmigung und Freyheit, Jahrgänge 1796–1802. > Ü-LSB, Ms. 158.

Schmuck, Martin: THESAURIOLI, Secretorum Naturalium, Chymicorum, & Medicorum, PARS ALTERA Oder Ander Theil deß Schatzkästleins/Darinnen abermal 20 Natürliche/20 Chymische/und 20 Medicinischer Secret und KunstStücklein zu finden/Durch vielfältige Reisen/Mühe und Gefahr/colligiret und an Tag gegeben Von Martin Schmucken [...]. Nürnberg 1642. > Ü-LSB, Ms. 288.

Schröder, Wilhelm von: [...] Nothwendiger Unterricht vom Goldmachen/Denen BUCCINATORIBUS oder so sich selbst nennenden FOEDERATIS HERMETICIS auf Ihre drey Episteln zur Freundlichen Nachricht. Leipzig 1684. > Ü-LSB, Ms. 290a.

Splendor Solis mit seinen Figuren darinn alle Anzeigung vonn dem Lapide Philosophorum beschriben wirt/Der wirdt in Siben Theyl getheylt, in: AUREI VELLERIS oder Guldin Schatz und Kunstkamer. TRACTATUS III [...]. Rorschach am Bodensee 1598/1599. S. 3–59. > Ü-LSB, Ms. 176 u. Ms. 237.

Thesaurinella Olympica area tripartita, Das ist: Ein himmlisch güldenes Schatzkämmerlein/von vielen außerlesenen Clenodien zugerüstet/darinn der uhralte grosse und hochgebenedeyte Carfunckelstein und Tincturschatz verborgen. In drey unterschiedliche Cellulas ausgetheilet [...] Durch Benedictum Figulum Utenhouiatem Franc. Poetam L.C. Theologum, Theosophum, Philosophum, Medicum, Eremitam. Frankfurt 1608. *Daraus* 'Bernardus Trevirensis: Symbolum Apostulicum', siehe dort.

Toeltius, Johann Georg: Schlüßel der wahren Weisheit, unter einem Gespräch eines wohlerfahrnen Sophisten mit der Weisheit, in dreyen Theilen mit einem Supplement, worinn das ganze mineralische, animalische, vegetabilische und astralische Reich aufgeschloßen, und J.G. Toeltii coelum referatum chymicum von Capitel zu Capitel ausgelegt und erläutert wird. Leipzig 1787. > Ü-LSB, Ms. 204, Teile 1–3.

Vilette, Francois/Panthot, Jean Baptiste: Description des Effets surprenans d'un Miroir ardent de l'invention de M. Vilette tirée d'une lettre ecrite de Lyon a L'Auteur du Journal, par M. Panthot, Doct. Medicin agrege au College de Lyon [...], in: LE JOURNAL DE SCAVANS 1679, S. 284–288. > Ü-LSB, Ms. 291.

Wolf, Christian von: Experimenta Physica oder allerhand nützliche Versuche dadurch zu genauer Erkenntniß der Natur und Kunst der Weg gebähnet wird. Bde. 1–3. Halle 1722–1723. > Ü-LSB, Ms. 291a.

11 Register

11.1 Initienregister

Die Aufnahme der Anfänge der Texte, nach den oft langen (Kapitel-)Überschriften, erfolgt gemäß der Schreibweise in den Handschriften. Die Abkürzungen sind kommentarlos aufgelöst. Die Initien von Vorreden sind durch ‚V', die von Gedichten und Gebeten durch ‚G' gekennzeichnet. Auf die Aufnahme der einleitenden Gottesanrufungen wurde in der Regel verzichtet.

11.2 Orts-, Personen- und Titelregister

Die Angaben in diesem Register verweisen allein auf die erste Fundstelle der jeweiligen Orts-, Personen- oder Titelangabe in der Handschriftenbeschreibung. Befindet sich die Fundstelle in der Überschrift des Katalogisats, wird auf eine Standortangabe verzichtet. Die aufgenommenen Titelangaben schließen die möglichen erschlossenen Vorlagen mit ein. Titelangaben mit Verfasser sind unter dem Namen dieser Person aufgeführt. Pseudoepigraphica wurden dabei nicht separat, sondern unter dem Namen des zugeschriebenen Verfassers vermerkt. Werktitel ohne Verfasserangabe sind kursiviert unter dem ersten sinngebenden Wort des Titels einsortiert. Alle Titel wurden sind im Register kursiviert und in normalisierter Schreibweise verzeichnet (vgl. weiter die Auflistungen möglicher gedruckter Vorlagen, Kap. 10.3). Auf die Aufnahme kleinerer Stücke (z.B. Rezepte oder Traktate) wurde in aller Regel verzichtet. Es wird nicht zwischen Vollabschriften, Exzerpten oder bloßen Titelnennungen unterschieden.

11.3 Kodikologisches Sachregister

12 Anhänge

12.1 Anhang A: Tabellen

Tabelle 1.1: Rekonstruktion der ‚Sammlung Sonnenthal' – Der Kern der Sammlung

Nr.	LSB-Sign.	Titel	Zuweisungskriterien
1	Ms. 156	Gabriel Örtel: Medizinisch - alchemische Sammelhandschrift.	Autopsie > Vererbungserzählung eines J. A. Parthenschlager über seinen Großvater ‚von Sonnenthal'.
2	Ms. 158	Auszüge aus dem ‚Reichsanzeiger' zur Hermetik und zur Hermetischen Gesellschaft.	Autopsie > Handschriftlicher Besitzeintrag (v[on] Son[n]enthal), Schreiber: J. B. S. Sonnenthal, Wasserzeichen: Eberhardzell.
3	Ms. 172	Alchemische Sammelhandschrift, enthält u.a. Das Buch der Weisheit (Exzerpte).	Autopsie > Schreiber: J. B. S. Sonnenthal, Wasserzeichen: Eberhardzell.
4	Ms. 176	Alchemische Sammelhandschrift, enthält u.a. Donum Dei.	Autopsie > Handschriftlicher Besitzeintrag (v[on] Sonnenthal).
5	Ms. 185	Federicus Gualdus: Opus Universalis, dt.	Autophsie: Handschriftlicher Besitzeintrag (Fr[ei]h[err] E[dler] v[on] Sonnenthal).
6	Ms. 190	Johannes Franziskus Degenhart: De via quintae essentiae et particularae.	Autopsie > Handschriftlicher Besitzeintrag (v[on] Sonnenthal), Wappenprägestempel Sonnenthal.

Nr.	LSB-Sign.	Titel	Zuweisungskriterien
7	Ms. 204	Alchemisch-rosenkreuzerische Sammelhandschrift, dt., enthält u.a. Johann Georg Toeltius: Schlüssel der wahren Weisheit.	Autopsie > Handschriftlicher Besitzeintrag (v[on] Sonnenthal).
8	Ms. 209	Ps.-Zoroaster: Clavis Artis – Augurapory.	Autopsie > Eine lose Beilage, Schreiber: J. B. S. Sonnenthal.
9	Ms. 245	Alchemische Sammelhandschrift, enthält u.a. Ps.-Johann Arndt: Vom alchemischen Kummerstein der Erde	Autopsie > Zwei lose Beilagen, Schreiber: J. B. S. Sonnenthal.
10	Ms. 247	Ps.-Zoroaster: Clavis Artis (Register).	Autopsie > Schreiber: J. B. S. Sonnenthal.
11	Ms. 275	Anleitungen zur Spiegelherstellung.	Autopsie > Blatt c: Schreiber: J. B. S. Sonnenthal. Wasserzeichen: Eberhardzell.
12	Ms. 281	Alchemische Sammelhandschrift, dt.	Autopsie > Schreibervermerk (Sebastian P[arthenschlager?] 1778).
13	Ms. 283	Alchemische Prozessbeschreibung.	Autopsie > Schreiber: J. B. S. Sonnenthal.
14	Ms. 284	Produktionsanleitung für eine Silbertinktur.	Autopsie > Schreiber: J. B. S. Sonnenthal.
15	Ms. 286	Faber: De compositione lapis philosophorum ex zinco.	Autopsie > Schreiber: J. B S. Sonnenthal.
16	Ms. 287	Alchemische Sammelhandschrift, dt./lat.	Autopsie > Schreiber: J. B. S. Sonnenthal.
17	Ms. 288	Martin Schmuck: Thesaurioli, Secretorum Naturalium, Chymicorum et Medicourm, Pars altera, Auszüge.	Autopsie > Schreiber: J. B. S. Sonnenthal, Wasserzeichen Eberhardzell.

Nr.	LSB-Sign.	Titel	Zuweisungskriterien
18	Ms. 290	Sammelhandschrift zur Materia prima.	Autopsie > Schreiber: J. B. S. Sonnen–thal.
19	Ms. 290a	Sammelhandschrift zum Lapis philosophorum.	Autopsie > Schreiber: J. B. S. Sonnen–thal.
20	Ms. 291	Sammelhandschrift zu Brennspiegeln.	Autopsie > Schreiber: J. B. S. Sonnen–thal.
21	Ms. 291a	Sammelhandschrift zu Brenngläsern.	Autopsie > Schreiber: J. B. S. Sonnen–thal.
22	Ms. 292	Konvolut alchemischer Rezepte und Exzerpte.	Autopsie > Teil 7: Schreiber: J. B. S. Sonnenthal.
23	Ms. 293	Bernard G. Penot: Theophrastisch Vade mecum, dt., Auszüge.	Autopsie > Schreiber: J. B. S. Sonnen–thal.
24	Ab 31	Wilhelm Heinsius: Allgemeines Bücher-Lexicon, oder alphabetisches Verzeichnis der in Deutschland und den angrenzenden Ländern gedruckten Büchern [...]. Bände 1-4 (vier Bände in zwei Bänden). Leipzig 1793	Autopsie > Handschriftliche Besitzeinträge (v[on] Sonnenthal).
25	Ba 223	Sendschreiben an die erhabenen Unbekannten oder die ächten und rechten Freymäurer. Berlin 1781.	Autopsie > Handschriftlicher Besitzeintrag (v[on] Sonnenthal).
26	Ba 227	System der Freymaurer-Loge Wahrheit und Einigkeit zu drey gekrönten Säulen in P[rag]. Philadelphia 1594 [Prag 1794/Leipzig 1800].	Autopsie > Handschritlicher Besitzeintrag (Sonnenthal).
27	Ba 377a	Joseph Valentin Eybel: Sieben Kapitel von Klosterleuten. Wien 1782.	SWB > Parthenschlager, J.B.S. (Baron von Sonnenthal).

Nr.	LSB-Sign.	Titel	Zuweisungskriterien
28	Ba 492	Kieseclio: Entdeckte Nachrichten von herumschleichenden nächtlichen Polter-Geistern und gespenstischen Erscheinungen, wie auch attentionswürdigen Ahndungen und was davon zu halten? [...]. Drei Bände. 2. Aufl. Leipzig/Quedlinburg 1749/50.	Autopsie > Handschriftlicher Besitzeintrag (v[on] Sonnenthal).
29	Ba 594	Magister Panico [Hans Carl Ecker von Eckhoffen]: Der Rosenkreuzer in seiner Blösse. Zum Nutzen der Staaten hingestellt durch Zweifel wider die wahre Weisheit der so genannten ächten Freymäurer oder goldnen Rosenkreutzer des alten Systems von Magister Pianco, vieler Kreisen Bundsverwandten. Amsterdam 1782.	Autopsie > Handschriftlicher Besitzeintrag (v[on] Sonnenthal).
30	Ba 595	Phoebron [Bernhard Joseph Schleiss]: Der im Lichte der Wahrheit strahlende Rosenkreuzer allen lieben Mitmenschen auch dem Magister Pianco zum Nutzen hingestellt [...]. Leipzig 1782.	Autopsie > Handschriftlicher Besitzeintrag (v[on] Sonnenthal).
31	Bb 18	Biblia Sacra Vulgatae Editionis, Auctoritate Sixti V. et Clementis VII. [...], Versione Germanica emendatiore [...]. Zwei Bände. Augsburg 1771.	Autopsie > Handschriftlicher Besitzeintrag (v[on] Sonnenthal).

Nr.	LSB-Sign.	Titel	Zuweisungskriterien
32	Bc 384a	Aegidius Gutmann: Offenbarung Goettlicher Mayestat/Darinnen angezeygt wird/Wie Gott der Herr sich anfaenglich allen seinen Geschoepffen/mit Worten und Wercken geoffenbahret [...]. Hanau 1691.	Autopsie > Handschriftlicher Besitzeintrag (v[on] Sonnenthal).
33	Bc 458	Ildephons Schwarz: Handbuch der christlichen Religion. Drei Bände. 2. verm. Aufl. Bamberg/Würzburg 1797.	Autopsie > Handschriftlicher Besitzeintrag (v[on] Sonnenthal).
34	Ca 220	[Johann Gottlob Heineccius]: Elementa iuris naturae et gentium commoda auditoribus methodo adornata. 5. Ed. Halle 1768.	SWB > Joseph Bernard Parthenschlager.
35	Ca 314	[Carl Anton von Martini]: De lege naturali positiones, in usum auditorii vindobonensis. Wien 1778.	Autopsie > Handschriftlicher Besitzeintrag (v[on] Sonnenthal).
36	Da 6	An die Stillen im Lande und besonders an die Leser des Handbuches der Gottseligkeit, über eine im CXLVI. Stück der oberdeutschen allgemeinen Litteraturzeitung erschienenen Recension des bemeldeten Handbuches [...]. Jerusalem 1790.	Autopsie > Handschriftlicher Besitzeintrag (v[on] Sonnenthal), Wappenprägestempel Sonnenthal.
37	Da 162	[Louis Claude de Saint-Martin]: Irrthuemer und Wahrheit oder Rückweis für die Menschen auf das allgemeine Principium aller Erkenntnis [...]. Aus dem franz. übersetzt von Matthias Claudius. Halberstadt 1785.	Autopsie > Handschriftlicher Besitzeintrag (v[on] Sonnenthal).

Nr.	LSB-Sign.	Titel	Zuweisungskriterien
38	Da 209	[Johann Friedrich Kleuker]: Magikon oder das geheime System einer Gesellschaft unbekannter Philosophen unter einzelne Artikel geordnet, durch Anmerkungen und Zusätze erläutert und beurtheilt, und dessen Verwandtschaft mit ältern und neuern Mysteriologien gezeigt [...]. Frankfurt/Leipzig 1784.	Autopsie > Handschriftlicher Besitzeintrag (v[on] Sonnenthal).
39	Da 345	Spuren des Wegs, sich seinem Schutzgeist zu nahen. Aus einer Correspondenz mitgetheilt. Frankfurt/Leipzig 1800.	Autopsie > Handschriftlicher Besitzeintrag (v[on] Sonnenthal).
40	Db 726	Wie die Zeichenklassen der Normalschulen in den k[aiserlich]-k[öniglichen] Staaten beschaffen seyn [...] Wien 1782.	Autopsie > Wappenexlibris.
41	Dc 30	Jeanne-Marie Leprince de Beaumont: [...] Nöthige Unterweisungen für junges Frauenzimmer welches in die Welt tritt und sich verheurathet, als Verfolg des Magazins für junge Leute nach deutscher Art eingerichtet [...]. Leipzig S.A.	SWB > J.B.S.P (Baron von Sonnenthal).
42	Dc 50	Johann Amos Comenius: Orbis Pictus, die Welt in Bildern, in zwei und achtzig Abschnitte, zum Gebrauch der kleinsten studirenden Jugend in den kaiser[lich]-königl[ichen] Staaten zusammengezogen. Wien 1792.	Autopsie > Wappenexlibris.
43	Dc 157	[Jean Palairet]: Kurzer Inberiff aller Wissenschaften zum Gebrauch für Kinder von sechs bis zwölf Jahren. 16. verm. Aufl. Potsdam 1797.	Autopsie > Wappenexlibris.

Nr.	LSB-Sign.	Titel	Zuweisungskriterien
44	Dc 193	[Robert Dodsley]: Der Lehrmeister oder ein allgemeines System der Erziehung, worinne die ersten Grundätze einer feinen Gelehrsamkeit vorgetragen werden. Band 2. Leipzig 1763.	Autopsie > Wappenexlibris.
45	Ea 14	[Matthias von Erberg]: Il gran Dizzinario Universale et Perfetto [...] Italiano – Francese – Tedesco. Bände 1-3. Nürnberg [17**].	SWB > Baron von Sonnenthal.
46	Fa 60	Octavianus Mirandula: Illustrium Poetarum Flores. Lyon 1566.	SWB > J.B.S.P. (Sonnenthal).
47	Fb 5	Laurent le Brun: Novus apparatus Virgilii poeticus, synonymorum, epithetorum, et phrasium, seu elegantiarum poeticarum thesaurum Latino-Germanicum [...]. Köln/Frankfurt 1804.	Autopsie > Handschriftlicher Besitzeintrag (Josephus Sonnenthal).
48	Fb 18	Christian Gottlob Broeder: Practische Grammatik der lateinischen Sprache. Leipzig 1796.	Autopsie > Wappenexlibris Sonnenthal.
49	Fb 18a	Dito.	Autopsie > Handschriftlicher Besiteintrag (Sonnenthal), Wappenexlibris Sonnenthal.
50	Fb 104	Adam Friedrich Kirsch: Abundantisssimum cornu copiae linguae Latinae et Germanicae selectum. In quo continentur Vocabula Latina omnis aevi [...] similiter Deorum, Dearum, Gentium [...] Nomina [...]. Regensburg/Wien 1750 (zwei Bände in einem Band).	Autopsie > Wappenexlibris Sonnenthal, (weiterer Eintrag: August Leuthner, Überlingen 1866).

Nr.	LSB-Sign.	Titel	Zuweisungskriterien
51	Fb 105	Dito. Regensburg/Wien 1754.	Autopsie > Handschriftlicher Besitzeintrag (v[on] Sonnenthal, Wolfegg).
52	Fb 112-3	Lehrbuch der lateinischen Grammatik nach den gewöhnlichen vier Classen eingerichtet. Teil 3. Salem 1802/1803.	SWB > Baron von Sonnenthal, Joseph Sonnenthal.
53	Fb 112-4	Dito. Teil 4. Salem 1802/1803.	SWB > Anselm Sonnenthal, 1804.
54	Fb 143	Muster der lateinischen Sprache, aus den alten Schriftstellern derselben sammt einer kurzen Geschichte dieser Sprache und ihrer Schriftsteller: zum Gebrauche an katholischen Schulen Deutschlands. Bamberg 1775.	SWB > Anselm Sonnenthal, 1803.
55	Fb 218	[Jaques Vaniere]: Lexicum poeticum latino-germanicum [...]. Augsburg 1790.	SWB > Anselm Sonnenthal.
56	Fb 218a	Dito.	Autopsie > Wappenexlibris Sonnenthal.
57	Fb 223	Franz Wagner: Universa phraseologia latina, ab eodem secundis curis Sallustiana, Caesareana, Liviana, Corneliana, etc. phraseologiis [...]. Augsburg 1800.	Autopsie > Wappenexlibris Sonnenthal.
58	Fd 70	Marcus Tullius Cicero: Epistolae familiares. Quarum postrema hac editione praeter Manutij annotations [...]. Lyon 1570.	SWB > J.B.S.P. (= Baron von Sonnenthal).
59	Fd 262	Marcus Valerius Martialis: Epigrammata demptis obscenis. Addidit annotations & interpretationem Josephus Juvencius. Venedig 1716.	SWB > S.P. (Baron von Sonnenthal).

Nr.	LSB-Sign.	Titel	Zuweisungskriterien
60	Gc 1	Abendstunden in lehrreichen und anmuthigen Erzählungen. Band V. Breslau 1765.	SWB > Sonnenthal.
61	Gc 190	Louis Sébastien Mercier: Johann Hennuyer Bischof von Lisieux. Drama in drey Aufzügen. Prag/Wien 1782.	SWB > S.P.S. (Sonnenthal).
62	Gc 303	August Gottlieb Meißner: Skizzen. Sammlungen I bis V in zwei Bänden. Tübingen 1786-88.	SWB > von Sonnenthal.
63	Ha 31	Johann Valentin Meidinger: Praktische französische Grammatik wodurch man diese Sprache auf eine ganz neue und sehr leichte Art in kurzer Zeit gründlich erlernen kann. 18. Aufl. Frankfurt/Leipzig 1801.	SWB > Anselm von Sonnenthal, 1804.
64	Jb 33	Joseph Lederer: Neue und erleichterte Art zu Solmisiren, nebst anderen Vortheilen, die Singkunst in kurzer Zeit zu erlernen [...]. 2. Aufl. Ulm 1796.	SWB > Sonnenthal.
65	Kb 164	Johann Henrich Christian von Selchow: Grundriß der Teutschen Reichsgeschichte. Göttingen 1775.	SWB > J. B. S. Barthenschlager, 1782.
66	La 266	Daniel Friedrich Sotzmann: Repertorium zur Karte von Deutschland in XVI Blättern [...]. Berlin 1793.	SWB > von Sonnenthal.
67	Ma 37	Jean d‘ Espagnet: Enchiridion physicae restitutae, in quo verus naturae contentus exponitur, plurimique antiquae philosophiae errores per canones et certas demonstrations dilucide aperiuntur [...]. Genf 1673.	SWB > v. Sonnenthal/Wolfegg.

Nr.	LSB-Sign.	Titel	Zuweisungskriterien
68	Mb 195	Neu-vermehrtes und verbessertes Planeten-Büchlein, wie man eines jeden Menschen Art, Natur und Complexion, nachdem er unter einem Zeichen gebohren ist, erkennen und erfahren soll [...]. S. I. 1769.	SWB > Sebastian Parthenschlager (= Sonnenthal).
69	Mb 257	Philipp Steinmeyer: Mathesis succincta, Teil 1: Complectens primas lineas methodi mathematicae, arithmeticam, geometriam, trigonometriam planam & algebra. Freiburg 1767.	SWB > Anselm Sonnenthal.
70	Mc 1a	Hermetisches ABC derer ächten Weisen alter und neuer Zeiten vom Stein der Weisen, ausgegeben von einem wahren Gott- und Menschenfreunde. Teil 2. Berlin 1779.	Autopsie > Handschriftlicher Besitzeintrag (v[on] Sonnenthal).
71	Mc 3*	Andreas Libavius: D.O.M.A. Syntagma Selectorum vundiqvaqve et perspicvue traditorum Alchymiae Arcanorum. Pro III. Parte Commentariorum Chymiae hactenus desideratorum, insertis passim Scholiis & commentationibus ipsis ad penitißima huius Philosophiae & Medicinae ducentiubus [...] Frankfurt 1611.	Autopsie > Handschriftlicher Besitzeintrag (v[on] Sonnenthal).
72	Mc 34	Gottfried Heinrich Burghart: Die zum allgemeinen Gebrauch wohleingerichtete Destillierkunst [...] mit vielen Zusätzen vermehrt von Johann Christian Wiegleb. Zwei Bände. Breslau 1781.	Autopsie > Handschriftlicher Besitzeintrag (v[on] Sonnenthal).

Nr.	LSB-Sign.	Titel	Zuweisungskriterien
73	Mc 88	L. Fr. von Sternhain [Hg.]: Hermes. Zeitschrift in zwanglosen Heften zur endlichen Beruhigung für Zweifler und Sucher.	Autopsie > Wappenprägestempel Sonnenthal.
74	Mc 97	Johannes de Indagine [Johann Ludolf Jäger]: Memorabilia Bismuthi, das ist: chemisch-physicalische Abhandlung zur nähern Kenntniss [...] welches Wismuth und Magnesia genennt wird. Nürnberg 1782.	SWB > Von Sonnenthal.
75	Mc 123a	Magazin für die höhere Naturwissenschaft und Chemie. Teil 1. Tübingen 1784.	SWB > Sonnenthal.
76	Mc 137	Hermetisches Museum, Teile 1 und 3. 1782/1785.	SWB > Sonnenthal/Wolfegg.
77	Mc 173	Johann Georg Toeltius: Schlüßel der wahren Weisheit, unter einem Gespräch eines wohlerfahrnen Sophisten mit der Weisheit in dreyen Theilen [...]. Leipzig 1787.	SWB > Sonnenthal.
78	Mc 183	Die Sonne von Osten, oder Philosophische Auslegung der Kette des goldenen Vliesses ec. ec.ec. und einiger Cabalistischer Figuren samt einem Spiegel oder Probierstein der philosophischen Materie. Colchis [1790].	SWB > Exlibris Sonnenthal.
79	Mc 200a	Georg N. von Langenheim: Naturgesetzmäßige Untersuchung des sonderbaren physischen Nichts, als woraus, nach Mosaischen Urkunden, das Universum soll geschaffen und gebildet worden seyn. S.I. 1790.	SWB > Sonnenthal.

Nr.	LSB-Sign.	Titel	Zuweisungskriterien
80	Mc 201	I. C. von Vanderbeeg, eines in der wahren Chymie hocherfahrnen und berühmten Adepti, Manductio Hermedico-Philosophica, oder Richtige Handleitung zu der Wahren philosophischen Medicin [...]. Hof [~1740].	SWB > Von Sonnenthal.
81	Mc 202	Eröfnetes Philosophisches Vater-Herz. So Bey heutiger Ausbreitung (nach Theophrastischer Aussag) des Sternflüchtigen Blumengeruchs der hohen Göttlichen Gnaden-Gab der Universal-Medicin nicht länger hat verschlossen bleiben [...]. Frankfurt a.M. 1750.	SWB > Sonnenthal.
82	Mc 212	Karl Paul Wassermann: Philosophisch Güldene Quelle der Natur und Kunst, Das ist, ein wahrer und kurtzer Unterricht, wie der Lapis Philosophorum beschaffen [...]. Erlangen 1751.	SWB > Baron de Sonnenthal.
83	Md 25	Philippi Mäyens Chiromantia Et Physiognomia Medica. Mit Einem Anhange von den Zeichen auf den Nägeln der Finger [...]. Dresden/Leipzig 1691.	SWB > J.B.P.S. = Baron von Sonnenthal.
84	Md 36	Theatrum Sympatheticum Auctum, exhibens Varios Authores. De Pulvere Sympathetico quidem: Digbaeum, Straussium, Papinium, et Mohyum [...]. Nürnberg 1662.	Autopsie > Von Sonnenthal.

Nr.	LSB-Sign.	Titel	Zuweisungskriterien
85	Na 60	Franz Xaver Geiger: Die Obstbaumzucht, oder neue und überaus leichte Art, wie man ohne Kreuzer Unkosten, und zugleich ohne Belzen und ohne alles Künsteln nicht nur die gesündesten und dauerhaftesten Obstbäume, sondern auch neue Gattungen von schönem und gutem Obst erlangen kann. Zwei Bände. München 1804/05.	SWB > J. v. Sonnenthal.
86	Nb 115	Carl Christian Adolph Neuenhahn: Die Brannweinbrennery nach theoretischen und practischen Grundsätzen, nebst der dazu erforderlichen Viehzucht und Mastung auch Beschreibung eines neuen holzersparenden Ofens und Rostes [...]. 2. verm. u. ganz umgearb. Aufl. Erfurt 1791.	SWB > Sonnenthal.
87	O 14*	Aureoli Philippi Theophrasti Paracelsi Opera omnia medico-chemico-chirurgica. Teil 3, Sect. 1.2. Genf 1658.	SWB > v. Sonnenthal.
88	O 43	Georg Heinrich Behr: Die schwache Wissenschaft der heutigen Aerzte. Eine Satyre. Straßburg 1753.	SWB > Wappenprägung auf Titel Sonnenthal.
89	O 188	Nicolas Lemery: Cursus chymicus oder Vollkommener Chymist [...]. Aus dem Frantzösischen übersezt und bey dieser fünfften Auflage aufs neue durchgesehen [...] von Johann Christian Zimmermann. Dresden 1754.	SWB > Sonnenthal.

Nr.	LSB-Sign.	Titel	Zuweisungskriterien
90	O 318	Carl Friedrich Schwertner (Hg.): Medicina vere universalis, das ist Krafft und Würckung des Schlechten Wassers so wohl in Verhütung als Heilung der meisten Kranckheiten. Teil 1. Leipzig 1737.	SWB > Sonnenthal.
91	O 326	Georg Ernst Stahl: Opusculum Chymico-Physico-Medicum,seu Schdiasmatum A Pluribus Annis Variis Occasionibus In Publicum Emissorum [...]. Halle 1715.	SWB > Sonnenthal.
92	O 378	Johann Jacob Wecker: De secretis libri XVII. Ex variis autoribus electi [...]. Basel 1701.	SWB > Parthenschlager, Johann Baptist Sebastian (Baron von Sonnenthal).

Tabelle 1.2: Rekonstruktion der ‚Sammlung Sonnenthal' – Erweiterung

Nr.	LSB-Sign.	Titel	Zuweisungskriterien (durch Autopsie)
93	Ms. 160	Alchemische Sammelhandschrift, enthält u.a. Ps.-Raimundus Lullus: De intentione alchimistarum.	Explizite Zuschreibung durch Kunzer
94	Ms. 161	Bernart Fasnacht: Liber Alchimie	Explizite Zuschreibung durch Kunzer
95	Ms. 165	Basilius Valentinus: Chymische Schrifften, zweiter Teil. Exzerpte.	Wasserzeichen: Wolfegg.
96	Ms. 170	Arbatel, dt.	Wasserzeichen: Eberhardzell.
97	Ms. 188	Johann Philipp Eberhard: Azaharasch, dt.	Wasserzeichen: Arnstadt; paläog. Gruppe-188.

Nr.	LSB-Sign.	Titel	Zuweisungskriterien (durch Autopsie)
98	Ms. 189	Alchemische Sammelhandschrift, enthält u.a. Ps.-Pabias: Vom Feuer und vom Licht der Wundergeister in der Natur.	Wasserzeichen: Arnstadt; paläog. Gruppe-188.
99	Ms. 191	Nicolai Mirantulanus: De lapide philosophorum, dt.	Wasserzeichen: Arnstadt; paläog. Gruppe-188.
100	Ms. 193	Johann Macarius: Diarium 1479 bis 1490.	Wasserzeichen: Arnstadt; paläog. Gruppe-188.
101	Ms. 194	Johann Macarius: Introitus ad portam caeli sapientiae, Teil 1, dt.	Wasserzeichen: Arnstadt; paläog. Gruppe-188.
102	Ms. 195	Dito. Teil 2, dt.	Wasserzeichen: Arnstadt; paläog. Gruppe-188.
103	Ms. 196	Dito. Teil 3, dt.	Wasserzeichen: Arnstadt; paläog. Gruppe-188.
104	Ms. 197	Alchemische Sammelhandschrift, enthält u.a. Elias Hacklier: Lux mundi, dt.	Wasserzeichen: Wolfegg; Wasserzeichen: Arnstadt.
105	Ms. 198	Johann Macarius: Hydrolithus sophicus sive philosophia aquarium sapientium.	paläog. Gruppe-188.
106	Ms. 199	Alchemische Sammelhandschrift, enthält u.a. Testament oder Morgenröthe des heiligen blutigen Feuers.	paläog. Gruppe-188.
107	Ms. 200	Ps.-Pythagoras: Goldene Weisheit der sybillianischen Götter, Teil 1.	Wasserzeichen: Wolfegg; Wasserzeichen: Arnstadt.
108	Ms. 201	Dito. Teil 2.	Wasserzeichen: Arnstadt; paläog. Gruppe-188.
109	Ms. 205	Ps.-Albertus Magnus: Das goldene ABC.	paläog. Gruppe-188.
110	Ms. 206	Heinrich Friedrich von Friesen: Glückshafen Johann Kucnkels von Löwenstern.	Wasserzeichen: Wolfegg.

Nr.	LSB-Sign.	Titel	Zuweisungskriterien (durch Autopsie)
111	Ms. 207	Alchemisch-hermetische Sammelhandschrift, enthält u.a. Ps.-Hipparchos: Die geheime Weisheit der Araber.	Wasserzeichen: Wolfegg; Wasserzeichen: Arnstadt.
112	Ms. 212	Ps.-Thomas von Aquin: Die geheime Perl der wahren Weisheit.	Wasserzeichen: Arnstadt; paläog. Gruppe-188.
113	Ms. 213	Ps.-Thomas von Aquin: Clavis artis.	Wasserzeichen: Arnstadt; paläog. Gruppe-188.
114	Ms. 214	Ps.-Thomas von Aquin: Alchemischer Traktat.	Wasserzeichen: Arnstadt; paläog. Gruppe-188.
115	Ms. 215	Vincentius: Das verborgene Licht in der Natur.	Wasserzeichen: Arnstadt; paläog. Gruppe-188.
116	Ms. 216	Vincentius: Über die übernatürlichen Wunder der Natur.	Wasserzeichen: Arnstadt; paläog. Gruppe-188.
117	Ms. 217	Vincentius: Mysterium magnum dei, Teil 1, dt.	Wasserzeichen: Arnstadt; paläog. Gruppe-188.
118	Ms. 218	Vincentius: Universalschlüssel (dreifaches Kleeblättlein).	Wasserzeichen: Arnstadt; paläog. Gruppe-188.
119	Ms. 219	Vincentius: Geheimes kabbalistisches Bilderkabinett.	Wasserzeichen: Arnstadt; paläog. Gruppe-188.
120	Ms. 220	Vincentius, Sammelhandschrift, enthält u.a. Geheimes kabbalistisches Mysterium.	Wasserzeichen: Arnstadt; paläog. Gruppe-188.
121	Ms. 221	Ps.-Basilius Valentinus: Schatzkästlein.	Wasserzeichen: Arnstadt; paläog. Gruppe-188.
122	Ms. 223	Alchemische Sammelhandschrift, enthält u.a. Ps.-Basilius Valentinus: Das große Geheimnis der ägyptischen Könige.	Wasserzeichen: Wolfegg; Wasserzeichen: Arnstadt.
123	Ms. 224	Ps.-Basilius Valentinus: Hauptmanual	Wasserzeichen: Arnstadt; paläog. Gruppe-188.
124	Ms. 226	Ps.-Augustinus: Das Licht der Natur, Teil 1.	Wasserzeichen: Arnstadt; paläog. Gruppe-188.
125	Ms. 227	Dito. Teil 2.	Wasserzeichen: Arnstadt; paläog. Gruppe-188.

Nr.	LSB-Sign.	Titel	Zuweisungskriterien (durch Autopsie)
126	Ms. 228	Dito. Teil 3.	Wasserzeichen: Arnstadt; paläog. Gruppe-188.
127	Ms. 229	Ps.-Pythagoras: Hellscheinendes Licht der sieben Naturgeister.	Wasserzeichen: Arnstadt; paläog. Gruppe-188.
128	Ms. 230	Alchemische Sammelhandschrift, enthält u.a. Ps.-Trithemius: Schlüssel über das Licht der Natur.	paläog. Gruppe-188.
129	Ms. 231	Ps.-Trithemius: Himmlisches und übernatürliches Geheimnis des Geistes und der Seele der Welt.	Wasserzeichen: Arnstadt; paläog. Gruppe-188.
130	Ms. 232	Ps.-Hipparchos: Die geheime Weisheit der Araber.	Wasserzeichen: Wolfegg; Wasserzeichen: Arnstadt.
131	Ms. 233	Ps.-Trithemius: Ernarius Sanctus in ternario sancto, Teil 1, dt.	Wasserzeichen: Arnstadt; paläog. Gruppe-188.
132	Ms. 235	Ps.-Rabbi Löw: Alchemische Schriften.	Wasserzeichen: Arnstadt; paläog. Gruppe-188.
133	Ms. 236	Albert Beyer: Von der Metamorphisierung der Metalle, u.a.	Wasserzeichen: Arnstadt; paläog. Gruppe-188.
134	Ms. 241	Beschreibung eines Metallflusses	Explizite Zuschreibung durch Koberg.
135	Ms. 242	Arcanum magnum magicum, dt.	Explizite Zuschreibung durch Koberg.
136	Ms. 280	Altus: Mutus Liber	Wasserzeichen: Eberhardzell.
137	Md 1a	Gabriel Naudé: Apologie Pour Tous Les Grands Personnages qui ont esté faussement soupconnez de Magie. Den Haag 1679.	Wappenexlibris Reichserbtruchsessen Waldburg.

Tabelle 2: Zusammenhänge innerhalb der paläographischen Gruppe-188

Handschriften der Gruppe-188	**Einband gruppe**	**Alte Signatur**	**WZ**	**Kaufvermerk**	**›GF‹ bzw. ›GFrd‹**
188	–	–	Arnstadt	–	–
189	–	–	Arnstadt	„*Costet 130 th*[a]*l*[er]“	–
191	Eins	–	Arnstadt	–	–
193	–	–	Arnstadt	–	–
194	–	21	Arnstadt	„*Kostet 116 Th*[a]*l*[er]“	–
195	–	22	Arnstadt	„*Coste*[n] *120 Th*[a]*l*[er] *zu samen*[n]“	–
196	–	1[9], auf Rücken	Arnstadt	„*dieser 3. Theil Cost*[et] *120 th*[a]*l*[er]“	–
197	Eins	–	Arnstadt/ Wolfegg	*Constat* [!] *650 Th*[a]*l*[er] *den 3. Januari 1741*“	–
198	–	–	–	–	–
199	Zwei	11	–	–	–
200	Eins	–	Arnstadt/ Wolfegg	–	–
201	Eins	–	Arnstadt	–	–
205	–	52	–	„*Komet mich über 100 zu stehen*“	–
206	Eins	–	Wolfegg	–	–
207	Eins	–	Arnstadt/ Wolfegg	*Kostet uns 1000Th*[a]*l*[er] *bares Gelt*“	–
212	Zwei	49	Arnstadt	„*Costet 154 th*[a]*l*[er] *an*[n]*o 1739*”	–
213	–	48	Arnstadt	–	–

Handschriften der Gruppe-188	**Einband gruppe**	**Alte Signatur**	**WZ**	**Kaufvermerk**	**›GF‹ bzw. ›GFrd‹**
214	Zwei	10	Arnstadt	–	–
215	Zwei	15	Arnstadt	–	–
216	Zwei	12	Arnstadt	–	–
217	Zwei	27	Arnstadt	–	GF
218	Drei	9	Arnstadt	*„Dieses Buch kostet 450 th*[a]*l*[er] *bahres gelt allein es ist der kerrn aller schrifften*“	GFrd
219	Drei	24	Arnstadt	*„Dieses buch kostet mich 264 Th*[a]*l*[er] *bares gelt*“	–
220	Drei	1	Arnstadt	*„Dieses Buch Kostet Mich 54 Th*[a]*l*[er] *ist aber so sicher 100 Th*[a]*l*[er] *wehrt HL*“	–
221	Zwei	67	Arnstadt	–	GF
223	Eins	–	Arnstadt/ Wolfegg	*„kommt mir zu zahlen über 3180 Th*[a]*l*[er] *ohne die große Mühe ab zuschreibe*[n] *doch ist es tausent mahl mehr werth* [...] *1738*“,	GFrd

Handschriften der Gruppe-188	**Einband gruppe**	**Alte Signatur**	**WZ**	**Kaufvermerk**	**›GF‹ bzw. ›GFrd‹**
224	–	–	Arnstadt	„*Vincenti 3 Sachen: Kleeblatt kost mich 120 th*[a]*l*[er] *Das Schatz Kästlein kost mich 160 Th*[a]*l*[er]“ „*Dieses buch habe abgeschrieben anno 1736 Kostet mich 164 th*[a]*l*[er]“	GFrd
226	–	–	Arnstadt	„*20 Th*[a]*l*[er]“	–
227	Eins	–	Arnstadt	„*Dieses Manuschript Costet mich 70* [Thaler] *bahres gelt: Anno 1740 den 22. October*“	–
228	Zwei	29	Arnstadt	„*Consta*t [!] [Tilgung] *Th*[a]*l*[er] *Anno 1740 den 16. November*“	–
229	–	–	Arnstadt	–	–
230	Eins	–	–	–	–
231	Zwei	14, auf Rücken	Arnstadt	–	–
232	Eins	–	Arnstadt/ Wolfegg	–	–
233	Zwei	41	Arnstadt	–	GFrd
235	–	16, auf IIIr	Arnstadt	–	–
236	–	36	Arnstadt	–	–

12.2 Anhang B: Abbildungen (nicht in Originalgröße)

Abb. 1: Federzeichnung von Steinsäulen, aus: Propheta Pithis.

Quelle: Überlingen, LSB, Ms. 207, S. 163.

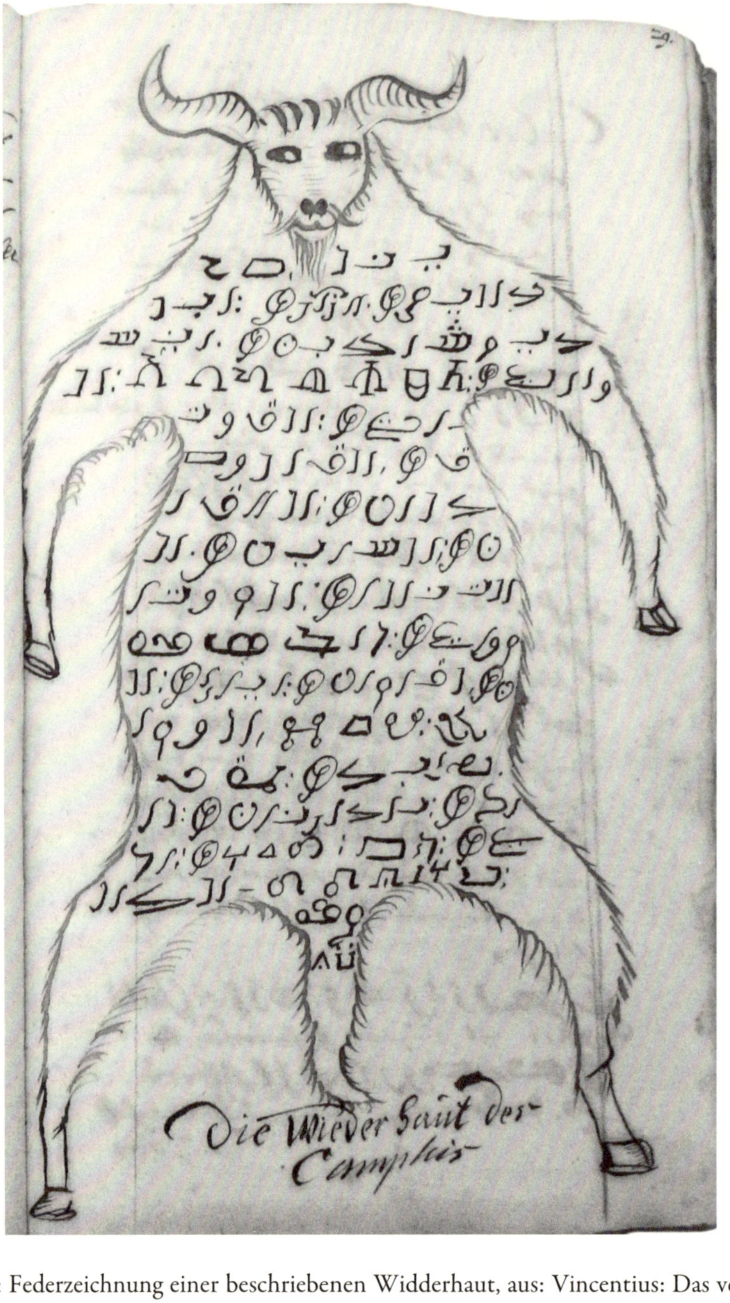

Abb. 2: Federzeichnung einer beschriebenen Widderhaut, aus: Vincentius: Das verborgene Licht in der Natur.

Quelle: Überlingen, LSB, Ms. 215, S. 29.

Abb. 3: Kolorierte Federzeichnung eines Hermaphroditen, aus: Aurora consurgens.
Quelle: Überlingen, LSB, Ms. 183, Teil 1, 1r.

Abb. 4: Kolorierte Federzeichnung der zweiten Figur, aus: Brunnhofer/Egli: Buch der Weisheit.

Quelle: Überlingen, LSB, Ms. 181, 8v.

Abb. 5: Federzeichnung mit Kolorierungsanweisung, aus: Vincentius: Über die übernatürlichen Wunder der Natur.

Quelle: Überlingen, LSB, Ms. 216, S. 167.

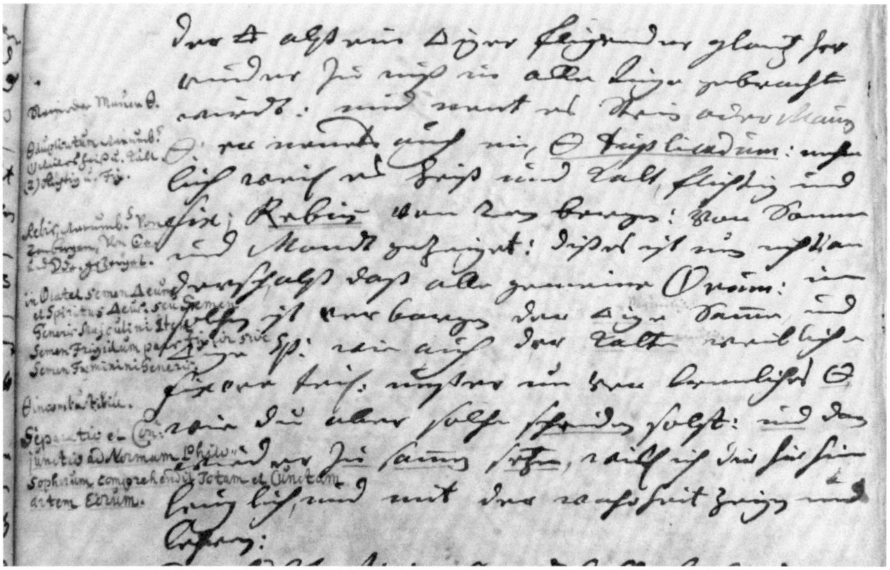

Abb. 6: Paläographische Gruppe-188, Hand 1 und Hand 2.
Quelle: Überlingen, LSB, Ms. 188, S. 39.

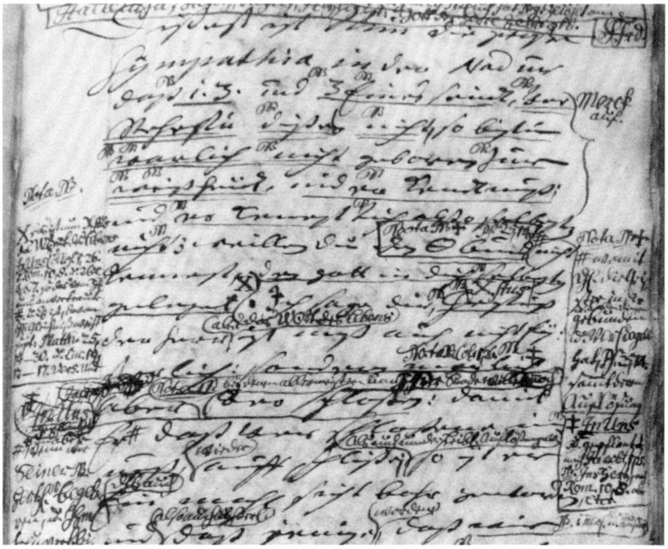

Abb. 7: Paläographische Gruppe-188, Hand 1, Hand 3 und Kürzel *GFrd* (rechts oben).
Quelle: Überlingen, LSB, Ms. 233, S. 7.

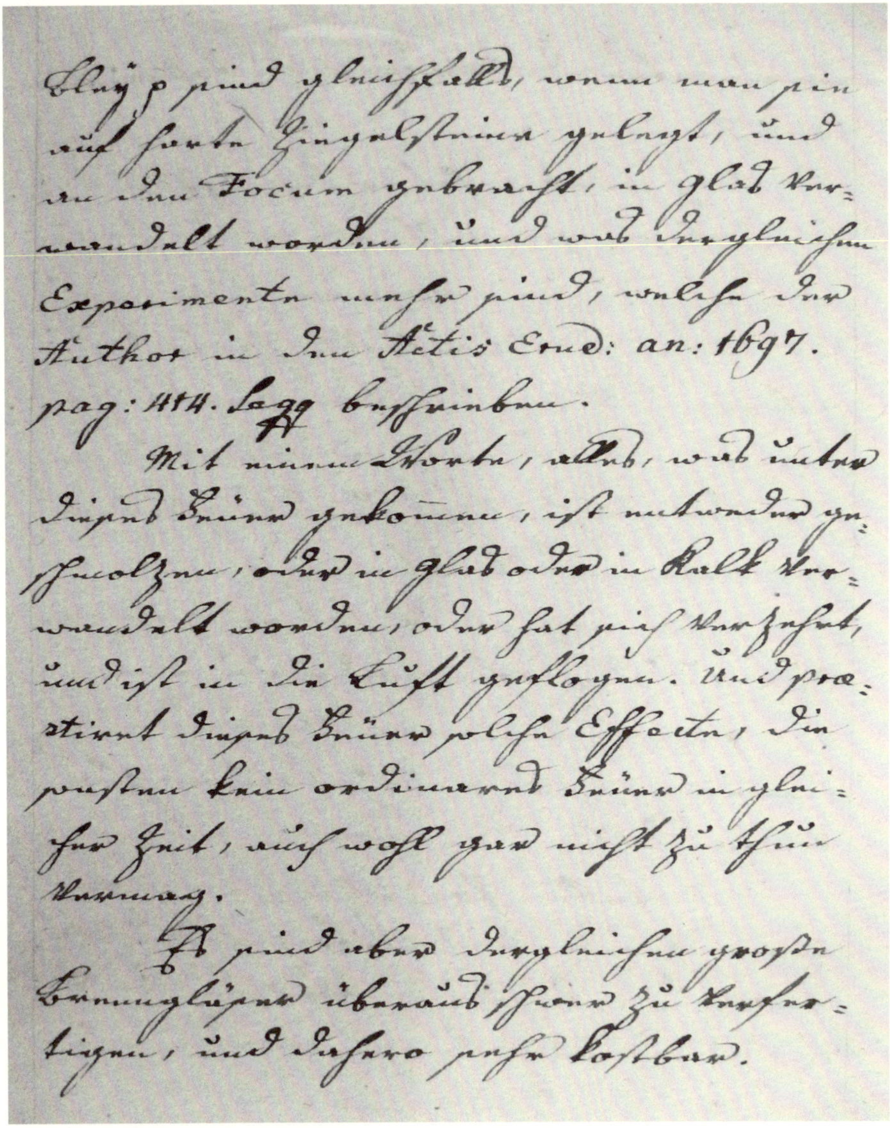

Bleÿ sind gleichfalls, wenn man sie
auf harte Ziegelsteine gelegt, und
in den Focum gebracht, in glas ver=
wandelt worden, und was dergleichen
Experimente mehr sind, welche der
Author in den Actis Erud: an: 1697.
pag: 414. seqq beschreiben.
Mit einem Worte, alles, was unter
dieses Feuer gekommen, ist entweder ge=
schmolzen, oder in glas oder in Kalk ver=
wandelt worden, oder hat sich verzehrt,
und ist in die Luft geflogen. Und præ=
stirt dieses Feuer solche Effecten, die
sonsten kein ordinaires Feuer in glei=
cher Zeit, auch wohl gar nicht zu thun
vermag.
Es sind aber dergleichen grosse
Brennglässer überaus schwer zu verfer=
tigen, und dahero sehr kostbar.

Abb. 8: Schreiberhand Sonnenthal.

Quelle: Überlingen, LSB, Ms. 291a, 4v.

Abb. 9: Besitzeintrag von Sonnenthal (stark vergrößert).
Quelle: Überlingen, LSB, Ms. 190, vorderer Spiegel.

Abb. 10: Exlibris von Sonnenthal.
Quelle: Überlingen, LSB, Druck Sign. Dc 157.

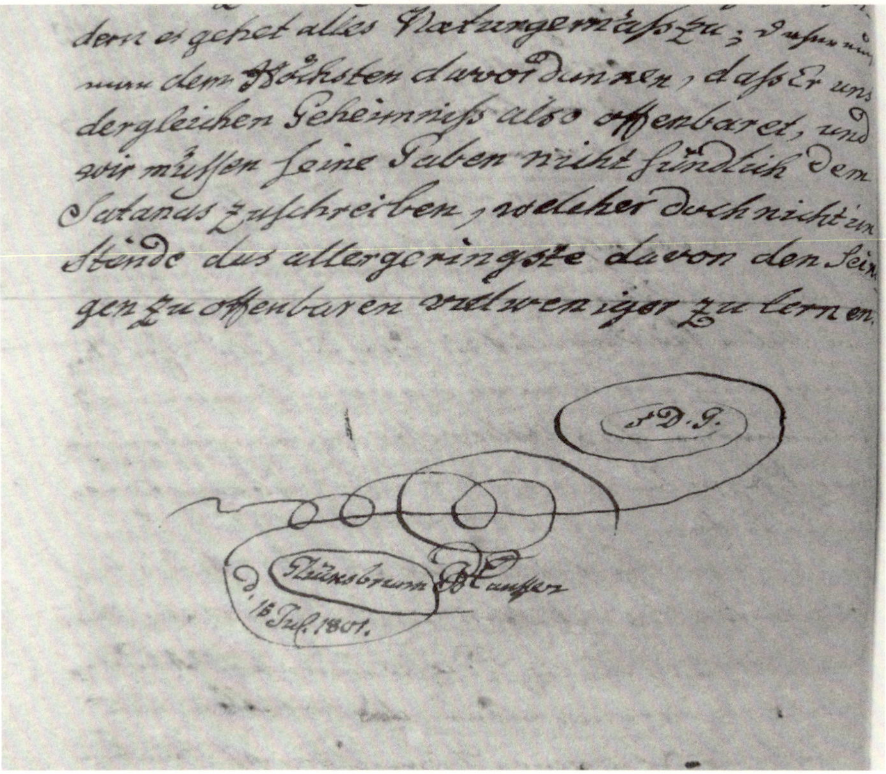

dern es gehet alles Naturgemäss zu; [illegible]
[illegible] dem Höchsten davor dancken, dass Er uns
dergleichen Geheimniss also offenbaret, und
wir müssen seine Gaben nicht sündlich dem
Satanas zuschreiben, welcher doch nicht im
Stande das allergeringste davon den Sei-
gen zu offenbaren viel weniger zu lernen.

Abb. 11: Schreiberhand Johann Haussen.
Quelle: Überlingen, LSB, Ms. 182, S. 206.

Abb. 12: Bruderschaftszeichen (*Signum Fraternitatis*).
Quelle: Überlingen, LSB, Ms. 181, 1v.

12.3 Anhang C: Briefe Johann Baptist Sebastian von Sonnenthal[1]

Brief 1, vom 28. Dezember 1806, an Johann Kaspar Adam Ruef

[Hand Ruefs:] Wolfegg vom 28 [Dezem]b[er] 1806
Wohlgebohrner Hochzuverehrender Herr Hofrath!
Mit innigster Freude hab ich aus Euerer Wohlgebohrn verehr[tem] Schreiben vom 2. dies ersehen, daß Ihre verehrungswürdige Frau Gemahlin meine Tochter unter Ihre eigne Aufsicht, und die Mühe über sich nehmen wolle, meiner Tochter zu allen Frauenzim[m]er-Geschäften und Arbeiten, besonders aber, was das wichtigste ist, in den Regeln des Anstands und der Klugheit Unterricht und Belehrung zu ertheilen.
Ich bitte dahero, mich bald gefälligst zu benachrichtigen, was ich wegen meiner Tochter für Kost und Wohnung [etc.] und in welchen Terminen zu bezahlen habe. Diese Bitte hätte ich schon früher stellen, und Euerer Wohlgebohrn obgedachtes Schreiben beantworten sollen. Allein! der bisherige Überdrang meiner Amtsgeschäfte, die von der Königl[ich] Würtemberg[ischen] Landeskom[m]ission bisher so äusserst strenge betrieben worden, daß sogar an Sonn- und Feuertagen und bis in die späte Nacht gearbeitet werden müßte, werden mich diesfalls bei Euere Wohlgebohrn hinlänglich entschuldigen.
Auf Dero mir vorgelegte zwo Fragen,
1.) ob und wieviel meine Tochter über Tisch Wein trinken? und
2.) ob und wie oft das Theater besuchen dürfe?
habe ich die Ehre zu erwiedern:
ad 1.) da meine Kinder, so lang sie zu Hause waren, gewöhnlich nur Wasser, selten Bier, und noch seltener Wein getrunken haben, so mag ein halber Schoppen Wein mit Wasser gemischt für meine Tochter über Tisch genug seyn.
ad 2.) Soll dieses ganz von dem Gutfinden Ihrer verehrtesten Frau Gemahlin, da Sie nun die Leitung meiner Tochter zu übernehmen die Güte hatte, dergestalt abhängen, daß mir die diesfällige Auslagen, wie sich wohl von selbst versteht in Rechnung gebracht werden.
Euere Wohlgebohrn und Ihre verehrteste Frau Gemahlin belieben übrigens zu dem bevorstehenden Jahreswechsel meinen aufrichtigsten Glückwunsch als ein geringes Merkmal derjenigen vollkom[m]ensten Verehrung gütigst aufzunehmen, mit der ich zu verharren die Ehre hab,
Eurerer Wohlgebohrn gehorsamster Diener
Freyherr v[on] Son[n]enthal
Wolfegg am 26[ten] Dezember 1806.

1 Freiburg, UA, C 127/69.

Brief 2, vom 4. Februar 1807, an Johann Kaspar Adam Ruef

[Hand Ruefs:] Wolfegg vom 4 F[e]b[ruar] 1807
Wohlgebohrner besonders Hochzuverehrender Herr Hofrath!
Unterm 27.[ten] V[om] M[onat] überschikte ich durch den Postwagen an Euere Wohlgebohrn 200 fl. als einsweiligen Vorschuß zu[r] Bestreittung der wegen meiner Tochter erforderlichen Auslagen, und zweifle nicht, daß solche bereits eingetroffen seyn werden.
H[err] Schmid – Hofmeister meiner Söhne räth mir an, meinen älteren Sohn, der neben seinem gewohnten Leichtsinn zu viel Hang zur Renomisterey – hingegen gar keine Lust zum Studieren zeige, vom Studieren zurückzunehmen, oder wenigstens Euere Wohlgebohrn zu bevollmächtigen, ihn H[errn] Schmid bedärfendenfalls zu unterstüzzen, und meine Söhne auch in ernsten väterlichen Ton zurecht zu weisen.
Hingegen schreiben mir meine Söhne, daß ihr Hofmeister sie wenig nüzze, daß sie seinetwegen allenthalben gefozt würden, und daß sie ihn in einige Häuser gar nicht mitbringen dürfen, sie beruffen sich sogar darauf, daß ich mich bei Euere Wohlgebohrn und Dero Frau Gemahlin diesfalls näher erkundigen möchte. Nun weiß ich wahrhaftig nicht, woran ich mich halten solle, und zwar um so weniger, als ich den H[errn] Schmid kaum 8 Tage vor der Abreise meiner Söhne blos auf die vielen Empfehlungen aufgenom[m]en, ihn aber vorher gar nicht gekan[n]t habe.
Euere Wohgebohrn bitte ich dahero angelegentlichst, mir diesfalls recht bald wahren Aufschluß zu verschaffen, sich um das Betragen und den Fleiß meiner Söhne von Zeit zu Zeit zu erkundigen, und sie bedärfenden Falls zu sich zu rufen, sie in Güte oder in ernstlichen nachdrüklichen Tone, wie es besser fruchten mag, zurecht zu weisen, auch allenfalls dam H[errn] Schmid, da er das erstemal Eleven hat, somit in der Hofmeisterey noch zu wenig Erfahrung haben mag, mit Ihrem klugen Rath beizustehen, wie er seinen Eleven nach ihren Verschiedenen Temperamenten und Neigungen zwekmässig leiten möge.
Die Frau Professorin[n] Gall wird, soviel das Betragen betrifft, glaublich die beste Auskunft ertheilen können.
Ich hoffe zuversichtlich, daß es auf meine Söhne den erwünschten günstigen Eindruk machen werde, wen[n] sie bemerken, daß Euere Wohlgebohrn ihrem Betragen und Fleiß einige Aufmerksamkeit widmen, zumal sie sich jezt schon auf Eure Wohlgebohrn und Dero Frau Gemahlin Zeügniß selbst beruffen.
Übrigens hab ich die Ehre mit vollkom[m]enster Verehrung zu verharren
Eurerer Wohlgebohrn gehorsamster Diener
Freyherr v[on] Sonnenthal
Wolfegg am 4[ten] Februar 1807.

12.4 Anhang D: Briefe Franz Sales Wocheler[2]

Brief 1, vom 27. Mai 1809, an Generalvikar Ignaz H. v. Wessenberg

Excellenz!
Hochwohlgebohrner Gnädiger Herr!
Hochwürdigster Herr Generalvikar!
Im Anfang des Jahres 1808 hatte ich zu Anschaffung H[ei]l[iger] Schriften für meine Pfarrgemeinde durch milde Beiträge beinahe 20 fl. zusam[m]engebracht. Einige Pfarrkinder waren deswegen so freygebig, weil sie hoften, daß ich von dem Hoh[en] bischöfflichen Ordinariat die Erlaubniß erhalten könte, die H[ei]l[ige] Schrift selbst statt den bisherigen Auszügen im Evanvelienbuche [sic!], auf die Kanzel zu nehmen und von Text zu Text zu erklären. Das so huldvolle Schreiben Euer Excellenz vom 18ten [November] 1807 machte mich in meiner Antwort vielleicht zu unbescheiden und frech, und das wird Hochdieselben bewogen haben, mich keiner Antwort zu würdigen. Aufgemuntert durch die neuesten Verfügungen wage ich itzt wieder, Eure Excellenz mit einem Briefe zu beschweren.
Man sagte mir, daß alle Pfarrer wegen Anschaffung der H[ei]l[igen] Schrift, welche durch Veranstaltung S[einer] Hoheit des Fürsten Primas herausköm[m]t, sich an Euer Excellenz Selbst wenden därfen. Da meine Pfarrgemeinde aus 30 Familien besteht, so muß ich wenigstens um 30 Exemplare bitten. Würde mir aber [fo l. 1v]erlaubt werden kön[n]en, statt der bisherigen Pericopen die H[ei]l[ige] Schrift selbst von Text zu Text zu erklären, so wären mir wenigsten 100 wenn nicht noch mehr Exemplare nothwendig. Viele Zuhörer, auch Fremdpfarrige, würden die H[ei]l[ige] Schrift mit in die Kirche nehmen, mir bey der Erklärung und Anwendung nachlesen und so sich selbst von der Wahrheit leichter und schneller überzeugen. An der schnellen Vorausbezahlung der Exemplare darf um so weniger gezweifelt werden, da abermals mehrere Pfarrkinder mich mit Freuden unterstützen werden. Einige Pfarrkinder dringen so in mich, daß ich Euer Excellenz um Mittheilung Hochdero Willensmeinung unterthänig bitten muß, um entweder zu willfahren oder Ruhe zu bekom[m]en.
Nicht aus Ungehorsam gegen die bischöfflichen Verordnungen, sondern theils zur Bestrafung der Unordnungen, welche bei zwei Bittgängen geschehen waren, theils um einen Versuch zu machen – habe ich seit zwei Jahren statt den Bittgängen, welche am Markustag, am Montag, Dienstag, Mittwoch, Don[n]erstag und Freitag in der Kreuzwoche und am Freitag nach dem Fronleichnamsfest nach Villingen und Herzogenweiler verrichtet würden, an jedem der genanten Tage eine Predigt und Betstunde vor ausgesetzten Hohe[m] Gut gehalten. – Allgemeine Erbauung und Zufriedenheit lohnte meine Mühe. Diese Tage waren mir am tauglichsten, um über Gebeth, Vorsehung, Arbeitsamkeit, Verhalten in itzigen Zeiten, einige häußliche Angelegenheiten besonders Schutzpocken zu reden. Theils um in dem System meiner Kanzelrede nichts ändern zu müssen, theils um meinem Ansehen nichts zu vergeben und so der guten Sache zu schaden, habe ich auch dieses Jahr an genannten Tagen den nemlichen Gottesdienst zu halten für nothwendig

2 Konstanz, SA, Abt. X XVII Fasz. 2785.

gefunden. [fol. 2r] Noch mehr als die Erhaltung meines Ansehens bewog mich dazu das, weiß nicht woher, gekom[m]ene Gerücht, daß die alte Gottesdienstordnung wieder eingeführt werden müße u[nd] die Gottesdienstordnung vom 16ten März l[etzten] J[ahres] vom Hohe[n] Generalvikariat habe zurückgenom[m]en und an[n]ulliert werden müßen. Diesem dem bischöflichen Ansehen und der Befolgung der bischöflich[en] Verordnungen so nachtheiligen Gerücht durch Red und Handlung nachdrücklich zu widerstreben , hielt ich für strenge Pflicht. Hätte ich aber die Bittgänge wieder gehalten, so würde desem schädlichen Gerüchte nur mehr Glauben beygelegt worden seyn. Ich bin überzeugt, daß wenn Euer Excellenz meine Pfarrgemeinde ken[n]en würde, Hochdiselben mir die Erlaubniß auch im künftigen Jahre den nemlichen Gottesdienst zu halten, nicht versagen kön[n]ten; um so mehr da ich dadurch Zeit gewinne und an genanten Tagen den ganzen Vormittag den Som[m]erschulen des Dorfes widmen kan, welche zu besuchen mir die Professurgeschäfte so selten gestatten.
Alle Jahre wurde bisher am Sontag in der Fronleichnamsoctav ein Bettag des ausgesetzten Hochwürdigsten in der Monstranze gehalten von Morgens 4 bis Abends 7 Uhr. Ich bitte Euer Excellenz um gnädigste Weisung ob ich diesen Bettag, ein Überbleibsel der ehemaligen in den österreichischen Vorlanden eingeführten ewigen Anbethung, ganz auslassen, oder was Hochdieselben an dessen Stelle wünschen; einsweilen habe ich denselben aufgeschoben. Ich nehme mir die Freiheit Euer Excellenz, meine Meinung unmaßgeblich zu eröffnen. Die Pfarre eine Stunde von hier entfernt wird excurrendo versehen. Ebendeswegen wird die Christenlehre vormittags gehalten und nach geendigtem Gottesdienst geht der Pfarrer wieder nach Hauß, theils der Professorgeschäfte, theils des Mittagessens wegen. Der ganze nachmittägige Gottesdienst besteht dan[n] in einem gewöhnlich ohne Erbauung herabgebetteten Rosenkranz. Die Abschaffung des Bettages wäre nun die beste Gelegenheit einen Nachmittägigen Gottesdienst einzuführen und die Christenlehre Nachmittags zu halten und ebendadurch den nachmittägigen [fol. 2v] Herumschwärmen junger Leute besser vorzubeugen. Die Schwierigkeiten sind nicht so groß. Die Professorgeschäfte kön[n]en eingebracht werden; die Unbequemlichkeit des Aufenthalts u[nd] Mittagessens ist leicht zu verschmerzen; die Pfarrgemeine wird wenig oder gar nicht widersprechen. Nur von Seiten der Höfe und Herzogenweiler dürfte es einigen Widerspruch geben. Sie sind so zahlreich als meine eigenen Pfarrkinder. Jene gehören zur Pfarre Kirchdorf, diese zu Fehrenbach; nur weil sie näher bei Pfaffenweiler sind und bequem dahin kom[m]en kön[n]en, hingegen zur rauhen Jahreszeit der Weg in ihre eigenen Pfarrkirchen ungangbar wird, kom[m]en sie nach Pfaffenweiler in Gottesdienst und Christenlehre – haben auch in der Kirche ihre angewiesenen Plätze – erstere gehören sogar in die Bürgerschule und Gemeinde Pfaffenweiler. Jedoch der Widerspruch dieser würde bei Vorweisung eines bischöflichen Befehls aufhören oder doch mit Nachdruck weniger berücksichtiget werden kön[n]en als der Vortheil der eigenen Pfarrkinder.
Ich erlaube mir nun noch eine Frage: sollten die Höfe und Herzogenweiler bei der Errichtung der Bruderschaft von der Liebe Gottes u[nd] des Nächsten nicht zu Pfaffenweiler gezogen werden – weil sie dahin in Gottesdienst kommen?

[fol. 3r] Ich bitte Euer Excellenz meine Freiheit nicht ungütig aufzunehmen und zu glauben, daß ich mich selbst beeifern werde, durch möglichst genaue Beobachtung der bischöfflichen Verordnungen zu bethätigen, wie sehr ich seyn möchte
Euer Excellenz
Ergebenstgehorsamster Diener Joseph Sales Wocheler
Pfarrer zu Pfaffenweiler und Professor
der Rhetorik und Poesie am Gymnasium dahier M[anu propria].
Villingen am 27ten May 1809

Brief 2, vom 3. Juli 1809, an Deputat Joahann Ev. Reislin

Villingen am 3ten Juli 1809
Wohlgebohrener
Hochwürdiger Herr Deputat!
Die ehemalige ewige Anbethung des Allerheiligsten Altars Sakramentes im Breisgau und Ortenau wurde durch Kaiserin M[aria] Theresia zuerst in Schwäbisch Oestreich, dan[n] auch in den Breisgauischen Vorlanden eingeführt, nahm aber nach und nach wieder ein Ende, besonders da unter Joseph II. viele Klöster aufgehoben wurden. Professor Sum[m]erau Präsident in Freiburg suchte dieselbe, soviel ich meine, im Jahre 1798 wieder herzustellen, konte es aber nicht ganz bewirken – in einigen Orten wurden die Betstunden gehalten, in andern nicht. Schon vor mehrern Jahren hat man sie auch in Villingen und in Kirchdorf wieder aufgegeben – ich weiß kein Ort mehr wo sie noch gehalten werden – warum also in Pfaffenweiler noch – da die ewige Anbethung doch ein Ende hat? – unzwekmäßig für Pfaffenweiler ist diese Andacht höchst gewiß. Der Pfarrer, besonders der die Pfarre excurrendo versehen wird, kan[n] doch nicht den ganzen Tag in der Kirche bleiben – und ohne ihn wissen die Pfarrkinder nichts zu machen, als den Ro–[fol. 1v] senkranz zubetten. Nun denken Sich Euer Hochwürden das ewige Rosenkranz betten bereits von Morgens 4 bis Abend 7 Uhr – in einer so kleinen Pfarre, wo es bei den Betstunden manche Stunde giebt, in denen kaum 8 bis 10 Personen in der Kirche sind! – Auch veranlasst die Abschaffung dieses Bettages nicht das mindeste Murren; viele sind froh; Es macht auch gar keine Aufsehen, theils weil sie nirgends mehr in der Nachbarschaft gehalten werden, theils weil dagegen ein nachmittägiger Gottesdienst eingeführt wird.
Will man doch etwas an die Stelle dieser Anbethungsstunden setzen – so kön[n]te man unmaßgeblich alle Monathe eine Bethstunde halten, etwa am 1ten Sontage im Monath, besonders da ich doch keine sogenan[n]te Monath Sontäge in meiner Pfarre habe– an solchen Tägen versam[m]elte sich alles Volk in der Betstunde, auch die Jnwohner der Höfe und Herzogenweiler – die Verehrung wäre also schon dadurch feyerlicher. Oder man kön[n]te dafür auch von der allgemeinen Gottesdienstordnung in etwas abweichen und erlauben, daß nebst den daselbst bestim[m]ten Tagen auch am Neujahrstag, Christi Auffahrt und Dreieinigkeits Sontag das Hochwürdigste in der Monstranz aufgesetzt würde; wie es bisher gebräuchlich war.

Was den nachmittägigen Gottesdienst betrifft, bin ich mit Euer Hochwürden ganz einverstanden – habe Dero guten Rath schon dadurch zu vollziehen angefangen, daß ich Prachers Gesangbüchlein, welches ich schon in ziemlicher Anzahl beisamen hatte, unter die Pfarrkinder austheilen ließ, um dadurch Eifer dazu zu erwecken. Nur von einer Seite werde ich große Schwierigkeiten zu überwinden haben, nemlich in Rüksicht des Gesanges selbst. Meine Pfarrkinder haben nemlich gar [fol 2r] kein musikalisches Gefühl u[nd] Gehör. Meine bisherigen Sänger u[nd] Sangerin[n]en sind Jnwohner der Höfe u[nd] Herzogenweiler, auf deren Erscheinung beim nachmittägigen Gottesdienste ich mich nicht verlassen kan[n]. Ich will doch deswegen nebst dem Pracherischen Vespergesange Litaneyen und dergleichen Gebethe versuchen – die Apostelgeschichte vorlesen erklären u[nd] anwenden nach der Apostelgeschichte die Briefe und damit so nach u[nd] nach das Volk mit dem ganzen N[euen] T[estament] bekan[n]t wird. Vormittags die Evangelien in fortlaufender Ordnung von der Kanzel zu erklären. ist mir vom bischöflichen Generalvikariat schon bewilligt worden. Ich werde die dazu angerathene Anleitung , welche sich in des Prof[essor] Sailer Biographie des Predigers Winkelhofer befindet benutzen. Das für alles Gute unermüdete Generalvikariat war so gütig u[nd] herablassend für meine Pfarrgemeinde 100 Exemplare von dem zu Regensburg aufgelegten N[euen] T[estaments], das Exemplar zu 18 [K]r[euzer] zu verschreiben. – Ich danke demnach für Dero Anerbieten und zwar aber so in[n]ig als wen Sie mir dese große Gefälligkeit in der That geleistet hätten.
Euer Hochwürden werden mirs hoffentlich nicht übel nehmen, wen[n] mich Dero Besorgnisse nicht schreken und wen[n] ich Ihnen sage, daß ich selbe nicht für abschrekend ansehen kan[n]. Meine eigenen Pfarrkinder habe ich ganz in meiner Gewalt, kan[n] sie leiten, wie ich will; die Fremdpfarrigen müssen sich bequemen; nebstdem bleibt es selben unbenom[m]en in ihre eigene Pfarre zurükzugehen, wen[n] ihnen mein Gottesdienst misfällt. Nach Schwätzereyen, Verleumdung[en] u[nd] d[er]gl[eichen] Feindseligkeiten , die mich allenfalls treffen kön[n]ten, frage ich gar nichts; gegen solche Waffen bin ich durch ehemalige Klosterschikanen abgehärtet worden. – So lange man mich nicht davon jagt oder einkerkert und todt schlagt, hats nichts zu bedeuten: Pracher scheint mir vollkom[m]en Recht zu haben, wenn er sagt, wir seyn keine Krämer u[nd] Mäkler, seyen an die Gesetze des Haußihrins, der Handwerkszünfte und des Handwerkerichs nicht gebunden, sondern an das evangelische Gesetz u[nd] an das Gesetz der Einigkeit, welches den Pfarrer mit seinem Bischoffe, diesen mit dem Primaten und diesen mit Jesu Christo eins seyn läßt.– Ich bin nun in meinem Kanzelvortrage mit [fol. 2v] der natürlichen Religion u[nd] der Einleit[un]g zur Geoffenbarten fertig – nun kom[m]e ich an die H[ei]lige Geschichte des A[lten] T[estaments] – auch diese will ich nemlich behandeln, jedoch kurz nach Sacher und Furtscher etc. – So wie ich damit fertig bin, gebe ich dem Volke die h[ei]l[ige] Schr[ift] des N[euen] T[estaments] in die Hände – damit ich bei meinen Erklärungen ja nichts akatholisches einfließen lasse, wie man allenfalls fürchten kön[n]te, werde ich mir selbst nicht trauen, sondern nebst Heß im[m]er den Braun, Brentano, Dereser, Biechele, Furtscher, Sailer, das betrachtete Evangelium u[nd] s[o] w[eiter] benützen. – Ich bitte Euer Hochwürden lassen sie mich doch einen Versuch machen. Thun sie keinen Schritt mich zu stören. Ich will von Zeit zu Zeit Ihnen Nachricht geben. Der Er-

folg wird gewiß zeigen, daß es der Beharrlichkeit nicht unmöglich ist, alle Feindseligkeiten u[nd] Misdeutung zu überwinden. Erinnern Sie sich nur, wie man anfangs unseren Wessenberg verschreite – und itzt nim[m]t die Achtung für ihn mit jedem Tage zu. – das ist die Kunst Seiner Beharrlichkeit. Als ich vor drei Jahren allerlei Verbesserungen wagte, schrie man mich hier für lutherisch, da für närrisch, dort für schwärmerisch aus – allein es ließ bald nach – und die neueren bischöfl[ichen] Verordnungen zwingen nun mehrere meiner hitzigsten Gegner mir nachzumachen. – Bei meinen überhäuften Professur- u[nd] Pfarrgeschäften u[nd] der im[m]er fortdauernden Blöde meiner Augen werden Euer Hochwürden mir erlauben den ausführlichen Bericht über meinen Gottesdienst bis auf die Vakanz zu verschieben. Nur einen Grund meines Treibens zum Fortschreiten kan[n] ich Ihnen nicht verschweig[en]. Nichts zu sagen von den häuffigen Gelegenheiten zum Umgang mit akatholischen findet insbesondere die Brüdergemeinde auf dem sogenan[n]ten Hörnlehof ausserordentlich viel Beifall. Es gibt Sontage, wo Gelehrte u[nd] Ungelehrte, Hohe u[nd] Niedrige aus allen benachbarten Orten sich dahin begeben, zwar nur aus Wunderfiz; allein man wohnt gewöhnlich dem Gottesdienst derselben bei (:welches umso leichter ist, weil ihr Gottesdienst nachmittags gehalten wird:) Ich bin durch Erfahrung überzeugt, daß die dadurch veranlaßten Vergleichungen zwischen uns und der Brüdergemeinde gefährlich und nachtheilig werden, und das Räsonement der Bauern gab mir neuen Muth u[nd] Eifer, weil ich nun einsah, dass es höchste Zeit sey, jeden Bauern in Stand zu setzen, selbst zu prüfen u[nd] Rechenschaft zu geben, von dem, was er glaubt u[nd] hoft, selbst einzusehen, das alles Gute, was die akatholischen haben, nur von uns entlehnt ist. – Ich wünschte nur blos Pfarrer zu seyn und mitten unter meinen Pfarrkindern wohnen zu kön[n]en u[nd] ich wollte durch Thatsache zeigen, daß ein Pfarrer in wenigen Jahren ein ganz anderes Volk bilden kan[n]. Mit dem gemeinen Mann lässt sich alles machen, wen[n] man mit dem Privatunterricht auch die Hab u[nd] Ehrtrieb benützen will. Ich geharre mit aller möglichen Achtung und Verehrung
Euer Hochwürden gehorsamster Diener Jos[ef] Sales Wocheler [manu propria]

Brief 3, vom 26. Oktober 1809, an Generalvikar Ignaz H. v. Wessenberg

Excellenz!
Freyherrliche Gnaden!
Hochwohlgebohrener Hochwürdigster Herr Generalvikar und geistlicher Regierungspräsident!
Gnädiger Herr!
So widrig und unerträglich unbescheidenes Selbstlob und freche Zudringlichkeit sind, so muß ich den[n]och gerade diese Fehler in einem Bittschreiben an Euer Excellenz begehen; dazu zwingt mich die Noth, in die mich meine zunehmende Augenblöde setzet, dazu treiben mich an mein unbegränztes Zutrauen zu hochderselben Güte und meine kindliche Hochachtung, Verehrung und Liebe gegen Euer Excellenz. Sonst weiß ich nirgends wirksam Hülfe und Unterstützung zu suchen.
Ich bin gebohrn zu Ballrechten im Breisgau den 31. May 1778 und kam aus der deutschen Schule zu Ballrechten und Wettelbrunn im Jahre 1790 in die Lehranstalt zu Villingen, wo

ich mir durch gute Sitten, unermüdeten Fleiß und guterstklässigen Fortgang die Zufriedenheit und Liebe meiner Lehrer erwarb. Nach geendigtem philosophischen Kurse im Jahr 1797 deliberierte ich über die zu treffende Standeswahl – und die Studiersucht, die vortreffliche Bibliothek in dem Benediktinerkloster, einige in demselben lebende gelehrte Män[n]er samt der Aussicht einst zu einer für Kirche und Staat nützlichen Beschäftigung zu gelangen – bestim[m]ten mich vorzüglich zum Eintritt in dieses Kloster, in welches ich am 15. August 1797 ein– [fol. 1v] müthig von allen Mitgliedern aufgenom[m]en wurde. Hier überließ ich mich mitten unter den man[n]igfaltigen Stürmen dieser Zeit ruhig meinem Triebe nach Wissenschaften und studierte mit dem angestrengtesten Fleiße und gutem Fortgang zur freudigen Zufriedenheit meiner Obern und Lehrer die Theologie vom Jahre 1797–1801. Die meiner Vorstellung beigefügten Zeugnisse beurkunden dies. Während dieser Jahre musste ich oft noch nebenher den Repetitor und Substitut bald auf dem Gymnasium, bald in der Philosophie, bald in der Theologie machen. Seit dem Jahre 1801 bis itzt war ich Professor am Gymnasium und behielt auch da meine angestrengte Thätigkeit bei. Es waren stürmische Zeiten – aber operi diurno intentus, strepitum armorum, revolutionum et opinionum, qui totam Europeam claustraque etiam monasteriorum concusserat, non exaudiebam.
Seit dem Jahre 1802, in welchem ich Priester geworden, wurden mir nebst dem Lehramte oft noch alle erdenklichen geistlichen Verrichtungen und zwar nicht selten im gehäuften Maße zugetheilt; insbesondere seit dem Jahre 1806 die excurrendo zu versehende, eine Stunde von hier entfernte Pfarre Pfaffenweiler. In diesem Berufe als Seelsorger bemühte ich mich jeder billigen Erwartung, jeder möglichen Forderung zu entsprechen durch eifrige Erfüllung der Seelsorglichen Pflichten, durch gehorsame Vollziehung der bischöflichen Verordnungen, durch Beförderung und Verbesserung des Schulwesens, und durch Einführung einer vernünftigen und geschmakvollen Gottesverehrung [fol. 2r] bei häußlichen und kirchlichen Andachten; wie dieses Euer Excellenz nicht ganz unbekan[n]t seyn muß und selbst durch das Zeugniß des hiesigen I[hro] H[ochwürdigen] H]errn] Pfarrer Rektor Wittum beurkundet wird.
Diese Arbeiten und oft übertriebenen Anstrengungen der Augen haben mir eine Augenblöde zugezogen, die mir nächtliches Lesen und Schreiben sehr beschwerlich machen.
Die Furcht, diese Augenblöde möchte durch fortdauernde Anstrengung zunehmen und mich endlich für Kirche und Staat beinahe unbrauchbar machen, zwingt mich nun zu dem Bestreben, meinen bisherigen doppelten Beruf zu vereinfachen, das Professorium aufzugeben und ausschließlich mich der Seelsorge zu weihen, als wozu ich mehr Neigung und Fähigkeit besitze, wie dieses auch schon die Zeugnisse über die Studierjahre erhellet, in dem ich meistens aus jenen Gegenständen, welche mit der Seelsorge in näherer Verbindung stehen, notam eminentiae errungen habe.
Diesem nothwendig gewordenem Bestreben und dem so sehnlichen Wunsche, ungetheilt einer Gemeinde mich widmen zu kön[n]en, kan in meiner wirklichen Anstellung nicht willfahret werden, weil laut eines Kam[m]erbeschlußes No. 1681 und Auszugs geheimen Rathsprotokols vom 21. [November] 1807 No. 6933 die Pfarre Pfaffenweiler bei der künftigen Regulierung der hießigen Lehranstalt abermals damit verbunden werden soll.

[fol. 2v] Die natürliche Begierde, mein Augenlicht zu erhalten, die Furcht dasselbe gar zu verlieren bis die Organisierung der hießigen Lehranstalt realisiert wird und Lust und Wunsch in einer zahlreichern Gemeinde als Seelsorger zu arbeiten, treiben mich an, die dringende unterthänigste Bitte zu wagen, für die erledigte Pfarre Krotzingen in Vorschlag gebracht zu werden und Euer Excellenz um gütigste Verwendung anzurufen, daß sie mir ertheilet werden möchte.

Die Blöde meiner Auge; mein kurz dargestelltes durch unpartheyische Zeugnisse beurkundetes Thätiges Leben; – die Versicherung, dass ich nicht Ruhe und Bequemlichkeit, sondern vorzüglich die Erhaltung meiner Augen und Fixierung meines Berufes zur Absicht habe; – die Gewißheit, daß meine Augen nicht durch das süße Gift unerlaubter Vergnügungen, sondern durch das bittere Gift angestrengter Arbeiten und Nachtwachen so sehr geschwächt worden sind; – das Versprechen in dem künftig ungetheilten Berufe als Seelsorger einer beträchtlichen Gemeinde noch mehr Thätigkeit und Eifer für die gute Sache und den möglichst genauen Gehorsam gegen die bischöflichen Verordnungen zu zeigen und die zu bekom[m]ende Gemeinde nach den hohen Befehlen und weisen Wünschen Euer Excellenz zu bilden, wofür die bisher versuchten und nicht mislungenen Proben in der Pfarre Pfaffenweiler bürgen – seyen die unterstützenden Beweggründe [fol. 3r] meiner dringenden unterthänigsten Bitte; möchten doch dadurch Euer Excellenz gerührt und bewogen werden, sich meiner zu erbarmen und anzunehmen.

Nichts wird meiner dringenden Bitte so sehr entgegen seyn, als der Umstand, daß ich mich den vorgeschriebenen Concursprüfungen noch nicht unterzogen habe. Bisher hatte ich noch nie eine Scheu vor diesen Concursprüfungen; ich habe ihre Einführung oft mit vieler Wärme vertheidiget. – Allein während der klösterlichen Verfassung war es mir durch die Verfassung selbst unmöglich einer Concursprüfung beizuwohnen. Nach Aufhebung des Klosters erlaubte mir mein doppelter Beruf keine Entfernung von hier. Ich wagte also, um zum Anhalten um die Pfarr Krotzingen befähigt zu seyn, auch noch die unterthänigste Bitte, um einstweilige Nachsicht der vorgeschriebenen Concursprüfung mit dem Erbieten mich nachher derselben zu unterziehen.

Ich bitte Euer Excellenz dringend und unterthänigst, dieses Gesuch nicht ungütig aufzunehmen; den[n] nebst der Schwierigkeit meiner Entfernung von hier zur Zeit der Concursprüfungen ist ja ein Aufwand von ein Paar Louisdor, was eine Concursexamen immerhin verursachet, für einen Mann gewiß hart, der anfangs mit 400 [Gulden] nun seit 1807 zwar 600 [Gulden] Einkomen hat, aber dabei für das zur Versehung der Pfarre unentbehrlich nothwendige Pferdt selbst sorgen, eigene Haußhaltung erst an- [fol. 3v] fangen sogleich aus pflichtmäßigem Mitleiden zwei kränkliche Schwestern zu sich nehmen und so manchen Aufwand zur leichten Beförderung des Schulwesens, und besserer Gottesverehrung, zu Anschaffung von Büchern für seinen doppelten Beruf als Professsor und Pfarrer und für leichtere Fortschreitung mit dem Zeitgeiste – machen muß; – da ich überdies bis zur überhand nehmenden Augenblöde – genügsam – mit meiner würklichen Anstellung zufrieden war – so mußte ich nicht das Concursexamen sondern den dadurch zu veranlassenden Aufwand scheuen. Uebrigens wird der Zwek des Concurses die Ueberzeugung von den Kenntnissen und Fähigkeiten der Concurrierenden seyn! Ist dies, so sind rüksichtlich meine diese erforderlichen Kenntnisse und Fähigkeiten beurkundet durch die

bisher ausgeübte Seelsorge und die guten Zeugnisse, und durch das mündliche und schriftliche Examen bei der Uebernahme der Pfarr Pfaffenweiler im Jahre 1806 – nach welchem die H[ochwürdigen] H[erren] Examinatoren mir ihre Zufriedenheit in den schmeichelhaftesten Ausdrüken zu erken[n]en gaben und das Hochwürdigste Ordinariat curam ad tempus subsistentiae in loco et vicinia ertheilte.
Sollte aber demungeachtet eine solche Nachsicht für unthunlich erachtet werden, so bitte ich Euer Excellenz um Mittheilung der beliebigen Concursfragen, um solche allmählich, so wie es meine Berufsgeschäfte, der [fol. 4r] Zustand meiner Augen und die itzige kurze Tages Zeit zulassen, beantworten und einem Hochwürdigsten Ordinariate schriftlich zur Einsicht vorlegen zu kön[n]en.
Hochwürdigster Herr Generalvikar! – ich lege alle meine Bitten, so wie die ganze Entscheidung meiner fernern Bestim[m]ung in Hochderselben Hände; Handeln Euer Excellenz mit mir nach Gutbefinden. Da ich ganz unbekant nirgends Patronen habe, so wüsste ich zu niemand als zu Euer Excellenz meine Zuflucht zu nehmen.
Ich wage deswegen schlüßlich noch eine Bitte. Ich weiß nicht, wie die Pfarr Krotzingen fundiert ist; sollte sie mit solch erträglichen Einkünften verbunden seyn, daß es Anmassung und Stolz von mir wäre, dahin zu aspirieren, so bitte ich, mein dringendes Gesuch für eine andere sich ereignende Vakatur gelten zu lassen. Ich strebe nicht nach reichlichen Einkünften, sondern nach Fixierung meines Berufes und nach mit dem Zustande meiner Augen mehr verträglichen Arbeiten. Ich werde mich nie um das Wo und Wieviel beküm[m]ern. Jede mir anvertraute Pfarre soll mir lieb seyn, und ich werde zufrieden wercken, wen[n] sie nur auf soviel erträgt, daß ich mich mit meinen zwei kränklichen Schwestern erhalten kan[n] und noch etwas übrig bleibt zu Allmosen – zur jährlichen Anschaffung einiger Bücher und zur [fol. 4v] Bestreitung solcher Ausgaben, die unvermeidlich nothwendig sind, wen[n] man mit schnellen und guten Erfolge das Schulwesen verbessern, unter dem Volke gute Bücher, reinere Grundsätze und Gesin[n]ungen verbreiten und eine vernünftigere geschmakvolle häußliche und kirchliche Gottesverehrung einführen und befördern will.
In der trostvollen Zuversicht, daß Euer Excellenz mein Zutrauen nicht verschmähen und durch meine redselige Unbescheidenheit und kindlichfreche Zudringlichkeit nicht werden beleidiget werden – ersterbe ich
Euer Excellenz
Gnädigster Herr Generalvikar
Villingen am 26ten [Okto]ber 1809
unterthänig gehorsamer Diener Joseph Franz Sales Wocheler [manu propria].

Brief 4, vom 19. Januar 1810, an Deputat Johann Ev. Reisli

Villingen am 19ten Jänner 1810
Hochwürdiger Theuerster Herr Deputat!
Ich war vorgestern Nachmittags auf dem sogenan[n]ten Hörnlehof. Es ist mir ein Vergnügen, Ihnen von dem Nachricht zu geben, was ich theils selbst beobachtet, theils von anderen gehört habe. Der Hörnlehof liegt im Königreich Würtemberg und zwar im Oberamt

Hornberg, gehörte vorher zu dem altwürtembergischen Martinsweiler oder vielmehr zu den ebenfalls altwürtembergischen Orten Ten[n]enbrun und Buchenbergen; ist von hier beinahe 2 Stunden entfernt; das nächste katholische Ort ist Neuhaußen dessen Entfernung davon kaum eine halbe Stunde beträgt.
Vor ungefähr zwei Jahren gab eine mir noch nicht zuverläßig bekan[n]te Familiengeschichte und Heurath Anlaß zu der nun daselbst angesiedelten Brüdergemeinde, möchte lieber sagen Missionsanstalt. Zu dem Hofe sind nun schon drei Häußer gebaut, und die Anzahl der Mitglieder ist von 6 Personen auf 40 gestiegen. Der Nahme Hörnlehof [fol. 1v] hat sich durch besondere Begünstigung S[eine]r Königl[ichen] Maj[estät] von Würtemberg in den Namen Königsfeld verwandelt. Die Brüdergemeinde soll überhaupt die Gnade dieses Königs in einem hohen Grade besitzen, wie dis ihre vielen Privilegien beweisen. Warum? läßt sich leicht denken – sie ist einträglich.
Nach dem zu urtheilen, was ich von andern vernom[m]en und selbst beobachtet habe, sind es Herrnhuther. Ob sie aber zum mährischen, lutherischen oder reformierten Tropus gehören, konte ich nicht erfahren; ja der Prediger schien meine Frage hierüber nicht einmal zu verstehen. Vielleicht hat dieser ehemalige Unterschied unter den Herrnhuthern in neuern Zeiten aufgehört. Bescheidenheit und die Furcht zu beleidigen, verbothen mir tiefer nachzufragen.
Von ihren Gottesverehrungen, in[n]ern und äusseren Verfassung hat man noch keine sichere Ken[n]tniß, indem sie [fol. 2r] hievon niemand als der LandesObrigkeit, wie alle Herrnhuther, sichere Nachricht und Rechenschaft geben. Das meiste von dem, was Dan[n]emayer im deutschen Leitfaden der Kirchengeschichte von den Herrnhuthern überhaupt sagt, scheint auch von dieser Gemeinde zu gelten. Die H[ei]lige Schrift das A[lte] u[nd] N[eue] T[estament] steht bei ihnen in höchstem Ansehen, und ist beinahe die einzige Richtschnur ihrer Lehre und ihres Lebens. Alle Tage halten sie gottesdienstliche Versam[m]lungen, an Son– und Feyertagen wenigstens dreymal, nemlich Vormittags, Nachmittags und Abends. Von der Vormittags– und Abendandacht kan[n] ich keine Nachricht geben, bey der Nachmittägigen Versamlung, wie ich vorgestern beobachtete, wird zunächst aus dem Gesangbuch (:Ges[änge] zum Gebrauch der evangelisch Brüdergemeinde, Barby, gedr[cukt] bei Conrad Schilling 1802, samt Nachtrag eb[en]d[a] 1806:) ein auf das Evangelium und die Predigt passendes Lied gesungen, welches der Prediger, vielleicht zum leichtern [fol. 2v] Verstehen für Fremde, von Kom[m]a zu Koma vorspricht, die Melodien dazu werden in einer Art von Choral–Ton, aber doch herzlich und schön gesung[en]. Dan[n] folgt die Predigt über das gewöhnliche Sontägliche Evangelium, wobei der Prediger die H[ei]l[ige] Schrift des A[lten] und N[euen] T[estaments] vor sich liegen hat und jede Stelle aufschlagt, gleichsam zum Beweise, daß er nicht Menschen sondern Gottes Wort vortrage; den[n] die ganze Predigt ist ein Gewebe von Texten aus der H[ei]l[igen] Schrift des alt[en] und Neuen Test[aments], wobei ich nicht weiß, ob ich die oft treffliche Manier und Consequenz, oder die gewandte schnelle Manipulation mehr bewundern soll. Nach der Predigt wird ein kurzes auf den Inhalt passendes Danklied gesungen auf ähnliche Art wie vor derselben.
Diese gottesdienstlichen Versamlungen werden einsweilen in einem Saale gehalten, der einer Schulstube ziemlich ähnlich ist und worin, die Stühle und der Prediger Platz [fol. 3r]

mit der H[ei]l[igen] Schrift geziert allenfalls ausgenom[m]en, sonst gar keine Spur eine so heilige Bestim[m]ung verrathet.
Diese Versamlungen sind allgemeine, jederman sey er was wolle wird hinzugelassen. Ja die Höflichkeit der Herrnhuther, wen[n] sie merken, daß man sich auch dabei einfinden möchte, ist eine Anzeige, daß es ihnen zum besonderen Vergnügen und zur Ehre gereicht, wen[n] man selbe gerne besucht. Wobei den[n] das Ganze nichts anders als eine Missionsanstalt derselben zu seyn scheint. Ihr wirklicher Prediger Herr Heiner Chr[istian] Tschirpe war schon lange vorher Missionär, selbst in Westindien, 10 Jahre lang, und sein Daseyn in Königsfeld scheint den nemlichen Zwek zu haben. Er ist ein Man[n] von der feinsten sächsischen Bildung, der bei den Gottesdienstlichen Versamlungen ebenso wie im Umgange und in Gesellschaften den liebenswürdigsten Charakter, viele Kenntnisse, und eine ungemeine Bewanderung in der H[ei]l[igen] Schrift, eine ebenso [fol. 3v] gründliche als herzangreiffende Gewandheit in Anwendung derselben zu moralischen und aszetischen Abhandlungen und Betrachtungen zeigt. Der englische Minister Pitt (:wenn dies nicht bloß Sage und Prahlerey ist:) soll ihn sehr geschätzt haben. Ueberhaupt scheint Liebe, Sanftmuth, stille Weisheit, in[n]ere Ruhe und Zufriedenheit fast aus allen Gesichtern dieser Herrnhuther hervorzuleuchten. Einige meinen aber, dieses sey nur absichtliche Künsteley. Ihre gottesdienstliche Versamlungen werden mit solcher Ehrfurcht, Andacht, Stille und Eingezogenheit gehalten, daß der dabei erscheinende Katholik wahrhaft recht beschämt wird. Ueberhaupt herrscht Stille und Eingezogenheit im ganzen Bruderhauß, so daß man es fast eine christliche Synagoge oder vielleicht besser ein für Menschen menschlich eingerichtetes Kloster, in dem Zucht und Ehrbarkeit herrscht, nennen könnte. – Sie werden Hochwürden Herr Deputat [fol. 4r] fast meinen ich sey ein Proselyt derselben geworden. – Nein das nicht, aber was gut ist, soll man auch an Akatholiken nicht verken[n]en. Viele halten freilich das meiste mehr für Schein als Realität. Allein solange keine Gegenbeweise da sind, sollte man auch von Akatholiken lieber das Gute glauben.
Der wirkliche Prediger, der erst 5 Wochen daselbst ist, hat schon ein Erziehungsinstitut für Töchter errichtet; ich zählte darin 9 Mädchen, eines davon ist sogar von Berlin aus dahin geschikt worden. Ich lege die Ankündigung davon, die mir der Prediger selbst mittheilte bei. Er ist willens, sobald sie mit dem Baue vorgerükt sind, auch ein Knabeninstitut zu errichten – gewiß kein kleiner Beweis von Thätigkeit.
So höfliche, gefällige, zuvorkom[m]ende Leute habe ich noch nirgends angetroffen. Diese Artigkeit (:wobei jedoch Beförderung des eigenen Interesse keineswegs vergessen zu werden scheint:) nebst der Salbungs und Geschmakvollen Predigten und zweckmäßigen Gesang ist vielleicht die Hauptursache, daß aus den benachbarten Oertern an Son[n] und Feyertagen so viele Leute dahin in den Gottesdienst wandern, besonders aus den benachbarten lutherisch[en] Oertern. Am häufigsten strömen dahin die Pietisten und geheimen Separatisten von Schwenningen u[nd] Mönchweiler. Auch Katholische gehen dahin, jedoch nicht so zahlreich u[nd] meist aus nur aus Neugier und Wunderfitz, nicht nur in Rüksicht der höflichen Herrnhuther und ihres [fol. 4v] Gottesdienstes, sondern auch ihrer Oekonomie, Bauanstalten, Kunstöfen u[nd] d[er]gl[eichen]. Seit dem Winter sind diese Besuche ohnedem seltener geworden; ob sie im Frühjahre wieder zunehmen werden, wird sich zeigen. Einigen gefällt der Herrenhutherische Gottesdienst, anderen nicht, wie

die Urtheile der Menschen gewöhnlich sind. Sit judicium cujusque liberum et cara juncta cum virtute veritas. Im Frühjahre soll der Bau einer Kirche angefangen werden, welches eine Zeitlang wieder häufigere Besuche veranlassen könnte. Ich muß beken[n]en, dass ich zum Theil auf die Besuche dieser Versammlung[en] eifersüchtig bin, anderen theils aber recht böse auf jene Menschen, welche denselben übertriebene, unbescheidene absprechende Lobsprüche ertheilen, und doch so gerne der Einführung einer Zwekmäßigen geschmakvollen Gottesverehrung unter uns wiederstreben.
Nebst den allgemeinen Versamlungen, bei welchen alle Glieder der Brüdergemeinde erscheinen, denen jeder Fremde, sey er was er wolle, beiwohnen kan[n], halten sie noch besondere vorzüglich Abends wozu nur die Mitglieder der Brüdergemeinde zugelassen werden. Sie genießen auch Monatlich einmal das Abendmahl. – Uebrigens wird d[i]e ganze Gemeinde in 5 Klassen eingetheilt, 1. Witwer und verheurathete Brüder, 2. Witwen und verheurathete Schwestern, 3. ledige Brüder, 4. ledige Schwestern, 5. Kinder. Jede dieser Klassen hat nebst den allgemeinen und besonderen Versam[m]lung[en], Unterrichth u[nd] ErbauungsStunden. Uebrigens ist die so gepriesene Gemeinschaft der Güter unter ihnen ziemlich eingeschränkt, und jede der 6 oder 7 Haußhaltungen woraus sie bestehen sollen, führt eigene Oekonomie. – So viel zur Nachricht. Jedoch kan[n] ich nur für das gut stehen, was ich selbst gesehen habe. [drei getilgte Zeilen, unleserlich] Ich verharre mit schuldigster Hochachtung und Verehrung
Euer Hochwürden
Ergebenster gehorsamer Diener J[oseph] F[ranz] Sales Wocheler

Brief 5, vom 11. August 1833, an Ignaz Heinrich von Wessenberg

Excellenz! Gnädiger Herr!
Herzlichen Dank für die abermalige Bereicherung unserer Bibliothek mit so vortrefflichen Schriften. Sie hat sich überhaupt seit einem halben Jahr wieder bedeutend vermehrt z. B. mit Wieland, Herder Krünitz u[nd] d[er]gl[eichen]. Wollen Euer Excellenz nicht auch wieder einmal diese Bibliothek mit hochdero Besuch beehren? Die blinden groben Uiberlinger ken[n]en ihren Werth nicht und wollen ihn nicht erken[n]en. Dies schreckt mich nicht ab. Die Nachkom[m]enschaft wird richten. Mit dem Aussäen muß man fortfahren; das Keimen, Wachsen und Gedeihen, die Erndte der lieben Vorsehung überlassen.
Magg hat sich durch seinen bekan[n]ten Antrag auf Tagesordnung allzugrim[m]ige Feinde zugezogen – und ich besorge die Motion für Errichtung eines II. Seminars und zwar [fol. 1v] im Seekreise – möchte dadurch ohne Erfolg bleiben. Darf ich bitten dass Euer Excellenz für dieses II. Seminar in Briefen an Mittermaier, Itzstein, Rotteck u[nd] d[er]gl[eichen] einflussreiche Abgeordnete, ein nachdrückliches Wort sprechen möchten? Gott gebe, daß das Schulwesen durch allzudetaillierte Einmischung der Stände nicht etwa gehindert statt befördert werde. Wenn, wie verlauten will, den Gemeinden eine bedeutend größere Gewalt im Schulwesen, sogar auch in betreff der Anstellung der Lehrer eingeräumt wird, dann wird bald mit den Schulen nicht bergauf sondern bergab gehen – indes die Gemeinden das Schulwesen immer noch als eine Last ansehen; u[nd] in den

kleineren Städten besonders wird man nicht die Sache sondern die Personen der verst**ten Studenten, Schreiber und andere zu versorgen u[nd] gut zu bestellen suchen.
[fol. 2r] Ebenso mit den Stiftungen. Wenn die Administration derselben den Gemeinderäthen anvertraut wird, so wird die Gemeindecasse zu oft geschont, die Stiftungscasse aber zur Ungebühr in Anspruch genommen werden; am Ende wird der Schaden und die Verwirrung unheilbar seyn. Die Bürger und Gemeinderäthe überhaupt unser Volk – sitzen noch zu tief in den Finsternissen und im Schlamm des Eigennutzes – darum wenigstens noch zwei Decennien lang mehr für Schule und Volksbildung gewirckt – dan[n] erst werden die gescheidern Einrichtungen segensvoll gedeihen – ohne zu schaden.
Verzeihen Euer Excellenz meine Abschweifung. Ich wollte eigentlich nur danken, herzlich danken. Der hier herrschende böse Geist stim[m]t mich oft zum mismuthigen Jam[m]ern und Klagen.
In herzlicher Liebe und Ehrfurcht verharre ich bis in Tod und Ewigkeit
Euer Excellenz
dankbarstergebener von Herzen
Wocheler
Uiberlingen den 11ten Auguts 1833

Brief 6, vom 8. April 1834, an Ignaz Heinrich von Wessenberg

Hochwürdigster Gnädigster Herr!
Ich wage eine Bitte und wage sie mit solcher Zuversicht und mit freudiger Zustim[m]ung so vieler geistlicher Brüder, daß die Gewährung derselben von einem Ignatz Heinrich von Wessenberg unserm allverehrten Bistumsverweser und Freund aller braven Geistlichen – wo möglich sogleich gewährt werden wird.
Sämtliche Geistliche des Landkapitels Linzgau haben sich nun an die hiesige Bibliothek angeschlossen und unsere Leopolds-Sophien-Bibliothek ist nun respektive auch die Kapitelsbibliothek. Der Zwek derselben als Kapitelsbibliothek ist geistliche Bildung und sittliche Veredlung der Kapitelsgeistlichkeit. Eine heilige Glut wird jeden Geist-[fol. 1v] lichen zur eifrigsten Benützung der Bibliothek zu diesem segensreichen Zwecke anflam[m]en, wenn er gleich beim Eintritte in dieselbe sein herrliches Vorbild im Streben nach allseitiger Bildung – seinen in[n]igstgeliebtesten von Wessenberg – erblickt. Zwar ist der Göttliche von Nazareth unser Herr und Meister, aber unser edles Vorbild zeigt uns, wie wir in unsern Tagen den schweren Auftrag des Göttlichen erfüllen und sein gestiftetes Reich trotz der feindlichen Anfällen des Aber- und Unglaubens im[m]er fester und tiefer begründen und segensvoll erhalten u. verbreiten kön[n]en.
Gnädigster Herr, die berühmte Kunstmalerin Ellenrieder hat Hochdero Portrait verfertiget. Wenn Hochdieselben dieß Portrait auf einige Zeit dem Maler Endres, der ebenfalls ein geschickter Portraitmaler ist, und den ich zur Erreichung unseres heißen Wunsches nach [fol. 2r] Konstanz geschickt habe – in seiner Wohnung daselbst verabfolgen lassen – so wird er leicht davon eine Kopie verfertigen kön[n]en. Sollte es nötig werden, daß den[n]och Euer Hochwürden Gnaden einigemale etwa ein Viertelstündchen zur Korrektion der Kopie sitzen müßten – so bitten wir dringendst – aus Gewogenheit und Liebe zu

so vielen Geistlichen, welche mit tiefster Hochachtung und innigster Liebe Hochdenselben ergeben sind, dem Maler Endres diese Gefälligkeit nicht zu versagen.
Einer solchen Liebe, einer so guten Gesin[n]ung, einer so heilbringenden Absicht gewährt der Edle Ignatz Heinrich von Wessenberg gern die Bitte, auch wenn es Hochdenselben etwas [fol. 2v] unangemessen seyn und sauer ankom[m]en sollte.
Darum verharre ich fortan und in Ewigkeit mit Ehrfurchtsvollster und ungeheuchelter Liebe
Euer Excellenz
Hochwürdigster Gnädigster Herr
Unterhänigstergebener von Herzen
Wocheler [manu propria]
Uiberlingen, den 8ten April 1834.

Brief 7, von 1846, an Ignaz Heinrich von Wessenberg

Excellenz! Hochwohlgeborener Gnädiger Herr!
Ich danke herzlichst für die Geist- und gemüthvollen Denkblätter. Mögen euer Excellenz noch recht viele Jahre lang in bester Gesundheit alle Freunde die Hochdenselben mit ganzer Seele ergeben sind, jährlich mit solchen Blättern erfreuen, die wohl segenvoller wirken – als in anderer Beziehung Theiners, Gravinus und Hakers Schriften, welche diese Herren neuerlich zu Gunsten der Glaubensfreiheit, des Lichtes und des Deutschkatholicismus herausgegeben haben, und die den[n]och mehr werden gelesen werden als die Gegenschrift unseres Hirscher in seinen Erörterungen über die großen religiösen Fragen der Gegenwart. Herr Professor Dr. Hirscher schikte mir letztere als Angebinde [fol. 1v] zum neuen Jahre. Ich erlaube mir Euer Excellenz diese Schrift, wenn sie etwa Hochdenselben noch nicht zugeschikt worden wäre, zuzusenden; sie scheint mir sehr frommkatholisch, auch klar und den christlich religiösen Sinn sehr ansprechend zu seyn; – aber einige Prämissen werden von seinen Gegnern nicht so geradehin angenom[m]en werden, daher es wohl Gegenerörterungen geben wird. Doch diese durchs Land gehende Agitation wird endlich auch zum Guten führen. Gott gebe es! Das Getrieb der Deutschkatholiken, der Lichtfreunde und ihrer Freunde aus politischen Gründen – scheint die ruhigen Tage von uns vertreiben zu wollen; ich habe besseres erwartet, nun denke ich: Deus providebit. Der *edifferentist würde sagen nach Ovid: coelum legit Deus, mundum reliquit disputationibus hominum. – Je älter ich werde und je mehr Gebrechlichkeiten [fol. 2r] meinen Körper belästigen, desto mehr strebe ich, immer frohen Muthes zu seyn und die Wirren der Zeit sollen mich nicht beunruhigen: ich halte fest des Greisen Trost und strebe den guten Rath mit einer Freude, mit einem Muth zu befolgen, den Euer Excellenz in den freundlichen Denkblättern geben. – Herr Haid ist heute hier auf Besuch bei mir, er wird Euer Excellenz selbst danken, er hat im Sin[n]e am Mittwoch Abends auf dem Dampfboot nach Konstanz und dan[n] am Don[n]erstag nach Löffingen zurückzukehren. So bald die Gesundheitsverhältnisse es zulassen, wird den ganz herzlichsten Dank und die in[n]igste Verehrung persönlich in Konstanz ausdrücken, der
Euer Excellenz dankbarst
ergebenste von Herzen Wocheler.

Brief 8, vom 30. April 1846, an Ignaz Heinrich von Wessenberg

Excellenz! Hochwürdigster Gnädigster Herr!
Herzlichen Dank für die schönen lieblichen mit Wahrheit, Liebe, Witz und Ernst geschmükten geistvollen Oster-Eier. Mögen diese Eier von allen, die das Glük und die Ehre haben, sie zu empfangen, mit Verstand und tiefem Gemüthe ergriffen tüchtig ausgebrütet werden und so tausendfältige lebendige Früchte bringen! – Und möge der Geist des edlen Gebers noch viele viele Jahre hienieden einen eben so erfreulichen Frühling erleben und in schönsten vollstem Sinn an diesem fruchtbaren Geiste in Erfüllung gehen, was Horaz seinem Mäcen wünscht: Peren[n]iter gaudeas senectute nec tempi nec cythera carente!
In innigster Verehrung und Liebe
Euer Excellenz
Ergebenster von Herzen Wocheler [manu propria]
Uiberlingen, den 30. April 1846

Brief 9, vom 3. August 1846 an unbekannt (ev. Silvester Kotz)[3]

[den] 3. August [18]46
Herzlicher Sohn! Hochwürdiger Herr Conviktsdirektor!
Ich gebe dir letztern Titel, weil ich hoffe, dass du dich fügen und diese Stelle annehmen werdest. Du hast sie nicht gesucht – man sucht Dich, der Ruf kom[m]t von Gott. Du hast gute Besoldung, Versorgung – Ehre u[nd] Rang eh zu hoffen – aber das wird u[nd] soll dich nicht reizen – sondern der schöne Wirkungskreis, du wirst viel sagen – nachhaltiger Stiften u[nd] weiter verbreiten als in jeder anderen Stelle. Ich verlasse mich auf deinen Verstand u[nd] dein Herz – deine Einsichten u[nd] guten Willen – du wirst dem schönen Gottes-Ruf [fol. 1v] folgen. Ich bin wirklich ohne Cooperator und habe etwas Fußweh, sonst wäre ich nach Konstanz gekommen um mit Hilfe Wessenbergs und Kuenzers deine Bedenklichkeiten zu zerstieben u[nd] dich zu vermögen, dass du diese Stelle mit frohem Muthe annimmst. – bist Du so brav, wie ich dich bisher dafür gehalten, so schreibe heute noch an H[e]r[rn] Haid, daß du bereitwillig seyst, er möge an H[e]r[rn] Ministerialrath Beck dießfalls schreiben etc. ha***eti hat
Dein Wocheler
Volanti calamo venia!

3 In der Akteneinheit befindet sich eine entsprechende Adressnotiz „S[eine] Hochwürden Herrn Silvester Kotz Stadtpfarr-Verweser u[nd] Beneficiat in Konstanz“.

13 Quellen und Literatur

13.1 Kontaktierte Institutionen

Aarau, Freimaurerloge ‚Zur Brudertreue'.
Augsburg, Archiv des Bistums.
Augsburg, Universitätsbibliothek.
Bayreuth, Deutsches Freimaurermuseum.
Berlin, Geheimes Staatsarchiv Preußischer Kulturbesitz.
Donaueschingen, Fürstlich Fürstenbergische Sammlung.
Freiburg, Erzbischöfliches Archiv.
Freiburg, Staatsarchiv.
Freiburg, Stadtarchiv.
Freiburg, Albert-Ludwigs-Universität, Universitätsarchiv.
Hamburg, Staats- und Universitätsbibliothek – Carl von Ossietzky.
Harburg, Fürst Wallerstein Archiv und Sammlungen.
Karlsruhe, Badische Landesbibliothek.
Karlsruhe, Generallandesarchiv.
Kempten, Freimaurerloge ‚Zur aufgehenden Sonne'.
Konstanz, Stadtarchiv.
Leutkirch/Schloss Zeil, Waldburg Zeil'sches Gesamtarchiv.
Meersburg, Stadtarchiv.
Rottenburg am Neckar, Diözesanarchiv.
Salzburg, Bibliothek der Erzabtei St. Peter.
Salzburg, Archiv der Universität.
Schaffhausen, Stadtarchiv.
Stuttgart, Hauptstaatsarchiv.
Stuttgart, Landeskirchliches Archiv.
Überlingen, Leopold-Sophien-Bibliothek.
Überlingen, Stadtarchiv.
Wien, Österreichisches Staatsarchiv.

13.2 Ungedruckte Quellen

Augsburg, Archiv des Bistums (= Augsburg, BA), Gemeinde Ottobeuren: Taufregister, Heiratsregister, Sterberegister 1752–1950, Abschrift (Mikrofilm Nr. 3).

Augsburg, BA, Gemeinde Ottobeuren: Taufregister, Heiratsregister, Sterberegister 1752–1786 (Mikrofilm Nr. 4).

Freiburg, Erzbischöfliches Archiv (= Freiburg, EA), Na 1/42: Nachlass Wendelin Haid, Überlingen-Leopold-Sophien-Bibliothek 1832–1847.

Freiburg, Staatsarchiv (= Freiburg, StA), A 11/1/57: Die Errichtung des Hofgerichts für den Seekreis zu Meersburg und dessen Verlegung nach Constanz, 1814–1838.

Freiburg, StA, A 66/1/591: Kreisdirektorialakte die Auflösung der hiesigen Freimaurer Loge betreffend 1813.

Freiburg, StA, A 68/1/14: Die Uebernahme und die Organisation der von Krone Würtemberg an Baden abgetretenen Landgrafschaft Nellenburg und Werrenwag.

Freiburg, StA, L 10 Nr. 5366: Überlingen, katholische Gemeinde, Standesbuch 1827–1834. Digitalisiert: https://www2.landesarchiv-bw.de. (22.11.2016). Als Mikrofilm auch in Freiburg, EA: Kirchenbücher Überlingen, kath. Taufbuch, Ehebuch, Totenbuch 1829–1836.

Freiburg, Albert-Ludwigs-Universität, Universitätsarchiv (= Freiburg, UA), C 127/69: Nachlass Ruef. Zwei Briefe von Sonnenthal aus Wolfegg.

Freiburg, UA, C 127/88: Nachlass Ruef. Stadtamtsrevisorat Freiburg. Verlassenschaftssache des verstorbenen Herrn Hofrats und Professors Caspar Ruef. Januar 1825.

Harburg, Fürst Wallerstein Archiv & Sammlungen (= Harburg, Fürst Wallerstein), FÖW Alt, III, 6, 17b–2: Hofratssurkunde durch Kraft Ernst Fürst zu Oettingen-Wallerstein (1790).

Karlsruhe, Generallandesarchiv (= Karlsruhe, GLA), 76/7415: Grosherzogthum Baden, Ministerium des Innern, Generalia, Dienste. Den vormaligen Stockacher Oberamtmann nachherigen Kreis- und jetzigen Hofgerichtsrath Freyherr von Sonnenthal betreffend.

Karlsruhe, GLA, 76/7416: Großherzogtum Baden, Oberstes Justiz-Department Meersburg, Diener. Den Hofgerichtsrath Johann Baptist Sepastian Freiherr von Sonnenthal, wurde 1825 pensioniert.

Konstanz, Stadtarchiv (= Konstanz, SA), Abt. X XVII (Nachlass Wessenberg), Fasz. 2785: Neun Briefe von Wocheler an Ignaz Heinrich von Wessenberg, Johann Evangelist Reislin und unbekannt, 1809–1846.

Leutkirch, Schloss Zeil, Waldburg Zeil'sches Gesamtarchiv (= Leutkirch,WZG), WoWo III X 10,18. Enthält die Unterlagen zu dem Rechtstreit zwischen Sonnenthal und dem Fürsten Joseph Anton von Waldburg-Wolfegg-Waldsee wegen Besoldungsverweigerung durch den Fürsten.

Leutkirch, WZG, WoWo III X 10,19. Enthält Unterlagen zur Übernahme des Sonnenthal'schen Gartens in Wolfegg durch das fürstliche Rentamt 1810.

Leutkirch, WZG, WoWo 7748: Kreisgesandschaft in Ulm. Mai 1791.

Leutkirch, WZG, WoWo 7870: Reise nach Wien mit dem Zeil'schen Kanzleidirektor von Gimmi im Fürstenberg-Prozess. Mai 1795.

Leutkirch, WZG, WoWo 14045: Enthält ein Dokument zum Umzug Sonnenthals von Waldsee nach Wolfegg.

Leutkirch, WZG, WoWo 14632: Fasciculus, Berichte, [Briefe] u.a. von Freyherrn von Sonnenthal vormalig: Kanzler (1802–1819). Enthält außerdem: Anstellungsvertrag von 1790 (Kopie von L-WZG, WoWo 8990, diese nicht im Original eingesehen).

München, Bayerische Staatsbibliothek (= München, BSB), Kiesewetteriana 0: Repertorium des Nachlasses von Karl Kiesewetter (1854–1895). [1920].

München, BSB, Kiesewetteriana 16: Friedischer Brief, Taucha d. 24. Dezember 1770.

München, BSB, Kiesewetteriana 30: Briefwechsel Tobias Schultzens, Ehelichs und Haußens.

Salzburg, Archiv der Universität (= Salzburg, UA), bA 12: Continuatio Albi Juridicae Facultatis ab anno 1758–1808.

Salzburg, UA, bA 86 und 87: Ephemerides Facultatis Juridicae 1714–1784/1784–1811.

Salzburg, UA, bA 133: Catalogus D.D. Sodalium Salisburgi Anno 1780.

Stuttgart, Hauptstaatsarchiv (= Stuttgart, HStA), E 157/1 Bü 682: Beglaubigte Abschrift der Standeserhebung Sonnenthals vom 27. Juni 1806.

Überlingen, Leopold-Sophien-Bibliothek (= Ü-LSB), Erwerbungsbuch: „Verzeichnis derjenigen Bücher und anderen Gegenstände, welche seit dem 15ten Mai 1832 in die Leopold-Sophien-Bibliothek zu Überlingen angekauft, geschenkt oder wie immer aquirirt worden". [Zugänge bis 1877].

Ü-LSB, Otto Kunzer: Die Handschriften der Leopold-Sophien-Bibliothek Überlingen [1894].

Ü-LSB, Provenienzkarteikasten der Drucke. Begonnen von Gerda Koberg, laufend fortgeführt.

Überlingen, Stadtarchiv (= Ü-SA), Baubuch: 1791–1831 [und weiter].

Ü-SA, Koberg provisorische Zählung, Fasz. 1–34, Kiste 1: Fasz. Nr. 1–15.

Ü-SA, Koberg provisorische Zählung Fasz. 1–34, Kiste 2: Fasz. Nr. 16–34 und [neu anschließende Zählung:] 1–7.

Ü-SA, Spitalarchiv Überlingen S IV/36/4: Schenkung von Büchern für die Bibliothek, 1836–1916.

Ü-SA, Spitalarchiv Überlingen VII/57/2: Stiftung der Bibliothek durch Dekan und Stadtpfarrer Franz Sales Wocheler dahier. 1830–1833.

Ü-SA, Spitalarchiv Überlingen VII/64/2: Die Fertigung eines Katalogs über die Bibliothek (Oberamtmann a.D. Mattes), u. a.

Ü-SA, Spitalarchiv Überlingen VII/61/1: Die Verwendung des jährlichen Beitrags des Schulfonds [...] 1834–1876.

Ü-SA, LSB Zugang 1997 (Frau Lambertz), Kiste 1 (enthält die Fortsetzung von: Überlingen SA, Koberg provisorische Zählung Fasz. 1–34, Kiste 2: 16–34 und [neu anschließende Zählung] 1–7): 8–21.

Ü-SA, LSB Zugang 1997 (Frau Lambertz), Kiste 2: 22–26.

Ü-SA, LSB Zugang 1997 [Mappe mit vier Verschlussbändern]: Bücherverzeichnisse der Leopold-Sophien-Bibliothek.

Wien, Österreichisches Staatsarchiv (= Wien, ÖStA), NÖ-LR 166.34 (110/ 1810): Adlige Streitsachen, Partenschlager Michael von Sonnenthal/Thomas Frauendorfer.

13.3 Gedruckte Quellen(-editionen)

Adolph, Thomas: Die Matrikel der Universität Freiburg i. Breisgau von 1806–1870. Bde. 1–3. S.I. 1992.

Ach, Manfred (Hg.): Aspekte der Dämonomagie III. Augsburg 1996 (Moonchild-Edition, Bd. 22).

ALA = Allgemeiner Litterarischer Anzeiger oder Annalen der gesamten Litteratur für die geschwinde Bekanntmachung verschiedener Nachrichten aus dem Gebiete der Gelehrsamkeit und Kunst. Leipzig 1796–1801.

Aland, Kurt/Müller, Wolfgang (Hg.): Ignaz Heinrich von Wessenberg. Unveröffentlichte Manuskripte und Briefe. Bde. 1–4. Freiburg/Basel/Wien 1968–1987.

Allgemeine deutsche Bibliothek. Hg. von Friedrich Nicolai. 94 (1790).

Arbatel, in: Scheible, Johann (Hg.): Das Kloster. Bd. 3. Stuttgart 1846. S. 231–288. Nachdruck in: Ach (Hg.): Aspekte der Dämonomagie III.

Archiv für Pastoralkonferenzen in den Landkapiteln des Bistums Konstanz. Konstanz/Freiburg 1804–1827.

Der Asiate in seiner Blöße, oder gründlicher Beweis: daß die Ritter und Brüder Eingeweihten aus Asien ächte Rosenkreuzer sind; durch wichtige noch unbekannt gewesene Dokumente erwiesen, welche ihr System, Lehre und Einweihung betreffen. Zum ernsten Nachdenken und Warnung an alle Brüder Freimaurer. Asien 1790.

Aureum Vellus oder Guldin Schatz und Kunstkammer, Darinnen der aller fürnemsten, fürtreffenlichsten, ausserlesenesten, herrlichisten und bewehrtesten Auctorum Schrifften und Bücher auß dem gar uralten Schatz der uberblibnen, verborgnen, hinderhaltenen Reliquien und Monumenten der Aegyptiorum, Arabum, Chaldaeorum & Assyriorum Königen und Weysen. Von dem Edlen Hocherleuchten [...] Philosopho Salomone Trismosino (so deß grossen Philosophie und Medici Theophrasti Paracelsi Praeceptor gewesen) disponiert und in das Teutsch gebracht [...]. Traktate 1–5. Rorschach am Bodensee/Basel 1598/99–1604.

Berger, Willibald: Ist es eine Sünde, ein Freymaeurer zu werden. Gewidmet den Logen. Wien o. J.

Bermann, Heinrich: Pallas und Venus Gezäncke über das Hoch-Gräffliche Hochzeitlich Ehren-Fest Des [...] Herren Johann Georg Graff von Götzen [...] und Des [...] Fräuleins Marien Elisabethen Graffinnen von Hoditz [...]. S.I. 1654.

[Binz, Johann Georg:] Verzeichnis von chymischen, alchymischen, physikalischen, theosophischen, kabalistischen und Kunstbüchern, welche bey Johann Georg Binz, Buchhändler zu Wien, im Zwettelhof verkauft werden. Wien 1791.

Boella, Alessandro/Galli, Antonella: Federico Gualdi – Philosophia hermetica. Ovvero, vera, reale, e sincera descrizione della pietra philosophale, cioè medicina universale tanto per i corpi humani che metallici. Seguita dall' Opus philosophicum dello stresso autore. Rom 2008.

Bürk, Albert/Wille, Wilhelm: Die Matrikeln der Universität Tübingen. Bd. 3: 1710–1817. Tübingen 1953.

[Crantzberg, Johann August]: Astronomia et geographia practica in globulorum mathematicorum usu exhibita [...] Authore Joanne Augusto Sertomontano alias á Crantzberg. Lübeck 1668.

Creiling, Johann Konrad: Ehrenrettung der Alchymie oder Vernünfftige Untersuchung, Was von der herrlichen Gabe, welche die himmlische Weisheit denen Menschen geschencket [...]. Herrenstade 1730.

Eckartshausen, Carl von: Die Wolke über dem Heiligthum oder Etwas, wovon sich die stolze Philosophie unsers Jahrhunderts nichts träumen läßt. München 1823 [1802].

[Ecker von Eckhoffen, Hans Carl]: Der Rosenkreuzer in seiner Blöße. Zum Nutzen der Staaten hingestellt durch Zweifel wider die wahre Weisheit der so genannten ächten Freymäurer oder goldnen Rosenkreutzer des alten Systems von Magister Panico, vieler Kreisen Bundsverwandten. Amsterdam 1782.

Erler, Georg (Hg.): Die jüngere Matrikel der Universität Leipzig, 1559–1809. Bd. 3: Die Immatrikulationen vom Wintersemester 1709 bis zum Sommersemester 1809. Leipzig 1909.

von Franz, Marie-Louise: Aurora Consurgens. Ein dem Thomas von Aquin zugeschriebenes Dokument der alchemistischen Gegensatzproblematik. 3. Aufl. Olten/Freiburg i. Br. 1984 (C. G. Jung, Gesammelte Werke, Bd. 14, ErgänzungsBd. 3).

[Freyburger] Beyträge zur Beförderung des ältesten Christentums und der neuesten Philosophie. Hg. von Johann Kaspar Adam Ruef. Ulm 1788–1793.

Der Freymüthige, eine periodische Schrift. [Hg.] von einer Gesellschaft zu Freyburg im Breisgau. Ulm/Freiburg 1782–1787.

Geiger, Franz Xaver: Die Obstbaumzucht. München 1804/05.

Großherzoglich Badisches (Staats-) und Regierungsblatt Bde. 1803–1868. Ab 1869: Gesetzes- und Verordnungsblatt für das Großherzogtum Baden, ab 1918: Badisches Gesetz- und Verordnungsblatt, seit 1952: Gesetzblatt für Baden-Württemberg.

Heinike, Samuel: Clavicula Salomonis oder Schlüssel zur höchsten Weisheit. Pressburg 1789.

Hermetisches ABC derer ächten Weisen alter und neuer Zeiten vom Stein der Weisen, ausgegeben von einem wahren Gott- und Menschenfreunde. Berlin 1779.
Herzog, Rudolf/Pfyl, Othmar: Der Briefwechsel 1806–1848 zwischen Ignaz Heinrich von Wessenberg und Heinrich Zschokke. Basel 1990 (Quellen zur Schweizer Geschichte, neue Folge, III. Abteilung: Briefe und Denkwürdigkeiten, Bd. X).
Hess, Wilhelm (Hg.): Die Matrikel der Akademie und Universität Bamberg. Bd. 2: Personen- und Ortsregister nebst Inhaltsverzeichnis und Vorwort. Bamberg 1924.
Hof- und Staats-Handbuch des Großherzogtums Baden (1834).
[K]atalog der Stadt-Bibliothek in Überlingen. Constanz 1862.
Kieseclio: Entdeckte Nachrichten von herumschleichenden nächtlichen Polter-Geistern und gespenstischen Erscheinungen, wie auch attentionswürdigen Ahndungen und was davon zu halten. Leipzig und Quedlinburg 1749–1750.
Kircher, Athanasius: Turris Babel, sive archontologia qua primo Priscorum post diluvium hominum vita, mores rerumque gestarum magnitudo, secundo Turris fabrica civitatumque exstructio, confusio linguarum, et inde gentium transmigrationis, cum principalium inde enatorum idiomatum historia, multiplici eruditione discribuntur et explicantur. Amsterdam 1679.
[Kleuker, Johann Friedrich]: Magikon oder das geheime System einer Gesellschaft unbekannter Philosophen unter einzelne Artikel geordnet, durch Anmerkungen und Zusätze erläutert und beurtheilt, und dessen Verwandtschaft mit ältern und neuern Mysteriologien gezeigt. Frankfurt/Leipzig 1784.
Knod, Gustav C.: Urkunden und Akten der Stadt Strassburg. Bd. 3: Personen- und Ortsregister. Straßburg 1902.
Kühlmann, Wilhelm/Telle, Joachim (Hg./Erläut.): Corpus Paracelsisticum: Der Frühparacelsismus. Bde. 1–3 (in vier Teilbänden). Tübingen 2001–2013 (Corpus Paracelsisticum, Bände 1–3).
Libavius, Andreas: D.O.M.A. Syntagma Selectorum undiquaque et perspicue traditorum Alchymiae Arcanorum. Pro III Parte commentariorum Chymiae [...]. Frankfurt 1611.
[Linden, Maximilian Joseph von]: Catalogus Manuscriptorum Chemico-Alchemico-Magico-Cabalistico-Medico-Physico-Curiosorum. [Wien] 1786.
Literatur-Blatt, eine Beilage des 'Morgenblatts für gebildete Stände'. Stuttgart/Tübingen 1817–1849.
[Löhrbach, Graf]: Die theoretischen Brüder oder zweite Stuffe der Rosenkreuzer und ihrer Instruktion das erstemahl ans Licht herausgegeben von einem Profanen, nebst einem Anhang aus dem dritten und fünften Grad, als Probe. Athen 1789.
Manget, Jean Jaques: Bibliotheca Chemica Curiosa seu Rerum ad Alchemiam pertinentium Thesaurus Instructissimus, quo non tantum Artis Auriferae, ac Scriptorum in ea Nobiliorum Historia traditur; Lapidis Veritas Argumentis & Experimentis inumeris [...]. Bde. 1–2. Genf 1702.
Medicinisches und physisches Journal. Hg. von Baldinger. 6 (1790).
Moller, Martin: Praxis Evangeliorum. Einfeltige erklerung und nützliche betrachtung der Evangelien/ so auff alle Sontage und vornemesten Feste Jährlich zu predigen verordnet sind [...]. Vierdter Theyl. Görlitz 1603.
Mühlberger, Kurt (Hg.): Die Matrikel der Universität Wien. VIII. Bd.: 1746/47–1777/78. Wien/Köln/Weimar 2014 (Publikationen des Instituts für Österreichische Geschichtsforschung, VI. Reihe, 1. Abt., Bd. 8).
Neue medicinische Litteratur. Hg. von Joh. Christian Traugott Schlegel. 2 (1789/90).
Nicolai, Johann Christoph: Das Merkwürdigste aus der Geschichte der Medicin. Erster Theil. Rudolstadt 1808.

Oberkofler, Gerhard: Die Matrikel der Universität Innsbruck. Matricula universitatis. Bde. 3,3 und 3,4: 1773/74–1791/92. Innsbruck 1980–1984.

Pappenheim, Matthäus von: [...] Chronik der Truchsessen von Waldburg, von ihrem Ursprunge bis auf die Zeiten Kaiser Maximilians II. durch Anmerkungen, Zusätze, Abhandlungen und genealogische Tabellen erläutert. Hg. von Franz Anton und Maximilian Wunibald, Grafen von Waldburg-Zeil. Teil I. Memmingen 1777.

Pölnitz, Götz Freiherr von/Boehm, Laetitia (Hg.): Die Matrikel der Ludwig-Maximilians-Universität Ingolstadt-Landshut-München. Bd. 4, Halbbd. 2: Personenregister K–Z. München 1981.

Redlich, Virgil (Hg.): Die Matrikel der Universität Salzburg 1639–1810. Salzburg 1933 (Die Matrikel der Universität Salzburg 1639–1810, Bd. 1.

Der Reichs-Anzeiger, oder Allgemeines Intelligenz-Blatt zum Behuf der Justiz, der Polizey und der buergerlichen Gewerbe im Teutschen Reiche [...] (1796).

Roth-Scholtz, Friedrich: Catalogus rariorum librorum et manuscriptorum magico-cabbalistico-chymicorum. Herrenstadt 1732.

[Saint-Martin, Louis Claude de]: Irrthuemer und Wahrheit oder Rückweis für die Menschen auf das allgemeine Principium aller Erkenntnis von einem unbekannten Philosophen. Aus dem Französischen übersetzt von Matthias Claudius. Halberstadt 1795.

Schaub, Friedrich (Hg.): Die Matrikel der Universität Freiburg i. Br. von 1656–1806. Bd. 2: Einleitung, Tabellen, Personen- und Ortsregister. Freiburg 1957.

Scheible, Johann (Hg.): Das Kloster. Weltlich und geistlich. Meist aus der ältern deutschen Volks-, Wunder-, Curiositäten- und vorzugsweise komischen Literatur. Bde. 1–12. Stuttgart 1845–1849.

— (Hg.): Doctor Johann Faust. Faust und seine Vorgänger [u.a.]. Stuttgart 1846. (Das Kloster, Bd.2).

— (Hg.): Das sechste und siebente Buch Mosis, das ist: Mosis magische Geisterkunst, das Geheimnis aller Geheimnisse. Stuttgart 1849 (Bibliothek der Zauber-Geheimnisse, Abt. 6). Nachdruck in: Ach (Hg.): Aspekte der Dämonomagie III.

— (Hg.): Doctor Faust's Bücherschatz. Vollständige Sammlung der vierzehn ihm zugeschriebenen magischen Werke: Höllenzwang, Schwarzer Rabe, Meergeist, Mirakel-, Kunst- und Wunderbuch u.s.w. in wort- und bildgetreuen Abdrücken. In zwei Theilen. Stuttgart 1851.

Schepelern, H. D. (Hg.): Olai Borrichii Itinerarium 1660–1665. The Journal of the Danish Polyhistor Ole Borch. Bde. 1–4. Kopenhagen/London 1983. Bd. 2: October 1661–May 1663.

Schirmer, Wilhelm (Hg.): Aus dem Briefwechsel J.H. von Wessenbergs weil. Verwesers des Bistums Konstanz. Konstanz 1912.

Schriften der Gold- und Rosenkreuzer. Mit einem Vorwort von McIntosh, Christopher. Sinzheim 1999 [Leipzig/Rom 1788].

Sendschreiben an die erhabenen Unbekannten oder die ächten und rechten Freymäurer. Berlin 1781.

Sonnenthal, J. B. von: Anwendung des Fruchtringes oder die Kunst, die Fruchtbarkeit der Obstbäume und Weinreben zu erzwingen, die Früchte zu vergrößern, merklich früher zur Reife zu bringen, und letztere vor dem sogenannten Reissen oder Abfallen der Beeren nach der Blüthe zu bewahren [...]. Tyrnau 1822.

Spuren des Wegs, sich seinem Schutzgeist zu nahen. Frankfurt und Leipzig 1800.

Stahl, Georg Ernst: Opusculum Chymico-Physico-Medicum, seu Schediasmatum A Pluribus Annis Variis Occasionibus in Publicum Emissorum. Halle 1715.

Steinmeyer, Elias von (Hg.): Die Matrikel der Universität Altdorf. Bd. 2: Register. Würzburg 1912.

Sudhoff, Karl (Hg.): Theophrast von Hohenheim, gen. Paracelsus: Sämtliche Werke. 16 Teile in 2 Abteilungen. München/Berlin 1922–1960.

The medical and physical journal. London 1799–1815.

[Theophrast von Hohenheim/Paracelsus]: Aureoli Philippi Theophrasti Paracelsi Opera Omnia medico-chemico-chirurgica, T. 3. Genf 1658.

Theoretisch und praktischer Wegweiser zur höhern Chemie. Ausgefertiget von einem Liebhaber der geheimen Physik und chemisch-physikalischer Wahrheiten. Breslau/Leipzig 1773.

Toepke, Gustav (Hg.): Die Matrikel der Universität Heidelberg. Bd. 7: Register zu den Teilen 4–6, 1704–1870. Heidelberg 1916.

Wackernagel, Hans G./Triet, Max (Hg.): Die Matrikel der Universität Basel. Bd. 5: 1726/27–1817/18. Basel 1980.

Wagner, Heinrich: Die Geschichte der Hohen Carls-Schule. Bd. 1: Die Carls-Schüler nach archivalischen Quellen. Würzburg 1856.

Weier, Johann: Von Teuffelsgespenst, Zauberern und Gifftbereytern, Schwarzkünstlern, Hexen und Unholden [...] darzu irer Straff auch von den Bezauberten und wie ihnen zuhelffen sey [...]. Erstlich durch D. Johannem Weier in Latein beschrieben, nachmals von Johanne Fuglino verteutscht jetzund aber nach dem letzten Lateinischen ausgangenen Origina auffs neuw übersehen [...]. Frankfurt a. M. 1586.

Wendehorst, Alfred: Die Matrikel der Universität Würzburg. Bd. 2: Personen- und Ortsregister 1582–1830. Berlin 1982 (Veröffentlichungen der Gesellschaft für Fränkische Geschichte, Reihe 4, Bd. 5).

Wessenberg, Ignaz Heinrich von: Sämmtliche Dichtungen. Bde. 1–7. 2. verm. u. erw. Aufl. Stuttgart/Tübingen 1834–1854.

—: Betrachtungen über die wichtigsten Gegenstände im Bildungsgange der Menschheit. Aarau 1835.

—: Der Geist des XVIII. Jahrhunderts, in: Ders.: Betrachtungen über die wichtigsten Gegenstände im Bildungsgange der Menschheit. Aarau 1835. S. 55–74.

—: Graf von Zinzendorf, Stifter der Herrnhuter, in: Ders.: Ueber Schwärmerei. Historisch-philosophische Betrachtungen mit Rücksicht auf die jetzige Zeit. Heilbronn 1835. S. 512–534.

—: Von dem Urgrund aller Ausartung der Religion, in: Ders.: Betrachtungen über die wichtigsten Gegenstände im Bildungsgange der Menschheit. Aarau 1835. S. 368–372.

—: Ueber Schwärmerei. Historisch-philosophische Betrachtungen mit Rücksicht auf die jetzige Zeit. Heilbronn 1835.

Wiegand, Fritz: Namensverzeichnis zur allgemeinen Studentenmatrikel der ehemaligen Universität Erfurt für die Zeit von 1637–1816. Bde. 1–2. Erfurt 1962–1963 (Beiträge zur Geschichte der Universität Erfurt (1392–1816), Bde. 9 und 10).

Wocheler, Franz Sales: Wegweiser dem schuldvollen Adamskinde pilgernd durch das Thränenthal seinem Vaterlande entgegen. [Überlingen] o.J.

Zipffel, Jonas: Theoria Metallica ist Eine kurtze Metallische Betrachtung, Aus welcher Materia, in, aus und ober der Erden die Natur und der Chymicus, nach GOTTES Ordnung und Willen Silber und Gold zuwege bringet und vermehret, Aus denen Schrifften der wahren Philosophorum, extrahiret von Jona Zipffeln Medico [...]. Dresden 1678.

Zschokke, Johann Heinrich: Eine Selbstschau: Das Schicksal und der Mensch. Bearbeitet von Rémy Charbon. Bern/Stuttgart 1977 [Nachdruck der Erstausgabe Bern 1842] (Schweizer Texte, Bd. 2).

13.4 Literatur

Abafi, Ludwig: Geschichte der Freimaurerei in Oesterreich-Ungarn. Bde. 1–5. Budapest 1890–1899.

Ackermann, Silke: Art. ‚Michael Scotus', in: LexMA. Bd. 6 (1993). Sp. 606–607.

Adam, Thomas: „Viel tausend gulden lägeten am selbigen orth". Schatzgräberei und Geisterbeschwörung in Südwestdeutschland vom 16. bis 19. Jahrhundert, in: Historische Anthropologie. Kultur – Gesellschaft – Alltag 9 (2001). S. 358–383.

ADB = Historische Kommission der Bayerischen Akademie der Wissenschaften (Hg.): Allgemeine Deutsche Biographie. Bde. 1–56. 2. unveränderte Aufl. Leipzig 1967–1971 [1875–1912].

Agethen, Manfred: Geheimbund und Utopie. Illuminaten, Freimaurer und deutsche Spätaufklärung. München 1984 (Ancien Régime. Aufklärung und Revolution, Bd. 11).

Aland, Kurt: Wessenberg-Studien [I], in: Zeitschrift für die Geschichte des Oberrheins, N.F. 56 (1943). S. 550–620.

Alt, Peter André/Wels, Volkhard: Einleitung, in: Dies. (Hg.): Konzepte des Hermetismus in der Literatur der Frühen Neuzeit. Göttingen 2010 (Berliner Mittelalter- und Frühneuzeitforschung, Bd. 8). S. 7–22.

—: Einleitung, in: Dies. (Hg.): Magia daemonia, magia naturalis, zouber. Schreibweisen von Magie und Alchemie in Mittelalter und Früher Neuzeit. Wiesbaden 2015 (Episteme in Bewegung. Beiträge zu einer transdisziplinären Wissensgeschichte, Bd. 2). S. 1–17.

Amann, Heinrich: Zur Erinnerung an Dr. Kaspar Ruef, weiland ordentlich öffentlicher Professor des Kirchen- und Criminalrechts, Geheimen Hofrath und Oberbibliothekar zu Freiburg. Mit Auszügen aus seinen Schriften. Freiburg/Heidelberg/Karlsruhe 1836 (Von Bestrebungen an der Hochschule Freiburg im Kirchenrecht, Bd. 2).

Antonin, Lubos: Buchlov (Buchlau) Burgbibliothek, in: Fabian, Bernhard (Hg.): Handbuch der historischen Buchbestände in Europa. Bd. 2: Mašek, Petr (Bearb.): Tschechische Republik. Schloßbibliotheken unter der Verwaltung des Nationalmuseums in Prag. Hildesheim/Zürich/New York 1997. S. 51–53.

—: Buchlovice (Buchlowitz) Schloßbibliothek, in: Fabian, Bernhard (Hg.): Handbuch der historischen Buchbestände in Europa. Bd. 2: Mašek, Petr (Bearb.): Tschechische Republik. Schloßbibliotheken unter der Verwaltung des Nationalmuseums in Prag. Hildesheim/Zürich/New York 1997. S. 53–54.

Arbeitsgemeinschaft der Kreisarchive beim Landkreistag Baden-Württemberg (Hg.): Die Amtsvorsteher der Oberämter, Bezirksämter und Landratsämter in Baden-Württemberg 1810–1972. Stuttgart 1996.

Arnold, Klaus: Johannes Trithemius (1462–1516). 2. neu bearb. Aufl. Würzburg 1991.

—: Art. ‚Trithemius, Johannes', in: ^{2}Killy. Bd. 11 (2011). S. 602–603.

Aurnhammer, Achim: Zum Hermaphroditen in der Sinnbildkunst der Alchemisten, in: Meinel, Christoph (Hg.): Die Alchemie in der europäischen Kultur- und Wissenschaftsgeschichte. Wiesbaden 1986 (Wolfenbütteler Forschungen, Bd. 32). S. 179–200.

—/Beßlich, Barbara: Freiburg als Zentrum der südwestdeutschen katholischen Aufklärung zwischen Josephinismus und Frühliberalismus, in: Venturelli, Aldo (Hg.): Der Ort und das Ereignis: die Kulturzentren in der europäischen Geschichte. Freiburg 2002. S. 121–145.

—/Kühlmann, Wilhelm (Hg.): Zwischen Josephinismus und Frühliberalismus. Literarisches Leben in Südbaden um 1800. Freiburg 2002 (Literarisches Leben im deutschen Südwesten von der Aufklärung zur Moderne, Bd. 1).

—: Art. ‚Ittner, Joseph Albrecht von', in: ^{2}Killy. Bd. 6 (2009). S. 63–64.

Aurnhammer, Achim/Kühlmann, Wilhelm (Hg.): Von der Spätaufklärung zur Badischen Revolution. Literarisches Leben in Baden zwischen 1800 und 1850. Freiburg 2010 (Literarisches Leben im deutschen Südwesten von der Aufklärung zur Moderne, Bd. 2).
—: Art. ‚Sautier, Heinrich', in: ^{2}Killy. Bd. 10 (2011). S. 213–214.

Bachter, Stephan: Anleitung zum Aberglauben. Zauberbücher und die Verbreitung magischen „Wissens" seit dem 18. Jahrhundert, s. Online-Ressourcen.
Badische Biographien, AF = Weech, Friedrich von/Krieger, Albert/Obser, Karl (Hg.): Badische Biographien, alte Folge. Bde. 1–6. Heidelberg 1875–1935.
Badische Biographien, NF = Ottnad, Bernd/Sepaintner, Fred Ludwig (Hg): Badische Biographien, neue Folge. Im Auftrag der Kommission für geschichtliche Landeskunde in Baden-Württemberg. Bde. 1–6. Stuttgart 1982–2011.
Bailleu, Paul: Art. ‚Wöllner, Johann Christoph von', in: ADB. Bd. 44 (1898). S. 148–158.
Balbiani, Laura: Federico Gualdi. Geheimnisvoller Alchemiker und moderner Bergbauunternehmer, in: Balbiani, Laura/Pfister, Kathrin (Hg.): Minera Discipulorum. Vorstöße in das Fachschrifttum der frühen Neuzeit. Gedenkschrift für Joachim Telle. Heidelberg 2014. S. 17–40.
Baldwin, Martha: Art. ‚Digby, Kenelm', in: Priesner/Figala (1998). S. 110–111.
Barack, K.A.: Die Handschriften der fürstlich-fürstenbergischen Hofbibliothek zu Donaueschingen. Tübingen 1865.
Bark, Joachim/von Nayhauss, Hans-Christoph Graf (Hg.): Profile deutscher Kulturepochen. Aufklärung. Stuttgart 2009 (Kröner TB, Bd. 507).
Barth, Johannes/Steinsdorff, Sybille von: Art. ‚Hauff, Wilhelm', in: ^{2}Killy. Bd. 5 (2009). S. 68–70.
Barton, Peter F.: Art. ‚Josephinismus', in: TRE. Bd. 17 (1988). S. 249–255.
Beck, August: Art. ‚Friedrich I.', in: ADB. Bd. 8 (1878). S. 2–3.
Beck, Friedrich/Beck, Lorenz Friedrich: Die Lateinische Schrift. Schriftzeugnisse aus dem deutschen Sprachgebiet vom Mittelalter bis zur Gegenwart. Köln/Weimar/Wien 2007.
Beck, Joseph: Freiherr I. Heinrich von Wessenberg. Sein Leben und Wirken. Zugleich ein Beitrag zur Geschichte der neuern Zeit. Freiburg 1862.
Beck, Rudolf: „...als unschuldiges Staatsopfer hingeschlachtet...". Die Mediatisierung des Hauses Waldburg, in: Hengerer, Marck/Kuhn, Elmar E. (Hg.): Adel im Wandel. Oberschwaben von der frühen Neuzeit bis zur Gegenwart. Bde. 1–2. Ostfildern 2006. Bd. 1. S. 265–286.
Beyer, Bernhard: Das Lehrsystem des Ordens der Gold- und Rosenkreuzer. 2. Aufl. München 1978 [1925] (Hiram-Edition, Bd. 8).
Binder, Dieter A.: Zum soziokulturellen Phänomen der Freimaurerei, in: Österreich in Geschichte und Literatur 55 (2011). S. 310–317.
Birnbaum K.: Ein Stück Alchemie aus dem Anfange des 19. Jahrhunderts, in: Deutsche Warte. Umschau über das Leben und Schaffen der Gegenwart 4 (1873). S. 449–461.
Bischof, Franz Xaver: Ignaz Heinrich (Karl Joseph Thaddäus Fidel Dismas) von Wessenberg-Ampringen, 1817–1827. Bistumsverweser, in: Ders./Brülisauer, Josef/Degler-Spenger, Brigitte u.a.: Das Bistum Konstanz – Das Erzbistum Mainz – Das Bistum St. Gallen. Basel/Frankfurt a.M. 1993 (Helvetia Sacra, Abt. I, Bd. 2: Erzbistümer und Bistümer II, Tle.1–2). S. 479–489.
Böning, Holger/Siegert, Reinhart: Volksaufklärung. Biobibliographisches Handbuch zur Popularisierung aufklärerischen Denkens im deutschen Sprachraum von den Anfängen bis 1850. Bde. 1–3. Stuttgart/Bad Cannstatt 1990–2016.
—/Ort, Werner (Hg.): Das Goldmacherdorf oder wie man reich wird. Dazu einige Ideen zur Hungersnot von 1817 aus dem „Aufrichtigen und wohlerfahrenen Schweizerboten", die Rede „Volksbildung ist Volksbefreiung!" und ein wenig Satirisches. Ein historisches Lesebuch von

Heinrich Zschokke. Kommentiert und mit einem Nachwort versehen von Holger Böning und Werner Ort. Bremen 2007 (Presse und Geschichte – Neue Beiträge, Bd. 25).
—: Art. ‚Zschokke, Heinrich', in: ²Killy. Bd. 12 (2011). S. 705–707.
Boklund, Uno: Art. ‚Scheele, Carl Wilhelm', in: Dictionary of Scientific Biography. Bd. 12 (1975). S. 143–150.
Braun, Karl-Heinz (Hg.): Kirche und Aufklärung – Ignaz Heinrich von Wessenberg (1774–1860). München/Zürich 1989.
—: Die Causa Wessenberg, in: Ders. (Hg.): Kirche und Aufklärung – Ignaz Heinrich von Wessenberg (1774–1860). München/Zürich 1989. S. 28–59.
— (Hg.): Bildung bei Ignaz Heinrich von Wessenberg (1774–1860). „...wie unzählig Viele sind noch gar nicht über den dürren Buchstaben hinweggekommen!". Freiburg 2014.
—: Einleitung, in: Ders. (Hg.): Bildung bei Ignaz Heinrich von Wessenberg (1774–1860). „...wie unzählig Viele sind noch gar nicht über den dürren Buchstaben hinweggekommen!". Freiburg 2014. S. 9–15.
Brecht, Martin: Art. ‚Pietismus', in: TRE. Bd. 26 (1996). S. 606–631.
Breymayer, Reinhard: Art. ‚Oetinger, Friedrich Christoph', in: ²Killy. Bd. 8 (2010). S. 686–687.
Brill, Andrea: Zwischen Tradition und Reform. Kraft Ernst Fürst zu Oettingen-Wallerstein – Ein Leben im 18. Jahrhundert. München 2012.
Brisson, Luc: Art. ‚Iamblichos', in Pauly. Bd. 5 (1998). Sp. 848–852.
Bröcker, Carl: Die Freimaurer-Logen Deutschlands von 1737 bis einschließlich 1893. Berlin 1894.
van den Broek, Roelof: Art. ‚Hermetic Literature I: Antiquitiy', in: Hanegraaff. Bd. 1 (2005). S. 487–499.
Broszinski, Hartmut: Die Katalogisierung der Kasseler alchemistischen Handschriften. Ein Bericht, in: Meinel, Christoph (Hg.): Die Alchemie in der europäischen Kultur- und Wissenschaftsgeschichte. Wiesbaden 1986 (Wolfenbütteler Forschungen, Bd. 32). S. 19–31.
—: Manuscripta chemica in quarto. Wiesbaden 2011 (Die Handschriften der Universitätsbibliothek Kassel. Landesbibliothek und Murhardsche Bibliothek der Stadt Kassel, Bd. 3,2,2).
Brück, Heinrich: Die Oberrheinische Kirchenprovinz von ihrer Gruendung bis zur Gegenwart. Mit besonderer Berücksichtigung des Verhältnisses der Kirche zur Staatsgewalt. Mainz 1868.
Brüning, Volker Fritz: Bibliographie der alchemistischen Literatur. Bde. 1–3. München 2004–2007.
Brummer, Guntram: Bücher und Büchereien in Überlingen, in: Internationaler Bodensee-Club, Überlingen (Hg.): Die Leopold-Sophien-Bibliothek. Ein Kapitel Überlinger Kulturgeschichte. S. L. 1989. S. 10–21 [= eine mit weiteren Anmerkungen versehene Bearbeitung des Aufsatzes von Semler, Alfons: Die Leopold-Sophien-Bibliothek in Überlingen, in: Schriften des Vereins für Geschichte des Bodensees und seiner Umgebung 75 (1957/58). S. 117–132].
Brunhölzl, Franz: „Florilegium Treverense", in: Mittellateinisches Jahrbuch 3 (1966). S. 129–217.
Buchwald, Wolfgang/Hohlweg, Armin/Prinz, Otto: Tusculum-Lexikon griechischer und lateinischer Autoren des Altertums und des Mittelalters. 2. völlig neu bearb. Aufl. Hamburg 1974 [München 1963].
Buntz, Herwig: Deutsche alchemistische Traktate des 15. und 16. Jahrhunderts. München 1968 (Diss.).
Busard, Humbertus L.L.: Art. ‚Bartholom(a)eus von Parma', in: LexMA. Bd. 1 (1980). Sp. 1496.

Cappelli, Adriano: Lexicon Abbreviaturarum. Wörterbuch lateinischer und italienischer Abkürzungen. 2. verb. Aufl. Leipzig 1928.
Caron, Richard: Art. ‚Alchemy V: 19th–20th Century', in: Hanegraff. Bd. 1 (2005). S. 50–58.
Clericuzio, Antonio: Art. ‚Alchemie, neuzeitliche', in: Priesners/Figala (1998). S. 29–36.

Clericuzio, Antonio: Art. ‚Helmont, Johannes (Joan) Baptista van', in: Priesner/Figala (1998). S. 169–171.

—: Art. ‚Lullus, Raimundus', in: Priesner/Figala (1998). S. 224–227.

—: Art. ‚Petrus Bonus', in: Priesner/Figala (1998). S. 270–271.

Conzemius, Victor: Art. ‚Ultramontanismus', in: TRE. Bd. 34 (2002). S. 253–263.

Coudert, Allison P.: Art. ‚Alchemy IV: 16th–18th Century', in: Hanegraff. Bd. 1 (2005). S. 42–50.

Crisciani, Chiara: Hermetism and Alchemy. The case of Ludovico Lazarelli, in: Early Science and Medicine 5.2 (2000). S. 145–159.

Dachez, Roger: Art. ‚Freemasonry', in: Hanegraaff. Bd. 1 (2005). S. 382–388.

Daxelmüller, Christoph: Zauberpraktiken. Eine Ideengeschichte der Magie. Zürich 1993.

Deeters, Walter: Art. ‚Knyphausen zu Innhausen, Dodo Freiherr von', in: NDB. Bd. 12 (1980). S. 234–235.

Demurger, Alain: Art. ‚Templer', in: LexMa. Bd. 8 (1997). Sp. 534–537.

Denk, Rudolf: Badens Theaterlandschaft 1800–1850 zwischen Theatralischer (Re-)präsentation und dramaturgischer Reform, in: Aurnhammer, Achim/Kühlmann, Wilhelm (Hg.): Von der Spätaufklärung zur Badischen Revolution. Literarisches Leben in Baden zwischen 1800 und 1850. Freiburg 2010 (Literarisches Leben im deutschen Südwesten von der Aufklärung zur Moderne, Bd. 2). S. 249–266.

Derolez, Albert: Die Handschriftenbeschreibung und die Bibliotheks- und Buchgeschichte des Mittelalters, in: Rapp, Andrea/Embach, Michael (Hg.): Rekonstruktion und Erschließung mittelalterlicher Bibliotheken. Neue Formen der Handschriftenpräsentation. Berlin 2008 (Beiträge zu den Historischen Kulturwissenschaften, Bd. 1). S. 105–117.

DFG-Richtlinien Handschriftenkatalogisierung = Unterausschuss für Handschriftenkatalogisierung (Hg.): DFG-Richtlinien Handschriftenkatalogisierung. 5. Aufl. Bonn/Bad Godesberg 1992.

Dictionary of Scientific Biography = Gillispie, Charles Caulston (Hg.): Dictionary of Scientific Biography. Bde. 1–16 und Suppl. 1–2. New York 1970–1990.

Dillinger, Johannes: „Das Ewige Leben und fünfzehntausend Gulden". Schatzgräberei in Württemberg, in: Ders. (Hg.): Zauberer – Selbstmörder – Schatzsucher. Magische Kultur und behördliche Kontrolle im frühneuzeitlichen Württemberg. Trier 2003. S. 221–297.

Dotzauer, Winfried: Freimaurergesellschaften am Rhein. Aufgeklärte Sozietäten auf dem linken Rheinufer vom Ausgang des Ancien Regiem bis zum Ende der napoleonischen Herrschaft. Wiesbaden 1977 (Veröffentlichungen des Instituts für geschichtliche Landeskunde an der Universität Mainz, Bd. XVI).

Düchting, Reinhard/Hünemörder, Christian: Art. ‚Vinzenz v. Beauvais', in: LexMA. Bd. 8 (1997). Sp. 1705–1706.

Dülfer, Kurt: Bemerkungen zum Verhältnis von Schreibschrift und Kunst in der Neuzeit, in: Ders./ Korn, Hans-Enno: Schrifttafeln zur deutschen Paläographie des 16.–20. Jahrhunderts. 10. überarb. Aufl. Marburg 2000 (Veröffentlichungen der Archivschule Marburg, Institut für Archivwissen, Bd. 2).

van Dülmen, Richard: Der Geheimbund der Illuminaten. Darstellung, Analyse, Dokumentation. Stuttgart/Bad Canstatt 1975.

Ebeling, Florian: Das Geheimnis des Hermes Trismegistos. Geschichte des Hermetismus. 2. Aufl. München 2009 [2005].

—: Zur Alchemie in der Freimaurerei des 18. Jahrhunderts, in: Balbiani, Laura/Pfister, Kathrin

(Hg.): Minera Discipulorum. Vorstöße in das Fachschrifttum der frühen Neuzeit. Gedenkschrift für Joachim Telle. Heidelberg 2014. S. 41–65.

Ebner, Jacob: Wörterbuch historischer Berufsbezeichnungen. Berlin/Boston 2015.

Edighoffer, Roland: Art. ‚Rosicrucianism I: First half of the 17th Century', in: Hanegraaff. Bd. 2 (2005). S. 1009–1014.

—: Art. ‚Rosicrucianism II: 18th Century', in: Hanegraaff. Bd. 2 (2005). S. 1014–1017.

Effertz, Eva: Neue Wege der Handschriftenerschließung aus Sicht der Deutschen Forschungsgemeinschaft, in: Rapp, Andrea/Embach, Michael (Hg.): Rekonstruktion und Erschließung mittelalterlicher Bibliotheken. Neue Formen der Handschriftenpräsentation. Berlin 2008 (Beiträge zu den Historischen Kulturwissenschaften, Bd. 1). S. 119–125.

Eis, Gerhard: Von der Rede und dem Schweigen der Alchemisten, in: Deutsche Vierteljahresschrift für Literaturwissenschaft und Geistesgeschichte, Bd. 25 (1951). S. 415–435.

—: Eine medizinisch-alchemistische Sammelhandschrift des Augsburger Paracelsisten Gabriel Örtel, in: Archiv für Kulturgeschichte 40 (1958). S. 251–262.

Elschenbroich, Adalbert: Art. ‚Ittner, Johann [!] Albrecht von', in: NDB, Bd. 10 (1974). S. 203–205.

Engel, Alfred: Die freimaurerischen Geheimschriften. Dinkelsbühl 1972 (Quellenkundliche Arbeiten der Freimaurerischen Forschungsgesellschaft e.V und der Forschungsloge der Vereinigten Großlogen von Deutschland. Bruderschaft der deutschen Freimaurer: Quatuor Coronati Bayreuth, Bd. 5).

Engelsing, Tobias: „Einer der Todfeinde der Religion". Reformwerk, Scheitern und soziales Wirken des letzten Konstanzer Generalvikars Ignaz Heinrich von Wessenberg, in: Stark, Barbara (Hg.). Ignaz Heinrich von Wessenberg. 1774–1860. Kirchenfürst und Kunstfreund. Ausstellungskatalog der gleichnamigen Ausstellung der städtischen Wessenberg-Galerie Konstanz 20. Juni–12. September 2010. Konstanz 2010. S. 9–19.

Enzyklopädie der Neuzeit = Jäger, Friedrich (Hg.): Enzyklopädie der Neuzeit. Bde. 1–16. Darmstadt 2005–2012.

F., E./H., H.: Die Liquidierung der Alchemie, in: Das Antiquariat. Halbmonatsschrift für alle Fachgebiete des Buch- und Kunstantiquariats 4 (1948). S. 5–6.

Fabian, Bernhard (Hg.): Handbuch der historischen Buchbestände in Deutschland. 27 Bde. Hildesheim 1992–2000 (s. auch Online-Ressourcen).

— (Hg.): Handbuch deutscher historischer Buchbestände in Europa. 12 Bde. Hildesheim/Zürich 1997–2001 (s. auch Online-Ressourcen).

Faivre, Antoine: Esoterik. Braunschweig 1996.

Feige, P.: Art. ‚Ferrer, Vincent(e)', in: LexMA. Bd. 4 (1989). Sp. 895–897.

Ferchl, Fritz: Chemisch-pharmazeutisches Bio- und Bibliographikon. Mittenwald 1938.

Ferguson, John: Bibliotheca Chemica. A bibliography of books on Alchemy, Chemistry and Pharmaceutics. Bde. 1–2. London 1954 [Bibliotheca Chemica: A catalogue of the Alchemical, Chemical and Pharmaceutical Books in the Collection of the late James Young of Kelly and Durris, Esg., LL.D. F.R.S., F.R.S.E. Glasgow 1906].

Feuerstein-Herz, Petra: Öffentliche Geheimnisse. Alchemische Drucke der frühen Neuzeit, in: Dies./Laube, Stefan (Hg.): Goldenes Wissen. Die Alchemie – Substanzen, Synthesen, Symbolik. Ausstellung der Herzog August Bibliothek Wolfenbüttel 31. August 2014 bis 22. Februar 2015. Wiesbaden 2014. S. 55–65.

Ficke, Hugo: Geschichte der Freimauerloge zur edlen Aussicht in Freiburg in Baden. Freiburg 1874.

Figala, Karin: Art. ‚Böttger, Johann Friedrich', in: Priesner/Figala (1998). S. 85–87.

Figala, Karin: Art. ‚Bragadino, Marco‘, in: Priesner/Figala (1998). S. 91-92.
—: Art. ‚Caetano, Dominico Emanuele‘, in: Priesner/Figala (1998). S. 93–95.
—: Art. ‚Cagliostro, Alessandro‘, in: Priesner/Figala (1998). S. 95–96.
—: Art. ‚Sendivogius, Michael‘, in: Priesner/Figala (1998). S. 332–334.
Flathe, Heinrich Theodor: Art. ‚Cosel, Anna Constanze Gräfin‘, in: ADB. Bd. 4 (1876). S. 512–513.
—: Art. ‚Friesen, Heinrich Friedrich‘, in: ADB. Bd. 8 (1878). S. 87–88.
Foucault, Michel: Archäologie des Wissens. Frankfurt a.M. 1981 [Paris 1969] (suhrkamp taschenbuch wissenschaft, Bd. 356).
Francke, Karl Heinz/Geppert, Ernst-Günther: Die Freimaurer-Logen Deutschlands und deren Großlogen 1737–1985. Matrikel und Stammbuch. Nachschlagewerk über 248 Jahre Geschichte der Freimaurerei in Deutschland. Bayreuth 1988.
Frank, Karl Suso: Art. ‚Trinitarier‘, in: [3]LthK. Bd. 10 (2001). Sp. 238–239.
Frank, Peter R./Frimmel, Johannes: Buchwesen in Wien 1750–1850. Kommentiertes Verzeichnis der Buchdrucker, Buchhändler und Verleger. Wiesbaden 2008 (Buchforschung, Bd. 4).
Frank-Döfering, Peter (Hg.): Adelslexikon des österreichischen Kaisertums 1804–1918. Wien/Freiburg/Basel 1989.
Frick, Karl: Johann Christian Friedrich Bährens (1765–1833), ein westfälischer Pfarrer, Arzt und Alchemist, in: Sudhoffs Archiv. Zeitschrift für Wissenschaftsgeschichte 53 (1969). S. 423–439.
—: Die Erleuchteten. Bde. 1–2. Graz 1973–1978.
Friedrich, Christian: Art. ‚Scheele, Carl Wilhelm’, in: Hoffmann, Dieter/Laitko, Hubert/Müller-Wille, Staffan (Hg.): Lexikon der bedeutenden Naturwissenschaftler. Bd. 3. Heidelberg/Berlin 2004. S. 249–250.
Friedrich, J.: Art. ‚Ignaz Heinrich Freiherr von Wessenberg‘, in: Badische Biographien, AF. Bd. 2 (1875). S. 452–485.
Fries, Albert/Illing, Kurt: Art. ‚Albertus Magnus‘, in: [2]VL. Bd. 1 (1978). Sp. 124–139.
Friese, Karin: Papierfabriken im Finowtal. Die Geschichte der Papiermühlen und Papierfabriken vom 16. bis zum 20. Jahrhundert mit einem Katalog ihrer Wasserzeichen. Eisenhüttenstadt 2000 (Heimatkundliche Beiträge, Bd. 5).
Fröschle, Hartmut: Art. ‚Kerner, Justinus‘, in: [2]Killy. Bd. 6 (2009). S. 375–377.
—: Art. ‚Schwab, Gustav‘, in: [2]Killy. Bd. 10 (2011). S. 654–656.
—/Klohs, Kathrin: Art. ‚Uhland, Ludwig‘, in: [2]Killy. Bd. 11 (2011). S. 658–661.
Fürbeth, Frank: Privatbibliotheken als Quelle der Überlieferungsgeschichte, s. Online-Ressourcen.

Ganzenmüller, Wilhelm: Quellen zur Geschichte der Chemie in süddeutschen und ostmärkischen Bibliotheken, in: Ders.: Beiträge zur Geschichte der Technologie und der Alchemie. Weinheim 1956. S. 369–381. Erstmals abgedruckt in: Angewandte Chemie 54 (1941). S. 30–33.
Garber, Heinz: Ignaz Heinrich v. Wessenberg als Kirchenhistoriker. Diss. Freiburg 1953.
Geffarth, Renko: Religion und arkane Hierarchie. Der Orden der Gold- und Rosenkreuzer als Geheime Kirche im 18. Jahrhundert. Leiden/Boston 2007 (Aries Book Series, Bd. 4).
Geographisches Statistisch-Topographisches Lexikon von Schwaben oder vollständige alphabetische Beschreibung aller im schwäbischen Kreis liegenden Städte, Klöster, Schlösser, Dörfer, Flecken, Höfe, Berge, Thäler, Flüsse, Seen, merkwürdiger Gegenden u.s.w. [...]. Bd. 1–2. 2. Aufl. Ulm 1800–1801.
Gerdes, Aibe-Marlene: Ein Abbild der gewaltigen Ereignisse. Die Kriegssammlungen zum Ersten Weltkrieg. Essen 2016 (Zeit der Weltkriege, Bd. 4).

Gerlach, Karlheinz: Die Freimaurer im Alten Preußen 1738–1806. Die Logen in Berlin. Innsbruck 2014 (Quellen und Darstellungen zur europäischen Freimaurerei, Bd. 14,1).
Geschichtliche Grundbegriffe = Brunner, Otto/Conze, Werner/Koselleck, Reinhart (Hg.): Geschichtliche Grundbegriffe. Historisches Lexikon zur politisch-sozialen Sprache in Deutschland. Bde. 1–8. Stuttgart 1972–1997 (mehrere Nachdrucke).
Gessert: Ein Höllenzwang von 1555, in: Serapeum 5 (1844). S. 65–76.
Gilly, Carlos: The first book of white magic in Germany, in: Ders./van Heertum, Cis (Hg.): Magia, Alchimia, Scienza dal '400 al '700. L' influsso di Ermete Trismegisto (Magic, Alchemy and Science 15th–18th Centuries. The influence of Hermes Trismegistus. Bd. 1). Venedig 2002. S. 199–217.
—: The Rediscovery of the original of Großschedel's *Calendarium Naturale Magicum Perpetuum*, in: Ders./van Heertum, Cis (Hg.): Magia, Alchimia, Scienza dal '400 al '700. L' influsso di Ermete Trismegisto (Magic, Alchemy and Science 15th–18th Centuries. The influence of Hermes Trismegistus. Bd. 1. Venedig 2002. S. 295–315.
—: Vom ägyptischen Hermes zum Trismegistus Germanus. Wandlungen des Hermetismus in der paracelsistischen und rosenkreuzerischen Literatur, in: Alt, Peter André/Wels, Volkhard (Hg.): Konzepte des Hermetismus in der Literatur der Frühen Neuzeit. Göttingen 2010 (Berliner Mittelalter- und Frühneuzeitforschung, Bd. 8). S. 71–131.
Göbel, Walter: Art. ‚Epochenschwelle', in: Nünning, Ansgar (Hg.): Metzler Lexikon Literatur- und Kulturtheorie. 4. aktual. und erw. Aufl. Stuttgart 2008. S. 166–167.
Görg, Manfred: Art. ‚Jafet', in: Neues Bibel-Lexikon. Bd. 2 (1995). Sp. 256.
—: Art. ‚Mirjam', in: Neues Bibel-Lexikon. Bd. 2 (1995). Sp. 815–816.
—: Art. ‚Salomo', in: Neues Bibel-Lexikon. Bd. 3 (2001). Sp. 426–427.
—: Art. 'Tubal', in: Neues Bibel-Lexikon. Bd. 3 (2001). Sp. 927.
Götz, Franz: Amtsbezirke und Kreise im badischen Bodenseegebiet. Ihre Entwicklung seit 1803 und ihre wichtigsten Organe. Chronologische Übersichten und Personalien. Radolfszell 1971 (Hegau-Bibliothek, Bd. 17).
Gollwitzer, Heinz: Art. ‚Benzenberg, Johann Friedrich', in: NDB. Bd. 2 (1955). S. 60.
Goltz, Dietlinde: Alchemie und Aufklärung. Ein Beitrag zur Naturwissenschaftsgeschichtsschreibung der Aufklärung, in: Medizinhistorisches Journal 7 (1972). S. 31–48.
Graf, Klaus: Oberschwäbische Adelsbibliotheken. Zeugnisse der geistigen Welt ihrer Besitzer, in: Hengerer, Mark/Kuhn, Elmar L./Blickle, Peter (Hg.): Adel im Wandel. Oberschwaben von der frühen Neuzeit bis zur Gegenwart. Bd. 2. Ostfildern 2006. S. 751–762.
Graf, Sieglinde: Art. ‚Illuminaten', in: TRE. Bd. 16 (1987). S. 81–84.
[Grimm, Jacob und Wilhelm]: Deutsches Wörterbuch von Jacob und Wilhelm Grimm. Bd. 1–33. München 1984 [Leipzig 1854–1971].
Grote, Otto Freiherr (Hg.): Lexicon deutscher Stifter, Klöster und Ordenshäuser. Erste Abtheilung: Das heutige deutsche Reich. Osterwieck a. Harz 1881.
Grübler, Johann Samuel: Ehre der Freybergischen Todtengrüfte. Das ist: Historisches Verzeichnis von den, sowohl in dem Chur-Fürstl. Begräbniße Als auch Den gesammten 5 Kirchen, und den dazu gehörigen Kirchhöfen Zu Freyberg befindlichen Epitaphiis [...]. Bde. 1–2. Leipzig 1731.
Gründig, Maria E.: „Zur sittlichen Besserung und Veredelung des Volkes." Zur Modernisierung katholischer Mentalitäts- und Frömmigkeitsstile im frühen 19. Jahrhundert am Beispiel des Bistums Konstanz unter Ignaz H. von Wessenberg. Tübingen 1997.
Grünebaum, Gabriele: Buntpapier. Geschichte – Herstellung – Verwendung. Köln 1982.
Gründwaldt, Klaus: Art. ‚Laban', in: Neues Bibel-Lexikon. Bd. 2 (1995). Sp. 571–571.
—: Art. ‚Lamech', in: Neues Bibel-Lexikon. Bd. 2 (1995). Sp. 580.

Gümbel, C.W.: Art. ‚Jugel, Johann Gottfried', in: ADB. Bd. 14 (1881). S. 658–659.
Guerlac, Henry: Art. ‚Lavoisier, Antoine-Laurent', in: Dictionary of Scientific Biography. Bd. 8 (1973). S. 66–91.
Guiley, Rosemary Ellen: The encyclopedia of Magic and Alchemy. New York 2006.

HDA = Bächtold-Stäubli, Hanns (Hg.): Handwörterbuch des deutschen Aberglaubens. Bde. 1–10. Unveränderter Nachdruck. Augsburg 2005 [Berlin/Leipzig 1927–1942].
Haemmerle, Albert/Hirsch, Olga: Buntpapier. Herkommen, Geschichte, Techniken, Beziehungen zur Kunst. München 1961.
Hahn, Alois: Soziologie des Sammlers, in: Sociologia Internationalis 29 (1991). S. 57–73.
Halder, Winfried: Art. ‚Schröder, Johann Wilhelm von', in: NDB. Bd. 23 (2007). S. 577–578.
Hammann, Gustav: ‚Arndt, Johann', in: NDB. Bd. 1 (1953). S. 360–361.
Hammermayer, Ludwig: Zur Geschichte der europäischen Freimaurerei und der Geheimgesellschaften im 18. Jahrhundert. Genese – Historiographie – Forschungsprobleme, in: Balazs, Eva H./Ders./Wagner, Hans u.a. (Hg.): Beförderer der Aufklärung in Mittel- und Osteuropa. Freimaurer, Gesellschaften, Clubs. Berlin 1979 (Studien zur Geschichte der Kulturbeziehungen in Mittel- und Osteuropa, Bd. V). S. 9–68.
Hanegraaf = Hanegraaff, J. Wouter (Hg.): Dictionary of Gnosis & Western Esotericism. Bde. 1–2. Leiden 2005.
—: Art. ‚Magic I: Introduction', in: Hanegraaf. Bd. 2 (2005). S. 716–719.
Hardtwig, Wolfgang: Eliteanspruch und Geheimnis in den Geheimgesellschaften des 18. Jahrhunderts, in: Reinalter, Helmut (Hg.): Aufklärung und Geheimgesellschaften. Zur politischen Funktion und Sozialstruktur der Freimaurerlogen im 18. Jahrhundert. München 1989 (Ancien Regime. Aufklärung und Revolution, Bd. 16). S. 63–86.
—: Art. ‚Freimaurer, Abschnitte 1–5', in: Enzyklopädie der Neuzeit. Bd. 3 (2006). S. 1204–1213.
Harmening, Dieter: Art. ‚Magie III, historisch', in: TRE. Bd. 21 (1991). S. 695–701.
Hartmann, Sven S.: Art. Alchemie I, religionsgeschichtlich', in: TRE. Bd. 1 (1978). S. 195–199.
te Heesen, Anke/Spary, Emma C.: Sammeln als Wissen, in: Dies. (Hg.): Sammeln als Wissen. Das Sammeln und seine wissenschaftsgeschichtliche Bedeutung. Göttingen 2002. S. 7–21.
Heinzer, Felix: Bestände von Regionalbibliotheken als Quellen wissenschaftlicher Forschung, in: Hagenau, Bernd (Hg.): Regionalbibliotheken in Deutschland. Mit einem Ausblick auf Österreich und die Schweiz. Frankfurt a.M. 2000 (Zeitschrift für Bibliothekswesen und Bibliographie, Sonderheft 78). S. 53–58.
Heitzmann, Christian: Die mittelalterlichen Handschriften der Leopold-Sophien-Bibliothek in Überlingen, in: Schriften des Vereins für Geschichte des Bodensees und seiner Umgebung 120 (2002). S. 42–103.
Hejl, Peter M.: Art. ‚Kultur', in: Nünning, Ansgar (Hg.): Metzler Lexikon Literatur- und Kulturtheorie. 4. Aufl. Stuttgart/Weimar 2008. S. 391–393.
Henning, Friedrich: Creuzburg/Werra, in: Römer, Christoph (Bearb.): Die Mönchsklöster der Benediktiner in Mecklenburg-Vorpommern, Sachsen-Anhalt, Thüringen und Sachsen. St. Ottilien 2012 (Germania Benedictina, Bd. 10,1). S. 289–293.
Henning, Hans: Faust-Bibliographie. Bde. 1–3. Berlin/Weimar 1966–1976.
Herkert, Thomas: Das Programm: »Der Buchstabe tötet, der Geist mach lebendig« (2 Kor 3,6. Gedanken zum Bildungsbegriff, angeregt durch Ignaz Heinrich von Wessenberg, in: Braun, Karl-Heinz (Hg.): Bildung bei Ignaz Heinrich von Wessenberg (1774–1860). „...wie unzählig Viele sind noch gar nicht über den dürren Buchstaben hinweggekommen!". Freiburg 2014. S. 17–21.
Herold, Ludwig: Art. ‚Orakel', in: HDA. Bd. 6 (2005 [1935]). Sp. 1255–1294.

Herrmann, Siegfried: Art. ‚Moses', in: Neues Bibel-Lexikon. Bd. 2 (1995). Sp. 847–849.
Herzog, Werner: Gottfried Jacob Jänisch. Forschungsarbeit. Sonderdruck Flensburg 1990.
Heutger, Nicolaus: 850 Jahre Kloster Walkenried. Hildesheim 1977.
Heßelmann, Peter: Art. ‚Kortum, Karl Arnold', in: ²Killy. Bd. 6 (2009). S. 657–658.
Hieronimus, Ekkehard: Art. ‚Hermetik', in: Cancik, Hubert/Gladigow, Burkhard/Kohl, Karl-Heinz (Hg.): Handbuch religionswissenschaftlicher Grundbegriffe. Bd. 3. Stuttgart/Berlin/Köln 1993. S. 106–109.
Hild, Heike: Art. ‚Gnosis', in: Priesner/Figala (1998). S. 152–154.
—: Art. ‚Maria', in: Priesner/Figala (1998). S. 235–236.
—: Art. ‚Morienus', in: Priesner/Figala (1998). S. 242–243.
Hinze, Norbert: Art. ‚Wolff/Wolf, Christian von', in: ²Killy. Bd. 12 (2011). S. 540–544.
[Hirsch, August]: Art. ‚Panthot, Jean-Baptist', in: Ders: Biographisches Lexikon der hervorragenden Ärzte aller Zeiten und Völker. Bd. 2. Aufl. Berlin/Wien 1932. S. 492.
Hitzfeld, Karl Leopold: Johann Kaspar Ruef, der führende Aufklärer zu Freiburg i. Br., in: Zeitschrift des Freiburger Geschichtsvereins 42 (1929), S. 111–144.
von Hössle, Friedrich: Württembergische Papiergeschichte. Beschreibung des alten Papiermacher-Handwerks sowie der alten Papiermühlen im Gebiet des Königreich Württembergs. Biberach-Riss 1910–1914.
Holtz, Gottfried: Art. ‚Buchstabensymbolik IV – Christliche Buchstabensymbolik', in: TRE. Bd. 7 (1981). S. 311–315.
Holzem, Andreas: Art. ‚Wessenberg, Ignaz Heinrich von (1774–1860)', in: TRE. Bd. 35 (2003). S. 662–667.
—: Christentum in Deutschland 1550–1850. Konfessionalisierung – Aufklärung – Pluralisierung. Bde. 1–2. Paderborn 2015.
Honemann, Volker: Art. ‚Ferrer, Vinzenz', in: Verfasserlexikon. Bd. 2 (1980). Sp. 726–727.
Horst, Georg Conrad: Zauber-Bibliothek oder von Zauberei, Theurgie und Mantik, Zauberern, Hexen und Hexenprozessen, Dämonen, Gespenstern und Geistererscheinungen. Zur Beförderung einer rein-geschichtlichen, von Aberglauben und Unglauben freien Beurtheilung dieser Gegenstände. Teile 1–6. Mainz 1821–1826.
Hübner, Wolfgan: Art. ‚Hipparchos von Nikaia', in: Pauly. Bd. 5 (1998). Sp. 568–571.
Humberg, Oliver: Der alchemistische Nachlaß Friedrichs I. von Sachsen-Gotha-Altenburg. Verzeichnende Erschließung der Quellen des Thüringischen Staatsarchivs Gotha mit Notizen zu den alchemistischen Handschriften der Forschungsbibliothek Gotha. Elberfeld 2005 (Quellen und Forschungen zur Alchemie, Bd. 1).
Humbertclaude, Eric: Federico Gualdi à Venise: fragments retrouvés (1660–1678). Rechereches sur un exploitant minier alchimiste. Paris 2010.

Iwersen, Julia: Lexikon der Esoterik. Düsseldorf/Zürich 2001.

Jacob, Frank (Hg.): Geheimgesellschaften. Kulturhistorische Sozialstudien. Würzburg 2013 (Globalhistorische Komparativstudien, Bd. 1).
—: Die Thule-Gesellschaft und die Kokuryukai: Geheimgesellschaften im global-historischen Vergleich. Würzburg 2013.
Jacoby, Adolf: Art. ‚Arbatel', in: HDA. Bd. 1 (2005 [1927]). Sp. 568.
—: Art. ‚Clavicula Salomonis', in: HDA. Bd. 2 (2005 [1930]). Sp. 88–93.
—: Art. , Christopherusbuch, -gebet', in: HDA. Bd. 2 (2005 [1930]). Sp. 72–75.
—: Art. ‚Herpentil', in: HDA. Bd. 3 (2005 [1931]). Sp. 1791–1792.

Jacoby. Adolf: Art. ‚Kornreuther', in: HDA. Bd. 5 (2005 [1933]). Sp. 316–317.
Jäger, A.: Die Münzprägungen der Grafen Schlick, in: Berliner Numismatische Zeitschrift 2 (1953–58, Hefte 13–24). S. 96–106 und S. 126–133.
Jütte, Daniel: Abramo Colorni, jüdischer Hofalchemist Herzog Friedrichs I., und die hebräische Handelskompanie des Maggino Gabrielli in Württemberg am Ende des 16. Jahrhunderts, in: Aschkenas. Zeitschrift für Geschichte und Kultur der Juden 15 (2005/2). S. 435–498.
Jüttner, Guido: Art. ‚Corpus Hermeticum', in: LexMA. Bd. 3 (1986). Sp. 262.
—: Art. ‚Mariae Hebraea', in: LexMA. Bd. 6 (1993). Sp. 280–281.
—: Art. ‚Morienus', in: LexMA. Bd. 6 (1993). Sp. 841.
—: Art. ‚Paracelsus', in: LexMA. Bd. 6 (1993). Sp. 1695–1696.
Jungbauer, Gustav: Art. ‚Gürtel', in: HDA. Bd. 3 (2005 [1931]). Sp. 1210–1230.

Kahn, Didier: Le fixe et le volatil. Chimie et alchimie, de Paracelse à Lavoisier. Paris 2016.
Kahnt, Helmut/Knorr, Bernd: Alte Maße, Münzen und Gewichte. Ein Lexikon. Mannheim/Wien/Zürich 1986.
Karpenko, Vladimir: Art. ‚Dee, John', in: Priesner/Figala (1998). S. 106–108.
Kastner, Adolf: Lassberg auf der alten Meersburg, in: Bader, Karl S. (Hg.): Joseph von Lassberg. Mittler und Sammler. Aufsätze zu seinem 100. Todestag. Stuttgart 1955. S. 299–377.
Katz, Jakob: Der Orden der Asiatischen Brüder, in: Ders.: Zwischen Messianismus und Zionismus. Zur jüdischen Sozialgeschichte. Frankfurt 1993 [1983]. S. 72–107.
Keller, Erwin: Die Konstanzer Liturgiereform unter Ignaz Heinrich von Wessenberg, in: Freiburger Diözesanarchiv 85 (1965). S. 1–526 (GesamtBd.).
Keller, Katrin/Catelano, Alessandro (Hg.): Die Diarien und Tagzettel des Kardinals Ernst Adalbert von Harrach (1598–1667). Bde. 1–7.Wien/Köln/Weimar 2010.
Kiening, Christian: Art. ‚Albertus Magnus', in: ²Killy. Bd. 1 (2008). S. 69–71.
Kiesel, Helmuth/Münch, Paul: Gesellschaft und Literatur im 18. Jahrhundert. Voraussetzungen und Entstehung des literarischen Markts in Deutschland. München 1977.
Kiesewetter, Carl: Faust in der Geschichte und Tradition. Mit besonderer Berücksichtigung des okkulturen Phänomenalismus und des mittelalterlichen Zauberwesens. Bde. 1–2. Berlin 1921 [1893].
—: Die Geheimwissenschaften. Eine Kulturgeschichte der Esoterik. Überarb. Ausgabe, Wiesbaden 2005 [Leipzig 1895].
²Killy = Kühlmann, Wilhelm (Hg.): Killy Literaturlexikon – Autoren und Werke des deutschsprachigen Kulturraumes. Bd. 1–13. 2. vollst. überarb. Aufl. Berlin/New York 2008–2012.
Kittstein, Ulrich: Art. ‚Mörike, Eduard', in: ²Killy. Bd. 8 (2010). S. 280–284.
Klöckler, Jürgen: Der Bürger in Konstanz: Unnahbar und distanziert. Der letzte Konstanzer Bistumsverweser nach 1827, in: Braun, Karl-Heinz (Hg.): Bildung bei Ignaz Heinrich von Wessenberg (1774–1860). „...wie unzählig Viele sind noch gar nicht über den dürren Buchstaben hinweggekommen!". Freiburg 2014. S. 133–147.
Klosa, Achim M.: Johann Christian Wiegleb (1732–1800). Eine Ergobiographie der Aufklärung. Stuttgart 2009 (Quellen und Studien zur Geschichte der Pharmazie, Bd. 88).
Kneschke, Ernst Heinrich (Hg.): Neues allgemeines Deutsches Adels-Lexicon im Vereine mit mehreren Historikern. Bde. 1–9. Leipzig 1859–1870.
Kodek, Günter K.: Brüder, reicht die Hand zum Bunde. Die Mitglieder der Wiener Freimaurerlogen (1742–1848). Wien 2011.
—: Von der Alchemie zur Aufklärung. Chronik der Freimaurerei in Österreich und den Habsburgischen Erblanden (1717–1867). Wien 2011.

König: Art. ‚Benedikt Georg Kefer', in: Badische Biographien, AF. Bd. 3 (1881). S. 62–64.
König, Werner: dtv-Atlas Deutsche Sprache. 14. aktual. Aufl. 2004.
Körtner, Ulrich H.J.: Art. ‚Papias von Hierapolis', in: TRE. Bd. 25 (1995). S. 641–644.
Kössing, F.: Art. ‚Dominicus Kuenzer', in: Badische Biographien, AF. Bd. 1 (1875). S. 482–487.
—: Art. ‚Johann Heinrich Schreiber', in: Badische Biographien, AF. Bd.2. Heidelberg 1875. S. 281–284.
—: Art. ‚Josef Willibald Straßer', in: Badische Biographien, AF. Bd. 2 (1875). S. 327–328.
—: Art. ‚Franz Sales Wocheler', in: Badische Biographien, AF. Bd. 2 (1875). S. 517–518.
Kopp, Herrmann: Die Alchemie in älterer und jüngerer Zeit. Ein Beitrag zur Kulturgeschichte. Bde. 1–2. Bremen 2013 [Nachdruck von Heidelberg 1886].
Koselleck, Reinhart: Einleitung, in: Geschichtliche Grundbegriffe. Bd. 1 (1972). S. XIII–XXVII.
—: Das 19. Jahrhundert – eine Übergangszeit [Vortrag in Tokio 1978], in: Dutt, Carsten (Hg.): Reinhart Koselleck. Vom Sinn und Unsinn der Geschichte. Aufsätze und Vorträge aus vier Jahrzehnten. Frankfurt a.M. 2010. S. 131–150.
—: Über den Stellenwert der Aufklärung in der deutschen Geschichte [erstmals erschienen 2005], in: Dutt, Carsten (Hg.): Reinhart Koselleck. Vom Sinn und Unsinn der Geschichte. Aufsätze und Vorträge aus vier Jahrzehnten. Frankfurt a.M. 2010. S. 117–130.
Kral von Dobra Voda, Adalbert (Hg.): Der Adel von Böhmen, Mähren und Schlesien. Genealogisch-heraldisches Repertorium sämtlicher Standeserhebungen, Prädicate, Beförderungen, Incolats-Erteilungen, Wappen und Wappenverbesserungen des gesamten Adels der böhmischen Krone. Prag 1904.
Kreutz, Wilhelm: Die vorderösterreichischen Freimaurer und Illuminaten, in: Aurnhammer, Achim/Kühlmann, Wilhelm (Hg.): Zwischen Josephinismus und Liberalismus. Literarisches Leben in Südbaden um 1800. Freiburg 2002 (Literarisches Leben in Südbaden von der Aufklärung bis zur Moderne, Bd. 1). S. 545–558.
Kreuz, F. A.: Katalog der v. Wessenbergischen Bibliothek, wissenschaftlich geordnet und aufgestellt. Juli 1862. Constanz 1863.
Kristeller, Paul Oskar: Iter Italicum. Bd. 3: Australia to Germany. London 1983 (Alia itinera, Bd. 1).
Krivanec, Ernest: Die Freimaurerei in Vorderösterreich, in: Quator-Coronati-Berichte (3-1976). S. 75–100.
Krones, Franz [von Marchland]: Art. ‚Tattenbach, Hanns Erasmus Graf', in: ADB. Bd. 37 (1894). S. 415–418.
Kudorfer, Dieter: Oettingen, in: Schaab, Meinrad/Schwarzmaier, Hansmartin/Mertens, Dieter u.a. (Hg.): Handbuch der Baden-Württembergischen Geschichte. Bd. 2: Die Territorien im Alten Reich. Stuttgart 1995. S. 395–400.
Kühlmann, Wilhelm: Art. ‚Rosenkreuzer', in: TRE. Bd. 29. Berlin/New York 1998. S. 407–413.
—: Der ›Hermetismus‹ als literarische Formation. Grundzüge seiner Rezeption in Deutschland, in: Scientia Poetica. Jahrbuch für Geschichte der Literatur und der Wissenschaften 3 (1999). S. 145–157.
—/Telle, Joachim (Hg.): Der Frühparacelsismus. Bde. 1–3 (in vier Teilbänden). Tübingen/Berlin 2001–2013 (Corpus Parcelsisticum, Bd. 1–3).
—: Vorbemerkungen zum Themenkomplex 'Alchemie', in: Bauer, Barbara (Hg.): Artes et Scientiae. Wiesbaden 2004 (Wolfenbütteler Arbeiten zur Barockforschung, Bd. 38). S. 631–639.
—: Art. ‚Andreae, Johann Valentin', in: ²Killy. Bd. 1 (2008). S. 152–155.
—: Art. ‚Happel, Eberhard Werner', in: ²Killy. Bd. 4 (2009). S.156–157.
—: Art. ‚Paracelsus', in: ²Killy. Bd. 5 (2010). S. 83–90.
—/Stumpf, Gerhard: Art. ‚Stolz, Alban', in: ²Killy. Bd. 11 (2011). S. 304–306.

Kühlmann, Wilhelm: Art. ‚Wessenberg, Ignaz Heinrich von', in: ²Killy. Bd.12 (2011). S. 339–342.

Kuhn, Annette: Art. ‚Deutschkatholiken', in: TRE. Bd. 8 (1981). S. 559–566.

Kummer, Ulrike: Autobiographie und Pietismus. Friedrich Christoph Oetingers Genealogie der reelen Gedancken eines Gottes=Gelehrten. Frankfurt a.M. 2010.

Kuncitr, Vladimír: Fraternitatis Rosae Crucis, in: Zadrobilek, Vladislav (Hg.): Opus Magnum. Kniha o sakrální geometrii, alchymii, magii, astrologii, kabele a tajných společnosteck v Čescých zemích. [Ausstellungskatalog, tschechisch/englisch]. Prag 1997. S. 184–205 und S. 307–309.

Kunzer, Otto: Katalog der Leopold-Sophien-Bibliothek der ehemaligen freien Reichsstadt Ueberlingen a. B. Ueberlingen 1898.

Laitko, Hubert: Art. ‚Lavoisier, Antoine Laurent de', in: Hoffmann, Dieter/Laitko, Hubert/Müller-Wille, Staffan (Hg.): Lexikon der bedeutenden Naturwissenschaftler. Bd. 2. Heidelberg/Berlin 2004. S. 375–378.

—: Art. ‚Priestley, Joseph', in: Hoffmann, Dieter/Laitko, Hubert/Müller-Wille, Staffan (Hg.): Lexikon der bedeutenden Naturwissenschaftler. Bd. 3. Heidelberg/Berlin 2004. S. 173–174.

Lanczkowski, Günter: Art. ‚Iranische Religionen', in: TRE. Bd. 16 (1987). S. 247–258.

Lauer, Hermann: Geschichte der katholischen Kirche im Großherzogtum Baden. Von der Gründung des Großherzogtums bis zur Gegenwart. Freiburg 1908.

Law, Esteban: Die hermetische Tradition. Wissensgenealogien in der alchemischen Literatur, in: Alt, Peter André/Wels, Volkhard (Hg.): Konzepte des Hermetismus in der Literatur der Frühen Neuzeit. Göttingen 2010 (Berliner Mittelalter- und Frühneuzeitforschung, Bd. 8). S. 23–70.

Le Forestier, René: Die templerische und okkultistische Freimaurerei im 18. und 19. Jahrhundert. Bd. 1–4. Leimen 1987–1992 [Paris 1970].

Lenhart, Ludwig: Art. ‚Dalberg, Carl Theodor Freiherr von', in: NDB. Bd. 3 (1957). S. 489–490.

Lennhoff, Eugen/Posner, Oskar/Binder, Dieter A.: Internationales Freimaurerlexikon. Überarbeitete und erweiterte Neuauflage. München 2000 [1932].

LexMA = Bautier, Robert-Henri/Auty, Robert/Angermann, Norbert (Hg.): Lexikon des Mittelalters. Bde. 1–10. München/Zürich 1980–1999.

Leu, Urs: „Das noch lebende Schaffhausen" – von anno 1744, in: Schaffhauser Nachrichten 301 (24.12.1994).

Liebmann, Otto: Art. ‚Tschirnhaus, Ehrenfried Walther von', in: ADB. Bd. 38 (1894). S. 722–724.

Limbeck, Sven: Alchemische Literatur zwischen Handschrift und Buchdruck. Mediengeschichtliche Beobachtungen zur Überlieferung der Alchemie, in: Feuerstein-Herz, Petra/Laube, Stefan (Hg.): Goldenes Wissen. Die Alchemie – Substanzen, Synthesen, Symbolik. Ausstellung der Herzog August Bibliothek Wolfenbüttel 31. August 2014 bis 22. Februar 2015. Wiesbaden 2014. S. 43–54.

Löffler, Karl: Einführung in die Handschriftenkunde, neu bearb. von Milde, Wolfgang. Stuttgart 1997 (Bibliothek des Buchwesens, Bd. 11).

Lorenz, Sönke/Eberlein, Christoph (Hg.): Das Haus Württemberg. Ein biographisches Lexikon. Stuttgart 1997.

²LThK = Höfer, Joseph u.a. (Hg.): Lexikon für Theologie und Kirche. Bde. 1–11. 2. völlig neu bearb. Aufl. Freiburg/Basel/Wien 1957–1967.

³LThK = Kasper, Walter/Baumgartner, Konrad/Bürkle, Horst u.a. (Hg.): Lexikon für Theologie und Kirche. Bde. 1–11. 3. völlig neu bearb. Aufl. Freiburg i. Br./Basel/Rom u.a. 1993–2001.

Lucentini, Paolo/Perrone Compagni, Vittoria: Art. ‚Hermetic Literature II: Latin Middle Ages', in: Hanegraaff. Bd. 1 (2005). S. 499–529.

Ludz, Peter Christian (Hg.): Geheime Gesellschaften. Heidelberg 1979 (Wolfenbütteler Studien zur Aufklärung, Bd. 5,1).

Maack, Ferdinand: Zweimal gestorben! Die Geschichte eines Rosenkreuzers aus dem XVIII. Jahrhundert. Nach urkundlichen Quellen, mit literarischen Belegen und einer Abhandlung über vergangene und gegenwärtige Rosenkreuzerei. Leipzig 1912.

Macphail, Ian/Witten, Laurence C./Pachella, Richard: Alchemy and the occult. A catalogue of books and manuscripts from the collection of Paul and Mary Mellon given to Yale University. Bd. 1–4. New Haven 1968–1977.

Mann, Bernhard: Württemberg 1800 bis 1866, in: Schwarzmaier, Hansmartin/Fenske, Hans/Kirchgässner, Berhard u.a. (Hg.): Handbuch der Baden-Württembergischen Geschichte. Bd. 3: Vom Ende des alten Reiches bis zum Ende der Monarchien. Stuttgart 1992. S. 235–331.

Marti, Hanspeter: Art. ‚Wagenseil, Christian Jakob', in: ²Killy. Bd. 12 (2011). S. 60–64.

Martens, Wilhelm: Verzeichnis der von Wessenbergischen Büchersammlung der Kreishauptstadt Konstanz. Konstanz 1894.

Martus, Steffen: Aufklärung. Das deutsche 18. Jahrhundert – ein Epochenbild. Berlin 2015.

Matthias, Markus: „»Preußisches« Beamtentum mit radikalpietistischer »Privatreligion«„. Dodo II. von Innhausen und Knyphausen (1641–1689), in: Breul, Wolfgang (Hg.): Der radikale Pietismus. Perspektiven der Forschung. Göttingen 2010 (Arbeiten zur Geschichte des Pietismus, Bd. 55). S. 189–210.

Maurice, Florian: Die Mysterien der Aufklärung. Esoterische Traditionen in der Freimaurerei, in: Neugebauer-Wölk, Monika/Zaunstöck, Holger (Hg.): Aufklärung und Esoterik. Hamburg 1999 (Studien zum achtzehnten Jahrhundert, Bd. 24). S. 274–287.

Mayer, Bernd: Ein Hort des Wissens und der Bildung. Die Bibliothek der Fürsten zu Waldburg-Wolfegg auf Schloss Wolfegg, in: Librarium. Zeitschrift der Schweizerischen Bibliophilen-Gesellschaft 55 (2012). S. 97–107.

Maywald, Claus: Die Buchverschlüsse, Buchbeschläge und sonstigen Metallteile am Buch. Die Terminologie. Königswinter 2005.

Mazal, Otto: Zur Praxis des Handschriftenbearbeiters. Wiesbaden 1987 (Elemente des Buch- und Bibliothekswesens, Bd. 11).

—: Art. ‚Handschriftenkatalogisierung', in: Corsten, Severin/Pflug, Günther/Schmidt, Friedrich Adolf u.a. (Hg.): Lexikon des gesamten Buchwesens. Bd. 1–9. 2. Aufl. Stuttgart 1987–2016. Bd. 3 (1991). S. 359–360.

McIntosh, Christopher: The Rose Cross and the Age of Reason. Eighteenth-century rosicrucianism in Central Europe and its relationship to the Enlightenment. Leiden/Köln/New York 1992.

McLachlan Wilson, Robert: Art. ‚Gnosis/Gnostizismus, II.1: Einführung – Probleme, Definitionen, Quellen', in: TRE. Bd. 13 (1985). S. 536–537.

Meier-Oeser, Stephan: Einleitung zu *Hermetisch-platonische Naturphilosophie*, in: Holzhay, Helmut/Schmidt-Biggemann, Wilhelm (Hg.): Grundriss der Geschichte der Philosophie. Die Philosophie des 17. Jahrhunderts. Bd. 4: Das Heilige Römische Reich deutscher Nation. Nord- und Ostmitteleuropa. Basel 2001. S. 7–18.

Meyer, Dietrich: Art. ‚Brüderunität/Brüdergemeine', in: TRE. Bd. 7 (1981). S. 225–233.

Möbus, Frank (Hg.): Faust – Annäherung an einen Mythos. Ausstellungskatalog zur gleichnamigen Ausstellung in der Kunstsammlung der Universität Göttingen 5.11.–17.12.1995 und im Schloss Weimar (1996). Göttingen 1995.

Mößle, Wilhelm: Fürst Maximilian Wunibald von Waldburg-Zeil-Trauchburg, 1750–1818. Geist und Politik des Oberschwäbischen Adels an der Wende vom 18. Zum 19. Jahrhundert. Stutt-

gart 1968 (Veröffentlichungen der Kommission für geschichtliche Landeskunde in Baden-Württemberg, Reihe B, Bd. 40).
Mohlberg, Leo Cunibert: Mittelalterliche Handschriften. Zürich 1952 (Katalog der Handschriften der Zentralbibliothek Zürich, Bd. 1).
Mortzfeld, Peter: Katalog der graphischen Porträts in der Herzog-August-Bibliothek Wolfenbüttel. Reihe A, Bd. 9 (Ges bis Gy). München 1989.
Müller, Augustin R.: Art. ,David', in: Neues-Bibel-Lexikon. Bd. 2 (1991). Sp. 390–396.
Müller, Dorothea: Katalog der neuzeitlichen Handschriften (16.–19. Jh.) der Leopold-Sophien-Bibliothek Überlingen, s. Online-Ressourcen.
Müller, Uwe: Der Schweinfurter Ratsadvokat Dr. Paulus Prückner (1558–1621) und seine Bücher in der Bausch-Bibliothek, in: Schweinfurter historische Forschungen N.F. Bd. 7 (2004).
Müller, Wolfgang: Art. ,Gerbert, Martin', in: NDB. Bd. 6 (1964). S. 257–258.
Müller-Jahncke, Wolf-Dieter: Astrologisch-magische Theorie und Praxis in der Heilkunde der frühen Neuzeit. Stuttgart 1985 (Sudhoffs Archiv, Beihefte, Nr. 25).
—: Die Renaissance-Magie zwischen Wissenschaft und Dämonologie, in: Bergier, Jean-Francois (Hg.): Zwischen Wahn, Glaube und Wissenschaft. Magie, Astrologie, Alchemieund Wissenschaftsgeschichte. Zürich 1988. S. 127–140.
—: Art. ,Agrippa von Nettesheim', in: Priesner/Figala (1998). S. 17–18.
—: Art. ,Glauber, Johann Rudolf', in: Priesner/Figala (1998). S. 150–151.
—: Art. ,Libavius (Liebau), Andreas', in: Priesner/Figala (1998). S. 221–223.
—: Art. ,Thurneisser zum Thurn, Leonard', in: Priesner/Figala (1998). S. 360–361.
Mulsow, Martin: You only live twice: Charlatanism, Alchemy, and Critique of Religion, Hamburg 1747–1761, in: Cultural and Social History. The Journal of the Social History Society 3 (2006). S. 273–286.
—: Prekäres Wissen. Eine andere Ideengeschichte der Frühen Neuzeit. Frankfurt a. M. 2012.
—/Multhammer (Hg.): Kriminelle – Freidenker – Alchemisten. Räume des Untergrunds in der Frühen Neuzeit. Köln/Weimar/Wien 2014.

von Nayhauss, Hans-Christoph Graf: Einleitung: Umrisse einer Epoche, in: Bark, Joachim/von Nayhauss, Hans-Christoph Graf (Hg.): Profile deutscher Kulturepochen. Aufklärung. Stuttgart 2009 (Kröner TB, Bd. 507). S. 13–27.
NDB = Historische Kommission bei der Bayerischen Akademie der Wissenschaften (Hg.): Neue deutsche Biographie. Bde. 1–laufend. Berlin 1953–2013.
Neues Bibel-Lexikon = Görg, Manfred/Lang, Bernhard (Hg.): Neues Bibel-Lexikon. Bde. 1–3. Zürich 1991–2001.
Neugebauer-Wölk, Monika: Esoterische Bünde und Bürgerliche Gesellschaft. Entwicklungslinien zur modernen Welt im Geheimbundwesen des 18. Jahrhunderts. Göttingen 1995 (Kleine Schriften zur Aufklärung, Bd. 8).
—: Aufklärung und Esoterik. Anmerkungen zu einem komplexen Verhältnis, in: Stockhorst, Stefanie (Hg.): Epoche und Projekt. Perspektiven der Aufklärungsforschung. Göttingen 2013 (Das achtzehnte Jahrhundert, Supplementa, Bd. 17). S. 47–73.
—: ›Höhere Vernunft‹ und ›höheres Wissen‹ als Leitbegriffe in der esoterischen Gesellschaftsbewegung. Vom Nachleben eines Reinaissancekonzepts im Jahrhundert der Aufklärung, in: Dies./Zaunstöck, Holger (Hg.): Aufklärung und Esoterik. Hamburg 1999 (Studien zum achtzehnten Jahrhundert, Bd. 24). S. 170–210.
Neumann, Birgit: Art. ,Wissen, kulturelles', in: Nünning, Ansgar (Hg.): Metzler Lexikon Literatur- und Kulturtheorie. 4. Aufl. Stuttgart/Weimar 2008. S. 774–775.

Neumann, Ulrich: Art. ‚Andreae, Johann Valentin', in: Priesner/Figala (1998). S. 46–48.
—: Art. ‚Maier, Michael', in: Priesner/Figala (1998). S. 232–235.
—: Art. ‚Richter, Samuel', in: Priesner/Figala (1998). S. 304–305.
Newman, William R.: Art. ‚Geber', in: Priesner/Figala (1998). S. 145–147.
North, John D.: Art. ‚Roger Bacon', in: LexMA. Bd. 7 (1995). Sp. 940–942.

ÖNB-Katalog = Academia caesarea vindobonensis (Ed.): Tabulae codicum manu scriptorium praeter graecos et orientales in bibliotheca palatina vindobonensis asservatorum. Vol. VI. Wien 1873.
Oesterle, Hans-Joachim/Schmaus, Michael/Binding, Günther: Art. ‚Augustinus, hl. Kirchenlehrer, lat. Kirchenvater', in: LexMA. Bd. 1 (1980). Sp. 1223–1229.
Olbrich, Harald u.a. (Hg.): Lexikon der Kunst. Bde. 1–7. 1. Aufl. Leipzig 1987–1994.
Ort, Werner: Heinrich Zschokke (1771–1848). Eine Biographie. Baden/CH 2013.
Ottnad, Bernd: Kanzleramt und Kanzler, in: Kuhn, Elmar L. u.a. (Hg.): Die Bischöfe von Konstanz. Bd. 1: Geschichte. Friedrichshafen 1988. S. 179–188.
Otto, Bernd-Christian: Magie. Rezeptions- und diskursgeschichtliche Analysen von der Antike bis zur Neuzeit. Berlin/New York 2011 (Religionsgeschichtliche Versuche und Vorarbeiten, Bd. 57).
—/Stausberg, Michael (Hg.): Defining magic. A reader. Sheffield 2013.

Paulus, Julian: The Collection of Alchemical Books and Manuscripts in Hamburg, in: Martels, Z.R.W.M von (Hg.): Alchemy revisited. Proceedings of the international conference on the history of alchemy at the University of Groningen (17.–19. April 1989). Leiden u.a. 1990 (Collection de travaux de l'Académie Internationale d'Histoire des sciences, Bd. 33). S. 245–249.
—: Alchemie und Paracelsismus um 1600. Siebzig Porträts, in: Telle, Joachim (Hg.) Analecta Paracelsica. Studien zum Nachleben Theophrast von Hohenheims im deutschen Kulturgebiet der frühen Neuzeit. Stuttgart 1994.
—: Katalog der alchemischen Handschriften der Hamburger Universitätsbibliothek. Unveröffentlicht. Wiesloch 1995.
—: Art. ‚Donum Dei', in: Priesner/Figala (1998). S. 111–112.
—: Art. ‚Hollandus, Isaac und Johann Isaac', in: Priesner/Figala (1998). S. 181.
—: Art. ‚Kelley, Edward', in: Priesner/Figala (1998). S. 192–193.
—: Art. ‚Welling, Georg von', in: Priesner/Figala (1998). S. 371–372.
Pauly = Cancik, Hubert u.a. (Hg.): Der neue Pauly. Enzyklopädie der Antike. Bde. 1–16 sowie Suppl.bde. 1–8. Stuttgart 1996–2013.
Pels, Peter: Introduction, in: Ders./Meyer, Birgit (Hg.): Magic and modernity. Interfaces of revelation and concealment. Standford 2003. S. 1–38.
Pereira, Michela: The alchemical corpus attributed to Raymond Lull. London 1989 (Warburg Institute surveys and texts, Bd. 18).
Petzoldt, Leander (Hg.): Magie und Religion. Beiträge zu einer Theorie der Magie. Darmstadt 1978 (Wege der Forschung, Bd. 337).
—: Magie und Religion, in: Dinzelbacher, Peter/Dieter R. Bauer (Hg.): Volksreligion im hohen und späten Mittelalter. Paderborn u.a. 1990 (Quellen und Forschungen aus dem Gebiet der Geschichte, NF, Heft 13). S. 467–485.
—: Art. ‚Magie', in: Enzyklopädie des Märchens. Bd. 9. Berlin/New York. 1999. Sp. 2–13.
Petzoldt, Leander: Magie. Weltbild, Praktiken, Rituale. München 2011.
Peuckert, Will-Erich: Art. ‚Sibylle', in: HDA. Bd. 7 (2005 [1936]). Sp. 1655–1659.

Peuckert, Will-Erich: Pansophie. Ein Versuch zur Geschichte der weißen und schwarzen Magie. 2. überarb. und erw. Aufl. Berlin 1956 [Stuttgart 1936].
—: Gabalia. Ein Versuch einer Geschichte der Magia naturalis im 16. bis 18. Jahrhundert. Berlin 1967.
Pfeiffer, Ursula: Erziehung als Politikum. Zur bildungsgeschichtlichen Deutung des Wirkens von Franz Sales Wocheler, in: Schriften des Vereins für Geschichte des Bodensees und seiner Umgebung 127 (2009). S. 139–150.
Pietsch, Erich: Art. ‚Glauber, Johann Rudolph', in: NDB. Bd. 6 (1964). S. 437–438.
Platiel, Jörg/Prechtl, Fabian: Art. ‚Gerok, Karl von', in: [2]Killy. Bd. 4 (2009). S. 186.
Ploss, Emil Ernst: Die Alchimie – Versuch einer Charakteristik, in: Ders./Roosen-Runge, Heinz/Schipperges, Heinrich/Buntz, Herwig: Alchimia. Ideologie und Technologie. München 1970. S. 9–46.
Poggendorf, Johann Christian: Biographisch-Literarisches Wörterbuch zur Geschichte der exacten Wissenschaften. Bde. 1–2. Leipzig 1863.
Pomian, Krzysztof: Der Ursprung des Museums. Vom Sammeln. 4. Aufl. Berlin 2013 [1988].
Pörnbacher, Hans: Schwäbische Literaturgeschichte. Tausend Jahre Literatur aus Bayrisch Schwaben. Weißenhorn 2002.
Priesner/Figala = Priesner, Claus/Figala, Karin (Hg.): Alchemie. Lexikon einer hermetischen Wissenschaft. München 1998.
Priesner, Claus: Art. ‚Basilius Valentinus', in: Priesner/Figala (1998). S. 70–75.
—: Art. ‚Magie', in: Priesner/Figala (1998). S. 227–230.
—: Alchemie im Zeitalter der Aufklärung. Geheimgesellschaften und Adeptengeheimnisse, in: Archiv für Kulturgeschichte 93 (2011). S. 385–414.
Principe, Lawrence M.: Art. ‚Boehme, Jacob', in: Priesner/Figala (1998). S. 83–84.
—: Art. ‚Ripley, George', in: Priesner/Figala (1998). S. 305–306.
—: Art. ‚Alchemy I: Introduction', in: Hanegraaff. Bd. 1 (2005). S. 12–16.
—: The secrets of Alchemy. Chicago/London 2013.
Prinz, Armin: Art. ‚Mesmer, Franz Anton', in: NDB. Bd, 17 (1994). S. 209–211.
Purš, Ivo: Das alchemistische Traktat des Marcus Eugenius Bonacina von 1616 über Trinkgold, in: Studia Rudolphina 8 (2008). S. 77–89.

Quarthal, Franz: Vorderösterreich, in: Schaab, Meinrad/Schwarzmaier, Hansmartin/Taddey, Gerhard (Hg.): Handbuch der Baden-Württembergischen Geschichte. Bd. 1: Allgemeine Geschichte, Tl.2: Vom Spätmittelalter bis zum Ende des alten Reiches. Stuttgart 2000. S. 587–780.

Rahner, Hugo: Art. ‚Abgar, König von Osroëne', in: [2]LThK. Bd. 1. Sp. 43.
Rattansi, P.M.: Art. ‚Borrichius (or Borch), Olaus', in: Dictionary of Scientific Biography. Bd. 2 (1970). S. 317–318.
Raub, Michael: Von der Baar an den Bodensee: Franz Sales Wocheler – Ein Mönch aus Villingen, Pfarrer und Bildungsreformer in Überlingen, in: Schriften des Vereins für Geschichte und Naturgeschichte der Baar 59 (2016). S. 29–44.
Reckermann, Alfons: Art. ‚Hermetismus, hermetisch', in: Ritter, Joachim (Hg.): Historisches Wörterbuch der Philosophie. Bd. 3. Darmstadt 1974. Sp. 1075–1076.
Retzbach, Anton: Heinrich Sautier und die Aufklärung, in: Freiburger Diözesanarchiv 17 (1916). S. 193–225.
Reusch: Art. ‚Schwarzel, Karl S.', in: ADB. Bd. 33 (1891). S. 256–257.

Reinalter, Helmut (Hg.): Aufklärung und Geheimgesellschaften. Zur politischen Funktion und Sozialstruktur der Freimaurerlogen im 18. Jahrhundert. München 1989 (Ancien Regime. Aufklärung und Revolution, Bd. 16).

— (Hg.): „Aufklärung und Geheimgesellschaften: Freimaurer, Illuminaten und Rosenkreuzer: Ideologie – Struktur und Wirkungen". Internationale Tagung 22.–23. Mai 1992 an der Leopold-Franzens-Universität Innsbruck. Bayreuth 1992.

—: Freimaurerei und Geheimgesellschaften, in: — (Hg.): Aufklärungsgesellschaften. Frankfurt a. M./Berlin/Bern u.a. 1993 (Schriftenreihe der Internationalen Forschungsstelle ‚Demokratische Bewegungen in Mitteleuropa 1770–1850, Bd. 10). S. 83–96.

—: Die historischen Ursprünge und die Anfänge der Freimaurerei. Legenden – Theorien – Fakten, in: Jacob, Frank (Hg.): Geheimgesellschaften: Kulturhistorische Sozialstudien. Würzburg 2013 (Globalhistorische Komparativstudien, Bd. 1). S. 49–83.

—/Hammerstein, Notker: Außeruniversitäre Institutionen und regionale Zentren der Aufklärung, in: Holzhey, Helmut/Mudroch, Vilem (Hg.): Grundriss der Geschichte der Philosophie. Die Philosophie des 18. Jahrhunderts. Bd. 5: Heiliges Römisches Reich deutscher Nation, Schweiz, Nord- und Osteuropa. Halb-Bd. 1. Basel 2014. S. 15–26.

Riedweg, Christoph: Art. ‚Hipparchos, Pythagoreer', in: Pauly. Bd. 5 (1998). Sp. 568.

—: Art. ‚Pythagoras', in: Pauly. Bd. 10 (2001). Sp. 649–653.

Rochholtz, L.E.: Aargauer Besegnungen, in: Zeitschrift für deutsche Mythologie und Sittenkunde 4 (1859). S. 103–140.

Römer, Gerhard: Bücher, Stifter, Bibliotheken. Buchkultur zwischen Neckar und Bodensee. Stuttgart/Berlin/Köln 1997.

Rogalla von Bieberstein, Johannes: Geheime Gesellschaften als Vorläufer politischer Parteien, in: Ludz, Peter Christian (Hg.): Geheime Gesellschaften. Heidelberg 1979 (Wolfenbütteler Studien zur Aufklärung, Bd. 5,1). S. 429–460.

Roob, Alexander: Das hermetische Museum. Alchemie und Mystik. Köln 2014 [1996].

Rudolph, Hartmut: Art. ‚Paracelsus', in: TRE. Bd. 25 (1995). S. 699–705.

Rüedi, Ernst: Die genealogischen Register der Stadt Schaffhausen, in: Der Schweizer Familienforscher XI/XII (1945/1946). S. 1–4.

Ruh, Kurt/Schmidtke, Dietrich: Art. ‚Thomas von Aquin', in: Verfasserlexikon. Bd. 9 (1995). Sp. 813–838.

Salzgeber, Joachim: Einsiedeln, in: Curatorium de l'Helvetia Sacra (Hg.): Frühe Klöster, die Benediktiner und Benediktinerinnen in der Schweiz. Bern 1986 (Helvetia Sacra, Abt. 3, Bd. 1,1). S. 517–594.

Sauerländer, Dominik: Aargauer Freimaurer. 200 Jahre Loge zur Brudertreue Aarau. Baden/CH 2011.

Schädlich, Hans: Geschichte der vollkommenen und gerechten Johannis-Freimaurerloge »Carl zu den drei Ulmen« im Orient Ulm anlässlich ihres 175jährigen Bestehens 1789–1964. Ulm 1964.

Schaller, Klaus: Die Sache endlich auf's Reine bringen. Carl Arnold Kortum in den Zeitschriften seiner Zeit. Eine Dokumentation. Essen 1996.

Schankweiler, Franca Victoria: Art. ‚Schlosser, Johann Georg', in: ^{2}Killy. Bd. 10 (2011). S. 423–427.

Schaudeck, Franziska: Johann Kaspar Adam Ruef (1748–1825). Eine biographische Rückschau auf Leben und Wirken eines Freiburger Universitätsbibliothekars und südwestdeutschen Aufklärers, in: Freiburger Universitätsblätter 212 (2-2016). S. 87–108.

Schenda, Rudolf: Volk ohne Buch. Studien zur Sozialgeschichte der populären Lesestoffe 1770–1910. München 1977.
Schenke, Hans-Martin: Art. ‚Pistis Sophia', in: Pauly. Bd. 9 (2000). Sp. 1049–1050.
Scherrer, Gustav: Verzeichnis der Handschriften der Stiftsbibliothek St. Gallen. Halle 1875.
Schmid, Hermann: Franz Sales Wocheler, ehemaliger Stadtpfarrer von Überlingen, in: Freiburger Diözesanarchiv 97 (1977). S. 565–568.
Schmidt, Georg: Wandel durch Vernunft. Deutsche Geschichte im 18. Jahrhundert. München 2009.
Schmidt, Peter: Die Universität Freiburg i. Br. und ihre Bibliothek in der zweiten Hälfte des 18. Jahrhunderts. Freiburg 1987.
Schmidt-Biggemann, Wilhelm: Philosophia perennis. Historische Umrisse abendländischer Spiritualität in Antike, Mittelalter und Früher Neuzeit. Frankfurt a. M. 1998.
—: Politische Theologie der Gegenaufklärung. Saint-Martin, De Maistre, Kleuker, Baader. Berlin 2004.
Schmieder, Karl Christoph: Geschichte der Alchemie. Wiesbaden 2005 [Halle 1832].
Schneider, Karin: Deutsche mittelalterliche Handschriften der Universitätsbibliothek Augsburg. Die Signaturengruppen Cod. I. 3 und Cod. III. 1. Wiesbaden 1988 (Die Handschriften der Universitätsbibliothek Augsburg, Reihe 2, Bd. 1).
Schneiders, Werner (Hg.): Lexikon der Aufklärung. Deutschland und Europa. München 2001 [1995].
—: Einleitung – Das Zeitalter der Aufklärung, in: Ders. (Hg.): Lexikon der Aufklärung. Deutschland und Europa. München 2001 [1995]. S. 9–23.
Schnorr von Carolsfeld, Franz/Schmidt, Ludwig: Katalog der Handschriften der königlichen öffentlichen Bibliothek zu Dresden. Bd. 3: Abteilungen N–R, a–d. Leipzig 1906.
Schönhuth, Otmar Friedrich Heinrich: Neuer Führer um den Bodensee und zu den Burgen des Höhgaus. Lindau 1851.
Schofield, Robert E.: Art. ‚Priestley, Joseph', in: Dictionary of Scientific Biography. Bd. 11 (1975). S. 139–147.
Schorch, Stefan: Art. ‚Sem', in: Neues Bibel-Lexikon. Bd. 3 (2001). Sp. 565–566.
Schrader, Hans-Jürgen: Die Literatur des Pietismus. Pietistische Impulse zur Literaturgeschichte. Ein Überblick, in: Lehmann, Hartmut (Hg.): Glaubenswelten und Lebenswelten. Göttingen 2004 (Geschichte des Pietismus, Bd. 4). S. 386–403.
Schreiner, Peter: Art. ‚Makarios Chrysokephalos', in: LexMA. Bd. 6 (1993). Sp. 152.
Schütt, Hans-Werner: Art. ‚Sprache der Alchemie', in: Priesner/Figala (1998). S. 340–342.
—: Auf der Suche nach dem Stein der Weisen. Die Geschichte der Alchemie. München 2000.
Schüttler, Hermann: Die Mitglieder des Illuminatenordens 1776–1787/1793. München 1991 (Deutsche Hochschuledition, Bd. 18).
Schulte, von: Art. ‚Ruef, Johann Kaspar Adam', in: ADB. Bd. 29 (1889). S. 587f.
—: Art. ‚Wessenberg, Ignaz Heinrich Karl Freiherr von', in: ADB. Bd. 42 (1897). S. 147–157.
Schultze, Ernst: Das letzte Aufflackern der Alchemie in Deutschland vor 100 Jahren (Die Hermetische Gesellschaft 1796–1819). Ein Beitrag zur deutschen Kulturgeschichte. Leipzig 1897.
Schweyer, Franz: Politische Geheimverbände. Blicke in die Vergangenheit und Gegenwart des Geheimbundwesens. Freiburg 1925.
Scribner, Robert W.: Magie und Aberglaube, in: Dinzelbacher, Peter/Dieter R. Bauer (Hg.): Volksreligion im hohen und späten Mittelalter. Paderborn u.a. 1990 (Quellen und Forschungen aus dem Gebiet der Geschichte, NF, Heft 13). S. 253–273.
Seebass, Horst: Art. 'Jakob', in: Neues Bibel-Lexikon. Bd. 2 (1995). Sp. 272–274.

Sehlmeyer, Markus: Art. ‚Sybillini libri/Sybillina oracula', in: Pauly. Bd. 11 (2001). Sp. 501–502.
Selbmann, Rolf: Art. ‚Auerbach, Berthold', in: ²Killy. Bd. 1 (2008). S. 248–249.
Semler, Alfons: Die historischen Handschriften der Leopold-Sophien-Bibliothek in Überlingen, in: Zeitschrift für die Geschichte des Oberrheins, NF 41 (1928). S. 117–131.
—: Die Leopold-Sophien-Bibliothek in Überlingen, in: Schriften des Vereins für Geschichte des Bodensees und seiner Umgebung 75 (1957/58). S. 117–132.
Siebmacher, Johann: Johann Siebmachers großes Wappenbuch. (Reprograf. Nachdruck von: Der Neue Siebmacher, bearb. von Hefner, Otto Titan von/Seyler, Gustaf Adalbert u.a. Bde. 1–101. Nürnberg 1854–1961). Bde. 1–45. Neustadt a. d. Aisch 1970–1992.
Siegert, Reinhart: Selbsteinschätzung und Selbstbewußtsein der katholischen Aufklärung im Spiegel der Oberdeutschen allgemeinen Litteraturzeitung, in: Aurnhammer, Achim/Kühlmann, Wilhelm (Hg.): Zwischen Josephinismus und Frühliberalismus. Literarisches Leben in Südbaden um 1800. Freiburg 2002 (Literarisches Leben im deutschen Südwesten von der Aufklärung zur Moderne, Bd. 1). S. 99–114.
—/Hoare, Peter/Vodosek, Peter (Hg.): Volksbildung durch Lesestoffe im 18. und 19. Jahrhundert. Voraussetzungen, Medien, Topographie. Bremen 2012 (Presse und Geschichte, Bd. 68 sowie Philanthropismus und populäre Aufklärung. Studien und Dokumente, Bd. 5).
Singer, Herbert: Art. ‚Happel, Eberhard Werner', in: NDB. Bd. 7 (1966). S. 644–645.
Smith, Pamela H.: Art. ‚Fürstenalchemie', in: Priesner/Figala (1998). S. 140–143.
—: ‚Art. ‚Kunckel, Johann', in: Priesner/Figala (1998). S. 202–205.
—: Art. ‚Hermetik', in: Priesner/Figala (1998). S. 176–177.
Stadler, J. E./Heim, F. J./Ginal, J. N. (Hg.): Vollständiges Heiligen-Lexikon. Bde. 1–5. Augsburg 1858–1882.
Stagl, Justin: Homo Collector. Zur Anthropologie und Soziologie des Sammelns, in: Assmann, Aleida/Gomille, Monika/Rippl, Gabriele (Hg.): Sammler – Bibliophile – Exzentriker. Tübingen 1998 (Literatur und Anthropologie, Bd. 1). S. 37–54.
Stammler, Wolfgang: Art. ‚Golem', in: HDA. Bd. 3 (2005 [1931]). Sp. 939–941.
Stark, Barbara: Lehrreich, erbauend und unterhaltend. Ignaz Heinrich von Wessenbergs Gemäldesammlung. Ihre Struktur und Geschichte, in: Dies. (Hg.). Ignaz Heinrich von Wessenberg. 1774–1860. Kirchenfürst und Kunstfreund. Ausstellungskatalog der gleichnamigen Ausstellung der städtischen Wessenberg-Galerie Konstanz 20. Juni–12. September 2010. Konstanz 2010. S. 21–34.
Steffenhagen: Art. ‚Burgermeister von Deizisau, Johann Stephan', in: ADB, Bd. 3 (1876). S. 600f.
Steiger, Johann Anselm: Art. ‚Ewald, Johann Ludwig', in: ²Killy. Bd. 3. Berlin/New York 2008. S. 338–339.
—: Johann Ludwig Ewald. Ein politischer Schriftsteller, Reformpädagoge, Volksaufklärer, protestantischer Kirchenmann und Apologet des Judentums, in: Aurnhammer, Achim/Kühlmann, Wilhelm (Hg.): Von der Spätaufklärung zur Badischen Revolution. Literarisches Leben in Baden zwischen 1800 und 1850. Freiburg 2010 (Literarisches Leben im deutschen Südwesten von der Aufklärung zur Moderne, Bd. 2). S. 65–90.
Stievermann, Dieter: Absolutismus und Aufklärung (1648–1806), in: Handbuch der Baden-Württembergischen Geschichte. Bd. 1: Allgemeine Geschichte, Tl. 2: Vom Spätmittelalter bis zum Ende des alten Reiches. Stuttgart 2000. S. 307–456.
Stockhorst, Stefanie (Hg.): Epoche und Projekt. Perspektiven der Aufklärungsforschung. Göttingen 2013 (Das achtzehnte Jahrhundert, Supplementa, Bd. 17).
Stöckinger, Annelies/Telle, Joachim: Die Alchemiebibliothek Alexander von Bernus in der Badischen Landesbibliothek Karlsruhe. Katalog der Drucke und Handschriften. Wiesbaden 1997.

Stollberg-Rilinger, Barbara: Die Aufklärung. Europa im 18. Jahrhundert. 2. überarb. und aktual. Aufl. Stuttgart 2011 [2000] (RUB Bd. 18882).

Stuke, Horst: Art. ‚Aufklärung', in: Geschichtliche Grundbegriffe. Bd. 1 (1972). S.243–342.

Stupperich, Robert: Art. ‚Moller, Martin', in: NDB. Bd. 18 (1997). S. 1.

Sturlese, Loris: Art. ‚Petrus von Abano', in: LexMA. Bd. 6 (1993). Sp. 1959–1960.

Sudhoff, Karl: Versuch einer Kritik der Echtheit der Paracelsischen Schriften. Bde. 1–2. Berlin 1894–1898.

Suhling, Lothar: Art. ‚Agricola, Georgius', in: Priesner/Figala (1998). S. 15–17.

Szydlo, Zbigniew: Art. ‚Hermes Trismegistos', in: Priesner/Figala (1998). S. 173–176.

Telle, Joachim: Art. ‚Alchemie II, historisch', in: TRE. Bd. 2 (1978). S. 199–227.

—: Sol und Luna. Literar- und alchemiegeschichtliche Studien zu einem altdeutschen Bildgedicht. Hürtgenwald 1980 (Schriften zur Wissenschaftsgeschichte, 2).

—: Art. ‚Aurora Consurgens', in: LexMa. Bd. 1 (1980). Sp. 1245–1246.

—: Art. ‚Geber', in: ²VL. Bd. 2 (1980). Sp. 1105–1109.

—: Art. ‚Bonus, Petrus', in: LexMA. Bd. 2 (1983). Sp. 435–436.

—: Art. ‚(Pseudo-)Lull(us), Raimundus', in: ²VL. Bd. 5 (1985). Sp. 1046–1049.

—: Zum „Filius Sendivogii" Johann Hartprecht, in: Meinel, Christoph (Hg.): Die Alchemie in der europäischen Kultur- und Wissenschaftsgeschichte. Wiesbaden 1986 (Wolfenbütteler Forschungen, Bd. 32). S. 119–136. [Erweitert in: Alchemie und Poesie].

—: Art. ‚Rosarium philosophorum', in: ²VL. Bd. 8 (1992). Sp. 172–176.

—: Art. ‚(Pseudo)-Lullus-Corpus', in: LexMA. Bd. 6 (1993). Sp. 2–3.

—: Art. ‚Rosarium philosophorum', in: LexMA. Bd. 7 (1995). Sp. 1028–1029.

—: Die Bibliotheca Alchemica des Dichteralchemisten Alexander von Bernus, in: Annelies Stöckinger/Telle, Joachim: Die Alchemiebibliothek Alexander von Bernus in der Badischen Landesbibliothek Karlsruhe. Katalog der Drucke und Handschriften. Wiesbaden 1997. S. 3–23.

—: Art. ‚Tabula smaragdina', in: LexMA. Bd. 8 (1997). Sp. 399.

—: Art. ‚Khunrath, Heinrich', in: Priesner/Figala (1998). S. 194–196.

—: Art. ‚Splendor Solis', in: Priesner/Figala (1998). S. 339–340.

—: Die „Hand des Philosophen". Zu einem Lehrbild der frühneuzeitlichen Alchimia-Picta-Tradition, in: Caron, Richard u.a. (Hg.): Esoterisme, Gnoses & imaginaire Symbolique: Melanges offers a Antoine Faivre. Leuven 2001. S. 165–198.

—: Art. ‚Donum Dei', in: ²VL. Bd. 11 (2004). Sp. 376–379.

—: Rezension ‚Volker Fritz Brüning: Bibliographie der alchemistischen Literatur. Bd. 1: Die alchemistischen Druckwerke von der Erfindung der Buchdruckerkunst bis zum Jahr 1690. München 2004', in: Bibliothek 29 (2005, Nr. 2). S. 248–251.

—: Der ‚Splendor Solis' in der frühneuzeitlichen respublica alchemica, in: Daphnis, Bd. 35 (2006). S. 421–448.

—: Art. ‚Basilius Valentinus', in: ²Killy. Bd. 1 (2008). S. 348–350.

—: Art. ‚Bernardus Trevisanus', in: ²Killy. Bd. 1 (2008). S. 477.

—: Art. ‚Croll, Oswald', in: ²Killy. Bd. 2 (2008). S. 504–506.

—: Art. ‚Grasse, Johann', in: ²Killy. Bd. 4 (2009). S. 377.

—: Art. ‚Hartprecht, Johann', in: ²Killy. Bd. 5 (2009). S. 48–49.

—: Art. ‚Splendor Solis', in: ²Killy. Bd. 11 (2011). S. 136–137.

—: Art. ‚Wasserstein der Weisen', in: ²Killy. Bd. 12 (2011). S. 156–157.

Telle, Joachim: Alchemie und Poesie. Deutsche Alchemikerdichtungen des 15. bis 17. Jahrhunderts. Untersuchungen und Texte. Mit Beiträgen von Kahn, Didier und Kühlmann, Wilhelm. Bd. 1–2. Berlin/Boston 2013.

—: Art. ‚Alchemie (15./16. Jh.; im deutschen Kulturgebiet‘, in: Müller, Gernot Michael/Rudolph, Enno (Hg.): Grundriss der Geschichte der Philosophie. Die Philosophie der Renaissance und des Humanismus. Basel (in Vorbereitung).

Thoma, Heinz (Hg.): Handbuch europäische Aufklärung. Begriffe – Konzepte – Wirkung. Stuttgart 2015.

Thorndike/Kibre = Thorndike, Lynn/Kibre, Pearl: A catalogue of incipits of mediaeval scientific writings in latin. Revised and augmented edition. London 1963 [Cambridge 1937].

Thorndike, Lynn: A history of magic and experimental science. Bde. 1–8. 1. Aufl. New York 1923–1958.

Titzmann, Michael: Art. ‚Jung(-Stilling), Johann Heinrich‘, in: ²Killy. Bd. 6 (2009). S. 213–215.

TRE = Krause, Gerhard/Müller, Gerhard (Hg.): Theologische Realenzyklopädie. Bde. 1–36 sowie sechs Register- und Abkürzungsbände. Berlin/New York 1977–2007.

Trenkle, Michael: Fachbegriffe im Antiquariat. Ein Glossar, in: Verband Deutscher Antiquare e.V. (Hg.): Handbuch 2017/2018. Neustadt a.d. Aisch 2018. S. 127–155.

Tripp, Edward/Rauthe, Rainer: Reclams Lexikon der antiken Mythologie. 8. aktual. Aufl. 2012.

Tröger, Karl-Wolfgang: Art. ‚Hermetica‘, in: TRE. Bd. 18 (1989). S. 749–752.

Tröndle-Weintritt, Isolde: Leopold-Sophien-Bibliothek. Bestandsgeschichte, Abschnitte 1.1–1.9 und 2.37–2.41, in: Fabian, Bernhard (Hg.): Handbuch der historischen Buchbestände in Deutschland. Bd. 9: Kehr, Wolfgang (Hg.): Baden-Württemberg und Saarland T-Z. Hildesheim/Zürich/New York 1994. S. 140–141 und S. 147–148.

Troitzsch, Ulrich: Art. ‚Kunckel von Löwenstern, Johann‘, in: NDB. Bd. 13 (1982). S. 287–288.

Tschackert, Paul: Art. ‚Zinzendorf, Nicolaus Graf von‘, in: ADB. Bd. 45 (1900). S. 344–353.

I.U.: Art. ‚Kohlhans, Johann Christoph, in: ADB. Bd. 16 (1882). S. 447.

—: Art. ‚Luppius, Andreas‘, in: ADB. Bd. 19 (1884). S. 650–651.

Uhland, Robert: Art. ‚Friedrich I. König von Württemberg‘, in: NDB. Bd. 5 (1961). S. 598–598.

Uhlig, Christian: Art. ‚Lichtfreunde‘, in: TRE. Bd. 21 (1991). S. 119–121.

Ullmann, Hans-Peter: Baden 1800 bis 1830, in: Schwarzmaier, Hansmartin/Fenske, Hans/Kirchgässner, Berhard u.a. (Hg.): Handbuch der Baden-Württembergischen Geschichte. Bd. 3: Vom Ende des alten Reiches bis zum Ende der Monarchien. Stuttgart 1992. S. 25–77.

Unterman, Alan: Dictionary of Jewish lore and legend. London 1991.

Verdenhalven, Frith: Alte Meß- und Währungssysteme aus dem deutschen Sprachgebiet. Was Familien- und Lokalgeschichtsforscher suchen. 2. verm. und überarb. Aufl. Neustadt a. d. Aisch 1998.

Vierhaus, Rudolf: Was war Aufklärung? Göttingen 1995 (Kleine Schriften zur Aufklärung, Bd. 7).

²VL = Ruh, Kurt/Wachinger, Burghart u.a. (Hg.): Die deutsche Literatur des Mittelalters. Verfasserlexikon. Bde. 1–14. 2. völlig neu bearb. Aufl. Berlin u.a. 1978–2008.

Vochezer, Joseph: Geschichte des fürstlichen Hauses Waldburg in Schwaben. Bde. 1–3. Kempten 1888–1907.

Völlnagel, Jörg: Splendor Solis oder Sonnenglanz. Studien zu einer alchemistischen Bilderhandschrift. München/Berlin 2004.

—: Alchemie. Die königliche Kunst. München 2012.

Volckamer, Volker von: Schloss Harburg. Bibliothek und Kunstsammlung des Hauses Oettingen-Wallerstein. München/Zürich 1961.
—: Art. ‚Oettingen, Grafen und Fürsten', in: NDB. Bd. 19 (1999). S. 472–474.
—: Art. ‚Oettingen-Wallerstein, Kraft Ernst Fürst', in: NDB. Bd. 19 (1999). S. 475.
Voorn, Henk: De papiermolens in de provincie Noord-Holland. Haarlem 1960 (De geschiedenis der Nederlandse papierindustrie, Bd. I).

Walde, Christine: Art. ‚Sybille', in: Pauly. Bd. 11 (2001). Sp. 499–501.
Walter, Simon: *Die* Rosenkreuzer?, in: Jacob, Frank (Hg.): Geheimgesellschaften: Kulturhistorische Sozialstudien. Würzburg 2013 (Globalhistorische Komparativstudien, Bd. 1). S. 141–165.
Wappmann, Volker: Durchbruch zur Toleranz. Die Religionspolitik des Pfalzgrafen Christian August von Sulzbach 1622–1708. Neustadt a. d. Aisch 1995 (Einzelarbeiten aus der Kirchengeschichte Bayerns, Bd. 69).
Weber, Walter: Art. ‚Pahl, Johann Gottfried', in: [2]Killy. Bd. 9 (2010). S. 62.
Weber, Wolfhard: Art. ‚Krünitz, Johann Georg', in: NDB. Bd. 13 (1982). S. 110–111.
von Weech: Art. ‚Josef Albert von Ittner', in: Badische Biographien AF. Bd. 1. Heidelberg 1875. S. 427–429.
—: Art. ‚Kuenzer, Dominikus', in: ADB. Bd. 17 (1883). S. 404–405.
Wehler, Hans-Ulrich: Deutsche Gesellschaftsgeschichte. Bde. 1–5. 1. durchges. Aufl. der Studienausgabe. München 2008.
Wehling, Rosemarie: Pietismus in Württemberg, in: Weber, Reinhold (Red.): Der deutsche Südwesten. Regionale Traditionen und historische Identitäten. Festschrift für Hans-Georg Wehling zum Siebzigsten. Stuttgart 2008. S. 167–183.
Wehrle, Josef: Art. ‚Josef, Abschnitt III', in: Neues Bibel-Lexikon. Bd. 2 (1995). Sp. 385–386.
Weimar, Klaus: Art. ‚Fälschung', in: Ders./Fricke, Harald/Grubmüller, Klaus u.a. (Hg.): Reallexikon der deutschen Literaturwissenschaft. Bd. 1. Berlin/New York 1997. S. 562–564.
Weiser, Lily: Art. ‚Faustus', in: HDA. Bd. 2 (2005 [1930]). Sp. 1269–1274.
Weiß, Christoph/Albrecht, Wolfgang (Hg.): Von ‚Obscuranten' und ‚Eudämonisten'. Gegenaufklärerische, konservative und antirevolutionäre Publizisten im späten 18. Jahrhundert. St. Ingberg 1997 (Literatur im historischen Kontext, Bd. 1).
Weiss, Wisso: Thüringer Papiermühlen und ihre Wasserzeichen. Weimar 1953.
Weitlauff, Manfred: Ignaz Heinrich von Wessenberg (1774–1860), Domkapitular von Konstanz und Augsburg, Generalvikar des Bistums Konstanz. Kirchlicher Reformer und Kirchenpolitiker zwischen Säkularisation und Neuorganisation der Kirche Deutschlands. Mit einem Quellen- und Dokumentenanhang. Zum 150. Todestag, in: Verein für Augsburger Bistumsgeschichte: Jahrbuch 44 (2010). S. 1–335.
Wels, Volkhard: Manifestationen des Geistes. Frömmigkeit, Spiritualismus und Dichtung in der Frühen Neuzeit. Göttingen 2014 (Berliner Mittelalter- und Frühneuzeitforschung, Bd. 17).
Wels, Volkhard: Die Alchemie der Frühen Neuzeit als Gegenstand der Wissensgeschichte, in: Alt, Peter-André/Eming, Jutta/Renz, Tilo u.a. (Hg.): Magia daemoniaca, magia naturalis, zouber. Schreibweisen von Magie und Alchemie in Mittelalter und Früher Neuzeit. Wiesbaden 2015 (Episteme in Bewegung. Beiträge zu einer transdisziplinären Wissensgeschichte, Bd. 2). S. 233–265.
Wetzel, J. Dietmar (Hg.): Perspektiven der Aufklärung – Zwischen Mythos und Realität. München/Paderborn 2012 (Laboratorium Aufklärung, Bd. 12).
Winkler: Art. ‚Rutowsky, Friedrich August Graf', in: ADB. Bd. 30 (1890). S. 51–52.

Winkler, Heinrich August: Siegel und Charaktere in der muhammedanischen Zauberei. München 1980 [Berlin/Leipzig 1930] (Moonchild-Edition, Bd. 16).
Woesler, Winfried: Art. ‚Droste-Hülshoff, Annette von', in: ²Killy. Bd. 3 (2008). S. 112–115.
Wolff, Fritz: Art. ‚Moritz der Gelehrte', in: NDB. Bd. 18 (1997). S. 136–139.
Wolfstieg, August: Bibliographie der freimaurerischen Literatur. Bde. 1–4. Hildesheim 1992 [Magdeburg 1911–1926].

Young, John T.: Faith, medical alchemy and natural philosophy. Johann Moriaen, Reformed Intelligencer, and the Hartlib Circle. Aldershot (UK)/Brookfield (USA) 1998.

Zastram, Alfred: Art. ‚Faust, Johannes', in: NDB. Bd. 5 (1961). S. 34–35.
Zaunstöck, Holger: Sozietätslandschaft und Mitgliederstrukturen. Die mitteldeutschen Aufklärungsgesellschaften im 18. Jahrhundert. Tübingen 1999 (Hallesche Beiträge zur europäischen Aufklärung, Bd. 9).
Zeller, Bernhard/Scheffler, Walter (Hg.): Literatur im deutschen Südwesten. Stuttgart 1987.

13.5 Online-Ressourcen (Homepages, Open-Access und Datenbanken)

The Alchemy Website (01.07.2019), http://www.alchemywebsite.com.
Augsburg-UB = Augsburg, Universitätsbibliothek Katalog (01.07.2019), https://opac.bibliothek.uni-augsburg.de.
Bachter, Stepan: Anleitung zum Aberglauben. Zauberbücher und die Verbreitung magischen „Wissens" seit dem 18. Jahrhundert. Hamburg 2005 (01.07.2019), http://ediss.sub.uni-hamburg.de/volltexte/2007/3221/pdf/DissBachter.pdf.
Breslau-UB = Breslau, Universitätsbibliothek Katalog (01.07.2019), www.bibliotekacyfrowa.pl/dlibra.
Deutsche Biographie (30.01.2017), https://www.deutsche-biographie.de.
Einbanddatenbank = Einbanddatenbank gefördert durch die Deutsche Forschungsgemeinschaft (03.11.2016), http://www.hist-einband.de.
Fabian, Handbuch der historischen Buchbestände (01.07.2019), fabian.sub.uni-goettingen.de/fabian?Home.
Freimaurerloge ‚Licht und Wahrheit' (02.09.2016), https://freimaurer.hamburg/
Freimaurer-Wiki (02.09.2016), http://freimaurer-wiki.de/index.php/Hauptseite.
Fürbeth, Frank: Privatbibliotheken als Quelle der Überlieferungsgeschichte. Vortrag im Rahmen der Konferenz „Paläste der Gelehrsamkeit. Privatbibliotheken im späten Mittelalter und in der frühen Neuzeit" (22.–24. September 2010) am Alfried Krupp Wissenschaftskolleg in Greifswald. Tagungsbericht (01.07.2019), http://hsozkult.Geschichte.hu-berlin.de/tagungsberichte/id=3308. Der damals geplante Tagungsband ist meines Wissens bisher noch nicht erschienen.
Getty search = Getty Search Gateway (01.07.2019), http://search.getty.edu/gateway/landing.
Haab = Herzogin Anna Amalia Bibliothek (09.07.2019), https://haab-digital.klassik-stiftung.de.
Kalliope Verbundkatalog (19.08.2016),
http://kalliope.staatsbibliothek-berlin.de/de/index.html.
KVK = Karlsruher Virtueller Katalog (23.05.2018), https://kvk.bibliothek.kit.edu/.
Landesarchiv Baden-Württemberg (22.11.2016), https://www2.landesarchiv-bw.de.

Leipzig-UB = Leipzig, Universitätsbibliothek, Historische Bestände (01.07.2019), https://histbest.ub.uni-leipzig.de.
Leipziger Biographie (23.09.2015), http://leipziger-biographie.de.
Müller, Dorothea: Katalog der neuzeitlichen Handschriften (16.–19. Jh.) der Leopold-Sophien-Bibliothek Überlingen. Überlingen 2007 (01.07.2019), http://bilder.manuscripta-mediaevalia.de/hs/kataloge/Ueberlingen.pdf.
München-BSB = München, Bayerische Staatsbibliothek Katalog (01.07.2019), https://opacplus.bsb-muenchen.de.
Stadtlexikon Augsburg (13.08.2015), http://www.stadtlexikon-augsburg.de.
SWB = Südwestdeutscher Bibliotheksverbund, Katalog (18.02.2019), swb.bsz-bw.de.
VD18 = Verzeichnis deutscher Drucke des 18. Jahrhunderts (01.07.2019), https://gso.gbv.de/DB=1.65/.
Wasserzeicheninformationssystem (19.04.2019), http://www.wasserzeichen-online.de.
Wikimedia.Commens (27.02.2018), https://commons.wikimedia.org/wiki/Main_page.

Beiträge zum Buch- und Bibliothekswesen

Herausgegeben von Michael Knoche und Sven Kuttner

61: Bernd Lorenz (Hg.)

Handbuch zur Regensburger Verbundklassifikation

Materialien zur Einführung
3., überarbeitete Auflage

2017. XIII, 220 Seiten, 1 Abb., 1 Diagramm, 6 Tabellen, gb
170x240 mm
ISBN 978-3-447-10830-0 *€ 72,– (D)*

Mit der dritten, überarbeiteten Auflage trägt das bewährte Handbuch zur Regensburger Verbundklassifikation (RVK) der formalen und inhaltlichen Entwicklung der Klassifikation als RVK Online sowie der wachsenden Zahl der Anwender im deutschsprachigen Raum Rechnung. Die Grundstruktur des Handbuchs bleibt mit den Vorauflagen vergleichbar. So wird die RVK einleitend in die „Klassifikationslandschaft" des deutschsprachigen Raumes eingeordnet und ihr Weg der letzten 50 Jahre vom Haussystem zur Verbundklassifikation skizziert, wobei grundsätzliche Fragen der Klassifikationsarbeit angesprochen werden.
Angesichts der vielzähligen Materialien, die die Online-Fassung bereithält, liefert der vorliegende Band weniger Beispiele für verwendete Schlüsselungen als die Vorauflagen und gibt zu den „Regeln für die Signaturvergabe" ausschließlich allgemeine Hinweise. Im Gegenzug nehmen nun Berichte zur inhaltlichen Entwicklung der RVK sowie zu den Arbeitsmethoden des Klassifikationsverbunds (wie Beirat und fachliche Arbeitsgruppen) mehr Raum ein. Ausführlicher dargestellt werden auch die Anwendungen der Verbundklassifikation in Österreich und der Schweiz durch die Leitung der entsprechenden Anwendergruppe. Darüber hinaus waren erstmals bei dieser Auflage einige Klassifikationsfachkollegen eingeladen, eigene Beiträge zu liefern. Beibehalten sind im Handbuch wichtige Hinweise zur Anwendung einzelner Fachsystematiken.

62: Ulrich Hohoff

Wissenschaftliche Bibliothekare als Opfer in der NS-Diktatur. Ein Personenlexikon

2017. XIII, 415 Seiten, gb
170x240 mm
ISBN 978-3-447-10842-3 *€ 72,– (D)*

Die NS-Diktatur führte auch für wissenschaftliche Bibliothekarinnen und Bibliothekare zu einem tiefen Einschnitt in ihre Existenz. Bisher waren nur Einzelpersonen bekannt, die in wissenschaftlichen Bibliotheken Opfer der Diktatur wurden. Durch systematische Recherchen konnten nun für dieses Lexikon die Lebensläufe von insgesamt 281 Personen zusammengestellt werden, die dem nationalsozialistischen Regime zum Opfer fielen. Sie kamen aus Deutschland, Österreich oder aus den im Zweiten Weltkrieg besetzten Ländern und waren in Nationalbibliotheken, Universitäts- und Landesbibliotheken, Stadtbibliotheken und in wissenschaftlichen Spezialbibliotheken tätig.
Das Personenlexikon ruft ihre Namen und Lebensläufe in Erinnerung. Es informiert über die zahlreichen Entlassungen wissenschaftlicher Bibliothekarinnen und Bibliothekare, über ihr Leben in der Diktatur, ihre Schicksale in der Emigration, über Bibliothekare, die Widerstand geleistet haben, und über Deportationen in die Lager. Auch ihre Lebensläufe nach dem Zweiten Weltkrieg im Bibliothekswesen, in der Wissenschaft und im privaten Bereich sind dokumentiert. Hinzu kommen Angaben über die Netzwerke und die wissenschaftlichen Leistungen der Betroffenen sowie Nachweise von Quellen, Personalbibliografien und Nachlässen.
Ulrich Hohoff fasst einleitend die Ergebnisse seiner Recherchen zusammen und hebt einzelne Fälle hervor. Zwei Anhänge dokumentieren den Dienstort vor der Verfolgung und die zahlreichen Wissenschaftsfächer bzw. Tätigkeitsfelder der Betroffenen. Ein Personen- und ein Ortsregister erschließen den Band.

VERLAG PUBLISHERS
HARRASSOWITZ

Beiträge zum Buch- und Bibliothekswesen

Herausgegeben von Michael Knoche und Sven Kuttner

63: Sven Kuttner, Klaus Kempf (Hg.)

Buch und Bibliothek im Wirtschaftswunder

Entwicklungslinien, Kontinuitäten und Brüche in Deutschland und Italien während der Nachkriegszeit (1949–1965)

2018. XII, 306 Seiten, 8 Abb., 4 Tabellen, br
170x240 mm
ISBN 978-3-447-10960-4
⊙E-Book: ISBN 978-3-447-19751-9 *je € 60,– (D)*

Das Bibliothekswesen wie auch das Buchhandels- und Verlagsgewerbe sahen sich nach Ende des Zweiten Weltkrieges mit einem bis dahin unbekannten Ausmaß der Zerstörung konfrontiert: Eklatante Bücher- und Lagerverluste, ausgebrannte Bibliotheksgebäude, Produktions- sowie Verkaufsstätten waren zu beklagen. Unter welchen gesellschafts- und wirtschaftspolitischen sowie infrastrukturellen Rahmenbedingungen gelang der Wiederaufbau der Literaturversorgung über Bibliotheken und Buchhandel in Deutschland und Italien? Welche Rolle spielten dabei die unterschiedliche Strukturierung und Organisation des Buchhandels- und Verlagsgewerbes in den beiden Ländern?
Ausgehend von den Ergebnissen der neueren buch- und bibliothekshistorischen Forschung zum 20. Jahrhundert, die sich in den letzten zehn Jahren nicht nur in der Bundesrepublik wesentlich zu einer Sozialgeschichte des Buch- und Bibliothekswesens entwickelt hat, analysieren die Beiträge des Bandes Bruch und Kontinuität der Nachkriegszeit im deutsch-italienischen Vergleich. In diesem Zusammenhang stehen vor allem Fragen nach den Handlungsspielräumen, Orientierungsmustern sowie Reflexions- und Diskursebenen im Zentrum des Erkenntnisinteresses. *Buch und Bibliothek im Wirtschaftswunder* vereint die ausgearbeiteten Vorträge der gleichnamigen deutsch-italienischen Tagung, die Anfang September 2016 auf Initiative des Wolfenbütteler Arbeitskreises für Bibliotheks-, Buch- und Mediengeschichte im Centro Italo-Tedesco per l'Eccellenza Europea der Villa Vigoni am Comer See stattfand.

64: Dagmar Jank

Bibliotheken von Frauen

Ein Lexikon

2019. 328 Seiten, gb
170x240 mm
ISBN 978-3-447-11200-0 *€ 84,– (D)*

Bibliotheken von Frauen sind Teil des buchkulturellen Erbes eines Landes. Das vorliegende Lexikon von Dagmar Jank ist eine erste Datensammlung zu diesem Thema für Deutschland auf der Grundlage der bisherigen Forschungsergebnisse und bietet eine Erweiterung durch eigene Recherchen. Das Werk informiert über die Bestandsgröße, das Bestandsprofil, die Bestandserschließung und die Geschichte der Bibliotheken von 770 Frauen, die zwischen dem 16. und 20. Jahrhundert in Deutschland lebten oder – aus anderen Ländern stammend – eine wichtige Lebensphase in diesem Land verbrachten. Diese Frauen hatten entweder eine besondere gesellschaftliche, wissenschaftliche, kulturelle oder künstlerische Stellung inne oder erlangten Bekanntheit durch die Ausübung bestimmter Berufe oder das Verfassen eigener Werke. Ihre Bibliotheken oder Teilbestände befinden sich heute in kulturellen Gedächtnisinstitutionen wie Bibliotheken, Archiven, Museen und Gedenkstätten. In manchen Fällen belegen allerdings nur noch Hinweise in archivalischen Quellen, Auktionskatalogen, Tagebüchern, Autobiographien oder Briefen, dass eine Frau eine eigene Bibliothek besaß.
Das Verzeichnis der verwendeten Literatur spiegelt den aktuellen Forschungsstand wider, das Register ermöglicht die gezielte Suche nach Bibliotheksbesitzerinnen bestimmter Gruppen von Frauen (u.a. adlige Frauen, Frauen in akademischen Berufen, Künstlerinnen, Pädagoginnen, Schriftstellerinnen).